Carsten Fräger, Wolfgang Amrhein (Hrsg.)
Handbuch Elektrische Kleinantriebe

Weitere empfehlenswerte Titel

Handbuch Elektrische Kleinantriebe

—

Band 1: Kleinmotoren, Leistungselektronik

5. Auflage

DE GRUYTER

Herausgeber
Prof. Dr.-Ing. Carsten Fräger
Hochschule Hannover
Fakultät 2 Mechatronik – Elektrische Antriebe
Ricklinger Stadtweg 120
30459 Hannover
Carsten.Fraeger@HS-Hannover.de

Univ.-Prof. Dr. Wolfgang Amrhein
Johannes Kepler Universität
Institut für Elektrische Antriebe
und Leistungselektronik
Linz Center of Mechatronics
Altenberger Str. 69
4040 Linz
Österreich
wolfgang.amrhein@jku.at

ISBN 978-3-11-056247-7
e-ISBN (PDF) 978-3-11-056532-4
e-ISBN (EPUB) 978-3-11-056248-4

Library of Congress Control Number: 2020945768

Bibliografische Information der Deutschen Nationalbibliothek
Die Deutsche Nationalbibliothek verzeichnet diese Publikation in der Deutschen
Nationalbibliografie; detaillierte bibliografische Daten sind im Internet über
http://dnb.dnb.de abrufbar.

© 2020 Walter de Gruyter GmbH, Berlin/Boston
Bildnachweis: Fa. Faulhaber, Schönaich
Satz: le-tex publishing services GmbH, Leipzig
Druck und Bindung: CPI books GmbH, Leck

www.degruyter.com

Vorwort

Mit der stetig wachsenden Technisierung und Automatisierung haben die elektromagnetischen Kleinantriebe heute eine fast unübersehbare Anwendungsvielfalt erreicht. Die Ursache dafür sind zum einen Fortschritte in der Werkstofftechnik, in der Mikro- und Leistungselektronik sowie in der Regelungs- und Steuerungstechnik, die eine außergewöhnliche Variationsbreite der Antriebsausführungen schaffen. Zum anderen sind es aber auch moderne Berechnungs-, Simulations- und Messverfahren, die zu verbesserten und neuartigen Antrieben führen.

Vielfach gibt es für ein Antriebsproblem mehrere Lösungsmöglichkeiten. Der Anwender von Kleinantrieben muss deshalb über Wissen und Urteilsvermögen verfügen, um die unter den Gesichtspunkten von Funktion, Integration, Bedienung, Zuverlässigkeit, Geräuschen und Schwingungen sowie Beschaffung und Kosten zu realisierende Problemlösung zu erarbeiten. Dieses Buch soll bei der Antriebsauswahl helfen, um die jeweiligen Anforderungen an einen Antrieb optimal mit dem erforderlichen Aufwand zu erfüllen.

Um den kompletten Antrieb in all seinen Facetten erarbeiten zu können, behandelt Band 1 die Komponenten des Antriebs, also die Motoren und die Leistungselektronik. Hier werden alle heute relevanten Motorarten und Elektronikschaltungen für kleine Leistungen behandelt.

Band 2 behandelt die kompletten Antriebe aus Motoren, Elektronik und mechanischen Übertragungselementen sowie spezielle Antriebe und Magnetlager. Besonderes Augenmerk wird den geregelten Antrieben gewidmet. Hierzu gehören die Servoantriebe mit ihrer hochdynamischen Winkel- und Drehzahlregelung, aber auch die drehzahlgeregelten Gleichstrom- und Wechselstromantriebe.

Die Antriebsprojektierung wird anhand von Beispielen dargestellt. Zahlreiche Literaturstellen und die Angabe der wichtigsten Vorschriften und Normen sollen helfen, bei Bedarf tiefer in die Technik und Normung der einzelnen Antriebe einzudringen.

Das Buch ist für Ingenieure gemacht, die zur Lösung von Projektierungsaufgaben Kleinantriebe einsetzen wollen, beispielsweise in der Kfz-Technik, im Werkzeugmaschinenbau, in der Hausgerätetechnik, in der Büro- und Datentechnik, in der Medizin- und Labortechnik sowie in der Robotertechnik.

In der 5. Auflage sind Themen der geregelten Antriebe (Servoantriebe, Sensoren) und der elektromagnetischen Verträglichkeit neu hinzugekommen. Alle bestehenden Kapitel sind aktualisiert und großteils stark überarbeitet worden. Aufgrund der Fülle an neuen Themen und Beiträgen haben sich die Herausgeber in Abstimmung mit dem Verlag entschlossen, das Handbuch Elektrische Kleinantriebe in zwei Bänden herauszugeben.

https://doi.org/10.1515/9783110565324-201

Die Autoren aus Industrie und Hochschule haben ihre Kenntnisse und Erfahrungen in gestraffter Form dargestellt und sich um eine einheitliche Darstellung bemüht. Gleichwohl werden individuelle Schwerpunkte bei den verschiedenen Themen gesetzt.

Hannover, Linz, im Februar 2020   Carsten Fräger, Wolfgang Amrhein

Inhalt

Andreas Möckel, Tobias Heidrich und Heinz Weißmantel

Andreas Möckel, Tobias Heidrich und Heinz Weißmantel

Carsten Fräger und Hans-Dieter Stölting

Carsten Fräger und Hans-Dieter Stölting

Thomas Bertolini und Thomas Fuchs

Andreas Wagener

Hans-Dieter Stölting und Carsten Fräger

1 Einleitung Elektrische Kleinantriebe

Schlagwörter: Umsatz, Absatz, Kennzeichen Kleinantriebe, Antriebssystem, Komponenten

1.1 Allgemeines

1.1.1 Wirtschaftliche Bedeutung der Kleinantriebe

Elektrische Kleinantriebe, deren obere Leistungsgrenze bei etwa 1 kW liegt, haben eine erhebliche wirtschaftliche Bedeutung. Nach der Statistik des Verbandes Elektrotechnik- und Elektronikindustrie e. V. (ZVEI) betrug der Produktionswert der elektrischen Motoren und Generatoren in 2015 ca. 4,8 Mrd. € (Zeitraum 2010 bis 2015, siehe Abb. 1.1). Hinzu kommen die Stromrichter für drehzahlveränderbare Antriebe.

Die elektrischen Kleinmotoren erzielten in 2015 mit einer Stückzahl von 104 Mio. Stück und einem Produktionswert von 1,7 Mrd. € einen Anteil von 35 % am Gesamtproduktionswert für elektrische Maschinen. Abb. 1.1 zeigt die Aufteilung nach Produktgruppen und den Verlauf des Produktionswerts und der Stückzahlen von 2010 bis 2015. Gleichstrommotoren machten in 2015 mit mehr als 1 Mrd. € und 66 Mio. Stück den größten Anteil der Kleinmotoren aus. Kleinantriebe bis 37,5 W und Drehstrommotoren bis 750 W haben etwa den gleichen Produktionswert von 500 Mio. €.

Nach einem Rückgang in den Jahren 2012 und 2013 zeigen Stückzahl und Produktionswert besonders bei den Gleichstrommotoren seit 2014 wieder nach oben. Hingegen verlieren die Einphasenwechselstrommotoren zugunsten der Gleichstrommotoren sowohl beim Produktionswert als auch bei der Stückzahl an Bedeutung.

1.1.2 Kennzeichen kostengünstiger elektrischer Kleinantriebe

Kennzeichen elektromagnetischer Kleinantriebe ist die außerordentliche Vielfalt ihrer Einsatzgebiete. Werden sie in Konsumgütern verwendet, sind bei zum Teil sehr großen Stückzahlen (> 1 Mio. Stück pro Jahr) die Fertigungskosten so gering wie möglich zu halten. Diese Gegebenheiten erfordern, dass kostengünstige Kleinantriebe (low cost drives) nicht nur die elektromechanischen Bedingungen des speziellen Anwendungsfalls erfüllen, sondern auch konstruktiv möglichst gut sowohl an den anzutreibenden Mechanismus (Gerät) als auch an das wirtschaftlichste Fertigungsverfahren angepasst sein müssen. Typische Bedingungen sind zum Beispiel:

Hans-Dieter Stölting, Leibniz Universität Hannover
Carsten Fräger, Hochschule Hannover

https://doi.org/10.1515/9783110565324-001

Produktion Elektromotoren Deutschland bis 0,75 kW

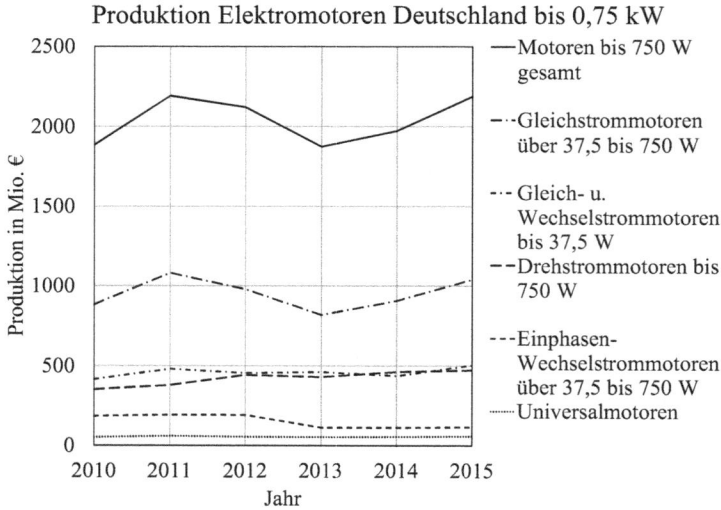

Produktion Elektromotoren Deutschland bis 0,75 kW

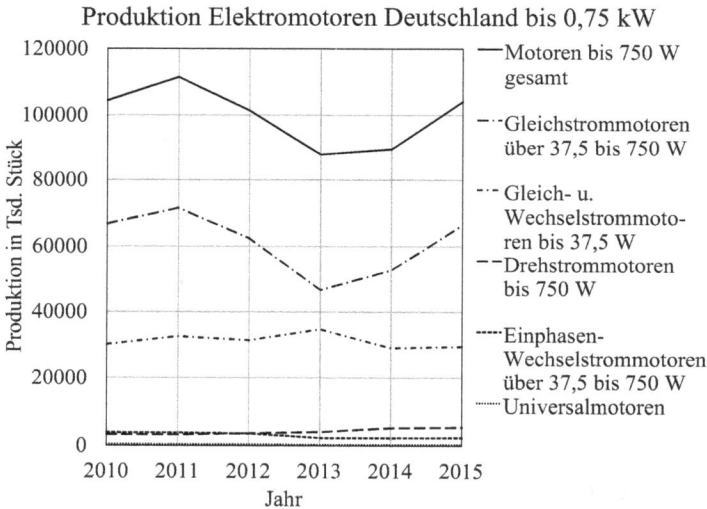

Abb. 1.1: Produktion von Kleinmotoren mit einer Bemessungsleistung P_N < 750 W in Deutschland von 2010–2015 [50].

- keine überzogenen Anforderungen an Leistungsgewicht und Wirkungsgrad;
- Integration in Gerät bzw. Übernahme von Gerätefunktionen durch Motorteile, z. B.:
  - Motorlagerschild ist gleichzeitig ein Teil des Pumpengehäuses, die Motorlagerung ist auch Lagerung für das Pumpenlaufrad, Abb. 1.2.
  - Motorlagerung ist Lagerung für die Pumpe, Motor ist im Pumpengehäuse integriert, Abb. 1.3.

Abb. 1.2: Gehäuseloser Asynchronmotor und Pumpe als integrierter Antrieb, Motorlager sind auch Lager für das Pumpenrad, Motorlagerschild ist Teil der Pumpe (Werkbild Hanning).

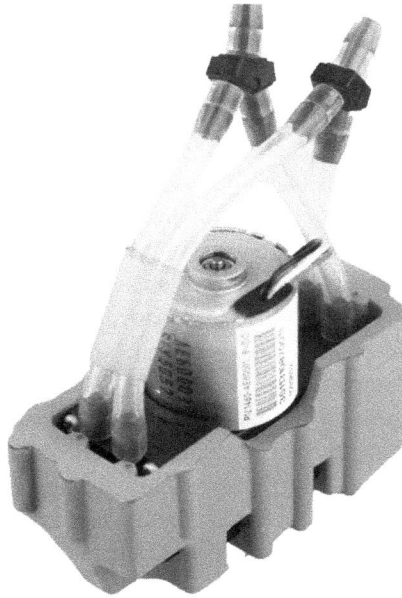

Abb. 1.3: BLDC-Motor und Pumpe für Medizin-anwendungen als integrierter Antrieb (Werkbild Johnson Medtec).

– weitgehend automatische Fertigung in Großserie:
  – Stanz-Biege-Füge-Technik;
  – Verwendung handelsüblicher Bauteile (keine Sonderausführungen z. B. für Magnete, Lager, Kondensatoren);
  – bei Drehzahlen unter 3000 1/min Ständer- und Läuferpakete aus unlegiertem Blech (Standardblech, oft ungeglüht eingesetzt), Ferritmagnete;
  – grobe Stufung der Abmessungen bei Motorfamilien (Außen-, Innendurchmesser, Paketlänge), großer Luftspalt;
  – geringer Nutfüllfaktor, möglichst einfache Wicklung, Backlackdraht;
  – möglichst wenig gestufte Wellen, Gleitlager;
  – möglichst einfache Elektronik.

So lassen sich einfache Gleichstrommotoren und Schrittmotoren sowie Synchron- und Asynchronmotoren in Großserien für den Consumer-Bereich produzieren.

1.1.3 Kennzeichen hochwertiger Kleinantriebe

Bei hochwertigen Kleinantrieben werden in der Regel deren Eigenschaften und Kennzeichen durch besondere, oft auch extreme Anforderungen der Applikation bestimmt. Dies führt z. B. zu folgenden Ausführungen und Kennzeichen:
- optimale elektromechanische und konstruktive Anpassung an das Gerät;
- Kleinserie: spanabhebende Bearbeitung, Zusammenfügen durch Schrauben, hochwertige Bauteile (Dynamoblech oder verlustarmes Spezialblech, Seltenerd-Magnete – selten SmCo, meistens NdFeB –, Wälzlager);
- gegebenenfalls Vier-Quadranten-Betrieb;
- besondere Eigenschaften bezüglich Leistungsgewicht, Wirkungsgrad (geringer Energiebedarf, geringe Erwärmung), Drehzahl, Rundlauf, Gleichlauf, Dynamik (geringe mechanische und/oder elektrische Zeitkonstante), Positionierung, Überlastbarkeit, Lebensdauer, Robustheit, Wartungsfreiheit, Geräusch- und Schwingungsarmut, Elektromagnetische Verträglichkeit, Unempfindlichkeit gegenüber ungünstigen Umweltbedingungen (Temperatur, Schwingungen, Beschleunigungen, Druck, Verschmutzung (staub-, wasser-, gasdicht), elektrische und magnetische Felder).

Infolge dieser unterschiedlichen Bedingungen entwickelte sich im Laufe der Zeit eine fast unübersehbare Ausführungsvielfalt, die sich durch neuere Entwicklungen der Mikro- und Leistungselektronik sowie der Werkstoffe, und zwar insbesondere der Magnetwerkstoffe, ständig erweitert. Herstellerkataloge geben eher das jeweilige Produktionsspektrum wieder als die vom Lager zu beziehenden Standardprodukte. Eine intensive Abstimmung zwischen Hersteller und Anwender von Antrieben für die jeweilige Anwendung ist daher im Allgemeinen unumgänglich.

1.2 Das elektromagnetische Antriebssystem

Ein elektromagnetisches Antriebssystem (Aufbau siehe Abb. 1.4) dient zur Erzeugung von Bewegungen. Es besteht aus einem informationsverarbeitenden Teilsystem, der Steuereinrichtung und energieübertragenden Funktionseinheiten, dem Stellelement, dem Antriebselement, dem Übertragungselement und dem Wirkelement. Je nach Aufgabe kann diese Struktur sehr komplex sein, z. B. mehrere Regler, mehrere Rückkopplungen, mehrere Beobachter usw. Zurzeit ist der klare Trend in der Antriebstechnik, einen größeren Teil der Funktion durch Leistungselektronik, Steuerung und Regelung abzubilden. So findet z. B. vermehrt ein Wechsel von den Gleichstrommotoren mit Kommutator zu den elektronisch kommutierten Motoren statt.

Die Aufgaben des Antriebssystems sind folgendermaßen auf seine Komponenten verteilt. Die Komponenten übernehmen dabei häufig mehrere Aufgaben gleichzeitig.

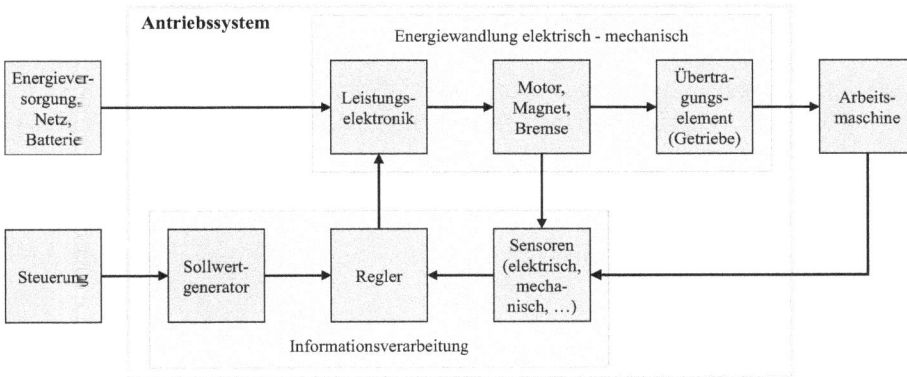

Abb. 1.4: Elektrisches Antriebssystem: Informationsverarbeitung, elektrischer Steller, elektromechanischer Energiewandler und Mechanik.

- **Aufgaben des informationsverarbeitenden Teilsystems** (Steuereinrichtung):
  - Vergleich der vorgegebenen Führungsgrößen bzw. Sollwerte (z. B. Drehmoment, Drehzahl, Drehwinkel; Kraft, Geschwindigkeit, Position usw.) mit den entsprechenden Istwerten bzw. Messwerten der Sensoren und Bildung der sich aus der Regelabweichung ergebenden Stellgrößen;
  - Erfassung der Störgrößen und Überwachung sowie Schutz des Antriebssystems einschließlich des angetriebenen Elements;
  - Ausgabe von Meldegrößen an übergeordnete Überwachungseinrichtungen oder Systeme;
- **Aufgaben des elektrischen Energie- bzw. Leistungsumformers** (Stellelement, Leistungsteil, Endstufe):
  - Umformung der elektrischen Energie/Leistung (z. B. von Drehstrom in Gleichstrom);
  - Anpassung der Motorspannung an die Versorgungsspannung;
  - Umsetzung der Eingangssignale (Stellgröße) in die vom Motor nutzbaren Ströme, d. h., im Stellelement treffen sich der Energie- und der Informationsfluss;
- **Aufgaben des elektromechanischen Energiewandlers** (Antriebselement, Motor):
  - Erzeugung eines Drehmoments oder einer Kraft;
  - Erzeugung einer stetigen oder schrittweisen, rotatorischen oder translatorischen Bewegung;
  - indirekte Messung von Kraft oder Drehmoment aus dem erforderlichen Strom;
- **Aufgaben des mechanischen Energieumformers** (Übertragungselement, Getriebe):
  - Änderung des Drehmoments und der Drehzahl;

- Verringerung des Trägheitsmoments der Last;
- Umformung einer rotatorischen in eine translatorische Bewegung;
- Übertragung der Bewegungsinformation von der Last auf den Antrieb zur indirekten Lage- und Geschwindigkeitsmessung, Kraft- oder Drehmomentmessung.

1.3 Die Antriebskomponenten

1.3.1 Motoren

1.3.1.1 Motorsystematik – Möglichkeiten zur Kommutierung elektrischer Antriebe

In elektrischen Antrieben muss für eine kontinuierliche Bewegung in allen praktisch relevanten Motoren der Strom in den einzelnen Wicklungsteilen kommutiert/gewendet werden. Die grundsätzlichen Eigenschaften elektrischer Motoren hängen damit unter anderem mit dem Verfahren zusammen, mit dem ihre Wicklungen an Spannung gelegt werden, sodass der Strom jeweils in der passenden Richtung fließt.

Es gibt dabei grundsätzlich die Kommutierung durch die Motordrehung oder durch eine vorgegebene Wechselspannung. Die Kommutierung durch die Motordrehung kann mechanisch oder elektronisch erfolgen. So gibt es folgende drei grundsätzliche Möglichkeiten der Kommutierung:

- **selbstgeführte mechanische Kommutierung**: Kommutierung durch die Motordrehung mit einem mechanischen Kommutator und Bürsten (Gleichstrommotor, Universalmotor);
- **selbstgeführte elektronische Kommutierung**: Kommutierung durch die Motordrehung mit einer von der Motordrehung gesteuerten Leistungselektronik (bürstenloser Permanentmagnetmotor mit Blockkommutierung (BLDC) oder Sinuskommutierung (BLAC));
- **fremdgeführte Kommutierung** mit der vorgegebenen Wechselspannung des Netzes oder eines Umrichters (Synchronmotoren, Asynchronmotoren).

Zurzeit ist ein starker Trend zur elektronischen Kommutierung zu verzeichnen. Für viele neue Anwendungen, die eine Drehzahlstellung erfordern, werden elektronisch kommutierte Permanentmagnetmotoren mit Block- oder Sinuskommutierung statt des klassischen Gleichstrommotors mit Spannungsstellung eingesetzt.

Tabelle 1.1 zeigt die wichtigsten Arten elektromagnetischer Kleinmotoren. Die grundsätzliche Unterscheidung erfolgt wie oben dargestellt nach der Kommutierung. Die Aussagen bezüglich ihrer Eigenschaften gelten nur im Vergleich von Motortypen gleicher Größe bzw. Leistung.

Die grundsätzlichen Schaltungen elektrischer Kleinmotoren bei direktem Netz- bzw. Batteriebetrieb einschließlich der typischen Drehzahl-Drehmoment-Kennlinien sowie die Möglichkeiten der Drehzahlstellung zeigt Abb. 1.5.

Tab. 1.1: Motorsystematik elektrischer Antriebe, Art der Kommutierung.

selbstgeführte Antriebe			fremdgeführte Antriebe	
mechanische Kommutierung	elektronische Kommutierung		vorgegebene Frequenz	
Gleichstrom-Kommutator-Motoren (siehe Kapitel 4) / **Wechselstrom-Kommutator-Motoren** (siehe Kapitel 5)	**elektronisch kommutierte Gleichstrommotoren (BLDC-Motoren)** (siehe Kapitel 8)	**elektronisch kommutierte Synchronmotoren (BLAC-Motoren)** (siehe Kapitel 8)	**Synchronmotoren**, frequenzstarre Drehzahl (siehe Kapitel 7)	**Asynchronmotoren, Induktionsmotoren**, ohne Regelung lastabhängige Drehzahl (siehe Kapitel 6)
Permanentmagnet erregter Gleichstrommotor / Wechselstrom-Kommutator-Motor mit Reihenschlusswicklung (Universalmotor)	Motor mit Permanentmagnetläufer, Blockstromtechnik	Motor mit Permanentmagnetläufer oder Hybridläufer, Sinusstromtechnik	Motor mit Permanentmagnetläufer oder Hybridläufer, mit Anlaufvorrichtung (Kurzschlusskäfig o. ä.), 3~ oder 1~	Asynchronmotor mit Kurzschlussläufer, 3~ oder 1~
Reihenschlussmotor, Nebenschlussmotor, fremderregter Motor	geschalteter Reluktanzmotor		1~Motoren mit Kondensator, Reluktanzanläufer, Hystereseläufer, Schrittmotoren mit Magnetläufer, Reluktanzläufer, Hybridläufer	Kondensatormotor, Widerstandshilfsstrang-Motor, Spaltpolmotor
weiter Drehzahlbereich $n \gg 3000\ \frac{1}{min}$ möglich → kleine, leichte Antriebe			am 50 Hz-Netz Drehzahl $n \le 3000\ \frac{1}{min}$, höhere Drehzahlen und Drehzahlstellung über Frequenzänderung mit Frequenzumrichter	
wegen Kommutator weniger robust, geringe Lebensdauer, vergleichsweise laut	robust und geräuscharm		robust und geräuscharm, bei konstanter Drehzahl am Wechselspannungsnetz sehr kostengünstig	
Elektronik zur Drehzahlstellung kostengünstig	Leistungselektronik relativ teuer, zurzeit aber starke Kostensenkung bei kleinen Leistungen durch monolithische Schaltungen, die sowohl die Leistungselektronik als auch die Steuerelektronik enthalten, sowie Schaltungen, welche die gesamte Steuerung und Regelung enthalten und neben den Leistungstransistoren nur wenige externe Bauteile benötigen			
abnehmender Anteil ↘			zunehmender Anteil ↗	

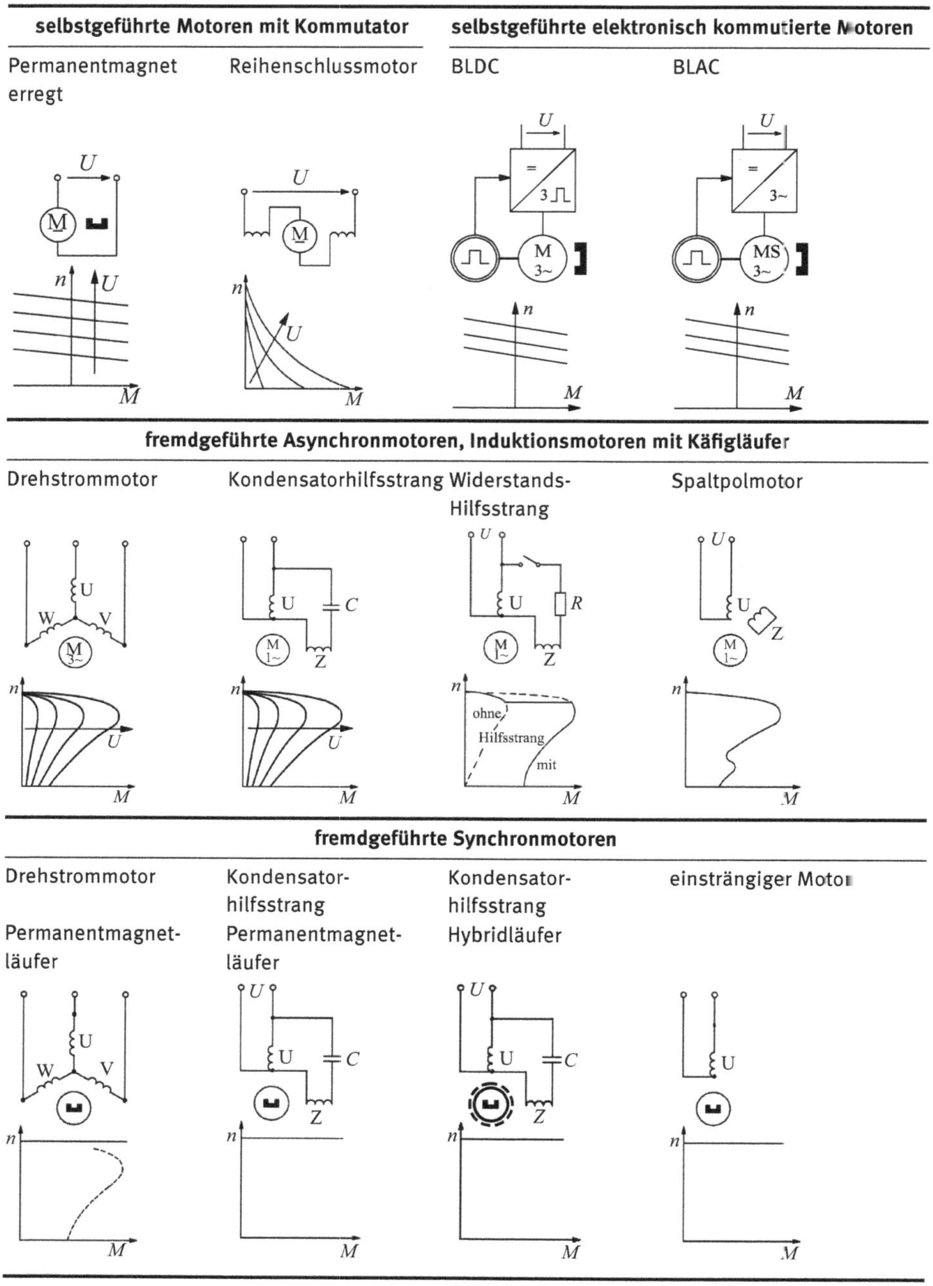
selbstgeführte Motoren mit Kommutator
selbstgeführte elektronisch kommutierte Motoren
Permanentmagnet erregt
Reihenschlussmotor
BLDC
BLAC
U
M
n
MS
3~
fremdgeführte Asynchronmotoren, Induktionsmotoren mit Käfigläufer
Drehstrommotor
Kondensatorhilfsstrang
Widerstands-Hilfsstrang
Spaltpolmotor
W
V
C
R
Z
ohne
Hilfsstrang
mit
fremdgeführte Synchronmotoren
Drehstrommotor
Permanentmagnet-läufer
Kondensator-hilfsstrang
Permanentmagnet-läufer
Kondensator-hilfsstrang
Hybridläufer
einsträngiger Motor

Abb. 1.5: Motorsystematik und Schaltungen direkt an der Versorgungsspannung betriebener Kleinmotoren, Gleichspannungsnetz oder Wechselspannungsnetz, Auswahl häufig vorkommender Ausführungen.

1.3.1.2 Grundsätzliche Konstruktionsmöglichkeiten

Im Folgenden sind wichtige Konstruktionsmöglichkeiten mit ihren besonderen Eigenschaften stichwortartig beschrieben. Da jede elektrische Maschine in fast allen der folgender Ausführungsvarianten und Kombinationen gebaut werden kann, ergibt sich die schon oben erwähnte fast unübersehbare Vielfalt.

- **Ständer-Läufer-Konfiguration** (Abb. 1.6)
    - **Walzenläufer**: häufigste Bauform wegen kostengünstiger Fertigung, geringem Motordurchmesser und geringem Trägheitsmoment (besonders bei schlankem Läufer);
    - **Scheibenläufer**: geringe Baulänge, oft mit eisenloser Wicklung, Gefahr hoher axialer Kräfte bei Läufern mit hart- oder weichmagnetischen Bauteilen (geringe Lagerlebensdauer und Gefahr von Lagerschäden), in der Regel größeres mechanisches Trägheitsmoment;
    - **Innenläufer**: häufigste Bauform wegen guter Kühlung der Ständerwicklung, einfacherer Lagerung und des einfachen Einbaus (kein rotierender Außenmantel);
    - **Zwischenläufer**: Ausführung als Glockenläufer oder Scheibenläufer, insbesondere bei eisenloser Wicklung geringe elektrische und mechanische Zeitkonstanten, günstigere Kommutierung, gutes Gleichlaufverhalten, Glockenläufer aus mechanischen Gründen nur für kleinere Leistungen (i. Allg. < 100 W) bzw. bei größeren Leistungen (bis ca. 250 W) nur für geringere Drehzahlen, bei EC- und Asynchronmotoren aufwendige Ständerfertigung (Blechpaket, Wicklung); Zwischenständer: insbesondere bei nutenloser Ständerwicklung gutes Gleichlaufverhalten, bei mitrotierendem magnetischem Rückschluss keine Wirbelstrommomente und -verluste;
    - **Außenläufer**: für besondere Anwendungszwecke wie Lüfter und Wickler, Antriebe mit gutem Gleichlaufverhalten, oft einfacheres Bewickeln des Ständers, schlechtere Ständerkühlung;
- **Schnittsymmetrie** (Abb. 1.7)
    - **Zweiachsig symmetrische Schnitte** (Ständer und Läufer liegen konzentrisch zueinander): oft günstiger einbaubar, bessere Ständerkühlung;
    - **Einachsig symmetrische Schnitte** (unsymmetrische, U-Schnitte, skeleton type): meistens kostengünstiger zu fertigen, manchmal Geräuschprobleme dadurch, dass Wechselflüsse die einseitig befestigten Pole zum Schwingen anregen;
- **Polfolge** (Abb. 1.8)
    - **Heteropolar-Motoren/Wechselpol-Motoren** (Abb. 1.8 links): entlang dem Umfang wechselnde Polarität, infolge des großen magnetischen Flusses günstiges Leistungsgewicht, daher überwiegend gefertigt;
    - **Homopolar-Motoren/Gleichpol-Motoren** (Abb. 1.8 rechts): entlang der Achse wechselnde Polarität, wicklungsloser Läufer mit großer Anzahl von

Zähnen infolge der Luftspaltschwankungen zwar geringe, aber hochpolige Flussschwankungen;
- **Wicklungsausführung**
  - In Nuten verteilte Wicklung: teuer, aber i. Allg. günstigere Form des magnetischen Felds (geringere Verluste); Anwendung bei Statorwicklungen für Asynchronmotoren, Synchronmotoren sowie Rotorwicklungen für Gleichstrommotoren und Wechselstrommotoren mit Kommutator;
  - Konzentrierte Wicklung auf ausgeprägten Polen: einfache Fertigung, elektromagnetisch ungünstiger bei Synchron- und Asynchronmotoren; Anwendung bei Synchronmotoren, Spaltpol-Asynchronmotoren, bürstenlose Gleichstrommotoren, Erregerwicklungen (bei Kleinantrieben selten);
  - Luftspaltwicklung, eisenlose, nutenlose, selbsttragende Wicklung gutes Gleichlaufverhalten, günstigere Kommutierung wegen geringerer Wicklungsinduktivität, Motorausnutzung geringer wegen größerem Luftspalt;
  - Ringwicklung: für Klauenpolsysteme (siehe Abschnitt 7.3), einfachste Konstruktion für hohe Polzahlen; Nachteil von Klauenpolen: starke Streuung, hohe Wirbelstromverluste bei Wechsel- und Drehfeldern; Anwendung vor allem bei Schrittmotoren;
- **Bewegungsart**
  - Rotation: überwiegend Motoren mit rotierendem Läufer wegen günstigerer Kosten, häufig mit Getriebe; ggf. Umwandlung der Rotation in eine Translation mit Zahnriemen, Spindeln oder Hebeln;
  - Translation: Linearmotoren wegen höherer Kosten im Konsumgüterbereich nicht verwendet (statt dessen rotierende Motoren mit Spindeln, auch als Hohlwelle, Zahnstangen oder Zahnriemen), begrenzte Bewegung, Antriebe individuell an Gerät angepasst;
  - Direktantriebe ohne Getriebe für Rotation oder Translation: Vorteil: Getriebeprobleme entfallen, z. B. kein Spiel bei Positionsantrieben; Nachteil: wegen fehlendem Getriebe keine Vergrößerung des Motormoments bzw. Verringerung des Lastträgheitsmoments möglich; in der Regel teurer als Lösungen mit Getriebe;
  - Motoren mit sehr kurzer Bewegung: Elektromagnete, Schwinganker- und Tauchspul-Motoren;
  - stetige, schrittweise oder schwingende Bewegung;
  - dauernder, kurzzeitiger, aussetzender usw. Betrieb.

1.3.2 Elektronische Schaltungen

Abbildung 1.9 zeigt die Möglichkeiten elektronisch betriebener Kleinantriebe, die im Folgenden für eine erste Orientierung stichwortartig beschrieben werden. Einzelheiten zur Leistungselektronik gibt Kapitel 11 wieder.

	Innenläufer	Zwischenläufer	Zwischenständer	Außenläufer
Radialfeld, Walzenläufer, häufigste Bauart				
	häufigste Motor-Bauart, z. B. Gleichstrommotor, BLDC-Motor, BLAC-Motor, Asynchronmotor, Synchronmotor, Schrittmotor	Glockenläufer, Schrittmotor	eisenloser Synchronmotor, eisenloser BLDC-Motor	Lüftermotor Synchronmotor, Asynchronmotor, BLDC

	Zwischenläufer	Zwischenständer	einseitiger Läufer	
Axialfeld, Scheibenläufer, insgesamt eher selten				Stator: ▯ Rotor: ▮
				häufig verwendete Ausführung
	eisenloser Gleichstrommotor	BLDC-Motor	BLDC-Motor, Schrittmotor	

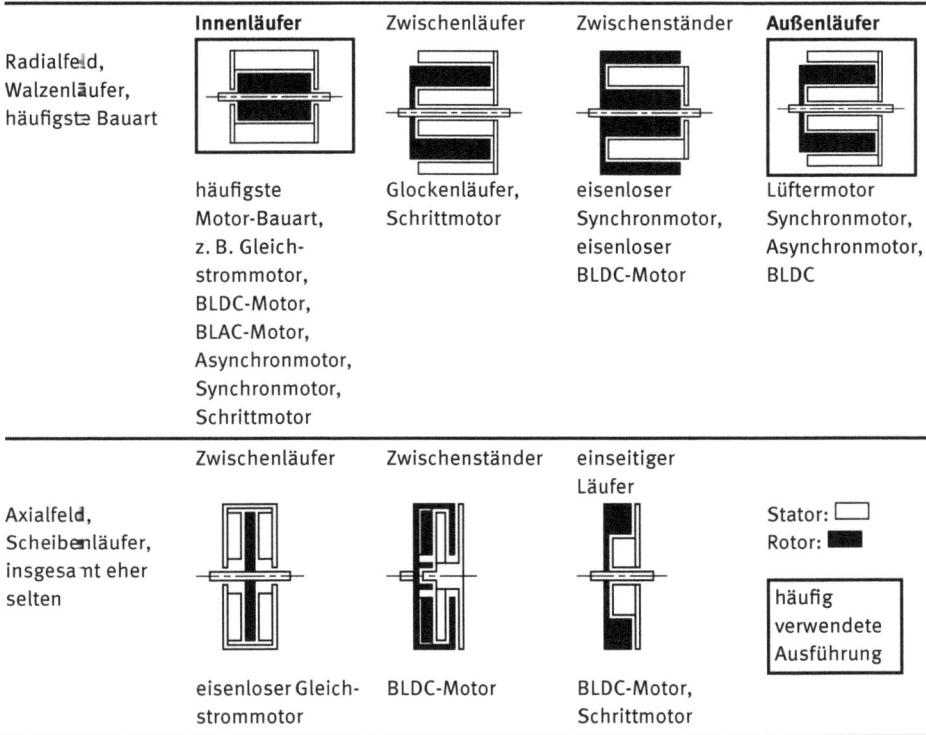

Abb. 1.6: Motorensystematik: Ständer-Läufer-Konfigurationen, typische Verwendungen der einzelnen Konfigurationen.

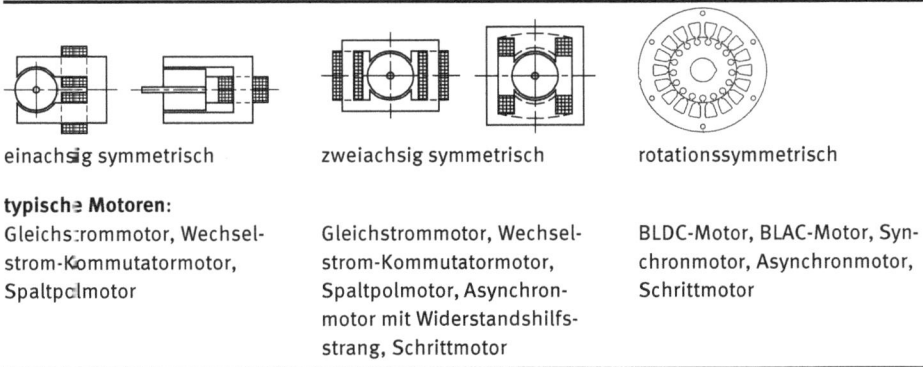

einachsig symmetrisch	zweiachsig symmetrisch	rotationssymmetrisch
typische Motoren:		
Gleichstrommotor, Wechselstrom-Kommutatormotor, Spaltpolmotor	Gleichstrommotor, Wechselstrom-Kommutatormotor, Spaltpolmotor, Asynchronmotor mit Widerstandshilfsstrang, Schrittmotor	BLDC-Motor, BLAC-Motor, Synchronmotor, Asynchronmotor, Schrittmotor

Abb. 1.7: Motorsystematik: Schnittsymmetrie.

1.3.2.1 Schaltungen für Gleichstrommotoren mit Kommutator

Zur Drehzahlstellung beim Betrieb am Gleichspannungsnetz, z. B. Batterienetz, werden häufig Chopper eingesetzt (Abb. 1.9a). Die Gleichspannung wird gepulst, sodass

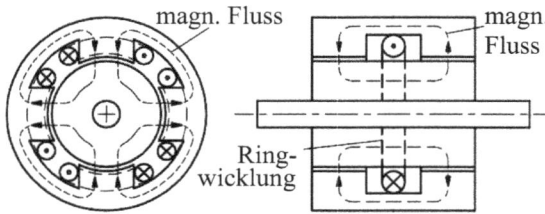

Wechselpolmotor:
Magnetpole in Umfangs-
richtung abwechselnd
Nord- und Südpole

Gleichpolmotor:
in Umfangsrichtung immer
Nord- bzw. Südpol, Stärke
des Magnetfelds variiert in
Umfangsrichtung

Abb. 1.8: Motorsystematik: Polfolge in Umfangsrichtung.

der Mittelwert der Spannung über das Puls-Pausen-Verhältnis eingestellt werden kann. Die Transistoren arbeiten als Schalter, so entstehen nur geringe Verluste und ein günstiger Wirkungsgrad.

Bei nur einer Drehrichtung und einer Drehmomentenrichtung reicht ein Transistor mit Freilaufdiode (Ein-Quadranten-Betrieb, 1Q-Betrieb). Die Freilaufdiode übernimmt den Motorstrom nach dem Abschalten des Transistors.

Für beide Drehrichtungen und beide Drehmomentenrichtungen (Vier-Quadranten-Betrieb, 4Q-Betrieb) sind vier Transistoren und Freilaufdioden in einer Brückenschaltung (H-Brücke) erforderlich:
– geringer bis mittlerer Aufwand für die Elektronik, für kleine Leistungen als komplette integrierte Schaltung erhältlich;
– gute Bürstenlebensdauer, da der Strom nicht lückt;
– je nach Umfang der Schaltung Ein-Quadranten- bis Vier-Quadranten-Betrieb möglich.

Der Betrieb am Wechselstromnetz erfolgt mit einem ungesteuerten Brücken-Gleichrichter. Zur Drehzahlstellung wird der Gleichrichter mit einer Phasenanschnittsteuerung mit Triac kombiniert (Abb. 1.9b):
– sehr einfache Schaltung
– Reduzierung der Lebensdauer durch lückenden Strom
– hohe Stromoberschwingungen

Problem bei permanentmagneterregten Motoren: Die Ankerwicklung muss für Netzspannung ausgelegt werden. Dies bedeutet eine hohe Kommutatorstegzahl und eine hohe Nutzahl, damit die Spannung zwischen zwei Stegen auf einen zulässigen Wert begrenzt wird (Details siehe Kapitel 3 und 4). Bei einfachen Antrieben erfolgt keine zusätzliche Glättung mit einem Kondensator. Der Motor wird also mit Misch-

Gleichstrom Kommutatormotor

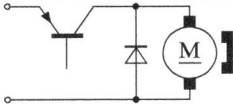

(a) Chopper

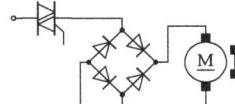

(b) Phasenanschnitt
mit Gleichrichter

bürstenloser Gleichstrommotor

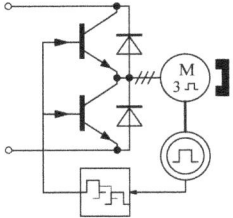

(c) Blockkommutierung
ohne Chopper

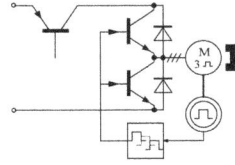

(d) Blockkommutierung mit Chopper

Wechselstrom Kommutatormotor

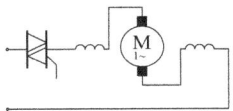

(e) Phasenanschnitt

Asynchronmotor

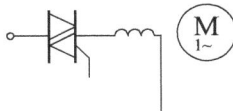

(f) Phasenanschnitt

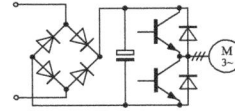

(g) Pulswechselrichter
mit Gleichrichter

Synchronmotor

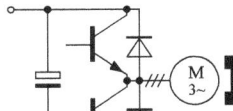

(h) Pulswechselrichter

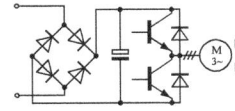

(i) Pulswechselrichter
mit Gleichrichter

Schrittmotor

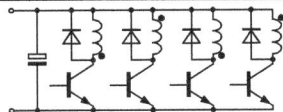

(j) unipolar

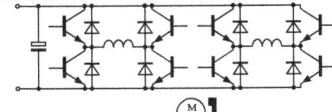

(k) bipolar

Abb. 1.5: Übersicht über elektronisch betriebene Kleinantriebe, Hinweis: Es werden in den Schaltungen einheitlich Bipolartransistoren angegeben, auch wenn in realen Schaltungen häufig MOS-Feldeffekt-Transistoren eingesetzt werden. Details siehe Kapitel 11 und die Abschnitte zu den einzelnen Motorarten.

strom (Gleichstrom + Wechselstrom) betrieben. Der Wechselstrom kann zur Entmagnetisierung der Permanentmagnete führen.

Für eine etwa konstante Drehzahl wird die Spannung stromabhängig angehoben. Bei hohen Anforderungen an die Drehzahlkonstanz erfolgt eine Drehzahlregelung mit einem Drehzahlsensor und Regler.

Positionsregelung/Winkelregelung gegebenenfalls einschließlich Erzeugung eines Haltemoments: H-Brücke und Sensor zur Positionserfassung, Reglerstruktur ist üblicherweise Kaskadenregelung mit Positionsregler und unterlagerter Drehzahl- und Stromregelung, Vorteil von GM: nur ein Stromwert muss geregelt werden.

1.3.2.2 Schaltungen für bürstenlose Gleichstrommotoren

Die Leistungselektronik besteht aus einem dreiphasigen Wechselrichter, der an die Stränge blockförmige Spannungen anlegt. Die Ansteuerung des Wechselrichters erfolgt durch den Winkelgeber am Motor. Die Elektronik schaltet die Wicklungsstränge im Stator in Abhängigkeit von der Rotorlage zyklisch weiter (Abb. 1.9c):

- mittlerer Aufwand für die Leistungselektronik, bei kleinen Leistungen häufig als komplette integrierte Schaltung verfügbar;
- hohe Lebensdauer des Antriebs, da Bürstenverschleiß entfällt;
- leiser Antrieb, da Bürstengeräusche entfallen;
- hoher Verdrahtungsaufwand.

Da nur eine blockförmige Spannung erzeugt wird, muss der Winkelgeber nur sechs Schaltzustände an den Wechselrichter melden. Daher sehr kostengünstig realisierbar: häufig aus einem Permanentmagnetrad und drei Hallsensoren mit binärer Auswertung. Alternativ erfolgt die Erfassung der Rotorlage durch im Stator integrierte Sensoren oder sensorlos durch Auswertung der im gerade nicht bestromten Statorstrang induzierten Spannung.

Zur Drehzahlstellung wird in Reihe mit dem Wechselrichter ein Chopper geschaltet oder drei der sechs Schalter des Wechselrichters werden gepulst (Abb. 1.9c). Zum Betrieb am Wechselstromnetz wird der Wechselrichter mit Chopper aus einem Gleichrichter mit Gleichspannungszwischenkreis gespeist.

Für eine Drehzahlregelung wird entweder ein einfacher Tacho angebaut oder es wird die im gerade nicht bestromten Statorstrang induzierte Spannung zur Drehzahlmessung herangezogen. Die Positionsregelung/Winkelregelung erfolgt wie bei Gleichstrommotoren mit Kommutator, allerdings müssen zwei oder drei Ströme geregelt werden. Es ist aber eine höhere Dynamik möglich, weil die Kommutierung nicht mechanisch erfolgt.

1.3.2.3 Schaltungen für Wechselstrom-Kommutator-Motor/Universalmotor

Anwendungen für Wechselstrom-Kommutator-Motoren sind hauptsächlich im Konsumgüterbereich zu finden, weil ein direkter Wechselstrombetrieb möglich ist und eine elektronische Drehzahlstellung mit der Phasenanschnittsteuerung besonders einfach und kostengünstig realisiert werden kann.

Typischerweise erfolgt eine Vollwellensteuerung mit Triac entsprechend Abb. 1.9e. So werden beide Stromhalbschwingungen genutzt, daher ist diese Schaltung auch für größere Leistungen bis zu mehreren kW geeignet. Die Zündung des Triac erfolgt zunehmend durch einen Phasenanschnittsteuer-IC, da damit eine zuverlässige Zündung gewährleistet werden kann und der Antrieb gleichmäßig läuft:

- sehr kostengünstig
- sehr klein, lässt sich leicht z. B. in den Handgriff integrieren
- starke Oberschwingungen
- reduzierte Bürstenlebensdauer

Für höhere Ansprüche wird der Anschnittsteuerung eine Gleichrichtung nachgeschaltet, die folgende Vorteile bietet:

- Strom lückt nicht mehr
- Verbesserung der Kommutierung, Erhöhung der Lebensdauer
- höhere Leistung des Motors bei gleicher Baugröße

Problem von Universalmotoren/Wechselstrom-Kommutatormotoren: Die Drehzahl-Drehmoment-Kennlinie wird bei kleiner Spannung weicher, die Drehzahl sinkt im gesteuerten Betrieb überproportional mit zunehmender Belastung. Daher ist oft eine Drehzahlsteuerung oder -regelung erforderlich:

- kostengünstig: Kennliniensteuerung mit stromabhängiger Spannungsanpassung (kann im Phasenanschnittsteuer-IC integriert werden);
- genau: Drehzahlgeber und Regler zur Steuerung der Phasenanschnittsteuerung.

Für viele Anwendungen, z. B. Bohrmaschinen, Küchengeräte, ist eine Steuerung vollkommen ausreichend.

1.3.2.4 Schaltungen für Asynchron-Motoren, Induktionsmotoren
Phasenanschnittsteuerung zur Spannungsstellung
Es ist die einfachste und kostengünstigste Schaltung (siehe Abb. 1.9f), die aber nur einen sehr eingeschränkten Drehzahlstellbereich besitzt. Die Frequenz bleibt konstant, sodass auch die synchrone Drehzahl konstant bleibt. Die Drehzahlstellung erfolgt durch Vergrößerung des Schlupfs s bei kleinen Spannungen (Details in Abschnitt 6.7.2):

- sehr eingeschränkter Drehzahlstellbereich;
- schlechte Überlastbarkeit, da Kippmoment wegen $M_{kipp} \sim U_S^2$ sehr stark mit der Spannung zurück geht;
- hohe Verlustleistung, da die Verluste wegen $P_{vR} \sim s$ bei kleinen Drehzahlen ansteigen.

Frequenzumrichter

Aufwendige Wechselrichterschaltung für dreisträngige Motoren: Drehstrom-Asynchronmotoren und Drehstrom-Synchronmotoren, Schaltung in Abb. 1.9g. Stellung der Drehzahl durch Variation von Spannung und Frequenz mit einem Pulswechselrichter (Details in Abschnitt 6.7.3):

- Drehzahlstellung vom Stillstand bis zur Bemessungsdrehzahl mit hohem Kippmoment und Dauerdrehmoment;
- Feldschwächung, d. h., weitere Drehzahlerhöhung weit über die Bemessungsdrehzahl hinaus mit abnehmendem Drehmoment möglich;
- bei Wahl hoher Pulsfrequenzen: geräuscharmer Betrieb.

Für eine konstante Motorausnutzung ist ein konstantes Verhältnis induzierte Spannung/Frequenz U_i/f Voraussetzung. Mit zunehmender Drehzahl/Frequenz verringert sich wegen des abnehmenden Spannungsabfalls an der Statorwicklung der Unterschied zwischen U_i und (konstanter) Klemmenspannung U_S und damit U_i/f. Um über den gesamten Drehzahlbereich ein gleichbleibendes Drehmoment oder eine belastungsunabhängige Drehzahl zu erreichen, ist daher gegebenenfalls Abhilfe erforderlich:

- $I \cdot R$-Kompensation für gleichbleibendes Drehmoment;
- Schlupffrequenzkompensation für belastungsunabhängige Drehzahl.

Bei der $I \cdot R$-Kompensation wird die Klemmenspannung um einen stromproportionalen Anteil höher als die gewünschte induzierte Spannung gewählt.

Bei der Schlupfkompensation erfolgt die Berechnung der Schlupffrequenz für die erwartete Belastung aus den Motordaten. Die Summe aus erwarteter Drehzahl- und Schlupffrequenz ist die vom Frequenzumrichter zu liefernde Drehfeldfrequenz.

Verbesserung der Antriebseigenschaften durch Regelung

- Drehzahlregelung zur Verbesserung der Drehzahlkonstanz: Der Frequenzumrichterantrieb wird um einen Drehzahlsensor (Tachogenerator, Inkrementalgeber) und einen Regler erweitert.
- Drehmomentregelung: Zweck ist die schnelle und genaue Einstellung des Drehmoments wie beim GM; da beim ASM die Lage des Drehfelds bezüglich der Läuferlage variabel ist, ist eine Umrechnung der Motorströme und -spannungen des dreiphasigen Systems in ein sich an einer elektrischen Größe (Fluss) orientierendes Koordinatensystem erforderlich (feldorientierte Regelung, Vektorregelung). Die Berechnung des Motorflusses und der Stellgrößen erfolgt mit einem Motormodell.
- Positionsregelung/Winkelregelung zum genauen Anfahren und Halten von Positionen, Abfahren von Konturen: Ähnlich wie beim GM, Positionsregler mit unterlagerter Drehzahl- und Stromregelung sowie zusätzlicher Flussregelung.

Vektor- und Positionsregelung werden häufig im Frequenzumrichter integriert angeboten.

1.3.2.5 Schaltungen für Synchron-Motoren

Aufwendige Wechselrichterschaltung für dreisträngige Motoren (Drehstrom-Synchronmotoren), Schaltung in Abb. 1.9h und i. Stellung der Drehzahl durch Variation von Spannung und Frequenz mit einem Pulswechselrichter (Details in Abschnitt 7.7):
- Drehzahlstellung vom Stillstand bis zur Bemessungsdrehzahl mit hohem Kippmoment und Dauerdrehmoment;
- bei Wahl hoher Pulsfrequenzen: geräuscharmer Betrieb;
- Feldschwächung, d. h., weitere Drehzahlerhöhung weit über die Bemessungsdrehzahl hinaus mit abnehmendem Drehmoment je nach Motorauslegung nur eingeschränkt möglich, da das Magnetfeld weitgehend durch die Permanentmagnete festgelegt ist.

Eine separate Drehzahlregelung ist wegen der festen Zuordnung zwischen Frequenz und Drehzahl häufig nicht erforderlich. Zur Verbesserung der Betriebseigenschaften erfolgt häufig eine Schwingungsdämpfung durch gezielte Variation der Phasenlage der Statorspannung in Abhängigkeit vom Statorstrom.
- Drehzahlstellung mit Frequenzumrichter ohne Drehzahlsensor: Beschleunigung und Verzögerung entlang einer Frequenzrampe;
- Drehzahlregelung: zusätzlich Drehzahlgeber und -regler;
- Positionsregelung/Winkelregelung: zusätzlicher Positionsgeber, Reglerstruktur identisch der für GM und ASM: Positionsregler mit unterlagertem Drehzahl- und Stromregler als Kaskadenregler.

Die Struktur der Regelung ist einfacher als bei Asynchronmotoren, da das Feld im Rotor eingeprägt ist und so die Richtung des Magnetfelds über den gemessenen Rotorwinkel bekannt ist.

1.3.2.6 Schaltungen für Schrittmotoren

Die Positionierung erfolgt bei gegebener Schrittweite über die Anzahl der Impulse (Voll- oder Halbschrittbetrieb). Steuerfrequenz wird von Elektronik vorgegeben. Die Ansteuerung kann unipolar erfolgen, d. h., in einer Spule fließt der Strom immer in der gleichen Richtung (Abb. 1.9j). Alternativ erfolgt eine bipolare Ansteuerung mit wechselnden Stromrichtungen in den Spulen (Abb. 1.9k):
- offener Steuerkreis für die Positionierung, daher kostengünstig;
- angepasste Impulsfolge für Starten und Stoppen erforderlich;
- unipolare Schaltung mit geringerem Elektronikaufwand aber geringerer Motorausnutzung;
- bipolare Schaltung mit höherem Elektronikaufwand aber besserer Motorausnutzung.

Für kleine Leistungen stehen komplett integrierte Schaltungen zur Verfügung, die sowohl den Steuerungs- als auch den Leistungsteil enthalten.

Eine feinere Positionierung erfolgt durch Mikroschrittbetrieb: Unterteilung eines Vollschritts in eine Anzahl Mikroschritte durch pulsweitenmodulierte (PWM) Ansteuerung benachbarter Wicklungen.

Gelegentlich werden Schrittmotoren als Servoantrieb mit Positionsgeber und Reglerstruktur ähnlich der von anderen Antriebsarten für Stellantriebe verwendet. Durch den Mikroschrittbetrieb und die Positionsrückführung sind dabei eine kontinuierliche Drehbewegung und eine exakte Positionierung möglich.

Carsten Fräger und Hans-Dieter Stölting

2 Magnetkreis, Permanentmagnete, Kraft- und Drehmomenterzeugung

Schlagwörter: Permanentmagnete, Magnetmaterialien, Magnetkreis, Krafterzeugung, Drehmomenterzeugung

2.1 Magnetfeld in elektrischen Maschinen

Bei den meisten elektrischen Maschinen erfolgt die Energieumwandlung zwischen elektrischem und mechanischem System durch das Magnetfeld der Maschine. Dies betrifft fast alle Maschinen und Aktuatoren in diesem Buch:
–   Gleichstrommotoren mit Kommutator
–   Reihenschlussmaschinen mit Kommutator
–   Asynchronmotoren
–   Synchronmotoren
–   bürstenlose Gleichstrommotoren
–   Reluktanzmotoren
–   Elektromagnetische Schrittmotoren
–   Elektromagnete
–   Magnetlager

Nur wenige Maschinen nutzen andere Mechanismen der Energiewandlung, z. B. piezoelektrische Antriebe.

Zum Verständnis der Wirkungsweise der Maschinen ist daher die Kenntnis des Magnetfelds erforderlich.

Bei Kleinmaschinen haben dabei die Permanentmagnete eine besonders hohe Bedeutung im Vergleich zu den Maschinen größerer Leistung. Bei Kleinmaschinen kann durch einen relativ geringen Einsatz von Magnetmaterial eine deutliche Steigerung der Drehmoment- und Leistungsdichte sowie des Wirkungsgrads erzielt werden.

Die Steigerung des Wirkungsgrads ist insbesondere für den Einsatz in batterie- oder akkubetriebenen Geräten zur Verlängerung der Laufzeit oder zur Verringerung der Kosten für Batterien oder Akkus sehr wichtig. Aber auch bei Antrieben mit hoher Betriebsdauer, wie z. B. Heizungsumwälzpumpen oder Kühlaggregaten in Kühl- und Gefrierschränken, spielt der Wirkungsgrad eine große Rolle.

Carsten Fräger, Hochschule Hannover
Hans-Dieter Stölting, Leibniz Universität Hannover

https://doi.org/10.1515/9783110565324-002

In den folgenden Abschnitten finden sich einige grundsätzliche Zusammenhänge zum Magnetfeld und zum magnetischen Kreis sowie eine ausführliche Darstellung zu den Permanentmagneten und ihren Eigenschaften.

2.2 Zusammenhänge im Magnetfeld, Fluss und Flussverkettung

Die Größen des magnetischen Felds sind die Flussdichte $\boldsymbol{B}$ und die Feldstärke $\boldsymbol{H}$, zwischen denen mit der Stoffgröße μ folgender Zusammenhang besteht:

$$\boldsymbol{B} = \mu\,\boldsymbol{H} = \mu_0\,\mu_r\,\boldsymbol{H}\,, \quad B = \mu\,H = \mu_0\,\mu_r\,H \tag{2.1}$$

Größere Bereiche des Magnetfelds werden durch den magnetischen Fluss und die magnetische Spannung beschrieben:

$$\Phi = \iint_A \boldsymbol{B}\,\mathrm{d}\boldsymbol{A}\,, \quad \text{bzw.} \quad \Phi = \iint_A B\,\mathrm{d}A \quad \text{für} \quad \boldsymbol{B}\text{ parallel zu }\mathrm{d}\boldsymbol{A} \tag{2.2}$$

$$V_{\mathrm{mag}} = \int_s \boldsymbol{H}\,\mathrm{d}\boldsymbol{s}\,, \quad \text{bzw.} \quad V_{\mathrm{mag}} = \int_s H\,\mathrm{d}s \quad \text{für} \quad \boldsymbol{H}\text{ parallel zu }\mathrm{d}\boldsymbol{s} \tag{2.3}$$

Für ein homogenes Magnetfeld mit konstanter Flussdichte und Feldstärke vereinfachen sich die Integrale zu Produkten mit der Fläche bzw. der Länge:

$$\Phi = B\,A\,, \quad V = H\,s \tag{2.4}$$

Die Flussverkettung Ψ (Verkettungsfluss, Spulenfluss) beschreibt den insgesamt von einer Spule umfassten Fluss. Umfassen alle Windungen den gleichen Fluss, ergibt sich die Flussverkettung zu

$$\Psi = N\,\Phi = w\,\Phi \tag{2.5}$$

Ebenso können auch verkettete Wicklungs- oder Strangflüsse definiert werden.

Die Ursache des Magnetfelds sind Ströme bzw. Durchflutungen. Der Durchflutungssatz beschreibt dies für geschlossene Wege im Magnetfeld. Für kleine Frequenzen kann die in der allgemeinen Form vorhandene Verschiebungsdichte vernachlässigt werden. So lautet der Durchflutungssatz für kleine Frequenzen:

$$\Theta = \iint_A \boldsymbol{J}\,\mathrm{d}\boldsymbol{A} = \oint_c \boldsymbol{H}\,\mathrm{d}\boldsymbol{s}\,, \quad \text{bei konzentrierten Strömen:} \quad \Theta = N\,I \tag{2.6}$$

2.3 Magnetischer Kreis

Das Magnetfeld lässt sich in vielen Fällen gut mit Hilfe des magnetischen Kreises berechnen. Für einfache Fragestellungen eignet sich der einfache magnetische Kreis ohne Verzweigungen. Eine detaillierte Darstellung findet sich z. B. in [62, Kapitel 4].

2.3.1 Unverzweigter magnetischer Kreis

Im magnetischen Kreis ohne Verzweigungen ist der magnetische Fluss Φ an allen Stellen des Kreises gleich (siehe Abb. 2.1). Häufig kann der magnetische Kreis in eine Anzahl von Abschnitten mit jeweils näherungsweise homogenem Magnetfeld mit den Längen l_i, den Querschnitten A_i und den Permeabilitäten μ_i aufteilt werden (Abb. 2.1).

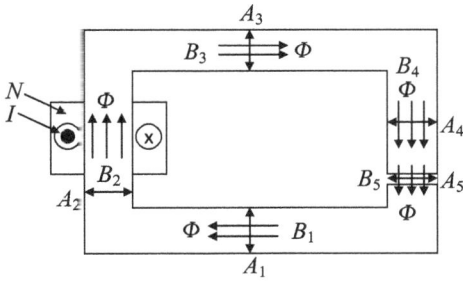

Abb. 2.1: Magnetkreis: magnetischer Fluss Φ, Wicklung mit Strom I und Windungszahl N, Luftspalt.

Dadurch kann der Durchflutungssatz besonders einfach zur Berechnung des Magnetfelds und der Induktivitäten angewendet werden. Die einzelnen Abschnitte haben jeweils eine magnetische Spannung, sodass das Integral des Durchflutungssatzes (2.6) zu einer Summe mit magnetischen Spannungen wird:

$$\Theta = \sum_k N_k I_k = \sum_n V_n = \sum_n H_n l_n = \sum_n \frac{B_n l_n}{\mu_{\mathrm{r}n} \mu_0} = \sum_n \frac{\Phi l_n}{A_n \mu_{\mathrm{r}n} \mu_0} = \Phi \sum_n R_{\mathrm{mag}\,n} \qquad (2.7)$$

Die magnetischen Widerstände ergeben sich aus der Geometrie und der Permeabilität der einzelnen Abschnitte:

$$R_{\mathrm{mag}\,n} = \frac{l_n}{A_n \, \mu_{\mathrm{r}n} \, \mu_0} \qquad (2.8)$$

2.3.2 Verzweigter magnetischer Kreis

In realen elektrischen Maschinen ist der Fluss nicht an allen Stellen des Magnetkreises konstant. Dies kann dadurch berücksichtigt werden, dass mehrere Wege für den magnetischen Fluss betrachtet werden. Jeder Weg wird wie im unverzweigten Magnetkreis durch magnetische Widerstände R_{mag}, Durchflutungen Θ und magnetische Spannungen V_{mag} beschrieben. Abbildung 2.2 zeigt zwei Beispiele für einen Elektromagnet (Abb. 2.2a) und für eine Synchronmaschine mit Dauermagneten/Permanentmagneten (Abb. 2.2b). Weitere Beispiele und Berechnungen zeigt [62].

Die Berechnung verzweigter Magnetkreise mit abschnittweise homogenen Magnetfeldern erfolgt sinngemäß wie beim Gleichstromkreis mit Maschen- und Knotengleichungen sowie magnetischen Widerständen und magnetischen Spannungen:

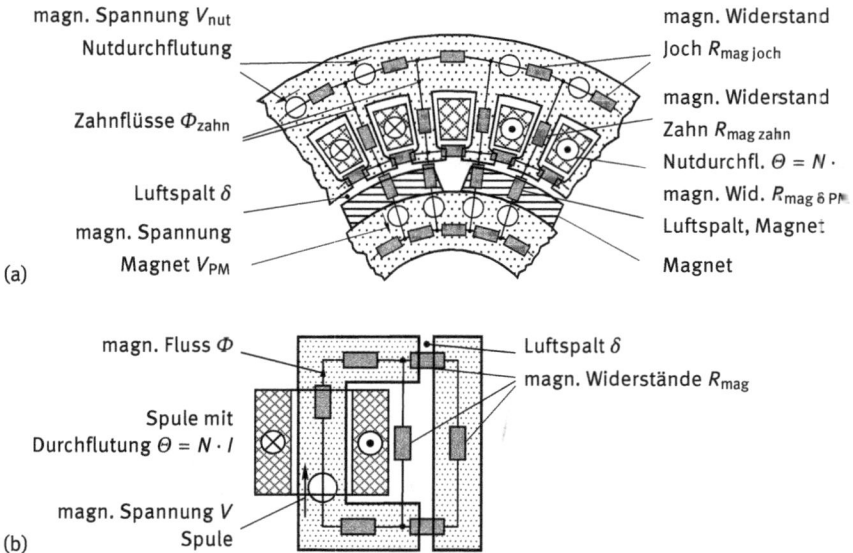

Abb. 2.2: Verzweigte Magnetkreise mit Geometrie und magnetischem Ersatzschaltbild aus magnetischen Spannungen und magnetischen Widerständen: (a) PM-Synchronmaschine, (b) Elektromagnet.

- Knotengleichung:

$$\sum \Phi_{\mathrm{zu}} = \sum \Phi_{\mathrm{ab}} \tag{2.9}$$

- Maschengleichung:

$$\sum V_{\mathrm{mag\ mit}} = \sum V_{\mathrm{mag\ gegen}} \tag{2.10}$$

- magnetische Spannungen an Widerständen:

$$V_{\mathrm{mag\ R}} = R_{\mathrm{mag}}\,\Phi \tag{2.11}$$

- Spannung durch eingeschlossene Durchflutungen:

$$V_{\mathrm{mag\ \Theta}} = N\,I \tag{2.12}$$

- Spannungen durch Permanentmagnete:

$$V_{\mathrm{mag\ PM}} = h_{\mathrm{PM}}\,H_{\mathrm{PM}} = h_{\mathrm{PM}}\frac{B_{\mathrm{r}}}{\mu_0\mu_{\mathrm{r}}} \tag{2.13}$$

Mit den Gleichungen lässt sich das Gleichungssystem für einen kompletten Magnetkreis aufstellen und lösen. Die Lösung erfolgt mit den gleichen Methoden, wie sie für den Gleichstromkreis angewendet werden.

Da die Eisenteile eines Magnetkreises in der Regel stark gesättigt sind, ist üblicherweise eine iterative Lösung des Gleichungssystems mit veränderlichen magnetischen Widerständen erforderlich.

2.4 Ferromagnetische Materialien für Kleinmotoren

Bei kleinen Elektroantrieben spielen die Ummagnetisierungsverluste und Wirbelstromverluste häufig eine untergeordnete Rolle gegenüber den ohmschen Verlusten in den Wicklungen. Daher werden aus Kostengründen vielfach Elektrobleche mit höheren Verlusten, Elektrobleche ohne separate Isolierschicht oder sogar Standardbleche eingesetzt. Im Gegensatz dazu werden bei größeren Motoren in der Regel verlustarme Elektrobleche mit Isolierschicht eingesetzt.

Standardbleche haben den Nachteil größerer Ummagnetisierungs- und Wirbelstromverluste. Jedoch lassen sie sich ähnlich gut magnetisieren wie Elektrobleche, sodass ggf. bei kleinen Motoren aus Kostengründen die Verlusterhöhung in Kauf genommen wird. Abbildung 2.3 zeigt verschiedene Magnetisierungskurven. Es ist zu erkennen, dass sich das Blech M800-50A mit den höheren Verlusten leichter magnetisieren lässt als das verlustärmere Bleich M400-50A. Das Standardmaterial hat eine etwas schlechtere Magnetisierungskennlinie als die Elektrobleche.

Deutlich ist die starke Nichtlinearität bei höheren Flussdichten zu erkennen. Reale Maschinen werden häufig im gesättigten Bereich betrieben. Bei kleinen Motoren mit Permanentmagneten treten Flussdichten im Bereich bis zu 2,0 T auf.

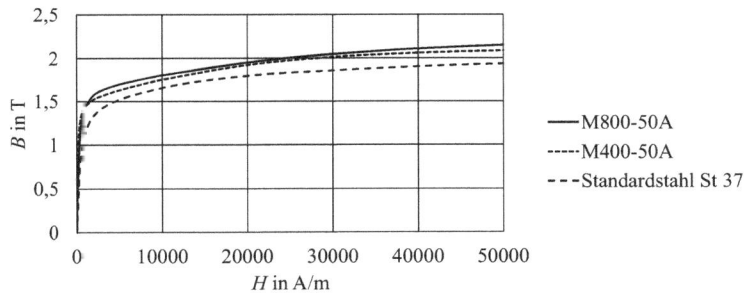

Abb. 2.3: Magnetisierungskennlinien: Standardmaterial und Elektrobleche M400-50A und M800-50A [64].

2.5 Permanentmagnete

Die Permanentmagnete haben bei Kleinmaschinen im Vergleich zu größeren Maschinen eine besonders hohe Bedeutung. Permanentmagnete werden in Magnetsystemen, Wechsel- und Gleichstromgeneratoren, Gleichstrom-, Synchron- und Elektronikmotoren (Bauformen für Rotoren mit Permanentmagneten für Synchronmotoren und Elektronikmotoren siehe Abb. 7.22, Abb. 7.23, Abb. 8.10, Abb. 8.11) sowie in Planar- und Linearantrieben, in Kupplungen und magnetischen Lagern zum Aufbau eines Luftspaltfelds verwendet.

Zum Einsatz kommen Aluminiumlegierungen (AlNiCo), Ferritmagnete (Eisen-, Barium- und Strontiumoxide) und Seltenerd-Magnete, zu denen Samarium Kobalt-Magnete (SmCo) und Neodym-Eisen-Bor-Magnete (NdFeB) gehören. Sie unterscheiden sich in ihren magnetischen Eigenschaften und durch ihre Bearbeitungsmöglichkeiten. Bei Kleinmaschinen kann durch einen relativ geringen Einsatz von Magnetmaterial eine deutliche Steigerung der Drehmoment- und Leistungsdichte sowie des Wirkungsgrads erzielt werden.

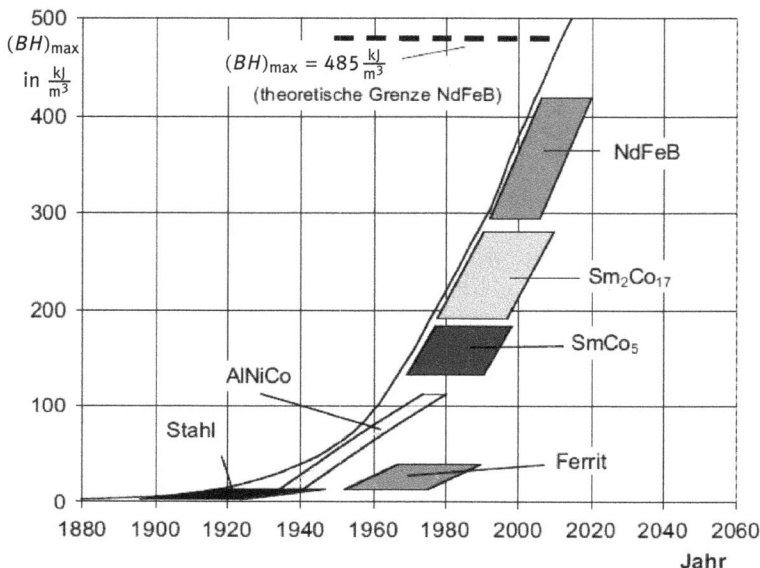

Abb. 2.4: Permanentmagnete: Entwicklung des maximalen Energieprodukts $(BH)_{max}$ von 1880 bis heute ([59], ©Vacuumschmelze GmbH & Co. KG).

2.5.1 Entwicklung der Magnetmaterialien und des maximalen Energieprodukts

Das wichtigste Kriterium für die Charakterisierung der Magnete ist das maximale Energieprodukt $(BH)_{max}$, das sich in einem magnetischen Kreis mit unendlich guter Leitfähigkeit $\mu_{fe} \rightarrow \infty$ einstellt. Ausgehend von Stahlmagneten im Jahre 1880 wurde das Energieprodukt von 7,8 kJ/m³ bis zum Jahr 2014 auf 415 kJ/m³ bei Neodymeisenmagneten ($Nd_2Fe_{14}B$) erhöht [59] (zeitliche Entwicklung in Abb. 2.4). Die theoretische Grenze liegt bei 485 kJ/m³ für NdFeB-Magnete. Legt man die Sättigungspolarisation des Eisens von 2,17 T zu Grunde, errechnet sich eine theoretische Grenze der Energiedichte von 930 kJ/m³ [54]. Bei Betrachtung austauschgekoppelter Permanentmagnete aus einer magnetisch harten und einer magnetisch weichen Phase, errechnet sich sogar eine Energiedichte von 1000 kJ/m³ [55]. Diese Grenzen sind aber praktisch nicht erreichbar.

Während AlNiCo-Magnete und Ferrite sehr korrosionsbeständig sind, neigen Seltenerd-Magnete zu einer starken Korrosion. Die gesinterten NdFeB-Magnete haben ein mehrphasiges Gefüge, das sich aus hartmagnetischen $Nd_2Fe_{14}B$-Körnern, Nd-reichen Gefügebestandteilen und Nd-Oxiden zusammensetzt [61]. Zur Verringerung der Korrosion erfolgt eine Substitution der Nd-reichen Gefügebestandteile durch nicht so reaktive NdCoCuAl-Phasen. Damit wird ein Korrosionsverhalten erreicht, das in etwa dem von normalem Stahl entspricht.

Wird eine höhere Korrosionsfestigkeit benötigt, werden die Magnete mit galvanischen Beschichtungen, Lacken oder Tränkharzen geschützt. Bei weitergehenden Anforderungen erhalten die Magnete metallische Schichten aus Zinn (Sn), Nickel (Ni) und Aluminium (Al). In vielen Fällen sorgt eine Beschichtung der NdFeB-Magnete mit Epoxidharz für eine ausreichende Korrosionsfestigkeit bei geringen Kosten. Die Oberflächenschichten dürfen auch im Betrieb der jeweiligen Anordnung nicht beschädigt werden, sodass die Magnete vor staubhaltigen Luftströmen geschützt sein müssen. Sie werden mit ihrem Einbauort verklebt oder vergossen, um jede Relativbewegung, durch welche die Schutzschicht zerstört wird, zu vermeiden.

Neben den reinen Magnetwerkstoffen kommen Verbundwerkstoffe zum Einsatz. Magnetpulver wird in Elastomere und in Thermo- oder Duroplaste eingebunden, wodurch zwar das maximale Energieprodukt pro Volumeneinheit auf 50 % bis 80 % der reinen Stoffe sinkt, aber hochproduktive Fertigungsverfahren, die keine energieintensiven Hochtemperaturprozesse erfordern, einsetzbar sind. Träger- und Dauermagnetmaterial, Füllgrad, Benetzung des Magnetpulvers sowie magnetische und mechanische Ausrichteffekte beeinflussen die Eigenschaften dieser Kompositmagnete. In Abhängigkeit von den geometrischen Formen werden sie durch Extrudieren (Bänder und Profile), Kalandrieren (Folien und Platten) oder durch Spritzgießen und Pressen gefertigt. Sowohl die flexiblen Magnete als auch die stabilen Formen sind einfach zu bearbeiten. Mit Spritzgießeinrichtungen sind komplizierte geometrische Formen auch ohne nachträgliche Bearbeitung bei hoher Maßhaltigkeit kostengünstig in hohen Stückzahlen herstellbar. Sie können mit anderen Konstruktionsteilen leicht kombiniert werden.

Dauermagnete werden im Allgemeinen einbaufertig in vielfältigen geometrischen Formen und Abmessungen geliefert. Sie werden durch Federn, Kleber, Niete oder Schrauben im Motor befestigt. Geklebte Magnete dämpfen Störgeräusche. Da Dauermagnete mit Ausnahme der leicht montierbaren flexiblen Ausführungen sehr spröde sind, können sie bei der Motormontage leicht beschädigt werden. Magnetisches Material im Luftspalt verursacht Motorausfälle.

2.5.2 Magnetische Eigenschaften der Permanentmagnete

2.5.2.1 Charakteristische Daten
Hartmagnetische Werkstoffe weisen eine hohe magnetische Anisotropie auf, die sich in einer großen Koerzitivfeldstärke $H_c > 1\,\mathrm{kA/m}$ dokumentiert, sodass sie schwer ent-

magnetisierbar sind. Ausdruck dieser Eigenschaften ist im Vergleich zu weich magnetischen Werkstoffen (z. B. Fe) eine große Fläche der Hysteresekurve (Abb. 2.5).

Zur Charakterisierung der hartmagnetischen Eigenschaften dienen folgende Größen:

- Remanenzflussdichte, Remanenzinduktion B_r
- Koerzitivfeldstärke der Flussdichte H_{cB}
- Koerzitivfeldstärke der Polarisation H_{cJ}
- maximales Energieprodukt $(BH)_{max}$
- Temperaturkoeffizient der Remanenzflussdichte α_{Br}
- Temperaturkoeffizient der Koerzitivfeldstärke α_{HcJ}
- maximale Einsatztemperatur T_{max} bzw. ϑ_{max}

Einige Richtwerte der magnetischen Eigenschaften von bevorzugt eingesetzten Materialkombinationen sind in Tab. 2.1 angegeben.

Der Variantenreichtum entsteht aufgrund verschiedener chemischer Zusammensetzungen, aber auch durch die Herstellungsverfahren, die wesentlichen Einfluss auf die magnetischen Eigenschaften haben. So kann z. B. das Pressen des Magnetpulvers mit und ohne Magnetfeld erfolgen. Werden die Magnete im Magnetfeld gepresst, erzielt man eine magnetische Vorzugsrichtung (anisotrope Magnete), durch die im Vergleich zum Pressen ohne Magnetfeld beim Aufmagnetisieren etwa die doppelte Remanenzinduktion in der Vorzugsrichtung erreicht wird. Je nach Einsatzfall und Form des Magneten sind radiale, axiale, diametrale und auch gekrümmte Vorzugsrichtungen (z. B. Halbach-Magnetisierungen) möglich. Nicht im Magnetfeld gepresste Magnete (isotrope Magnete) besitzen in allen Magnetisierungsrichtungen etwa gleiche magnetische Eigenschaften.

Die Wahl der Magnetsorte wird von den Kosten und den zu erfüllenden Randbedingungen des Einsatzfalls bestimmt. Ein großes Energieprodukt spricht für NdFeB-Magnete, hohe Temperaturbereiche und die niedrigsten Kosten erzielt man mit den Hartferriten (keramische Magnete). Diese Merkmale sind den vielen anderen Gesichtspunkten gegenüberzustellen.

2.5.2.2 Hysteresekurven der Permanentmagnete

Für die visuelle Erfassung der magnetischen Eigenschaften von Dauermagnetwerkstoffen eignet sich die Darstellung der Flussdichte als Funktion der Feldstärke im Magneten, die wie bei allen ferromagnetischen Werkstoffen nicht eindeutig ist (Hysteresekurve). Sie wird mit der in Abb. 2.5 angegebenen Anordnung, die aus einem Dauermagneten, einer Spule und einem ferromagnetischen Flussleitstück mit $\mu_{fe} \gg \mu_0$ besteht, durchfahren.

Erregt man die Spule erstmalig mit einem Strom von null beginnend, dann steigt die Flussdichte in Abhängigkeit von der magnetischen Feldstärke entlang einer nichtlinearen Kurve, der Neukurve, bis sie ab der Sättigungsfeldstärke H_S mit einer kon-

Tab. 2.1: Permanentmagnete: charakteristische Eigenschaften handelsüblicher Permanentmagnetwerkstoffe.

Magnetmaterial	B_r T	H_{cB} kA/m	H_{cJ} kA/m	$(BH)_{max}$ kJ/m³	MGOe	α_{Br} %/K	α_{HcJ} %/K	ϑ_{max} °C
AlNiCo	0,65...1,25	45...95	46...140	12...70	1,5...8,7	−0,02	−0,02	500
Hartferrit isotrop	0,21	135	230	8	1	−0,2	+0,3	250
Hartferrit kunststoffgebunden	0,22...0,25	160...175	1000...3000	9,5...11,5	1,2...1,4	−0,2	+0,3	120
Hartferrit anisotrop	0,38...0,42	130...360	140...370	21...35	2,6...4,3	−0,2	+0,3	250
NdFeB kunststoffgebunden	0,6...1,0	380	1400	55	6,8	−0,13	−0,4	120
SmCo	0,9...1,1	530...820	1270...2000	160...225	20...28	−0,04	−0,25	350
NdFeB allgemein	1,08...1,47	800...1100	870...2600	220...415	27...52	−0,10	−0,19	130...220
NdFeB hohes Energieprodukt, korrosionsfest	1,4...1,47	900...1100	870...1100	380...415	47...52			
NdFeB hohe Entmagnetisierbarkeit, korrosionsfest	1,08...1,29	800...900	2000...2600	220...315	27...39			

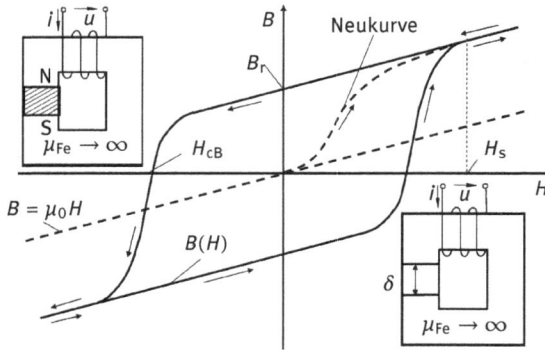

Abb. 2.5: Permanentmagnete: Neukurve und Hysteresekurve.

stanten Steigung, die annähernd der Permeabilität μ_0 des Vakuums entspricht, zunimmt (Abb. 2.5).

Mit der Absenkung des Spulenstroms wird die Flussdichte nicht gemäß der Neukurve, sondern langsamer kleiner, sodass bei dem Strom i = 0 bzw. der Feldstärke H = 0 ein Restfeld mit der Remanenzflussdichte B_r vorhanden ist. Bei Vergrößerung des Stroms mit umgekehrtem Vorzeichen bleibt der Anstieg der Magnetisierungskurve erhalten, bis sich eine steile Änderung der Flussdichte einstellt. Sie erreicht bei der Koerzitivfeldstärke der Flussdichte den Wert H_{cB} = 0 und nimmt beim weiteren Anstieg des Stroms mit negativem Vorzeichen schnell zu, bis ihr Betrag wieder proportional mit dem Strom ansteigt. Wird der Strombetrag wieder verkleinert, erfolgt eine lineare Verringerung des Flussdichtebetrags, bis sich bei positiven Strömen bzw. Feldstärken wieder eine steile Änderung der Flussdichte einstellt und die Gerade des ersten Aufmagnetisierungsvorgangs bei der Sättigungsfeldstärke erreicht wird. Die geschlossene Hysteresekurve kann nur in der durch die eingezeichneten Pfeile gekennzeichneten Richtung durchlaufen werden.

Nach Unterbrechung des Spulenstroms ist die magnetische Feldstärke H = 0 und die verbleibende Flussdichte im Magneten, die Remanenzflussdichte, ist gleich der Polarisation $J_r = B_r$.

Die Polarisation stellt die Flussdichteerhöhung durch das Magnetmaterial dar. Sie ist bei starken Magneten über einen bestimmten Bereich nahezu konstant und ändert mit steilem Anstieg bei der Koerzitivfeldstärke der Polarisation H_{cJ} das Vorzeichen (Abb. 2.6). Wird der Dauermagnet aus dem magnetischen Kreis entfernt (Abb. 2.5), sodass an seiner Stelle ein Luftspalt verbleibt, dann gilt zwischen der Flussdichte und der Feldstärke im Luftspalt der Zusammenhang $B = \mu_0 H$, der im Abb. 2.5c als gestrichelte Gerade durch den Nullpunkt dargestellt ist. Sie verläuft annähernd parallel zu den Abschnitten der Hysteresekurve mit konstanten Anstiegen. Dementsprechend ist die Flussdichte $B(H)$ im Magneten nach Abb. 2.5 auch durch eine additive Überlagerung der Flussdichte $\mu_0 H$ und der magnetischen Polarisation J

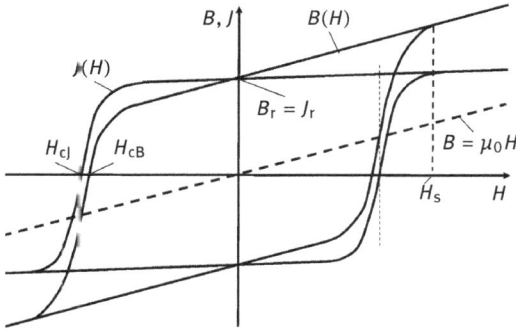

Abb. 2.6: Permanentmagnete: Polarisation $J(H)$ und Flussdichte $B(H)$ als Funktion der Feldstärke H.

darstellbar (Abb. 2.6):

$$B_{PM} = \mu_r \mu_0 H_{PM} = \mu_0 H_{PM} + J \tag{2.14}$$

2.5.2.3 Magnetkreis, Lage der Arbeitspunkte auf der Hysteresekurve

Die Eigenschaft der Dauermagnete, ein magnetisches Feld außerhalb des Magneten auch dann aufrechtzuerhalten, wenn die elektrische Durchflutung Θ des elektromagnetischen Kreises null ist, wird genutzt, um magnetische Felder in den Luftspalten zu erzeugen, die zur Spannungsinduktion in beweglichen Spulen oder zur Ausbildung von Kräften auf Grenzflächen oder stromdurchflossene Leiter dienen.

Prinzipiell entsprechen die magnetischen Kreise elektromechanischer Energiewandler mit Permanentmagneten einer Anordnung nach Abb. 2.7, in der von dem Dauermagneten und der stromdurchflossenen Spule mit der Windungszahl w ein Luftspaltfeld aufgebaut wird.

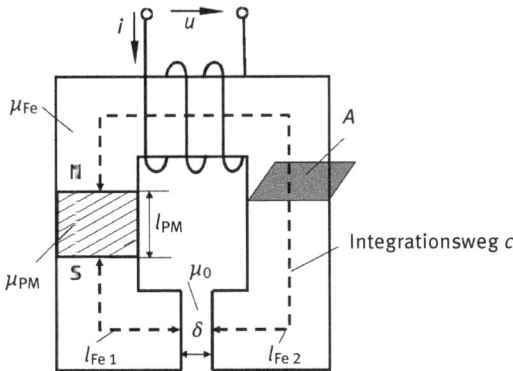

Abb. 2.7: Magnetkreis: prinzipieller Aufbau des magnetischen Kreises elektromagnetischer Energiewandler.

Der Durchflutungssatz liefert für den geschlossenen Integrationsweg c

$$\oint_c \boldsymbol{H}\,\mathrm{d}\boldsymbol{s} = \Theta \tag{2.15}$$

Wird der Integrationsweg parallel zur Feldstärke gewählt, wird $\boldsymbol{H}\,\mathrm{d}\boldsymbol{s} = H\,\mathrm{d}s$.

Bei vernachlässigter Streuung ist der Fluss Φ überall entlang des magnetischen Kreises konstant. Bei abschnittweise homogenem Magnetfeld $\boldsymbol{B}$ = konst. Querschnittsflächen senkrecht zur Flussdichte und Normalenvektor parallel zur Flussdichte $\boldsymbol{B} \| \,\mathrm{d}\boldsymbol{A}$ ergibt sich der magnetische Fluss zu

$$\Phi = \iint_A \boldsymbol{B}\,\mathrm{d}\boldsymbol{A} = AB \tag{2.16}$$

Umgekehrt liefert der entlang des magnetischen Kreises konstante Fluss Φ die vom Querschnitt abhängige Flussdichte und die Magnetisierungskurve des Materals die Feldstärke:

$$B = \frac{\Phi}{A}, \quad H = H(B) = \frac{B}{\mu} = \frac{B}{\mu_r \mu_0} \tag{2.17}$$

Die Durchflutung Θ ergibt sich aus dem Durchflutungssatz (2.15). Wird der Integrationsweg parallel zur Feldstärke gewählt ($\boldsymbol{H} \| \,\mathrm{d}\boldsymbol{s}$) ergibt sich:

$$\Theta = wI = \oint H\,\mathrm{d}s = \oint \frac{\Phi}{A\mu}\,\mathrm{d}s \tag{2.18}$$

Ist die Feldstärke abschnittweise über die Längen l_i konstant, lässt sich das Integral durch eine Summe ersetzen:

$$\Theta = wI = \sum_i \frac{\Phi}{A_i \mu} l_i \tag{2.19}$$

Betrachtet man nur die Abschnitte Permanentmagnet (H_{PM}, l_{PM}, A_{PM}), Luftspalt (H_δ, δ, A_δ) und Eisen (H_{Fe}, $l_{Fe} = l_{Fe} + l_{Fe2}$, A_{Fe}) mit abschnittweise konstanten Größen, so ergibt sich die Durchflutung nach folgender Gleichung:

$$\Theta = wI = \oint_s \boldsymbol{H}\,\mathrm{d}\boldsymbol{s} = H_{PM}l_{PM} + H_\delta\delta + H_{Fe}l_{Fe} = H_{PM}l_{PM} + \frac{\Phi\delta}{\mu_0 A_\delta} + \frac{\Phi l_{Fe}}{\mu_{Fe}A_{Fe}} \tag{2.20}$$

Der Permanentmagnet wirkt hier wie eine Spule mit der Durchflutung $H_{PM}l_{PM}$. Mit den Annahmen $I = 0$ und $\mu_{Fe} \to \infty$ bzw. $H_{fe} = 0$ ergibt sich der Zusammenhang zwischen den Feldstärken im Magneten H_{PM} und dem Fluss bzw. der Flussdichte im Luftspalt zu

$$H_{PM} = -\frac{\Phi\delta}{\mu_0 A_\delta l_{PM}} = -\frac{\delta}{\mu_0 l_{PM}} B_\delta \tag{2.21}$$

Ferner gilt wegen dem konstanten Fluss Φ (Streuungsfreiheit) folgender Zusammenhang zwischen den Flussdichten im Magneten und im Luftspalt:

$$B_{PM} = \frac{\Phi}{A_{PM}} = \frac{A_\delta}{A_{PM}} B_\delta \tag{2.22}$$

Demzufolge ist die Feldstärke im Magneten negativ, sodass für den technischen Einsatz der Dauermagnete ihre Eigenschaften im zweiten Quadranten der B-H-Kennlinie in Abb. 2.5 entscheidend sind. Im Grenzfall, wenn die Luftspaltlänge null ist, ist die magnetische Feldstärke null und es stellt sich die Remanenzflussdichte B_r ein.

Bei endlicher Luftspaltlänge oder bei realen magnetischen Kreisen mit $H_{fe} \neq 0$ bzw. endlichem μ_{fe} ergibt sich ein Arbeitspunkt, der durch eine negative Feldstärke und eine kleinere Flussdichte als die Remanenzflussdichte gekennzeichnet ist. Aus diesem Grund wird der Abschnitt der Hysteresekurve im zweiten Quadranten als Entmagnetisierungskennlinie bezeichnet. In Abb. 2.8 sind für einzelne Magnetmaterialien Bereiche angegeben, in denen ihre Entmagnetisierungskennlinien bei Raumtemperatur liegen.

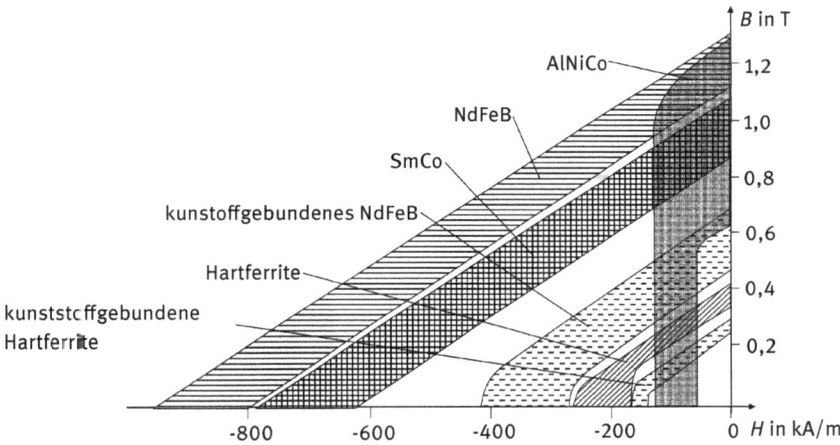

Abb. 2.8: Permanentmagnete: Prinzipielle Entmagnetisierungskurven verschiedener Permanentmagnetwerkstoffe bei Raumtemperatur.

Aus den Gleichungen (2.21) und (2.22) ergibt sich der Arbeitspunkt des Magneten im zweiten Quadranten. Aus den beiden Gleichungen erhält man folgendes Verhältnis für den Arbeitspunkt des Magneten:

$$\frac{H_{PM}}{B_{PM}} = -\frac{1}{\mu_0} \frac{\delta}{l_{PM}} \frac{A_{PM}}{A_\delta} \tag{2.23}$$

Die Verbindung des Arbeitspunkts mit dem Nullpunkt des B-H-Diagramms wird als Arbeitsgerade bezeichnet (Abb. 2.9). Ihre Steigung verändert sich mit dem Querschnittsverhältnis A_{PM}/A_δ und mit dem Längenverhältnis δ/l_{PM}. Eine größere Luftspaltfläche führt zu einer kleiner entmagnetisierenden Feldstärke im Magneten; ein größerer Luftspalt führt zu einer größeren Feldstärke im Magneten.

Die gleichen Arbeitspunkte auf der Entmagnetisierungskennlinie ergeben sich bei einem magnetischen Kreis ohne Luftspalt (vgl. Abb. 2.5), wenn die Spulenströme eine negative Feldstärke aufbauen, welche die Flussdichte im Dauermagneten verkleinert.

Nimmt man einen bestimmten Luftspalt im magnetischen Kreis an, dann existiert bei stromloser Spule eine Arbeitsgerade durch den Nullpunkt des B-H-Koordinatensystems. Gegendurchflutungen aus dem Strom der Wicklung zur Erzeugung eines Drehmoments verschieben sie in negativer Richtung der Feldstärkeachse, wie es in Abb. 2.9 dargestellt ist.

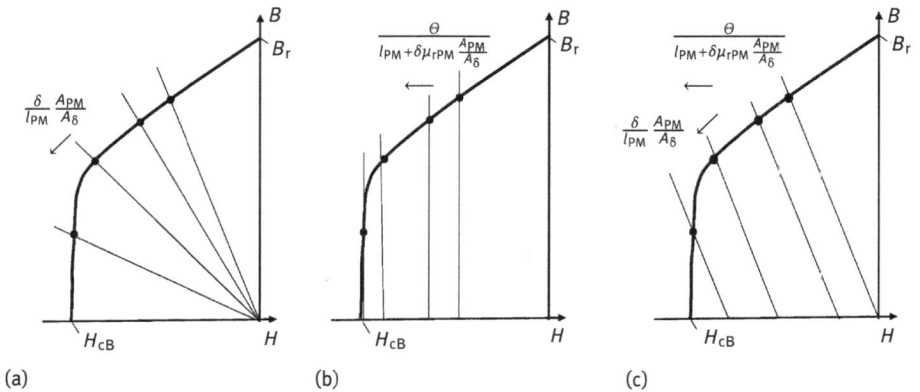

Abb. 2.9: Permanentmagnete: Möglichkeiten zur Einstellung der Arbeitspunkte auf der Entmagnetisierungskennlinie (a) Veränderung des Luftspalts δ und der Luftspaltfläche A_δ, (b) Variation der Durchflutung Θ, (c) Überlagerung von (a) und (b) für konstanten Luftspalt.

Dies ist in den dauermagneterregten elektrischen Maschinen besonders dann kritisch, wenn durch Betrieb mit Überlast, Einschalt- oder Kurzschlussströme die Gegendurchflutungen so groß werden, dass sich Schnittpunkte im steilen Abschnitt der Entmagnetisierungskennlinie einstellen und es dadurch zu dauerhaften, irreversiblen Abmagnetisierungen kommt.

Die Maschine verliert dadurch an Permanentmagnetfluss und bekommt dadurch veränderte Eigenschaften:
- geringeres Drehmoment bei gleichem Strom;
- erhöhte Leerlaufdrehzahl, z. B. bei Gleichstrommaschinen, BLDC und BLAC;
- verstärkte Drehmomentschwankungen, z. B. durch größere Nutrastmomente.

Die Entmagnetisierung muss durch eine entsprechende Auslegung des Magnetkreises verhindert werden:
- Eine größere Magnetlänge l_{PM} verringert den Einfluss des Luftspalts δ und der Durchflutung Θ.

– Eine Flusskonzentration mit $\frac{A_{PM}}{A_\delta} > 1$ verringert den Einfluss der Durchflutung Θ, vergrößert aber den Einfluss des Luftspalts δ.

Bei der Dimensionierung ist jeweils der größte Luftspalt mit Rücksicht auf Fertigungstoleranzen, die größte Durchflutung (z. B. bei größter Spannung beim Anlauf oder höchster Drehzahl beim Kurzschluss) und die Magnettemperatur mit geringster Koerzitivfeldstärke H_{cJ} relevant.

2.5.2.4 Verschiebung der Arbeitspunkte im dynamischen Betrieb

Liegen die Arbeitspunkte im Bereich der Entmagnetisierungskennlinie mit konstantem Anstieg, dann ergeben sich bei Veränderung der Luftspaltlänge immer wieder die gleichen Arbeitspunkte, d. h., die Vorgänge spielen sich reversibel im remanenten Bereich der Entmagnetisierungskennlinie ab.

Befindet sich der Arbeitspunkt im steil abfallenden Abschnitt der Entmagnetisierungskennlinie, dann wird durch eine Verkleinerung des Luftspalts bis $\delta = 0$ nicht mehr die Remanenzflussdichte B_r, sondern nur noch die Permanenz B_p unterhalb der Remanenzflussdichte erreicht (Abb. 2.10).

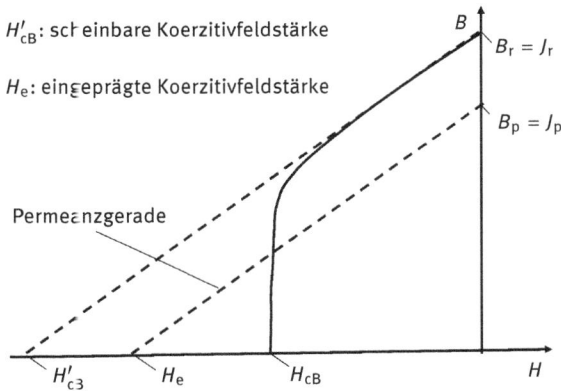

Abb. 2.10: Permanentmagnete: scheinbare und eingeprägte Koerzitivfeldstärke von permanentmagneterregten magnetischen Kreisen.

Der Anstieg der Permeanzgeraden ist proportional der Permeabilität μ_{rec}. Ihre Verlängerung bis zum Schnittpunkt mit der Feldstärkeachse fixiert die eingeprägte magnetische Feldstärke H_e des Permanentmagneten, deren Definition sich aus der Beziehung

$$B = \mu_0\mu_{rec}H + J_P = \mu_0\mu_{rec}\left(H + \frac{J_P}{\mu_0\mu_{rec}}\right) \tag{2.24}$$

ergibt:

$$H_e = \frac{J_P}{\mu_0\mu_{rec}} \tag{2.25}$$

Befinden sich die Arbeitspunkte im linearen Bereich der äußeren Entmagnetisierungskennlinie, dann wird zu ihrer Beschreibung die scheinbare Koerzitivfeldstärke definiert als

$$H'_{cB} = \frac{J_r}{\mu_0 \mu_{rPM}} \qquad (2.26)$$

die sich aus der Gleichung für die Flussdichte

$$B = \mu_0 \mu_{rPM} H + J_r = \mu_0 \mu_{rPM} \left(H + \frac{J_r}{\mu_0 \mu_{rPM}} \right) \qquad (2.27)$$

ergibt, in der μ_{rPM} die relative Permeabilität des Magnetwerkstoffs ist.

2.5.2.5 Veränderung der magnetischen Eigenschaften bei Temperaturänderungen

Die Eignung der Dauermagnete für einen Einsatzfall wird wesentlich von der maximalen Einsatztemperatur und von der Temperaturabhängigkeit ihrer magnetischen Eigenschaften bestimmt. Mit steigender Temperatur verändern sich die Koerzitivfeldstärken und die Remanenzflussdichten, zunächst reversibel und oberhalb der maximalen Einsatztemperatur irreversibel bis zur Curietemperatur T_C. Praktisch nutzbar ist nur der reversible Bereich, der durch die maximale Einsatztemperatur begrenzt ist. Gegenwärtig sind 40 % bis 70 % der Curietemperatur des jeweiligen Werkstoffs als maximale Einsatztemperatur realisierbar. Kobalthaltige Magnete besitzen hohe Einsatztemperaturen (Tab. 2.1).

Im praktisch nutzbaren reversiblen Temperaturbereich ist die Temperaturabhängigkeit linear. Man gibt deshalb für $B_r(T)$ bzw. $B_r(\vartheta)$ und $H_c(T)$ bzw. $H_c(\vartheta)$ die reversiblen Temperaturkoeffizienten an, die bis auf die Temperaturkoeffizienten der Ferrite (keramische Magnete) und einiger AlNiCo-Magnete negativ sind. In Abb. 2.11a sind die Kennlinien der Flussdichte eines NdFeB-Magneten, dessen Temperaturkoeffizient negativ ist, dargestellt. Mit steigender Temperatur nähert sich der Arbeitspunkt dem Knickpunkt der Entmagnetisierungskennlinie, bis er sich im irreversiblen Bereich befindet, sodass eine bleibende Abmagnetisierung zu verzeichnen ist. Dann ist die maximale Einsatztemperatur dieses Magnetwerkstoffs überschritten. Bei Ferriten nimmt die Koerzitivfeldstärke H_{cB} mit sinkender Temperatur ab (Abb. 2.11b).

In Motoren ist das besonders kritisch, weil die Magnete teilweise Gegenfeldern ausgesetzt sind, die mit sinkender Temperatur größer werden. Ursache dafür ist der Einschaltstrom, der aufgrund des kleineren Wicklungswiderstands bei tiefen Temperaturen ansteigt. Der Arbeitspunkt wandert in den irreversiblen Bereich, die Magnete werden ab- bzw. sogar entmagnetisiert. Bei Erwärmung nimmt der Erregerfluss im Leerlauf ab, weil die Remanenzflussdichte kleiner wird. Die Leerlaufdrehzahl vergrößert sich.

Um die Auswirkungen der Temperaturkoeffizienten auf die Remanenzflussdichte und auf die Koerzitivfeldstärke der Polarisation deutlich zu machen, wird die B-H-Kennlinie im zweiten und dritten Quadranten betrachtet (Abb. 2.12a). Ihre Schnittpunkte mit der B-H-Kennlinie des Vakuums liefern die jeweiligen Koerzitivfeldstärken

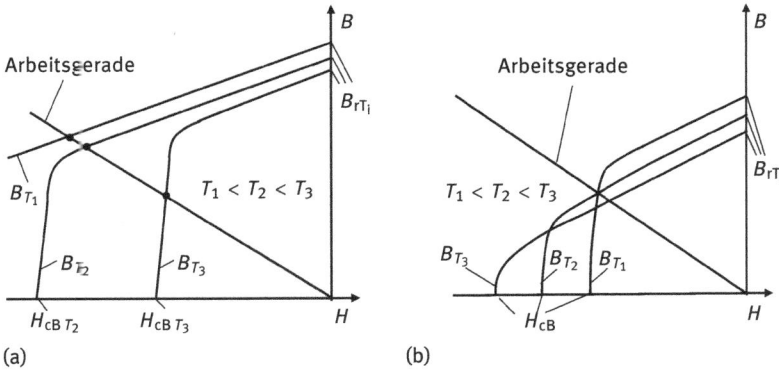

Abb. 2.11: Permanentmagnete: Temperaturabhängigkeit der Entmagnetisierungskennlinien von Werkstoffen (a) mit negativem und (b) mit positivem Temperaturkoeffizienten für die Koerzitivfeldstärke H_{cB}, Temperaturkoeffizient für die Remanenzflussdichte B_r in beiden Fällen negativ.

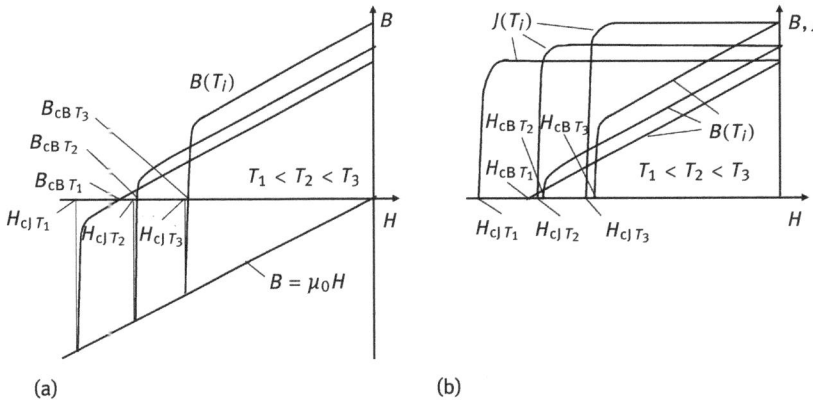

Abb. 2.12: Permanentmagnete: Flussdichte B und Polarisation J mit Temperatur T als Parameter: (a) Flussdichte im Vergleich mit der Kennlinie des Vakuums, (b) Flussdichte und Polarisation.

der Polarisation H_{cB}. Sehr häufig werden aber die Kennlinien der Polarisation und der Entmagnetisierung in einem Diagramm getrennt dargestellt (Abb. 2.12b).

2.5.3 Reale Magnetkreise mit Permanentmagneten

In realen elektromechanischen Energiewandlern mit $\mu_{Fe} \neq \infty$, die den prinzipiellen Anordnungen in Abb. 2.7 entsprechen, ist es das Ziel, mit dem Dauermagneten ein möglichst großes Luftspaltfeld aufzubauen. Der Arbeitspunkt auf der Magnetisierungskennlinie ist sowohl abhängig von den Abmessungen des Dauermagneten als auch von der Gestaltung des übrigen magnetischen Kreises. Für eine überschlägige Berechnung des Arbeitspunkts vereinfacht man die Gleichung der magnetischen Spannungsabfälle entlang eines Integrationswegs durch den Luftspalt und den Magneten mit einer Abschätzung des magnetischen Spannungsabfalls im Eisen V_{Fe} relativ zum Luftspaltspannungsabfall V_δ. Eingeführt wird dazu der magnetische Spannungsabfallfaktor k_{Fe}, der auch als eine Verlängerung des Luftspalts aufgefasst werden kann.

Sind die magnetischen Feldstärken abschnittweise konstant, folgt mit

$$H_\delta\,\delta = V_\delta\,, \quad H_{PM}\,l_{PM} = V_{PM} \tag{2.28}$$

die Gleichung der Spannungsabfälle zu

$$k_{fe}\,\delta\,H_\delta = k_{fe}\,V_\delta = -H_{PM}\,l_{PM} = -V_{PM} \tag{2.29}$$

Da sich die Feldlinien der Dauermagnete nicht nur über den Luftspalt, sondern auch über parallele Streuwege (z. B. Luftwege oder Blechstege) schließen, wird der Streufaktor σ eingeführt, der das Verhältnis des Luftspaltflusses zum Fluss durch den Dauermagneten angibt. Mit dem Streufaktor ergibt sich die Flussgleichung:

$$\Phi_\delta = (1-\sigma)\,\Phi_{PM} \tag{2.30}$$

Der Streufaktor schwankt je nach der Anordnung der Magnete relativ zum Luftspalt in den Grenzen

$$\sigma = 0,2\ldots 0,8 \begin{cases} \sigma = 0 & \text{keine Streuung, Permanentmagnet-} \\ & \text{und Luftspaltfluss sind gleich} \\ \sigma = 1 & \text{nur Streufluss, Luftspaltfluss } \Phi_\delta = 0 \end{cases} \tag{2.31}$$

Um möglichst große Werte für den Luftspaltfluss Φ_δ zu erzielen bzw. den Streufluss klein zu machen, werden die Magnete häufig unmittelbar am Luftspalt positioniert. Mit den Annahmen konstanter Flussdichten im Luftspalt und im Magnetquerschnitt gilt für das Verhältnis der Flussdichten in diesen beiden Abschnitten die Beziehung

$$A_\delta\,B_\delta = (1-\sigma)\,A_{PM}\,B_{PM} \tag{2.32}$$

Aus der Division und Multiplikation der Spannungsgleichung (2.29) und der Flussgleichung (2.32) ergeben sich zwei Aussagen über die magnetischen Verhältnisse in Abhängigkeit von der Geometrie des magnetischen Kreises. Durch die Division beider Gleichungen

$$\frac{k_{fe}\,\delta\,H_\delta}{A_\delta\,B_\delta} = -\frac{H_{PM}\,l_{PM}}{(1-\sigma)\,A_{PM}\,B_{PM}} \tag{2.33}$$

erhält man mit $B_\delta = \mu_0 H_\delta$ das Verhältnis der Flussdichten als

$$\frac{B_{PM}}{\mu_0\,H_{PM}} = -\frac{1}{(1-\sigma)\,k_{Fe}}\,\frac{l_{PM}}{\delta}\,\frac{A_\delta}{A_{PM}} \tag{2.34}$$

Der Quotient auf der rechten Seite wird auch als $\tan \gamma$ interpretiert

$$\tan \gamma = \frac{1}{(1 - \sigma) \, k_{\text{Fe}}} \frac{l_{\text{PM}}}{\delta} \frac{A_\delta}{A_{\text{PM}}} \tag{2.35}$$

und lässt sich in einem Diagramm mit den Achsen B und $\mu_0 H$ (Abb. 2.13a) als Kurvenschar mit $\tan \gamma$ = konst. darstellen. Der Winkel γ (Abb. 2.13a) stimmt allerdings mit dem geometrischen Winkel zwischen der $\mu_0 H$-Achse und einer Ortskurve mit δ = konst. nur dann überein, wenn für beide Diagrammachsen der gleiche Maßstab gewählt wird. Parallel zur $\mu_0 H$-Achse kann die Feldstärkeachse (H-Achse) (Abb. 2.13a) dargestellt werden, deren Werte sich nur durch den Faktor μ_0 von denen der $\mu_0 H$-Achse unterscheiden. In den B-H-Kennlinien der Anbieter von Permanentmagneten wird die Darstellung der $\mu_0 H$-Achse dadurch ersetzt, dass man ausgewählte Kurven mit dem Wert von $\tan \delta$ = konst. unmittelbar kennzeichnet (Abb. 2.13b).

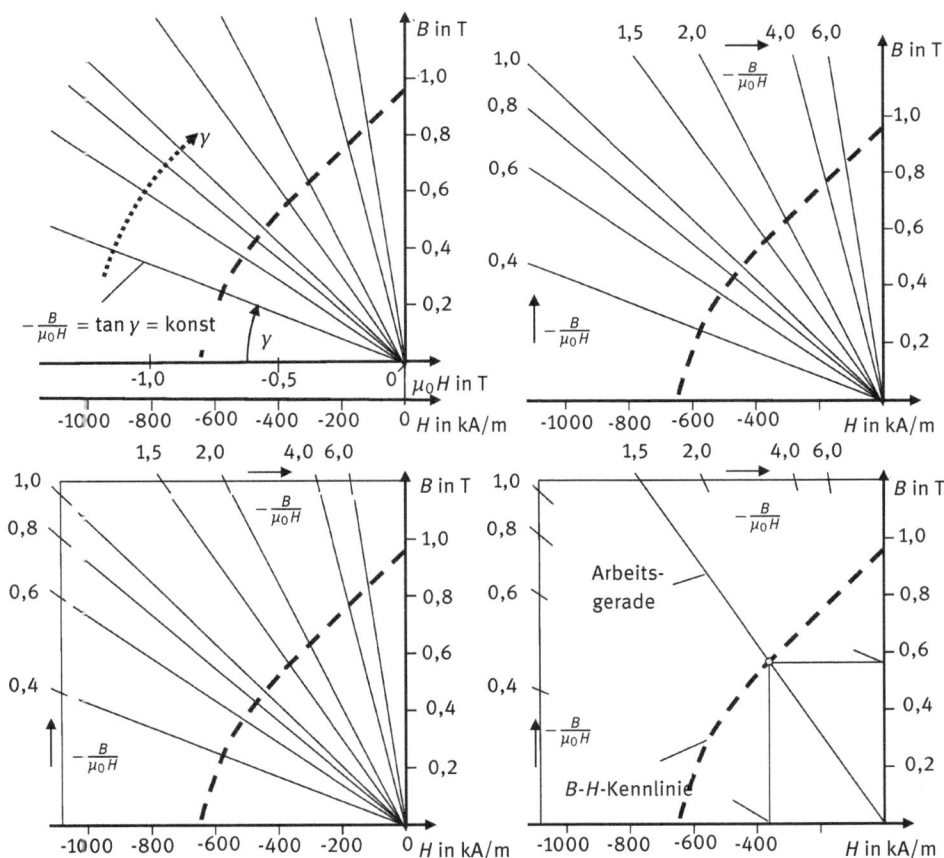

Abb. 2.13: Permanentmagnete: Kurven konstanter Flussdichteverhältnisse.

Um die Diagrammfläche übersichtlicher zu gestalten, werden zu den Flussdichte- und Feldstärkeachsen parallele Linien gewählt, die mit der Skala des Quotienten $-B/\mu_0 H$ bzw. mit dem $\tan \gamma$ versehen sind (Abb. 2.13c). Außerdem wird auf die Verbindungslinien zum Koordinatenursprung verzichtet (Abb. 2.13d).

Aus den Abmessungen des magnetischen Kreises lässt sich das Flussdichteverhältnis ermitteln (z. B. $\tan \gamma = B_{PM}/\mu_0 H_{PM} = 1,5$ in Abb. 2.13b) sodass die Arbeitsgerade im B-H-Diagramm zur Bestimmung des Arbeitspunkts mit H_{PM} und B_{PM} auf einer Entmagnetisierungskennlinie eingezeichnet werden kann.

Multipliziert man die Spannungsgleichung (2.29) und die Flussgleichung (2.32), ergibt sich:

$$H_\delta \, B_\delta \, A_\delta \, \delta \, k_{Fe} = -(1 - \sigma) B_{PM} \, H_{PM} \, A_{PM} \, l_{PM} \tag{2.36}$$

Hieraus lässt sich das Magnetvolumen in Abhängigkeit der Energiedichten in Luftspalt und im Magneten ermitteln:

$$V_{PM} = A_{PM} \, l_{PM} = \frac{k_{Fe}}{1 - \sigma} \frac{B_\delta \, H_\delta}{B_{PM} \, H_{PM}} A_\delta \, l_\delta \tag{2.37}$$

Das Volumen ist am kleinsten, wenn das Energieprodukt maximal ist:

$$B_{PM} \cdot H_{PM} \to \max \tag{2.38}$$

Das Energieprodukt als Funktion der Flussdichte ist zusammen mit der Entmagnetisierungskennlinie für einen Dauermagnetwerkstoff mit konstanter Permeabilität in Abb. 2.14 dargestellt. Die Flussdichte im Energiedichtemaximum ist bei dieser, wie bei allen anderen Entmagnetisierungskennlinien mit $\mu_{rPM} = $ konst., halb so groß wie die Remanenzflussdichte. Die Positionierung des Arbeitspunkts im Energiedichtemaximum wird in Magnetsystemen angestrebt, um die Kosten zu minimieren. Für optimale Motorabmessungen und eine gute Überlastbarkeit sind höhere Flussdichtewerte notwendig, sodass von dem Energiedichtemaximum abgewichen wird. Es gilt für Motoren:

$$\frac{1}{2} B_r \leq B_{PM} < B_r \tag{2.39}$$

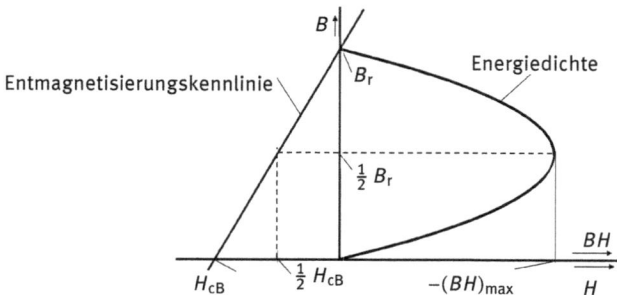

Abb. 2.14: Permanentmagnete: lineare Entmagnetisierungskurve und Energiemaximum.

Zur Orientierung, bei welchem Wertepaar ein Werkstoff das maximale Energieprodukt erreicht, werden im B-H-Diagramm Linien konstanter Energiedichte $B \cdot H$ = konst. eingezeichnet (Abb. 2.15).

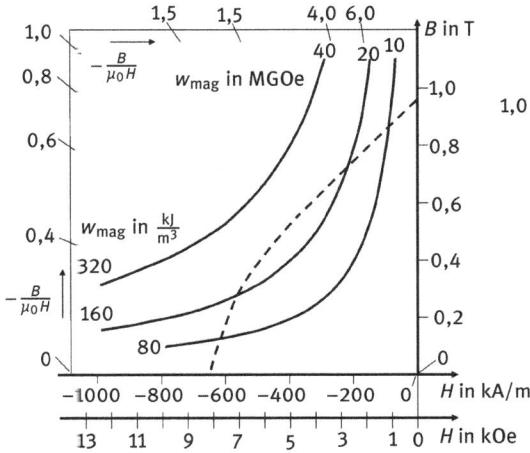

Abb. 2.15: Permanentmagnete: Bewertung des Magnetmaterials im B-H-Diagramm, Angaben in SI-Einheiten T, kA/m, kJ/m³ und im CGS-System G, Oe, MGOe.

Maßeinheiten für die Energiedichte sind kJ/m³ (SI-System) und MGOe (CGS-System). Wenn man auch für die magnetische Feldstärke vorzugsweise die Maßeinheit kA/m verwendet, wird vielfach eine zusätzliche Feldstärkeachse mit der Maßeinheit Oersted (Oe) im B-H-Diagramm dargestellt[1]. Abbildung 2.15 zeigt die Diagrammebene mit den zusätzlichen Informationen, $B_M/\mu_0 H_M$ = konst., Feldstärkeachse in Oe und die Kurvenschar mit konstantem Energieprodukt $B \cdot H$ = konst., in welche die Entmagnetisierungskennlinien eingezeichnet werden.

2.5.4 Permanentmagnetwerkstoffe für Hysteresemotoren

In Hysteresemotoren und Hysteresebremsen werden halbharte Magnetwerkstoffe eingesetzt. Ihre Hysteresekurve soll einerseits eine hinreichend große Fläche umfassen, weil die Hystereseverluste das maximale Drehmoment bestimmen, und andererseits muss die Koerzitivfeldstärke so klein sein, damit die Ankerdurchflutungen ausreichen, die Ummagnetisierung zu realisieren. Deshalb besitzen die Hysteresewerkstoffe

---

[1] Magnetische Einheiten im SI-System und CGS-System:
$1\,\text{Oe} \approx 0{,}079577\,\frac{\text{kA}}{\text{m}}$, $\quad 1\,\text{G} = 1 \cdot 10^{-4}\,\text{T}$, $\quad 1\,\text{MGOe} \approx 7{,}9577 \cdot 10^{-3}\,\frac{\text{kJ}}{\text{m}^3}$.

geringe Koerzitivfeldstärken bei hohen Remanenzflussdichten. Typische Daten sind:

$$H_{cB} \approx 5\,\frac{kA}{m} \tag{2.40}$$

$$B_r = 0,8\ldots 1,4\,T \tag{2.41}$$

$$(BH)_{max} = 6\ldots 7\,\frac{kJ}{m^3} \tag{2.42}$$

Aufgrund der Ummagnetisierungsverluste läuft ein Hysteresemotor bei einem Drehfeld im Luftspalt mit nahezu konstantem Drehmoment selbständig bis zur synchronen Drehzahl hoch. Dann arbeitet er wie ein dauermagneterregter Synchronmotor (vgl. Abschnitt 7.3.1). Um ein stellungsunabhängiges Drehmoment zu garantieren, wird isotropes Magnetmaterial verwendet.

2.5.5 Aufmagnetisierung und Stabilisierung von Permanentmagneten

Die Aufmagnetisierung der Dauermagnete erfolgt im Gleichfeld oder mit einer Impulsmagnetisiereinrichtung, in der durch eine Kondensatorentladung kurzzeitig ein großes magnetisches Feld aufgebaut wird. Vorzugsweise werden die Magnete dabei erst im Ständer oder Läufer montiert und dann mit einem speziell angepassten Magnetisierkopf aufmagnetisiert.

Zur vollständigen Aufmagnetisierung ist hier etwa die drei- bis fünffache Koerzitivfeldstärke H_{cJ} erforderlich. Bei magnetisierten Seltenerd-Magneten sind Sicherheitsvorkehrungen zu treffen, um das Aneinanderschlagen der Magnete zu verhindern, weil sie dadurch beschädigt werden können (Risse im Magneten) oder das Personal schwere Quetschungen erleiden kann.

Wird der Läufer eines dauermagneterregten Motors mehrfach montiert und demontiert, ist damit zu rechnen, dass sich nicht immer der gleiche Arbeitspunkt auf der Entmagnetisierungskennlinie einstellt. Auch Temperaturschwankungen können Änderungen im Arbeitspunkt hervorrufen. Zum anderen weisen die Magnetwerkstoffe Exemplarstreuungen der Remanenzinduktion auf, sodass nach dem Aufmagnetisieren die Magnete unterschiedliche Flüsse aufweisen.

Um diese Unterschiede möglichst klein zu halten und eine irreversible Entmagnetisierung im Betrieb zu vermeiden, werden die Magnete ggf. stabilisiert. Hierfür werden zwei Verfahren angewendet:
-   Während einer bestimmten Zeitdauer wird der Magnet geringfügig über die zulässige Einsatztemperatur erwärmt [59]. Dadurch wird eine irreversible Entmagnetisierung durch hohe Temperaturen vorweggenommen und tritt nicht mehr im Betrieb auf.
-   Nach dem Aufmagnetisieren wird der Magnet durch einen hohen Strom wieder ein wenig entmagnetisiert, sodass er die gewünschte Remanenzinduktion besitzt. Dadurch werden Exemplarstreuungen der Remanenzinduktion kompensiert.

Die damit verbundene Verkleinerung der Flussdichte muss bei der Auslegung des magnetischen Kreises beachtet werden.

2.6 Kraft- und Drehmomenterzeugung in elektrischen Maschinen

2.6.1 Entstehung der Kräfte und Drehmomente

Die Kraft- und Drehmomentbildung in elektrischen Maschinen entsteht durch das Zusammenwirken von Strömen, Magnetfeldern und Leitwertschwankungen. Im Folgenden werden die wesentlichen Mechanismen kurz beschrieben und die Berechnung der Kräfte und Drehmomente für die verschiedenen Maschinentypen angegeben. Details und Herleitungen zu den Kräften im Magnetfeld werden z. B. in [62, 63] angegeben.

2.6.1.1 Stromdurchflossene Leiter im Magnetfeld

Wird in einem Magnetfeld entsprechend Abb. 2.16 ein Leiter von Strom durchflossen, entsteht eine Kraft auf den Leiter. Bei einem Bündel von z Leitern mit dem Strom I entsteht die Kraft F bzw. bei Drehung mit dem Radius r das Drehmoment M:

$$F = z\,B\,l\,I\,\sin\alpha\,, \quad M = r\,F \tag{2.43}$$

Die Kraft F steht senkrecht auf der durch die Flussdichte B und die Leiter mit der Richtung l aufgespannten Fläche.

Das Leitermaterial hat eine Permeabilität μ_{Leiter} ähnlich wie das Vakuum:

$$\mu_{\text{Leiter}} \approx \mu_0 \tag{2.44}$$

Um das Leitermaterial unterzubringen, ist ein großer Platz notwendig. Daher ist für das Magnetfeld eine hohe magnetische Spannung erforderlich und es entsteht ein hoher Aufwand zur Erzeugung des Magnetfelds. Bei Verwendung von Permanentmagneten bedeutet das hohe Kosten für das Magnetmaterial. Bei Elektromagneten zieht das hohe Magnetisierungströme und hohe Verluste nach sich.

Daher wird dieser Mechanismus nur bei kleinen Maschinen oder bei Maschinen mit besonderen Anforderungen verwendet.

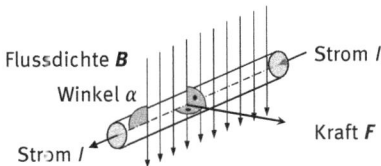

Abb. 2.16: Kraft auf einen stromdurchflossenen Leiter im Magnetfeld, Kraft steht senkrecht auf Leiter und Magnetfeld.

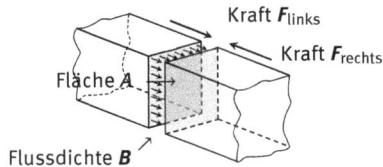

Abb. 2.17: Kraft auf magnetisierte Oberflächen, Kraft wirkt in Richtung Luft, wenn die Feldlinien von einer Oberfläche zur anderen gehen (ungleichnamige Pole).

Anwendung der Kraft- und Drehmomenterzeugung mit Leitern im Magnetfeld
- kleine Linearmotoren mit Luftspaltwicklungen
- Gleichstrommotoren mit Luftspaltwicklungen, Glockenankermotoren (siehe Kapitel 4)
- BLDC-Motoren mit Luftspaltwicklungen, Glockenankermotoren (siehe Kapitel 8)
- Tauchspulenmotoren
- Lautsprecher

2.6.1.2 Magnetisierte Oberflächen

Auf magnetisierte Oberflächen entsprechend Abb. 2.17 wirken Kräfte, die von den Oberflächen in Richtung Luftspalt wirken. Die Kräfte F und Zugspannungen σ stehen bei hoher Permeabilität der Körper senkrecht auf den Oberflächen. Das Kräftepaar F_{links} und F_{rechts} versucht, die beiden Körper zusammenzuziehen. Die Kraft berechnet sich für einen Luftspalt mit μ_0 zu

$$F_{\text{links}} = -F_{\text{rechts}} \,, \quad F = |F_{\text{links}}| = |F_{\text{rechts}}| \tag{2.45}$$

$$F = \frac{A}{2\mu_0} B^2 \,, \quad \sigma = \frac{1}{2\mu_0} B^2 \,, \quad \text{für} \quad \mu \to \infty \tag{2.46}$$

$$F = \frac{A}{2}\left(\frac{1}{\mu_0} - \frac{1}{\mu}\right) B^2 \,, \quad \sigma = \frac{1}{2}\left(\frac{1}{\mu_0} - \frac{1}{\mu}\right) B^2 \,, \quad \text{für} \quad \mu \ll \infty \tag{2.47}$$

Die Kraft berechnet sich aus der Ableitung der elektrisch aufgenommenen Energie und der magnetischen Energie, oder besser der magnetischen Koenergie, nach dem Weg dW/ds. Diese Oberflächenkräfte wirken auf alle magnetisierten Eisenflächen der elektrischen Maschine. Drehmomente ergeben sich aus der Ableitung der Energie nach dem Drehwinkel $dW/d\varphi$. Die Kräfte wirken nicht nur drehmomentbildend, sondern sind auch für die Normalkräfte zwischen Stator und Rotor verantwortlich. Wirken die Kräfte mit einem Hebelarm r um eine Drehachse, erzeugen sie das Drehmoment

$$M = rF = r\frac{A}{2}\left(\frac{1}{\mu_0} - \frac{1}{\mu}\right) B^2 \tag{2.48}$$

Anwendung der Krafterzeugung mit magnetisierten Oberflächen
- Schaltmagnete und Stellmagnete, z. B. Ventile, Relais, Schütze (siehe Band 2, Kapitel 1)
- Permanentmagnetbremsen (siehe Band 2, Kapitel 1)
- Elektromagnetkupplungen, Federkraftbremsen mit elektromagnetischer Lüftung (siehe Band 2, Kapitel 1)
- Haftmagnete, z. B. an Möbelfronten, Kühlschranktüren, Duschabtrennungen
- Magnetlagerungen, z. B. für sehr hochdrehende Motoren (siehe Band 2, Kapitel 6)
- Magnetführungen, berührungslose Linearführungen

2.6.1.3 Stromdurchflossene Nuten

Die meisten elektrischen Maschinen haben Nuten, in denen die Leiter untergebracht sind. Abbildung 2.18 zeigt Rotor und Stator einer Wechselstrom-Kommutatormaschine, bei der die Rotorleiter in die Nuten gewickelt sind. Den Rotor einer Gleichstrommaschine mit seinen Nuten zeigt Abb. 2.19.

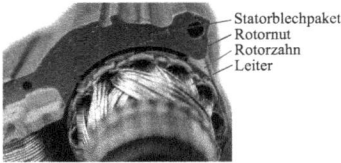

Abb. 2.18: Stromdurchflossene Nuten: Stator und Rotor einer Wechselstrom-Kommutatormaschine mit in Nuten verlegten Rotorleitern.

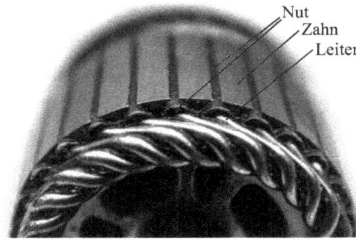

Abb. 2.19: Stromdurchflossene Nuten: Rotor einer Gleichstrommaschine mit in Nuten verlegten Leitern.

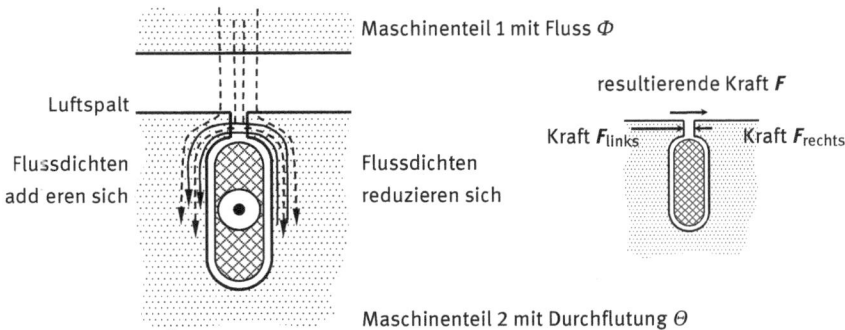

Abb. 2.20: Kraft auf stromdurchflossene Nut im Magnetfeld, links der Nut verstärken sich die Flussdichten vom Magnetfeld der Nutdurchflutung und vom Magnetfeld von Maschinenteil 1 nach Maschinenteil 2 → große Kraft F_{links} auf die linke Zahnflanke des Nutschlitzes, rechts der Nut tritt eine Schwächung des wirksamen Magnetfelds auf → kleine Kraft F_{rechts} auf die rechte Zahnflanke des Nutschlitzes, resultierende Kraft F wirkt nach rechts auf das Eisen.

Die prinzipielle Anordnung mit einer Nut, in der die Leiter untergebracht sind, zeigt Abb. 2.20. Bei dieser Anordnung kann sich das Magnetfeld gut im Eisen ausbilden. Gleichzeitig steht ein großer Raum für die Wicklung in der Nut zur Verfügung.

Der Nut gegenüber befindet sich ein Permanentmagnet, der dafür sorgt, dass sich ein Magnetfeld vom Permanentmagnet in das gegenüberliegende Eisen ausbildet. Die Magnetfeldlinien des Permanentmagnetfelds bilden sich praktisch ausschließlich im

Eisen aus. Im Inneren der Nut ist im Gegensatz zum Bereich der luftspaltnahen Zahnflanken nur ein sehr kleines Magnetfeld des Permanentmagneten.

Wenn die **Leiter stromlos** sind, wirken **Kräfte aus dem Permanentmagnetfeld**:
- Radiale Normalkraft auf die Eisenoberfläche in Richtung des Permanentmagneten. Diese Kraft dient nicht zur Drehmomenterzeugung. Sie wird bei symmetrischer Motorausführung und zentrisch gelagertem Rotor durch eine entgegengesetzt wirkende Kraft auf der gegenüberliegenden Statorseite kompensiert.
- Tangentiale Oberflächenkräfte auf die Zahnflanken des Nutschlitzes. Wenn das Feld symmetrisch zur Nut ist, sind die Kräfte auf die Zahnflanken des Nutschlitzes entgegengesetzt gleich und heben sich gegenseitig auf.

Nur, wenn das Magnetfeld auf beiden Seiten der Nut unterschiedlich ist, entsteht eine Kraft in Bewegungsrichtung bzw. ein Drehmoment. Dies ist z. B. das Rutrastmoment von permanentmagneterregten Synchronmaschinen oder Gleichstrommaschinen.

Das Permanentmagnetfeld führt alleine nicht zu einer resultierenden Kraft in Bewegungsrichtung, die für einen motorischen Betrieb genutzt werden kann.

Wenn **in den Leitern ein Strom** fließt, ist in der Nut die Durchflutung $\Theta = z\,I$. Diese Durchflutung erzeugt Magnetfelder, welche die Durchflutung in diesem Fall gegen den Uhrzeigersinn umschließen:
- Magnetfeld in der Nut durch die Leiter (Nutquerfeld)
- Magnetfeld im Nutschlitz
- Magnetfeld von einem Zahn über den Permanentmagneten zum nächsten Zahn

Aus den Magnetfeldern entstehen folgende Kräfte:
- Die Nutdurchflutung führt zusammen mit dem Nutquerfeld zu einer Kraft, die zum Nutgrund zeigt. Diese Kraft führt nicht zu einer Kraft in Bewegungsrichtung bzw. zu einem Drehmoment.
- Das Nutschlitzfeld überlagert sich mit dem Magnetfeld des Permanentmagneten auf den Seiten des Nutschlitzes. Auf der linken Seite zeigen die beiden Magnetfelder in die gleiche Richtung und verstärken sich. Dadurch wird auch die Oberflächenkraft auf die linke Zahnflanke des Nutschlitzes verstärkt (siehe Abb. 2.20). Demgegenüber wirken auf der rechten Seite des Nutschlitzes die beiden Felder der Nutdurchflutung und des Permanentmagnetfelds einander entgegen. Dadurch wird die Oberflächenkraft auf die rechte Zahnflanke verringert. So entsteht eine resultierende Kraft nach rechts in der Waagerechten, in der sich der genutete Teil auch bewegen kann (siehe Abb. 2.20).
- Im Magneten und in den Zähnen überlagern sich die Felder der Nutdurchflutung und des Permanentmagneten. Die daraus resultierenden Kräfte wirken in Normalrichtung und tragen daher nicht zur Kraft in Bewegungsrichtung oder zum Drehmoment bei.

Die Überlagerung der beiden Magnetfelder im Luftspalt mit der resultierenden Kraft auf die Zahnflanken eines Nutschlitzes ist die wichtigste Methode zur Erzeugung von Kräften und Drehmomenten in elektrischen Maschinen.

Eine Betrachtung der Kraftbildung im Detail führt auf folgende Gleichung für die Kraft bzw. das Drehmoment auf eine stromdurchflossene Nut im Magnetfeld[2]:

$$F = z\,B\,l\,I\,, \quad M = r\,z\,B\,l\,I \tag{2.49}$$

Die Gleichung entspricht der Gleichung für stromdurchflossene Leiter im Magnetfeld, wenn Leiter und Magnetfeld senkrecht aufeinander stehen (siehe Abschnitt 2.6.1.1). Der Wirkungsmechanismus ist jedoch ganz anders. Die Kraft wirkt auf das Eisen des Nutschlitzes und nicht auf den Leiter.

Anwendung der Kraft- und Drehmomenterzeugung mit stromdurchflossenen Leitern in Nuten

– Gleichstrommaschinen mit Permanentmagneten oder elektrischer Erregung (Kapitel 4)
– Reihenschluss-Kommutatormotoren, Universalmotoren (Kapitel 5)
– bürstenlose Gleichstrommaschinen BLDC, BLAC (Kapitel 8)
– Synchronmaschinen mit Permanentmagneten oder elektrischer Erregung (Kapitel 7)
– Asynchronmaschinen, Induktionsmaschinen (Kapitel 6)

2.6.1.4 Leitwertschwankungen

Bei verschiedenen Elektromotoren ist der magnetische Leitwert entlang des Umfangs nicht konstant. Abbildung 2.21 zeigt beispielhaft ein gestuftes Maschinenteil im Magnetfeld.

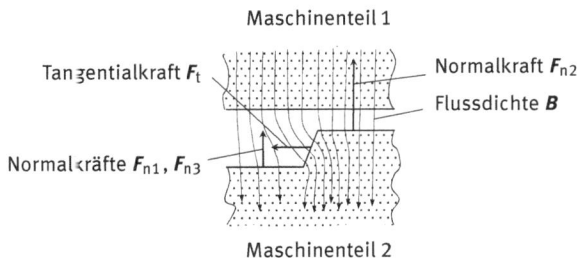

Abb. 2.21: Kräfte bei Leitwertschwankungen, Reluktanzkraft: Tangentialkraft F_t ist die nutzbringende Kraft in Bewegungsrichtung, Normalkräfte F_{n1}, F_{n2} und F_{n3} wirken senkrecht zur Bewegungsrichtung.

---

2 Bei der Herleitung der Gleichung werden die Energieänderungen des Magnetfelds $\mathrm{d}W_{mag}$ und die Energieaufnahme der stromführenden Leiter $\mathrm{d}W_{el}$ bei Bewegung des genuteten Maschinenteils 2 im Magnetfeld des stehenden Maschinenteils 1 um den infinitesimalen Weg $\mathrm{d}s$ betrachtet (siehe Abb. 2.20). Die Summe aller Energieänderungen ist gleich der abgegebenen mechanischen Energie: $\mathrm{d}W_{mag} + \mathrm{d}W_{el} = F\,\mathrm{d}s$.

Auf das gestufte Maschinenteil wirken Oberflächenkräfte, die im Wesentlichen senkrecht auf der Oberfläche stehen. Damit gibt es zum einen Kräfte, die senkrecht zur Bewegungsrichtung wirken und nicht zum Drehmoment beitragen.

An der Stufe gibt es aber auch Kräfte, die teilweise in Bewegungsrichtung wirken. Diese Kräfte versuchen, durch seitliche Bewegung das Luftspaltvolumen zu verkleinern. So wird mehr elektrische Energie aufgenommen als magnetische Energie im Magnetfeld gespeichert. Die Kräfte führen zu einer resultierenden Kraft in Richtung des größeren Luftspalts/schlechteren magnetischen Leitwerts.

Eine Betrachtung der Kraftbildung mit Hilfe der virtuellen Verschiebung des bewegten Maschinenteils führt auf folgende Gleichung für die Kraft auf einen Maschinenteil mit Leitwertschwankung durch zwei unterschiedliche Luftspalte δ_1 und δ_2[3]:

$$F = \frac{1}{2} V_{\mathrm{mag}}^2 \mu_0 l \left(\frac{1}{\delta_1} - \frac{1}{\delta_2} \right) , \quad F = \frac{1}{2} \frac{l}{\mu_0} \left(\delta_1 B_1^2 - \delta_2 B_2^2 \right) , \quad M = rF \qquad (2.50)$$

$$B_1 = \frac{\mu_0 V_{\mathrm{mag}}}{\delta_1} , \quad B_2 = \frac{\mu_0 V_{\mathrm{mag}}}{\delta_2} \qquad (2.51)$$

mit der magnetischen Spannung V_{mag} entlang der Luftspalte. Die Gleichungen gelten bei vernachlässigbarer Feldstärke im Eisen.

Die Leitwertschwankung wird real durch gestufte Eisenkonturen oder durch Nuten erzeugt, die in einer Richtung einen kleinen magnetischen Widerstand und in der anderen Richtung einen hohen magnetischen Widerstand haben (siehe Kapitel 9, Seite 9).

Anwendung der Kraft- und Drehmomenterzeugung mit Leitwertschwankungen
- Reluktanzmotoren (Kapitel 9)
- Synchronmaschinen mit Permanentmagneten und Reluktanzmoment (Kapitel 7)
- Schaltmagnete, z. B. Ventile (Band 2, Kapitel 1)
- Proportionalmagnete, z. B. Ventile, Klappen

2.6.2 Berechnung der Kräfte und Drehmomente

Die Erzeugung der Kräfte und Drehmomente in elektrischen Maschinen lässt sich auf die beiden Mechanismen
- Kraft auf stromdurchflossene Leiter im Magnetfeld
- Kraft auf magnetisierte Oberflächen

---

3 Bei der Herleitung der Gleichung werden die Energieänderungen des Magnetfelds $\mathrm{d}W_{\mathrm{mag}}$ und ggf. die Energieaufnahme der stromführenden Leiter $\mathrm{d}W_{\mathrm{el}}$ bei Bewegung des gestuften Maschinenteils 2 im Magnetfeld des stehenden Maschinenteils 1 um den infinitesimalen Weg $\mathrm{d}s$ betrachtet (siehe Abb. 2.21). Die Summe aller Energieänderungen ist gleich der abgegebenen mechanischen Energie: $\mathrm{d}W_{\mathrm{mag}} + \mathrm{d}W_{\mathrm{el}} = F\,\mathrm{d}s$.

zurückführen. Die Berechnung der Kräfte und Drehmomente mit den zugehörigen Beziehungen ist jedoch z. T. sehr umständlich und aufwendig, besonders bei ortsabhängigen Magnetfeldern (nach Betrag und Richtung).

Daher werden gängige Methoden zur Drehmomentberechnung für die verschiedenen Maschinenarten angegeben. Die Berechnung kann erfolgen über:

- den **Stromfluss in Leitern und Nuten** → 2.6.2.1
- die **Luftspaltleistung** → 2.6.2.2
- die **induzierte Spannung** → 2.6.2.3
- das **Luftspaltfeld** → 2.6.2.4
- die **Flussverkettung** → 2.6.2.5
- **magnetisierte Oberflächen** → 2.6.2.6

2.6.2.1 Kraft- und Drehmomentberechnung mit Stromfluss in Leitern und Nuten

Für beide Fälle gelten die gleichen Beziehungen zur Berechnung der Kräfte und Drehmomente. Das Luftspaltfeld steht bei Luftspaltwicklungen mit Leitern im Magnetfeld näherungsweise senkrecht auf den Leitern ($\alpha = 90°$). Die Kraft auf ein Leiterbündel mit z Leitern und dem Leiterstrom I im Magnetfeld B oder in einer Nut im Magnetfeld ist:

$$F = z\,B\,l\,I \tag{2.52}$$

Die gesamte Kraft in Bewegungsrichtung ergibt sich aus der Summe der Kräfte auf alle Nuten bzw. Leiter:

$$F_{\mathrm{ges}} = \sum_i F_i \cos\beta = l \sum_i z_i I_i B_i \cos\beta \tag{2.53}$$

Der Winkel β ist der Winkel zwischen der Bewegungsrichtung und der Kraftrichtung. Bei geschrägten Nuten oder Leitern ist dies der Schrägungswinkel. Abbildung 2.22 zeigt den Winkel am Beispiel eines geschrägten Asynchronrotors. Der gleiche Effekt tritt bei Glockenankern bei Gleichstrommaschinen oder geschrägten Statoren bei Synchronmaschinen auf.

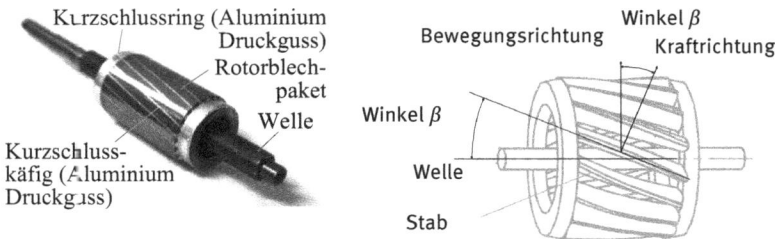

Abb. 2.22: Asynchronmotor: Käfigläufer mit geschrägtem Aluminium-Druckguss-Käfig, Schrägungswinkel β.

Bei verteilten Wicklungen wird häufig statt des Stroms in den einzelnen Leitern der Strombelag a zur Berechnung der Gesamtkraft herangezogen. Dieses Vorgehen eignet sich besonders, wenn aus der gesamten Durchflutung und dem gesamten Luftspaltfeld nur eine Komponente, z. B. das Grundfeld bei Drehfeldmaschinen, betrachtet werden soll. Aus dem Strombelag a und der Flussdichte B ergibt sich die Schubspannung σ:

$$a = \frac{\Theta}{s}, \quad \sigma = a\,B \tag{2.54}$$

Die gesamte Kraft ergibt sich aus der Integration der Schubspannung. Da in Axialrichtung einer Maschine in der Regel die Flussdichte und der Strombelag konstant sind, kann die Integration über die Maschinenlänge als Multiplikation mit l erfasst werden.

$$F_{\text{ges}} = l \int_s \sigma \; \mathrm{d}s = l \int_s a(s)\,B(s) \; \mathrm{d}s \quad \begin{array}{l}\text{bei Integration über den} \\ \text{Weg, z. B. Linearmotoren}\end{array} \tag{2.55}$$

$$F_{\text{ges}} = r\,l \int_{\varphi=0}^{2\pi} \sigma \; \mathrm{d}\varphi = r\,l \int_{\varphi=0}^{2\pi} a(\varphi)\,B(\varphi) \; \mathrm{d}\varphi \quad \begin{array}{l}\text{bei Integration über den} \\ \text{Umfangswinkel, z. B. alle} \\ \text{rotierenden Maschinen}\end{array} \tag{2.56}$$

Bei rotierenden Maschinen ergibt sich aus der Kraft nach (2.53) bzw. (2.56) das Drehmoment:

$$M = r\,F = r^2\,l \int_{\varphi} a(\varphi)\,B(\varphi) \; \mathrm{d}\varphi \tag{2.57}$$

Typische Anwendung der Berechnung mit dem Stromfluss in Leitern bzw. Nuten
- Gleichstrommaschine (Kapitel 4)
- Kommutatorreihenschlussmotor, Universalmotor (Kapitel 5)
- Synchronmaschine (Kapitel 7, speziell Abschnitt 7.3.1.2)
- Synchronmotoren mit elektronischer Kommutierung – bürstenlose Gleichstrommotoren (Kapitel 8)

2.6.2.2 Drehmomentberechnung aus der Luftspaltleistung

Wird eine Leistung über den Luftspalt von einem Maschinenteil zum anderen übertragen, z. B. vom Stator zum Rotor, so entsteht bei dieser Leistungsübertragung ein Drehmoment. Dieses Drehmoment lässt sich direkt aus der Luftspaltleistung und der Drehzahl, bei der die Leistung übertragen wird, berechnen:

$$M = \frac{P_\delta}{2\pi n} \tag{2.58}$$

Es entsteht aus dem Zusammenwirken der Wicklungsströme und den Magnetfeldern, lässt sich aber in vielen Fällen mit der genannten Gleichung sehr viel schneller berechnen.

Typische Anwendung der Drehmomentberechnung mit der Luftspaltleistung
- Grunddrehmoment Asynchronmaschine (Abschnitt 6.5)
- Drehmomente aus Wicklungsoberfeldern der Asynchronmaschine (Abschnitt 6.5.4)
- Drehmomente beim asynchronen Betrieb der Synchronmaschine (Abschnitt 7.3.2)

2.6.2.3 Kraft- und Drehmomentberechnung aus der induzierten Spannung

Die induzierte Spannung in einer Wicklung durch die Bewegung eines Maschinenteils ist der Dreh- und Angelpunkt der Energiewandlung in elektrischen Maschinen. Mit dem Strom I, der Geschwindigkeit v und der induzierten Spannung U_i lassen sich daher Kraft bzw. Drehmoment berechnen:

$$F = \frac{U_i I}{v} , \quad M = \frac{U_i I}{2\pi n} \tag{2.59}$$

Bei mehrsträngigen Wicklungen sind alle Wicklungen zu berücksichtigen. Im Wechselstromsystem lässt sich die Leistung $U_i I$ sinnvoll aus den komplexen Spannungen und Strömen ermitteln. Dies führt zum Drehmoment

$$M = \frac{P_{el\,i}}{2\pi n} = \frac{\mathrm{Re}(\underline{U}_i \cdot \underline{I}^*)}{2\pi n} \tag{2.60}$$

Bei zeitlich veränderlichen Strömen und Spannungen treten u. U. Drehmomentschwankungen auf.

Typische Anwendung der Kraft- und Drehmomentberechnung mit der induzierten Spannung
- Gleichstrommaschine (Kapitel 4)
- Synchronmaschine (Kapitel 7, speziell Abschnitt 7.4.4)

2.6.2.4 Drehmomentberechnung aus den Luftspaltfeldern

Die Permanentmagnete, stromdurchflossene Wicklungen und Leitwertschwankungen des Luftspalts und des Eisens führen zum resultierenden Luftspaltmagnetfeld. Das Luftspaltfeld lässt sich in vielen Fällen gut durch die Überlagerung von Drehwellen mit Polpaarzahlen ν beschreiben:

$$B(\varphi, t) = \sum_i B_i(\varphi, t) , \quad \text{mit den Feldern } B_i(\varphi, t) = \hat{B}_i \cos\left(\nu_i \varphi - 2\pi f_i t + \nu\varphi_i\right) \tag{2.61}$$

Dabei treten Felder mit gleichen Polpaarzahlen ν auf, die verschiedene Ursachen haben. Z. B. kann eine Ursache das Permanentmagnetfeld des Rotors sein, während die andere Ursache der Strom der Statorwicklung ist. Allgemein ergeben sich zwei Felder B_1 und B_2 mit $\nu_1 = \nu_2 = \nu$. Die Frequenzen f_1 und f_2 sind auf den Stator bezogen.

$$B_1 = \hat{B}_1 \cos\left(\nu\varphi - 2\pi f_1 t + \nu\varphi_1\right) , \quad B_2 = \hat{B}_2 \cos\left(\nu\varphi - 2\pi f_2 t + \nu\varphi_2\right) \tag{2.62}$$

Diese beiden Felder führen auf ein Drehmoment

$$M = \hat{M} \sin(2\pi f_{\mathrm{M}} t + \nu \varphi_{\mathrm{M}}) \tag{2.63}$$

$$\text{mit} \quad \hat{M} = \frac{\pi r l \delta}{\mu_0} \nu \hat{B}_1 \hat{B}_2 = \frac{V_\delta}{2\mu_0} \nu \hat{B}_1 \hat{B}_2 \tag{2.64}$$

$$f_{\mathrm{M}} = f_1 - f_2 , \quad \varphi_{\mathrm{M}} = \varphi_1 - \varphi_2 , \quad V_\delta = 2\pi r l \delta$$

Nur für $f_1 = f_2$ entsteht ein konstantes Drehmoment, das vom Sinus des Differenzwinkels φ_{M} abhängt. In allen anderen Fällen entstehen Pendelmomente.

Typische Anwendung der Drehmomentberechnung mit Luftspaltfeldern
– Oberfelddrehmomente in Asynchronmaschinen (Kapitel 6)
– Reluktanzmaschine (Kapitel 9)
– Drehmomente aus Leitwertschwankungen
– Rastmomente und Oberfelddrehmomente in Synchronmaschinen (Kapitel 7)
– Rastmomente in Gleichstrommaschinen (Kapitel 4)
– Pendelmomente in Einphasenmotoren beim unsymmetrischen Betrieb

2.6.2.5 Kraft- und Drehmomentberechnung aus der Flussverkettung

Die induzierte Spannung $u_i(t)$ lässt sich als Änderung der Flussverkettung schreiben. Damit kann mit dem Strom und der Änderung der Flussverkettung das Drehmoment bzw. die Kraft berechnet werden. Die Zusammenhänge lauten für den allgemeinen nichtlinearen Fall [62, S. 67 f.]:

$$F = \frac{\partial}{\partial x} \int_{i=0}^{I} \psi(x, i) \, \mathrm{d}i , \quad M = \frac{\partial}{\partial \varphi} \int_{i=0}^{I} \psi(\varphi, i) \, \mathrm{d}i \tag{2.65}$$

Für ungesättigte Magnetkreise sind die Induktivitäten konstant und die Flussverkettung lässt sich direkt aus dem Strom und der Induktivität berechnen. In dem Fall gilt:

$$F = \frac{\partial}{\partial x} \int_{i=0}^{I} \psi(x, i) \, \mathrm{d}i = \frac{\partial}{\partial x} \int_{i=0}^{I} L(x) i \, \mathrm{d}i = \frac{1}{2} \frac{\partial L(x)}{\partial x} I^2 , \quad M = \frac{1}{2} \frac{\partial L(\varphi)}{\partial \varphi} I^2 \tag{2.66}$$

Typische Anwendung der Kraft- und Drehmomentberechnung mit der Flussverkettung
– Reluktanzmotor (Kapitel 9)
– Schaltmagnete (Band 2, Kapitel 1)
– Proportionalmagnete (Band 2, Kapitel 1)
– Synchronmaschine mit Reluktanzmoment (Kapitel 7)
– Berechnung des Zeitverhaltens von elektrischen Maschinen

2.6.2.6 Kraftberechnung für magnetisierte Oberflächen

In manchen Anordnungen lässt sich die Kraftwirkung auf magnetisierte Oberflächen direkt für die Berechnung verwenden (Einzelheiten siehe [62]). Bei konstanter Flussdichte über die Fläche A ist die Kraft:

$$F = \frac{A}{2} \left(\frac{1}{\mu_0} - \frac{1}{\mu} \right) B^2 = \frac{A}{2\,\mu_0} \left(1 - \frac{1}{\mu_r} \right) B^2 \qquad (2.67)$$

Bei nichtkonstanter Flussdichte kann die Kraft näherungsweise über die Integration der Zugspannung ermittelt werden:

$$F = \iint\limits_A \sigma \, \mathrm{d}A \,, \quad \text{mit} \quad \sigma = \frac{B^2}{2} \left(\frac{1}{\mu_0} - \frac{1}{\mu} \right) = \frac{B^2}{2\,\mu_0} \left(1 - \frac{1}{\mu_r} \right) \qquad (2.68)$$

In vielen Fällen ist $\mu_r \gg 1$, sodass in den Gleichungen der Term $1/\mu_r$ vernachlässigt werden kann.

Typische Anwendung der Kraft- und Drehmomentberechnung mit magnetisierten Oberflächen

- Schaltmagnete (Band 2, Kapitel 1)
- Permanentmagnetbremsen (Band 2, Kapitel 1)
- Elektromagnetkupplungen, Federkraftbremsen mit elektromagnetischer Lüftung (Band 2, Kapitel 1)
- Normalkräfte bei Linearmotoren (Band 2, Kapitel 2)
- Radialkräfte bei drehenden Maschinen

Andreas Möckel, Tobias Heidrich und Heinz Weißmantel

3 Kommutatormotoren – Allgemeines und Kommutatorsystem

Schlagwörter: Eigenschaften, Ausführungsarten, Kommutierung, Lebensdauer

3.1 Übersicht

Kommutatormotoren werden als Gleichstrom- und als Wechselstrommotoren ausgeführt (Abb. 3.1). Die prinzipielle Gestaltung der Hauptelemente, Ständer und Läufer, ist gekennzeichnet durch ausgeprägte Pole im Ständer und einen rotationssymmetrischen Läufer. Der Repulsionsmotor stellt eine Ausnahme dar. Seine Bedeutung ist unter anderem durch die kostengünstig zur Verfügung stehende leistungselektronische Drehzahlregelung von Reihenschlussmotoren nur noch historisch zu sehen.

Im Allgemeinen tragen die Ständerpole konzentrierte Wicklungen oder werden von Dauermagneten gebildet.

Die Läuferwicklung ist am Ankerumfang gleichmäßig verteilt. Außer bei Reihenschlussmotoren ist ein generatorischer Betrieb möglich. Die Erregerwicklungen werden zur Ankerwicklung parallel (Nebenschlussmotor) oder in Reihe (Reihenschlussmotor) geschaltet (vgl. Kapitel 5) oder von einer separaten Gleichstromquelle (Fremderregung) gespeist.

In der Regel rotiert der Anker und das Polsystem ruht. In Sonderausführungen steht der Anker und das Polsystem führt die Bewegung aus. In diesem Fall sind Schleifringe für den Anschluss an die Energiequelle erforderlich, weil die Bürstenbrücke konstruktiv mit dem Polsystem verbunden ist. Mit einem Spezialgetriebe sind Motorkonstruktionen möglich, bei denen sich beide Hauptelemente drehen. Eine größere Bedeutung besitzen vor allem die mit Permanentmagneten fremderregten Varianten (vgl. Kapitel 4) für den Betrieb mit Gleichstrom und die Reihenschlussanordnung, die eine kostengünstige Nutzung von einphasiger Wechselspannung bietet. Die weniger bedeutenden Varianten sind in Abb. 3.1 grau unterlegt.

Die Lebensdauer der Kommutatormotoren kleiner Leistung wird vom Verschleiß der Bürsten und Kommutatoren bestimmt. Einen wesentlichen Anteil daran hat die Kommutierung der Ströme (siehe Abschnitt 3.3). Maßgeblich wird zu ihrer Beeinflussung die Bürstenbrückenverdrehung genutzt, weil Wendepol- und Kompensationswicklungen wegen des geringen Bauraums nicht vorgesehen werden können.

Andreas Möckel, Technische Universität Ilmenau
Tobias Heidrich, Technische Universität Ilmenau
Heinz Weißmantel, Technische Universität Darmstadt

https://doi.org/10.1515/9783110565324-003

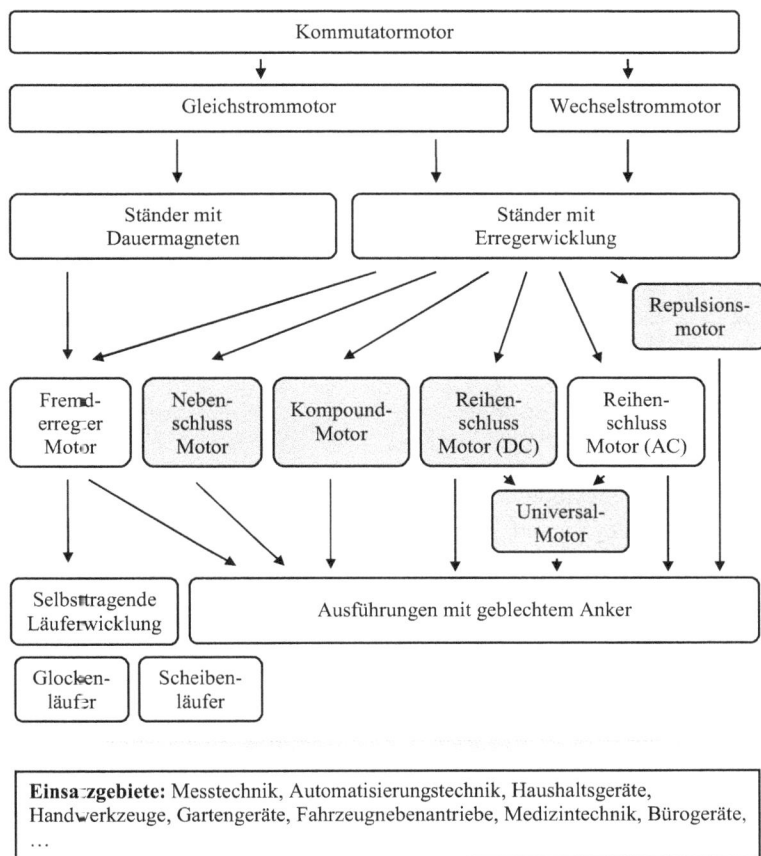

Abb. 3.1: Übersicht über prinzipielle Ausführungsformen – Varianten mit untergeordneter Bedeutung grau hinterlegt.

Mit den Kommutatormotoren lassen sich die in Abb. 3.2 dargestellten prinzipiellen Drehzahl- Drehmoment-Kennlinien realisieren.

Hauptanwendungsgebiete der elektrisch erregten Kommutatormotoren sind Geräte mit hochtourigen Antrieben, für die sich die Wechselstromkommutatormotoren gut eignen. Gleichstromnebenschlussmotoren werden wegen ihres schlechten Wirkungsgrads und der großen Ankerrückwirkung nur noch dann eingesetzt, wenn für die Drehzahlregelung auch die Schwächung des Erregerfelds erforderlich ist. Einsatzfälle, in denen Gleichstromreihenschlussmotoren mit ihrem großen Anlaufdrehmoment gut geeignet sind, treten immer seltener auf. Beispiele bestanden in Anlassern von Fahrzeugen, die eine Reihenschluss- oder eine Kompoundwicklung (Kombination aus Reihen- und Nebenschlusswicklung) aufweisen können. Kostengünstiger herstellbare Varianten mit Permanentmagneterregung verdrängen diese Einsatzgebiete

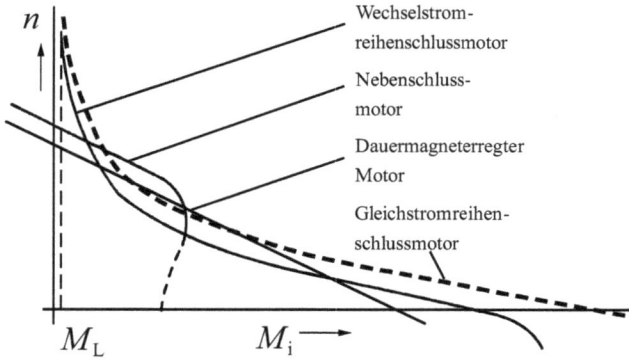

Abb. 3.2: Prinzipielle Drehzahl-Drehmoment-Kennlinien der Kommutatormotoren kleiner Leistung.

zunehmend. Lediglich für sehr hohe Drehmomente bzw. hohe Leistungen sind Reihenschlussanordnungen nicht zu ersetzen.

Die Repulsionsmotoren sind nur mit der Ständerwicklung an einer Wechselspannungsquelle angeschlossen. Ihre Ankerwicklung ist an den Bürsten, die auf einer drehbaren Brücke montiert sind, kurzgeschlossen. Durch die Drehung der Bürstenbrücke verändert sich die magnetische Kopplung der Ständer- und Läuferwicklungen, wodurch die Drehzahl in beiden Richtungen gestellt werden kann. Diese einfache Drehzahlstellung wurde durch elektronisch geregelte Antriebe vollständig verdrängt, sodass Repulsionsmotoren nicht mehr zum Einsatz kommen.

In der überwiegenden Zahl der Antriebe, in denen Gleichstromkommutatormotoren eingesetzt werden, wird das Erregerfeld durch Dauermagnete realisiert. Grundsätzliche Vorteile dauermagneterregter Motoren sind

- hohe Wirkungsgrade,
- kostengünstige Technologien und Konstruktionen,
- lineare Drehzahl-Drehmoment-Kennlinien und
- einfache Drehzahlstellungen.

Die Motoren mit Dauermagneterregung überstreichen in der Regel den Leistungsbereich von 10 mW bis max. 1 kW. Höhere Leistungen sind mit elektrischer Erregung günstiger zu realisieren. Durchgesetzt hat sich die Dauermagneterregung für Stellmotoren im Drehmomentbereich bis über 100 Nm und für Kommutatormotoren bis 500 W. Insbesondere bei batteriebetriebenen Einzelantrieben und in Modellen, spielen die dauermagneterregten Motoren eine dominierende Rolle. In Handwerkzeugen wird der dauermagneterregte Motor in Verbindung mit einem ansteckbaren Akku wegen des hohen Wirkungsgrads und der relativ einfachen Drehzahlregelung eingesetzt.

3.2 Kontaktsystem

Das System zur Stromwendung (Kommutierung) der Ankerströme wird durch mechanische Bauteile realisiert und ist kennzeichnend für die Gruppe der Kommutatormaschinen. Lebensdauer, Funkstörung und in etlichen Fällen auch die akustische Wahrnehmung sind eng damit verbunden. Die Beherrschung der Kommutierung stellt bei der Entwicklung dieser Maschinen die größte Herausforderung dar.

3.2.1 Bestandteile des Kontaktsystems

Das Kontaktsystem Bürste-Kommutator hat zwei Funktionen zu erfüllen, die nicht voneinander zu trennen sind. Es stellt die galvanische Verbindung der ruhenden Energiequelle zur rotierenden Ankerwicklung her und ermöglicht den Stromrichtungswechsel in den Spulen, die von einem Ankerzweig in den anderen wechseln.

Die damit verbundenen vielfältigen physikalischen, konstruktiven und material-ökonomischen Probleme stehen in engem Zusammenhang mit der Lebensdauer des Motors. Verschiedenste Anforderungen, die von der Drehzahl, dem Strom, der Spannung, den mechanischen Schwingungen, der Temperatur und den Einbauverhältnissen abhängig sind, sowie das Streben nach möglichst geringem Materialeinsatz und niedrigen Fertigungskosten hat zu einem unübersehbaren Variantenreichtum des Kontaktsystems geführt.

Das Kontaktsystem (Abb. 3.3) besteht aus dem Kommutator, den Bürsten, der Bürstenführung, den Bürstenfedern sowie den Kontaktelementen, die den Stromübergang zu den Bürsten und zur Spannungsquelle herstellen. Auf seine Gestaltung haben sowohl das Konstruktionskonzept des gesamten Motors, die Fertigungskosten, die geforderte Lebensdauer und die zulässigen Funkstörungen Einfluss.

Ein Teil der zu lösenden Aufgaben spiegelt sich in den Verlusten längs des Kontaktsystems wider, die in Abb. 3.4 für eine armierte Bürste prinzipiell dargestellt

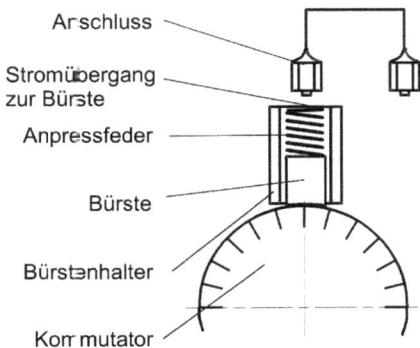

Anschluss

Stromübergang zur Bürste

Anpressfeder

Bürste

Bürstenhalter

Kommutator

Abb. 3.3: Kontaktsystem beim Stromübergang zum Kommutatoranker.

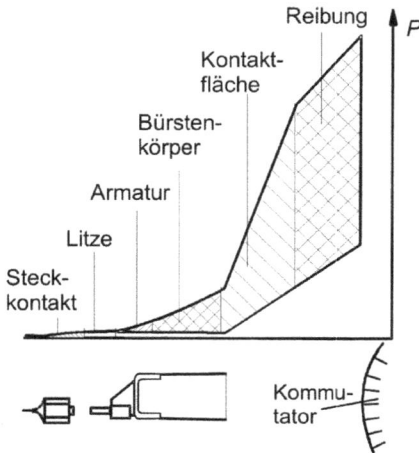

Abb. 3.4: Verlustverteilung am Kontaktsystem.

sind. Die größten Verluste und der größte Toleranzbereich treten am Übergang zwischen Bürste und Kommutator auf. Einflussfaktoren sind das Bürstenmaterial, die Federkraft und die Kommutatoroberfläche. Zusammen mit den elektromagnetischen Verhältnissen beeinflussen sie die Kommutierungsvorgänge maßgebend. Ein Auslegungsziel besteht darin, die Temperatur der Kommutatoroberfläche zu begrenzen. Bei Lebensdauer- und Funkstörproblemen werden zuerst mehrere Bürstenqualitäten erprobt, bevor konstruktive Änderungen am Motor erfolgen. Der Kontaktpartner der Bürsten ist der Kommutator, dessen mechanische und elektrische Eigenschaften an das Gesamtsystem angepasst sein müssen.

3.2.2 Aufbau der Kommutatoren

Kommutatorformen

Kommutatoren sind separate Bauteile und für den Motorproduzenten ein Zulieferteil. Sie werden als Zylinder- und Stirnkommutatoren ausgeführt. Die Zylinderkommutatoren kommen in weitaus größerer Stückzahl zum Einsatz, weil aufgrund der Laufeigenschaften Motoren mit Stirnkommutatoren in der Regel geringere Lebensdauern aufweisen. Bauformen und Maße richten sich nach den konstruktiven Bedingungen, den Umwelteinflüssen und den Leistungsanforderungen des Einsatzfalls. Es kommen hauptsächlich Kupferkommutatoren, aber auch andere Metallkommutatoren und Kohlekommutatoren zum Einsatz. Scheibenläufer mit aufgeklebten Wicklungen nehmen eine Sonderstellung ein, weil bei ihnen die Bürsten unmittelbar auf den Leiterbahnen schleifen. Schwalbenschwanz- und Schrumpfringkommutatoren werden für Motoren größerer Leistung eingesetzt. Kohlekommutatoren finden bisher nur Anwendung in Benzinpumpen, bei denen der Kraftstoff das Kontaktsystem unmittelbar umströmt. Sie werden trotz ihres höheren Preises verwendet, weil bes immte

Kraftstoffkomponenten Kupfer angreifen und damit die Lebensdauer des Motors unzulässig herabsetzen.

Aufbau und Eigenschaften der Kupferkommutatoren

Der Aufbau und die Eigenschaften des Kommutators ergeben sich sowohl aus konstruktiven als auch aus funktionellen Gesichtspunkten. Hauptteile des Kommutators sind die Kupferlamellen. Zur gegenseitigen Isolierung werden Isolierlamellen gleichmäßiger Dicke eingelegt, die aus Glimmersplitter, Epoxydharz und Schellack bestehen. Unter dem Kostendruck und unter den Bedingungen der Massenfertigung wird angestrebt, die Aufgabe der Isolierlamellen den duroplastischen Pressmassen, mit denen die Einzelteile zusammengehalten werden, zu übertragen. Zur Erhöhung der mechanischen Festigkeit dienen Stahl- oder Messingbuchsen und Armierungsringe.

Eine zentrale Rolle bei der Ankerfertigung spielt die Herstellung der galvanischen Kontakte der Ankerspulen mit den Lamellen. An jede Lamelle werden das Ende einer Ankerspule und der Anfang ihrer benachbarten Spule angeschlossen. Damit sind zwei Drahtenden mit jeder Lamelle zu verlöten, zu verschweißen oder zu verstemmen. Da generell mit Lack isolierte Drähte verwendet werden, sind die Drahtenden abzuisolieren oder der Lack muss durch mechanische und thermische Einwirkungen beim Kontaktieren entfernt werden. Zum Einsatz kommen Schlitz- und Hakenkommutatoren (Abb. 3.5).

Beim Schlitzkommutator sind kurze, aber ausreichend tiefe Schlitze in den Lamellen auf der Blechpaketseite vorgesehen. Nach jeder gewickelten Spule werden die Drähte am jeweiligen Schlitz abgeschnitten. Der Einsatz von Hakenkommutatoren erfordert weniger Arbeitsgänge, denn die Drähte werden um einen Haken, der sich am Ende jeder Lamelle befindet, gelegt, sodass der Wickelvorgang ohne Drahtunterbrechung fortgeführt werden kann. Durch das Umbiegen der Haken bis zur Lamellenoberfläche bei gleichzeitiger Wärmeeinwirkung entsteht die galvanische Verbindung zwischen dem Draht und der Lamelle. Die Stabilität der Haken und der Platz zwischen den Haken benachbarter Lamellen bestimmen die maximal verwendbare Drahtstärke.

Abb. 3.5: Hakenkommutator (links), Schlitzkommutator (rechts).

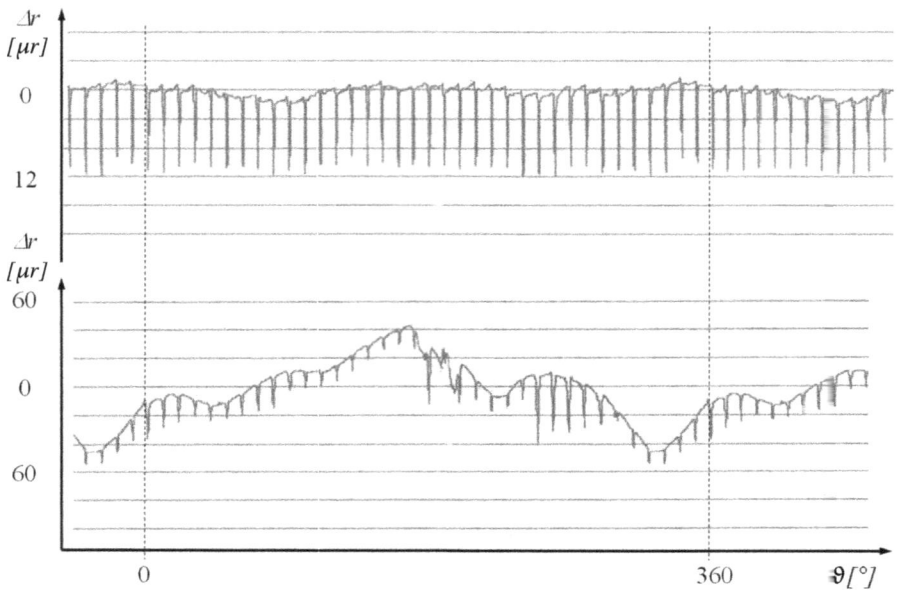

Abb. 3.6: Rundlaufdiagramme vor (oben) und nach dem Dauerlauf (unten).

Formabweichungen des Kommutators werden im Rundlaufdiagramm sichtbar. Der Vergleich der Diagramme (Abb. 3.6) eines Kommutators im Fertigungszustand und eines Kommutators, der die Ursache für den Abbruch des Dauerlaufs war, zeigt die Veränderungen, die durch thermische, mechanische und elektrische Prozesse im Betrieb bedingt sind.

3.3 Ankerstromkommutierung

3.3.1 Kommutierungsvorgang allgemein

Eng mit der Lebensdauer des Kommutatormotors ist die Beherrschung der Stromwendung (Kommutierung) verbunden. Sie entscheidet neben der Lagerung über die Lebensdauer des Motors. Die Abb. 3.7 zeigt einen zweipoligen Kommutatoranker einen schematischen Querschnitt des magnetischen Kreises des Motors und die Abwicklung eines Kommutatorankers. Die Abwicklung wird für die Beschreibung der Kommutierung verwendet, während der skizzierte Magnetkreis die Lage der kommutierenden Spulen zum Erregerfeld fixiert.

Die Zahl der kommutierenden Spulen wird von der Polzahl und der Bürstenbreite bestimmt. Bei der Schleifenwicklung ist die Zahl der Bürsten gleich der Polzahl

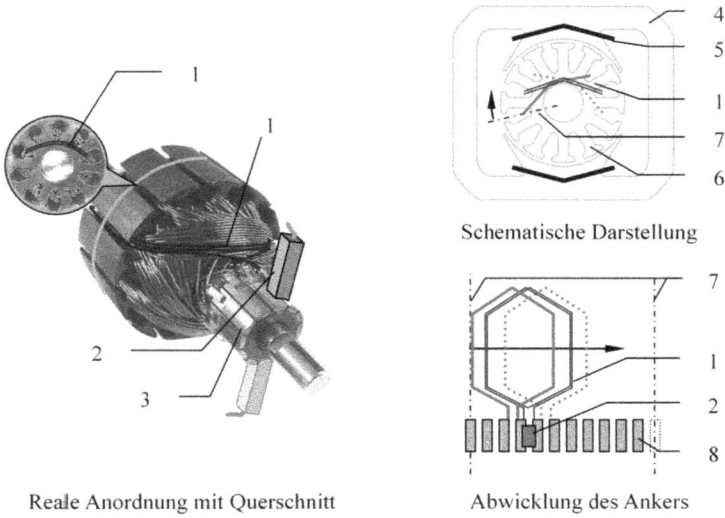

Schematische Darstellung

Abwicklung des Ankers

Reale Anordnung mit Querschnitt

Abb. 3.7: Schematisierung des Kommutatorankers (1 kommutierende Spule, 2 Bürste, 3 Kommutator, 4 Ständer, 5 Erregerwicklung, 6 Anker (rotierend), 7 Schnittebene für Abwicklung, 8 Kommutatorlamelle).

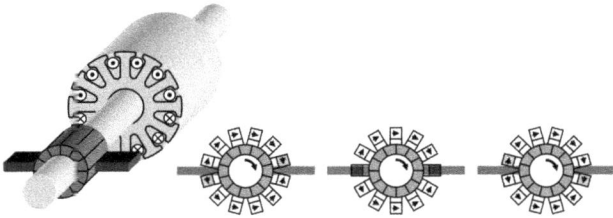

Abb. 3.8: Bewegung eines zweipoligen Ankers um eine Lamellenteilung.

(Abb. 3.8 und Abb. 3.9), während sie bei einer Wellenwicklung unabhängig von der Polzahl auf zwei reduziert werden kann. Bei der Drehung des Ankers wechseln die Spulen innerhalb einer Kurzschlussphase von einem Ankerzweig in den anderen, wie es an den drei Stellungen eines zweipoligen Ankers in Abb. 3.8 zu erkennen ist. Für die Erklärung der Kommutierung werden die Vorgänge unter einer Bürste eines zweipoligen Motors betrachtet.

Beim Stromübergang von der Bürste zur Kommutatorlamelle teilt sich der Bürstenstrom, der bei zweipoligen Maschinen mit dem Ankerstrom übereinstimmt, in zwei gleich große Ankerzweigströme (Abb. 3.10 links). Durch die Drehung des Ankers wird eine Ankerspule kurzgeschlossen (Abb. 3.10 Mitte), die bis zu diesem Zeitpunkt den Ankerzweigstrom führte. Verlässt die Bürste den Kommutierungsbereich, wird

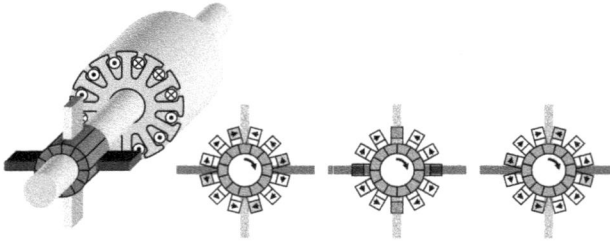

Abb. 3.9: Bewegung eines vierpoligen Ankers um eine Lamellenteilung.

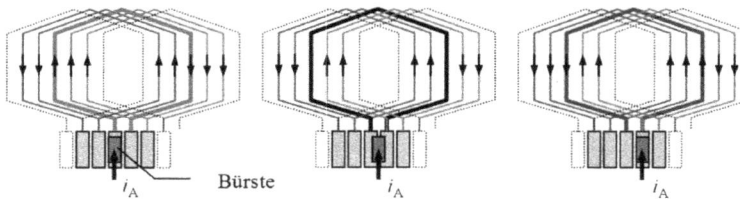

Abb. 3.10: Zyklen der Kommutierung in Abwicklungsdarstellung (kommutierende Spule verstärkt gezeichnet, Pfeile geben Stromrichtung an) Elektrische Einflussgrößen.

der Kurzschluss wieder aufgehoben und in der Ankerspule fließt der Ankerzweigstrom in entgegengesetzter Richtung (Abb. 3.10 rechts). Die für die Kommutierung zur Verfügung stehende Zeit T_K errechnet sich aus

$$T_K = \frac{b_b - b_s}{\pi \cdot D_K \cdot n} \tag{3.1}$$

worin b_b die Bürstenbreite und b_s die Lamellenschlitzbreite bedeuten. Bei Bürstenbreiten größer als eine und kleiner als zwei Lamellenteilungen werden abwechselnd von jeder Bürste eine bzw. zwei Spulen kurzgeschlossen. Die Kommutierung wird dadurch komplexer, da die kurzgeschlossenen Spulen magnetisch miteinander verkettet sind.

Eine kommutierende Ankerspule kann als Reihenschaltung aus einem ohmschen Widerstand, ihrer Streuinduktivität und einer Spannungsquelle beschrieben werden. Die Streuinduktivität wird von der Windungszahl, der Nutgeometrie und der magnetischen Leitfähigkeit der nutbegrenzenden ferromagnetischen Abschnitte bestimmt. Die Spannungsquelle ist die Summe von folgenden Teilspannungen:

- rotatorische Spannung vom Erregerfeld,
- rotatorische Spannung vom Ankerfeld,
- transformatorische Spannung vom Erregerfeld und
- Spannung herrührend von den Stromänderungen weiterer magnetisch gekoppelter Stromkreise.

Der ohmsche Widerstand des Kommutierungskreises setzt sich zusammen aus dem Wicklungswiderstand, dem Widerstand der Kontaktpunkte an den Kupferlamellen sowie dem Übergangswiderstand zwischen Kommutator und Bürste und dem Bürstenquerwiderstand. Die Werte des Übergangswiderstands sind von zahlreichen variablen Faktoren abhängig, sodass der wirksame ohmsche Widerstand großen quantitativen Schwankungen unterworfen ist. Das ist eine der Ursachen, warum für die Berechnung des Kommutierungsvorgangs Annahmen getroffen werden müssen, mit denen zwar das prinzipielle Verhalten dargestellt und Gesichtspunkte zur Gestaltung des Kontaktsystems abgeleitet werden können, aber keine treffsichere Auswahl der Bürsten und Vorausberechnung der Lebensdauer möglich ist.

3.3.2 Qualitative Beschreibung des Kommutierungsvorgangs

Konstante Stromdichteverteilung unter der Bürste

Zur Erläuterung des Kommutierungsvorgangs wird von einer stark vereinfachten Anordnung ausgegangen, bei der alle induzierten Spannungen in den kommutierenden Spulen und der Wicklungswiderstand vernachlässigt werden und eine konstante Stromdichteverteilung auf der Bürstenfläche existiert.

Die Abb. 3.11 zeigt den Vorgang in drei Schritten, wobei die Bürstenbreite mit der Lamellenteilung übereinstimmt. Zunächst bedeckt die Bürste eine Lamelle (Abb. 3.11a). Berührt die in Bewegungsrichtung weisende Bürstenkante eine weitere Kommutatorlamelle, teilt sich der über die Bürstenarmierung zugeführte Ankerstrom auf zwei Kommutatorlamellen auf. Dies erfolgt proportional zu den überdeckten Flächen (Abb. 3.11). Zu Beginn fließt der gesamte Strom durch die ursprüngliche Kontaktfläche und wechselt dann in die sich aufgrund der Bewegung vergrößernde neue Kontaktfläche.

Der Strom i_k im Kommutierungskreis fällt wegen der Aufteilung über beide Bürstenhälften linear ab, durchläuft bei jeweils gleicher Überdeckung beider Kommutatorlamellen den Stromnulldurchgang und steigt in umgekehrter Richtung auf den Wert des Ankerzweigstroms zu dem Zeitpunkt an, an dem die ablaufende Bürstenkante die betreffende Kommutatorlamelle verlässt. Das Öffnen des Kommutierungskreises erfolgt dann zu einem Zeitpunkt, an dem kein Strom mehr zwischen ablaufender Bürstenkante und der den Kommutierungskreis verlassenden Kommutatorlamelle fließt. Das ist das Kriterium für eine vollständige Kommutierung. Es tritt weder ein Bürstenfeuer noch eine durch den Kommutierungsvorgang begründete Belastung des Bürstenkontakts auf. Der Strom im Kommutierungskreis nach folgender Formel

$$i_k(\Gamma) = -\frac{i_A}{2}\left(\frac{2\cdot\Gamma}{\gamma}-1\right) \quad \text{mit } \Gamma = 0 \dots \gamma \tag{3.2}$$

berechnet, wobei Γ den zurückgelegten Weg und γ den gesamten Weg des Bürstenkurzschlusses darstellt. In Abb. 3.11c ist die ablaufende Fläche gleich null und in der

Stellung der Bürste

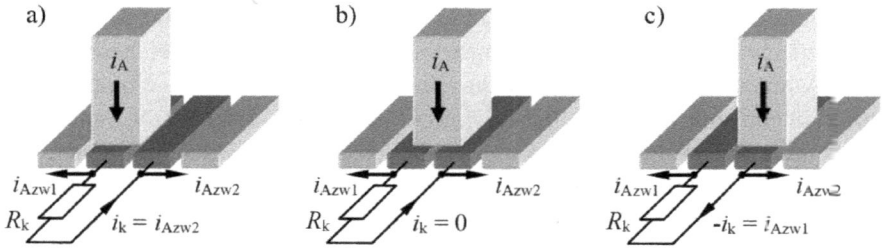

Verlauf des Kommutierungsstromes

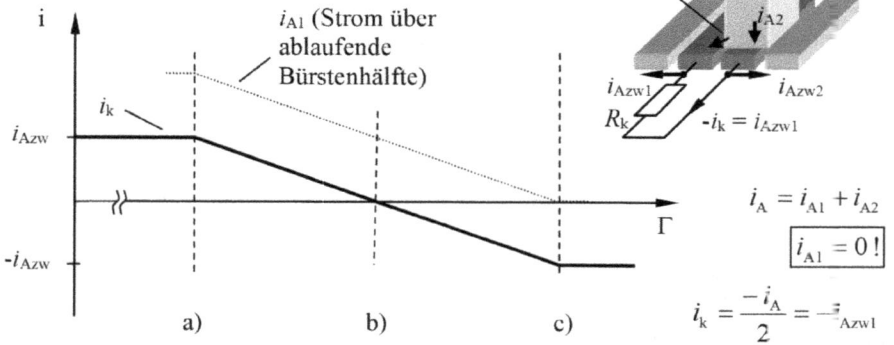

$$i_A = i_{A1} + i_{A2}$$

$$\boxed{i_{A1} = 0\,!}$$

$$i_k = \frac{-i_A}{2} = -i_{Azw1}$$

Abb. 3.11: Verlauf des Kommutierungsstroms bei ohmschem Kommutierungskreis. (a) Beginn der Kommutierung, (b) Mitte der Kommutierung, (c) Ende der Kommutierung.

betreffenden Spule fließt der Ankerzweigstrom in entgegengesetzter Richtung. Der Anker hat sich um eine Lamellenteilung weitergedreht und es beginnt ein neuer Kommutierungszyklus.

Einfluss der Streuinduktivität

Mit der Stromänderung in der kommutierenden Spule ändert sich ihr Streufeld, dem die Streuinduktivität zugeordnet ist. Dadurch wird die Stromwendespannung u_σ

$$u_\sigma = L_\sigma \frac{\mathrm{d}i_k}{\mathrm{d}t} \tag{3.3}$$

induziert. Der tatsächliche Stromverlauf ist nicht bekannt, sodass man zur Bewertung der Stromwendespannung die Rechengröße

$$U_\sigma = L_\sigma \Delta I \frac{2\pi\, n}{b_L} \frac{D_K}{2} \tag{3.4}$$

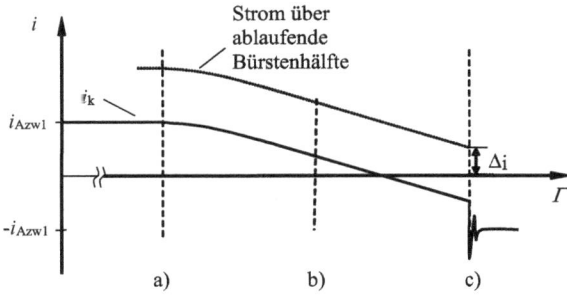

Abb. 3.12: Verlauf des Kommutierungsstroms bei ohmsch-induktivem Kommutierungskreis. (a) Beginn der Kommutierung, (b) Mitte der Kommutierung, (c) Ende der Kommutierung.

heranzieht, die eine lineare Kommutierung voraussetzt, aber den tatsächlichen Vorgänger nicht ausreichend Rechnung trägt.

Die Streuinduktivität der kommutierenden Spule bewirkt ein verzögertes Absinken des kommutierenden Stroms. Ist die durch die Drehzahl und die Bürstenüberdeckung vorgegebene Kommutierungszeit zu kurz, muss der Strom plötzlich den Wert des Zweigstroms annehmen (Abb. 3.12). Die damit verbundene Änderung der Streuflussverkettung induziert Spannungen, die Ströme über den sich öffnenden Bürstenkontakt erzwingen. Bei Überschreitung der Grenzspannung erodieren die entstehenden Lichtbögen (Funken) die Bürsten- und Kommutatoroberflächen. Ein Absinken der Lebensdauer des Kontaktsystems ist die Folge.

Die drei Kommutierungsverläufe Überkommutierung, vollständige Kommutierung und Unterkommutierung unterscheiden sich in der Größe des Stroms im Kurzschlusskreis nach Ablauf der Kommutierungszeit (Abb. 3.13). Während bei einer vollständigen Kommutierung beim Öffnen des Kommutierungskreises kein Strom über die ablaufende Bürstenkante fließt, wird bei Über- und Unterkommutierung ein Strom

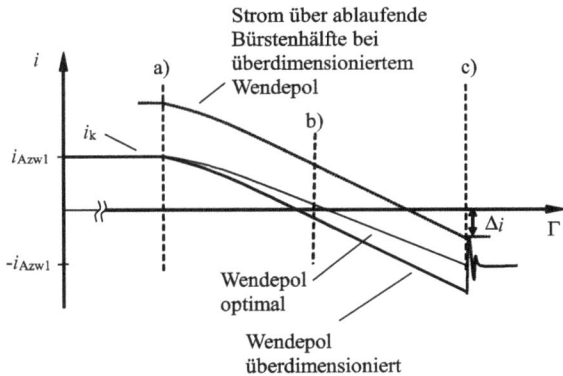

Abb. 3.13: Übersicht über Kommutierungsverläufe und deren Bezeichnung.

unter Ausbildung von Funken oder Lichtbögen unterbrochen, wodurch Material an der Bürste und am Kommutator abgetragen wird. Über- und Unterkommutierung unterscheiden sich durch das Vorzeichen des abzuschaltenden Stroms.

Bürstenbrückenverdrehung

Kommutatormotoren werden bis zu einer Aufnahmeleistung von etwa 3000 W gebaut. Die angestrebten Lebensdauerwerte lassen sich allerdings häufig nur mit einer Bürstenbrückenverdrehung erreichen, sodass durch das Erregerfeld in den kommutierenden Spulen rotatorische Spannungen induziert werden, die den Kommutierungsvorgang beschleunigen. Diese Maßnahme erfordert in Motoren, die in beiden Drehrichtungen betrieben werden, ggf. eine drehbare Bürstenbrücke.

Befindet sich die Bürstenebene in der Pollücke (Abb. 3.14), wird in den kommutierenden Spulen vom Erregerfeld in Summe keine rotatorische Spannung induziert.

Verdreht man die Bürstenbrücke in oder entgegen der Drehrichtung des Ankers (Abb. 3.15 und Abb. 3.16), nimmt die Spannungsinduktion zu, wobei sich die Vorzeichen unterscheiden. Um im Motorbetrieb die Stromwendespannung zu kompensieren, ist die Bürstenbrücke entgegen der Drehrichtung und im Generatorbetrieb in Drehrichtung zu verschieben. In den Darstellungen sind die Stellungen einer Spule unmittelbar vor, während und unmittelbar nach der Kommutierung angegeben. Die Bürstenbrückenverdrehung ist mit dem Nachteil verbunden, dass das Luftspaltfeld geschwächt wird.

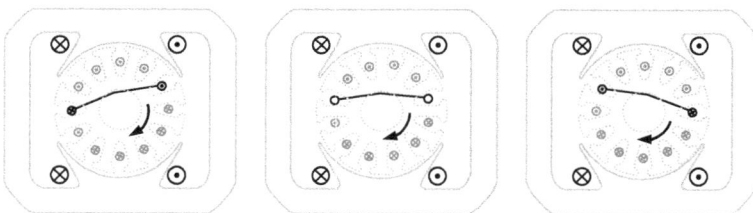

Abb. 3.14: Kommutierende Spule bei Bürstenbrücke in neutraler Stellung (links Beginn der Kommutierung, rechts Ende der Kommutierung erreicht).

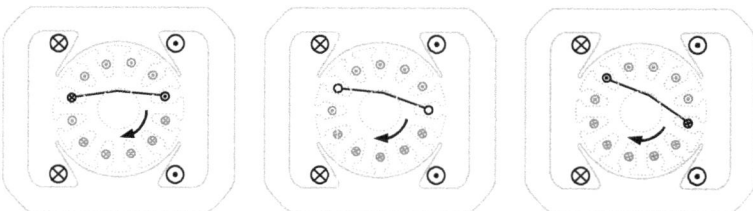

Abb. 3.15: Kommutierende Spule bei in Motordrehrichtung verdrehter Bürstenbrücke (links Beginn der Kommutierung, rechts Ende der Kommutierung erreicht).

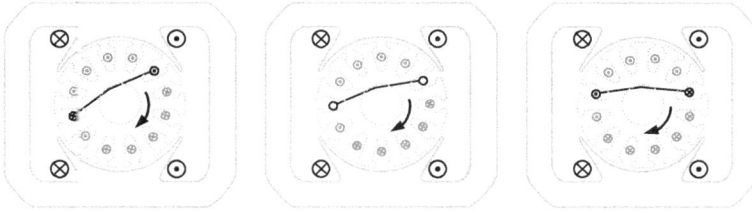

Abb. 3.16: Kommutierende Spule bei entgegen der Motordrehrichtung verdrehter Bürstenbrücke (links Beginn der Kommutierung, rechts Ende der Kommutierung erreicht).

Einfluss der transformatorisch vom Erregerfeld induzierten Spannung

In den mit Wechselspannung betriebenen Reihenschlussmotoren wird vom Fluss durch die Bürstenebene in den kommutierenden Spulen eine zum Ankerstrom phasenverschobene Wechselspannung induziert. Sie kann durch konstruktive Maßnahmen nicht kompensiert und muss durch die Wahl der Windungszahl der Ankerspulen begrenzt werden.

Spannung aus Stromänderung weiterer magnetisch gekoppelter Stromkreise

Neben den bereits erwähnten Flussverkettungen der kommutierenden Spulen gibt es je nach Konstruktion weitere magnetisch gekoppelte Stromkreise. Dazu gehören gleichzeitig kommutierende Ankerspulen und Wirbelstromkreise der massiven Ankerwelle sowie Wirbelstromkreise, die durch Niete, Schweißverbindungen und Stanzpaketverknüpfungen gebildet werden. Teilweise entlasten diese Kopplungen den Kommutierungsvorgang, da sie im Abschaltmoment das gemeinsame Feld mit dem Kommutierungskreis über eine Stromänderung übernehmen können. Tabelle 3.1 gibt einen Überblick der Spannungskomponenten im Kommutierungskreis.

Unterschied Gleich- und Wechselspannungsbetrieb

Wie bereits bei der Betrachtung der transformatorisch vom Erregerfeld herrührenden Spannungskomponente diskutiert wird, führt die Wechselspannung zu einer phasenverschobenen Spannungskomponente im Kommutierungskreis, die ihr Maximum im Nulldurchgang des Ankerstroms erreicht. Zu diesem Zeitpunkt sind die rotatorisch induzierten Spannungen und die Stromwendespannung null, sodass die transformatorische Spannung den Strom im Kurzschlusskreis verursacht.

Geht man vom Nulldurchgang des Ankerstroms zu steigenden Ankerströmen, stellen sich durch die transformatorisch vom Erregerfeld herrührende Spannung Überkommutierungen ein. Erreicht der Ankerstrom einen bestimmten Wert, treten für einen kurzen Zeitbereich vollständige Kommutierungen auf, die dann in die Unterkommutierung übergehen. Beim folgenden Stromnulldurchgang werden daraus wegen des gedrehten Vorzeichens der rotatorisch induzierten Spannung und der

Tab. 3.1: Übersicht über kommutierungsrelevante Spannungskomponenten.

	Schematische Darstellung		Wirkung
Spannung aus eigener Stromänderung (Selbstinduktivität)		Streu-feld	Energieinhalt der kommutierenden Ankerspule wird ab- und in umgekehrter Richtung aufgebaut, verzögert die Kommutierung
Rotatorische Spannung vom Erregerfeld		Erreger-feld	Steigt durch Bürstenbrückenverdrehung, dämpft Erregerfluss, beschleunigt Kommutierung
Rotatorische Spannung vom Ankerfeld		Anker-querfeld	Verzögert Kommutierung
Transformatorische Spannung vom Erregerfeld		Erreger-feld	Phasenverschoben zu den anderen Spannungskomponenten, beschleunigte bzw. verzögerte die Kommutierung je nach Zeitpunkt
Spannung aus Stromänderung weiterer magnetisch gekoppelter Stromkreise		z.B. massive Anker-welle	Feldübernahme durch gekoppelte benachbarte Kurzschlusskreise oder Nachbarspulen, entlastet Abschaltvorgang am Ende der Kommutierung

Stromwendespannung überkommutierte Vorgänge. Über- und Unterkommutierung wechseln sich zyklisch ab. Eine vollständige Kommutierung über die gesamte Periode der Wechselspannung ist nicht möglich. Das Ziel der Optimierung besteht darin, einen Kompromiss aus Über- und Unterkommutierung einzustellen, mit dem die Lebensdauerforderungen erfüllt werden. Bei Gleichspannungsbetrieb ist eine vollständige Kommutierung für einen Arbeitspunkt denkbar. Bei veränderten Belastungszyklen ist die günstigste Bürstenstellung erneut zu ermitteln.

In Gleichspannungsmotoren mit konstanter Drehrichtung steht die Polarität der Bürsten fest, sodass die Richtung des Schaltlichtbogens am Ende einer unvollständigen Kommutierung definiert ist. Dadurch werden die Bürsten der einen Polarität stärker als die der entgegengesetzten verschlissen. Da die Stromdifferenz bei Über- und Unterkommutierung unterschiedliche Vorzeichen aufweist, lässt sich die Bürste mit dem höheren Verschleiß nicht ausschließlich an der Polarität fixieren. Sowohl die Polarität als auch die überwiegende Kommutierungsart entscheiden darüber, welche Bürste stärker durch den Lichtbogen erodiert wird. Da bei Wechselspannung sowohl die Polarität als auch die Kommutierungsart ständig wechseln, werden bei derartigen Motoren beide Bürsten gleichmäßig verschlissen. Auftretende Unterschiede sind durch Unregelmäßigkeiten im mechanischen Aufbau begründet.

3.3.3 Zusammensetzung und Eigenschaften des Bürstenkörpers

Bürstenqualitäten

Das Hauptsortiment der Bürsten sind Kohlebürsten. Nur bei Kleinspannungen im unteren Leistungsbereich haben sich Metallbürsten aus Messing, Bronze und Edelmetallen behauptet, weil ihre Betriebseigenschaften mit den billigeren Kohlequalitäten bisher nicht erreicht wurden.

Da einerseits die Motorproduzenten die Anforderungen an die Bürsten nicht genau genug auf ihre physikalischen und chemischen Eigenschaften übertragen und andererseits die Bürstenhersteller die Zuordnung ihres Produkts zur Motorausführung nicht sicher angeben können, werden in den Firmenschriften die erprobten Einsatzgebiete der Bürsten ausgewiesen. Die Zuordnung der Bürstenqualitäten und -formen zu den Einsatzfällen sind das Ergebnis jahrzehntelanger Erfahrungen bei der Produktion und der Beobachtung der Bürsten im praktischen Betrieb. Eine zufriedenstellende Funktion des Kontakts Bürste–Kommutator ist nur durch eine sorgfältige Ausführung und Anpassung an den jeweiligen Einsatzfall möglich, wobei eine intensive Zusammenarbeit zwischen dem Motorproduzenten, dem Gerätebauer und dem Bürstenhersteller erforderlich ist.

Auf die **Laufeigenschaften** der Bürsten haben folgende Komponenten Einfluss:
– Bürstenmaterial
– Strombelastung
– Umfangsgeschwindigkeit des Kommutators

- Oberflächenkontur von Kommutator und Bürste
- Oberflächenschicht des Kommutators (Patina)
- Reibwert oder Reibungskoeffizient
- Kommutatortemperatur
- Bürstendruck
- Atmosphäre (Umwelt)
- Schwingungsverhalten der Maschine
- Kommutierungsverhalten

Diese vielfältigen Parameter und ihre Wirkungen auf die Lauf- und Kommutierungseigenschaften können vom Bürstenhersteller nur näherungsweise charakterisiert werden. Deshalb bezieht man sich bei der Wahl der Bürsten auf zahlreiche Erfahrungswerte, die aus den erfolgreich erprobten Einsatzgebieten und aus der Analyse der Störfälle gesammelt wurden.

In der Regel wird der Bürstendruck mit dem geringsten Verschleiß, der auf elektrische und mechanische Ursachen zurückzuführen ist, angestrebt. Durch mechanische Schwingungen hebt sich die Bürste bei zu geringem Druck vom Kommutator ab, sodass der Stromfluss über Lichtbögen erfolgt. Auf der einen Seite wird das Kommutatorkupfer erodiert und auf der anderen werden Teilchen aus der Bürste herausgebrannt. Steigender Druck reduziert den elektroerosiven Verschleiß. Dagegen wachsen die Reibungsverluste, die eine Erhöhung der Kommutatortemperatur und einen stärkeren Bürstenabrieb bewirken.

Die gegensätzlichen Tendenzen der mechanischen und elektrischen Wirkungen auf den Bürstenverschleiß sind Ursache für die experimentelle Ermittlung des optimalen Bürstendrucks. Berücksichtigt man, dass jeder Maschinentyp ein anderes Schwingungsverhalten aufweist, sind dafür umfangreiche Untersuchungen notwendig, wobei man zweckmäßigerweise von den angegebenen Richtwerten ausgeht. Sind mehrere Bürsten parallelgeschaltet, ist auf den gleichen Bürstendruck zu achten, da sonst Unter- und Überbelastungen einzelner Bürsten die Folge sind.

Zur Verbesserung der Laufeigenschaften werden die Bürsten aus ihrer Radialstellung bis zu einem Winkel von 20° in oder gegen die Laufrichtung geneigt. Durch die Reibung wird die Bürste in Drehrichtung gegen den Bürstenhalterschacht gedrückt. Es kommt zur Schrägstellung der Bürstenachse im Schacht. Die sich entwickelnden Schwingungen verursachen Geräusche und einen erhöhten Bürstenabrieb. Diese Erscheinungen lassen sich durch eine Kopfschräge (Abb. 3.17) reduzieren. Die auf die geneigte Fläche drückende Federkraft wird in eine radiale und eine tangentiale Komponente zerlegt. Wirken die Reibkraft und die tangentiale Federkraft in die gleiche Richtung, läuft die Bürste ruhiger. Gleichzeitig wird ein besserer elektrischer Kontakt zwischen Bürste und Bürstenhalterschacht hergestellt, der insbesondere beim Einsatz nicht armierter Bürsten von Bedeutung ist. Unter einer armierten Bürste versteht man die Kontaktierung der Bürste mit einer Litze für die Stromzufuhr.

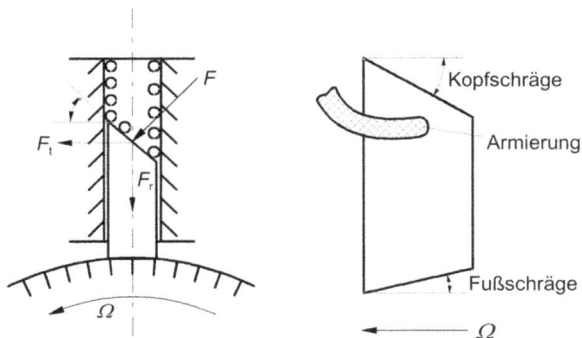

Abb. 3.17: Bürste mit Kopfschräge im Bürstenhalter, rechts Bürste mit Kopf- und Fußschräge.

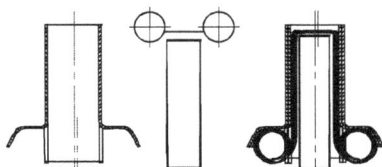

Abb. 3.18: Rollbandbürstenhalter (links Köcher, Mitte Bürste mit Rollbandfeder, rechts Köcher mit gespannter Rollbandfeder).

Zur Erzeugung des Bürstendrucks kommen Schrauben-, Rollband- (Abb. 3.18), Spiral- und Blattfedern zum Einsatz, die zum Teil auch die Stromleitung übernehmen. Abzusichern sind ein sicherer Sitz auf dem Bürstenkopf und ein möglichst konstanter Federdruck über die gesamte Verschleißlänge. Dazu werden auch Bürstenarmaturen am Bürstenkörper befestigt, die aufgrund der Anpassung an die Einsatzfälle wesentlich zur Formenvielfalt der Bürsten beitragen.

Der Laufradius wird in fabrikneue Bürsten eingearbeitet, um die Einlaufzeit zu verkürzen. Da ein gutes Einlaufverhalten gegeben ist, wenn sich die Kontaktfläche von der Mitte beginnend vergrößert, ist der Laufradius bei der Fertigung um etwa 10 % größer als der Radius des Kommutators. Zum schnelleren Einlauf der Bürsten ist ihre Lauffläche strukturiert und es kann auf den Kommutator Bimsstaub aufgetragen werden, der nach kurzer Betriebszeit weggeschleudert wird.

Mit einem flexiblen Kupferseil aus feiner Litze wird eine gute elektrische Verbindung zwischen dem Bürstenkörper und der Spannungsquelle hergestellt (Abb. 3.17). Der Kontakt am Bürstenkörper muss eine ausreichende mechanische Festigkeit, die in erster Linie wegen der Schwingungsbeanspruchungen erforderlich ist, aufweisen und zur verlustarmen Stromführung elektrisch gut leitend ausgeführt sein. Neben dem bewährten Stampfkontakt sind Niet- und Lötverbindungen möglich.

Der Querschnitt des Kupferseils richtet sich nach dem zu übertragenden Strom. Er wird auch von der Kühlluftführung innerhalb der Maschine beeinflusst. Die Stromdichte von 20 A/mm^2 stellt einen Richtwert dar und variiert je nach dem Wärmeabführvermögen der Bürstenhalter.

Selbstabschaltende Kohlebürsten und Meldevorrichtungen dienen zur Verlängerung der Motorlebensdauer und stellen ein Zusatzangebot für einen vorteilhaften Einsatz im gewerblichen Bereich dar. In einer großen Zahl der Einsatzfälle von Kommutatormotoren ist die Standzeit der Bürsten geringer als die Lebensdauer der Geräte. Deshalb ist in einigen Geräten eine Ersatzbestückung mit Bürsten vorgesehen. Dies erfordert eine rechtzeitige Kontrolle der Bürstenlänge und der Kommutatoroberfläche, denn nach dem Erreichen der Bürstenverschleißgrenze schleift das eingestampfte Kupferseil oder sogar die Bürstenfeder auf dem Kommutator, wodurch dieser tiefe Riefen erhält. Wenn keine Bearbeitung des Kommutators erfolgt (Überdrehen oder Abschleifen), ist die Standzeit der Ersatzbestückung unvertretbar kurz.

Die Beobachtung der Bürsten ist in geschlossenen Geräten erschwert. Deshalb werden selbstabschaltende Bürsten eingesetzt, mit denen beim Erreichen der Verschleißgrenze vor einer Beschädigung der Kommutatoroberfläche der Ankerstromkreis unterbrochen wird. Der Grundgedanke dieser Bürstenausführungen besteht darin, dass im Bürstenkopf eine Schraubendruckfeder mit radialer Wirkungsrichtung eingebaut ist, die an der Verschleißgrenze einen Isoliernippel gegen den Kommutator drückt und gleichzeitig den Rest des Bürstenkörpers vom Kommutator abhebt. Dazu muss die Federkraft der Abschaltvorrichtung stärker sein als die der Bürstenfeder an der Verschleißgrenze. Es lassen sich zusätzlich Meldekontakte anbringen, um die Selbstabschaltung anzukündigen.

3.4 Funkentstörung bei Kommutatormotoren

Bei der Diskussion des Energieumsatzes und der Drehzahlstellung genügt es, die Mittelwerte der Gleich- und der Wechselgrößen zu betrachten. Die tatsächliche zeitliche Funktion der elektrischen Werte ist aufgrund der geometrischen Gestaltung des magnetischen Kreises und der Kommutierung der Ströme in den Ankerspulen stark von den Oberschwingungen geprägt. Dies ist leicht an Oszillogrammen der Ströme und Spannungen nachweisbar. Der Kommutatormotor stellt einen Breitbandgenerator dar. Der Frequenzbereich reicht von der dritten Netzharmonischen bis in den MHz-Bereich. Durch die Abstrahlung und die Weiterleitung der höheren Frequenzen kommt es zu Funkstörungen, die durch entsprechende Maßnahmen auf zulässige Grenzwerte gesenkt werden müssen (siehe Kapitel 13). Während der Motorentwicklung gilt es, die vielfältigen Ursachen mechanischer und elektromagnetischer Natur zu ergründen und möglichst zu beseitigen bzw. ihre negativen Auswirkungen zu begrenzen. Dabei spielt das Kontaktsystem Bürste-Kommutator eine zentrale Rolle. Die Funkentstörelemente sind deutlich sichtbar und prägen das Erscheinungsbild der Kommutatormotoren. Zu ihnen gehören Funkentstördrosseln (Stab- und Ringkerndrosseln), Funkentstörkondensatoren und Rohrkerne. Eine typische Entstörbeschaltung ist in Abb. 3.19 angegeben. Der Entstöraufwand wird den Verhältnissen im Gerät angepasst, da Motor und Gerät eine Einheit bilden.

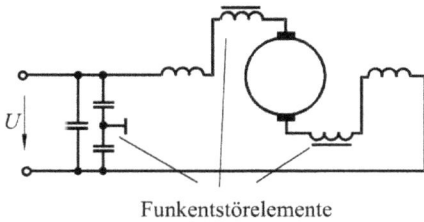

Funkentstörelemente

Abb. 3.19: Typische Schaltung zur Funkentstörung von Reihenschlussmotoren.

3.5 Geräuschverhalten

Jedes Antriebssystem erzeugt Geräusche. Sie werden von den Nutzern unterschiedlich beurteilt (siehe Kapitel 12). Antriebssysteme, die selbst keine störenden Geräusche erzeugen, können am Einbauort mit dessen Eigenresonanzen unangenehm wirkende und subjektiv als auch objektiv störend wirkende Höreindrücke hervorrufen. Forschungsergebnisse zur Geräuschmessung [85, 86] empfehlen, eine die Psyche einschließende Bewertung durchzuführen (siehe Abschnitt 12.4.2). Zumindest muss die messtechnische Bewertung einer den Menschen einbeziehenden Beurteilung nahekommen. Neben der Lautheit, der Schärfe und der Rauheit eines Geräuschs sind auch die Dissonanz und die Modulation des Geräuschs vom Einfluss auf das Hörempfinden. Der Kleinantrieb ist nur selten das allein störende Bauteil. Das Antriebssystem muss zusammen mit den anderen Komponenten am Einbauort beurteilt werden. Die Kleinmotorenhersteller (DKE) haben zusammen mit der Automobilindustrie ein Verfahren zur Beurteilung von Geräuschen für Kleinantriebe in Zusammenhang mit deren Einbauort im Endprodukt erstellt [85].

Andreas Möckel, Tobias Heidrich und Heinz Weißmantel

4 Dauermagneterregte Gleichstrom-Kommutatormotoren

Schlagwörter: Eigenschaften, Einsatzgebiete, Ausführungsarten, Wirkungsweise, Spannungsgleichungen

4.1 Konstruktiver Aufbau

4.1.1 Ständer

Ständer von dauermagneterregten Motoren gibt es wegen der vielfältigen Anwendungsmöglichkeiten in zahlreichen Ausführungen. Die Abb. 4.1 zeigt Beispiele prinzipieller Ausführungen von kostengünstigen Motoren. Diese haben häufig ein Gehäuse aus gerolltem oder tiefgezogenem Blech und Schalen-, Zylinder- oder Blockmagnete aus Hartferritmaterial. Eine radiale Magnetisierung (Abb. 4.1a) ergibt bei konstantem Luftspalt ein konstantes bzw. trapezförmiges Luftspaltfeld, eine diametrale Magnetisierung (b) ein sinusförmiges Luftspaltfeld. Für schmale Einbauräume gibt es Motoren in Flachbauweise (Abb. 4.1c,d). Blech-Lagerbügel oder Kunststoff-Lagerschilde nehmen die Bürstenhalter und Kalottenlager auf. Die Bauteile werden durch Klemmen, Verstemmen, Schweißen und Kleben zusammengefügt.

Motoren in aufwendiger Ausführung besitzen Seltenerd- oder, wenn auch immer seltener, AlNiCo-Magnete. In Abb. 4.2 links ist ein Beispiel für einen Motor mit wirtschaftlich nicht mehr so bedeutenden AlNiCo-Magneten dargestellt, in Abb. 4.2 rechts ein Beispiel für einen Motor mit Seltenerdmagneten. Zur Flusskonzentration, d. h., zur Erhöhung der Ausnutzung dienen manchmal Polschuhe. Sie beeinträchtigen allerdings die Dynamik (d. h. Änderung des Stroms), weil dadurch die Ankerzeitkonstante

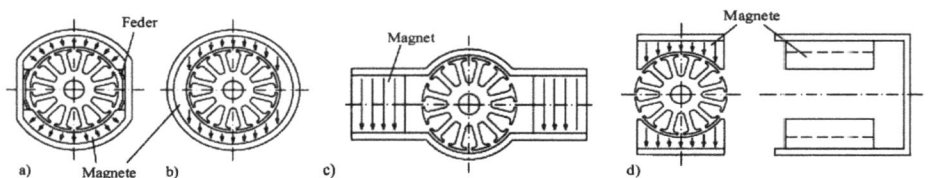

Abb. 4.1: Konstruktionsprinzipien kostengünstiger Motoren. (a) Radial magnetisierte Magnete mit Federn gehalten, (b) Diametral magnetisierter Magnetring, (c) Blockmagnete in Pollücke, (d) Magnete mit stirnseitigem Rückschluss.

Andreas Möckel, Technische Universität Ilmenau
Tobias Heidrich, Technische Universität Ilmenau
Heinz Weißmantel, Technische Universität Darmstadt
https://doi.org/10.1515/9783110565324-004

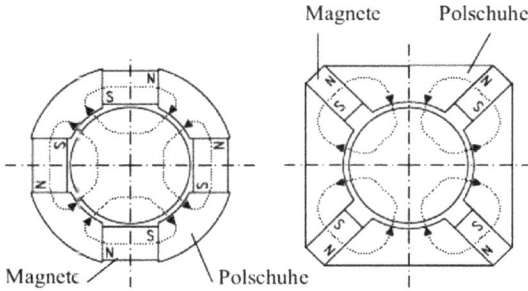

Abb. 4.2: Konstruktionsprinzipien höherwertiger Motoren (links runde Kontur, rechts rechteckige Kontur).

erhöht wird. Sind kleine Zeitkonstanten gefordert, die nicht nur eine höhere Dynamik, sondern auch eine bessere Kommutierung, d. h. eine längere Lebensdauer der Kohlebürsten und des Kommutators, ermöglichen, müssen die Magnete als Schalen oder Platten direkt am Luftspalt angeordnet sein. Gehäuse und Lagerschilde sind massiv und werden mit spanabhebenden Verfahren gefertigt. Bei diesen Motoren verwendet man Schraubverbindungen und Wälzlager.

4.1.2 Läufer

Der Läufer oder Anker ist geblecht (Abb. 4.3 links sowie Abb. 2.19). Um Kosten zu sparen, wird oft einfaches, bis zu einem Millimeter starkes Weißblech verwendet.

Für Drehzahlen oberhalb von $n = 3000\,\mathrm{min}^{-1}$ muss, um hohe Eisenwärmeverluste zu vermeiden, geglühtes oder siliziertes Blech eingesetzt werden. Damit ein Motor zuverlässig anläuft, muss der Läufer mindestens drei Nuten bzw. Spulen besitzen (Abb. 4.3 rechts). Typisch sind fünf Nuten für Motoren mit einer Leistung bis etwa 10 Watt. Motoren höherer Leistung besitzen größere Nutenzahlen und damit eine geringere Drehmomentwelligkeit bzw. kleinere Rastdrehmomente bzw. Nutungsdrehmomente.

Die Ankerwicklung ist entweder eine Schleifen- oder eine Wellenwicklung. Die Abb. 4.4 zeigt die Wickelschemen mit einer Spule je Lage. Die Anzahl der Spulen und der Lamellen ist stets gleich, d. h., bei zwei Spulen je Lage ist die Anzahl der Kommutatorlamellen doppelt so groß wie die Nutenzahl.

Da das Wickeln der zeitaufwendigste Fertigungsschritt ist, sollte die Spulenzahl möglichst gering sein. Bei einer Schleifenwicklung ist die Anzahl der Bürsten gleich der Polzahl, bei einer Wellenwicklung genügen zwei Bürsten. Welche Ausführung jeweils in Frage kommt, wird u. a. von fertigungstechnischen und konstruktiven Gründen bestimmt. Eine Schleifenwicklung, bei der die Anzahl parallel geschalteter Zweige gleich der Polzahl ist, wird vorzugsweise bei kleinen Polzahlen verwendet. Die Anzahl der Spulen kann geradzahlig oder ungeradzahlig sein. Bei geradzahligen Spulen kann die sogenannte H-Wicklung, aufgebaut aus zwei um 180° versetzten und gleichzeitig gewickelten Spulen, eingesetzt werden. Sie führt zu geringerer Unwucht des Läufers.

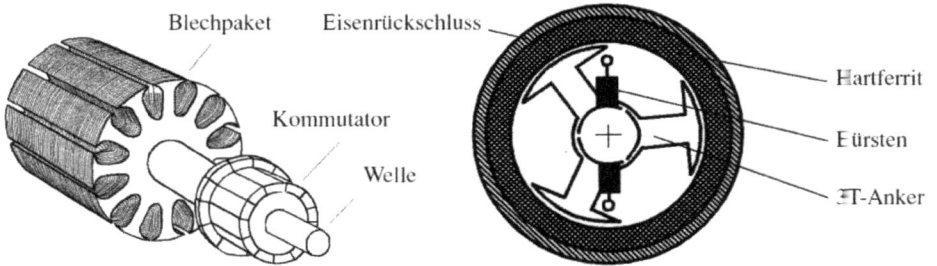

Abb. 4.3: Konstruktionsprinzipien höherwertiger Motoren.

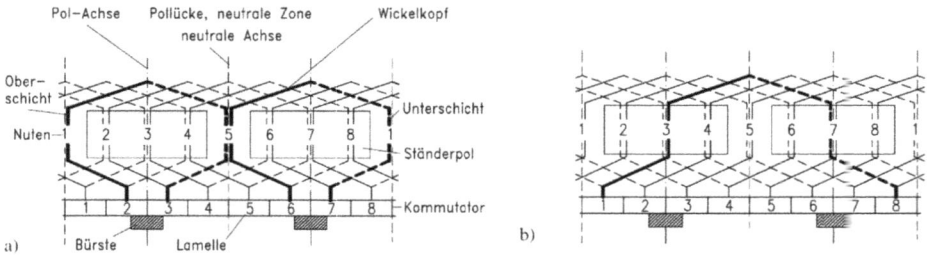

Abb. 4.4: Wickelschemen. (a) Schleifenwicklung, (b) Wellenwicklung.

Eine ungerade Anzahl von Spulen und Lamellen verbessert die Kommutierurg, weil nicht gleichzeitig beide Bürsten kommutieren. Die Rastmomente, erzeugt durch den sich ändernden magnetischen Widerstand im Luftspalt, sind kleiner. Oft findet man auch Läufer, deren Nuten geschrägt sind, und zwar etwa um eine Nutteilung. Auch eine Nutschrägung vermindert Geräusche, weil die Nut nicht in ihrer ganzen Länge gleichzeitig unter den Pol läuft. Die Rastmomente fallen deshalb geringer aus.

Die Flexibilität der Wickelmaschinen ermöglicht bei Schleifenwicklungen mit mehr als einem Polpaar die Einsparung von Bürsten durch automatisches Einlegen von Schaltverbindungen (Ausgleichsverbindungen) zwischen den Kommutatorlamellen gleichen Potenzials. Um die axiale Ausdehnung der Wicklungsköpfe zu reduzieren, werden in zunehmendem Maße auch bei höherpoligen Motoren Zahnbewicklungen eingesetzt, wie sie prinzipiell bei dreinutigen Ankern ausgeführt werden (z. B. sechs Zähne und vier Pole in Abb. 4.5).

4.1.3 Kommutierungssystem

Das Kommutierungssystem ermöglicht die Einspeisung der Wicklung auf dem rotierenden Anker von einer festen Energiequelle. Dazu befindet sich auf der Welle ein Kommutator, dessen Kupferlamellen zylindrisch (Zylinderkommutator) oder kreisförmig (Flachkommutator) angeordnet und mit der Ankerwicklung leitend verbunden

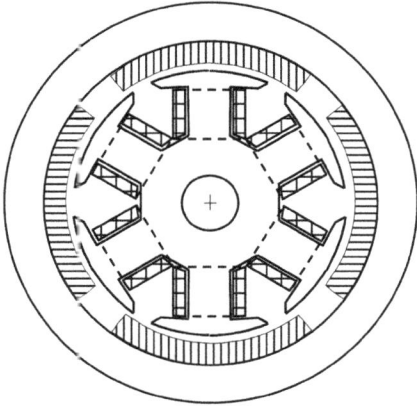

Abb. 4.5: Sechsnutiger Anker im vierpoligen Ständer.

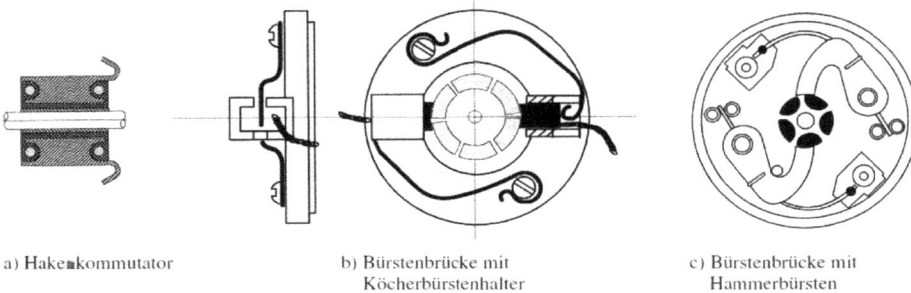

a) Hakenkommutator b) Bürstenbrücke mit Köcherbürstenhalter c) Bürstenbrücke mit Hammerbürsten

Abb. 4.6: Bürstenarten und Kommutatoren.

sind. Auf ihnen schleifen sogenannte Bürsten, die von Bürstenhaltern geführt und mit Federn auf die Kommutatoroberfläche gedrückt werden (Abb. 4.6). Bürsten, Bürstenhalter, Federn, Funkentstörelemente, Leiterbahnen und Anschlusskontakte, denen der Strom zugeführt wird, sind vielfach zu einer am Gehäuse befestigten Bürstenbrücke vereinigt (siehe auch Abschnitt 3.3).

4.1.4 Lager

Lager aus speziellen Kunststoffen und aus Sintermetallen verwendet man für kostengünstige Motoren (siehe Band 2, Kapitel 7). Zylindrische Lager und Sinterbronze-Kalottenlager, letztere mit Fett- oder Öldepot und mit Ölrückführung, sind Stand der Technik. Ihre Lebensdauer kann 10.000 Stunden und mehr erreichen. Öle für Einsatztemperaturen von −60 °C bis +150 °C passen die Lager optimal an die Betriebsbedingungen an. Die hydrodynamische Schmierung des Lagers wird schon in Bruchteilen von Sekunden auch bei niedriger Drehzahl erreicht. Sinterlager sind kostengünstig und geräuscharm, nehmen aber keine axialen Kräfte auf. Bei sehr hohen Ansprüchen bezüglich der Lebensdauer und bei einseitiger, eventuell auch bei umlaufender Belastung der Welle durch Riemen oder Reibradgetriebe sind Kugellager von Vorteil. Kugellager nehmen ggf. auch axiale Kräfte auf. Lager begrenzen in Permanentmagnetmotoren (auch PM-DC-Motor genannt) bei richtiger Auslegung nicht die Lebensdauer des Motors. Die Kommutierungseinrichtung beschränkt sie.

4.1.5 Motoren mit eisenlosem Läufer

Glockenläufermotoren mit eisenlosem Läufer und selbsttragender Wicklung werden mit Leistungen von wenigen Watt bis ca. 250 W gebaut. Der Läufer dreht sich im Luftspalt zwischen Gehäuse und innen liegendem meist zweipoligem AlNiCo- oder Seltenerd-Magneten (Abb. 4.7).

Die Wicklung besteht aus fünf bis neun Spulen. Sie wird meistens als Rhomben- (Abb. 4.7, Fa. maxon-motor) oder als Schrägwicklung (Abb. 4.8 links, Fa. Faulhaber) ausgeführt, d. h., die Leiter liegen nicht axial, sondern schraubenförmig und überkreuzen sich. Dadurch wird eine größere mechanische Festigkeit erzielt. Außerdem vermeidet man einen ausladenden Wickelkopf, sodass diese Motoren sehr kompakt sind. Motoren mit kleinerer Leistung besitzen Bürsten und Kommutatoren aus Edel-

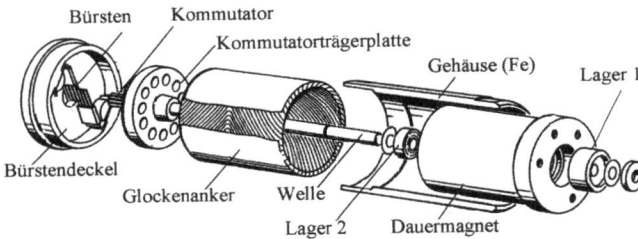

Abb. 4.7: Glockenläufermotor (Fa. maxon-motor).

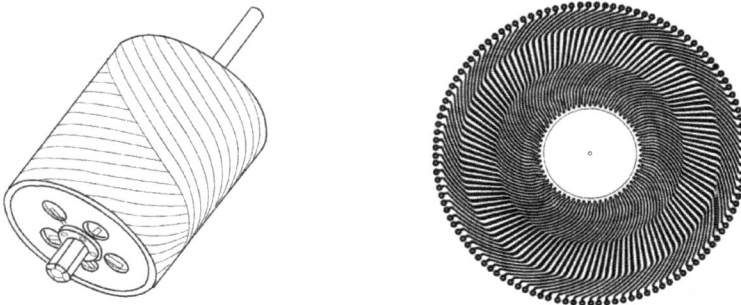

Abb. 4.8: Eisenlose Läuferbauformen des PM-DC-Motors; links Glockenanker, rechts gestanzte Wicklung eines Scheibenläufers (links Fa. Faulhaber).

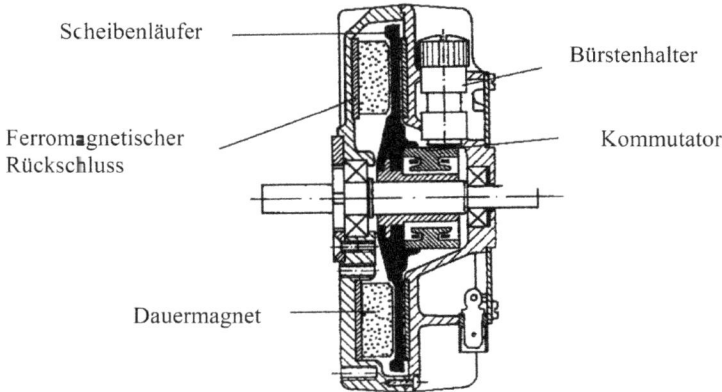

Abb. 4.9: Schnitt durch einen Scheibenläufermotor mit angesetztem separaten Zylinderkommutator (Fa. Baumüller).

metall, um einen möglichst niedrigen Bürstenübergangswiderstand zu erreichen. Der Kommutator besteht aus „frei fliegenden" Profil-Lamellen, die beim Spritzen des Spulenträgers in der richtigen Lage eingebettet werden. Größere Motoren erhalten normale Kupfer-Kommutatoren und Kohlebürsten. Glockenläufermotoren besitzen die geringste mechanische Zeitkonstante aller Motoren und sind daher besonders für den Einsatz in der Steuerungs- und Regelungstechnik geeignet. Sie haben eine geringere elektrische Zeitkonstante als Motoren mit Nutenläufer. Daher ist ihr Kommutierungsverhalten günstiger.

Scheibenmotoren mit eisenlosem Läufer gibt es für sehr kleine Leistungen, aber auch mit höheren Leistungen, die Glockenläufermotoren aus mechanischen Gründen nicht mehr erreichen. Der Läufer liegt ebenfalls zwischen zwei Ständerteilen, einem Teil, auf dem die Permanentmagnete angebracht sind, und einem Teil, der als magnetischer Rückschluss dient (Abb. 4.9). Entweder wird ein mehrpoliger Magnetring verwendet oder es werden der Polzahl (8 bis 12) entsprechend mehrere Knopfmagnete im Kreis angeordnet. Kleinstmotoren mit Durchmessern von 20 Millimeter und darunter sind in der Regel vierpolig, haben nur drei Flachspulen und einen Flachkommutator. Im Allgemeinen verwendet man Ferritmagnete. Die Läuferwicklung ist bei kleinen Leistungen häufig gestanzt oder geätzt (Evolventenwicklung, Abb. 4.8 rechts). Sie besteht aus zwei Teilen die auf die beiden Seiten einer Kunststoffscheibe aufgeklebt werden. Die Leiter werden innen und außen miteinander verlötet. Die Bürsten sind axial angeordnet und schleifen auf dem inneren Wicklungsteil. Bei größeren Leistungen besteht die Wicklung aus Flachspulen, die in Kunststoff eingegossen werden. In diesem Fall verwendet man Kupferkommutatoren und Kohlebürsten (Abb. 4.9). Die elektrische Zeitkonstante dieser Motoren ist gering und das Kommutierungsverhalten dementsprechend günstiger als das der Motoren mit genutetem Läufer. Große Scheibenläufermotoren haben außerdem eine vergleichsweise geringe mechanische Zeitkonstante.

4.2 Stationäres Betriebsverhalten

4.2.1 Betriebskennlinien

Die **Betriebskennlinien** können vereinfacht dargestellt werden, indem die Leistungsbilanz der Maschine auf Basis der Spannungsgleichung ausgewertet wird. Unter Vernachlässigung der Bürstenübergangsspannung ist die Klemmenspannung U gleich
der Summe aus der rotatorisch induzierten Spannung U_i und den ohmschen Spannungsabfällen der Ankerwicklung IR_A und der Bürsten IR_B, die zum Spannungsabfall
IR zusammengefasst werden. Aus der Spannungsgleichung

$$U = U_i + U_{RA} + U_B = U_i + (R_A + R_B)I$$
$$= U_i + RI$$

$$(4.1)$$

ist das Ersatzschaltbild in Abb. 4.10 abgeleitet.

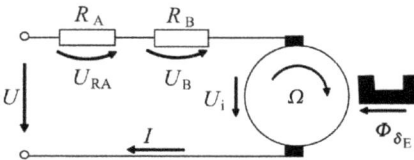

Abb. 4.10: Ersatzschaltbild dauermagneterregter Motoren.

Der Dauermagnet und die Ankerdurchflutung verursachen den magnetischen Fluss
durch den Luftspalt $\Phi_{\delta E}$, der mit der Ankerwicklung verkettet ist. Maßgebend für die
rotatorisch induzierte Spannung U_i sind der Fluss Φ_B durch die Bürstenebene, das ist
die Fläche, die von den kommutierenden Spulen aufgespannt wird, und die Winkelgeschwindigkeit des Läufers $\Omega = 2\pi n$. Es gilt die Beziehung

$$U_i = c\Phi_B\Omega$$

$$(4.2)$$

worin der Faktor c aus der Polpaarzahl p und der Windungszahl w_A eines Ankerzweigs
ermittelt wird,

$$c = \frac{4}{2\pi} w_A p$$

$$(4.3)$$

Die innere mechanische Leistung errechnet sich sowohl aus den mechanischen Größen, dem inneren Drehmoment M_i und der Winkelgeschwindigkeit des Läufers Ω, als
auch aus den elektrischen Größen, der rotatorisch induzierten Spannung U_i und dem
Strom I,

$$P_{imech} = M_i\Omega = 2\pi M_i n = U_i I$$

$$(4.4)$$

Mit Gleichung (4.2) ergibt sich hieraus der Ausdruck für das innere Drehmoment

$$M_i = c\Phi_B I$$

$$(4.5)$$

Eine charakteristische Größe der Gleichstrommotoren ist das Stillstands- oder Halte-drehmoment M_H

$$M_i = M_H = c\Phi_B I_H = \frac{c\Phi_B U}{R} \tag{4.6}$$

bei dem der Haltestrom I_H wegen $U_i = 0$ in Gleichung (4.1) nur durch den ohmschen Widerstand bestimmt wird,

$$I_H = \frac{U}{R} \tag{4.7}$$

In den Datenblättern der Firmen, die dauermagneterregte Stellmotoren kleiner Leistung anbieten, werden ausgehend von den Gleichungen (4.2) und (4.5) folgende Faktoren eingeführt:
-   Generatorspannungskonstante $U_i = k_E n$
-   Drehzahlkonstante $n = k_n U_i$
-   Drehmomentkonstante $M_i = k_M I$
-   Stromkonstante $I = k_I M_i$

Für sie werden dimensionslose Werte von bezogenen Größengleichungen abgeleitet.

Die zweite Betriebskennlinie, Drehzahl als Funktion des Drehmoments, ergibt sich durch Umformung der Spannungsgleichung (4.1) unter Berücksichtigung der Gleichungen (4.2) und (4.5) zu

$$n = \frac{\Omega}{2\pi} = \frac{U - IR}{2\pi c\Phi_B} \tag{4.8}$$

und

$$n = \frac{U}{2\pi c\Phi_B} - \frac{R}{2\pi (c\Phi_B)^2} M_i \tag{4.9}$$

worin der erste Summand die Leerlaufdrehzahl n_0 darstellt,

$$n_0 = \frac{U}{2\pi c\Phi_B} \tag{4.10}$$

Zur Drehzahlstellung bzw. -regelung können die Klemmenspannung und der Ankerkreiswiderstand genutzt werden (Abb. 4.11).

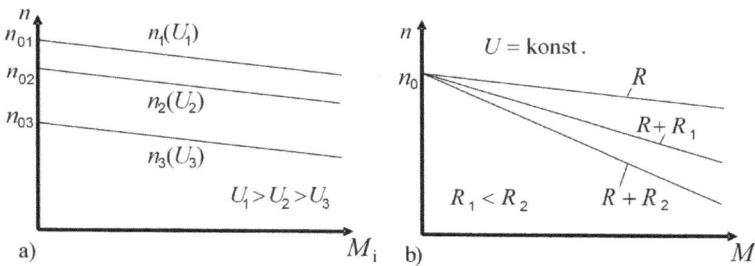

Abb. 4.11: Drehzahlstellung durch Veränderung der Klemmenspannung (a) und durch Ankervorwiderstände (b).

Ausgehend von der n-M-Kennlinie des Motors bei der Bemessungsspannung (z. B. U_2 in Abb. 4.11a) wird die Kennlinie durch Veränderung der Klemmenspannung zu höheren oder niedrigeren Drehzahlen parallel verschoben. Durch Vergrößerung des Ankerkreiswiderstands bleibt die Leerlaufdrehzahl konstant und der Anstieg wird steiler, sodass sich beim gegebenen Drehmoment die Drehzahl absenkt (Abb. 4.11b).

Die Leerlaufdrehzahl lässt sich, U = konst. vorausgesetzt, durch eine Verdrehung der Bürstenbrücke (Abb. 4.17c) oder durch Aufsetzen einer dritten Bürste, wie z. B. bei Scheibenwischermotoren, vergrößern, wobei gleichzeitig die n-M-Kennlinien steiler werden. Bei gleichem Drehmoment fließt dann ein größerer Strom.

Ersetzt man in der Gleichung (4.4) die Drehzahl durch den Ausdruck in der Gleichung (4.9), erhält man die innere mechanische Leistung als eine quadratische Funktion des inneren Drehmoments (Abb. 4.12)

$$P_{i\,mech} = \frac{U}{c\Phi_B}M_i - \frac{R}{(c\Phi_B)^2}M_i^2 \tag{4.11}$$

Aus der Ableitung

$$\frac{\mathrm{d}P_{i\,mech}}{\mathrm{d}M_i} = 0 = \frac{U}{c\Phi_B} - 2\frac{R}{(c\Phi_B)^2}M_i \tag{4.12}$$

ergibt sich das innere Drehmoment

$$M_i = \frac{1}{2}\frac{c\Phi_B U}{R} = \frac{1}{2}M_H \tag{4.13}$$

bei dem die innere mechanische Leistung ihr Maximum besitzt,

$$P_{i\,max} = \Omega_0\frac{M_H}{4} = \frac{U^2}{4R} \tag{4.14}$$

Häufig bestimmen weitere Gesichtspunkte, wie Erwärmung und Lebensdauer des Kontaktsystems, die Wahl des Auslegungspunkts. In Abb. 4.12 sind die Drehzahl, der Strom und die innere mechanische Leistung als Funktion des inneren Drehmoments dargestellt.

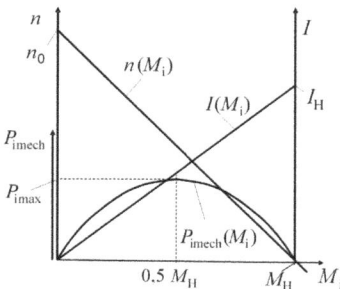

Abb. 4.12: Drehzahl n, Strom I und innere mechanische Leistung P_{imech} als Funktion des inneren Drehmoments M_i.

4.2.2 Wirkungsgrad

Die innere mechanische Leistung $P_{i\,mech}$ ist das Bindeglied zwischen der mechanischen und der elektrischen Seite des elektromechanischen Energiewandlers (Abb. 4.13).

Die von der Spannungsquelle zugeführte elektrische Leistung ist die Summe aus den ohmschen Verlusten P_{VW} im Ankerkreis und der inneren mechanischen Leistung

$$P_{el} = P_{i\,mech} + P_{VW} \tag{4.15}$$

Den Zusammenhang zwischen der elektrischen und der inneren mechanischen Leistung drückt man durch den elektrischen Wirkungsgrad η_{el} aus (Abb. 4.14a),

$$\eta_{el} = \frac{P_{imech}}{P_{el}} = \frac{U_i I}{UI} = \frac{U - IR}{U}$$
$$= 1 - \frac{IR}{U} = 1 - \frac{M_i}{M_H} \tag{4.16}$$

Das innere Drehmoment ist die Summe aus dem Drehmoment an der Welle M_W und dem Leerlaufdrehmoment M_L

$$M_i = M_W + M_L \tag{4.17}$$

In der inneren mechanischen Leistung sind die mechanische Leistung an der Welle

$$P_{mech} = \Omega M_W = \Omega(M_i - M_L) \tag{4.18}$$

die Luft- und Lagerreibungsverluste P_{VR} und die Hysterese- und Wirbelstromverluste P_{VHW} enthalten,

$$P_{i\,mech} = P_{mech} + P_{VR} + P_{VHW} \tag{4.19}$$

Für das Verhältnis der mechanischen Leistung an der Welle zur inneren mechanischen Leistung wird der mechanische Wirkungsgrad η_{mech} eingeführt (Abb. 4.14b),

$$\eta_{mech} = \frac{\Omega M_W}{\Omega M_i} = \frac{M_i - M_L}{M_i} = 1 - \frac{M_L}{M_i} \tag{4.20}$$

Der Gesamtwirkungsgrad η als Quotient aus der mechanischen Leistung an der Welle und der elektrischen Leistung ist das Produkt beider Wirkungsgrade

$$\eta = \frac{P_{mech}}{P_{el}} = \eta_{el}\eta_{mech}$$
$$= \left(1 - \frac{M_i}{M_H}\right)\left(1 - \frac{M_L}{M_i}\right) \tag{4.21}$$

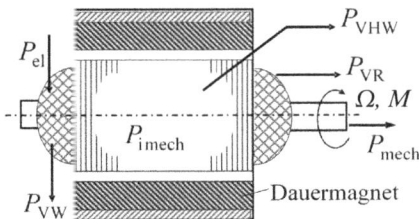

Abb. 4.13: Positive Zählrichtungen der Leistungen des dauermagneterregten Motors.

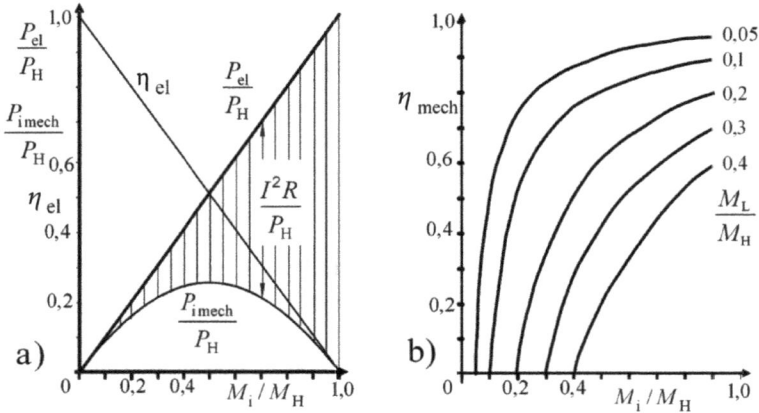

Abb. 4.14: (a) Elektrischer und (b) mechanischer Wirkungsgrad.

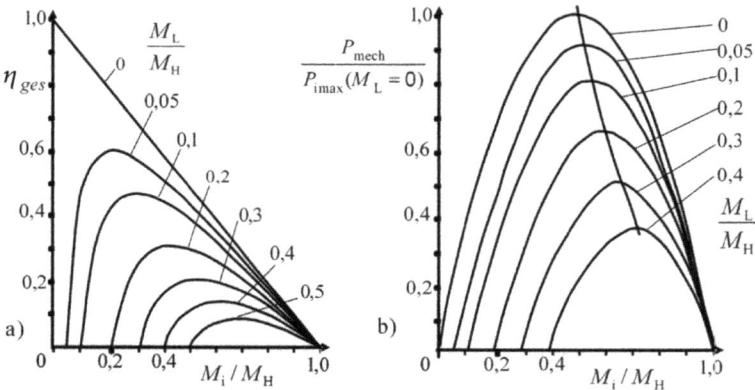

Abb. 4.15: Gesamtwirkungsgrad (a) und auf die maximale innere Leistung bezogene mechansche Leistung (b).

der beim inneren Drehmoment von

$$M_i = \sqrt{M_L M_H} \tag{4.22}$$

seinen Maximalwert

$$\eta_{max} = \left(1 - \sqrt{\frac{M_L}{M_H}}\right)^2 \tag{4.23}$$

besitzt.

Werden die Lager-, Luft- und Ummagnetisierungsverluste bei der Berechnung des mechanischen Wirkungsgrads (Abb. 4.14b) als linear abhängig von der Drehzahl angenommen, dann erhält man die in Abb. 4.15a dargestellte Kurvenschar des Gesamtwirkungsgrads mit dem Leerlaufdrehmoment als Parameter.

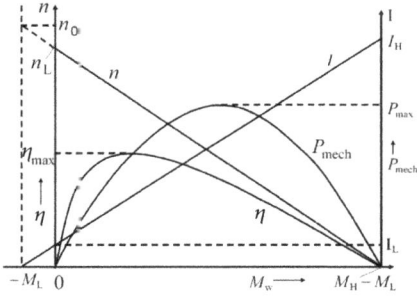

Abb. 4.16: Prinzipielle Betriebskennlinien eines dauermagneterregten Gleichstrommotors in Abhängigkeit des Wellendrehmoments.

Maximale Wirkungsgrade und maximale mechanische Leistungen stellen sich nicht bei gleichen Drehmomenten ein. Während der maximale Wirkungsgrad weitgehend in der ersten Hälfte des Drehmomentbereichs auftritt, liegt die maximale mechanische Leistung P_{mech} in der zweiten Hälfte (Abb. 4.15b).

In der Laborpraxis können die Betriebskennlinien als Funktion des inneren Drehmoments nicht unmittelbar aufgenommen werden, da das innere Drehmoment messtechnisch nicht zugänglich ist und nur das Drehmoment M_{W} am freien Wellenende gemessen wird. Im unbelasteten Fall fließt zur Entwicklung des Leerlaufdrehmoments M_{L} der Leerlaufstrom I_{L} (Abb. 4.16). Im Stillstand wird das Drehmoment $M_{\text{H}} - M_{\text{L}}$ gemessen. Die Verlängerung der linearen Abhängigkeit $I = f(M_{\text{W}})$ schneidet die Drehmomentachse im Punkt $M_{\text{W}} = -M_{\text{L}}$. Der Schnittpunkt der Parallelen zur Drehzahlachse bei $-M_{\text{L}}$ mit der verlängerten n-M-Kennlinie ergibt die ideelle Leerlaufdrehzahl n_0, aus der das Produkt berechnet werden kann.

4.2.3 Betriebsweise

Die Betriebskennlinien bei konstanter Klemmenspannung werden verändert
- durch die Wicklungserwärmung mit zunehmendem Ankerstrom (Abb. 4.17a),
- durch die Flussschwächung (Abb. 4.17b), die bei steigender Ankerdurchflutung zunimmt,
- durch die Bürstenbrückenverdrehung (Abb. 4.17c) und
- durch die Temperaturkoeffizienten der Magnete (Abb. 4.17d).

Der Betrieb der dauermagneterregten Kommutatormotoren erfolgt vielfach im Kurzzeit- oder im Impulsbetrieb sowie an durch Dioden gleichgerichteten Wechselspannungen. Da außerdem die Spulenzahl pro Ankerzweig sehr niedrig ist, fließen Ströme mit einem großen Oberschwingungsgehalt, wobei kurzzeitig hohe Stromdichten am Kontaktsystem auftreten, die den Bürstenverschleiß begünstigen. Kontaktprobleme entstehen, wenn Fett, Staub und chemische Einflüsse den Kommutator verschmutzen. Die Höhe der kurzzeitigen Belastungen und die Zahl der Einschaltungen bestimmen weitgehend den Verschleiß des Kontaktsystems, dessen zulässige Größe nach der Le-

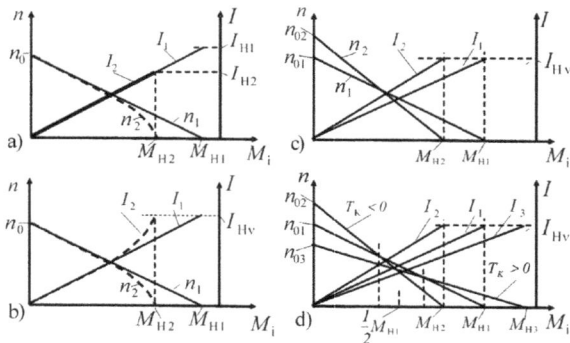

Abb. 4.17: Veränderungen der Betriebskennlinien $n = f(M_i)$ und $I = f(M_i)$ durch (a) Wicklungserwärmung, (b) Flussschwächung durch das Ankerfeld, (c) Bürstenbrückenverdrehung und (d) Erwärmung der Magnete mit positivem oder negativem Temperaturkoeffizienten.

bensdauer der Motoren, die von einigen Stunden bis zu mehreren tausend reicht, bemessen wird. Lässt es der Zustand der Kommutatoroberfläche zu, kann in einigen Einsatzfällen ein zweiter oder auch ein dritter Bürstensatz vorgesehen werden.

4.3 Dynamisches Betriebsverhalten

Die Power Rate, d. h. das Beschleunigungsvermögen eines Motors, wird manchmal in Herstellerunterlagen zur Kennzeichnung der Dynamik angegeben. Bei einem Schwungmassenanlauf (Lastmoment $M_L = 0$) ist die Winkelbeschleunigung

$$\frac{d\omega}{dt} = \frac{M}{J_M} \tag{4.24}$$

wobei mit vernachlässigbarer Reibung das Motormoment $M = M_i$ und J_M das Motorträgheitsmoment ist. Die Power Rate des Motors oder die Leistungssteigerung je Zeiteinheit ist damit

$$\dot{P} = \frac{dP}{dt} = M\frac{d\omega}{dt} = \frac{M^2}{J_M} \tag{4.25}$$

Für den Vergleich verschiedener Motoren kann auch die elektromechanische Zeitkonstante (siehe Gleichung (4.32))

$$\tau_m = \frac{RJ}{k_M^2} \tag{4.26}$$

oder die Steigung der Drehzahl-Drehmomenten- Kennlinie

$$\frac{\Delta n}{\Delta M} = \frac{n_0 R}{n k_M} \tag{4.27}$$

herangezogen werden.

Die Berechnung des dynamischen Betriebsverhaltens von Kleinmotoren ist, sieht man von Servo- und Schrittmotoren ab, im Allgemeinen von untergeordneter Bedeutung. Erreichen schon bei großen Motoren die Ergebnisse nicht die Genauigkeit, die man von Berechnungen des stationären Betriebsverhaltens gewohnt ist, so gilt das umso mehr bei Kleinmotoren. Der Grund sind die Fertigungseinflüsse, die sich bei Berechnungen des Übergangsverhaltens wesentlich stärker als bei großen Motoren auswirken. Genauere Aufschlüsse können nur Messungen geben. Gleichwohl können Rechenergebnisse als qualitative Aussagen über den Einfluss von Parameteränderungen durchaus nützlich sein.

Im Folgenden werden alle zeitabhängigen Größen klein geschrieben. In der Drehmomentgleichung (4.17) ist nun das Trägheitsmoment J des Antriebs zu berücksichtigen. Bei Verwendung eines Getriebes ist das Trägheitsmoment der Last auf die Motorwelle umzurechnen (siehe Band 2, Kapitel 7). Das gilt ebenso für das Lastmoment m_L. Es enthält auch das Reibungsmoment, das hier vereinfachend konstant angenommen wird. Mit Gleichung (4.5) ergibt sich

$$m_L = k_M i - J \frac{d\omega}{dt} \tag{4.28}$$

Da der Strom bei dynamischen Vorgängen nicht mehr konstant ist, ist die Spannungsgleichung (4.1) um einen Term, der die Ankerinduktivität enthält, zu ergänzen. Mit $k_M = c\Phi_B$ und Gleichung (4.2) ergibt sich

$$u = Ri + L \frac{di}{dt} + k_M \omega \tag{4.29}$$

Die Lösung dieser beiden Gleichungen, d. h. die Berechnung des zeitlichen Verlaufs der Drehzahl $n = \omega/2\pi$ und des Stroms, kann z. B. mit Hilfe der Laplace-Transformation erfolgen [83]. Um nicht nur das Anlaufverhalten zu berechnen, sondern auch das Verhalten von Strom und Drehzahl bei Spannungs- und Lastsprüngen, müssen außer den beiden obigen Gleichungen auch die Gleichungen für den eingeschwungenen Zustand (4.2) und (4.4) in den Bildbereich transformiert werden.

Nach der Subtraktion der beiden Spannungsgleichungen bzw. der beiden Drehmomentgleichungen, der Lösung der nunmehr algebraischen Gleichungen im Bildbereich und der Rücktransformation in den Zeitbereich, erhält man bei Spannungsänderungen und konstantem Drehmoment (Führungsverhalten) für die Stromänderung

$$\Delta i(t) = \frac{\Delta U}{R} \frac{1}{\sqrt{1 - 4\frac{\tau_e}{\tau_m}}} \left(e^{p_1 t} - e^{p_2 t} \right) \tag{4.30}$$

mit der elektromagnetischen Zeitkonstanten (Ankerzeitkonstante)

$$\tau_e = \frac{L}{R} \tag{4.31}$$

mit der elektromechanischen Zeitkonstanten

$$\tau_m = \frac{RJ}{k_M^2} \tag{4.32}$$

und mit

$$p_{1,2} = -\frac{1}{2\tau_e}\left(1 \pm \sqrt{1 - \frac{4\tau_e}{\tau_m}}\right) \tag{4.33}$$

(Wurzeln der charakteristischen Gleichung des Nenners der Bildbereichslösungen).

Die Drehzahländerung kann mit

$$\Delta n(t) = \frac{\Delta U}{2\pi k_M}\left[1 + \frac{1}{\sqrt{1 - 4\frac{\tau_e}{\tau_m}}}\left(p_2 e^{p_1 t} - p_1 e^{p_2 t}\right)\right] \tag{4.34}$$

berechnet werden. Ist $\tau_m > 4\tau_e$, erreichen Strom und Drehzahl aperiodisch ihren Endwert. Das trifft für kleine Motoren mit relativ großem ohmschen Widerstand zu. Häufig ist die Ankerwicklung so ausgelegt, dass $\tau_m \gg 4\tau_e$. Dann vereinfachen sich die Gleichungen für den Strom- und Drehzahlverlauf zu

$$\Delta i(t) \approx \frac{\Delta U}{R} e^{-\frac{t}{\tau_m}} \tag{4.35}$$

$$\Delta n(t) \approx \frac{\Delta U}{2\pi k_M}\left(1 - e^{-\frac{t}{\tau_m}}\right) \tag{4.36}$$

Die Abb. 4.18a,b zeigt die Wirkung einer Spannungserhöhung, um z. B. die Drehzahl bei konstantem Drehmoment zu erhöhen.

Der Strom steigt kurzzeitig an und kehrt dann auf seinen Ausgangswert zurück. Motoren mit einer größeren elektromagnetischen Zeitkonstante reagieren entsprechend Gleichung (4.30) mit einem abgeflachten Strommaximum, d. h., die Gefahr eines unzulässig hohen Stromstoßes ist geringer. Andererseits wird der Drehzahlanstieg verzögert, d. h., die Dynamik ist schlechter. Ist $\tau_m < 4\tau_e$, entstehen gedämpfte Schwingungen

$$\Delta i(t) = \frac{\Delta U}{\omega_k L} e^{-\frac{t}{2\tau_e}} \sin \omega_k t \tag{4.37}$$

$$\Delta \omega(t) = \frac{\Delta U}{k_M}\left[1 - \left(\cos \omega_k t + \frac{1}{2\tau_e \omega_k} \sin \omega_k t\right) e^{-\frac{t}{2\tau_e}}\right] \tag{4.38}$$

mit der Abklingzeitkonstanten $2\tau_e$ und der Eigenkreisfrequenz [80]

$$\omega_k = \sqrt{\frac{1}{\tau_e \tau_m} - \frac{1}{4\tau_e^2}} \tag{4.39}$$

Für das Störungsverhalten, d. h. bei einem Drehmomentstoß und konstanter Spannung, erhält man

$$\Delta i(t) = \frac{\Delta M_L}{k_M}\left[1 + \frac{\tau_e}{\sqrt{1 - 4\frac{\tau_e}{\tau_m}}}\left(p_2 e^{p_1 t} - p_1 e^{p_2 t}\right)\right] \tag{4.40}$$

$$\Delta n(t) = -\frac{\Delta M_L R}{2\pi k_M^2}\left\{1 + \frac{\tau_e}{\sqrt{1 - 4\frac{\tau_e}{\tau_m}}}\left[\left(p_2 + \frac{1}{\tau_m}\right)e^{p_1 t} - \left(p_1 + \frac{1}{\tau_m}\right)e^{p_2 t}\right]\right\} \tag{4.41}$$

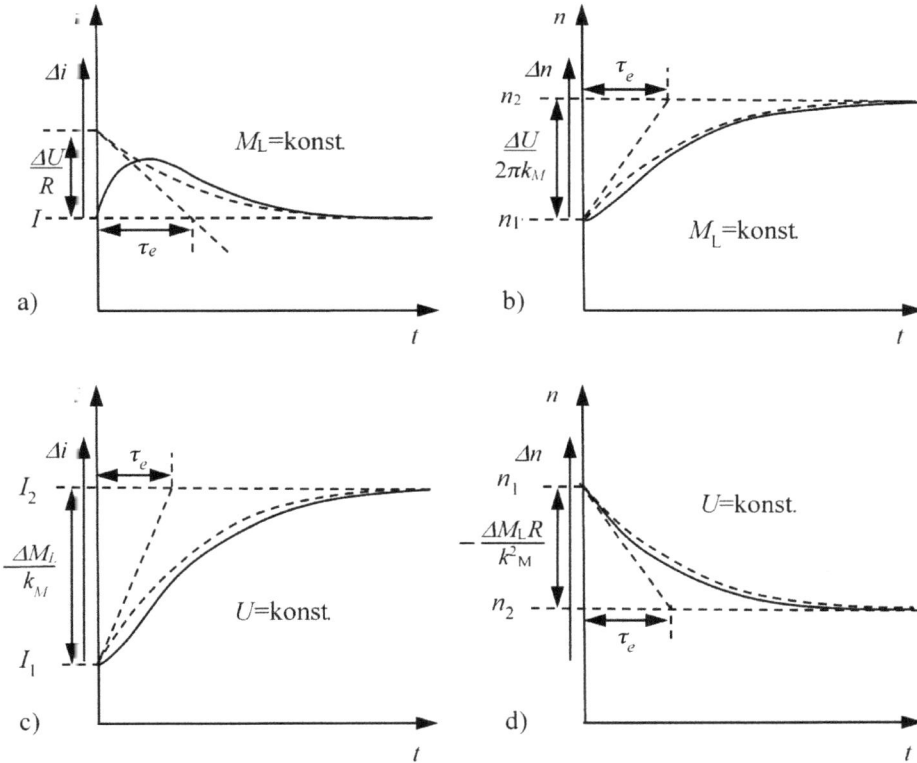

Abb. 4.18: Verlauf von Strom und Winkelgeschwindigkeit bei Spannungssprüngen a,b) und bei Drehmomensprüngen c,d).

bzw. vereinfachend

$$\Delta i(t) \approx \frac{\Delta M_L}{k_M}\left(1 - e^{-\frac{t}{\tau_m}}\right) \tag{4.42}$$

$$\Delta n(t) \approx -\frac{\Delta M_L R}{2\pi k_M^2}\left(1 - e^{-\frac{t}{\tau_m}}\right) \tag{4.43}$$

Die Abb. 4.18c,d zeigt die Wirkung einer plötzlichen Erhöhung der Last. Der Motor nimmt entsprechend dem angestiegenen Moment einen höheren Strom auf, während die Drehzahl (Abb. 4.18d) abfällt. Auch hier reagiert ein Motor mit höherer elektromagnetischer Zeitkonstante verzögert.

Bei Stell- oder Servoantrieben ist oft das Anfahren von Interesse. Im Allgemeinen handelt es sich um einen Schwungmassenanlauf, d. h., ein Lastmoment tritt nur durch das Reibungsmoment auf.

In diesem Fall können die Gleichungen (4.29) bis (4.32) bei Vernachlässigung der Reibung verwendet werden. Statt des Spannungssprungs ΔU ist jetzt die Klemmenspannung U in diese Gleichungen einzusetzen. Die Drehzahl erreicht den idealen Leerlaufwert $\omega_0 = U/R$ nach ca. $4\tau_m$, der Strom geht nach einem impulsartigen Anstieg auf I_0 oder null zurück.

Andreas Möckel, Tobias Heidrich und Heinz Weißmantel

5 Kommutatorreihenschlussmotoren, Universalmotoren

Schlagwörter: Eigenschaften, Einsatzgebiete, Ausführungsarten, Wirkungsweise, Spannungsgleichungen

5.1 Bezeichnung

Die Kommutatorreihenschlussmotoren im Leistungsbereich bis 2500 W werden als Universalmotoren bezeichnet. Ihre Entwicklung ist eng verknüpft mit den elektromotorisch betriebenen Haushaltsgeräten und Handwerkzeugen. Als Beispiele können dabei für die Haushaltsgeräte Staubsauger und kostengünstige Küchenmaschinen bzw. für die handgeführten Elektrowerkzeuge Handbohrmaschinen und Winkelschleifer genannt werden. Diese für einen breiten Anwenderkreis vorgesehenen Elektrogeräte werden in hohen Stückzahlen gefertigt und mussten in den ersten Jahrzehnten ihrer über hundertjährigen Geschichte sowohl an Gleich- als auch an Wechselstromnetzen betrieben werden können. Der Leistungsbereich ist der ortsveränderlichen Nutzung, wofür nur der gut verfügbare Steckdosenanschluss Bedingung ist, angepasst. Möglich ist der wahlweise Betrieb der Motoren an beiden Versorgungsnetzen durch die Reihenschaltung der Erreger- und Ankerwicklungen. Auf diese Weise ändern bei Wechselstromeinspeisung die drehmomentbildenden Größen, nämlich das von der Ständerwicklung erregte Magnetfeld und die Läuferdurchflutung, ihre Richtungen gleichzeitig, sodass die Richtung des Drehmoments unverändert bleibt. Neben dem Begriff Universalmotor fanden Bezeichnungen wie Lichtstrommotor, Allstrommotor und U-Motor weite Verbreitung.

Da der größte Teil der Kommutatorreihenschlussmotoren unabhängig von ihrem Einsatzfall, den Betriebsdaten und den Auslegungsgesichtspunkten einen Ständerblechschnitt mit einer charakteristischen Grundstruktur aufweist, wird ein Blech mit einer Kontur, wie sie in Abb. 5.1a dargestellt ist, oft als Universalmotorenblechschnitt bezeichnet.

Aufgrund der weitgefächerten Einsatzmöglichkeiten dieser Motoren wirken sich die Anstrengungen zur Reduzierung der Material- und Fertigungskosten auf die Blechschnittgestaltung in weit größerem Maße als bei anderen Motortypen aus. Ein herausragender Gesichtspunkt der Schnittgestaltung ist die Einhaltung der Griffweite bei Einhandgeräten, der zu Konturen führt, bei denen die Länge einer Achse möglichst

Andreas Möckel, Technische Universität Ilmenau
Tobias Heidrich, Technische Universität Ilmenau
Heinz Weißmantel, Technische Universität Darmstadt

https://doi.org/10.1515/9783110565324-005

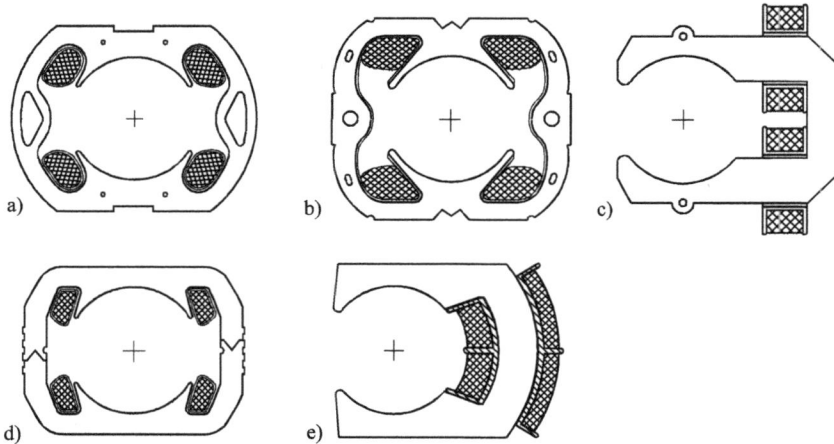

Abb. 5.1: Ständerblechschnittvarianten des Kommutatorreihenschlussmotors (a) und (b) Ständer für Direktbewicklung, (c) und (e) unsymmetrische Varianten für spezielle Einbaubedingungen, (d) getrennte Ständerhälften zum rationellen Einlegen der Erregerspulen).

wenig den Läuferdurchmesser überragt. Beispiele für die unterschiedlichen Gestaltungskriterien sind die weiteren Ausführungsformen in Abb. 5.1. Ein reales Beispiel zeigt Abb. 2.18.

Für größere Stückzahlen ist zur gleichzeitigen Direktbewicklung beider Ständerspulen der Schnitt (b) vorgesehen. Für eine spezielle Montagetechnologie der Erregerwicklung werden im Fall (d) die beiden Ständerjoche aufgetrennt, sodass zwei separate Pakethälften entstehen, die nach dem Einlegen der Erregerspulen zusammengefügt werden. Problematisch sind die dabei entstehenden Luftspalte in den Ständerjochen, weil durch sie der gesamte magnetische Fluss mit einer hohen Induktion geführt wird. Im Schnitt (b) sind die für das Stanzpaketieren charakteristischen Sicken erkennbar.

Neben den symmetrischen werden auch unsymmetrische Ständer (c und e) gefertigt, d. h., das Ständerjoch befindet sich nur an einer Seite des Polpaars. Hiermit lassen sich besondere konstruktive Einbaubedingungen erfüllen und einfache technologische Lösungen für die Herstellung der Erregerwicklung realisieren. Generell ist zu bedenken, dass die Ständerform nicht nur aus der Sicht des Materialeinsatzes, der Fertigungskosten und der Gerätekonstruktion zu beurteilen ist, sondern auch die Standzeiten der Bürsten und die Funkstörungen Einfluss auf die Ständerkontur nehmen.

Die weltweite Installierung des Wechselstromnetzes verlangt die optimale Auslegung der Motoren entweder als Wechselstrom- oder unter Vorschaltung von Gleichrichtern als Gleichstrommotoren. Demzufolge stellt die Bezeichnung der Kommutatorreihenschlussmotoren als Universalmotoren eine Referenz an die Geschichte dar. Nur dann, wenn im Wechselstrombetrieb der Leistungsfaktor $\cos \varphi$ über dem Wert von 0,95 liegt, stellt sich ohne schaltungstechnische Maßnahmen beim Anschluss beider Spannungsarten nahezu der gleiche Arbeitspunkt ein.

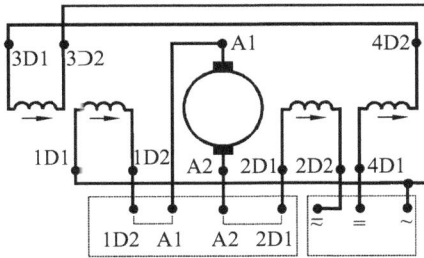

Abb. 5.2: Elektrische Anschlüsse des Kommutatorreihenschlussmotors mit Anschlüssen für den wahlweisen Betrieb mit Gleich- bzw. Wechselspannung.

Für den wahlweisen Betrieb des Universalmotors mit beiden Spannungsarten erfolgt die Anpassung durch die Änderung der Erregerwindungszahl. Sie wird beim Übergang vom Wechselstrombetrieb zum Gleichstrombetrieb bei gleichem Läufer vergrößert. Aus diesem Grund besteht jede Polwicklung aus zwei Teilspulen, die der Spannungsart entsprechend zusammengeschaltet werden (Abb. 5.2).

Von den insgesamt zehn elektrischen Anschlüssen müssen mindestens drei zugänglich sein. Soll die Drehrichtungsumkehr ermöglicht werden, ist das Klemmenbrett um vier Kontaktstellen zu erweitern. Dadurch lassen sich die gestrichelten Verbindungen 1D2-A1 und A2-2D1 lösen und die Kontakte 1D2-A2 und A1-2D1 schließen. Auf diese Weise wird die Richtung des Ankerfelds um 180° gedreht, während das Erregerfeld seine Richtung beibehält.

5.2 Charakteristische Merkmale

Im Vergleich zu den großen Kommutatorreihenschlussmotoren weisen die Ausführungen kleiner Leistung einige Besonderheiten auf, die diktiert sind durch den enormen Kostendruck, den Einsatzfall und die Fertigungstechnologien für hohe Stückzahlen. Folgende Faktoren können hervorgehoben werden:
- Die Motoren werden ausschließlich zweipolig ausgeführt.
- Die Ankerwicklung wird vorzugsweise zwischen die beiden Spulen der Erregerwicklung geschaltet, um die Funkstörung zu vermindern. Trotzdem sind zusätzlich Funkentstörelemente vorzusehen.
- Die Ständer werden ohne Wendepol- und Kompensationswicklungen ausgeführt.
- In vielen Fällen besitzen die Motoren nur eine Drehrichtung. Dann wird zur Verbesserung der Kommutierung eine Bürstenbrückenverdrehung oder eine entsprechende Schaltung der Spulenanschlüsse (Schaltverschiebung) vorgenommen, sodass sich die Kommutierungszone nicht in der Pollückenmitte befindet.
- Die Ankerspulen haben wegen der unterschiedlichen mittleren Windungslänge um 10 % differierende ohmsche Widerstände.
- Die Spulenseiten einer Ankerspule besetzen die gleiche Schicht und wechseln nicht von der Ober- in die Unterschicht.
- Es werden nahezu ausschließlich Hakenkommutatoren eingesetzt.

- Der Läufer wird nicht mit speziellen Wuchtvorrichtungen ausgerüstet. Stattdessen erfolgt das Auswuchten durch Fräsungen an den Läuferzähnen oder durch Anbringung von Wuchtkitt auf den Wickelköpfen.
- Der Arbeitspunkt befindet sich weit im Sättigungsbereich der Magnetisierungskennlinie.
- Der typische Drehzahlbereich liegt zwischen $4000\,min^{-1}$ und $45.000\,min^{-1}$.
- Das vorrangige Kühlprinzip ist die Eigenkühlung (auf die Welle aufgesetzter Lüfter).
- Die Motoren sind hauptsächlich für den Einsatz in Geräten vorgesehen, sodass bei ihnen die aufgenommene elektrische und nicht die mechanische Leistung an der Welle angegeben wird.
- Die Prüfvorschriften und die Lebensdauerforderungen des Motors hängen immer von dem Gerät ab, in dem er eingebaut ist.
- Die Leerlaufdrehzahl wird im Gegensatz zu größeren Motoren durch die Bürsten-, Lager- und Luftreibung sowie durch gerätespezifische Getriebe begrenzt.
- Die Ummagnetisierungsverluste im Ständerblechpaket sind von der Frequenz des speisenden Netzes abhängig. Im Läuferblechpaket werden sie von der Drehzahl bestimmt.

Vorteilhafte Eigenschaften der Kommutatorreihenschlussmotoren ergeben sich daraus, dass im Vergleich zum Bemessungsdrehmoment ein großes Anzugsdrehmoment zur Verfügung steht. Die dabei kurzzeitig fließenden Ströme verlangen aus thermischen Gründen keine konstruktiven Maßnahmen, die sich auf die Dimensionierung der Baugruppen auswirken. Die im Betrieb auftretenden Drehmomentschwankungen werden automatisch übernommen, ohne spezielle Steuer- oder Regeleinrichtungen vorzusehen. Der Motor reagiert mit einer Drehzahländerung und einer entsprechenden Stromaufnahme. Im gesamten Drehzahlbereich zwischen Stillstand und Leerlauf steht jeder Drehzahlwert zur Verfügung. Er wird nur durch die Belastung bestimmt. Aufgrund dieser Eigenschaften lassen sich mit einer Drehzahl-Drehmomenten-Kennlinie mehrere Funktionen realisieren, wie es z. B. bei einer Küchenmaschine mit auswechselbaren Arbeitsgeräten der Fall ist (Abb. 5.3).

Während die stationären Kennlinien kleiner Reihenschlussmotoren nahezu im gesamten Drehzahlbereich zwischen Stillstand und Leerlauf experimentell ermittelt werden können, ist bei Motoren großer Leistung, die aufgrund des Gerätekonzepts mit einem Getriebe gekoppelt sind, nur ein begrenzter Drehzahlbereich zugänglich. Kleine Drehzahlen lassen sich wegen der großen Ströme und der damit verbundenen schnellen Erwärmung nicht stabil einstellen, und die Leerlaufdrehzahl wird maßgeblich vom Getriebe begrenzt. Durch die Entfernung des Getriebes erreicht man zwar höhere Drehzahlen, was aber gegebenenfalls mit der Beschädigung des Kommutators oder der Wicklung durch unzulässig hohe Fliehkräfte verbunden ist. Den messbaren Bereich der Drehzahl-Drehmoment-Kennlinie eines Handwerkzeugs mit einer Bemessungsleistung von $P_{el} = 2000\,W$ zeigt Abb. 5.4. Ergänzend dargestellt sind die auf-

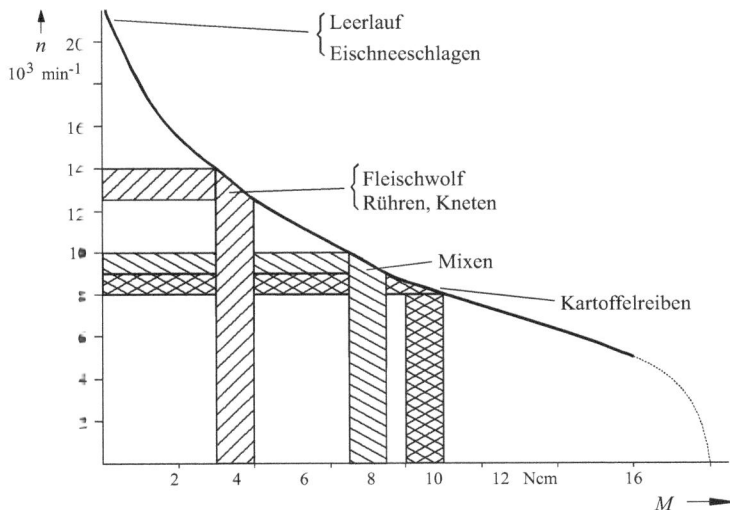

Abb. 5.3: Variable Arbeitspunkte einer Küchenmaschine.

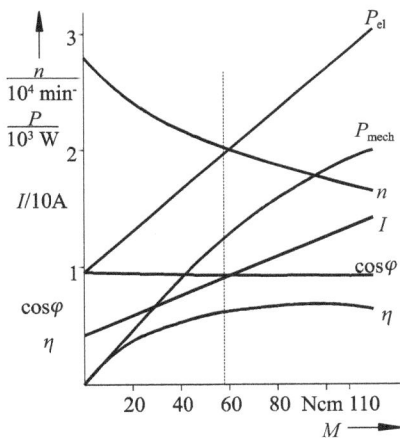

Abb. 5.4: Drehzahl-Drehmoment-Kennlinie eines Handwerkzeugs mit einer Bemessungsleistung von $P_{el} = 2000$ W.

genommene elektrische Leistung P_{el}, die an der Welle abgenommene mechanische Leistung P_{mech}, der Strom I, der Wirkungsgrad η und der Leistungsfaktor $\cos\varphi$ als Funktion des Drehmoments an der Welle.

Kommutatorreihenschlussmotoren sind wegen der Bürstenstandzeiten nicht für den Dauerbetrieb geeignet. Die üblichen Lebensdauerforderungen richten sich nach dem Einsatzfall. Sie gelten für eine Gebrauchsdauer von 10 Jahren und liegen zwischen 15 und 3000 Stunden. Teilweise bezieht man sich auf die Anzahl der Betriebszyklen. So werden z. B. bei Haushaltwaschmaschinen die Waschzyklen (zwischen 2000 und 4000) angegeben. In Tab. 5.1 sind die Lebensdauerbereiche bzw. die Bürstenstandzeiten ausgewählter Geräte angegeben.

Tab. 5.1: Lebensdauerbereiche bzw. Bürstenstandzeiten ausgewählter Geräte.

Gerät	Lebensdauerbereiche
Schlagwerkmühlen	30– 60 h
Kaffeemühlen	50– 100 h
Schlagbohrmaschinen	50– 150 h
Stichsägen	100– 250 h
Kreissägen	120– 350 h
Winkelschleifer	200– 600 h
Handmixer	250– 500 h
Staubsauger, Pumpen	700–1500 h
Waschmaschinen	2000–3000 h

5.3 Prinzipielles Betriebsverhalten

5.3.1 Beschreibung der vereinfachten Anordnung

Um die Unterschiede im stationären Betriebsverhalten des Kommutatorreihenschlussmotors bei Gleich- und Wechselstrombetrieb deutlich zu machen, wird eine einfache Schaltung gewählt, die für beide Klemmenspannungen gilt. Sie ist dadurch gekennzeichnet, dass die Anker- und Erregerfelder senkrecht aufeinander stehen, sodass keine transformatorische Kopplung beider Wicklungen existiert. Es werden die Ummagnetisierungsverluste vernachlässigt und keine Kommutierungs- und Funkstörprobleme berücksichtigt. Die zur Dämpfung der Funkstörungen vorgenommene Teilung der Erregerwicklung lässt sich für die folgenden Betrachtungen durch die Darstellung nur einer Erregerspule vereinfachen (Abb. 5.5).

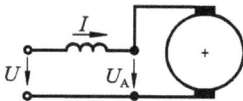

Abb. 5.5: Prinzipschaltbild des Kommutatorreihenschlussmotors.

Der Zusammenhang zwischen dem gesamten Erregerfluss Φ_E, der mit der Erregerwicklung verkettet ist, und dem Strom ist durch die Magnetisierungskennlinie gegeben. Ihr charakteristischer Verlauf kann auf die Abhängigkeit des Flusses durch die Bürstenebene Φ_B als Funktion vom Strom I übertragen werden. Zur Erklärung des Betriebsverhaltens des Reihenschlussmotors wird das Diagramm $2\pi c\Phi_B = f(I)$ in den ungesättigten Bereich mit $2\pi c\Phi_B = k_1 I$ und den gesättigten Bereich mit $2\pi c\Phi_B = k_2$ aufgeteilt (Abb. 5.6).

Das Restfeld bei $I = 0$ ist für den Motorbetrieb von untergeordneter Bedeutung, sodass es vernachlässigt werden kann. Der ungesättigte Bereich ist maßgebend für den Leerlauf, während der gesättigte die Eigenschaften des Motors im Anlauf und im Bemessungsbetrieb bestimmt.

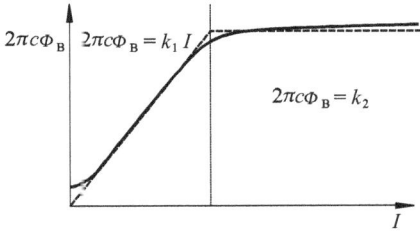

Abb. 5.6: Fluss durch die Bürstenebene als Funktion des Stroms.

5.3.2 Gleichstrombetrieb

In der Spannungsgleichung des Gleichstrombetriebs, der im stationären Arbeitspunkt gekennzeichnet ist durch I = konst. und Φ_B = konst., sind die Erregerwicklung und die Ankerwicklung als ohmsche Widerstände R_E und R_{AA} aufzufassen. Hinzu kommt der Bürstenübergangswiderstand vereinfacht zu $R_Ü$, sodass sich der Motorwiderstand R ergibt zu

$$R = R_E + R_{AA} + R_Ü = R_E + R_A \tag{5.1}$$

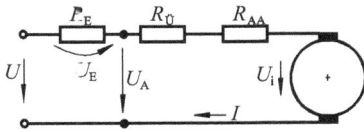

Abb. 5.7: Schaltbild des Ersatzstromkreises des Gleichstromreihenschlussmotors.

Aus der Ersatzanordnung des Gleichstromreihenschlussmotors (Abb. 5.7) lässt sich unter Verwendung der eingezeichneten positiven Zählrichtungen der Spannungen und des Stroms die Spannungsgleichung aufstellen:

$$U = IR + U_i = IR + 2\pi c\Phi_B n \tag{5.2}$$

Das Betriebsverhalten der Motoren wird charakterisiert durch die Drehzahl und den Strom als Funktion des Drehmoments. Aus der Spannungsgleichung lässt sich der Ausdruck für die Drehzahl entwickeln:

$$n = \frac{U}{\sqrt{2\pi\,k_1}}\frac{1}{\sqrt{M_i}} - \frac{R}{k_1} \tag{5.3}$$

Sie besitzt den hyperbolischen Anteil

$$n_1 = \frac{U}{\sqrt{2\pi\,k_1}}\frac{1}{\sqrt{M_i}} \tag{5.4}$$

und den konstanten Anteil

$$n_2 = -\frac{R}{k_1} \tag{5.5}$$

Für M_i = 0 wird die Drehzahl unendlich groß. Praktisch tritt das Leerlaufdrehmoment M_L, das aus den Bürsten-, Lager- und Luftreibungsmomenten besteht, als ausreichende Belastung auf, sodass sich auch bei Entlastung eine endliche Drehzahl einstellt.

Mit $2\pi c\Phi_B$ = konst. im zweiten Bereich der Magnetisierungskennlinie nimmt der Reihenschlussmotor Nebenschlussverhalten an. Die Abhängigkeit der Drehzahl vom Drehmoment besitzt dann die folgende Form:

$$n = \frac{U}{k_2} - \frac{2\pi}{k_2^2}RM_i \tag{5.6}$$

Theoretisch ergibt sich bei einem Wechsel der Magnetisierungsbereiche in der Funktion $I = f(M_i)$ (Abb. 5.8) eine deutliche Änderung der Kurvencharakteristik.

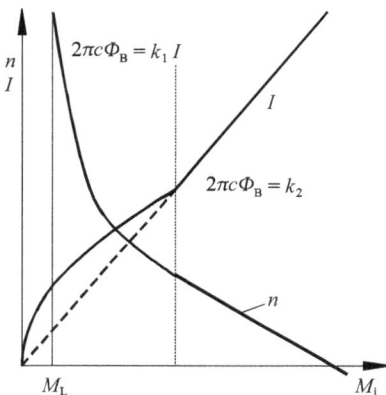

Abb. 5.8: Strom und Drehzahl als Funktion des Drehmoments in beiden Bereichen der Magnetisierungskennlinie.

In realen Motoren ist der Übergang vom Reihen- zum Nebenschlussverhalten keineswegs deutlich auszumachen, da der Übergang von einem zum anderen Bereich nicht plötzlich erfolgt und der ohmsche Widerstand während einer Messreihe kaum konstant zu halten ist.

5.3.3 Wechselstrombetrieb

Im Gegensatz zum stationären Betrieb des Gleichstrommotors sind im Wechselstrombetrieb (hier wird eine reine sinusförmige Spannung vorausgesetzt) die induktiven Spannungsabfälle der Erreger- und Ankerwicklungen in der Spannungsgleichung zu berücksichtigen. Wie im Abschnitt 5.2 als ein charakteristisches Merkmal des Reihenschlussmotors angegeben wurde, befindet sich der Bemessungsarbeitspunkt im Sättigungsbereich der Magnetisierungskennlinie. Dementsprechend stellt die Einführung einer konstanten Induktivität der Erregerwicklung eine Näherung dar. Die mittleren

Induktivitäten zwischen Leerlauf und Bemessungspunkt unterscheiden sich in einigen Fällen um mehr als den Faktor 2. Die Ankerinduktivität ist wesentlich kleiner als die des Ständers und kann als konstant angesehen werden. Große Fehler entstehen dann, wenn die Gegeninduktivität zwischen der Erreger- und der Ankerwicklung bei Verdrehung der Bürstenbrücke und stromloser Erregerwicklung bestimmt wird. Dennoch gestattet die Betrachtung des Betriebsverhaltens unter linearen Bedingungen mit konstanten Parametern eine gute Beurteilung der Motoreigenschaften. Mit dieser Vereinfachung lassen sich für sinusförmige Größen Zeigerdiagramme der Spannungen und die Stromortskurve bei konstanter Spannung entwickeln. Als Spannungsgleichung erhält man in verkürzter Schreibweise

$$\begin{aligned} \underline{U} &= \underline{U}_\mathrm{E} + \underline{U}_\mathrm{A} \\ &= R_\mathrm{E}\underline{I} + jX_\mathrm{E}\underline{I} + R_\mathrm{A}\underline{I} + jX_\mathrm{A}\underline{I} + \underline{U}_\mathrm{ir} \end{aligned} \tag{5.7}$$

Hieraus ist das in Abb. 5.9 dargestellte Ersatzschaltbild abgeleitet. In Phase mit dem Strom sind die ohmschen Spannungsabfälle und die rotatorisch induzierte Ankerspannung $\underline{U}_\mathrm{ir}$.

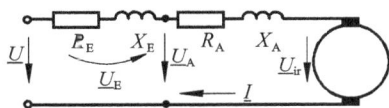

Abb. 5.9: Schaltbild des Ersatzstromkreises des Wechselstromkommutatormotors.

Die Spannung über der Erregerwicklung wird gebildet aus dem ohmschen Spannungsabfall, aus den induktiven Komponenten über den Streu- und Luftspaltreaktanzen ($X_{\sigma\mathrm{E}}$, $X_{\delta\mathrm{E}}$) und aus einem Anteil, der durch die transformatorische Kopplung mit dem Ankerfeld (X_{EA}) entsteht, wenn die Kommutierungszone nicht mit der Pollückenmitte übereinstimmt.

$$\underline{U}_\mathrm{E} = \underline{I}R_\mathrm{E} + j(X_{\delta\mathrm{E}} + X_{\sigma\mathrm{E}})\underline{I} - jX_{\mathrm{EA}}\underline{I} \tag{5.8}$$

$$\text{mit} \quad X_\mathrm{E} = X_{\delta\mathrm{E}} + X_{\sigma\mathrm{E}} - X_{\mathrm{EA}} \quad \text{folgt} \quad \underline{U}_\mathrm{E} = \underline{I}R_\mathrm{E} + jX_\mathrm{E}\underline{I} \tag{5.9}$$

Zur Verbesserung der Kommutierung wird die Bürstenbrücke aus der Pollückenmitte so verdreht, dass ein Feld in entgegengesetzter Richtung zum Luftspaltfeld der Erregerwicklung aufgebaut wird. Dieser Sachverhalt lässt sich gut im Experiment beobachten, weil sich bei stromloser Erregerwicklung und einem Strom durch den Anker der Läufer entgegen der eigentlichen Motordrehrichtung bewegt. Aus diesem Grund erhält der Spannungsabfall über der Gegeninduktivität $jX_{\mathrm{EA}}\underline{I}$ ein negatives Vorzeichen.

In der Spannungsgleichung des Ankers sind die ohmschen Spannungsabfälle an den Kontakten Bürste-Kommutator $R_\mathrm{Ü}$ und am Ankerwicklungswiderstand R_{AA}, die rotatorisch induzierte Spannung $\underline{U}_\mathrm{ir}$ sowie die Spannungsabfälle über der Selbstreaktanz des Ankers X_{AA} und über der Gegenreaktanz zwischen der Anker- und der

Erregerwicklung X_{AE} zu berücksichtigen.

$$\underline{U}_A = (R_{AA} + R_{U})\underline{I} + \underline{U}_{ir} + j\,(X_{AA} - X_{AE})\,\underline{I} \tag{5.10}$$

Da die rotatorisch induzierte Spannung dem Fluss durch die Bürstenebene Φ_B proportional ist und dieser vom Strom diktiert wird, gilt für sie folgender Ausdruck

$$\underline{U}_{ir} = 2\pi\,cn\Phi_B = \frac{\Omega}{\omega}X_{AEr}\underline{I} \tag{5.11}$$

worin Ω die Winkelgeschwindigkeit des Läufers und ω die Winkelgeschwindigkeit des speisenden Netzes ist.

Die Spannungsgleichung des Motors nimmt die einfache Form

$$\underline{U} = \left(R + \frac{\Omega}{\omega}X_{AEr}\right)\underline{I} + j\,X\underline{I} \tag{5.12}$$

an.

Die Beziehung für den Strom folgt aus der Spannungsgleichung zu

$$\underline{I} = \frac{U}{R + \frac{\Omega}{\omega}X_{AEr} + j\,X} \tag{5.13}$$

Aus der Stromortskurve lassen sich die Beziehungen für das Drehmoment

$$M_i = \frac{1}{\omega}\frac{X_{AEr}U^2}{\left(R + \frac{\Omega}{\omega}X_{AEr}\right)^2 + X^2} \tag{5.14}$$

und für das Verhältnis der Winkelgeschwindigkeiten

$$\frac{\Omega}{\omega} = \frac{X}{X_{AEr}}\sqrt{\frac{M_{max}}{M} - 1} - \frac{R}{X_{AEr}} \tag{5.15}$$

mit

$$M_{max} = \frac{1}{\omega}\left(\frac{U}{X}\right)^2 X_{AEr} \tag{5.16}$$

ableiten. Daraus ergibt sich die in Abb. 5.10 dargestellte Drehzahl-Drehmomenten-Kurve, wobei die Relationen $\Omega = 2\pi n$ und $\omega = 2\pi n_0$ eingeführt wurden. Sie ist gekennzeichnet durch die unendlich hohe Drehzahl im idealen Leerlauf und durch das maximale Drehmoment im negativen Drehzahlbereich.

Zeitlicher Verlauf des Drehmoments

Berücksichtigt man, dass der Strom eine zeitabhängige Größe ist (Abb. 5.11) und im Idealfall durch die Grundschwingung $i = \hat{I}\cos(\omega t + \varphi_i)$ beschrieben wird, dann gilt für den zeitlichen Verlauf des Drehmoments der Ausdruck

$$m_g(t) = \frac{1}{\omega}X_{AEr}\hat{I}^2\frac{1}{2}(1 + \cos(2\omega t + 2\varphi_i)) \tag{5.17}$$

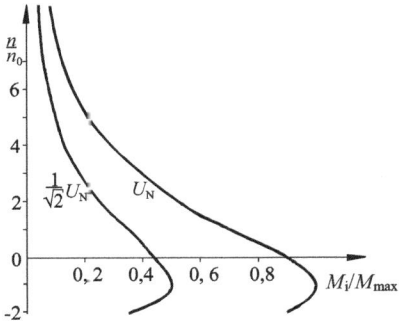

Abb. 5.10: Drehzahl-Drehmomenten-Kennlinie des Wechselstromkommutatormotors.

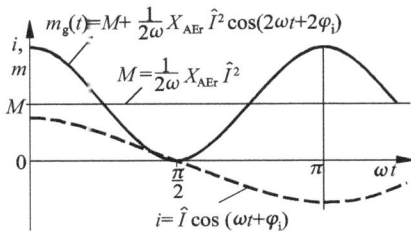

Abb. 5.11: Strom und Drehmoment im stationären Betrieb als Funktion der Zeit.

Damit schwankt das Drehmoment um den Mittelwert

$$M = \frac{1}{2\omega}X_{AEr}\hat{I}^2 \qquad (5.18)$$

mit der Wechselgröße

$$m(t) = \frac{1}{2\omega}X_{AEr}\hat{I}^2 \cos\left(2\omega t + 2\varphi_i\right) \qquad (5.19)$$

die eine Amplitude von der Größe des Mittelwerts und die doppelte Frequenz des speisenden Netzes aufweist. Das bedeutet, dass das Drehmoment ständig zwischen null und dem Maximalwert $M_{max} = 2M$ pendelt. Demzufolge besitzt auch die Drehzahl keinen konstanten Wert. Aufgrund des Läuferträgheitsmoments und der Trägheitsmomente der angekuppelten Last ist der Schwankungsbereich so niedrig, dass dadurch die Gebrauchstauglichkeit der Kommutatorreihenschlussmotoren bei Wechselstromeinspeisung nicht eingeschränkt ist.

5.4 Auslegung der Ständerwicklung für den Betrieb als Universalmotor

Der wahlweise Anschluss des Universalmotors an die eine oder andere Spannungsquelle muss garantieren, dass die Arbeitsfunktionen unverändert ausgeführt werden. Zur prinzipiellen Gegenüberstellung der beiden Betriebsarten werden die Spannungsgleichungen durch die Vernachlässigung der ohmschen Widerstände vereinfacht. Mit den dann vorliegenden Gleichungen lassen sich zwei Fragestellungen behandeln:

- In welcher Weise ändert sich die Drehzahl, wenn bei unveränderten Motordaten und konstantem Drehmoment die Spannungsart gewechselt wird?
- Wie sind die Erregerwindungszahlen zu wählen, wenn der gleiche Arbeitspunkt realisiert werden soll?

Als Antwort auf die erste Frage erhält man mit den Randbedingungen $R = 0$; $U_\sim = U_=$ und $M_\sim = M_=$ bei Wechselspannung eine um den Faktor $\cos\varphi$ kleinere Drehzahl: $n_\sim = n_= \cos\varphi$.

Im zweiten Fall ist bei Wechselstrom unter Einhaltung der Vereinbarungen $R = 0$; $U_\sim = U_=$; $M_\sim = M$ und $n_\sim = n_=$ eine um den Faktor $\cos^2\varphi$ kleinere Erregerwindungszahl zu wählen: $w_{E\sim} = w_{E=} \cos^2\varphi$.

Der Leistungsfaktor, der die Unterschiede der beiden Erregerwindungszahlen quantitativ charakterisiert, weicht bei Drehzahlen über $20.000\,\text{min}^{-1}$ nur geringfügig von dem Wert 1 ab, sodass dann die Motoren wahlweise mit Gleich- oder mit Wechselstrom betrieben werden können. Diese Feststellung muss eingeschränkt werden, weil gegebenenfalls die unterschiedlichen Kommutierungsverhältnisse beider Betriebsarten die Lebensdauer des Kontaktsystems beeinflussen.

5.5 Drehzahlstellung

5.5.1 Anforderungen an die Drehzahl

Die Einsatzfälle des Kommutatorreihenschlussmotors stellen unterschiedliche Forderungen an die Drehzahl. Dazu können gehören:
- Einhaltung einer konstanten Drehzahl mit einer Schwankungsbreite von $\pm 1\,\%$;
- Sanftanlauf (Strom- bzw. Drehmomentenbegrenzung im Anlauf), Abbremsung von der Leerlauf- oder Bemessungsdrehzahl bis zum Stillstand in einem kurzen Zeitraum (z. B. in Schlagwerkmühlen, Winkelschleifern und Rasenmähern);
- Drehrichtungsumkehr für eine kurze Betriebszeit oder für gleiche Arbeitsziele in beiden Richtungen;
- Drehzahlstellbereich bis zu einem Verhältnis von 1 : 80.

Die Drehzahlstellung lässt sich mit verschiedenen Maßnahmen realisieren, wobei die Handhabbarkeit, die Kosten und die Zuverlässigkeit über den Einsatz entscheiden.

5.5.2 Spannungsstellung mit Transformator

Aus der Beziehung der Drehzahl in Abhängigkeit vom Drehmoment

$$n_1 = \frac{U}{\sqrt{2\pi k_1}} \frac{1}{\sqrt{M_i}} \tag{5.20}$$

geht hervor, dass mit der Änderung der Klemmenspannung Einfluss auf die Drehzahl genommen wird. Sie lässt sich mit Stelltransformatoren leicht verändern. Das Drehzahl-Drehmomenten-Kennlinienfeld (vgl. Abb. 5.10) ist mit abnehmender Spannung gekennzeichnet durch die Verkleinerung des Anlaufdrehmoments und die Reduzierung der realen Leerlaufdrehzahl. Während das maximale Drehmoment sinkt, bleibt die dazugehörige Drehzahl konstant. Aufgrund der hohen Kosten und des Platzbedarfs findet der Transformator zur Drehzahlstellung kaum noch eine praktische Anwendung.

5.5.3 Ohmsche Widerstände zur Drehzahlstellung

Ohmsche Widerstände können in Reihe oder parallel zum Anker geschaltet werden. Die Kombination beider Möglichkeiten erfolgt in der Barkhausenschaltung (Abb. 5.12). Der Gleichung

$$n = \frac{U}{\sqrt{2\pi\,k_1}}\,\frac{1}{\sqrt{M_i}} - \frac{R}{k_1} \qquad (5.21)$$

entsprechend lässt sich durch die Einschaltung eines ohmschen Widerstands in den Stromkreis in Reihe mit dem Motor die Drehzahl absenken. Im Vergleich zur Spannungsstellung ergeben sich eine geringere Reduzierung der realen Leerlaufdrehzahl und ein größerer Betrag der Drehzahl beim maximalen Drehmoment. Wegen der Wirkungsgradreduzierung wird diese Drehzahlstellmöglichkeit in der Gerätetechnik selten eingesetzt.

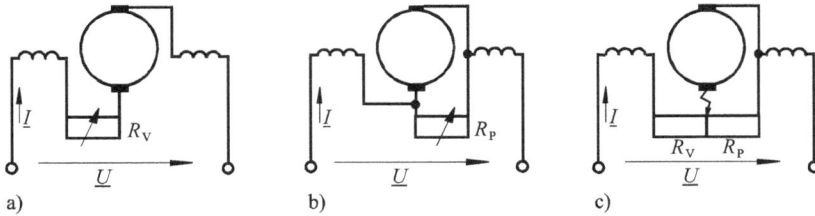

Abb. 5.12: Ohmsche Widerstände zur Drehzahlstellung (a) Vorwiderstand, (b) Parallelwiderstand, (c) Barkhausenschaltung.

Die Parallelschaltung eines ohmschen Widerstands zum Anker ist möglich, weil die Ankerspannung und der Strom nur eine geringe Phasenverschiebung aufweisen, sodass die zusätzliche Stromkomponente parallel zum Anker durch die Erregerwicklung keine nennenswerte Phasenverschiebung zwischen dem Erregerfeld und dem Strom zur Folge hat. Es wird erreicht, dass der Erregerstrom größer als der Ankerstrom ist und bei Entlastung des Motors weiterhin ein Strom durch die Erregerwicklung fließt. Dadurch wird die Leerlaufdrehzahl begrenzt. Aus thermischer Sicht ist die Situation dann kritisch, wenn der Parallelwiderstand null ist und die Erregerwicklung allein den Strom bestimmt.

Dieser Nachteil tritt in der Barkhausenschaltung, in der der Vorwiderstand und der Parallelwiderstand gegensinnig verändert werden, nicht auf. Während der Parallelwiderstand verkleinert wird, nimmt der Vorwiderstand zu und umgekehrt. Auf beide Schaltungen wird heute kaum noch zurückgegriffen.

5.5.4 Wicklungsanzapfung

Wie aus dem Vergleich zwischen dem Gleich- und dem Wechselstrombetrieb geschlossen werden kann, bietet sich zur Drehzahlstellung die Ausführung der Erregerwicklung mit Anzapfungen an. Notwendig ist hierzu ein Stufenschalter mit der entsprechenden Zahl der Schaltstellungen. In der Regel wird darauf geachtet, dass die symmetrische Beschaltung nicht zu sehr gestört wird. Allerdings geht man aus fertigungstechnischen Gründen in den Fällen, in denen ein großer Drehzahlsprung realisiert werden soll, dazu über, eine Polspule komplett abzuschalten. Hierbei ist zu beachten, dass dann die Windungszahl einer Erregerspule etwa der des Ankers entsprechen muss. Zur Realisierung einer niedrigen Drehzahlstufe wird oft eine Diode eingeschaltet (Abb. 5.13).

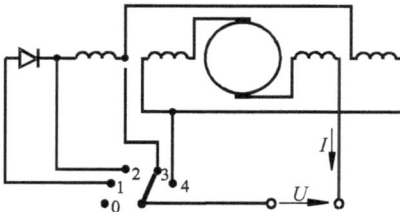

Abb. 5.13: Vier Drehzahlstufen mit vorgeschalteter Diode und Wicklungsanzapfungen.

In Abb. 5.14 wird am Beispiel einer Küchenmaschine mit einer Bemessungsleistung von $P_{el} = 150\,\text{W}$ gezeigt, wie sich das Kennlinienfeld $n(M)$, $P_{el}(M)$, $I(M)$ und $\eta(M)$ verändert, wenn die Erregerwindungszahl um 23 % vergrößert wird.

5.5.5 Drehzahlstellung durch elektronische Stellglieder

Mit der Einschaltung elektronischer Stellglieder (siehe auch Kapitel 11) in den Stromkreis des Kommutatorreihenschlussmotors lässt sich der Effektivwert der Spannung an den Motorklemmen und damit die Drehzahl verändern. Auf diese Weise ist sowohl ein Wechsel- als auch ein Gleichstrombetrieb möglich. Neben der Grundschwingung des speisenden Netzes oder des Gleichanteils besitzt eine solche Spannung einen großen Oberschwingungsanteil, der Auswirkungen auf die Netzqualität hat und deshalb

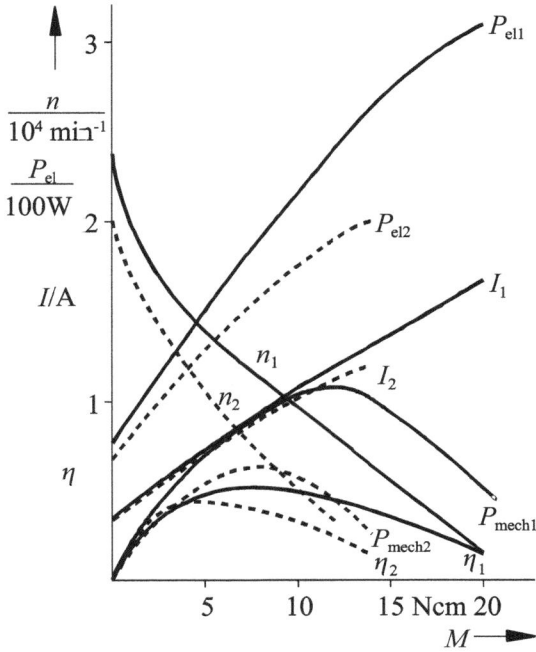

Abb. 5.14: Kennlinienfeld des Antriebs einer Küchenmaschine für zwei Drehzahlstufen durch Änderung der Erregerwindungszahl (── kleine Windungszahl, ··· große Windungszahl).

festgelegte Grenzwerte nicht überschreiten darf. Von den elektronischen Stellgliedern werden auch die Lebensdauer des Kontaktsystems und die Funkstörungen beeinflusst, sodass die Wahl der Schaltung und die Motorauslegung nicht unabhängig voneinander sind.

Im Wechselstrombetrieb erfolgt die Drehzahlstellung durch die Phasenanschnittsteuerung und durch die Schwingungspaketsteuerung. Ein Wechselstromsteller, der nach Abb. 5.15 mit einem Triac ausgeführt ist, beeinflusst den Spannungsmittelwert über die Veränderung des Zündzeitpunkts in beiden Halbschwingungen der Netzspannung.

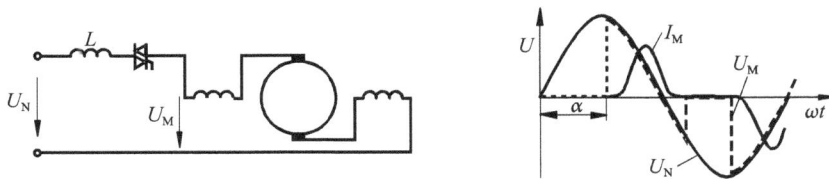

Abb. 5.15: Schaltbild eines Wechselstromstellers mit Phasenanschnitt und Kurvenverläufen (a = Zündzeitpunkt).

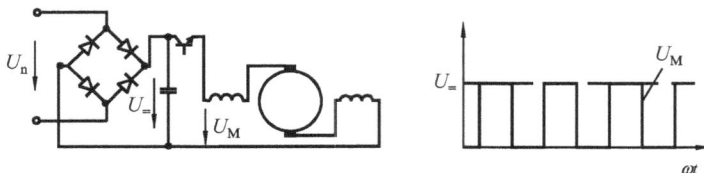

Abb. 5.16: Schaltungen für die Gleichspannungsstellung – ungesteuerter Gleichrichter und Gleichstromsteller.

Bei der Schwingungspaketsteuerung wird die speisende Netzspannung über mehrere Netzperioden ein- und ausgeschaltet. Dem Vorteil geringerer Funkstörungen stehen die Nachteile einer pulsierenden Leistung und eines schlechten Motorgleichlaufs entgegen.

Zur Gleichspannungsstellung findet in der Regel ein ungesteuerter Gleichrichter mit Gleichstromsteller Anwendung (Abb. 5.16).

Mit dem Gleichrichter wird eine Zwischenkreisspannung bereitgestellt, die z. B. mit einem Transistor auf den Motor geschaltet wird. Der für die Drehzahl maßgebende Spannungsmittelwert am Motor kann bei konstanter Pulsfrequenz über die Pulslänge (Pulsweitenmodulation) oder bei konstanter Pulslänge über die Schaltfrequenz (Pulsfrequenzmodulation) eingestellt werden. Vorteil dieser Schaltung gegenüber den anderen hier vorgestellten ist eine bessere Dynamik des Antriebs. Ebenso kann das Geräuschverhalten mit den Schaltungsparametern in Grenzen beeinflusst werden.

Aufgrund der höheren Kosten setzen sich Gleichspannungssteller vor allem bei anspruchsvolleren Anwendungen durch. Weiterhin zu berücksichtigen ist, dass es zu einer Netzbeeinflussung durch eine leistungselektronische Ansteuerung kommen kann. Besonders der Gleichrichter mit Glättungskondensator bereitet hier Schwierigkeiten. Unter Umständen kann nur mit Einschaltung einer zusätzlichen Induktivität die Amplitude der Oberschwingungen verringert und die DIN EN 61000-3-2 eingehalten werden. Weitere Möglichkeiten zur Verringerung der Netzrückwirkungen sind ebenfalls mit zusätzlichem Aufwand verbunden.

5.5.6 Stillsetzen des Motors

Bevor der Betreiber eines Geräts die Möglichkeit hat, ein rotierendes Arbeitsgerät nach dem Abschalten unbeabsichtigt zu berühren, muss der Läufer zum Stillstand gekommen sein. Mechanische Bremseinrichtungen, wie sie als Ein- oder Zweiflächenbremsen bekannt sind, lassen sich aus Platzmangel konstruktiv kaum unterbringen. Außerdem ist ihre Betätigung mit erheblichen Geräuschen verbunden. Deshalb wird beim Ausschalten des Geräts der Anker über eine Polspule kurzgeschlossen. Das Restfeld genügt, um eine Spannung zu induzieren und im Vergleich zum Motorbetrieb die Stromrichtung im Anker umzukehren. Die Erregerspule ist so an den Anker zu legen, dass der Strom das Restfeld in der Polachse wieder verstärkt. Die hierfür notwendigen Schaltkontakte stellen einen erheblichen Kostenfaktor dar und sind bei den Zuverlässigkeitsprüfungen besonders zu beachten. Sicherheitsforderungen, die die aktive Bremsung beinhalten, bestehen bei Schlagwerkmühlen und bei Winkelschleifern.

5.5.7 Drehrichtungsumkehr

Die abrupte Drehrichtungsumkehr ist deshalb ein Problem, weil hierbei das Kontaktsystem Bürste–Kommutator außergewöhnlichen Beanspruchungen unterworfen ist. Die Bürsten müssen sich schnell der wechselnden Laufrichtung anpassen, ohne dabei ihre Lebensdauer zu verringern und den Funkstörpegel anzuheben. Liegen gleichartige Belastungen in beiden Drehrichtungen vor, dann kann bei festen Bürstenbrücken der Wicklungsverzug zur Verbesserung der Kommutierung nicht genutzt werden. Ein Kippen der Bürsten beim Drehrichtungswechsel wird weitgehend dadurch vermieden, dass die Bürstenhalter mit einem Winkel bis zu 30° schräg zur Kommutatoroberfläche gestellt werden. Notwendig sind dann Bürsten mit entsprechend gestalteten Lauf- und Kopfschrägen. In einigen Handwerkzeugen, wie z. B. Schrauber und Gewindeschneider, werden Verbesserungen der Kommutierung dadurch erreicht, dass drehbare Bürstenbrücken eingesetzt werden, die mit dem Drehrichtungsumschalter mechanisch gekoppelt sind.

Carsten Fräger und Hans-Dieter Stölting

6 Asynchronmotoren, Induktionsmotoren

Schlagwörter: Eigenschaften, Einsatzgebiete, Ausführungsarten, Wirkungsweise, Spannungsgleichungen, Kondensatormotoren, Spaltpolmotoren

Netzgespeiste Asynchronmotoren/Induktionsmotoren[1] sind kostengünstige Antriebe mit etwa konstanter Drehzahl im Leistungsbereich ab einigen Watt. Sie erlauben einen direkten Anschluss an das Einphasennetz oder Drehstromnetz. Ohne Leistungselektronik erzeugen sie praktisch keine Oberschwingungen und verhalten sich passiv hinsichtlich EMV-Fragen.

Asynchronmotoren sind häufig kostengünstiger als leistungsgleiche Permanentmagnet-Synchronmotoren (siehe Kapitel 7). Asynchronmotoren bauen aber größer und haben einen schlechteren Wirkungsgrad. Ferner ist ihre Drehzahl belastungsabhängig.

Drehstrom-Asynchronmotoren gibt es auch im Bereich kleiner Leistung. Im Allgemeinen handelt es sich um Normmotoren, die nach [25, 109] ab der Baugröße 56, d. h. ab einer Bemessungsleistung von 60 W, gefertigt werden, und zwar vorwiegend für industrielle Anwendungen. Abbildung 6.3 zeigt ein Beispiel für einen Normmotor in Bauform B3.

Als Antriebe für Konsumgüter kommen jedoch überwiegend Wechselstrom-Asynchronmotoren/Einphasen-Asynchronmotoren in Frage.

6.1 Eigenschaften

Vorteile von Asynchronmotoren im Vergleich zu Gleichstrom-Kommutatormotoren (Kapitel 4) und Einphasen-Kommutatormotoren (Kapitel 5):
- robust (nur die Lager sind Verschleißteile), wartungsarm, lange Lebensdauer
- geräusch- und schwingungsarm
- einfacher Aufbau, kostengünstig

Nachteile:
- begrenzte maximale Drehzahl bei Betrieb am Netz (Zuordnung der Netzfrequenzen siehe Tab. 6.1)

---

[1] Hier wird durchgängig der Begriff Asynchronmotor verwendet. Die Norm IEC 60034 verwendet hingegen den Begriff Induktionsmotor bzw. Induktionsmaschine.

Carsten Fräger, Hochschule Hannover
Hans-Dieter Stölting, Leibniz Universität Hannover

https://doi.org/10.1515/9783110565324-006

Tab. 6.1: Netzfrequenzen, grobe regionale Zuordnung

Netzfrequenz	
50 Hz	60 Hz
Regionen, Länder	
Europa	Nordamerika
Asien außer Japan	Teile Südamerikas
Australien	Japan
Teile Südamerkas	
Afrika	

$$n_{max} < \begin{cases} 3.000\,\frac{1}{min} & \text{bei Netz-/Bemessungsfrequenz} \quad f_N = 50\,\text{Hz} \\ 3.600\,\frac{1}{min} & \text{bei Netz-/Bemessungsfrequenz} \quad f_N = 60\,\text{Hz} \end{cases} \tag{6.1}$$

– aufwendige Drehzahlstellung und -regelung
– mittlerer Wirkungsgrad

6.2 Einsatzgebiete, Anwendungsbeispiele

Asynchronmotoren eignen sich besonders für **robuste** und **wartungsarme Antriebe** mit geringen Anforderungen an die Leistungsdichte und ggf. hohen Anforderungen an die **Laufruhe** und **Lebensdauer**. Für hohe Anlaufdrehmomente werden Motoren mit Anlaufkondensator eingesetzt.

Asynchronmotoren mit Umrichter werden für Anwendungen mit veränderlicher Drehzahl oder hoher Drehzahl eingesetzt. Wegen der Umrichterspeisung sind die Antriebe dann z. T. recht laut.[2]

Anwendungsbeispiele

– robuste Antriebe
    – Kompressoren (siehe Abb. 6.7)
    – Vakuumpumpen (Industrie, Agrartechnik, Verpackung)
    – Unterölmotoren (Industrie Hydraulik, Hebebühnen)
    – Ölbrenner
    – Betonmischer

---

2 Laute Geräusche entstehen bei der Wahl relativ niedriger Pulsfrequenzen im Hörbereich. Die geringe Streuinduktivität der Asynchronmotoren führt zu großen Oberschwingungsströmen mit Pulsfrequenz. Wegen der geringen Luftspalte der Asynchronmotoren entstehen dadurch relativ große Magnetfelder und entsprechend starke magnetische Geräuschanregungen, siehe Kapitel 12 zu Geräuschen und Geräuschbewertung.

- Tischkreissägen
- Industrietorantriebe, Garagentorantriebe
- Schließanlagen und Torantriebe
- Rohrmotoren für Rollladen- und Markisenantriebe
- Gartenhäcksler, Schredder für Grünschnitt, Holz
- Rasenmäher
- Aktenvernichter
- geräuscharme Antriebe
  - Gerätelüfter (Querstromventilatoren, Abgasgebläse, Feststoffbrenner) (siehe Abb. 6.1 und 6.3), häufig als Außenläufer (siehe Abb. 6.5 und 6.6)
  - Wohnraumlüfter, häufig als Außenläufer (siehe Abb. 6.1, 6.3, 6.5 und 6.6)
  - Dunstabzugshauben (siehe Abb. 6.1, 6.4, 6.5 und 6.6)
  - Lüfter für Kälte- und Klimatechnik (stationär, mobil) (siehe Abb. 6.1 und 6.7)
  - Förderbänder Kassenbereich Einzelhandel (siehe Abb. 6.4)
  - medizinische Anwendungen (Laufbänder, Ergometer, Trainingstherapie)
  - Verstellsysteme, Linerarverstellungen für Medizintechnik (Zahnarztstühle, Krankenbetten, Operationstische, CT/MRT-Liege, therapeutische Liegen, Bettenverstellung)
  - Ofenlüfter (Heißluftöfen, Konvektomaten, Mikrowelle)
  - Pumpen für Weiße Ware (Spülmaschine, Waschmaschine)
  - Heizungspumpen
  - Rührwerke und Pumpen für Eismaschinen
  - Stalllüfter
- Antriebe mit hoher Lebensdauer
  - Pumpen (Wasser, Abwasser, Chemikalien, Poolpumpen), ggf. als Nassläufer/Spaltrohrmotoren (Nassläufer siehe Abb. 6.13)
  - Wohnraumlüfter (siehe Abb. 6.1 und 6.3)
  - Lüfter für Kälte- und Klimatechnik (siehe Abb. 6.7)
  - Kompressoren für Kältegeräte (siehe Abb. 6.7)
  - Stalllüfter (siehe Abb. 6.1)
  - Förderbänder Industrie
  - Zentrifugen Industrie, Pharmazie
- Antriebe mit Umrichter, Drehzahlstellung
  - Wasch- und Reinigungsmaschinen (siehe Abb. 6.4)
  - Hauptspindelantriebe, Servoantriebe
  - Pumpen, ggf. als Nassläufer/Spaltrohrmotor
  - Lüfter für Kälte- und Klimatechnik
  - Stalllüfter
  - Ofenlüfter (Heißluftöfen, Konvektomat, Mikrowelle)
  - Zentrifugen (Industrie, Pharmazie, Medizin, Labortechnik) (siehe Abb. 6.2)
  - Schleifmaschinen
  - Industrietore

- Förderbänder
- Rührwerke
- Holzbearbeitung (Fräsen, Sägen)
- Textilmaschinen (Wickeln, Umspulen, Verstrecken)
- Spaltpolmotoren
  - kleine Lüfter
  - Ofenlüfter
  - kleine Vakuumpumpen
  - kleine Pumpen (Gartenteich, Aquarium, Kondensat)

6.3 Ausführungsarten

6.3.1 Aufbau

Asynchronmotoren werden ausschließlich als **Innenläufer oder Außenläufer** mit radialem Magnetfeld gebaut (siehe Abb. 1.6, S. 11).

Da kleine Asynchronmotoren im Allgemeinen im angetriebenen Gerät eingebaut sind, haben sie, abgesehen von Normmotoren, aus Kostengründen kein Gehäuse, sondern nur Lagerschilde oder -bügel aus Aluminium-Druckguss oder aus gestanztem und tiefgezogenem Blech (Abb. 6.1, 6.2, 6.8a). Neben Motoren mit **Innenläufern** werden Lüfter (z. B. Gerätelüfter, Dunstabzugshauben) häufig mit **Außenläufer-Motoren** gebaut, bei denen die Lüfterflügel am Läufermantel angeordnet sind (Abb. 6.8b). Dadurch erreicht man eine sehr kompakte Bauform und einen guten Lüfterwirkungsgrad. Eine häufige Bauform sind sogenannte **Nassläufer/Spaltrohrmotoren** als Antriebe für Pumpen, bei denen der Läufer im zu fördernden Medium rotiert (Abb. 6.13). Der Stator ist durch ein dünnwandiges Rohr aus unmagnetischem Stahl im Luftspalt gegenüber dem Medium abgedichtet.

Abb. 6.1: Asynchronmotor: Lüftermotor, gehäuselose Ausführung mit Kondensator (Werkbild Hanning).

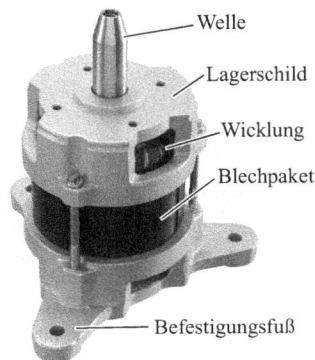

Abb. 6.2: Zentrifugenmotor mit Innenläufer (Werkbild Hanning).

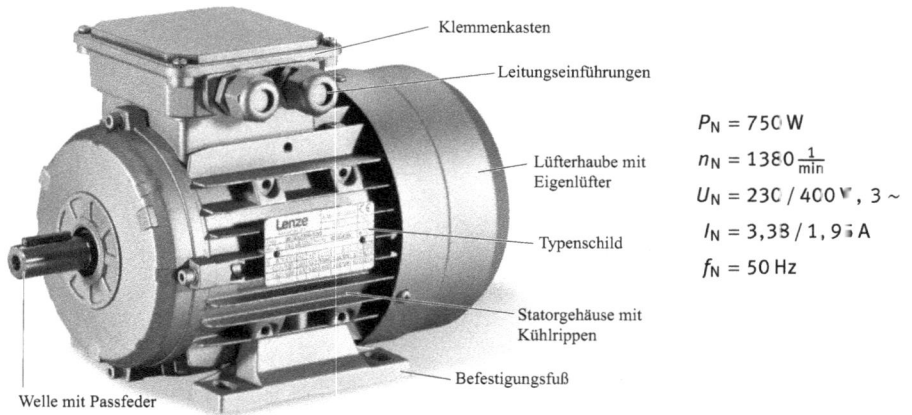

$P_N = 750\,W$
$n_N = 1380\,\frac{1}{min}$
$U_N = 230 / 400\,V,\ 3 \sim$
$I_N = 3,38 / 1,95\,A$
$f_N = 50\,Hz$

Abb. 6.3: Asynchronmotor: Standardmotor Bauform B3 mit Eigenlüfter (Werkbild Lenze).

Abb. 6.4: Asynchronmotor mit offenem Gehäuse. (Werkbild ebm-papst).

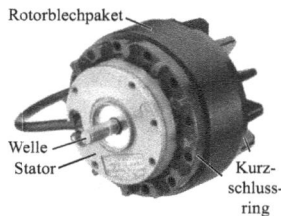

Abb. 6.5: Asynchronmotor mit Außenläufer (Werkbild ebm-papst).

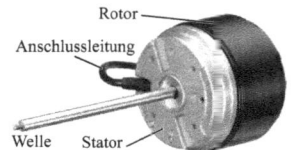

Abb. 6.6: Asynchronmotor mit Außenläufer (Werkbild ebm-papst).

Abb. 6.7: Asynchronmotor: Kühlaggregate für Gastronomie, Einzelhandel, Motoren für Kompressorantrieb im Kühlaggregat integriert, Lüfterantrieb zur Wärmeabfuhr.

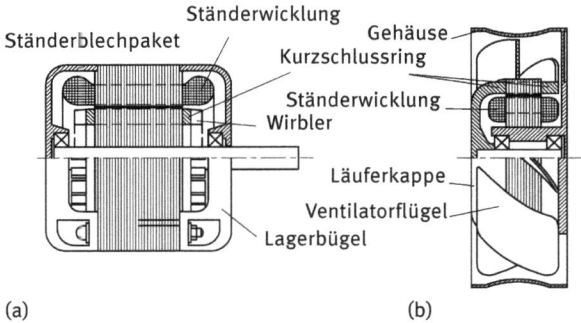

Abb. 6.8: Asynchronmotor: Ausführungen. (a) Innenläufer, (b) Außenläufer (siehe auch Abb. 6.4 und 6.5).

Durch den Aufbau vermeidet man aufwendige Dichtungen zwischen Pumpe und Motor. Das Medium ist ohne schleifende Dichtungen von der Umgebung getrennt. Somit entfallen Verschleiß der Dichtung und Austritt des Mediums in die Umgebung.

Die Motoren eignen sich besonders für Pumpen mit langer Lebensdauer und hoher Zuverlässgkeit. Die meisten Anwendungen sind Wasserpumpen. Je nach Ausführung des Spaltrohrs und des Rotors eignen sich die Spaltrohrmotoren aber auch für heiße, aggressive, explosive, giftige oder radioaktiv verseuchte Flüssigkeiten.

Die Verluste der Nassläufer/Spaltrohrmotoren sind höher als bei Asynchronmotoren mit normalem Aufbau: Das unmagnetische Spaltrohr wirkt magnetisch wie ein zusätzlicher Luftspalt. Die Motoren weisen daher einen großen magnetisch wirksamen Luftspalt auf, der einen hohen Magnetisierungsstrom nach sich zieht. Der damit insgesamt höhere Strom gegenüber normal aufgebauten Motoren zieht höhere Verluste in der Ständerwicklung nach sich. Ist das Spaltrohr aus Metall aufgebaut, entstehen durch das magnetische Wechselfeld zusätzliche Wirbelstromverluste im Spaltrohr.

Eine Alternative mit höherem Wirkungsgrad sind Spaltrohrmotoren mit Permanentmagnetrotor, wie sie im Abschnitt 7.3.1.1 und in Abb. 7.16 dargestellt werden.

6.3.2 Blechschnitt

Um kostengünstig fertigen zu können, werden oft für mehrere Polzahlen gleiche Blechschnitte verwendet. Abbildung 6.9a zeigt den Blechschnitt von Innenläufer-Motoren mit $N_S = 24$ Ständernuten und $N_R = 32$ Läufernuten, wie er für Polzahlen von $2p = 2 \ldots 6$ verwendet werden kann.

Der Blechschnitt eines Außenläufer-Motors in Abb. 6.9b hat teilweise etwas aus der Nutmitte verschobene Nutschlitze, um das Wickeln zu vereinfachen. Dies sollen die gestrichelt gezeichneten Wickelköpfe prinzipiell andeuten. Die Ständerwicklung ist außer bei Spaltpolmotoren (Abschnitt 6.9) in Nuten untergebracht. Üblicherweise

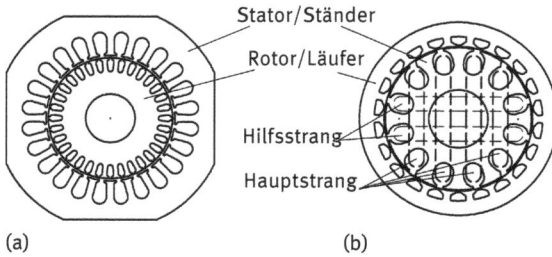

Abb. 6.9: Asynchronmotor: Blechschnitte für (a) Innenläufer, N_S = 24 Ständernuten, N_R = 22 Läufernuten, (b) Außenläufer, Wickelkopf gestrichelt angedeutet, N_S = 12 Ständernuten, N_R = 32 Läufernuten.

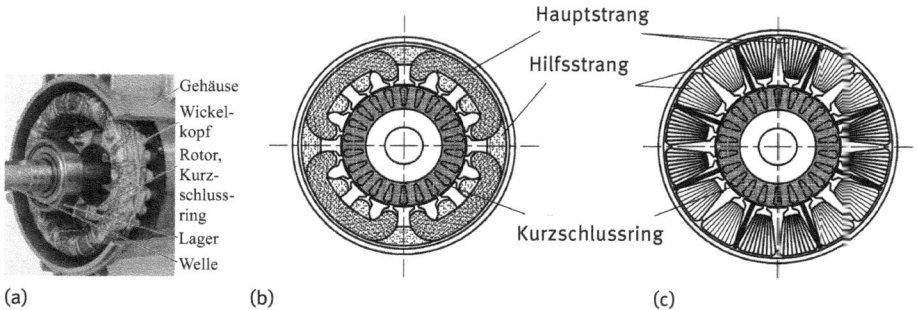

Abb. 6.10: Asynchronmotor: Wickelköpfe. (a), (b) klassische Wicklung, (c) Jochbewicklung.

liegen beide Seiten der Spulen in Nuten und sind an den Stirnseiten miteinander verbunden. Abbildung 6.10a zeigt die Wickelköpfe der Spulen. Das Statorblech mit den beiden Wickelköpfen an den Blechpaketenden zeigt Abb. 6.12 (Wicklungen siehe auch Abschnitt 7.3.1.1 und Abschnitt 8.2.1).

Es gibt – wenn auch selten – Wicklungen mit Spulen, die einseitig in Nuten liegend das Ständerjoch umschließen (jochbewickelter Motor, Abb. 6.10b). Um deren Ständer bewickeln zu können, ist er zunächst zweigeteilt. Nach dem Einbringen der Wicklung werden beide Teile zusammengesetzt und die Wicklung am Außenmantel vergossen. Dem Vorteil der geringeren Baulänge stehen als Nachteile die größere Streuung und die höheren Kosten entgegen.

6.3.3 Rotor

Der Läufer besitzt bei Kleinmotoren stets eine Kurzschlusswicklung/Käfigwicklung: In den Nuten liegt jeweils ein Stab; alle Stäbe sind an den Stirnseiten durch Ringe kurzgeschlossen (Abb. 6.11). Stäbe und Kurzschlussringe werden meistens aus Aluminium oder Aluminiumlegierungen, die einen höheren Widerstand besitzen (Widerstandsläufer) im Druckgussverfahren hergestellt. An die Kurzschlussringe werden stirnseitig oft kleine Flügel (Wirbler), die zur besseren Kühlung der Wickelköpfe dienen, und kleine Stifte, die zum Auswuchten gekürzt oder mit Ringen versehen werden können, angegossen (Abb. 6.11 rechts).

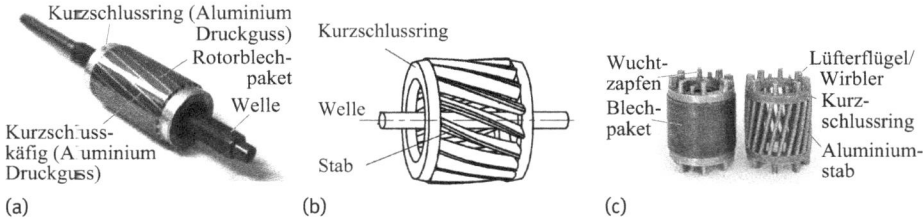

Abb. 6.11: Asynchronmotor: Käfigläufer mit Aluminium-Druckguss-Käfig, Rotornuten zur Reduzierung von Drehmomentschwankungen geschrägt, (a) Rotor mit Welle, (b) Käfig schematisch, (c) Rotor mit Druckgusskäfig, rechts Bleche entfernt.

Die Kurzschlussrotoren sind in der Regel geschrägt. Damit werden Drehmomentschwankungen und Geräusche reduziert. Die winkelabhängigen Drehmomentschwankungen bei ungeschrägten Rotoren sind besonders beim Anlauf der Motoren störend, da es einzelne Rotorstellungen gibt, bei denen das Anlaufdrehmoment kleiner ist. Abbildung 6.11 zeigt geschrägte Rotoren. Abbildung 6.12 zeigt den Kurzschlussrotor zusammen mit dem Stator. Die Schrägung der Rotornuten um etwa eine Rotornutteilung ist deutlich zu erkennen.

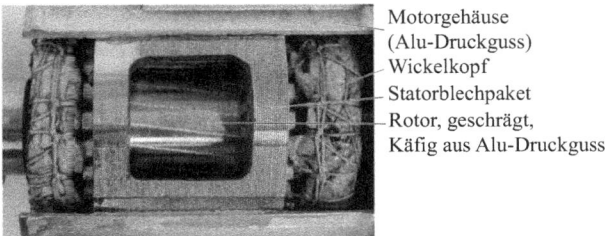

Abb. 6.12: Asynchronmotor: geöffneter Stator mit Käfigläufer mit Aluminium-Druckguss-Käfig, Rotornuten zur Reduzierung von Drehmomentschwankungen um etwa eine Rotornutteilung geschrägt, Versatz des Rotorblechpakets durch den Druckguss, Statorwicklung bandagiert und getränkt.

Bei Korrosionsgefahr (z. B. bei Nassläufer/Spaltrohrmotoren für Pumpen mit Nassläufer) oder hohen Anforderungen an den Wirkungsgrad werden in die Nuten Kupferstäbe, die an den Stirnseiten mit Kupferringen verlötet sind, eingetrieben. Alternativ wird der Käfig aus Kupfer gegossen. Um Drehmomentschwankungen zu verringern, sind die Läuferstäbe axial verdreht (geschrägt, geschränkt) angeordnet (Abb. 6.11).

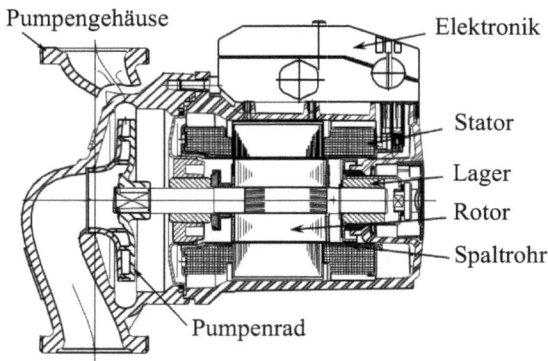

Abb. 6.13: Asynchronmotor: Spaltrohrmotor/Nassläufer, Pumpe mit Käfigläufer, Rotor läuft im Medium, Isolierung gegenüber dem Stator durch ein Rohr zwischen Stator und Medium bzw. Rotor (Werkbild Wilo).

6.4 Schaltungs- und Ausführungsarten der Ständerwicklung

6.4.1 Dreisträngige Motoren für Dreiphasen-Anschluss

Asynchrondrehstrommotoren werden für den direkten Anschluss an das Drehstromnetz mit Bemessungsleistungen ab etwa P_N = 60 W angeboten. Sie kommen dann zum Einsatz, wenn in der Maschine ohnehin ein Drehstromanschluss vorhanden ist, sodass kostengünstig auch für diese kleinen Leistungen Drehstrom zur Verfügung gestellt werden kann. Dies ist z. B. für Hilfsantriebe wie Lüfter, Pumpen, Reinigungsbürsten, Rührer oder ähnliches der Fall, die in Maschinen zum Einsatz kommen, die Gesamtleistungen von etlichen kW haben.

Abb. 6.14 zeigt das Schaltbild der Motoren in ⋏- und in △-Schaltung[3]. Die Motoren zeichnen sich beim direkten Anschluss an das Drehstromnetz durch ein hohes Anlaufdrehmoment und ein hohes Kippmoment aus. Die Drehzahl-Drehmoment-Kennlinie für einen Motor der Baugröße 63 zeigt Abb. 6.22a, Motordaten siehe Tab. 6.3.

Weiter kommen Drehstromasynchronmotoren kleiner Leistung für drehzahlstellbare Antriebe mit Umrichter zum Einsatz. In diesem Fall wird der Umrichter an das Wechselspannungsnetz angeschlossen. An seinem Ausgang stellt er ein Drehspannungssystem zur Speisung von Drehstromasynchronmotoren zur Verfügung. Details werden in Abschnitt 6.7.3 erläutert.

---

3 Schaltbilder gelten auch für Synchronmotoren (Kapitel 7).

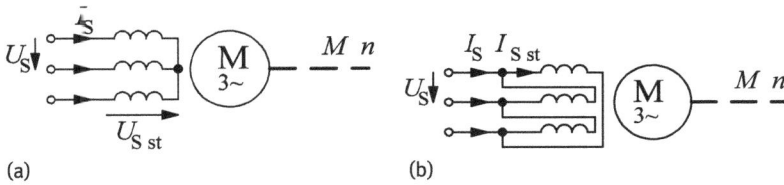

Abb. 6.14: Asynchronmotor: Schaltbild Drehstrommotor. (a) Stern-Schaltung, (b) Dreieck-Schaltung.

6.4.2 Dreisträngige Motoren für Einphasen-Anschluss mit Kondensator

Dreisträngige Motoren lassen sich auch am Einphasennetz verwenden. Die Motoren haben stets Wicklungen wie Drehstrom-Asynchronmotoren. Zwei der drei Anschlussklemmen werden direkt mit dem Netz verbunden. Um die zur Erzeugung eines Drehfelds notwendige Phasenverschiebung der Strangströme zu erreichen, wird der dritte Anschluss meistens über einen Kondensator, manchmal auch über eine Reihenschaltung von Widerstand und Kondensator an das Netz gelegt (Steinmetzschaltung, siehe Abb. 6.17)[4].

Die drei Stränge sind identisch ausgeführt und symmetrisch am Umfang um den elektrischen Winkel

$$\alpha_{el} = \frac{2\pi}{3} = 120°$$ (6.2)

gegeneinander versetzt angeordnet[5]. Wicklungsbeispiele für dreisträngige Motoren zeigt [1, Kapitel 4]. Ein Beispiel für das Statorblech des Innenläufers in Abb. 6.9 zeigt Abb. 6.16 (Wicklungen siehe auch Abschnitt 7.3.1.1 und Abschnitt 8.2.1). Die entsprechende Wicklung für den Außenläufer mit $N = 12$ Nuten zeigt Abb. 6.15.

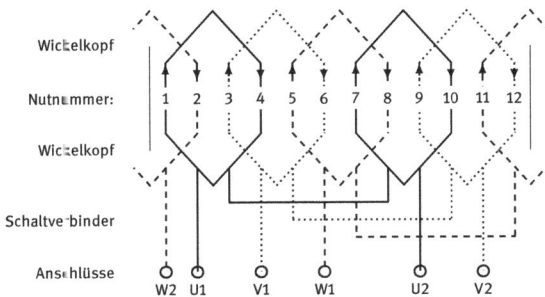

Abb. 6.15: Asynchronmotor: Statorwicklung für vierpolige Drehstrommotoren mit $p = 2$, offene Schaltung mit sechs Anschlüssen: Anfänge U1, V1, W1 und Enden U2, V2, W2, Nutzahl $N = 12$ [1].

---

4 Schaltung gilt auch für Synchronmotoren (Abschnitt 7.3).

5 Man verwendet oft elektrische Winkel, weil sie für Motoren mit beliebigen Polzahlen gelten.

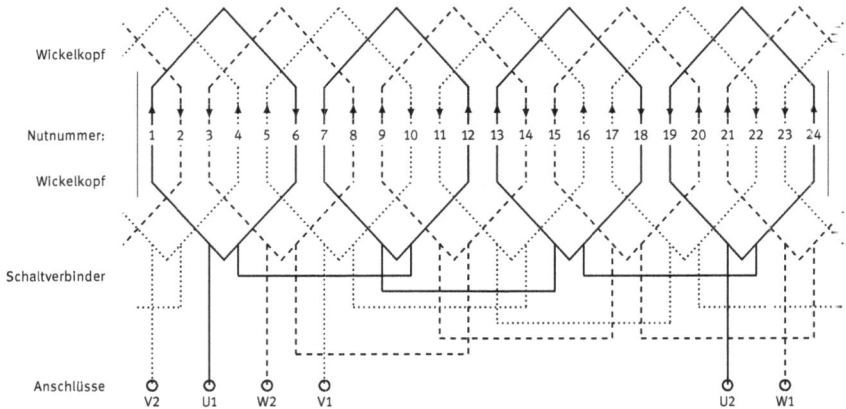

Abb. 6.16: Asynchronmotor: Statorwicklung für vierpolige Drehstrommotoren mit $p = 2$, offene Schaltung mit sechs Anschlüssen: Anfänge U1, V1, W1 und Enden U2, V2, W2, Nutzahl $N = 24$ [1].

Der entsprechende geometrische Winkel zwischen den Wicklungssträngen ergibt sich zu

$$\alpha_{geo} = \frac{\alpha_{el}}{p} = \frac{2\pi}{3p} = \frac{120°}{p} \, , \quad p : \text{Polpaarzahl} \tag{6.3}$$

Bei zweipoligen Motoren ($p = 1$) sind demnach der geometrische und der elektrische Winkel gleich. Die Wicklungsstränge liegen um $\alpha_{el} = \alpha_{geo} = 2\pi/3 = 120°$ auseinander. Bei sechspoligen Motoren ist der elektrische Winkel ebenfalls $\alpha_{el} = 2\pi/3 = 120°$, jedoch der geometrische Winkel $\alpha_{geo} = 2\pi/9 = 40°$.

Wechselstrommotoren mit dreisträngigen symmetrischen Wicklungen benötigen einen größeren und damit teureren Kondensator als zweisträngige Motoren (siehe Tab. 6.4). Sie werden daher im Allgemeinen nur eingesetzt, wenn für kleine Stückzahlen kein neuer Motor entwickelt, sondern ein vorhandener Drehstrommotor verwendet werden soll. Da Drehstrommotoren in λ-Schaltung in der Regel am 400 V-Drehspannungsnetz betrieben werden, wird ihre Wicklung für den Betrieb mit 230 V Wechselspannung in Dreieckschaltung geschaltet (Schaltung siehe Abb. 6.17). Das ist am Klemmenbrett, auf dem die Anfänge und Enden der Wicklungsstränge an

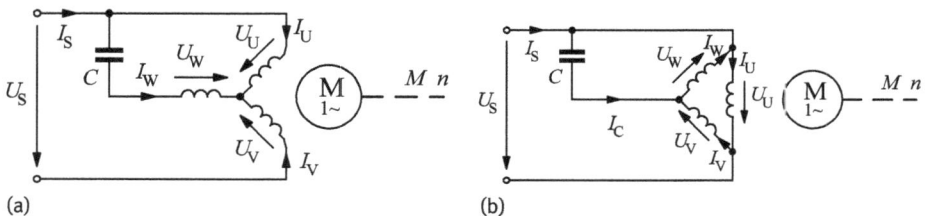

(a)   (b)

Abb. 6.17: Asynchronmotor: Anschluss dreisträngiger Motoren am Einphasennetz mit der Steinmetzschaltung. (a) λ-Schaltung, (b) $\triangle$-Schaltung.

sechs Klemmen angeschlossen sind, ohne großen Aufwand durch Umlegen von drei Laschen möglich. Die Sternschaltung wird nur in Ausnahmefällen bei Wechselstrombetrieb verwendet, wenn zum Beispiel der bei Dreieckschaltung mögliche Kreisstrom oder Nullstrom in den drei Strängen, der unerwünschte Magnetfelder dreifacher Grundpolpaarzahl hervorruft, vermieden werden soll.

6.4.3 Zweisträngige Motoren für Einphasen-Anschluss mit Kondensatorhilfsstrang

Bei diesen Motoren beträgt der Wicklungsversatz

$$\alpha_{el} = \frac{\pi}{2} = 90° \tag{6.4}$$

$$\alpha_{geo} = \frac{\pi}{2p} = \frac{90°}{p}, \quad p: \text{Polpaarzahl} \tag{6.5}$$

In zweipoligen Motoren liegen also die Strangachsen senkrecht, in vierpoligen im geometrischen Winkel von 45° zueinander. Der eine Strang, der sogenannte Hauptstrang, wird direkt an das Netz geschaltet. Der zweite Strang, der sogenannte Hilfsstrang, wird meistens über einen Kondensator (Kondensatormotor) mit dem Netz verbunden. Der Kondensator ist häufig direkt am Motor montiert (Abb. 6.18). Abbildung 6.19 zeigt die entsprechenden Schaltungen mit Kondensator und Widerstand[6].

Soll der Motor im Betrieb, zum Beispiel im Bemessungsbetrieb, ein möglichst hohes Drehmoment abgeben, bleibt der Kondensator dauernd eingeschaltet (Betriebskondensator in Abb. 6.19b) [118–124]. Soll der Motor dagegen ein möglichst hohes Anzugsdrehmoment erzeugen, muss der Kondensator erheblich größer sein [126]. Nach dem Hochlauf wird er zusammen mit der Hilfswicklung abgeschaltet, da andernfalls im Betrieb unzulässig hohe Verluste entstehen würden (Anlaufkondensator in Abb. 6.19c). Wird sowohl ein hohes Anzugsdrehmoment als auch ein hohes Betriebsdrehmoment gefordert, setzt man beide Kondensatoren ein (Betriebs- und Anlaufkondensator in Abb. 6.19d) [129].

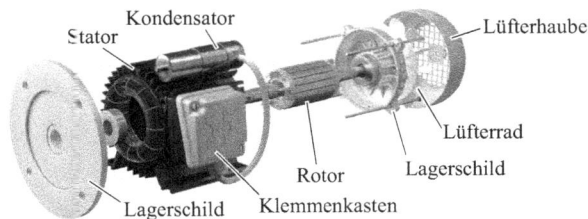

Abb. 6.18: Asynchron-Kondensatormotor: Explosionsbild mit Lagerschilden, Stator, Kondensator, Rotor, Lüfter (Werkbild Hanning).

---

6 Schaltungen gelten auch für Synchronmotoren (Abschnitt 7.3).

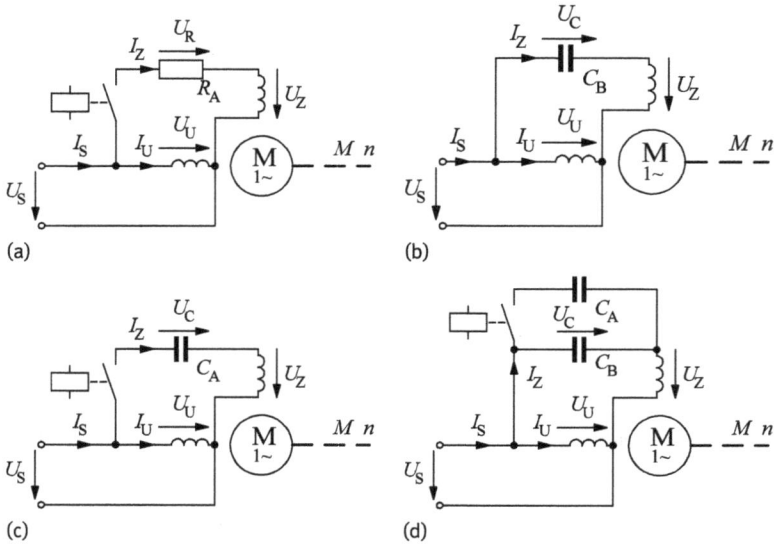

Abb. 6.19: Asynchronmotor: Schaltungsarten zweisträngiger Wechselstrom-Asynchronmotoren: (a) Motor mit Widerstandshilfsstrang für den Anlauf, (b) Motor mit Betriebskondensator, (c) Motor mit Anlaufkondensator, (d) Motor mit Anlauf- und Betriebskondensator.

Für besonders stark beanspruchte Antriebe, was zum Beispiel bei Antrieben von Kühlkompressoren durch häufiges Ein- und Ausschalten der Fall ist, wird kein Kondensator eingesetzt, sondern statt dessen der Wirkwiderstand des Hilfsstrangs vergrößert (Anlaufwiderstand in Abb. 6.19a).

Die Widerstandserhöhung geschieht dadurch, dass der Strang teilweise bifilar gewickelt wird, zusätzlich ein Widerstand in Reihe geschaltet oder ein Draht mit höherem spezifischen Widerstand verwendet wird (Widerstandshilfsstrangmotor). Da der Hilfsstrang wegen seines erhöhten Widerstands erhebliche Verluste erzeugt, wird er nach dem Hochlauf abgeschaltet.

Zweisträngige Wicklungen gibt es in drei Ausführungen für jeweils besondere Anwendungsfälle:

- **symmetrische Wicklung**, für Reversierbetrieb, geringe Geräusche und Pendelungen, Abschnitt 6.4.3.1;
- **quasisymmetrische Wicklung**, für eine Drehrichtung, geringe Geräusche und Pendelungen, Abschnitt 6.4.3.2;
- **unsymmetrische Wicklung**, für eine Drehrichtung, Hilfsstrang nur für Anlauf, Brummen und Drehmomentpendelungen treten auf, Abschnitt 6.4.3.3.

6.4.3.1 Symmetrische Wicklung

Haupt- und Hilfsstrang sind identisch aufgebaut und symmetrisch am Umfang verteilt. Diese Wicklung wird bei Reversierbetrieb verwendet, weil dadurch der Motor in beiden Drehrichtungen die gleichen Eigenschaften aufweist. Es ist nur ein einpoliger, kostengünstiger Schalter erforderlich (siehe Abschnitt 6.6). Abbildung 6.20 links zeigt ein Beispiel für eine vierpolige Maschine mit 16 Nuten[7].

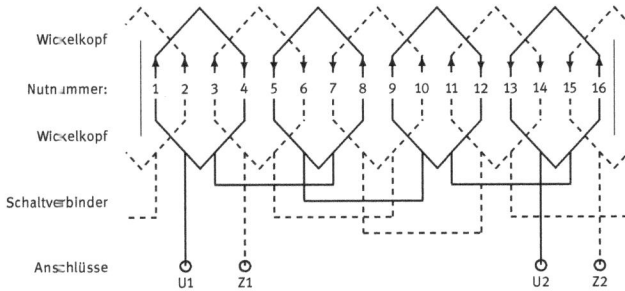

(a) symmetrisch oder quasisymmetrisch, $p = 2$, $m = 2$, $N = 16$, $q_U = q_Z = 2$

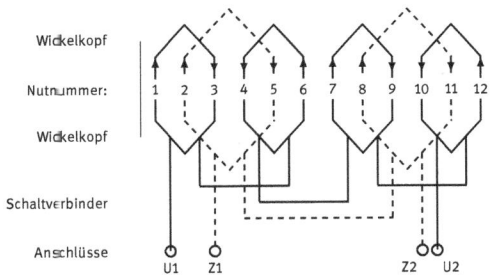

(b) unsymmetrisch, $p = 2$, $m = 2$, $N = 12$, $q_U = 2$, $q_Z = 1$

Abb. 6.20: Asynchronmotor: vierpolige Wicklungen $p = 2$, für zweisträngige Asynchronmotoren, (a) symmetrische oder quasisymmetrische Wicklung mit gleicher Nutzahl für Haupt- und Hilfsstrang, (b) unsymmetrische Wicklung mit unterschiedlichen Nutzahlen bzw. Lochzahlen q_U und q_Z für Haupt- und Hilfsstrang (Lochzahl: Anzahl der Nuten je Pol und Strang) [1].

---

7 Wicklungsausführung gilt auch für Synchronmotoren (Kapitel 7).

6.4.3.2 Quasisymmetrische Wicklung

Die Stränge belegen zwar die gleiche Anzahl Nuten und sind symmetrisch am Umfang verteilt, sie haben aber unterschiedliche Windungszahlen. Damit ist ein symmetrischer Betrieb mit geringen Geräuschen und geringen Drehmomentpendelungen einfacher zu erreichen als bei symmetrischen Wicklungen (Abschnitt 6.5)[8]. Wählt man die Windungszahl des Hilfsstrangs größer als die des Hauptstrangs, genügt ein kleinerer und damit kostengünstigerer Kondensator, um die optimale Phasenverschiebung zu erreichen. Ein typisches Verhältnis ist

$$\ddot{u} = \frac{w_U \xi_U}{w_Z \xi_Z} = \frac{w_U}{w_Z} \approx 0,8 \quad \text{mit Wicklungsfaktoren} \quad \xi_U = \xi_Z$$

Dann genügt ein um den Faktor $\ddot{u} \approx 0,8$ kleinerer und damit kostengünstigerer Kondensator für den Hilfsstrang.

Eine quasisymmetrische Wicklung ist daher die am meisten verwendete Ausführung für Motoren mit nur einer Drehrichtung. Beispiel für $2p = 4$, $N = 16$, siehe Abb. 6.20 links.

6.4.3.3 Unsymmetrische Wicklung

Bei der wichtigsten Ausführung belegt der Hauptstrang zwei Drittel der Nuten, der Hilfsstrang das restliche Drittel (Abb. 6.20 rechts). Dadurch entwickelt der Hauptstrang ein oberwellenärmeres Magnetfeld bzw. geringere Verluste. Der Hilfsstrang erzeugt dagegen besonders starke Oberwellen und damit auch besonders hohe Verluste. Er wird deshalb nach erfolgtem Hochlauf abgeschaltet. Ein typischer Anwendungsfall sind die erwähnten Antriebe für Kühlkompressoren mit Widerstandshilfsstrang, da diese Motoren bei Bemessungsbetrieb einen möglichst hohen Wirkungsgrad aufweisen müssen.

Da der Hilfsstrang nach dem Hochlauf abgeschaltet wird, arbeitet der Motor im Betrieb einsträngig und erzeugt größere Brummgeräusche und Drehmomentpendelungen als die Motoren mit symmetrischen oder quasisymmetrischen Wicklungen.

Tabelle 6.2 zeigt eine Gegenüberstellung der drei Wicklungsarten.

Tab. 6.2: Asynchronmotor: Gegenüberstellung der Wicklungen für Wechselstrommotoren [8]

U: Hauptstrang Z: Hilfsstrang	Wicklungsausführung		
	symmetrisch	quasisymmetrisch	unsymmetrisch
Lochzahl	$q_U = q_Z$	$q_U = q_Z$	$q_U \neq q_Z$
Wicklungsfaktor	$\xi_U = \xi_Z$	$\xi_U = \xi_Z$	$\xi_U \neq \xi_Z$
Windungszahl	$w_U = w_Z$	$w_U \neq w_Z$	$w_U \neq w_Z$
Übersetzungsverhältnis	$\ddot{u} = 1$	$\ddot{u} = \frac{w_U}{w_Z}$	$\ddot{u} = \frac{w_U \xi_U}{w_Z \xi_Z}$
Wicklungsgewicht	$m_U = m_Z$	$m_U = m_Z$	$m_U \neq m_Z$

---

8 Wicklungsausführung gilt auch für Synchronmotoren (Kapitel 7).

6.5 Wirkungsweise

6.5.1 Asynchron-Drehstrommotoren

Die Wirkungsweise von Asynchronmaschinen mit Kurzschlussläufer lässt sich qualitativ folgendermaßen beschreiben:
- In den Wicklungssträngen der Statorwicklung fließen phasenversetzte Wechselströme, die im Luftspalt ein Drehfeld erzeugen.
- Zur Bildung des Magnetfelds ist daher auch bei Leerlauf der Maschine ein Strom in der Ständerwicklung erforderlich.
- Das Grundfeld zur Drehmomenterzeugung ist ein Kreisdrehfeld mit der synchronen Drehzahl $n_s = f/p$ (Kreisdrehfeld: räumlich sinusförmiges Magnetfeld mit konstanter Geschwindigkeit und Amplitude).
- Die kurzgeschlossene Wicklung des Läufers (Käfigläufer) bewegt sich durch den Drehzahlunterschied $n_s - n$ (n: Rotordrehzahl) zwischen Rotor und Magnetfeld relativ zum Kreisdrehfeld des Statorstroms. Dadurch wird im Rotor eine Drehspannung induziert. In der kurzgeschlossenen Rotorwicklung führt die induzierte Spannung zu einem Rotorstrom.
- Der Rotorstrom bildet mit dem Magnetfeld des Stators ein Drehmoment. Da der Rotorstrom vom Drehzahlunterschied abhängt, ist auch das Drehmoment von der Drehzahl abhängig[9].

Im Folgenden werden die wesentlichen Gleichungen zur Wirkungsweise von Asynchronmaschinen aufgeführt. Detaillierte Darstellungen finden sich z. B. in [2–7, 111].

Drehstrom-Asynchronmotoren haben im Stator eine dreisträngige Wicklung, die symmetrisch am Umfang verteilt ist. In den drei Wicklungssträngen fließen drei phasenverschobene Wechselströme. Die Ströme lauten in komplexer Schreibweise[10]:

$$\underline{I}_U = I_{st}\,e^{j\varphi_i}\,,\quad \underline{I}_V = I_{st}\,e^{j\varphi_i-2\pi/3}\,,\quad \underline{I}_W = I_{st}\,e^{j\varphi_i-4\pi/3} \tag{6.6}$$

Die entsprechenden Zeitverläufe ergeben sich mit dem Scheitelwert $\hat{I}_{st} = \sqrt{2}I_{st}$ und der Frequenz f_S zu

$$i_U(t) = \hat{I}_{st}\,\cos\left(2\pi f_S t + \varphi_i\right) \tag{6.7}$$

$$i_V(t) = \hat{I}_{st}\,\cos\left(2\pi f_S t + \varphi_i - \frac{2\pi}{3}\right) = \hat{I}_{st}\,\cos(2\pi f_S t + \varphi_i - 120°) \tag{6.8}$$

$$i_W(t) = \hat{I}_{st}\,\cos\left(2\pi f_S t + \varphi_i - \frac{4\pi}{3}\right) = \hat{I}_{st}\,\cos(2\pi f_S + \varphi_i - 240°) \tag{6.9}$$

---

9 Alternativ kann man auch sagen, dass der Statorstrom mit dem Rotormagnetfeld ein Drehmoment erzeugt, oder dass die beiden Magnetfelder des Stators und des Rotors ein Drehmoment erzeugen. Alle Betrachtungsweisen führen auf das gleiche Drehmoment.

10 Ströme und Magnetfelderzeugung gelten auch für Synchronmotoren (Kapitel 7).

Die drei Strangströme in den räumlich versetzten Wicklungssträngen erzeugen im Luftspalt drei Wechselfelder mit der Grundpolpaarzahl p, die räumlich und zeitlich gegeneinander verschoben sind:

$$B_U(t, \varphi) = \hat{B}_w \cos\left(2\pi f_S t + \varphi_i\right) \cos(p\varphi) \tag{6.10}$$

$$B_V(t, \varphi) = \hat{B}_w \cos\left(2\pi f_S t + \varphi_i - \frac{2\pi}{3}\right) \cos\left(p\varphi - \frac{2\pi}{3}\right) \tag{6.11}$$

$$B_V(t, \varphi) = \hat{B}_w \cos\left(2\pi f_S t + \varphi_i - \frac{4\pi}{3}\right) \cos\left(p\varphi - \frac{4\pi}{3}\right) \tag{6.12}$$

Die Überlagerung der drei Wechselfelder führt zu dem Kreisdrehfeld im Luftspalt der Asynchronmaschine (Anwendung Additionstheorem für $\cos\alpha \cdot \cos\beta$):

$$B(t, \varphi) = B_U(t, \varphi) + B_V(t, \varphi) + B_W(t, \varphi) = \frac{3}{2}\hat{B}_w \cos(2\pi f_S t - p\varphi) \tag{6.13}$$

Dieses Kreisdrehfeld mit der Polpaarzahl p ist das Arbeitsfeld der Asynchronmaschine. Es hat die synchrone Drehzahl

$$n_s = \frac{f_S}{p} \tag{6.14}$$

Daneben erzeugt die Wicklung noch weitere Magnetfelder mit den Polpaarzahlen v, die Verluste und Geräusche erzeugen, aber nicht zur effizienten Drehmomenterzeugung beitragen (siehe Abschnitt 6.5.4).

Das Magnetgrundfeld mit der Polpaarzahl p erzeugt im Rotor induktiv Spannungen und Ströme mit der Frequenz

$$f_R = p(n_s - n) = f_S - pn \tag{6.15}$$

Diese Drehzahlabhängigkeit der Rotorfrequenz lässt sich übersichtlich mit dem Schlupf s beschreiben:

$$f_R = s f_S \quad \text{mit} \quad s = \frac{f_R}{f_S} = \frac{n_s - n}{n_s} , \quad n = (1-s)n_s \tag{6.16}$$

Die Rotorströme bilden mit dem Drehfeld das Drehmoment.

Das Verhalten der Asynchronmaschine wird durch ein einsträngiges Ersatzschaltbild abgebildet. Hier wird das Γ-Ersatzschaltbild [23] verwendet, in dem die Streuinduktivitäten vollständig in der Induktivität L_K im Rotorkreis berücksichtigt werden (Abb. 6.21). Da bei den hier betrachteten Kleinmotoren die Eisenverluste relativ klein gegenüber den ohmschen Verlusten in der Statorwicklung und Rotorwicklung sind, wird der Eisenverlustwiderstand weggelassen.[11]

---

11 Alternativ ist eine Beschreibung mit dem T-Ersatzschaltbild oder dem L-Ersatzschaltbild möglich, siehe z. B. [23].

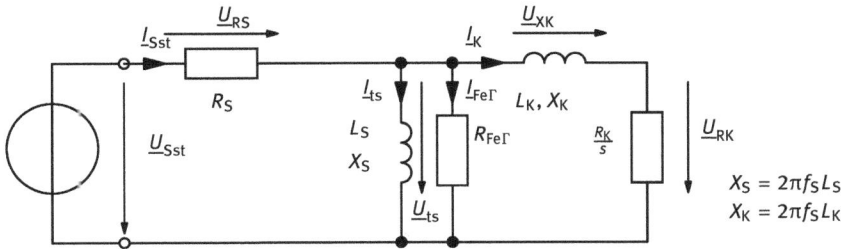

Abb. 6.21: Asynchronmaschine: Γ-Ersatzschaltbild einer Drehstrom-Asynchronmaschine mit Statorwiderstand, Streuung im Rotorkreis konzentriert.

Die magnetische Kopplung zwischen Stator und Rotor durch das Luftspaltfeld wird im galvanisch gekoppelten Ersatzschaltbild Abb. 6.21 mit der Induktivität L_S berücksichtigt. Die Statorwicklung wird durch den Widerstand R_S und die Induktivität L_S beschrieben, die Rotorwicklung durch den Widerstand R_K sowie die Induktivitäten L_K und L_S.

Bei der Bildung des Ersatzschaltbilds werden die Gleichungen des Rotors zunächst mit Rotorfrequenz aufgestellt. Bei der Zusammenführung mit den Statorgleichungen werden alle Gleichungen mit Statorfrequenz aufgestellt. Dies ergibt den Schlupf s im Nenner des Widerstands R_K/s [111].

Die Größen des Gamma-Ersatzschaltbildes lassen sich mit folgenden Gleichungen aus den Größen eines T-Ersatzschaltbildes (Index T) für eine dreisträngige Maschine bei Vernachlässigung der Eisenverluste berechnen:

$$R_S = R_{S\,T} \qquad \text{(Statorwiderstand)}$$

$$L_S = L_{\sigma\,S\,T} + L_m \qquad \text{(Statorinduktivität)}$$

$$L_R = L_{\sigma\,R\,T} + L_m \qquad \text{(Rotorinduktivität)}$$

$$\ddot{u} = \frac{L_m}{L_S} \qquad \text{(Übersetzungsfaktor)}$$

$$R_K = \frac{1}{\ddot{u}^2} R_R \qquad \text{(Rotorwiderstand)}$$

$$L_K = \frac{1}{\ddot{u}^2} L_R - L_S \qquad \text{(Rotorinduktivität)}$$

Das einsträngige Ersatzschaltbild beschreibt das Verhalten mit den Größen eines Strangs und steht stellvertretend für alle drei Stränge der Asynchronmaschine. Es beschreibt das Verhalten für ein symmetrisches Drehstromsystem. Hier sind die Eisenverluste vernachlässigt worden, da sie bei den hier betrachteten Kleinmaschinen nur eine untergeordnete Rolle gegenüber den Stromwärmeverlusten spielen.

Der Statorstrangstrom $\underline{I}_{Sst}$ und der Rotorkreisstrom $\underline{I}_K$ ergeben sich mit der Strangspannung $\underline{U}_{Sst}$ zu

$$\underline{I}_{Sst} = \frac{\underline{U}_{Sst}}{R_S + \dfrac{1}{\frac{1}{R_{Fe\Gamma}} + \frac{1}{j \cdot 2 \cdot \pi \cdot f_S \cdot L_S} + \frac{1}{\frac{R_K}{s} + j \cdot 2 \cdot \pi \cdot f_S \cdot L_K}}} = \frac{\underline{U}_{Sst}}{R_S + \dfrac{1}{\frac{1}{R_{Fe\Gamma}} + \frac{1}{jX_S} + \frac{1}{\frac{R_K}{s} + jX_K}}} \tag{6.17}$$

$$= \frac{jX_S\left(\frac{R_K}{s} + jX_K\right) + R_{Fe\Gamma}\left(\frac{R_K}{s} + jX_K\right) + R_{Fe\Gamma}jX_S}{R_S jX_S\left(\frac{R_K}{s} + jX_K\right) + R_S R_{Fe\Gamma}\left(\frac{R_K}{s} + jX_K\right) + R_S R_{Fe\Gamma}jX_S + R_{Fe\Gamma}jX_S\left(\frac{R_K}{s} + jX_K\right)} \underline{U}_{Sst} \tag{6.18}$$

$$\underline{I}_K = \frac{\underline{U}_{Sst} - R_S \cdot \underline{I}_{Sst}}{\frac{R_K}{s} + j \cdot 2 \cdot \pi \cdot f_S \cdot L_K} \tag{6.19}$$

Aus dem Netz nimmt der Motor die Wirkleistung P_S sowie die Scheinleistung S_S und Blindleistung Q_S auf. In der Statorwicklung entstehen die Statorwicklungsverluste P_{vS}. Weiter treten in den ferromagnetischen Teilen der Maschine Verluste P_{vFe} durch Ummagnetisierung und Wirbelströme auf:

$$P_S = 3 U_{Sst} I_{Sst} \cos\varphi = 3\,\mathrm{Re}\left(\underline{U}_{Sst} \cdot \underline{I}_{Sst}^*\right) \tag{6.20}$$

$$S_S = 3 U_{Sst} I_{Sst}, \quad Q_S = \sqrt{S_S^2 - P_S^2} \tag{6.21}$$

$$P_{vS} = 3 R_S I_{Sst}^2 \tag{6.22}$$

$$P_{vFe} = \frac{3 \left|\underline{U}_{Sst} - R_S \cdot \underline{I}_{Sst}\right|^2}{R_{Fe\Gamma}} \tag{6.23}$$

Aus der Statorleistung und den Verlusten ergibt sich die Luftspaltleistung P_δ. Diese kann ebenso aus dem Rotorkreisstrom $I_K = |\underline{I}_K|$ berechnet werden. Aus der Luftspaltleistung ergibt sich das innere Drehmoment M_i (siehe Abschnitt 2.6.2.2):

$$P_\delta = P_S - P_{vS} - P_{vFe} = 3\frac{R_K}{s}I_K^2 \tag{6.24}$$

$$M_i = \frac{P_\delta}{2\pi n_s} = \frac{p P_\delta}{2\pi f_S} = \frac{3 \cdot \frac{R_K}{s} \cdot I_K^2}{2 \cdot \pi \cdot \frac{f_S}{p}} \tag{6.25}$$

Die Luftspaltleistung teilt sich in die Rotorverlustleistung und die innere mechanische Leistung auf:

$$P_{vR} = s P_\delta \tag{6.26}$$

$$P_{mechi} = (1 - s) P_\delta \tag{6.27}$$

Der Motor liefert beim Kippschlupf s_{kipp} mit der Kippdrehzahl n_{kipp} das Kippmoment M_{kipp}, welches das größte Drehmoment des Motors bei vorgegebener Statorspannung ist[12]. Es berechnet sich mit dem bei Kleinmotoren nicht vernachlässigbaren Statorwiderstand zu[13]:

$$M_{k\_pp} = \frac{3}{2} \frac{p\,U_{Sst}^2}{2\pi f_S} \frac{s_{Kipp\,mot}}{R_K} \frac{1}{1 + \frac{R_S}{R_K} s_{Kipp\,mot}} \, , \quad s_{Kipp\,mot} = \frac{R_K}{\sqrt{(2\pi f_S L_D)^2 + R_S^2}} \quad (6.28)$$

$$\text{mit den Hilfsgrößen} \quad L_I = \frac{L_S L_K}{L_S + L_K} \, , \quad L_D = L_I \frac{1 + \frac{R_S^2}{(2\pi f_S)^2 L_S L_I}}{1 - \frac{L_I}{L_S}} \quad (6.29)$$

Mit dem Kippmoment kann das innere Drehmoment des Motors in Abhängigkeit vom Schlupf bzw. der Drehzahl bestimmt werden:

$$M_i = 2 M_{Kipp\,mot} \frac{1 + \frac{R_S}{R_K} s_{Kipp\,mot}}{\frac{s}{s_{Kipp\,mot}} + \frac{s_{Kipp\,mot}}{s} + 2 \frac{R_S}{R_K} s_{Kipp\,mot}} \quad (6.30)$$

Das innere Drehmoment und die innere mechanische Leitung decken die Reibungsverluste, sodass sich das Drehmoment und die Leistung an der Welle folgendermaßen berechnen lassen:

$$M = M_i - M_{reib} = \frac{P_\delta}{2\pi n_s} - M_{reib} \quad (6.31)$$

$$P_{mech} = P_{mech\,i} - P_{reib} \, , \quad P_{reib} = 2\pi n M_{reib} \quad (6.32)$$

Insgesamt ergeben sich folgende Leistungsbilanz und Wirkungsgrad für den Asynchronmotor:

$$\underbrace{P_S}_{3U_{Sst}I_{Sst}\cos\varphi} = \underbrace{P_{vS}}_{3R_S I_{Sst}^2} + P_{vFe} + \underbrace{\underbrace{P_{vR}}_{s\,P_\delta} + \underbrace{P_{mech}}_{2\pi n M}}_{P_\delta} + P_{reib} \quad (6.33)$$

$$\eta = \frac{P_{mech}}{P_S} = \frac{P_{mech}}{P_{mech} + P_{vS} + P_{vFe} + P_{vR} + P_{reib}} \quad (6.34)$$

Mit den Gleichungen können die Ströme, die Leistungen und das Drehmoment in Abhängigkeit vom Schlupf s ermittelt werden. Bei den hier betrachteten Kleinmaschinen ist der Statorwiderstand nicht zu vernachlässigen, sodass bei der Drehmomentberechnung der Widerstand berücksichtigt werden muss, wie es in den obigen Gleichungen der Fall ist.

Abbildung 6.22a zeigt das Ergebnis für einen Motor Baugröße 63 mit den Daten nach Tab. 6.3. Dabei sind für die Ersatzschaltbildgrößen konstante Werte angenommen. Die Kennlinie zeigt zwischen Stillstand und $n = 2000\frac{1}{min}$ ein etwa gleichbleibendes Drehmoment von $1,4\,Nm$. Das Kippmoment als maximales Drehmoment ist bei diesem Motor $M_{kipp} = 1,45\,Nm$.

---

12 Bei geregeltem Betrieb mit einem Umrichter kann der Umrichter die Spannung bei Bedarf erhöhen und so das Drehmoment anheben, siehe Abschnitt 6.7.3.

13 Das generatorische Kippmoment ist größer als das hier angegebene motorische Kippmoment [2].

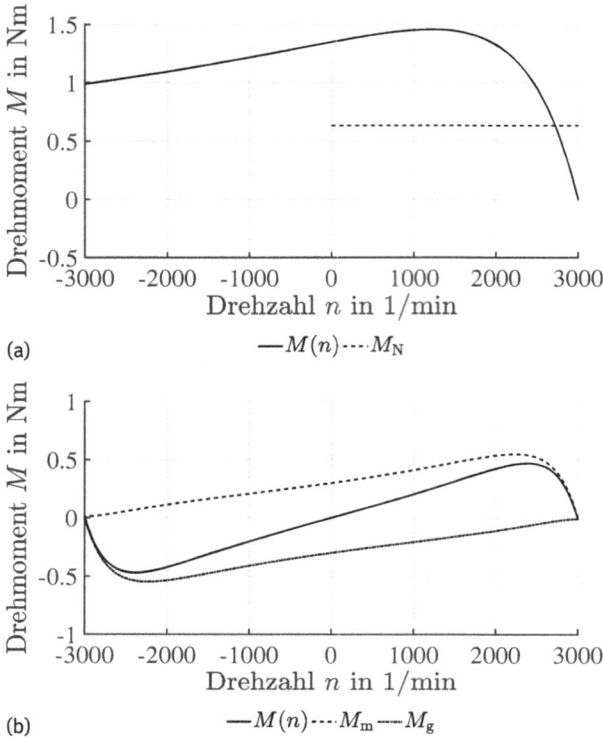

Abb. 6.22: Asynchronmotor: Drehzahl-Drehmoment-Kennlinien eines Motors Baugröße 63, (a) dreisträngiger Motor, (b) einsträngiger Motor ohne Hilfsstrang, Daten siehe Tab. 6.3.

In der Realität treten natürlich Sättigung und Stromverdrängung auf. Die Sättigung führt im Wesentlichen zu einer Reduktion der Induktivität L_S und damit zu einem höheren Strom. Die Stromverdrängung führt zu einem Anstieg des Widerstands R_S und einer Reduktion von L_K bei größeren Rotorfrequenzen. Wegen der kleinen Abmessungen der Motoren ist die Stromverdrängung bei den hier betrachteten Kleinmaschinen jedoch weniger ausgeprägt.

6.5.2 Asynchron-Wechselstrommotoren mit Kondensator-Hilfsstrang

Die Wirkungsweise von Wechselstrom-Asynchronmotoren ähnelt derjenigen von Drehstrommotoren [8, 110]. Alle im vorhergehenden Abschnitt 6.5.1 genannten Gleichungen gelten sinngemäß auch für Wechselstrommotoren. Es muss aber die Wechselstromspeisung bei der Bildung der Magnetfelder und Drehmomente beachtet werden.

Die Gleichungen für den Wechselstrom-Asynchronmotor werden im Folgenden dargestellt und für einen Beispielmotor der Baugröße 63 exemplarisch ausgewertet.

Tab. 6.3 Daten Asynchronmotor Baugröße 63 zur Berechnung der Kennlinien Abb. 6.22, 6.23, 6.25, 6.26, 6.27.

		3-str. Motor	1-str. Motor	2-str. Motor	ESB-Daten 3-str.	
Leistung	P_N	180 W	73 W	130 W	$R_{S3\sim}$	74,4 Ω
Drehzahl	n_N	2720 1/min	2850 1/min	2790 1/min	$L_{S3\sim}$	3,06 H
Drehmoment	M_N	0,63 Nm	0,26 Nm	0,48 Nm	$L_{K3\sim}$	0,191 H
Spannung	U_N	400 V	230 V	230 V	$R_{K3\sim}$	58,5 Ω
Frequenz	f_N	50 Hz	50 Hz	50 Hz	$R_{Fe\Gamma3\sim}$	8,72 kΩ
Strom	I_N	0,40 A	0,80 A	0,83 A		
Leistungsfaktor	$\cos\varphi_N$	0,88	0,74	1,0		
Wirkungsgrad	η	0,74	0,54	0,68		
Verlustleistung	P_{vN}	64 W	64 W	64 W		
Anzugsmoment	M_a	1,33 Nm	0 Nm	0,35 Nm		
Kippmoment	M_{kipp}	1,45 Nm	0,47 Nm	0,68 Nm	**ESB-Daten 1-/2-str.**	
Schaltung		λ-Schaltung		Hilfsstrang,	$R_{S1\sim}$	55,3 Ω
				siehe	$L_{S1\sim}$	2,02 H
				Abb. 6.19		
Strangzahl	m	3	1	2	$L_{K1\sim}$	0,126 H
Betriebs-	C_B	–	–	5 μF	$R_{K1\sim}$	38,7 Ω
kondensator						
Übersetzung	$\ddot{u} = w_U\xi_U/w_Z\xi_Z$	–	–	1,0		

Basis ist der Motor in dreisträngiger Ausführung für den Betrieb an $U_{N3\sim} = 400\,\text{V}$, $f_N = 50\,\text{Hz}$. Tabelle 6.3 gibt die Bemessungsdaten und die Ersatzschaltbilddaten für das einsträngige Γ-Ersatzschaltbild nach Abb. 6.21 wieder.

Der zweisträngige Motor hat gegenüber dem dreisträngigen Motor eine andere Lochzahl $q = N/(2pm)$ und damit auch einen anderen Grundfeldwicklungsfaktor ξ_p. Für eine Bemessungsspannung $U_{N1\sim}$ ergeben sich dann die Windungszahl und die Ersatzschaltbildgrößen für den zweisträngigen Motor näherungsweise nach folgenden Gleichungen:

$$\ddot{u}_{13} = \sqrt{\frac{3}{2}} \cdot \frac{U_{N1\sim}}{U_{N3\sim}} \tag{6.35}$$

$$R_{S1\sim} = \frac{3}{2}\ddot{u}_{13}^2 R_{S3\sim} \qquad R_{K1\sim} = \frac{4}{3}\ddot{u}_{13}^2 R_{K3\sim} \tag{6.36}$$

$$L_{S1\sim} = \frac{4}{3}\ddot{u}_{13}^2 L_{S3\sim} \qquad L_{K1\sim} = \frac{4}{3}\ddot{u}_{13}^2 L_{K3\sim} \tag{6.37}$$

Da in zweisträngigen Motoren die Wicklungsstränge und Strangströme ungleich sind und in der Lage bzw. Phase von $\pi/2$ abweichen können, entsteht im Gegensatz zu Drehstrommotoren im Allgemeinen ein elliptisches Drehfeld statt eines Kreisdrehfelds, wie es für den symmetrischen Betrieb erforderlich ist. Seine Größe und Geschwindigkeit schwanken während der Rotation mit doppelter Netzfrequenz. Dadurch ist dem bei einer bestimmten Drehzahl konstanten Drehmoment ein Pendelmo-

(a)

(b)

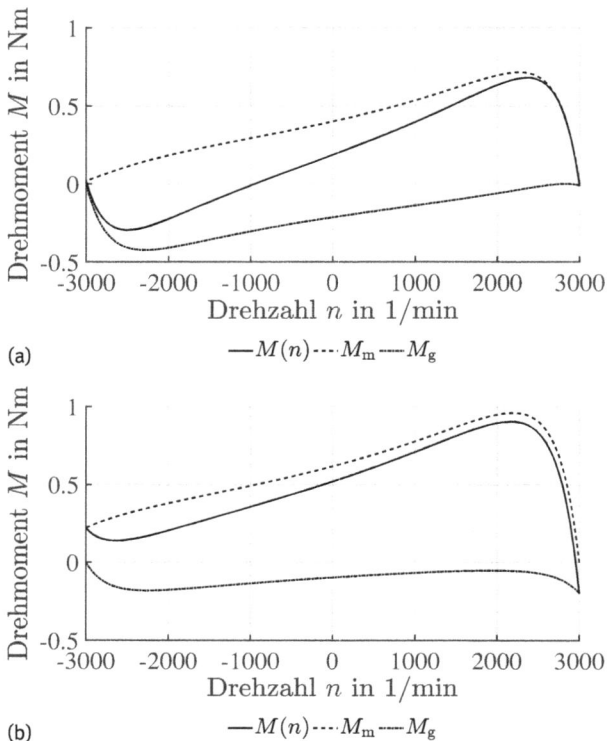

Abb. 6.23: Asynchronmotor: Drehzahl-Drehmoment-Kennlinien eines Motors Baugröße 63, (a) zweisträngiger Motor mit Kondensator C = 5 µF, (b) zweisträngiger Motor mit Kondensator C = 10 µF, Daten siehe Tab. 6.3.

ment überlagert, das zusätzliche Verluste und ein Geräusch doppelter Netzfrequenz hervorruft. Verglichen mit den Bürstengeräuschen von Kommutatormotoren is dieses Geräusch jedoch unerheblich.

Je nachdem, wie stark Wicklungen und Ströme von den optimalen Bedingungen abweichen, ist das elliptische Drehfeld mehr oder weniger stark ausgeprägt. Im Extremfall wird aus der Ellipse eine Linie, d. h., aus dem Drehfeld wird ein räumlich feststehendes Wechselfeld. Das ist dann der Fall, wenn, wie in Abschnitt 6.4.3, Abb. 6.19 erwähnt, der Hilfsstrang nach erfolgtem Hochlauf des Motors abgeschaltet wird.

Das Wechselfeld einer Wicklung lässt sich als Überlagerung eines in Läuferdrehrichtung rotierenden Kreisdrehfelds (Mitfeld) und eines entgegengesetzt rotierenden Kreisdrehfelds (Gegen- oder Inversfeld) mit jeweils halber Amplitude des Wechselfelds darstellen. Einen Wechselstrommotor, bei dem nur ein Ständerstrang eingeschaltet ist, kann man sich dementsprechend durch zwei gleiche, miteinander gekuppelte Drehstrommotoren entgegengesetzter Drehrichtung ersetzt vorstellen.

Die beiden Ersatzmotoren erzeugen beim Anlauf gleich große, entgegengesetzt wirkende Drehmomente. Das resultierende Anlaufdrehmoment ist damit null. Ein Wechselstrommotor mit nur einem Strang läuft nicht von alleine an. Dieses Verhalten zeigt auch die Drehzahl-Drehmoment-Kennlinie Abb. 6.22b (Gleichungen (6.53), (6.54)).

Durch zwei Wicklungen, die von phasenverschobenen Strömen durchflossen werden, erreicht man, dass das Mitfeld größer als das Gegenfeld und damit der fiktive mitlaufende Motor stärker als der gegenlaufende wird. Die Phasenverschiebung erreicht man durch einen mit dem Hilfsstrang Z in Reihe geschalteten Kondensator oder Widerstand entsprechend Abb. 6.19. Die folgenden Gleichungen zeigen, wie sich für diese zweisträngigen Motoren mit Kondensator das Drehmoment berechnen lässt.

Häufig werden die Kondensatoren direkt auf dem Motor montiert. Abbildung 6.24 zeigt einen Asynchronmotor mit Betriebs- und Anlaufkondensator. Die beiden Kondensatoren sind im Anschlusskasten des Motors untergebracht. In der Regel werden Folienkondensatoren für Asynchronmaschinen mit Kondensatorhilfstrang eingesetzt.

Leistung	$P_N = 0,25\,\text{kW}$
Drehzahl	$n_N = 1380\,\frac{1}{\text{min}}$
Polzahl	$2p = 4$
Spannung	$U_N = 230\,\text{V}$
Frequenz	$f_N = 50\,\text{Hz}$
Strom	$I_N = 1,94\,\text{A}$
Wirkungsgrad	$\eta = 61\,\%$
Leistungsfaktor	$\cos\varphi = 0,92$
Kühlung	Eigenlüfter
Bauform	B14
Schutzart	IP55

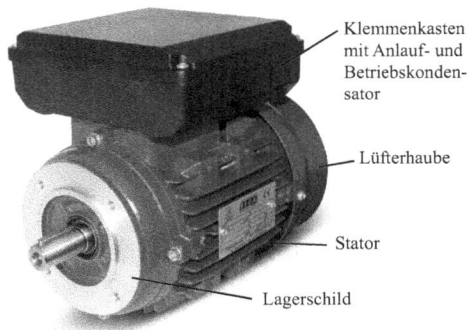

Klemmenkasten mit Anlauf- und Betriebskondensator

Lüfterhaube

Stator

Lagerschild

Abb. 6.24: Asynchronmotor: Kondensatormotor mit Betriebs- und Anlaufkondensator im Klemmenkasten (Werkbild SEVA-tec).

Die Ströme in den beiden Strängen erzeugen jeweils ein Mitfeld und ein Gegenfeld. Zur Drehmomentberechnung werden die Ströme in die Mitkomponente $\underline{I}_m$ und die Gegenkomponente $\underline{I}_g$ transformiert. Da der Hilfsstrang eine andere Windungszahl als der Hauptstrang haben kann, wird der Strom des Hilfsstrangs $\underline{I}_Z$ in einen Strom $\underline{I}_Z'$ umgerechnet, der einem Strom im Hilfsstrang mit gleicher Windungszahl wie im Hauptstrang entspricht:

$$\underline{I}_Z' = \ddot{u}\,\underline{I}_Z \tag{6.38}$$

$$\underline{I}_m = \frac{1}{2}(\underline{I}_U - j\underline{I}_Z')\,, \qquad \underline{I}_g = \frac{1}{2}(\underline{I}_U + j\underline{I}_Z') \tag{6.39}$$

$$\underline{I}_U = \underline{I}_m + \underline{I}_g\,, \qquad \underline{I}_Z' = j\underline{I}_m - j\underline{I}_g \tag{6.40}$$

Der Motor wird durch einen Mitmotor und einen Gegenmotor ersetzt. Jeder Ersatzmotor wird durch das Ersatzschaltbild Abb. 6.21 beschrieben. Dabei gilt für den Mitmotor der Schlupf $s_m = s$, für den Gegenmotor jedoch der Schlupf

$$s_g = 2 - s \tag{6.41}$$

Mit dem Ersatzschaltbild 6.21 ergeben sich die Impedanzen $\underline{Z}_m$ für den Mitmotor und $\underline{Z}_g$ für den Gegenmotor sowie die Impedanzen $\underline{Z}_{mr}$ und $\underline{Z}_{gr}$ ohne Statorwiderstand. Zur Vereinfachung werden dabei die Eisenverluste vernachlässigt.

$$\underline{Z}_m = R_S + \underline{Z}_{mr}, \quad \underline{Z}_{mr} = \frac{j2\pi f_S L_S \left(j2\pi f_S L_K + \frac{R_K}{s} \right)}{j2\pi f_S L_S + j2\pi f_S L_K + \frac{R_K}{s}} \tag{6.42}$$

$$\underline{Z}_g = R_S + \underline{Z}_{gr}, \quad \underline{Z}_{gr} = \frac{j2\pi f_S L_S \left(j2\pi f_S L_K + \frac{R_K}{2-s} \right)}{j2\pi f_S L_S + j2\pi f_S L_K + \frac{R_K}{2-s}} \tag{6.43}$$

$$\text{für} \quad P_{Fe} \to 0, \quad R_{Fer} \to \infty \tag{6.44}$$

Aus Mit- und Gegenstrom ergeben sich mit den Impedanzen die Mitspannung $\underline{U}_m$ und Gegenspannung $\underline{U}_g$:

$$\underline{U}_m = \underline{Z}_m \underline{I}_m, \quad \underline{U}_g = \underline{Z}_g \underline{I}_g \tag{6.45}$$

Aus Mit- und Gegenspannung werden die Spannungen $\underline{U}_U$ am Haupt- und $\underline{U}_Z$ am Hilfsstrang berechnet. Dabei ist zu berücksichtigen, dass der Hilfsstrang eine um den Faktor $\ddot{u}$ andere Windungszahl als der Hauptstrang hat:

$$\underline{U}_U = \underline{U}_m + \underline{U}_g, \quad \underline{U}_Z' = j\underline{U}_m - j\underline{U}_g, \quad \underline{U}_Z = \ddot{u}\,\underline{U}_Z' \tag{6.46}$$

Der Hilfsstrang Z ist in Reihe mit einem Kondensator parallel zum Hauptstrang U mit der Spannung $\underline{U}_U$ geschaltet. Die Spannung am Hauptstrang ist dabei die Bezugsspannung. Dies wird durch folgende Spannungsgleichungen berücksichtigt[14]:

$$\underline{U}_U = U \tag{6.47}$$

$$\underline{U}_U = \underline{U}_Z + \frac{1}{j2\pi f_S C} \underline{I}_Z \tag{6.48}$$

Dieses Gleichungssystem (6.38) bis (6.48) wird zur Berechnung der Ströme aufgelöst. Für den Gegenstrom und für den Mitstrom ergeben sich nach einigen Umformungen folgende Beziehungen:

$$\underline{I}_g = \frac{\frac{1}{\ddot{u}} + \left(\frac{\underline{Z}_m}{j} - \frac{1}{\ddot{u}^2 2\pi f_S C} \right) \frac{1}{\underline{Z}_m}}{\frac{\underline{Z}_g}{\underline{Z}_m} \left(\frac{\underline{Z}_m}{j} - \frac{1}{\ddot{u}^2 2\pi f_S C} \right) + \left(\frac{\underline{Z}_g}{j} - \frac{1}{\ddot{u}^2 2\pi f_S C} \right)} U = \frac{(1+j)\ddot{u}\underline{Z}_m 2\pi f_S C - j}{2\,\underline{Z}_m\,\underline{Z}_g\,\ddot{u}^2\,2\pi f_S\,C - j\underline{Z}_m - j\underline{Z}_g} U \tag{6.49}$$

$$\underline{I}_m = \frac{U - \underline{Z}_g \underline{I}_g}{\underline{Z}_m} \tag{6.50}$$

---

14 Ein Widerstandshilfsstrang oder eine Reihenschaltung aus Kondensator und Induktivität lassen sich in (6.48) ebenfalls berücksichtigen.

Aus den so bestimmten Komponenten des Stroms lassen sich dann mit den Gleichungen (6.38) bis (6.48) die Ströme und Spannungen von Haupt- und Hilfsstrang berechnen[15].

Aus den Spannungen und Strömen ergeben sich dann die Leistungen des Wechselstrommotors:

$$P_U = \mathrm{Re}(U\underline{I}_U^*) \ , \quad P_Z = \mathrm{Re}(U\underline{I}_Z^*) \ , \quad P_{el} = U\,\mathrm{Re}(\underline{I}_U + \underline{I}_Z) \quad (6.51)$$

$$S = U \cdot |\underline{I}_U + \underline{I}_Z| \ , \quad \cos\varphi = \frac{P_{el}}{S} = \frac{\mathrm{Re}(\underline{I}_U + \underline{I}_Z)}{|\underline{I}_U + \underline{I}_Z|} \quad (6.52)$$

Die Luftspaltleistungen und die Drehmomente (siehe Abschnitt 2.6.2.2) M_m für Mit- und M_g für Gegensystem sowie das resultierende Drehmoment werden aus den Strömen und Impedanzen bestimmt (Reibmoment M_{reib} hier vernachlässigt):

$$P_{\delta m} = \mathrm{Re}(\underline{Z}_{mr}\,\underline{I}_m\,\underline{I}_m^*) \ , \quad P_{\delta g} = \mathrm{Re}(\underline{Z}_{gr}\,\underline{I}_g\,\underline{I}_g^*) \quad (6.53)$$

$$M_m = \frac{p\,P_{\delta m}}{2\pi f_S} \ , \quad M_g = -\frac{p\,P_{\delta g}}{2\pi f_S} \ , \quad M = M_m + M_g \quad (6.54)$$

Für den Fall des Wechselstrommotors ohne Hilfsstrang bzw. ohne Strom im Hilfsstrang ($C = 0$, $I_Z = 0$) liefern die Gleichungen für den Stillstand $n = 0$, $s = 1$ identische Impedanzen und identische Ströme für Mit- und Gegensystem. Damit verschwindet das resultierende Anlaufdrehmoment:

$$C = 0 \ , \quad s = 1 \quad \rightarrow \quad \underline{Z}_m = \underline{Z}_g \ , \quad \underline{I}_m = \underline{I}_g \ , \quad M_m = -M_g \ , \quad M_a = 0 \quad (6.55)$$

Beide fiktiven Motoren entwickeln im Stillstand ein gleich großes Drehmoment in entgegengesetzter Richtung, d. h., der Motor läuft nicht an. Abbildung 6.22b zeigt dies für den Beispielmotor Baugröße 63.

Wird der Motor in Richtung positiver Drehzahl angeworfen, läuft er in dieser Richtung hoch, weil das Drehmoment des mitlaufenden Ersatzmotors M_m immer größer, das des gegenlaufenden Motors M_g immer kleiner wird. Daher ist das resultierende Drehmoment $M_{res} = M_m - M_g > 0$, wenn $n > 0$ ist. Das gleiche Verhalten entsteht, wenn der Motor in Richtung negativer Drehzahl angeworfen wird. In diesem Fall läuft der Motor zu negativer Drehzahl hoch.

Bei hoher Drehzahl in der Nähe der synchronen Drehzahl n_s wirkt der gegenlaufende Ersatzmotor bremsend. Dadurch ist die Leerlaufdrehzahl kleiner als die synchrone Drehzahl:

$$n_0 < n_s \quad (6.56)$$

Mit einem Kondensator $C > 0$ fließt im Hilfsstrang ein voreilender Strom. Dadurch wird der Mitstrom I_m nach (6.50) größer als der Gegenstrom I_g nach (6.49). Gleichung

---

15 Der Fall des Wechselstrommotors ohne Hilfsstrang ist in den Gleichungen durch den Fall $C = 0$ enthalten.

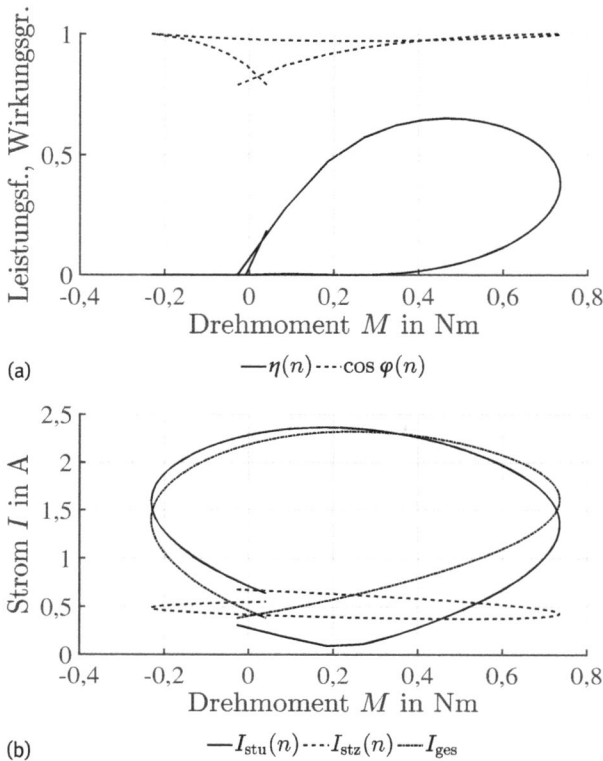

(a)

$$-\eta(n)\cdots\cos\varphi(n)$$

(b)

$$-I_{\mathrm{stu}}(n)\cdots I_{\mathrm{stz}}(n)---I_{\mathrm{ges}}$$

Abb. 6.25: Asynchronkondensatormotoren: Betriebskennlinien mit Kondensatorhilfsstrang. a) Leistungsfaktor, Wirkungsgrad, (b) Ströme, $2p = 2$, $P_{\mathrm{N}} = 130\,\mathrm{W}$, $C = 5\,\mu\mathrm{F}$, weitere Daten siehe Tab. 6.3, Gesamtstrom I, Strom im Hauptstrang I_{U}, Strom im Hilfsstrang I_{Z}, Kondensatorspannung U_{Z} Wirkungsgrad η, Leistungsfaktor $\cos\varphi$, Bemessungspunkt: M_{N}, n_{N}, I_{N}, U_{CN}, η_{N}, $\cos\varphi_{\mathrm{N}}$.

(6.55) liefert dann ein betragsmäßig größeres Mitdrehmoment als das Gegendrehmoment: $|M_{\mathrm{m}}| > |M_{\mathrm{g}}|$.

Auf diese Weise entwickelt der Wechselstrom-Asynchronmotor ein Anzugsdrehmoment $M_{\mathrm{a}} > 0$ (Abb. 6.23a,b). Da der fiktive gegenlaufende Motor stets bremsend wirkt, ist die Ausnutzung eines Wechselstrommotors schlechter als die eines baugleichen Drehstrommotors. Außerdem ist die Leerlaufdrehzahl n_0 durch den gegenlaufenden Anteil stets spürbar kleiner als die synchrone Drehzahl n_{s} des mitlaufenden Magnetfelds.

Mit einem Kondensator $C = 5\,\mu\mathrm{F}$ ist das Anzugsdrehmoment $M_{\mathrm{a}} > 0$; bei negativen Drehzahlen ist das Drehmoment jedoch negativ (Abb. 6.23a). Dies ist bei Motoren für Reversierbetrieb zu beachten (siehe Abschnitt 6.6). Mit einem Kondensator $C = 10\,\mu\mathrm{F}$ ist in diesem Fall das Drehmoment im gesamten Drehzahlbereich positiv. Abbildung 6.26 zeigt die Kennlinien für weitere Kondensatorgrößen. Mit größeren

Kondensatoren steigen das Anlaufdrehmoment M_a und das Kippmoment M_{kipp} an, bleiben aber immer hinter den Drehmomenten der dreisträngigen Asynchronmaschine zurück.

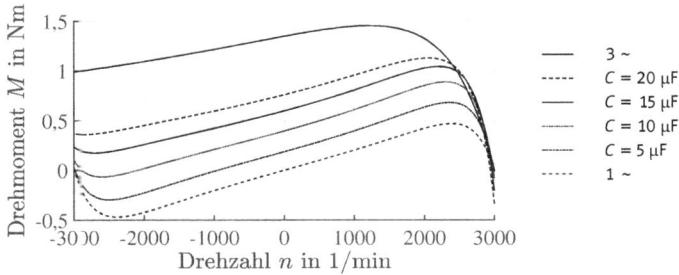

Abb. 6.26: Asynchronkondensatormotoren: Vergleich der Drehzahl-Drehmoment-Kennlinien von Motoren mit Kondensatorhilfsstrang mit verschiedenen Kondensatorgrößen: einsträngig ohne Kondensator ($C = 0\,\mu F$), Betriebskondensator $C_B = 5\,\mu F$, Anlaufkondensatoren $C_{A1} = 10\,\mu F$, $C_{A2} = 15\,\mu F$ und $C_{A3} = 20\,\mu F$ im Vergleich zum Drehstrommotor, Motordaten siehe Tab. 6.3.

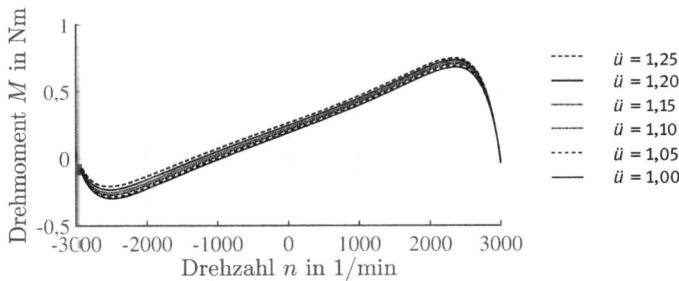

Abb. 6.27: Asynchronkondensatormotoren: Vergleich der Drehzahl-Drehmoment-Kennlinien mit Kondensatorhilfsstrang mit verschiedenen Übersetzungsverhältnissen zwischen Hauptstrang und Hilfsstrang, $C = 5\,\mu F$, Motordaten siehe Tab. 6.3.

Da die Verluste im Motor auch von der Größe des Kondensators abhängen, darf der Kondensator für den Dauerbetrieb nicht zu groß gewählt werden. Abbildung 6.28 zeigt das erreichbare Dauerdrehmoment in Abhängigkeit vom Kondensator. Bei dem Beispielmotor wird das größte Dauerdrehmoment mit $C = 5\,\mu F$ erreicht.

Wird ein hohes Anlaufdrehmoment gefordert, erfolgt das Einschalten mit einem großen Anlaufkondensator, z. B. $C_A = 15\,\mu F$. Nach erfolgtem Hochlauf wird der Kondensator dann abgeschaltet oder der Motor wird mit einem Betriebskondensator $C_B = 5\,\mu F$ weiterbetrieben.

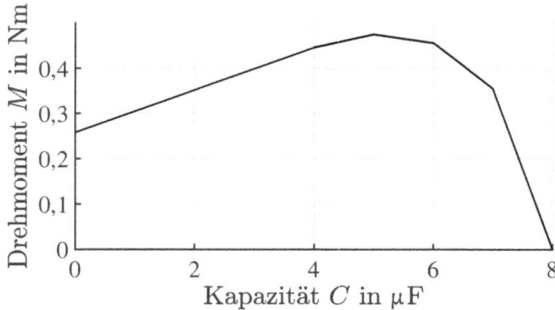

Abb. 6.28: Asynchronkondensatormotor: Dauerdrehmoment in Abhängigkeit von der Kapazität bei gleichen Verlusten wie der Drehstrommotor im Bemessungsbetrieb, höchstes Dauerdrehmoment bei $C = 5\,\mu F$, Motordaten siehe Tab. 6.3.

Wicklung und Kondensator können so ausgelegt werden, dass sich ein symmetrischer Betrieb mit optimaler Phasenverschiebung $\Delta\varphi = \pi/2$ zwischen den Strömen beider Stränge ergibt. Dadurch können das gegenlaufende Feld unterdrückt und seine nachteiligen Wirkungen (Verluste, Geräusch, Schwingungen) vermieden werden. Das ist allerdings nur für einen einzigen Betriebspunkt möglich und das auch nur näherungsweise, weil Wicklungs- und Kondensatordaten nur grobstufig ausführbar sind. Abbildung 6.23a zeigt für den Kondensator $C = 5\,\mu F$ ein sehr kleines Gegendrehmoment für $n = 2600\ldots3000\,\frac{1}{\min}$. D. h., in diesem Bereich liegt ein etwa symmetrischer Betrieb vor.

Die zugehörigen Verläufe für Wirkungsgrad und Leistungsfaktor zeigt Abb. 6.25a. Da im Bereich des Bemessungsbetriebs der Wirkungsgrad ein sehr breites Optimum von $M = 0,3\ldots0,6$ Nm aufweist, hat ein Abweichen vom günstigsten Betriebspunkt keine wesentliche Verschlechterung des Betriebsverhaltens zur Folge (Beispielkurve Abb. 6.25).

Abb. 6.25b zeigt die Ströme in Abhängigkeit von der Belastung. Wie aus dem Kurvenverlauf ersichtlich ist, sind die Ströme und damit die Wicklungsverluste bei kleinen Drehmomenten $M = 0,1\ldots0,3$ Nm zwischen Leerlauf und kleinen Drehmomenten größer als im Bemessungsbetrieb $M = 0,48$ Nm. Ein Kondensatormotor kühlt sich daher im Leerlauf keineswegs ab, weil für diesen Betrieb der Kondensator nicht passt. Die Kondensatorspannung zweipoliger Wechselstrommotoren ist wesentlich höher als die Netzspannung.

Der Kondensatormotor nimmt über einen weiten Drehmomentbereich kaum oder keine Blindleistung aus dem Netz auf ($\cos\varphi \approx 1$). Der Kondensator kompensiert die induktive Blindleistung des Motors weitgehend (Abb. 6.25a).

Typische Werte für Betriebskondensatoren zwei- und dreisträngiger Wechselstrommotoren gibt Tab. 6.4 an. Sie zeigt, dass höherpolige Motoren einen Kondensator mit höherer Kapazität als zweipolige erhalten müssen. Sie bestätigt aber auch, dass für dreisträngige Motoren erheblich größere und damit teurere Kondensatoren als für zweisträngige erforderlich sind.

Näherungsweise können die Kapazitäten von Betriebskondensatoren für zweisträngige Motoren und für dreisträngige Motoren mit folgenden Gleichungen berechnet werden:

$$C_B \approx \frac{\ddot{u}}{2} \frac{P_S}{2\pi f U_S^2} \quad \text{für zweisträngige Motoren } m = 2 \,, \; \ddot{u} = \frac{w_U \xi_U}{w_Z \xi_Z} = 1 \ldots 0{,}75 \quad (6.57)$$

$$C_B \approx \frac{2}{\sqrt{3}} \frac{P_S}{2\pi f U_S^2} \quad \text{für dreisträngige Motoren } m = 3 \quad (6.58)$$

Exakt gelten diese beiden Gleichungen nur, wenn beim gewünschten Betriebspunkt die Wicklungsdaten die Bedingungen für ein Kreisdrehfeld erfüllen, was im Allgemeinen nicht der Fall ist. Um die elektrische Leistung P_S aus der abgegebenen Leistung P_{mech} zu berechnen, können Anhaltswerte für den Wirkungsgrad η_N ebenfalls Tab. 6.4 entnommen werden.

Durch die Wahl einer größeren Windungszahl für den Hilfsstrang als für den Hauptstrang kann die erforderliche Kapazität reduziert werden. Die erforderliche Kapazität reduziert sich nach Gleichung (6.57) im gleichen Maß wie das Übersetzungsverhältnis $\ddot{u}$. Da der Preis eines Kondensators mit der Kapazität wächst, ist durch Wahl einer passenden Übersetzung eine Kostenreduzierung möglich. Abbildung 6.27 zeigt, wie die Drehzahl-Drehmoment-Kennlinien bei gleichem Kondensator $C = 5\,\mu F$ mit kleinerer Übersetzung ansteigen. Umgekehrt kann für die gleiche Kurve ein kleinerer Kondensator gewählt werden.

6.5.3 Asynchron-Wechselstrommotoren mit Widerstandshilfsstrang

Ein Drehfeld in einer Asynchronmaschine kann auch dadurch erzielt werden, dass ein Wicklungsstrang einen deutlich höheren Widerstand hat als der Hauptstrang. Der

Tab. 6.4: Asynchronkondensatormotor: Anhaltswerte für den Wirkungsgrad η und die Kapazität des Betriebskondensators C_B für zweisträngige ($m = 2$) und dreisträngige ($m = 3$) Motoren beim Betrieb am Einphasennetz.

Leistung P_{mech} in W	Wirkungsgrad η_N in %	$m = 2$		$m = 3$	
		$p = 1$	$p > 1$	$p = 1$	$p > 1$
		Betriebskondensator C_B in µF			
50	50	2	2	10	14
100	55	3	4	12	16
200	60	5	6	16	22
500	68	12	14	35	45
1000	72	18	25	80	100
1500	74	25	35	140	160

Strom in dem Widerstandshilfsstrang eilt dem Strom im Hauptstrang vor. Die Phasenverschiebung zwischen den beiden Strömen führt dazu, dass das gegenlaufende Feld reduziert und das mitlaufende Feld verstärkt wird.

Dadurch bekommt ein Motor mit Widerstandshilfsstrang ein Anlaufdrehmoment. Die Verluste im Widerstandshilfsstrang sind jedoch wegen des hohen Wicklungswiderstands sehr groß, sodass der Widerstandshilfsstrang nach erfolgtem Hoch auf abgeschaltet wird. Im Betrieb arbeitet der Motor dann einsträngig nur mit dem Hauptstrang.

Abbildung 6.29 zeigt beispielhaft die Drehzahl-Drehmoment-Kennlinie eines Asynchronmotors mit Widerstandshilfsstrang im Vergleich zum Drehstrommotor und zum einsträngigen Betrieb.

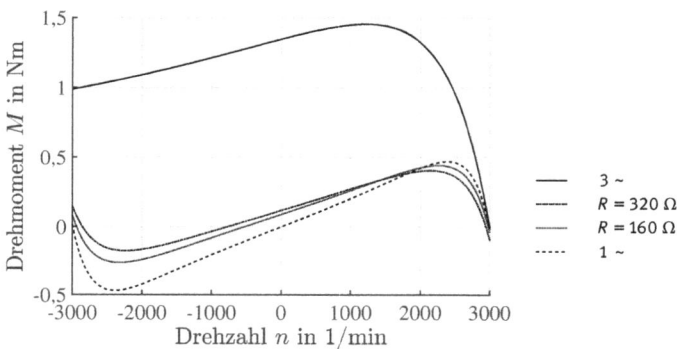

Abb. 6.29: Asynchronkondensatormotoren: Vergleich der Drehzahl-Drehmoment-Kennlinien mit Widerstandshilfsstrang mit verschiedenen Widerständen, $R = 160\,\Omega$, $R = 320\,\Omega$, Motordaten siehe Tab. 6.3.

Mit den beiden Widerstandswerten von $160\,\Omega$ bzw. $320\,\Omega$ wird ein nennenswertes Anlaufdrehmoment erreicht. Der eine Widerstandswert liefert ein höheres Anlaufdrehmoment, der andere ein höheres Kippmoment. Sowohl größere als auch kleinere Widerstandswerte liefern schlechtere Betriebskennlinien mit niedrigeren Anlaufdrehmomenten.

Die Kennlinien mit Widerstandshilfsstrang sind deutlich schlechter als die mit Kondensatorhilfsstrang (siehe Abb. 6.26).

Da der Wirkungsgrad und die Motorausnutzung deutlich schlechter als bei Motoren mit Kondensatorhilfsstrang sind, werden heute bevorzugt Kondensatormotoren verwendet. Nur in Fällen, bei denen der Kondensator aus Kosten-, Platz- oder Zuverlässigkeitsgründen nicht eingesetzt werden kann, kommen Widerstandshilfsstrangmotoren zum Einsatz.

6.5.4 Feldoberwellen

Die Wicklung eines Asynchronmotors ist nicht sinusförmig verteilt und erzeugt daher nicht nur das Grundfeld mit der Polpaarzahl p, sondern weitere Feldwellen mit den Polpaarzahlen v. Die synchronen Drehzahlen der Feldwellen sind

$$n_{sp} = \frac{f_S}{p}, \quad n_{sv} = \frac{f_S}{v} = \frac{p}{v} n_{sp} \tag{6.59}$$

Die Feldoberwellen v haben also vom Grundfeld p abweichende synchrone Drehzahlen. Diese Oberwellen sind unerwünscht, da sie Verluste, Schwingungen und Geräusche verursachen. Die Polpaarzahlen v aller Drehfelder, d. h. die Anzahl ihrer Perioden am Umfang, lassen sich mit

$$v = p(1 + 2mg), \quad \frac{v}{p} = 1 + 2mg, \quad g = 0, \pm 1, \pm 2, \pm 3, \dots \tag{6.60}$$

berechnen. Dabei ist m die Strangzahl der Ständerwicklung. Das Vorzeichen gibt die Umlaufrichtung an. Ein Feld mit positiver Polpaarzahl rotiert in gleicher Richtung wie das Grundfeld, ein Feld mit negativer Polpaarzahl entgegengesetzt. Je kleiner die Polpaarzahl ist, um so stärker ist das entsprechende Oberfeld ausgeprägt.

Während bei Drehstrommotoren ($m = 3$) keine durch drei teilbaren Polpaarzahlen auftreten und das niedrigste Oberfeld das 5. ($v/p = -5$) ist, gibt es bei Wechselstrommotoren ($m = 2$) auch 3. Oberfelder, die größere Oberfeld-Drehmomente hervorrufen als die 5. Oberfelder.

Entsprechend der Gleichung (6.59) ist die synchrone Drehzahl der Oberfelder geringer als die des Grundfelds. In Abbildung 6.30 ist die Wirkung des 3. und 5. Oberfelds auf die Drehzahl-Drehmomenten-Charakteristik eines Wechselstrom-Asynchronmotors dargestellt. Es handelt sich um eine prinzipielle Darstellung mit Oberfeld-Drehmomenten, die im Vergleich zum Grundfeld-Drehmoment überhöht gezeichnet sind.

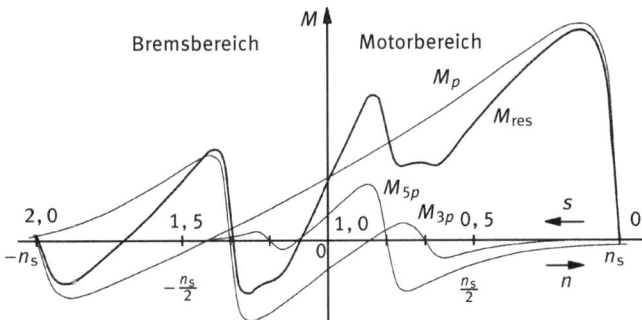

Abb. 6.30: Asynchronmotor: prinzipielle Drehzahl-Drehmoment-Kennlinien M_{res} mit Berücksichtigung der Drehmomente des Grundfelds M_p, des 3. Oberfelds M_{3p}, des 5. Oberfelds M_{5p}, Drehmomente der Oberfelder überhöht dargestellt.

Das Bild soll verdeutlichen, wie im unteren Drehzahlbereich Drehmomentsä-tel entstehen, die den Hochlauf erschweren können. Im ungünstigsten Fall bleibt der Antrieb im Sattel hängen und erreicht nicht die gewünschte Betriebsdrehzahl. Das gilt insbesondere für Motoren mit geringen Lochzahlen, also wenigen Nuten je Pol und Strang

$$q = \frac{N_S}{2pm}\,, \quad N_S = 2pmq \tag{6.61}$$

Je kleiner die Lochzahl ist bzw. die Nuten je Pol und Strang sind, um so stärker sind die Oberfelder ausgeprägt. Aus Kosten- und aus Platzgründen werden gerade Kleinmaschinen mit einer möglichst geringen Lochzahl ausgeführt. Einfache Motoren und Motoren mit hohen Polzahlen haben häufig sogar nur eine Nut je Pol und Strang und damit ausgeprägte Drehmomentsättel. Zwecks Verringerung der Oberfelder werden die Leiter manchmal ungleichmäßig auf die Nuten verteilt [130].

6.6 Reversierbetrieb

Es gibt zwei Möglichkeiten, die Drehrichtung zu ändern:
– Vertauschen von Haupt- und Hilfsstrang (Abb. 6.31a,b);
– Umkehr der Stromrichtung in einem Strang (Abb. 6.31c).

6.6.1 Vertauschen von Haupt- und Hilfsstrang

Das Vertauschen von Haupt- und Hilfsstrang geschieht durch Umschalten des Kondensators von dem einen auf den anderen Strang für einen in △ geschalteten Motor nach Abb. 6.31a und für einen zweisträngigen Motor nach Abb. 6.31b mit einem einfachen Umschalter. Diese Lösung ist kostengünstiger als das Umpolen eines Strangs, weil dazu nur ein einpoliger Schalter erforderlich ist. Allerdings muss die Ständerwicklung symmetrisch sein, wenn in beiden Drehrichtungen das gleiche Drehmoment abgegeben werden soll.

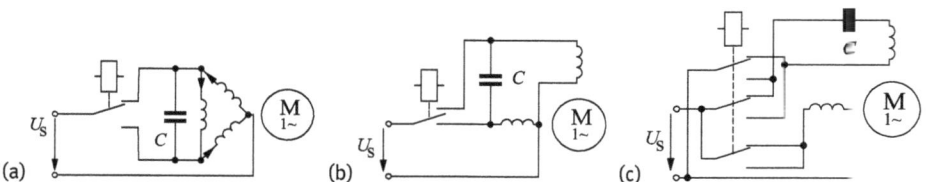

Abb. 6.31: Asynchronkondensatormotoren: Reversierschaltungen. (a) Vertauschen von Haupt- und Hilfsstrang bei der Steinmetz-Schaltung, (b) Vertauschen von Haupt- und Hilfsstrang bei zwesträngigen symmetrischen Motoren, (c) Änderung der Stromrichtung in einem Strang bei quasisymmetrischen Motoren.

6.6.2 Umkehr der Stromrichtung in einem Strang

Dieses Verfahren wird seltener angewendet, weil dazu ein zweipoliger, teurerer Schalter erforderlich ist. Es eignet sich aber für quasisymmetrische Wicklungen, die ja mit einem kostengünstigeren Kondensator auskommen.

Hinweis: Vorsichtshalber sollte in beiden Fällen vor dem Einschalten der neuen Drehrichtung der Läufer stillgesetzt werden. Anderenfalls rotiert er unter Umständen in der alten Drehrichtung bei verringerter Drehzahl weiter, da er auch bei negativer Drehzahl motorisch arbeiten kann ($n < 0$, $M < 0$). Abbildung 6.26 zeigt dieses Verhalten für Kondensatoren $C < 10\,\mu\text{F}$.

6.7 Drehzahlstellen bei Asynchronmotoren

Die Möglichkeiten der Drehzahlstellung ergeben sich aus den Gleichungen (6.14) und (6.16):

$$n = n_s(1 - s) = \frac{\overset{③}{f_S}}{\underset{①}{p}}(1 - \overset{②}{s}) = \frac{\overset{③}{f_S} - \overset{②}{f_R}}{\underset{①}{p}} \tag{6.62}$$

Es gibt also drei Möglichkeiten, die Drehzahl des Asynchronmotors zu beeinflussen:
- ① Polumschaltung, siehe Abschnitt 6.7.1;
- ② Änderung des Schlupfs bzw. der Rotorfrequenz, siehe Abschnitt 6.7.2;
- ③ Statorfrequenzänderung, siehe Abschnitt 6.7.3.

6.7.1 Polumschaltung

Der Ständer besitzt zwei oder drei getrennte Wicklungen mit unterschiedlichen Polzahlen $p_1, p_2 \ldots$ Jede Wicklung hat ihre eigene synchrone Drehzahl und eigene Drehzahl-Drehmoment-Kennlinie:

$$n_{s1} = \frac{f_S}{p_1}, \quad n_{s2} = \frac{f_S}{p_2} \quad \ldots \tag{6.63}$$

Abbildung 6.32 zeigt die Kennlinien für einen Motor mit drei Wicklungen unterschiedlicher Polzahl.

Zwei Wicklungen mit den Polpaarzahlen $p_1 = 1$ und $p_2 = 2$ dienen für den Betrieb mit den beiden Drehzahlen $n_1 \approx 2800\,\frac{1}{\text{min}}$ und $n_2 \approx 1400\,\frac{1}{\text{min}}$. Sie sind in der Regel als quasisymmetrische Wicklungen mit Kondensatorhilfsstrang ausgeführt.

Die dritte Wicklung ist eine einsträngige Wicklung und dient zum Bremsen des Antriebs aus der hohen oder niedrigen Betriebsdrehzahl. Beim Bremsen arbeitet die

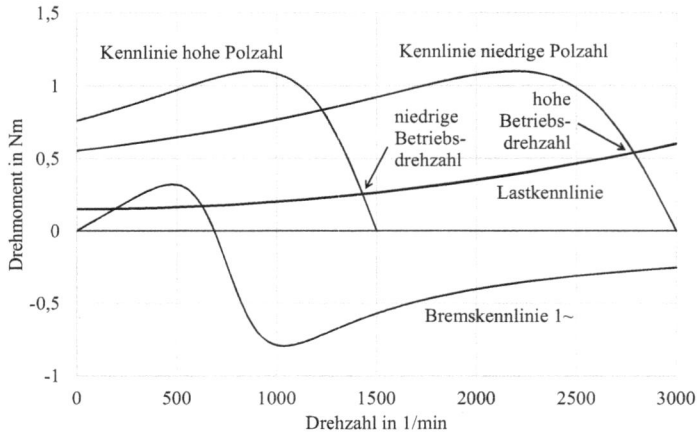

Abb. 6.32: Asynchronmotor: Drehzahlstellung durch Polumschaltung:
- Wicklung für Betrieb mit hoher Drehzahl, dreisträngig oder Kondensatorhilfsstrang
  $p_1 = 1$, $n_{s1} = 3000$ 1/min , Betriebsdrehzahl $n_1 \approx 2800$ 1/min , Leistung $P_1 \approx 160$ W
- Wicklung für Betrieb mit niedriger Drehzahl, dreisträngig oder Kondensatorhilfsstrang
  $p_2 = 2$, $n_{s2} = 1500$ 1/min , Betriebsdrehzahl $n_2 \approx 1400$ 1/min , Leistung $P_2 \approx 37$ W
- Bremswicklung zum Bremsen aus hoher oder niedriger Betriebsdrehzahl, einsträngig
  $p_3 = 4$, $n_{s3} = 750 \frac{1}{\text{min}}$.

Wicklung übersynchron und erzeugt ein negatives Drehmoment, sodass Lastdrehmoment und Bremswicklung gemeinsam den Antrieb bremsen. In dem in Abb. 6.32 dargestellten Beispiel bremst die Bremswicklung bis zur Drehzahl $n_3 \approx 600 \frac{1}{\text{min}}$ herunter; dann wird die Bremswicklung abgeschaltet und der Antrieb bremst mit dem Lastdrehmoment in den Stillstand.

Für die getrennten Wicklungen des Motors steht jeweils nur ein Teil der Nut zur Verfügung. Dadurch ist der Motor gegenüber Dahlanderwicklungen oder anderen polumschaltbaren Wicklungen, wie sie bei großen Motoren vorkommen, schlechter ausgenutzt. Aber im Gegensatz zu Dahlanderwicklungen oder anderen polumschaltbaren Wicklungen, sind beliebige Drehzahlstufen möglich und keine aufwendigen Schalter erforderlich.

Die Wicklung mit der geringeren Polzahl kann auch einsträngig sein. Der Motor wird dann mit Hilfe der höherpoligen Wicklung gestartet und dann auf die niederpolige Wicklung umgeschaltet. In dem Fall ist nur eine Hilfswicklung mit Kondensator für die höherpolige Wicklung erforderlich.

6.7.2 Änderung des Schlupfs bzw. der Rotorfrequenz

Der Schlupf einer Asynchronmaschine kann auf verschiedene Weise verändert werden. Immer wird die Größe des Grundfelds reduziert, sodass für das gleiche Drehmoment ein höherer Schlupf s bzw. eine höhere Rotorfrequenz f_R erforderlich ist.

6.7.2.1 Wicklungsanzapfung

Der Hauptstrang und der Hilfsstrang bestehen aus zwei Teilen, die miteinander, mit dem Hauptstrang und mit dem Kondensator auf verschiedene Arten geschaltet werden können. Da sich die synchrone Drehzahl nicht ändert, ist nur eine beschränkte Drehzahlstellung bis zum Verhältnis

$$n_{\min} \; : \; n_{\max} \approx 1 \; : \; 2 \tag{6.64}$$

möglich. Durch die künstliche Schlupferhöhung entstehen entsprechend Gleichung (6.26) im Läufer erhebliche Stromwärmeverluste P_{vR}. Außerdem muss bezüglich der Größe des Kondensators ein Kompromiss gefunden werden, sodass das Drehfeld bei den verschiedenen Schaltungsvarianten mehr oder weniger stark elliptisch ist. Die Anwendung dieses Verfahrens ist daher auf intensiv gekühlte Motoren beschränkt, wie zum Beispiel Ventilatoren oder Nassläufer/Spaltrohrmotoren für kleine Pumpen (siehe Abb. 6.13).

Ein Schaltbild für einen Asynchronmotor mit Kondensatorhilfsstrang für drei Drehzahlstufen zeigt Abb. 6.33. In der hohen Drehzahl (Schalterstellung 3) ist die Schaltung wie die eines gewöhnlichen Asynchronmotors mit Kondensatorhilfsstrang entsprechend Abb. 6.19b. In Schalterstellung 2 werden Haupt- und Hilfsstrang teilweise parallel und in Reihe geschaltet. In Schalterstellung 1 ist der Hilfsstrang in Reihe mit der Parallelschaltung aus Hauptstrang und Kondensator geschaltet.

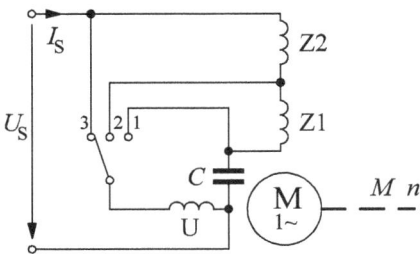

Abb. 6.33: Asynchronmotor: Drehzahlstellung mit Wicklungsanzapfungen für drei Drehzahlstufen: Schalterstellung 1 – niedrige Drehzahl, 2 – mittlere Drehzahl, 3 – hohe Drehzahl.

6.7.2.2 Änderung der Motorspannung

Zur Änderung der Motorspannung verwendet man die Phasenanschnittsteuerung (siehe Kapitel 11). Mit Hilfe der Phasenanschnittsteuerung werden aus der sinusförmigen Spannung Blöcke variabler Breite ausgeschnitten und auf diese Weise die Größe der Motorspannung gestellt. In beiden Fällen erhöhen sich die Läuferwärmeverluste erheblich durch die Schlupferhöhung.

Bei der Phasenanschnittsteuerung kommt hinzu, dass mit Vergrößerung des Phasenanschnittwinkels die Oberschwingungen der Motorspannung zunehmen und damit weitere Verluste verursachen. Bei diesem Verfahren ändern sich weder die Synchron- noch die Kippdrehzahl. Dadurch ist auch hier der Drehzahlstellbereich beschränkt. Außerdem ist zu beachten, dass sich das Drehmoment quadratisch mit der Spannung ändert ($M \sim U_S^2$). Daher eignet sich dieses Verfahren ebenfalls nur für intensiv gekühlte Antriebe, zum Beispiel für Ventilatoren und Pumpen, deren Lastkennlinie mit ihrem hyperbolischen Verlauf eine größere Drehzahlspreizung möglich macht.

Abb. 6.34a zeigt die Drehmomentkennlinien einer Asynchronmaschine für verschiedene Spannungen und die Kennlinie der Lastmaschine. Bei kleinerer Spannung liegt der Schnittpunkt bei kleineren Drehzahlen als bei höherer Spannung. Im Beispiel ist ein Drehzahlverhältnis von etwa 1 : 2 mit einem Spannungsverhältnis von 0,4 : 1 möglich.

Um den Drehzahlstellbereich bis ca. 1 : 3 zu erweitern, verwendet man häufig Läufer mit einer Käfigwicklung, die einen höheren Widerstand (Widerstandsläufer) besitzt. Dadurch wird die Drehzahl-Drehmomenten-Charakteristik weicher und das Anzugsdrehmoment erhöht (Abb. 6.34b). Zu beachten ist, dass die Drehzahl, die beim Bemessungs-Drehmoment auftritt, geringer wird und bei Wechselstrommotoren nicht nur die Kippdrehzahl, sondern auch das Kippdrehmoment abnimmt.

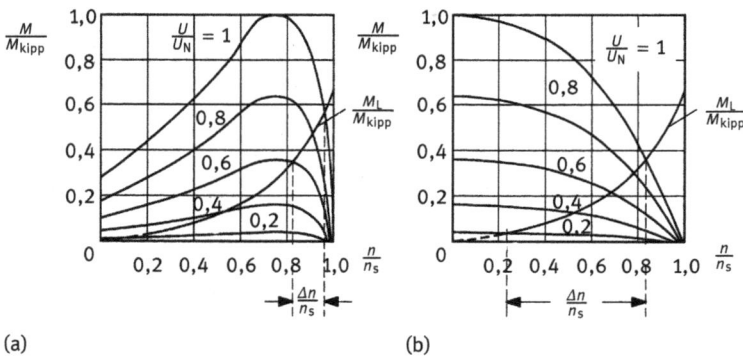

(a)   (b)

Abb. 6.34: Asynchronmotor: Drehzahlstellung durch Änderung der Motorspannung und damit des Schlupfs: (a) Rotor mit kleinem Widerstand, (b) Rotor mit hohem Widerstand.

6.7.3 Frequenzänderung

Mit der Änderung der Statorfrequenz lässt sich die Drehzahl in weiten Bereichen stufenlos verstellen. Dazu erzeugt ein Wechselrichter eine Motorspannung mit einstellbarer Spannung U_S und Frequenz f_S (Kapitel 11). Für dieses aufwendige Verfahren kommen nur dreisträngige Motoren, die mit Drehstrom gespeist werden, in Frage [133, 136]. Mit einem Frequenzumrichter mit Gleichspannungszwischenkreis (Abb. 6.35), wie er im Prinzip auch bei größeren Motoren eingesetzt wird, wird die synchrone Drehzahl veränderbar. Dadurch kann die Drehzahl in einem großen Bereich gestellt werden, insbesondere wenn die Möglichkeiten der Feldschwächung genutzt werden (Abb. 6.36).[16]

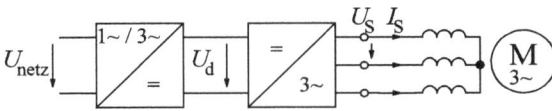

Abb. 6.35: Antrieb aus Asynchronmotor und Frequenzumrichter.

Wird die Motorspannung proportional zur Frequenz geändert, bleibt das Drehmoment bei mittleren Drehzahlen nahezu konstant. Der Motor wird im **Konstantflussbereich** betrieben. Allerdings muss berücksichtigt werden, dass der Spannungsabfall am Ständerwiderstand sich mit abnehmender Frequenz bzw. Spannung zunehmend bemerkbar macht. Das gilt um so mehr, je kleiner der Motor ist. Abbildung 6.36 zeigt das Verhalten für einen Motor der Baugröße 80 mit frequenzproportionaler Spannungsänderung. Das Drehmoment ist bei kleinen Drehzahlen deutlich kleiner als im Bereich der Bemessungsdrehzahl von 2925 $1/\mathrm{min}$.

Die maximale Ausgangsspannung des Umrichters ist begrenzt, im Beispiel Abb. 6.36 auf U_{max} = 200 V. Dadurch wird der Motor bei höheren Frequenzen mit konstanter Spannung betrieben. Dies führt zu einer Reduzierung des magnetischen Flusses und damit zu einer Reduzierung des Drehmoments entsprechend Gleichung (6.28) mit $M_{kipp} \sim 1/f_S^2$.

Dieser Bereich mit konstanter Spannung bei hoher Frequenz heißt daher **Flussschwächbereich** oder **Feldschwächbereich**. Im Feldschwächbereich kann der Motor mit hohen Drehzahlen bei abnehmendem Drehmoment arbeiten.

Für ein etwa konstantes Drehmoment über den gesamten Drehzahlbereich ist ein Spannungsoffset bei kleinen Frequenzen erforderlich. Für den Motor Baugröße 80

---

16 Bei permanentmagneterregten Gleichstrommotoren und elektronisch kommutierten Motoren (EC-Motor, electronic commutated motor) ist ein Feldschwächbetrieb nur durch besondere Maßnahmen, wie zum Beispiel durch eine zeitweilige Gegenmagnetisierung möglich, und das auch nur eingeschränkt.

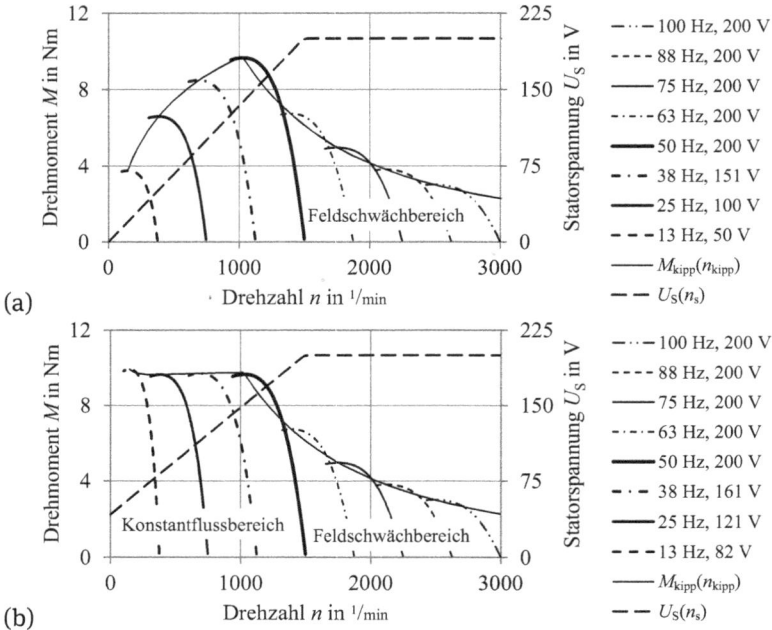

Abb. 6.36: Asynchronmotoren: Betriebskennlinien und Betriebsbereich Motor Baugröße 80 mit $P_N = 750\,W$, $n_N = 1410\,\frac{1}{min}$, $U_N = 200\,V$, $f_N = 50\,Hz$ mit Frequenzumrichter mit $U_{max} = 200\,V$. (a) mit frequenzproportionaler Spannung $U_S \sim f_S$, (b) mit Spannungsanhebung $U_{min} = 42\,V$.

wird dies durch

$$U_S = U_0 + \frac{f}{f_N}(U_N - U_0)\,, \quad U_{min} = 42\,V\,, \quad U_N = 200\,V\,, \quad f_N = 100\,Hz \qquad (6.65)$$

realisiert. Abbildung 6.36 zeigt die zugehörigen Kennlinien des Motors bei einer maximalen Ausgangsspannung des Frequenzumrichters von $U_{max} = 200\,V$.

6.7.3.1 Drehzahlregelung

Viele Antriebe mit Drehzahlregelung arbeiten konventionell mit einem Sensor zur Drehzahlerfassung, z. B. Tachogenerator, Inkrementalgeber oder Resolver. Der Regler vergleicht den Istwert der Drehzahl mit dem Sollwert. Die Differenz führt zu einer Anpassung der Motorfrequenz und -spannung. Abbildung 6.37 zeigt den Antrieb mit einem PI-Regler. Bei Verwendung von Inkrementalgebern oder Resolvern ist im stationären Betrieb die Istdrehzahl praktisch gleich der Solldrehzahl, da die Istdrehzahl quarzgenau erfasst wird und der fast immer eingesetzte Integralanteil im Regler für eine verschwindende Regelabweichung sorgt.

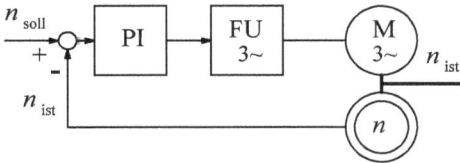

Abb. 6.37: Antrieb Asynchronmotor mit Drehzahlregelung (PI-Regler), Frequenzumrichterbetrieb.

Zur Verbesserung der Dynamik werden Vektorregelungen eingesetzt, bei denen nicht nur die Frequenz und Spannung angepasst werden, sondern der Spannungsvektor gezielt verstellt wird, um das gewünschte Drehmoment zu erhalten.

Bei geringeren Anforderungen an die Drehzahlgenauigkeit werden häufig Regelungen eingesetzt, welche die Istdrehzahl aus dem Motorverhalten schätzen. So entsteht ein Antrieb mit „sensorloser" Drehzahlregelung. Dem Mehraufwand in der Regelung des Frequenzumrichters stehen die Vorteile durch den Wegfall des Drehzahlsensors entgegen:

- **Vorteile der „sensorlosen" Drehzahlregelung**
  - Kostenvorteil durch Wegfall des Drehzahlsensors am Motor
  - Verwendung von Standardmotoren
  - Kostenvorteil durch Wegfall der Verdrahtung des Sensors
  - weniger Bauteile durch Wegfall des Sensors und der Anbauteile
  - höhere Robustheit gegen elektrische oder mechanische Zerstörungen durch Wegfall der empfindlicheren Elektronik
- **Nachteile der „sensorlosen" Drehzahlregelung**
  - geringere Drehzahlgenauigkeit
  - aufwendigere Inbetriebnahme
  - geringere Robustheit gegen Veränderungen der Antriebsmaschine, der Umgebungsbedingungen u. ä.

6.8 Spannungsumschaltung

Die Wicklungsstränge von Motoren, deren Klemmenspannung auf den halben Wert, z. B. von 230 V auf 115 V umschaltbar sein soll, bestehen aus zwei Teilen, die einmal in Reihe und einmal parallel geschaltet werden können (Abb. 6.38). Schaltung (a) zeigt dies für eine Wicklung mit geteiltem Haupt- und Hilfsstrang in Reihenschaltung und (c) die Schaltung in Parallelschaltung für die niedrige Spannung.

Da die Kapazität sich entsprechend den Gleichungen (6.57) und (6.58) umgekehrt proportional zum Quadrat der Spannung verhält, muss sie bei der niedrigen Spannung vierfach größer sein. Aus diesem Grunde zieht man die sogenannte T-Schaltung nach Abb. 6.38c,d vor, bei der die Umschaltung nur im Hauptstrang erfolgt [110]. Der Hilfsstrang ist für die niedrige Spannung auszulegen, sodass die Anpassung an die

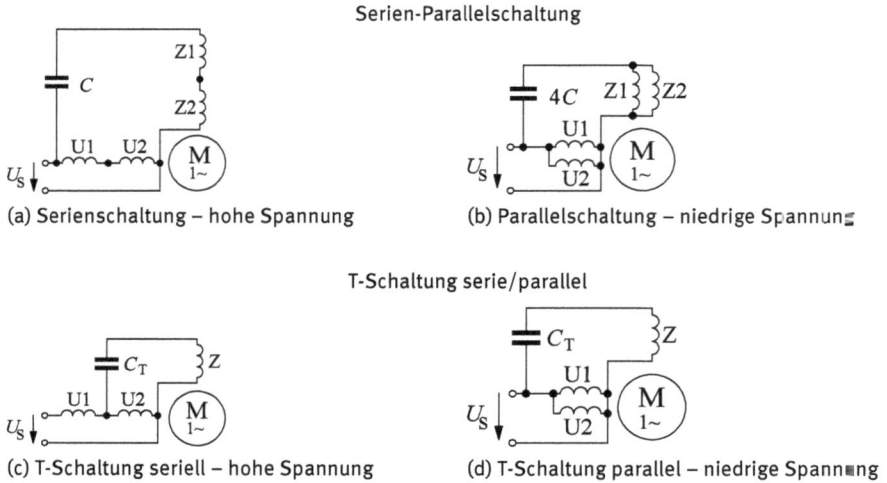

Serien-Parallelschaltung

(a) Serienschaltung – hohe Spannung

(b) Parallelschaltung – niedrige Spannung

T-Schaltung serie/parallel

(c) T-Schaltung seriell – hohe Spannung

(d) T-Schaltung parallel – niedrige Spannung

Abb. 6.38: Asynchronkondensatormotor: Spannungsumschaltung, (a) Serien-Schaltung, hohe Spannung, (b) Parallel-Schaltung, niedrige Spannung, (c) T-Schaltung seriell, hohe Spannung, (d) T-Schaltung parallel, niedrige Spannung.

hohe Spannung ungünstiger ist. Die Motoreigenschaften sind zwar für die hohe Spannung schlechter, dafür ist aber der Umschalter einfacher. Beide Schaltungsarten werden allerdings heute nur noch selten – z. B. für den USA-Markt – ausgeführt, da die Fertigungstechnik infolge der Automatisierung wesentlich flexibler geworden ist und daher für jeden Spannungswert Wicklung und Kondensator passend ausgelegt und gefertigt werden können.

6.9 Spaltpolmotor

6.9.1 Einsatzgebiete

Spaltpolmotoren sind wegen ihres einfachen Aufbaus und der einfachen Fertigungstechnik die kostengünstigsten Wechselstrom-Asynchronmotoren[17]. Sie sind wie alle Asynchronmotoren robust und geräuscharm. Sie haben allerdings nur einen geringen Wirkungsgrad. Gleichzeitig bauen sie recht groß. Daher verlieren sie stark an Bedeutung. Sie werden überwiegend für einfache Antriebsaufgaben wie Ventilatoren, Pumpen, Verstellung von Klappen mit kleinen Leistungen eingesetzt.

---

17 Der Aufbau wird auch für Synchronmotoren eingesetzt, siehe Abschnitte 7.3 und 7.3.1, Abb. 7.7 und 7.16.

6.9.2 Wirkungsprinzip

Die Hauptwicklung besteht aus konzentrierten Spulen auf ausgeprägten Polen und liegt am Wechselstromnetz. Die Hilfswicklung ist aus einzelnen, kurzgeschlossenen Windungen aufgebaut, die jeweils einen Teil jedes Pols umschließen. Der Strom in der Hilfswicklung hat eine Phasenverschiebung zum Strom der Hauptwicklung, sodass das Magnetfeld ebenfalls eine Phasenverschiebung aufweist.

Die Kurzschlusswicklung analog der Hilfswicklung von Widerstandshilfsstrangmotoren nach erfolgtem Hochlauf zu öffnen, um die Verluste zu vermindern, wäre nur mit aufwendigen Schalteinrichtungen für hohe Ströme möglich (Abb. 6.19). Damit gingen die oben beschriebenen vorteilhaften Eigenschaften, wie geringe Kosten und hohe Robustheit des Spaltmotors, verloren. Außerdem würde das Drehmoment reduziert. Die thermischen Vorteile dieser Maßnahme sind unbedeutend. Daher werden die Kurzschlusswindungen bei Spaltpolmotoren immer geschlossen ausgeführt.

Haupt- und Hilfswicklung wirken wie ein sekundär kurzgeschlossener Transformator. Einerseits sollten daher beide Wicklungen eine gemeinsame Achse besitzen, andererseits um den elektrischen Winkel $\pi/2$ gegeneinander versetzt angeordnet sein, wie es für zweisträngige Motoren zur Erzeugung eines Kreisdrehfelds erforderlich ist (Abschnitt 6.4.3). Die Hauptwicklung ruft in der Kurzschlusswicklung induktiv einen Strom hervor, durch den der mit ihr verkettete Fluss gegenüber dem Hauptfluss phasenverschoben ist. Da dieser Hilfsfluss wesentlich kleiner als der Hauptfluss ist und die Phasenverschiebung sowie der effektive Wicklungsversatz wesentlich kleiner als $\pi/2$ sind, entsteht ein stark elliptisches Drehfeld. Eine gewisse Verbesserung wird durch Streustege erzielt, die die Nachbarpole miteinander verbinden. Dadurch, dass über diese Stege der Fluss durch die Kurzschlusswindungen des Ständers erhöht wird, vergrößert sich der effektiv wirksame Winkel zwischen Haupt- und Hilfswicklung. Andererseits verringern sich die mit dem Läufer verketteten drehmomentbildenden Flüsse. Daher muss die Größe dieses mit Haupt- und Hilfswicklung verketteten Streuflusses sorgfältig eingestellt werden. Das geschieht z. B. mit sogenannten Isthmen (Abb. 6.39), d. h. mit künstlich gesättigten Zonen. Zugleich wird mit diesen Streustegen die Form des Luftspaltfelds verbessert. Es kann sich weiter in die Pollücken hinein ausdehnen, sodass das trapezförmige Feld, das ein ausgeprägter Pol erzeugt, eine mehr sinusförmige Gestalt bekommt.

Durch die Schlitze der Nuten, in denen die Hilfswicklung liegt, erfährt das Luftspaltfeld eine einseitige Einsattelung. Um die durch die unsymmetrische Feldverteilung entstehenden Oberwellen zu vermindern, werden oft Luftspaltaufweitungen auf der dem Spaltpol gegenüber liegenden Seite vorgesehen (Abb. 6.39 unten links). Gleichzeitig wird die Induktivität dieses Bereichs kleiner, d. h., dieser Teil des Hauptflusses eilt dem Teil über den schmalen Luftspalt zeitlich vor. Da der Hilfsfluss über den Spaltpol wiederum dem Hauptfluss nacheilt, unterstützt die Luftspalterweiterung die Drehrichtung des Läufers vom Haupt- zum Spaltpol. Trotz dieser Maßnahmen enthält das Luftspaltfeld eine starke dritte Oberwelle $v = 3p$, die einen ausgeprägten Sattel in der Drehzahl-Drehmomenten-Kurve verursacht (Abb. 6.40). Verläuft die Lastkennlinie durch diesen Sattel, erreicht der Läufer nur die Drehzahl, die sich beim Schnittpunkt der Lastkennlinie mit dem aus dem Sattel aufsteigenden Ast der Drehzahlkurve ergibt: „Der Motor bleibt im Sattel hängen" [137–140].

6.9.3 Ausführungsarten

Die einfachsten und kostengünstigsten Motoren haben einen zweipoligen unsymmetrischen Schnitt (Abb. 6.39a). Die Hauptwicklung liegt in einem Spulenkasten, der über das Joch geschoben und mit diesem in den Ständer eingefügt wird. Die Kurzschlusswicklung besteht je Pol aus ein bis drei dicken Kupferdrähten, die in Bohrungen der Pole eingelegt, zusammengebogen und deren Enden durch Hartlöten miteinander verbunden werden. Diese Motoren sind am kostengünstigsten zu fertigen, haben aber den schlechtesten Wirkungsgrad bis ca. 15 % und sind nur für sehr kleine Leistungen bis ca. 10 W geeignet [141].

Motoren mit einem symmetrischen Schnitt und zweiteiligem Ständerpaket (Abb. 6.39b,e) haben Wirkungsgrade bis etwa 20 % und Leistungen bis etwa 30 W. Zunächst werden die Spulen auf die Pole von außen aufgeschoben und dann mitsamt dem Polstern in den Jochring eingedrückt.

Die größten Spaltpolmotoren mit Leistungen bis etwa 150 W werden mit einem einteiligen Ständerschnitt gebaut (Abb. 6.39c). Sie erreichen Wirkungsgrade bis zu

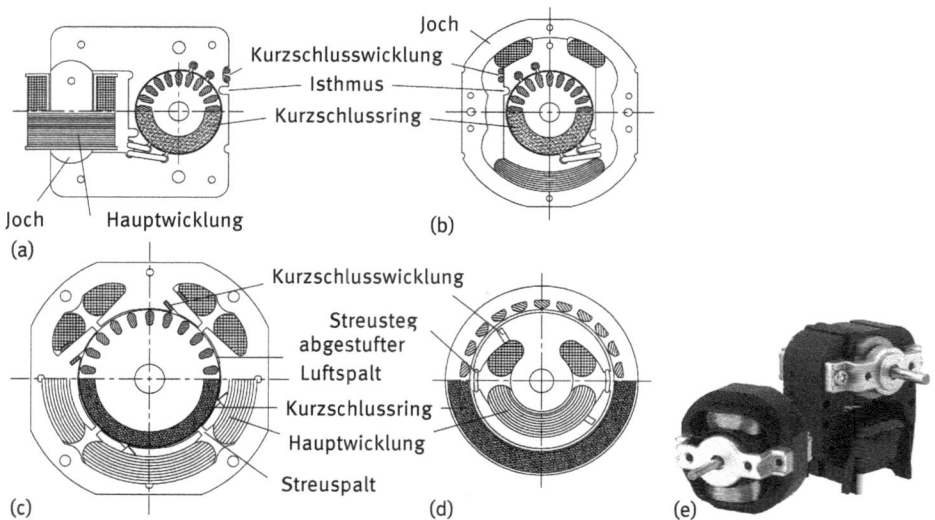

Abb. 6.39: Spaltpolmotoren: verschiedene Ausführungen, (a) unsymmetrischer Schnitt $2p = 2$, (b) symmetrischer Schnitt $2p = 2$, (c) symmetrischer Schnitt $2p = 4$, (d) Außenläufer $2p = 2$, (e) Foto Spaltpolmotoren mit symmetrischem und asymmetrischem Schnitt, $2p = 2$ (Werkbild Heidrive).

30 %. Statt eines Streustegs haben diese Motoren einen Streuspalt (Abb. 6.39c). Die Pole können daher direkt bewickelt werden, was allerdings sehr aufwendig ist. Die Kurzschlusswicklung des Ständers besteht hier oft aus Kupfer- oder Aluminium-Hohlprofilen, die durch die Streuschlitze über die Polhörner geschoben werden oder aus Flachprofilen, die in den Spalt eingelegt, gebogen und hartgelötet werden. Nachteilig ist bei diesen Schnitten der breite Schlitz der Kurzschlussnut, weil dadurch das Luftspaltfeld an dieser Stelle stark eingesattelt und der Oberfeldanteil erhöht ist. Ist der Streuschlitz zwischen den Polhörnern zu groß, wird er anschließend durch ein eingeklemmtes Blech geschlossen, ist er schmal, lässt man ihn häufig offen.

Motoren mit Außenläufern verwendet man insbesondere für Lüfter und Ventilatoren (Abb. 6.39d). Die Lüfterflügel werden unmittelbar auf dem Außenmantel angebracht. Dadurch erzielt man eine kurze Baulänge, wie sie zum Beispiel für Schranklüfter erforderlich ist. Nachteilig ist die schlechtere Wärmeabfuhr aus dem Ständer.

Der Läufer hat wie alle kleinen Asynchronmotoren eine Kurzschlusswicklung, die aus Aluminium oder Silumin (höherer spezifischer Widerstand als Aluminium) im Druckgussverfahren hergestellt wird. Zur Reduzierung stellungsabhängiger Drehmomente werden auch hier die Nuten geschrägt (Abschnitt 6.3.3, Abb. 6.11). Es werden fast ausschließlich ölgetränkte Sinterlager verwendet, vielfach selbsteinstellende Kalottenlager. Zu beachten ist, dass Spaltpolmotoren mit derartigen Lagern, die im Allgemeinen keine axialen Kräfte aufnehmen können, in horizontaler Lage betrieben werden müssen. Der Läufer wird zwar durch elektromagnetische Kräfte im Ständer stabilisiert, es muss aber mit axialen Schwingungen gerechnet werden, wenn er durch das angetriebene Gerät entsprechend angeregt wird. Bei senkrechter Anordnung ist zur Abstützung zusätzlich ein axiales Lager, z. B. eine Kugel in Achsenmitte, vorzusehen. Der Läufer ist in Lagerbügeln aus Aluminiumguss oder geprägtem Blech gelagert (Beispiel Abb. 6.39e). Um die Kosten zu reduzieren, kann ein Lagerbügel als Flansch ausgebildet oder das Lager in das angetriebene Gerät integriert werden.

6.9.4 Betriebskennlinien

Die Betriebskennlinien eines Motors mit $P_N = 50\,W$ zeigt Abbildung 6.40. Die Drehzahl-Drehmomenten-Kurve weist den für Spaltpolmotoren typischen Sattel bei etwa $n_S/3$ auf. An den Ordinaten sind die Bemessungswerte der Drehzahl, des Stroms und des Wirkungsgrads angegeben. Der Wirkungsgrad erreicht nur $\eta_N = 22\,\%$ bei $M_N = 0{,}35\,Nm$.

6.9.5 Änderung der Drehrichtung

Spaltpolmotoren drehen, wie oben erläutert, stets vom Haupt- zum Hilfspol. Schalter zur Umschaltung der Kurzschlussringe zur Drehrichtungsumschaltung sind zu teuer

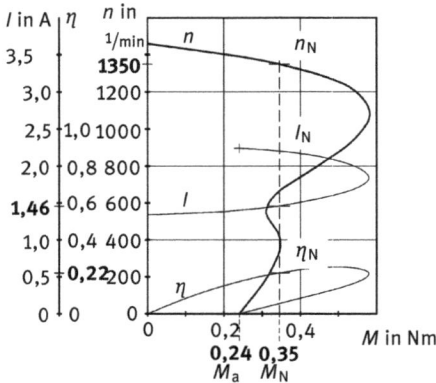

Abb. 6.40: Spaltpolmotor: Betriebskennlinien eines Motors mit den Bemessungsdaten $P_N = 50\,W$, Drehmoment $M_N = 0,35\,Nm$, Drehzahl $n_N = 1350\,\frac{1}{min}$, Strom $I_N = 1,46\,A$, Wirkungsgrad $\eta_N = 22\,\%$.

und verschleißanfällig. Antriebe für Reversierbetrieb setzt man daher aus zwei Motoren zusammen, die spiegelbildlich montiert werden und je nach Drehrichtung wechselweise eingeschaltet werden.

6.9.6 Änderung der Drehzahl

Spaltpolmotoren werden fast ausschließlich für eine feste Drehzahl gebaut. Bei Lüftern wird gelegentlich eine Drehzahlstellung mit Hilfe einer Wicklungsanzapfung oder einer Phasenanschnittschaltung vorgenommen.

Eine zweistufige Drehzahlstellung durch Polumschaltung ist mit einer sogenannten Kreuzpolschaltung möglich. Dabei wird nur jeder zweite Pol bewickelt [142, 143]. Je nach gewünschter Drehzahl werden benachbarte Spulen gegen- oder gleichsinnig erregt. Zum Beispiel tragen bei einem vierpoligen Motor nur die beiden gegenüberliegenden Pole Spulen (Abb. 6.41). Bei gegensinniger Erregung bildet sich ein vierpoliges Feld aus.

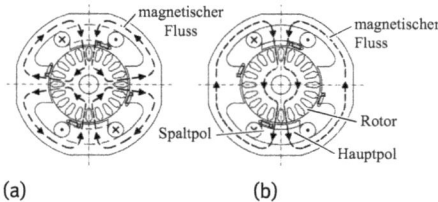

Abb. 6.41: Spaltpolmotor: Polumschaltung mit der Kreuzpolschaltung, (a) vierpolig erregt $p_a = 2$, (b) zweipolig erregt $p_b = 1$.

Bei gleichsinniger Erregung ergibt sich ein zweipoliges Feld, wenn die dritte Oberwelle beispielsweise durch Streustege und einseitige Luftspaltaufweitung möglichst gering gehalten wird. Es bildet sich ein sechspoliges Feld, wenn die dritte Oberwelle und damit der Drehmomentsattel stark ausgeprägt sind. Dieses Verfahren wird heute nur selten angewendet.

Carsten Fräger und Hans-Dieter Stölting

7 Synchronmotoren und -generatoren

Schlagwörter: Eigenschaften, Einsatzgebiete, Ausführungsarten, Wirkungsweise, Spannungsgleichungen, Kondensatormotoren, Magnetläufermotoren, Reluktanzmotoren, Klauenpolgeneratoren

7.1 Eigenschaften

7.1.1 Drehzahlverhalten

Netzgespeiste Synchronmotoren mit Permanentmagneten sind eine kosteneffiziente Lösung für Antriebe mit konstanter Drehzahl im Leistungsbereich 0,5...40 W. Sie erlauben einen direkten Anschluss an das Einphasennetz. Ohne Leistungselektronik erzeugen sie praktisch keine Oberschwingungen und verhalten sich passiv hinsichtlich EMV-Fragen.

Permanentmagnet-Synchronmotoren haben gegenüber Asynchronmotoren (siehe Kapitel 6) gleicher Leistung einen höheren Wirkungsgrad und bauen kleiner. Häufig sind sie jedoch teurer als die Asynchronmotoren.

Ebenso wie in Asynchronmotoren wird auch in Synchronmotoren durch die Ständerwicklung ein Drehfeld erzeugt (siehe Abschnitt 6.5.1). Die drehmomentbildenden Komponenten des Rotors sind je nach Ausführung das rotorfeste Dauermagnetfeld und/oder das rotorfeste Magnetfeld aufgrund der Leitwertschwankung/Reluktanz des Rotors.

Da die drehmomentbildende Komponente des Rotors rotorfest ist, muss der Rotor synchron mit dem Drehfeld der Statorwicklung rotieren, um ein konstantes Drehmoment zu erzeugen. Im stationären Betrieb ist die Drehzahl des Synchronmotors daher gleich der Synchrondrehzahl

$$n_s = \frac{f_S}{p} \tag{7.1}$$

Die Drehzahl ist streng proportional zur Frequenz des speisenden Netzes (Netzfrequenzen siehe Tab. 6.1) bzw. der Leistungselektronik und unabhängig vom geforderten Drehmoment sowie der angelegten Spannung, also auch unabhängig von Spannungsschwankungen.

Die Drehzahl des Wechselstrom-Synchronmotors ist bei konstanter Frequenz allerdings nur im Mittel konstant. Es treten bei Wechselstrom-Synchronmotoren infolge des Drehfelds, das wie beim Asynchronmotor im Allgemeinen elliptisch ist, Pendelmomente auf. Diese können den Gleichlauf beeinträchtigen. Abhilfe können eine

Carsten Fräger, Hochschule Hannover
Hans-Dieter Stölting, Leibniz Universität Hannover

https://doi.org/10.1515/9783110565324-007

Symmetrierung mit einem Kondensatorhilfsstrang, wie in Abschnitt 7.4 beschrieben, oder ein künstlich erhöhtes Trägheitsmoment schaffen.

7.1.2 Lastwinkel

Die Polachse des Läufers (Längs- oder Direktachse, direct axis) bildet abhängig von der Belastung einen Winkel mit der Polachse des Stator-Drehfelds, den sogenannten Lastwinkel δ bzw. $\beta = -\delta$. Er beschreibt den elektrischen Winkel zwischen Statorspannung $\underline{U}_S$ und der vom Rotor induzierten Spannung $\underline{U}_P$ (Polradspannung). Das Vorzeichen wird hier entsprechend [13] gewählt[1]. Bei vernachlässigbarem Statorwiderstand $R_S \approx 0$ gelten folgende Zusammenhänge zwischen Lastwinkel und Motor- bzw. Generatorbetrieb:

$$\delta = -\beta = \measuredangle(\underline{U}_S \,;\, \underline{U}_P) \quad \begin{cases} \delta < 0 \quad \beta > 0 & \text{Statorspannung } \underline{U}_S \text{ eilt} \\ & \text{voraus, Motorbetrieb} \\ \delta > 0 \quad \beta < 0 & \text{Polradspannung } \underline{U}_P \text{ eilt} \\ & \text{voraus, Generatorbetrieb} \end{cases} \tag{7.2}$$

Bei idealem Leerlauf einer verlustfreien Synchronmaschine, d. h., wenn der Motor unbelastet ist, die Reibungsverluste P_{vReib}, die Eisenverluste P_{fe} und die Stromwärmeverluste P_{vS} vernachlässigbar klein sind, ist der Lastwinkel gleich null. Die Läuferpol-Achse liegt in Richtung der Feldachse des Statorstroms. Maximal kann die Polachse senkrecht zur Feldachse liegen, d. h., der elektrische Lastwinkel kann theoretisch $\delta_{max} = 90°$ erreichen, $|\delta| \leq \delta_{max}$. Dann befindet sich der Läufer allerdings in einer labilen Lage und kann außer Tritt fallen, d. h., der Läufer kann dem Drehfeld nicht mehr folgen und bleibt stehen.

Außer den Schwingungen des Läufers infolge der Pendelmomente treten bei Synchronmaschinen auch Schwingungen bei Zustandsänderungen, d. h. bei Last- und Spannungsänderungen, auf. Der Läufer nimmt nicht direkt eine neue Lage gegenüber der Drehfeldachse mit einem neuen Lastwinkel δ ein, sondern erst nach einem Einschwingvorgang.

Im Übrigen sind kleine Synchronmotoren fast ebenso robust, geräuscharm und kostengünstig wie Asynchronmotoren, und es erfordert einen ebenso großen Aufwand, sie in der Drehzahl zu stellen. Es bestehen lediglich die zusätzlichen Ausfallmöglichkeiten durch Entmagnetisierung des Rotormagneten oder Versagen der Klebeverbindungen im Rotor.

---

1 Vielfach werden in der Literatur auch der Winkel $\beta = -\delta$ und die umgekehrte Zuordnung des Vorzeichens verwendet.

7.2 Einsatzgebiete, Anwendungsbeispiele

Wechselstromsynchronmotoren eignen sich besonders für leise, robuste Anwendungen mit konstanter Drehzahl. Beim Einsatz sind aber die Schwingneigung der Motoren und das nicht unproblematische Anlaufen der Motoren zu beachten.

Motoren mit Permanentmagneten bauen deutlich kompakter als Asynchronmotoren und haben einen besseren Wirkungsgrad, sodass sie sich für Anwendungen mit beengten Platzverhältnissen und geringer zulässiger Wärmeentwicklung eignen.

Werden die Motoren mit Umrichtern betrieben, eignen sie sich für Drehzahlstellantriebe mit belastungsunabhängiger Drehzahl ohne Drehzahlrückführung. Die Schwingneigung kann in der Regel durch eine geschickte Auslegung der Regelung unterdrückt werden.

Anwendungsbeispiele

- Antriebe mit konstanter Drehzahl
  - Uhrantriebe, an die Netzfrequenz gekoppelte große Zeigeruhren
  - Zeitschaltuhren, Zeitschalter
  - einfache mechanische Steuerungen
  - Laugenpumpen in Wasch- und Geschirrspülmaschinen
- kompakte Antriebe
  - Aquarienpumpen
  - Wasserpumpen in Zimmerspringbrunnen
  - Drehtellerantrieb in Mikrowellenherden
- Antriebe mit gutem Wirkungsgrad, geringer Wärmeentwicklung
  - Lüfter für Kühlanwendungen, Klimaschränke
  - Kondensatpumpen in Wäschetrocknern
  - Kompressoren in Kühlaggregaten von Kühlschränken, Gefrierschränken
  - Pumpen für medizinische Anwendungen
  - Pumpen für Lebensmittelanwendungen
- Antriebe mit Umrichter, Drehzahlstellung
  - Pumpen in Heizungs- und Warmwasseranlagen
  - Umwälzpumpen, Poolpumpen
  - Zentrifugen (Industrie, Pharmazie, Medizin, Labortechnik)
  - Lüfter in Heißluftöfen (Abb. 7.2), Konvektoren, Mikrowellenöfen
  - Lüfter für Lötanlagen, Wärmebhandlungsanlagen, Trockenanlagen
  - Förderbänder
  - Holzbearbeitungsmaschinen (Fräsen, Sägen, Bohren, Schleifen; Abb. 7.1)
  - Stalllüfter
  - Textilmaschinen (Wickeln, Umspulen, Verstrecken, Spinnen, Verlegen)
  - Drosselklappensteller, z. B. für Gasturbinen

- weitere Anwendungen
  - Generatoren für Kraftfahrzeuge
  - Linearverstellungen für Zahnarztstühle, Krankenbetten, Operationsbetten

Abb. 7.1: Synchronmotor: Fräsmotor für die Holzbearbeitung (Werkbild Hanning).

Abb. 7.2: Synchronmotor: Lüftermotor für Heißluftöfen mit integriertem Wechselrichter (Werkbild Hanning).

7.3 Ausführungsarten

Die Läufer sind im unteren Leistungsbereich entweder als Permanentmagnet- (siehe Abschnitte 7.3.1 und 7.3.4), Hysterese- (siehe Abschnitt 7.3.2) oder Reluktanz-Läufer (siehe Abschnitte 7.3.3 und 7.3.4) ausgeführt, im letzteren Fall gelegentlich in Kombination mit Magneten. Es gibt Innen- und Außenläufermotoren. Bis auf eine Ausnahme werden bei Kleinantrieben keine elektrisch erregten Synchronmotoren gebaut, weil der Aufwand für die Fertigung und für die Wartung der Schleifringe und Bürsten zu groß wäre. Die Ausnahme sind elektrisch erregte Klauenpol-Synchrongeneratoren für Kraftfahrzeuge (Abschnitt 7.3.5).

Die unterschiedlichen Magnetanordnungen und -formen für den Läufer sind in Abschnitt 8.2.2 dargestellt. Der Rotor trägt den oder die Magnete als Blöcke, Schalen oder als Zylinder.

Bei kleinen Polzahlen kann der Ständer genutet sein und eine zwei- oder dreisträngige Wicklung besitzen. Abbildung 7.3 zeigt einen sechspoligen Synchronmotor mit genutetem Ständer und Oberflächenmagneten, die wahlweise als Blöcke oder als Schalen ausgeführt sein können.

Abbildung 7.4 zeigt für einen Synchronmotor das Feldbild. Die höchsten Flussdichten treten in den Statorzähnen auf. Abbildung 7.4a zeigt einen Blechschnitt mit zylindrischer Außenkontur zum Einbau in Gehäuse. Da bei Kleinmaschinen aus Kostengründen häufig das Gehäuse entfällt, übernimmt dann das Statorblechpaket die Rolle des Gehäuses. Abbildung 7.4b zeigt den Blechschnitt mit einer modi-

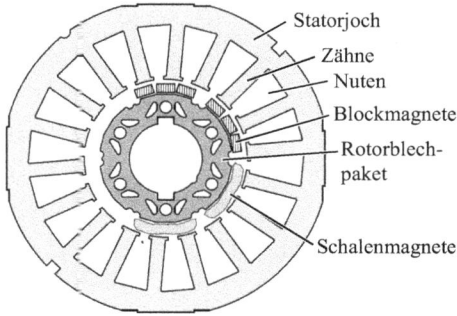

Abb. 7.3: Permanentmagnet-Synchronmotor, Blechschnitt, sechspolig, Polpaarzahl $p = 3$, Nutzahl $N = 18$ mit genutetem Statorblechschnitt, Rotor mit Blockmagneten (oberer Rotorteil) oder Schalenmagneten (unterer Rotorteil) (Blechschnitt Kienle & Spiess).

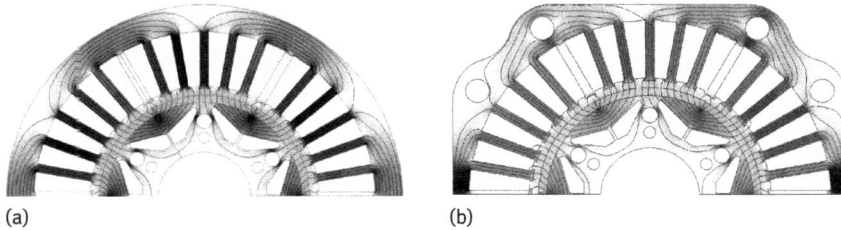

(a)   (b)

Abb. 7.4: Permanentmagnet-Synchronmotor, Magnetfeld für sechspoligen Motor, $2p = 6$, Nutzahl $N = 36$ mit genutetem Statorblechschnitt, Rotor mit Schalenmagneten. (a) Runde Außenkontur (Blechschnitt Kienle & Spiess). (b) Eckige Außenkontur für gehäuselose Maschine mit Bohrungen für Halteschrauben im Joch.

fizierten Außenkontur. Die gestanzten Bohrungen nehmen Schrauben zur Montage des Motors auf. Zur Führung des magnetischen Flusses wird die Außenkontur eckig ausgeführt.

Dreisträngige Motoren können direkt am Drehstromnetz angeschlossen werden. Bei Wechselstrombetrieb wird, wie bei Wechselstrom-Asynchronmotoren, zur Phasenverschiebung ein Kondensator verwendet (siehe Abschnitt 6.4.3). Es gibt auch einsträngige Motoren mit und ohne Spaltpolwicklung [150, 151] (siehe Abschnitt 6.9 und Abb. 6.39).

Motoren für große Polzahlen werden nach dem Klauenpolprinzip gebaut (Abb. 7.5a, Dosenmotor). Um eine Ringwicklung werden alternierend von links und rechts Blechlaschen gebogen, die abwechselnd Nord- und Südpole bilden. Bei Anlegen einer Wechselspannung erzeugt der Wechselstrom auf diese Weise ein hochpoliges Wechselfeld. Die gleiche Konstruktion findet sich bei Schrittmotoren, Details siehe Kapitel 10.

Diese Konstruktion mit Ringwicklung und Klauenpolen ist zwar sehr einfach, denn sie wird in Stanz-Biege-Füge-Technik ohne spanabhebende Bearbeitung und ohne Schraubverbindungen hergestellt, verursacht aber hohe Streuflüsse zwischen den Laschen und große Wirbelströme in den 1 bis 2 mm starken Blechteilen.

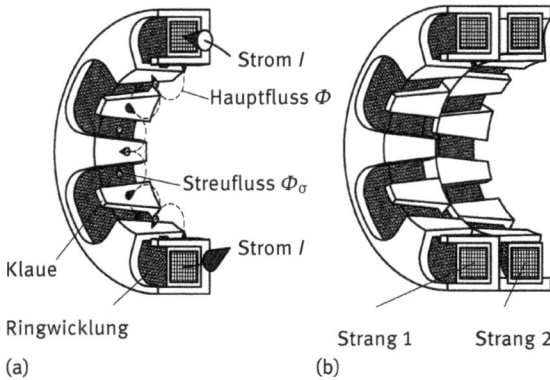

Abb. 7.5: Klauenpol-Synchronmotor. (a) Aufbau eines Strangs, (b) zweisträngiger Klauenpolmotor.

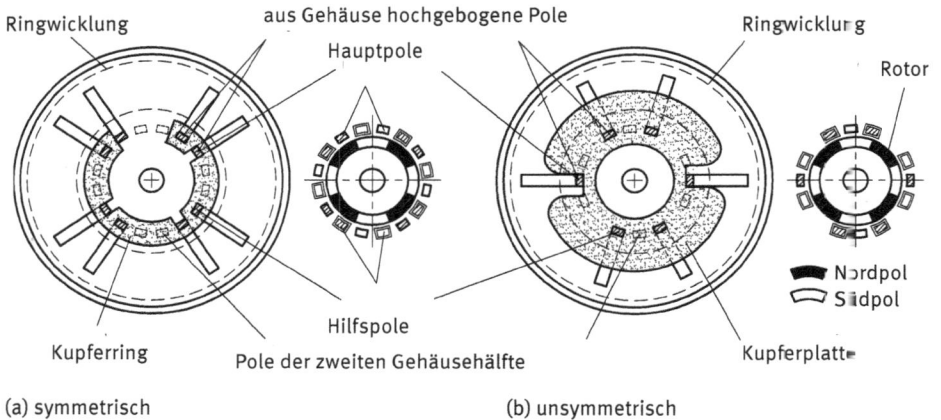

Abb. 7.6: Klauenpol-Synchronmotor mit Hilfspolen: achtpolig, (a) symmetrische Polarordnung, (b) unsymmetrische Polanordnung, jeweils nur eine Gehäusehälfte gezeichnet, die Pole der anderen Hälfte gestrichelt angedeutet, neben den beiden Gehäusehälften alle Ständerpole zusammen mit dem Läufer.

Um ein Drehfeld zu erzeugen, gibt es bei Klauenpolmotoren folgende Möglichkeiten:

– Für den Drehstrombetrieb werden drei Klauenpolsysteme zusammengesetzt, die jeweils um ein Drittel einer doppelten Polteilung $2\pi/3p$ gegeneinander verdreht sind.

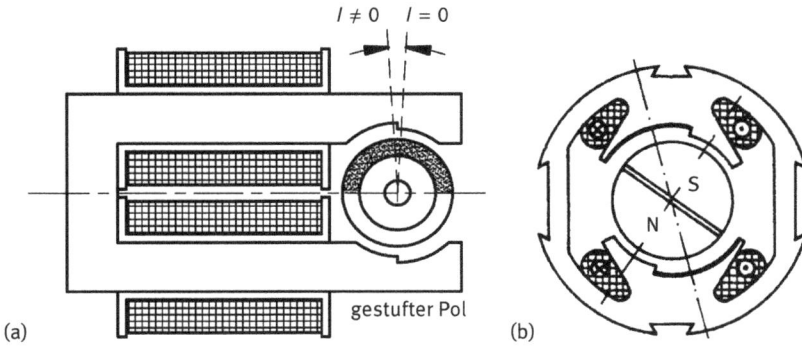

Abb. 7.7: Permanentmagnet-Synchronmotor: einsträngiger Motor mit Magnetläufer, Polzahl $2p = 2$, gestufter Pol, (a) asymmetrischer Schnitt, (b) symmetrischer Schnitt [160].

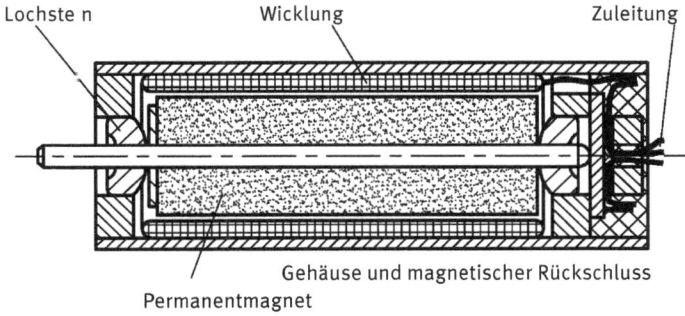

Abb. 7.8: Permanentmagnet-Synchronmotor: Mikromotor mit Durchmesser $d = 1,9$ mm, Länge $l = 5,5$ mm.

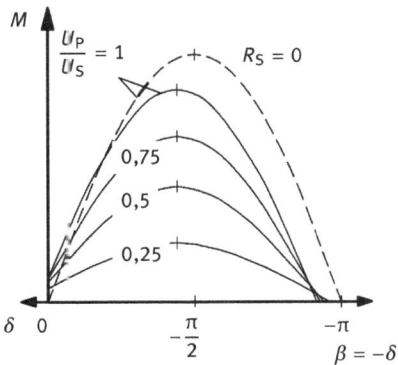

Abb. 7.9: Synchronmotor mit Magnetläufer: Momentenkennlinie $M(\delta)$, Parameter Spannungsverhältnis U_P/U_S, gestrichelte Kurve $R_S = 0$, durchgezogene Kurven $R_S = 1/8 \cdot X_S = 1/8 \cdot 2\pi f L_S$.

– Für den Wechselstrombetrieb benötigt man zwei Systeme mit einem Versatz von einer halben Polteilung $\pi/2p$ (Abb. 7.5b). Die Wicklung des einen Ständers wird direkt ans Netz angeschlossen, die des anderen Ständers über einen Kondensator.

– Einsträngige Motoren erhalten zusätzliche Hilfspole, über die Kupferbleche geschoben werden. In diesen werden durch die im Abb. 7.6 gestrichelt dargestellten Ringwicklungen Ströme induziert, die auf die Flüsse der von den Kupferblechen umfassten Hilfspole zurückwirken. So entsteht wie beim Spaltpolprinzip eine geringe Phasenverschiebung zwischen Haupt- und Hilfsflüssen. Derartige Motoren besitzen zwar ein ausgeprägtes elliptisches Drehfeld (Abschnitt 6.4), sind aber besonders einfach aufgebaut und daher sehr kostengünstig. In Abb. 7.6 ist für zwei achtpolige Motoren jeweils nur eine Gehäusehälfte gezeichnet. Die Pole der anderen Hälfte sind gestrichelt angedeutet. Außerdem sind neben den beiden Gehäusehälften alle Ständerpole zusammen mit dem Läufer dargestellt.

Die Drehrichtung des Motors in Abb. 7.5a, dessen Ständer symmetrisch aufgebaut ist, ist unbestimmt. Er läuft nach dem Einschalten zufällig rechts- oder linksherum. Soll der Läufer sich nur in einer Richtung drehen, ist eine mechanische Rücklaufsperre vorzusehen.

Der Läufer des rechten Motors dreht sich bedingt durch die leicht asymmetrische Anordnung der Pole rechtsherum. Manchmal werden die Polfinger auch unsymmetrisch ausgeführt, um eine Drehrichtung zu bevorzugen. Derartige Synchronmotoren werden heute für einfache Steuerungen und Zeitschaltuhren eingesetzt.

7.3.1 Synchronmotoren mit Magnetläufern

7.3.1.1 Aufbau

Synchronmotoren kleiner Leistung werden meistens mit Magnetläufern gebaut, weil sie die größten Drehmomente und die höchsten Wirkungsgrade bzw. Leistungsgewichte erreichen.

Der Stator trägt die ein- oder mehrsträngige Wicklung. Der Rotor hat einen Dauermagnet zur Erzeugung des Magnetfelds in der Maschine. Die Magnete sind als Hohlzylinder ausgeführt, die entweder auf Kunststoffträgern befestigt sind, oder in deren Bohrung die Wellen eingeklebt sind. Als Dauermagnetmaterial werden für diese einfachen Motoren im Allgemeinen Barium- oder Strontium-Ferrite verwendet (Magnetmaterialien siehe Abschnitt 2.5.2).

Motoren mit niedriger Polzahl haben Wicklungen in Nuten (zu Wicklungen siehe auch Abschnitt 8.2.1, Abb. 8.7). Abbildung 7.10 zeigt einen dreisträngigen Stator für Kleinspannung mit **in Nuten verteilter Wicklung** für den Betrieb am Frequenzumrichter. In diesem Fall sind nur zwei Leiter in jeder Nut und die Wicklung ist aus gegeneinander isolierten Stäben aufgebaut.

Häufig kommen bei Permanentmagnet-Synchronmaschinen **Zahnspulenwicklungen** zum Einsatz [9] (siehe Abschnitt 8.2.1, Abb. 8.7, Tab. 8.2, Tab. 8.3). Diese Wick-

Blechpaket
Wicklungs-Anschluss
Wickelkopf

Welle
Blechpaket
Zahnspule
Rotor mit Permanent-Magneten

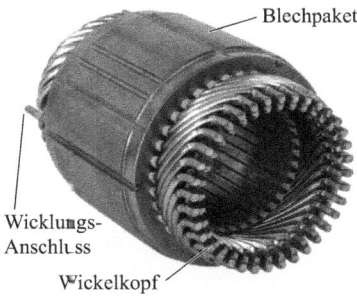

Abb. 7.10: Synchronmotor: dreisträngiger Stator mit in Nuten verteilter Wicklung, $N = 36$ Nuten, $m = 3$, zwei Leiter je Nut.

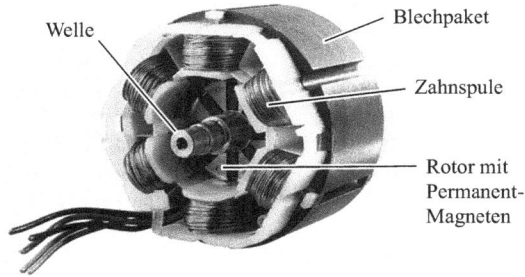

Abb. 7.11: Synchronmotor: Stator mit Zahnspulenwicklung, $N = 6$ Nuten, $s = 6$ Spulen, $2p = 8$ (Werkbild Hanning).

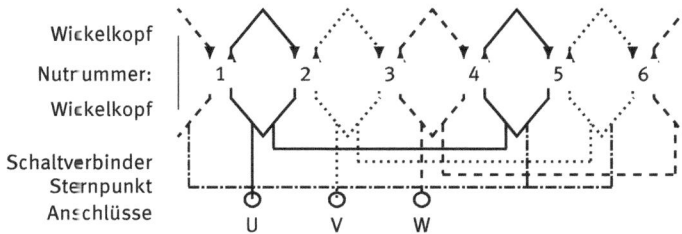

Wickelkopf
Nutnummer:
Wickelkopf
Schaltverbinder
Sternpunkt
Anschlüsse

1 2 3 4 5 6

U V W

Abb. 7.12: Synchronmotor: Zahnspulenwicklung, $N = 6$ Nuten, $s = 6$ Spulen, für $2p_1 = 4$ oder $2p_2 = 8$, $\curlywedge$-Schaltung (siehe Abschnitt 8.2.1, Wicklungsfaktoren siehe Tabellen 8.2 und 8.3).

lungen lassen sich sehr kostengünstig fertigen, da die einzelnen Spulen keine Kreuzungspunkte haben und so sehr schnell und einfach gewickelt und miteinander verschaltet werden können.

Abbildung 7.11 zeigt einen solchen Stator mit $N = 6$ Zähnen bzw. Nuten und $2p = 8$ Polen. Das Wicklungsbild zeigt Abb. 7.12 mit $\curlywedge$-Schaltung der $m = 3$ Wicklungsstränge. Die Wicklung ist für die Grundpolzahlen $2p_1 = 4$ und $2p_2 = 8$ geeignet. Sie lässt sich einfach fertigen, da die Wickelköpfe keine Kreuzungen haben und die Spulen deswegen ohne zusätzliche Isolierung zwischen den Strängen gewickelt werden können. Im Vergleich dazu zeigt Abb. 6.15 eine verteilte Wicklung mit $N = 12$ Nuten mit Kreuzungen der Spulen im Wickelkopf.

Die Zahnspulenwicklung Abb. 7.12 hat mit der Spulenweite $W = 2\pi/6$ für beide möglichen Grundpolpaarzahlen $2p_1 = 4$ mit $W/\tau_1 = 4/6$ und $2p_2 = 8$ mit $W/\tau_2 = 8/6$ den gleichen Grundfeldwicklungsfaktor (Wicklungsfaktoren siehe Abschnitt 8.2.1):

$$\xi_{2p_1=4} = \xi_{2p_2=8} = \sin\left(\frac{\pi}{2}\frac{W}{\tau}\right) = 0{,}866 \qquad (7.3)$$

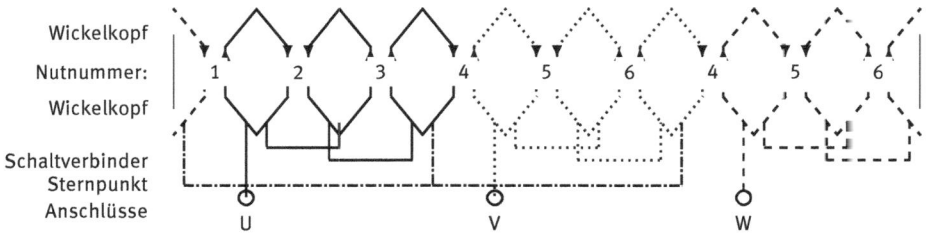

Abb. 7.13: Synchronmotor: Zahnspulenwicklung, N = 9 Nuten, s = 9 Spulen, $2p$ = 8, $\curlywedge$-Schaltung (siehe Abschnitt 8.2.1, Wicklungsfaktoren siehe Tabellen 8.2 und 8.3).

Eine andere Wicklung für achtpolige Motoren zeigt Abb. 7.13. Die Wicklung besitzt einen hohen Grundfeldwicklungsfaktor und kleine Oberfelder. Jedoch können leider wegen der ungeraden Nutzahl sehr leicht Radialkräfte entstehen, die Geräusche und Schwingungen verursachen können.

Zahnspulenwicklungen erzeugen neben dem gewünschten Grundfeld leider viele weitere, z. T. subharmonische Felder. Da der Rotor aber einen Dauermagneten mit einem ausgeprägten Grundfeld hat, führt nur das Grundfeld der Ständerwicklung zu einem Drehmoment. Die anderen Felder verursachen einen Anstieg der Streuinduktivität.

Hochpolige Motoren werden als ein-, zwei- und dreisträngige Klauenpolmotoren, wie sie im vorhergehenden Abschnitt beschrieben wurden, gebaut [144].

Eine andere Bauform arbeitet mit einem Nutungsfeld einer verteilten Wicklung, der sogenannte Vernier-Motor [162, 163]. Der Stator trägt eine z. B. zweipolige in Nuten verteilte Wicklung. Abbildung 7.14 zeigt diese Wicklung mit N = 12 Nuten, die als zweipolige Ganzlochwicklung oder gleichzeitig als Einschichtbruchlochwicklung mit der Polpaarzahl p_{nutung} = 11 und der Lochzahl q = 2/11 aufgefasst werden kann. Den Aufbau aus Rotor und Stator mit 22 Rotormagneten und das zugehörige Feldbild kann man in Abb. 7.15 sehen. Die Nutschlitze sind relativ groß, sodass neben dem zweipoligen Feld $2p_1$ = 2 starke Nutungsfelder p_{nutung} = $p_1 \pm N$ entstehen. Der Rotor hat $2p_{nutung}$ Pole. So entsteht ein hochpoliger Motor. Diese Motoren können bei guter Auslegung ein vergleichsweise hohes Drehmoment bei kleinen Drehzahlen erzeugen. Sie weisen aber häufig starke Drehmomentschwankungen auf.

Einsträngige Wechselstrommotoren erzeugen zwei entgegengesetzt rotierende Magnetfelder, sodass die Drehrichtung des Motors nicht eindeutig festgelegt ist. Ist nur eine Drehrichtung erlaubt, muss eine mechanische Rücklaufsperre eingebaut werden. Das ist wegen des Verschleißes dann sinnvoll, wenn der Motor nur selten eingeschaltet wird.

Bei vielen Anwendungen ist die Drehrichtung jedoch unerheblich, z. B. Drehteller in Mikrowellenöfen. Bei solchen Anwendungen läuft der Antrieb zufällig mal rechts- und mal linksherum.

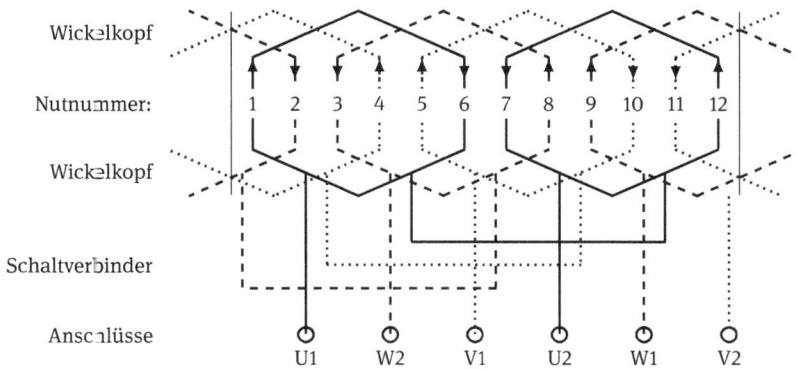

Abb. 7.14: Verniermotor: dreisträngige Einschichtbruchlochwicklung mit Nutzahl $N = 12$, Polzahl $2p_{nutung} = 22$, Lochzahl $q = 2/11$. Gleiche Wicklung wie eine gewöhnliche Einschichtganzlochwicklung $2p_1 = 2$, $q = 2$. Der Verniermotor nutzt ein Nutungsfeld, in diesem Fall $p_{nutung} = N - p_1$.

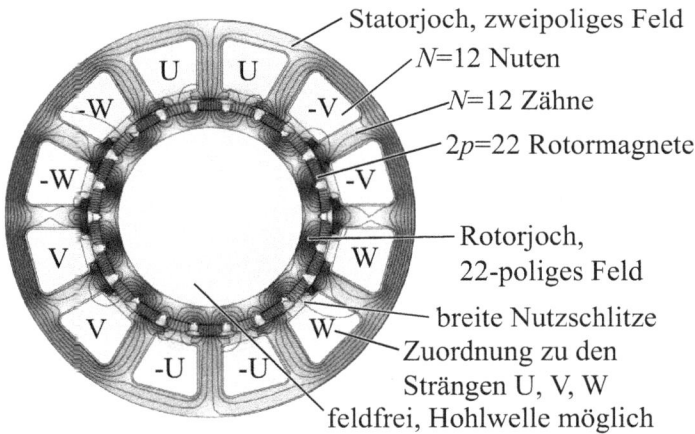

Abb. 7.15: Verniermotor: Rotor und Stator eines dreisträngigen Motors mit $N = 12$ Nuten, $2p_{nutung} = 22$ Polen. Im Rotorjoch ist das 22-polige Magnetfeld der Permanentmagneten zu erkennen. Das 22-polige Magnetfeld der Permanentmagneten zeigt sich wegen der geringen Nutzahl als zweipoliges Feld im Statorjoch. Der Stator hat breite Nutschlitze, so dass das Nutungsfeld p_{nutung} besonders stark ausgeprägt ist. Das 22-polige Feld benötigt nur eine geringe Rotorjochhöhe, so dass der Motor leicht mit Hohlwelle ausgeführt werden kann.

Um eine Rücklaufsperre zu vermeiden und beide Drehrichtungen zuzulassen, erfolgt ggf. bei Pumpen die Ausströmung der Pumpe radial und nicht tangential. Dadurch geht zwar der Pumpenwirkungsgrad zurück, die Zuverlässigkeit der Pumpe steigt aber an, da die nicht erforderliche Rücklaufsperre entfällt. Für Pumpenantriebe kommen **Nassläufer/Spaltrohrmotoren** zum Einsatz. Um eine schleifende und verschleißende Dichtung zwischen Motor und Pumpe zu vermeiden, dreht sich der Läufer im zu fördernden Medium. Da bei Magnetläufern der Luftspalt wesentlich größer sein kann als beim Kurzschlussläufer des Asynchronmotors (siehe Abschnitt 6.3, Abb. 6.13), kann das Spaltrohr, in dem der Läufer rotiert und das die Ständerwicklung schützt, häufig aus Kunststoff sein. Das Kunststoffrohr ist zwar deutlich dickwandiger als eine Metallhülse. Der Permanentmagnet kann aber trotzdem ein Magnetfeld mit einer hohen Flussdichte erzeugen.

Einen Nassläufer/Spaltrohrmotor mit einsträngigem Magnetläufer zeigt Abb. 7.16. Der Motor ist wie der einsträngige Motor mit Magnetläufer, Polzahl $2p = 2$, nach Abb. 7.7 aufgebaut. Der Stator ist durch ein Kunststoffrohr vom Rotor getrennt. Der Rotor wird vom Medium umspült.

Durch das Fehlen von schleifenden Dichtungen zwischen Medium und der Umgebung zeichnen sich die Motoren durch eine hohe Zuverlässigkeit aus. Der Permanent-

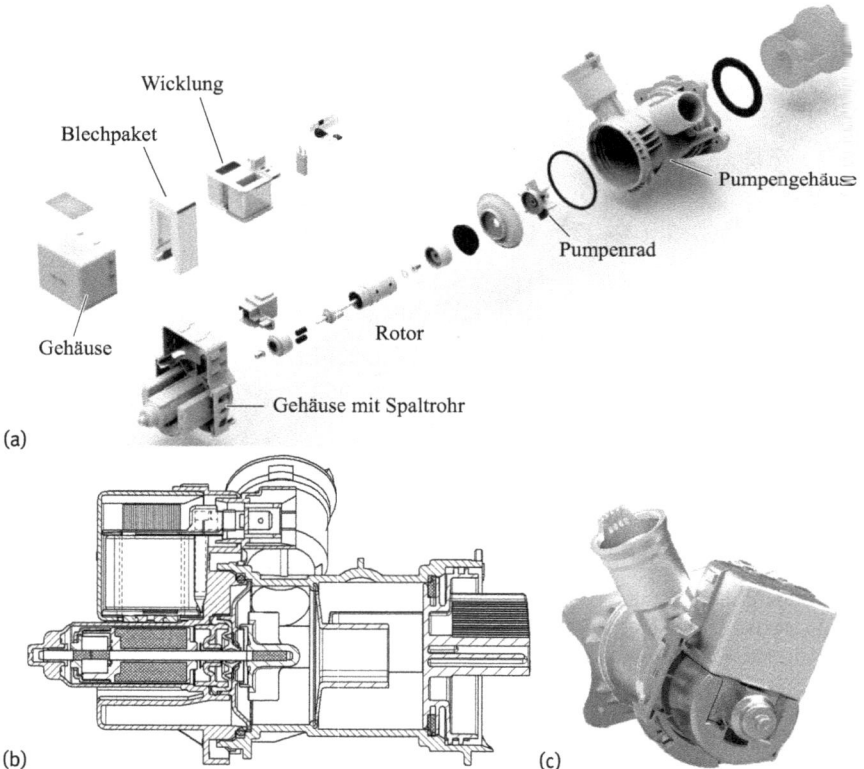

(a)

(b)   (c)

Abb. 7.16: Synchronmotor mit Magnetläufer, Einstrangmotor: Pumpe mit Nassläufer/Spaltrohrmotor mit Pumpengehäuse, Pumpenrad, Einstrangmotor, (a) Explosionsbild, (b) Schnittdarstellung, (c) Außenansicht (Werkbild Hanning).

magnetläufer sorgt für einen hohen Wirkungsgrad trotz des Kunststoffrohrs zwischen Stator und Rotor.

Für die Verwendung in aggressiven Medien wird je nach Anwendung das Spaltrohr auch aus amagnetischem, korrosionsfestem Stahl gefertigt. In diesem Fall treten Wirbelströme im metallischen Spaltrohr auf. Der Rotor erhält ggf. eine Edelstahlumhüllung zum Schutz der Permanentmagneten vor Korrosion.

Der Wirkungsgrad und die Drehmomentdichte sind erheblich größer als bei Asynchron-Spaltpolmotoren. Daher besitzt ein Synchronmotor mit Magnetläufer ein geringeres Volumen als entsprechende Asynchronmotoren.

Derartige Motoren haben Asynchron-Spaltpolmotoren nach Abschnitt 6.9 als Antriebe für Teich- und Aquarienpumpen, insbesondere aber für Pumpen in Wasch- und Geschirrspülmaschinen abgelöst, weil sie noch einfacher aufgebaut und zu fertigen sind, kleiner und leichter sind und deutlich bessere Wirkungsgrade aufweisen [145–147].

7.3.1.2 Wirkungsweise

Der Statorstrom erzeugt ein mit der Netzfrequenz synchron rotierendes Stator-Grundfeld. Das Stator-Grundfeld führt zusammen mit dem Rotormagnetfeld zu einem Drehmoment. Da die Statorwicklung meistens in Nuten eingebracht oder als Ringwicklung aufgebaut ist, entsteht das Drehmoment aus den Kräften auf die Nuten bzw. die Klauenpole (Wirkungsmechanismus siehe Abschnitt 2.6.2.1).

Ein zeitlich konstantes Drehmoment kann nur entstehen, wenn der Rotor synchron mit dem Statormagnetfeld dreht. Beim Einschalten ist das noch nicht der Fall, sodass zunächst nur ein Pendelmoment mit Netzfrequenz entsteht. Motoren mit Magnetläufern laufen also nicht ohne weiteres an, sondern pendeln zunächst mit Netzfrequenz hin und her.

Einsträngige Wechselstrom-Motoren erzeugen ein Wechselfeld, das man sich, wie im Abschnitt 6.5.2 erläutert, in zwei entgegengesetzt rotierende Drehfelder zerlegt denken kann. Mit einem dieser beiden Drehfelder fällt der Läufer durch das Einschwingen innerhalb einer oder weniger Perioden in Tritt. Die Drehrichtung ist daher nicht eindeutig

Insbesondere Motoren mit niedrigen Polzahlen laufen nicht ohne weiteres an. Kleinere Motoren erreichen durch Einschwingen die synchrone Drehzahl (siehe Abschnitt 7.5). Um das Einschwingen zu erleichtern, wird die Last elastisch oder mit einer Lose mit dem Läufer gekuppelt. So kann der Motor beim Einschalten zunächst mit geringem Lastdrehmoment starten und so auf eine hohe Drehzahl beschleunigen. Erreicht der Motor dabei die synchrone Drehzahl, kann er auf die Synchrondrehzahl einschwingen und mit konstanter Drehzahl weiterarbeiten.

Zweipolige, einsträngige Motoren besitzen zur Unterstützung des Einschwingens einen ungleichmäßigen Luftspalt, wie er in Abb. 7.7 dargestellt ist. Ist die Wicklung nicht erregt, stellt sich die Polachse des Läufers etwa in Richtung der schmalen Luftspalte ein. Wird die Wicklung eingeschaltet, schwingt der Läufer je nachdem, wie sich im Ständer Pole ausbilden, links- oder rechtsherum.

Diese einsträngigen Motoren können zum direkten Anlauf am Netz nur mit Leistungen bis etwa 50 W gebaut werden, weil das Trägheitsmoment größerer Motoren den Anlauf verhindert.

Für etliche Anwendungen werden Synchronmotoren mit integriertem Frequenzumrichter angeboten. Die Leistungselektronik bildet mit dem Motor eine Einheit. Der Anschluss des Antriebs erfolgt direkt an das speisende Einphasennetz (Frequenzumrichter siehe Kapitel 11). Je nach Stromform ergibt sich ein Übergang zu den BLDC-Motoren (siehe Kapitel 8).

Beim Betrieb mit Frequenzumrichtern lassen sich sehr hohe Drehzahlen realisieren. Anwendungen sind z. B. Lüfter, Pumpen und Zentrifugen.

Ein Beispiel ist der zweipolige Mikromotor in Abb. 7.8. Die drei Wicklungsstränge (nutenlose Schrägwicklung) werden durch die Leistungselektronik in zyklischer Folge an Spannung gelegt. Der Motor wird mit geringer Frequenz gestartet und kann dann auf seine Bemessungsdrehzahl hochgefahren werden. Diese wird möglichst hoch gewählt, um eine möglichst hohes Leistungsdichte zu erzielen. Vielfach wird ein Getriebe zur Reduktion der Motordrehzahl auf die für die Anwendung benötigte Drehzahl eingesetzt. Mit diesen Motoren sind z. B. Drehzahlen bis 100 000 1/min erreichbar.

Ein anderes Beispiel für die Pumpe eines Geschirrspülers zeigt Abb. 7.17. Es handelt sich um einen Nassläufer/Spaltrohrmotor mit Ferrit-Magnetläufer mit $2p = 6$ Polen. Der Stator hat eine Zahnspulenwicklung mit $z = 9$ Zähnen.

Eine besonders kostengünstige Ausführung für drehzahlstellbare Synchronmotoren ist die Ausführung mit einem gestuften Pol entsprechend Abb. 7.7. Ohne Strom

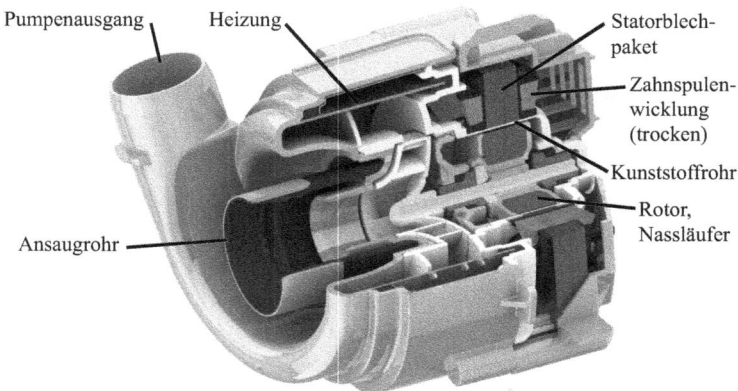

Abb. 7.17: Synchronmotor mit Magnetläufer: Pumpe einer Geschirrspülmaschine mit Nassläufer/Spaltrohrmotor mit Pumpengehäuse, Pumpenrad, Motor $P_{el} = 80\,W$, $2p = 6$, $z = 9$, sowie Heizung mit $P_{heiz} = 2$ kW für das Wasser (Werkbild BSH).

versucht der Rotor sich nach dem engsten Luftspalt auszurichten. Durch einen einphasigen Wechselrichter als H-Brücke wird ein Strom vorgegeben, der den Rotor in die gewünschte Richtung bewegt. Bei den Stromnulldurchgängen entsteht wieder ein Drehmoment in Richtung des engsten Luftspalts. So lässt sich mit einem einphasigen Wechselrichter die Drehzahl variieren.

7.3.1.3 Drehmomentverhalten

Synchronmotoren mit Magnetläufern, bei denen der ohmsche Widerstand der Ständerwicklung gegenüber dem Blindwiderstand vernachlässigbar klein ist ($R_S \ll X_S$), besitzen ein Drehmoment, das proportional dem Sinus des Lastwinkels δ bzw. $\beta = -\delta$ ist (Abb. 7.9, vernachlässigbarer Statorwicklungswiderstand $R_S \approx 0$, Vorzeichen des Lastwinkels δ wird hier entsprechend [13] gewählt):

$$M = -M_{\text{kipp}} \sin \delta = M_{\text{kipp}} \sin \beta \quad \begin{cases} \delta > 0 \, , \ \beta < 0 & \text{Generatorbetrieb} \\ \delta < 0 \, , \ \beta > 0 & \text{Motorbetrieb} \end{cases} \quad (7.4)$$

Das maximale Moment, das Kippmoment, tritt bei $\delta = \pm\pi/2$ auf. Da dies ein instabiler Betriebspunkt ist (Abschnitt 7.1.2), sollte das maximale Lastmoment deutlich darunter liegen.

Bei Kleinmotoren ist der ohmsche Widerstand im Allgemeinen gegenüber dem Blindwiderstand nicht vernachlässigbar. Im Beispiel der Abb. 7.9 gelten die ausgezogenen Kurven für einen Widerstand R_S, der ein Achtel der synchronen Reaktanz X_S, der Summe von Streu- und Hauptreaktanz in der Pol- oder Direktachse, beträgt. Es ist zu erkennen, dass infolge des ohmschen Widerstands das Kippmoment und der maximale Lastwinkel abnehmen. Der ohmsche Widerstand kann bei kleinen Motoren noch erheblich größer sein als hier angenommen. Außerdem hängt das Drehmoment, wie das Bild verdeutlicht, von der sogenannten Polradspannung U_P ab, d. h. von der in der Ständerwicklung durch den Läufer induzierten Spannung.

7.3.2 Hysteresemotor

7.3.2.1 Aufbau

Der Ständer von Hysteresemotoren wird in den gleichen Bauarten wie bei Motoren mit Magnetläufer ausgeführt, d. h. mit Nuten, mit Spalt- und mit Klauenpolen. Der Läufer besitzt einen Ring aus Hysteresematerial, das zwar Dauermagnet-Werkstoffen ähnlich ist, aber keine so breite Hystereseschleife hat und nicht starr vorgepolt ist.

7.3.2.2 Wirkungsweise

Die Durchflutung des Ständers erzeugt ein Drehfeld, das mit synchroner Drehzahl n_s

$$n_s = \frac{f_S}{p} \quad (7.5)$$

rotiert und den Hystereseläufer ständig ummagnetisiert, solange er steht oder langsamer als das Drehfeld rotiert.

Der magnetische Zustand der Läuferelemente durchläuft dabei die gesamte Hystereseschleife. Die dadurch entstehenden Hystereseverluste P_H sind proportional der Ummagnetisierungsfrequenz:

$$P_{\text{hyst}} \sim f_R = sf_R = p(n_s - n) \tag{7.6}$$

mit dem Schlupf s des Läufers gegenüber dem Drehfeld nach Gleichung (6.16). Im Hysteresematerial entstehen analog den Läuferverlusten von Asynchronmotoren die Hystereseverluste

$$P_{\text{hyst}} = P_{vR} = s\,P_\delta \tag{7.7}$$

Daraus ergeben sich das Drehmoment und die mechanische Leistung (siehe Abschnitt 2.6.2.2):

$$M_{\text{hyst}} = p\frac{P_{\text{hyst}}}{2\pi f_R} = p\frac{P_{\text{hyst}}}{2\pi s f_S} = \frac{P_\delta}{2\pi n_s}, \quad P = s\,P_\delta \tag{7.8}$$

Abbildung 7.18 veranschaulicht den Leistungsfluss beim Hysteresemotor. Vernachlässigt man zunächst die durch das Drehfeld entstehenden Wirbelströme, fließen im Läufer keine Ströme, die auf das Luftspaltfeld zurückwirken. Da es keine Ankerrückwirkung gibt, ist der Ständerstrom unabhängig von der Belastung, solange der Rotor noch nicht synchron läuft, also der Schlupf größer als null ist: $s > 0$.

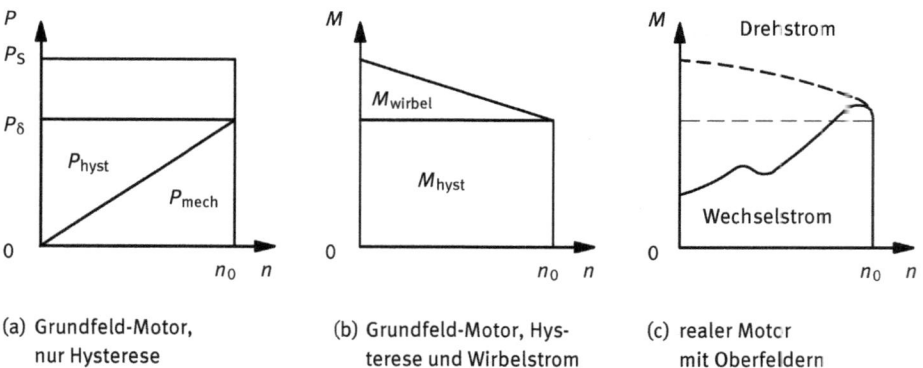

(a) Grundfeld-Motor, nur Hysterese

(b) Grundfeld-Motor, Hysterese und Wirbelstrom

(c) realer Motor mit Oberfeldern

Abb. 7.18: Hysteresemotor: Leistungen und Drehmomente. (a) und (b) Grundfeld-Motoren, (c) realer Motor mit Oberfeldern.

Die Verlustleistung des Ständers P_{vS} sowie die dem Netz entnommene Wirkleistung P_S sind dann ebenfalls konstant. Infolgedessen gilt das gleiche für die Luftspaltleistung:

$$P_\delta = P_S - P_{vS} = \text{konst} \tag{7.9}$$

Das durch die Hysterese erzeugte Drehmoment ist daher mit Gleichung (7.8) ebenfalls konstant:

$$M_{\text{hyst}} = \frac{P_\delta}{2\pi\,n_s} = \text{konst} \tag{7.10}$$

Die obigen Aussagen gelten für ideale Motoren. Tatsächlich entstehen in jedem Hystereseläufer Wirbelstromverluste proportional dem Quadrat der Läuferfrequenz:

$$P_{\text{wirbel}} \sim f_R^2 = (sf_S)^2 \tag{7.11}$$

Die zugehörige Luftspaltleistung und das dadurch verursachte Wirbelstrommoment M_{wirbel} verhalten sich umgekehrt proportional zum Schlupf s:

$$P_{\delta\text{wirbel}} \sim \frac{P_{\text{wirbel}}}{s}\,, \quad M_{\text{wirbel}} = \frac{P_{\delta\text{wirbel}}}{2\pi\,n_s} \sim \frac{P_{\text{wirbel}}}{s} \sim \frac{f_R^2}{s} \sim s \tag{7.12}$$

Das Wirbelstrommoment wächst also linear mit dem Schlupf s bzw. geht linear mit wachsender Drehzahl n zurück (Abb. 7.18b).

Abbildung 7.18c zeigt rechts den Drehmomentenverlauf realer Hysteresemotoren bei Dreh- und Wechselstrombetrieb. Durch Streuflüsse und einen im Allgemeinen starken Oberwellengehalt des Luftspaltfelds weicht der tatsächliche Momentenverlauf beträchtlich von dem eines idealen Motors ab. Kennzeichnend für einen Hysteresemotor ist, dass er von selbst, d. h. ohne Einschwingen, asynchron anläuft und sanft mit dem Drehfeld in Tritt fällt.

Im Synchronismus haben sich im Rotor Pole gebildet. Der Hysteresemotor verhält sich jetzt wie ein Magnetläufer-Motor. Die Pole haben jedoch eine sehr kleine Remanenzinduktion, sodass der Hysteresemotor ein Drehmoment entwickelt, das 20- bis 30-mal kleiner als das eines Magnetläufer-Motors ist.

Wegen der geringen Ausnutzung haben heute Hystereseantriebe stark an Bedeutung gegenüber den Magnetläufermotoren verloren [150].

7.3.3 Reluktanzmotor

Die Bedeutung von Reluktanzmotoren für Netzbetrieb hat für Kleinmotoren in den letzten Jahren stark abgenommen, sodass sie kaum noch in Firmenkatalogen zu finden sind. Bei Motoren von einigen kW werden hingegen neue Produkte am Markt angeboten. Diese Motoren arbeiten z. T. mit einer Kombination aus Reluktanz und Dauermagnet. Im Folgenden wird auf ihren Aufbau, ihre Wirkungsweise und ihr Betriebsverhalten eingegangen [153–155].

Geschaltete Reluktanzmotoren, bei denen der Reluktanzmotor und die Leistungselektronik ein aufeinander abgestimmtes Paket darstellen, werden entgegen den netzbetriebenen Reluktanzmotoren häufiger eingesetzt und sind ein am Markt vertretenes Produkt. Details zu Aufbau, Wirkungsweise und Betriebsverhalten der geschalteten Reluktanzmotoren zeigt Kapitel 9.

7.3.3.1 Aufbau

Reluktanzmotoren besitzen Läufer, deren magnetischer Leitwert entlang dem Umfang entsprechend der Polzahl schwankt. Der Läufer dreht sich synchron mit dem Drehfeld, weil er stets versucht, sich so einzustellen, dass die Änderung der elektrisch aufgenommenen Energie größer als die Änderung der magnetisch gespeicherten Energie ist. Wie beim Schenkelpol-Synchronmotor wird also ein Drehmoment (Reaktionsmoment) aufgrund unterschiedlicher Reluktanz in Läufer-Längs- und Querrichtung erzeugt.

Größere Reluktanzmotoren haben im Ständer eine in Nuten verteilte zwei- oder dreisträngige Wicklung (siehe z. B. Wicklungen in Abb. 6.16 und 6.20) und im Läufer eine Kurzschlusswicklung wie ein Asynchronmotor.

Es gibt zwei Läuferausführungen für reine Reluktanzmotoren:
- **Läufer mit ausgeprägten Polen** (Abb. 7.19 links) haben einen im Mittel großen Luftspalt. Dadurch benötigen sie einen vergleichsweise hohen Magnetisierungsstrom, um einen zur Drehmomentbildung ausreichend großen Fluss über den Luftspalt zu treiben. Infolgedessen ist der Leistungsfaktor $\cos \varphi$, das Verhältnis von aufgenommener Wirk- zu Scheinleistung, klein. Da der hohe Strom hohe Verluste erzeugt, gilt das Gleiche auch für den Wirkungsgrad η. Die Leistung dieser Motoren ist deshalb etwa nur halb so groß wie diejenige baugleicher Wechselstrom-Asynchronmotoren.
- **Läufer mit Flusssperren-Schnitt** (Abb. 7.19 rechts) sind zwar etwas teurer zu fertigen, aber die Leistung dieser Motoren ist wegen des konstanten Luftspalts etwa ebenso groß wie diejenige baugleicher Wechselstrom-Asynchronmotoren, wenn die Sättigung des Läufers nicht zu hoch ist.

Weiter werden Motoren gefertigt, bei denen zusätzlich Dauermagnete im Läufer sind. Diese Motoren erzeugen ihr Drehmoment aus der Kombination des Reluktanzdrehmoments und des Permanentmagnetdrehmoments, Details siehe Abschnitt 7.3.4.

Für Außenläufermotoren werden manchmal Asynchronmotoren-Schnitte verwendet, in deren Läuferjoch Löcher eingestanzt und damit magnetische Engpässe

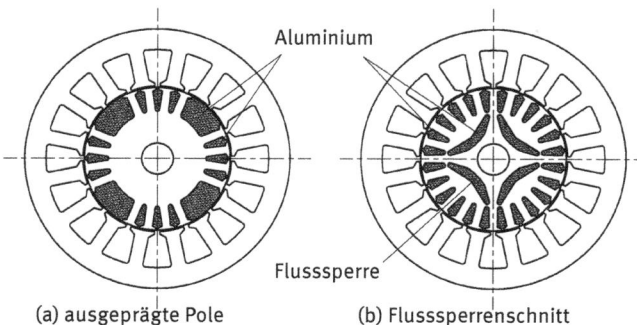

Abb. 7.19: Reluktanzmotoren: vierpolig p = 2 mit Kurzschlusswicklung im Läufer. (a) Läufer mit ausgeprägten Polen, (b) Flusssperrenschnitt.

erzeugt werden. Die magnetischen Engpässe führen zu unterschiedlichen magnetischen Leitwerten in den Läuferachsen, sodass ein Reluktanzdrehmoment entsteht.

7.3.3.2 Betriebsverhalten Anlauf mit Käfigwicklung

Motoren mit Käfigwicklung laufen selbständig hoch. Nach Durchlaufen des asynchronen Kippmoments fallen sie ruckartig mit dem Drehfeld in Tritt (Abb. 7.20). Dann arbeiten sie stationär mit synchroner Drehzahl.

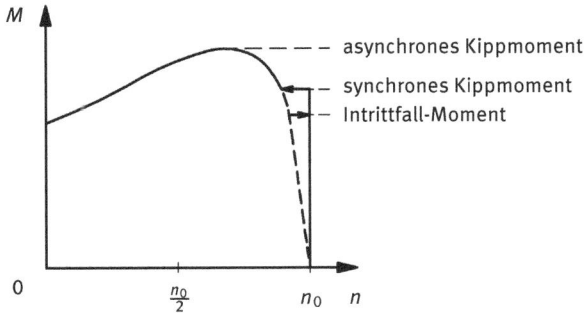

Abb. 7.20: Synchronmaschine: In-Tritt-fallen, Drehzahl-Drehmoment-Kurve $M(n)$ mit asynchronem und synchronem Drehmoment.

Wird das Lastmoment größer als das synchrone Kippmoment, fallen sie ebenso ruckartig außer Tritt, bleiben jedoch nicht stehen, wenn das Lastmoment kleiner als das asynchrone Kippmoment ist.

Motoren ohne Käfigwicklung mit ausgeprägten Polen, die gezahnt und ungezahnt sein können, fallen wie Motoren mit Magnetläufern durch Einpendeln in Tritt. Sie haben heute praktisch keine Bedeutung mehr, weil das Drehmoment zu gering ist.

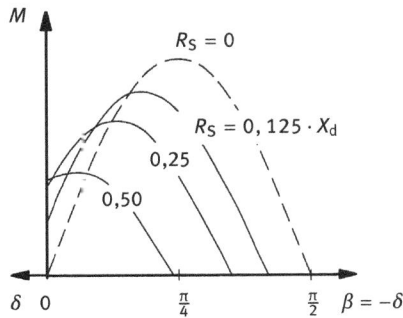

Abb. 7.21: Reluktanzmotor: Kennlinie Drehmoment in Abhängigkeit vom Lastwinkel δ bzw. $\beta = -\delta$, Parameter Statorwiderstand bezogen auf die Längsreaktanz R_S/x_d, $X_d = 2\pi f L_d$.

Für das Drehmomentverhalten bei Synchronbetrieb gilt ähnliches wie für Motoren mit Magnetläufern, wobei aber zu berücksichtigen ist, dass sowohl das Drehmoment als auch der Wirkungsgrad und der Leistungsfaktor von Reluktanzmotoren erheblich kleiner sind. Abbildung 7.21 zeigt das Drehmoment in Abhängigkeit vom Lastwinkel δ für einige Werte des Wicklungswiderstands bezogen auf die Längsreaktanz R_S/X_d. Die gestrichelte Kurve besitzen Motoren mit vernachlässigbarem Widerstand R_S, was bei Kleinmotoren kaum zutrifft. Hier wird besonders deutlich, wie stark das Kippmoment und der maximal mögliche Lastwinkel δ mit zunehmendem Widerstand R_S abnehmen.

7.3.4 Permanentmagneterregte Motoren mit anisotropem Läufer

7.3.4.1 Aufbau

Permanentmagneterregte Synchronmotoren mit anisotropem Läufer, d. h. Motoren mit Magneten in einem Reluktanzläufer, werden als Hybrid-Synchronmotoren bezeichnet (Magnetläufer siehe auch Abschnitt 8.2.2, Abb. 8.10, Abb. 8.11). Haben sie ferner einen Anlauf- oder Dämpferkäfig, bezeichnet man sie auch als synchronisierte Asynchronmotoren (Merril-Motor, (hybrid) permanent magnet synchronous motor resp. AC motor) [156, 157, 159].

Im Allgemeinen besitzen sie für den Anlauf eine Kurzschlusswicklung wie Asynchronmotoren (Abb. 7.22). Fehlt diese Wicklung (Abb. 7.23), müssen sie frequenzgesteuert hochgefahren werden (Abschnitt 7.7 Drehzahlstellen), weil bei diesen aufwendigen Motoren und den angetriebenen Maschinen ein Einschwingen in die synchrone Drehzahl wie bei den im Abschnitt 7.5 behandelten Motoren in der Regel nicht in Frage kommt. Als Magnete werden sowohl Ferrit- als auch Seltenerd-Magnete verwendet.

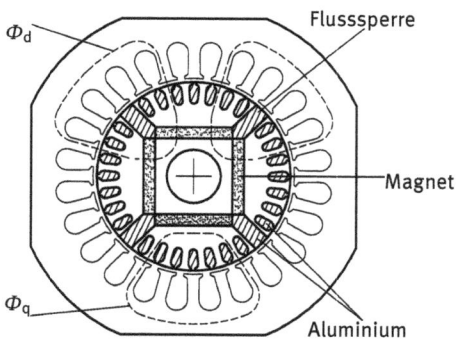

Abb. 7.22: Synchronmotor mit anisotropem Läufer: Schnittbild mit Permanentmagneten, Dämpferkäfig, Flusssperren, unterschiedliche Induktivitäten in d- und q-Achse, $L_d < L_q$.

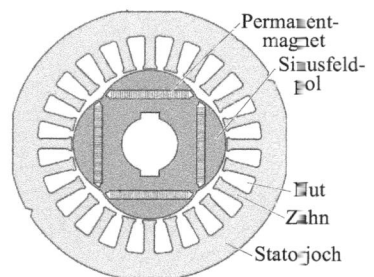

Abb. 7.23: Synchronmotor mit anisotropem Läufer: Schnittbild mit Permanentmagneten, Sinusfeldpolen, unterschiedliche Induktivitäten in d- und q-Achse, $L_d < L_q$ (Blechschnitt Lienle & Spiess).

7.3.4.2 Wirkungsweise

Der Motor mit Kurzschlusswicklung entwickelt während des Hochlaufs ein Drehmoment analog dem Asynchronmotor (Abb. 7.24). Das mit dem Läufer rotierende Permanentmagnetfeld erregt in der Ständerwicklung Ströme mit einer Frequenz proportional der Drehzahl. Diese Ströme, für die das Netz praktisch einen Kurzschluss darstellen, bilden mit dem Permanentmagnetfeld ein Drehmoment (Magnetmoment), das dem asynchronen Moment überlagert ist. Dadurch weist das resultierende Drehmoment einen tiefen Sattel bei kleinen Drehzahlen auf, der den Hochlauf erheblich behindern kann.

Im Synchronismus wird das durch den Läufermagneten erzeugte schlupffrequente Pendelmoment zum Synchronmoment. In Abb. 7.25 ist der prinzipielle Verlauf des synchronen Moments als Funktion des Lastwinkels δ in Abhängigkeit vom Statorwiderstand R_S und von der Polradspannung U_P dargestellt. Die Magnetplatten und die Flusssperren behindern den Fluss Φ_d in der Längsachse, sodass im Gegensatz zu elektrisch erregten Schenkelpolmaschinen die Querreaktanz X_q größer als die Längsreaktanz X_d ist:

$$X_q = 2\pi f L_q > X_d = 2\pi f L_d \qquad (7.13)$$

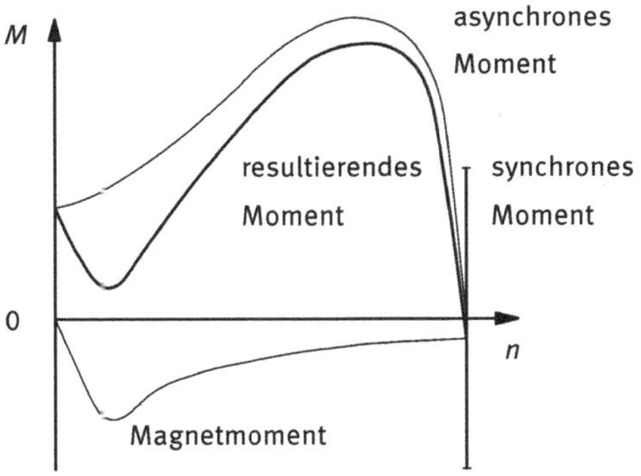

Abb. 7.24: Permanentmagnet-Synchronmotor mit anisotropem Läufer: Drehzahl-Drehmoment-Kurve mit asynchronem und synchronem Drehmoment sowie Magnetmoment aus der vom Läufermagnet induzierten Spannung in der Statorwicklung.

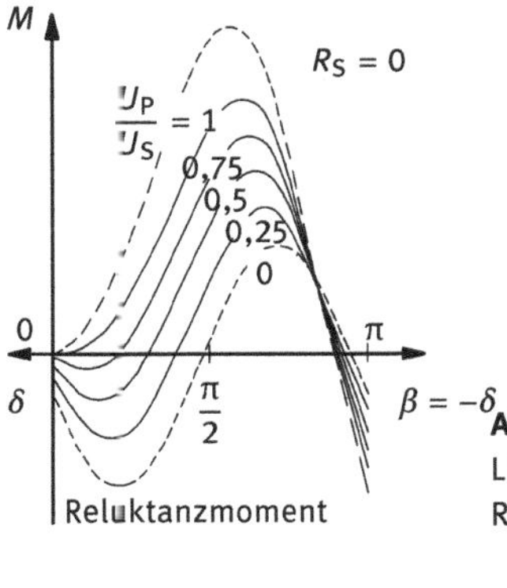

Abb. 7.25: Permanentmagnet-Synchronmotor mit anisotropem Läufer: Drehmomentverhalten mit synchronem Drehmoment und Reluktanzmoment abhängig vom Lastwinkel δ bzw. $\beta = -\delta$.

Infolgedessen wird das Magnetmoment bei kleinen Lastwinkeln δ durch das Reluktanzmoment geschwächt, bei großen Lastwinkeln verstärkt. Der maximale Lastwinkel wird daher größer.

Vorteile dieser Motoren gegenüber reinen Reluktanzmotoren sind ihr höheres Drehmoment, ihr höherer Wirkungsgrad und, dass sie keine Blindleistung für den Aufbau des Erregerfelds benötigen. Entsprechende Umrichter können also für eine kleinere Leistung bemessen sein. Allerdings sind derartige Antriebe relativ teuer. Sie werden in der Chemiefaser-Fertigung und für Gleichlaufantriebe (z. B. Rollgangantriebe) eingesetzt.

7.3.5 Synchron-Klauenpolgenerator mit elektrischer Erregung

Klauenpolgeneratoren werden in Kraftfahrzeugen mit Verbrennungsmotor zur Versorgung des Bordnetzes und zum Laden der Starterbatterie verwendet. Die Generatoren werden über einen Riemen vom Verbrennungsmotor angetrieben. Sie müssen über einen weiten Drehzahlbereich vom Leerlauf des Verbrennungsmotors bis zur Maximaldrehzahl Leistung in das Bordnetz mit einer Spannung von meistens ca. 12 V abgeben.

7.3.5.1 Aufbau
Abbildung 7.26 zeigt einen Klauenpolgenerator, wie er in heutigen Kraftfahrzeugen zum Einsatz kommt. Die Generatoren haben Leistungen von einigen hundert Watt bis zu einigen kW. In der Regel werden die Generatoren gehäuselos ausgeführt. Die Lagerschilder liegen auf dem Statorblechpaket auf.

Der Klauenpolgenerator besitzt im Stator eine in Nuten verteilte Drehstromwicklung. Das Statorblechpaket wird in der Regel aus einem gestreckten Statorblech zu einem Ring gebogen. Dadurch wird die benötigte Blechmenge reduziert. Bei einem

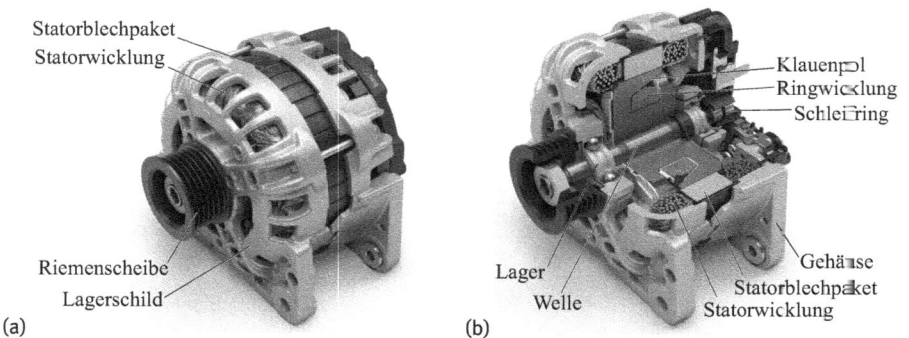

Abb. 7.26: Synchronmaschine: Klauenpolgenerator mit elektrischer Erregung, (a) Außenansicht, (b) Schnitt durch Stator, Rotor (Werkbild SEG).

Rundschnitt wie bei anderen Maschinen üblich, würde das Blech der Bohrung als Abfall übrig bleiben, da der Rotor separat aus Stahl aufgebaut ist.

Der Rotor trägt eine Ringwicklung zur Erregung des Magnetfelds. Klauen, die abwechselnd von beiden Enden des Generators die Ringspule umschließen, sorgen für ein Wechselmagnetfeld des Rotors. Abbildung 7.27a zeigt den Aufbau eines solchen Klauenpolrotors mit der Ringwicklung im Inneren, den Klauenpolen, die abwechselnd von links und rechts die Ringwicklung umgreifen und die Schleifringe (ganz rechts) über die der Erregerstrom zugeführt wird. Zur Kühlung sind an beiden Seiten des Rotors Lüfterbleche angebracht.

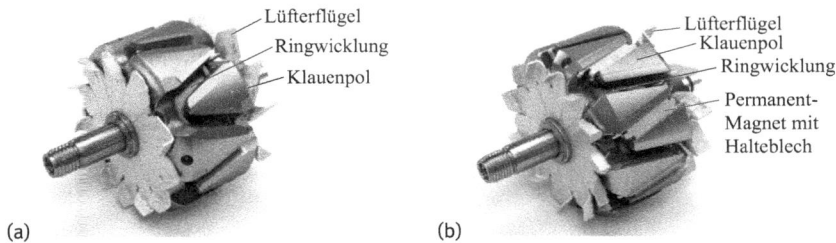

(a)   (b)

Abb. 7.27: Synchronmaschine: Rotor eines Klauenpolgenerators mit elektrischer Erregung, (a) rein elektrische Erregung, (b) zusätzliche Permanentmagnete zwischen den Klauenpolen zur Erhöhung des Flusses, Fasen an den Klauenpolen zur Geräuschreduzierung (Werkbild SEG).

Die Klauenpole werden aus Stahlblech gebogen. Die Fasen an den Polen dienen zur Reduzierung hochpoliger Oberfelder des Rotors, um die Geräusche zu reduzieren.

Bei Generatoren für höhere Leistungen werden zwischen die Pole Permanentmagnete eingefügt. Die Permanentmagnete sorgen dafür, dass ein Teil des Magnetfelds ohne Erregerstrom vorhanden ist. Dadurch werden der Erregerstrom reduziert und der Wirkungsgrad verbessert. Abbildung 7.27b stellt einen solchen Rotor dar.

Der Erregerstrom für den Rotor wird über ein Bürstenpaar und Schleifringe übertragen Schleifringe und Bürsten sind so ausgelegt, dass sie trotz des Verschleißes die Betriebsdauer eines Kraftfahrzeugs ohne Wartung bestehen.

Die Drehstromwicklung ist mit einem ungesteuerten Gleichrichter verbunden, der direkt am Generator montiert ist. Der Erregerstrom wird über einen Chopper eingestellt, sodass der gewünschte Generatorstrom zur Versorgung des Bordnetzes fließt.

Wegen der offenen Ausführung der Generatoren müssen alle Teile korrosionsfest gegenüber den Belastungen im Motorraum eines Fahrzeugs sein. Insbesondere müssen alle Teile salzhaltiges Spritzwasser mit Sand und Split ertragen. Daher werden die Wicklungen intensiv imprägniert.

7.3.5.2 Wirkungsweise

Der Rotor trägt eine Ringwicklung, die von den Klauenpolen umschlossen wird. Ein Erregerstrom in der Ringwicklung sorgt für einen magnetischen Fluss, der sich in dem magnetischen Kreis aus Welle, Klauenpol, Stator und Klauenpol ausbildet. Da die $2p$ Klauenpole in Umfangsrichtung abwechselnd von links und rechts kommen, bildet der Rotor in Umfangsrichtung abwechselnd Nord- und Südpole mit p Polpaaren bzw. $2p$ Polen für das Grundfeld aus. Darüber hinaus erzeugt der Rotor aufgrund seiner Geometrie Magnetfelder mit ungeradzahligen Vielfachen v der Grundpolpaarzahl p:

$$v = (1 + 2g)p \quad \text{mit} \quad g = 0,\ 1,\ 2\ldots \tag{7.14}$$

Die Größe des Rotormagnetfelds hängt vom Erregerstrom ab.

Zwischen den Klauenpolen entsteht ein Streufluss, der nicht die Ständerwicklung durchsetzt, also nicht zur induzierten Spannung beiträgt. Dieser Streufluss sorgt aber für einen großen magnetischen Fluss im Rotor. Daher muss der Magnetkreis im Rotor mit großen Querschnitten dimensioniert werden, um keine zu große Sättigung mit einem hohen Erregerstrombedarf zu erhalten.

Das Rotorgrundfeld induziert in der Ständerwicklung bei Drehung eine Spannung $U_{S\,st}$ mit der Frequenz $f_S = p\,n$. Weiter werden durch die Oberfelder v Spannungen mit den Frequenzen

$$f_v = vn = (1 + 2g)pn \tag{7.15}$$

induziert. Insgesamt entsteht so eine stark von der Sinusform abweichende induzierte Spannung.

Der Klauenpolgenerator wird über einen Riemen vom Verbrennungsmotor mit fester Übersetzung angetrieben. Daher muss der Generator bei unterschiedlichen Drehzahlen beginnend bei der Leerlaufdrehzahl bis zur Maximaldrehzahl des Verbrennungsmotors Leistung in das Bordnetz mit etwa konstanter Spannung von $U_= \approx 12\ \text{V}$ abgeben.

Für die folgende Betrachtung werden zur Vereinfachung nur die Grundspannung und der Grundstrom mit der Frequenz $f_S = p\,n$ betrachtet.

Da die Statorwicklung über einen ungesteuerten Gleichrichter mit dem Bordnetz verbunden ist (Abb. 7.28), liegt an der Statorwicklung bei Stromfluss durch die Gleichrichterdioden eine etwa konstante Wechselspannung mit ungefähr trapezförmigem

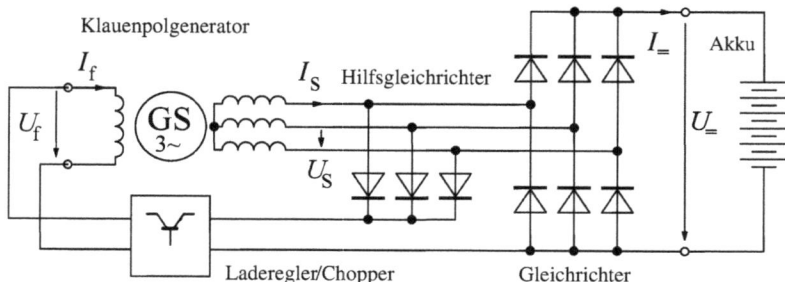

Abb. 7.28: Synchronmaschine: Schaltbild Klauenpolgenerator für Kfz mit Akku, Gleichrichter Hilfsgleichrichter für Erregung, Laderegler/Chopper.

Zeitverlauf. Aus der Fourieranalyse des trapezförmigen Zeitverlaufs ergibt sich der Effektivwert der Grundschwingung U_S der verketteten Statorspannung zu

$$U_S \approx \frac{6\sqrt{2}}{\pi^2}(U_= + 2 \cdot U_{\text{Diode}}) \approx 0{,}860 \cdot (U_= + 2 \cdot U_{\text{Diode}}) \tag{7.16}$$

Der Strom fließt näherungsweise in Phase mit der Statorspannung. Für den Generator wirkt das Bordnetz mit Gleichrichter daher näherungsweise wie eine ohmsche Last. Der Zusammenhang zwischen Statorstrom und Gleichstrom ist dann in etwa

$$I_= = \frac{6\sqrt{6}}{\pi^2}I_S \approx 1{,}49 \cdot I_S \tag{7.17}$$

Das zugehörige Ersatzschaltbild und das Zeigerbild zeigt Abb. 7.29.

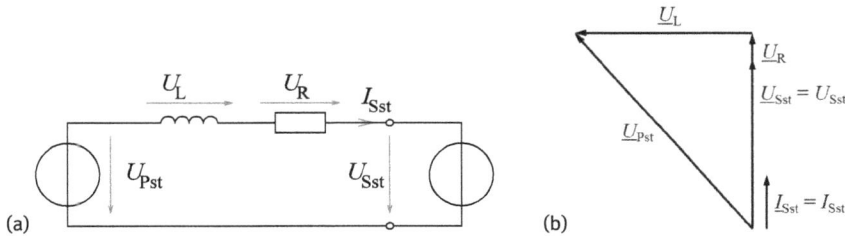

Abb. 7.29: Synchronmaschine: Ersatzschaltbild und Zeigerbild Klauenpolgenerator für Kfz mit Akku.

Aus dem Spannungsdreieck ergeben sich in Näherung folgende Gleichungen für die Strangspannungen:

$$U_{P\,st}^2 = (U_{S\,st} + U_R)^2 + U_L^2 , \quad U_L = 2\pi f_S L_S I_S , \quad U_R = R_S I_S \tag{7.18}$$

$$U_{P\,st} = \sqrt{(U_{S\,st} + R_S I_S)^2 + (2\pi f_S L_S I_S)^2} \tag{7.19}$$

Zur Einstellung des Stroms muss die Polradspannung variiert werden. Dies erfolgt über die Höhe des Erregerstroms bzw. der Erregerspannung. Die Erregerwicklung wird dazu über einen Chopper vom Bordnetz versorgt (Laderegler in Abb. 7.28). So können über das Tastverhältnis der Erregerstrom I_f und die Polradspannung U_f eingestellt werden, sodass das Bordnetz mit der passenden Leistung versorgt wird.

Mit dem Erregerwicklungswiderstand R_f und dem Bürstenspannungsabfall $U_{b\ddot{u}}$ gilt für die Erregerspannung:

$$U_f = R_f I_f + 2U_{b\ddot{u}} \tag{7.20}$$

Bei Vernachlässigung der Sättigung wächst die Polradspannung proportional zum Erregerstrom. Bei Permanentmagneten im Rotor erzeugt auch der Permanentmagnetfluss eine induzierte Spannung in der Statorwicklung. Beide Anteile sind proportional zur Frequenz bzw. Drehzahl:

$$U_{P\,st} = K_f I_f n + K_{PM} n \tag{7.21}$$

Aus den Gleichungen (7.18) bis (7.21) ergeben sich die näherungsweisen Zusammenhänge zwischen Erregerspannung bzw. Erregerstrom und Statorstrom:

$$I_f = \frac{1}{K_f} \sqrt{(U_{S\,st} + R_S I_S)^2 + (2\pi f_S L_S I_S)^2} - \frac{K_{PM}}{K_f} n \tag{7.22}$$

$$U_f = 2U_{b\ddot{u}} - \frac{R_S K_{PM}}{K_f} n + \frac{R_S}{K_f} \sqrt{(U_{S\,st} + R_S I_S)^2 + (2\pi f_S L_S I_S)^2} \tag{7.23}$$

Die Erregerspannung ist durch die Bordnetzspannung limitiert. Die Auslegung des Generators muss also so erfolgen, dass für den gesamten Drehzahlbereich und Statorstrombereich die erforderliche Erregerspannung immer unter der Bordnetzspannung bleibt.

7.4 Betriebsverhalten Synchronmotor mit Kondensatorhilfsstrang

7.4.1 Symmetrischer Betrieb dreisträngiger Motor mit Kondensatorhilfsstrang

Ein dreisträngiger Synchronmotor kann mit einem Kondensator am Einphasennetz betrieben werden. Dazu wird der Kondensator in Reihe mit einem Strang geschaltet (Abb. 7.30).[2]

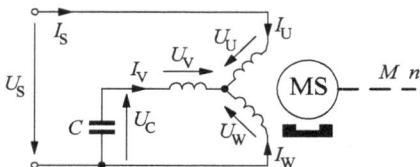

Abb. 7.30: Dreisträngiger Permanentmagnet-Synchronmotor: Schaltbild mit Kondensator am Einphasennetz.

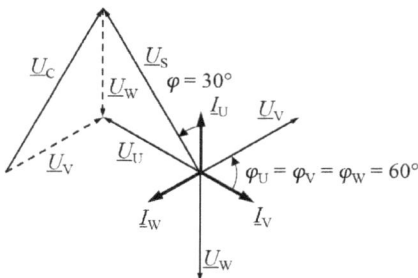

Abb. 7.31: Dreisträngiger Permanentmagnet-Synchronmotor: Zeigerbild beim Betrieb mit Kondensator am Einphasennetz im symmetrischen Betrieb.

---

2 Schaltbild gilt (ohne Permanentmagnet) auch für Asynchronomotoren, siehe Abschnitt 6.5.2.

Im symmetrischen Betrieb sind die drei Strangströme betragsgleich und um 120° gegeneinander verschoben. Damit dann ein symmetrischer Betrieb möglich ist, ist ein Phasenwinkel $\varphi_U = \varphi_V = \varphi_W = 60°$ zwischen den Strangströmen und -spannungen erforderlich. Abb. 7.31 zeigt das zugehörige Zeigerbild für den symmetrischen Betrieb.

Der Kondensator ergibt sich dann aus der Kondensatorspannung $U_C = U_S$ und dem Strangstrom $I_V = I$ zu

$$C = \frac{I}{2\pi f U_S} \tag{7.24}$$

Die Symmetrierung kann nur für einen Betriebspunkt exakt erfolgen. In diesem Betriebspunkt weist der Antrieb keine Pendelmomente auf. Betriebspunkte in der Nähe des symmetrischen Betriebs haben ebenfalls ein gutes Betriebsverhalten mit geringen Pendelmomenten und geringen Geräuschen.

Bei geringer Belastung und bei Überlast steigen dagegen die Pendelmomente und Geräusche deutlich an.

7.4.2 Symmetrischer Betrieb zweisträngiger Motor mit Kondensatorhilfsstrang

Für ein konstantes Drehmoment ist ein symmetrischer Betrieb des Motors erforderlich. Dazu müssen in den beiden Strängen U und Z des zweisträngigen Synchronmotors zwei um $\Delta\varphi = 90°$ versetzte Ströme fließen. Dazu wird in Reihe mit dem Hilfsstrang Z ein Kondensator geschaltet (Abb. 7.32).[3]

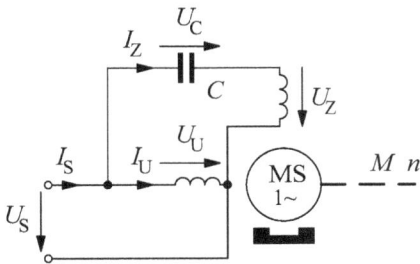

Abb. 7.32: Zweisträngiger Permanentmagnet-Synchronmotor: Schaltbild mit Kondensatorhilfsstrang.

Wenn die beiden Stränge identisch aufgebaut sind (symmetrische Wicklung, Abschnitt 6.4.3.1), sind die beiden Spannungen an den Strängen ebenso wie die Ströme um $\Delta\varphi = 90° = \pi/2$ verschoben:

$$\underline{U}_U = U_S \, , \quad \underline{U}_Z = j\,U_S \, , \quad \underline{I}_Z = j\,\underline{I}_U \tag{7.25}$$

$$\underline{I}_S = \underline{I}_U + \underline{I}_Z \, , \quad I_S = \sqrt{2}\,I_U \tag{7.26}$$

---

3 Die gleiche Schaltung wird auch für Asynchronmotoren (siehe Abschnitt 6.5.2) und für den Betrieb von Schrittmotoren an Wechselspannung verwendet (siehe Kapitel 10).

Die Spannung am Kondensator ergibt sich zum einen aus der Differenz der beiden Statorspannungen und zum anderen aus dem Strom im Hilfsstrang:

$$\underline{U}_C = \underline{U}_U - \underline{U}_Z = \frac{1}{j2\pi f C}\, \underline{I}_Z \tag{7.27}$$

Diese Bedingungen lassen sich nur lösen, wenn der Winkel zwischen Strom und Spannung in beiden Strängen jeweils $\varphi_U = \varphi_Z = 45° = \pi/4$ beträgt. Das Zeigerbild in Abb. 7.33 zeigt die Zusammenhänge. Daraus ergeben sich die Kondensatorspannung und der erforderliche Kondensator zu

$$U_C = \sqrt{2}\, U_S\,, \quad C = \frac{I_U}{\sqrt{2}\, 2\pi f U_S} = \frac{I_S}{2\pi f U_S} \tag{7.28}$$

In diesem Betriebspunkt ist der Winkel zwischen Strom und Spannung für beide Stränge $\varphi_U = \varphi_Z = 45°$.

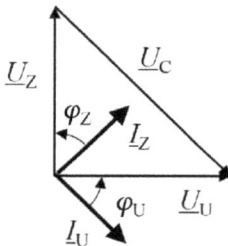

Abb. 7.33: Zweisträngiger Synchronmotor: Zeigerbild für den symmetrischen Betrieb mit Kondensatorhilfsstrang, symmetrische Wicklung.

Der Gesamtstrom zeigt in Richtung der Spannung, sodass der Motor keine Blindleistung vom Netz benötigt:

$$\underline{I}_S = \underline{I}_U + \underline{I}_Z\,, \quad \angle(\underline{I}_S, \underline{U}_S) = 0\,, \quad \cos\varphi = 1 \tag{7.29}$$

Andere Phasenwinkel $\varphi_U = \varphi_Z \neq 45°$ sind mit quasisymmetrischen Wicklungen möglich, bei denen der Hilfsstrang eine andere Windungszahl als der Hauptstrang hat.[4]

7.4.3 Komplexe Spannungsgleichungen einsträngiger Betrieb

Die Gesamtspannung $\underline{U}_S$ ergibt sich mit dem Ersatzschaltbild nach Abb. 7.34 aus der Polradspannung bzw. induzierten Spannung $\underline{U}_P$ und dem Strom $\underline{I}_S$ zu:

$$\underline{U}_S = \underline{U}_P + j\omega L_S \underline{I}_S + R_S \underline{I}_S \tag{7.30}$$

---

4 Weitere Infos zu quasisymmetrischen Wicklungen siehe Abschnitt 6.4.3.2.

Wählt man die Statorspannung als reelle Bezugsgröße, lassen sich Statorspannung und Polradspannung mit dem Lastwinkel δ folgendermaßen schreiben:

$$\underline{U}_S = U_S , \qquad \underline{U}_P = U_P \cdot e^{j\delta} , \qquad \text{Motorbetrieb: } \delta < 0 \tag{7.31}$$

Mit diesen Spannungen lässt sich die Spannungsgleichung (7.30) nach dem Strom auflösen:

$$\underline{I}_S = \frac{U_S}{R_S + j\omega L_S} - \frac{U_P}{R_S + j\omega L_S} \, e^{j\delta} \tag{7.32}$$

Mit dem Strom $\underline{I}_S$ werden die elektrische Leistung, die mechanische Leistung und daraus das Drehmoment berechnet (Abschnitt 2.6.2.3). Dabei wird die Reibleistung P_{reib} wegen der konstanten Drehzahl als belastungsunabhängige Verlustleistung berücksichtigt:

$$P_{el} = \text{Re}(\underline{U}_S \cdot \underline{I}_U^*) = U_S \, \text{Re}(\underline{I}_S) \tag{7.33}$$

$$P_{mech} = \text{Re}(\underline{U}_P \cdot \underline{I}_S^*) - P_{reib} \tag{7.34}$$

$$= U_P \, \text{Re}\left(e^{j\delta} \, \underline{I}_S^*\right) - P_{reib} \tag{7.35}$$

$$M = \frac{P_{mech}}{2\pi \, n_s} = \frac{U_P}{2\pi \, n_s} \, \text{Re}\left(e^{j\delta} \, \underline{I}_U^*\right) - M_{reib} \tag{7.36}$$

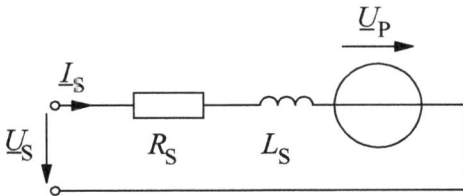

Abb. 7.34: Einsträngiger Synchronmotor: Ersatzschaltbild.

7.4.4 Komplexe Spannungsgleichungen mit Kondensatorhilfsstrang, symmetrische Wicklung

Die komplexen Spannungsgleichungen für den Synchronmotor mit Kondensatorhilfsstrang werden mit dem Ersatzschaltbild für die beiden Stränge U und Z der Maschine dargestellt. Abb. 7.35 zeigt das Ersatzschaltbild mit den beiden induzierten Spannungen $\underline{U}_{PU}$ und $\underline{U}_{PZ}$, den Selbstinduktivitäten L_{SU} und L_{SZ}, der Gegeninduktivität M_{UZ} und Widerständen R_{SU} und R_{SZ} sowie dem Kondensator C für den Hilfsstrang.
Bei einer symmetrischen Statorwicklung (siehe Abschnitt 6.4.3.1) sind die Widerstände beider Stränge identisch:

$$R_{SU} = R_{SZ} = R_S \tag{7.37}$$

Die Induktivität eines Strangs ist bei einem Rotor mit unterschiedlichen Leitwerten in der d- und q-Achse von der Rotorstellung abhängig. Ferner gibt es in diesem

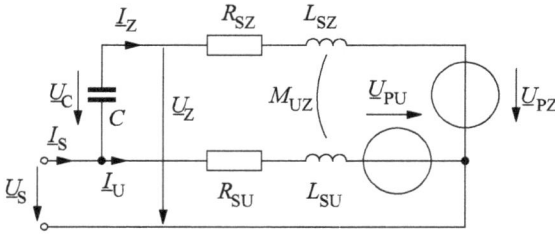

Abb. 7.35: Zweisträngiger Synchronmotor: Ersatzschaltbild mit Kondensatorhilfsstrang, induzierte Spannungen/Polradspannungen $\underline{U}_{PU}$ und $\underline{U}_{PZ}$, Selbstinduktivitäten L_{SU} und L_{SZ}, Gegeninduktivität M_{UZ}, Widerstände R_{SU} und R_{SZ}, Kondensator C für den Hilfsstrang.

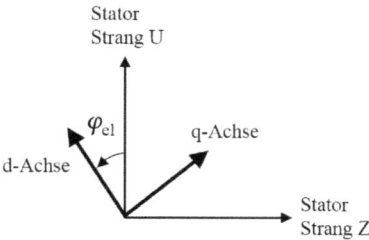

Abb. 7.36: Zweisträngiger Synchronmotor: Koordinatensysteme und Wicklungsachsen, Statorstränge U, Z, Rotorachsen d, q.

Fall eine Gegeninduktivität zwischen den beiden Statorsträngen. Die Achsen des Stator- und Rotorsystems zeigt Abb. 7.36. Mit dem Winkel

$$\varphi_{el} = p\,\varphi_{mech} + \varphi_0 \tag{7.38}$$

zwischen Rotor-d-Achse und Achse des Strangs U ergeben sich die Induktivitäten zu

$$L_U = \frac{L_d + L_q}{2} + \frac{L_d - L_q}{2}\cos 2\varphi_{el} \tag{7.39}$$

$$L_Z = \frac{L_d + L_q}{2} - \frac{L_d - L_q}{2}\cos 2\varphi_{el} \tag{7.40}$$

$$M_{UZ} = M_{ZU} = \frac{L_d - L_q}{2}\sin 2\varphi_{el} \tag{7.41}$$

mit der Induktivität L_d in d-Achse und der Induktivität L_q in q-Achse.

Bei Permanentmagnet-Synchronmaschinen mit kleiner Leistung sind die Unterschiede der Induktivitäten in d- und q-Achse häufig sehr klein. Dann sind die Induktivitäten der beiden Stränge nicht mehr vom Drehwinkel abhängig und die Gegeninduktivität verschwindet:

$$L_d \approx L_q \quad \rightarrow \quad L_U \approx L_S\,, \quad L_Z \approx L_S\,, \quad M_{UZ} = M_{ZU} \approx 0 \tag{7.42}$$

Mit dem Ersatzschaltbild ergeben sich dann folgende Spannungsgleichungen für die beiden Statorstränge:

$$\underline{U}_U = \underline{U}_{PU} + j\omega L_S \underline{I}_U + R_S \underline{I}_U \tag{7.43}$$

$$\underline{U}_Z = \underline{U}_{PZ} + j\omega L_S \underline{I}_Z + R_S \underline{I}_Z \tag{7.44}$$

Der Strang U ist direkt mit der Netzspannung $\underline{U}_S$ verbunden. Der Hilfsstrang Z ist über den Kondensator C an der Netzspannung $\underline{U}_S$ angeschlossen (Abb. 7.35). Das wird durch folgende Gleichungen beschrieben:

$$\underline{U}_U = \underline{U}_S \,, \quad \underline{U}_Z = \underline{U}_S - \frac{1}{j\omega\,C}\,\underline{I}_Z \tag{7.45}$$

Für die folgenden Rechnungen wird die Statorspannung $\underline{U}_S$ als Bezugsgröße reell gewählt. Die beiden Polradspannungen $\underline{U}_{PU}$ und $\underline{U}_{PZ}$ haben den gleichen Effektivwert U_P, sind aber um 90° gegeneinander phasenverschoben. Mit dem Lastwinkel δ ergeben sich dann die Spannungen zu:

$$\underline{U}_S = U_S \,, \quad \underline{U}_U = U_S \,, \quad \underline{U}_{PU} = U_P\,e^{j\delta} \,, \quad \underline{U}_{PZ} = j\,\underline{U}_{PU} \tag{7.46}$$

Die vorangegangenen Gleichungen (7.43) bis (7.46) lassen sich nach den beiden komplexen Strangströmen $\underline{I}_U$ und $\underline{I}_Z$ in Abhängigkeit vom Lastwinkel δ auflösen:

$$\underline{I}_U = \frac{U_S}{j\omega\,L_S + R_S} - \frac{U_P}{j\omega\,L_S + R_S}\,e^{j\delta} \,, \quad \text{Motorbetrieb: } \delta < 0 \tag{7.47}$$

$$\underline{I}_Z = \frac{U_S}{\frac{1}{j\omega\,C} + j\omega\,L_S + R_S} - \frac{j\,U_P}{\frac{1}{j\omega\,C} + j\omega\,L_S + R_S}\,e^{j\delta} \tag{7.48}$$

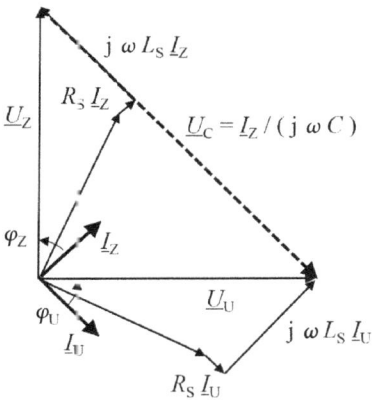

Abb. 7.37: Zweisträngige Synchronmaschine: Zeigerbild mit Hauptstrang U, Kondensatorhilfsstrang Z.

Mit den Strömen $\underline{I}_U$ und $\underline{I}_Z$ lassen sich die elektrische Leistung, die mechanische Leistung und daraus das Drehmoment berechnen (Abschnitt 2.6.2.3). Dabei wird die Reibleistung $P_{reib} = 2\pi\,n_s\,M_{reib}$ wegen der bei Netzbetrieb konstanten Drehzahl als belastungsunabhängige Verlustleistung berücksichtigt:

$$P_{el} = \text{Re}(\underline{U}_S \cdot \underline{I}_U^*) + \text{Re}(\underline{U}_S \cdot \underline{I}_Z^*) = U_S \left(\text{Re}(\underline{I}_U) + \text{Re}(\underline{I}_Z) \right) \tag{7.49}$$

$$P_{mech} = \text{Re}(\underline{U}_{PU} \cdot \underline{I}_U^*) + \text{Re}(\underline{U}_{PZ} \cdot \underline{I}_Z^*) - P_{reib} \tag{7.50}$$

$$= U_P \left(\text{Re}\left(e^{j\delta} \underline{I}_U^*\right) - \text{Im}\left(e^{j\delta} \underline{I}_Z^*\right) \right) - P_{reib} \tag{7.51}$$

$$M = \frac{P_{mech}}{2\pi\, n_s} = \frac{U_P}{2\pi\, n_s} \left(\text{Re}\left(e^{j\delta} \underline{I}_U^*\right) - \text{Im}\left(e^{j\delta} \underline{I}_Z^*\right) \right) - M_{reib} \tag{7.52}$$

Als Beispiel für die Drehmomentberechnung wird ein Motor mit den Daten nach Tab. 7.1 herangezogen. Es handelt sich um einen zweisträngigen Synchronmotor mit Permanentmagneten zum Betrieb an 230 V, 50 Hz mit einem Kondensator von $C = 6\,\mu F$. Abbildung 7.38 zeigt die Lastkennlinie des Motors. Im Bereich um 2 Nm

Tab. 7.1: Permanentmagnet-Synchronmotor: zweisträngiger Motor mit Permanentmagneten, symmetrische Wicklung für Betriebskennlinline Rechtslauf Abb. 7.38 sowie Rechts- und Linkslauf Abb. 7.42.

Größe	Symbol	Wert
Leistung	P_N	245 W
Drehzahl	n_N	750 1/min
Drehmoment	M_N	1,9 Nm
Spannung	U_N	230 V
Frequenz	f_N	50 Hz
Leiterstrom	I_N	1,1 A
Strangstrom	I_{UN}	0,78 A
Kondensator	C	6 µF
Widerstand	R_S	100 Ω
Induktivität	L_S	0,48 H
Polradspannung	U_P	120 V

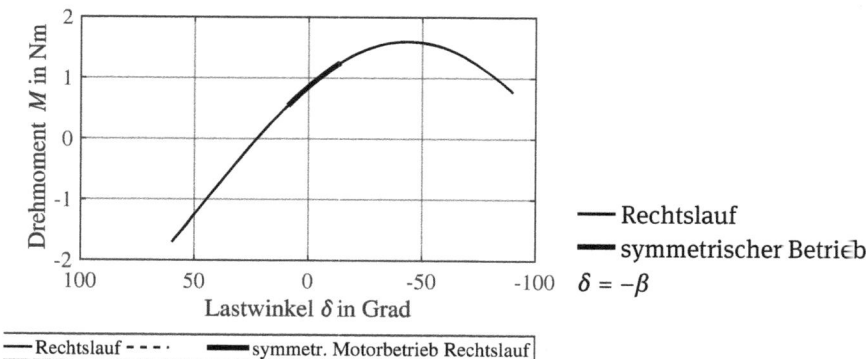

Abb. 7.38: Permanentmagnet-Synchronmotor: Lastkennlinie mit Kondensatorhilfsstrang, symmetrischer Betrieb für $\delta \approx -15 \cdots +10°$, $M \approx 0,6 \ldots 1,2$ Nm, Motordaten siehe Tab. 7.1.

wird ein etwa symmetrischer Betrieb erreicht. Wegen des deutlichen ohmschen Widerstands ist in diesem Betrieb der Lastwinkel $\delta \approx 0$. Das motorische Kippmoment beträgt ca. 3 Nm.

7.4.5 Komplexe Spannungsgleichungen mit Kondensatorhilfsstrang, quasisymmetrische Wicklung

Zur besseren Einstellung des symmetrischen Betriebs und zur Verkleinerung des Betriebskondensators kann die zweisträngige Synchronmaschine mit einer quasisymmetrischen Wicklung ausgeführt werden.

Der Hilfsstrang Z hat die gleiche Anzahl von Nuten und den gleichen Wicklungsfaktor wie der Hauptstrang U. Jedoch hat der Hilfsstrang eine andere Windungszahl w_Z als der Hauptstrang, sodass die beiden Stränge bei gleicher Kupfermenge für Haupt- und Hilfsstrang unterschiedliche Widerstände und Induktivitäten haben.

Bei Permanentmagnet-Synchronmaschinen mit kleiner Leistung sind die Unterschiede der Induktivitäten in d- und q-Achse häufig sehr klein. Dann sind die Induktivitäten der beiden Stränge nicht vom Drehwinkel abhängig und die Gegeninduktivität zwischen den beiden Strängen ist vernachlässigbar. Es gelten dann folgende Beziehungen für die Widerstände, Induktivitäten und Polradspannungen:

$$w_Z = \ddot{u}\, w_U \tag{7.53}$$

$$R_{SZ} = \ddot{u}^2\, R_{SU}\,, \quad L_{SZ} = \ddot{u}^2\, L_{SU}\,, \quad M_{UZ} = M_{ZU} \approx 0 \tag{7.54}$$

$$U_{PZ} = \ddot{u}\, U_{PU}\,, \quad \underline{U}_{PZ} = \ddot{u}\,\mathrm{j}\,\underline{U}_{PU} = \ddot{u}\,\mathrm{j}\, U_{PU}\, e^{\mathrm{j}\delta} \tag{7.55}$$

Mit dem Ersatzschaltbild in Abb. 7.35 ergeben sich folgende Spannungsgleichungen für die beiden Statorstränge:

$$\underline{U}_U = \underline{U}_{PU} + \mathrm{j}\omega\, L_U\, \underline{I}_U + R_U\, \underline{I}_U \tag{7.56}$$

$$\underline{U}_Z = \underline{U}_{PZ} + \mathrm{j}\omega\, \ddot{u}^2\, L_U\, \underline{I}_Z + \ddot{u}^2\, R_U\, \underline{I}_Z \tag{7.57}$$

Der Strang U ist direkt mit der Netzspannung $\underline{U}_S$ verbunden. Der Hilfsstrang Z ist über den Kondensator C an der Netzspannung $\underline{U}_S$ angeschlossen (Abb. 7.35). Damit ergeben sich die beiden Ströme $\underline{I}_U$ und $\underline{I}_Z$:

$$\underline{I}_U = \frac{U_S}{\mathrm{j}\omega\, L_U + R_U} - \frac{U_{PU}}{\mathrm{j}\omega\, L_U + R_U}\, e^{\mathrm{j}\delta}\,, \quad \text{Motorbetrieb: } \delta < 0 \tag{7.58}$$

$$\underline{I}_Z = \frac{U_S}{\frac{1}{\mathrm{j}\omega\,C} + \mathrm{j}\omega\, \ddot{u}^2\, L_U + \ddot{u}^2\, R_U} - \frac{\mathrm{j}\,\ddot{u}\, U_{PU}}{\frac{1}{\mathrm{j}\omega\,C} + \mathrm{j}\omega\, \ddot{u}^2\, L_U + \ddot{u}^2\, R_U}\, e^{\mathrm{j}\delta} \tag{7.59}$$

Mit den Strömen $\underline{I}_U$ und $\underline{I}_Z$ lassen sich die elektrische Leistung, die mechanische Leistung und daraus das Drehmoment berechnen (Abschnitt 2.6.2.3). Dabei wird die Reibleistung $P_{\mathrm{reib}} = 2\pi\, n_s\, M_{\mathrm{reib}}$ wegen der konstanten Drehzahl als belastungsunabhängige Verlustleistung berücksichtigt:

$$P_{\mathrm{el}} = \mathrm{Re}(\underline{U}_{\mathrm{S}} \cdot \underline{I}_{\mathrm{U}}^*) + \mathrm{Re}(\underline{U}_{\mathrm{S}} \cdot \underline{I}_{\mathrm{Z}}^*) = U_{\mathrm{S}}\left(\mathrm{Re}(\underline{I}_{\mathrm{U}}) + \mathrm{Re}(\underline{I}_{\mathrm{Z}})\right) \tag{7.60}$$

$$P_{\mathrm{mech}} = \mathrm{Re}(\underline{U}_{\mathrm{PU}} \cdot \underline{I}_{\mathrm{U}}^*) + \mathrm{Re}(\underline{U}_{\mathrm{PZ}} \cdot \underline{I}_{\mathrm{Z}}^*) - P_{\mathrm{reib}} \tag{7.61}$$

$$= U_{\mathrm{PU}}\left(\mathrm{Re}\left(\mathrm{e}^{\mathrm{j}\delta}\,\underline{I}_{\mathrm{U}}^*\right) - \mathrm{Im}\left(\mathrm{e}^{\mathrm{j}\delta}\,\ddot{u}\,\underline{I}_{\mathrm{Z}}^*\right)\right) - P_{\mathrm{reib}} \tag{7.62}$$

$$M = \frac{P_{\mathrm{mech}}}{2\pi\,n_{\mathrm{s}}} = \frac{U_{\mathrm{PU}}}{2\pi\,n_{\mathrm{s}}}\left(\mathrm{Re}\left(\mathrm{e}^{\mathrm{j}\delta}\,\underline{I}_{\mathrm{U}}^*\right) - \mathrm{Im}\left(\mathrm{e}^{\mathrm{j}\delta}\,\ddot{u}\,\underline{I}_{\mathrm{Z}}^*\right)\right) - M_{\mathrm{reib}} \tag{7.63}$$

7.5 Anlauf von Permanentmagnet-Synchronmotoren ohne Anlaufkäfig

Der Anlauf von Synchronmotoren ohne Anlaufkäfig erfolgt mit dem Drehmoment, das aus dem Permanentmagnetfeld und dem Strom der Ständerwicklung entsteht. Dieses Drehmoment ist beim Einschalten und beim Hochlauf ein Pendelmoment. Der Motor schwingt sich im Wesentlichen innerhalb einer halben Netzperiode auf seine synchrone Drehzahl ein [146, 161] und läuft nach dem Einschwingen mit synchroner Drehzahl weiter.

Je nach Schaltzeitpunkt läuft der Motor zunächst in die richtige oder falsche Drehrichtung hoch und pendelt sich danach in die richtige Drehrichtung ein.

Abbildung 7.39 [161] zeigt als Beispiel einen Hochlauf eines Synchronmotors mit Kondensatorhilfsstrang (Motordaten siehe Tab. 7.2). Zunächst startet der Motor in die falsche Drehrichtung. Nach Pendelungen erfolgt der Hochlauf innerhalb einer halben Netzperiode in die richtige Drehrichtung. Danach erfolgt das Einschwingen auf die synchrone Drehzahl.

Abbildung 7.40 zeigt für den gleichen Motor einen Hochlauf, bei dem das größte Drehmoment zuerst vom Hilfsstrang gebildet wird. Die Phasenlage ist aber so, dass der Motor zunächst außer Tritt fällt und dann in die falsche Richtung anläuft. Er wechselt mehrfach die Drehrichtung, bevor er sich auf die synchrone Drehzahl aufschwingt und in den stationären Betrieb übergeht.

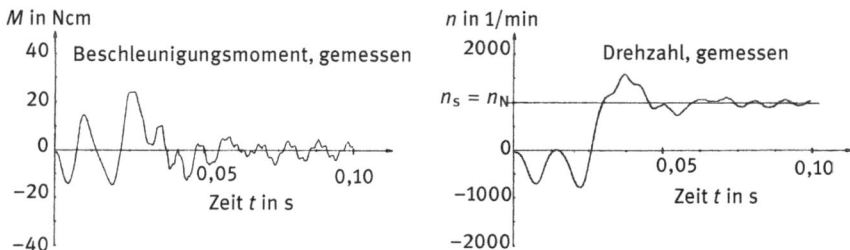

Abb. 7.39: Permanentmagnet-Synchronmotor: Hochlauf mit Kondensatorhilfsstrang, Start in die falsche Drehrichtung, nach Pendelungen Hochlauf innerhalb einer halben Netzperiode in die richtige Drehrichtung und Einschwingen auf die synchrone Drehzahl [161, S. 110], Motordaten in Tab. 7.2.

Tab. 7.2: Permanentmagnet-Synchronmotor: Motordaten für die Hochläufe nach Abb. 7.39 und 7.40 [161, S. 103].

Bemessungsleistung	P_N	10 W
Bemessungsspannung	U_N	230 V
Bemessungsfrequenz	f_N	50 Hz
Bemessungsdrehzahl	n_N	1000 1/min
Bemessungsstrom	I_N	82 mA
Kondensator	C	0,66 µF
Paketdurchmesser	d_a	60 mm
Paketlänge	l_{Fe}	56 mm
Statorbohrung	d_i	22,8 mm

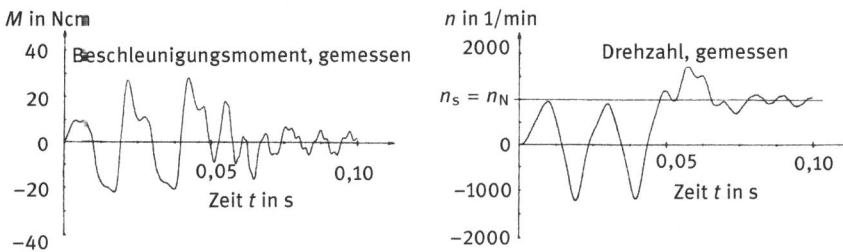

Abb. 7.40: Permanentmagnet-Synchronmotor: Hochlauf mit Kondensatorhilfsstrang, Hochlauf zunächst in richtiger Drehrichtung, Außer-Tritt-Fallen, mehrfache Drehrichtungswechsel, schließlich Hochlauf auf synchrone Drehzahl und Einschwingen in den stationären Betrieb [161, S. 111], Motordaten in Tab. 7.2.

Da der Motor u. U. zunächst in die falsche Richtung hochläuft, ist diese Art des Anlaufs nur für Anwendungen anwendbar, bei denen eine kurzzeitig falsche Drehrichtung nicht zu Problemen führt. Dies ist z. B. bei Pumpen, Lüftern u. Ä. der Fall. Für geräuschsensible Bereiche ist dieser Anlauf häufig nicht zulässig, da die Drehrichtungswechsel zum Klappern innerhalb der Mechanik mit der entsprechenden Geräuschentwicklung führen können.

Weiter ist für einen zuverlässigen Anlauf wichtig, dass der Motor in falscher Drehrichtung keinen stationären Betriebspunkt einnehmen kann. Dies wird mit der Drehrichtungsstabilität gekennzeichnet. Der Bereich einer stabilen und zuverlässigen Drehrichtung ist von der Betriebsspannung und der Kapazität für den Kondensatorhilfsstrang gekennzeichnet.

Abb. 7.41 gibt qualitativ die Abhängigkeiten wieder. Mit höherer Betriebsspannung schnürt sich der Bereich der Drehrichtungsstabilität immer weiter ein. Eine größere Massenträgheit engt den Bereich noch weiter ein. Rastmomente und Lastdrehmomente erweitern den Stabilitätsbereich.

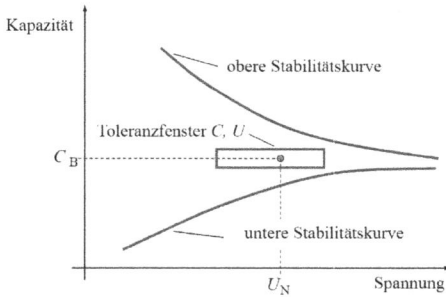

Abb. 7.41: Permanentmagnet-Synchronmotor: Stabilitätsbereich für den Hochlauf eines Permanentmagnet-Synchronmotors mit Kondensatorhilfsstrang, hohe Spannung schränkt das Toleranzfenster für die Kapazität ein [165].

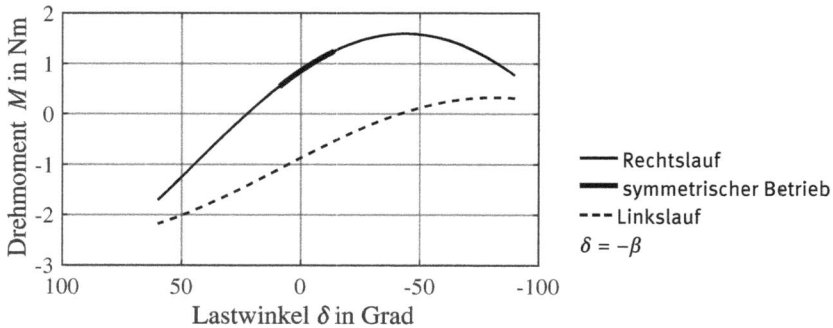

Abb. 7.42: Permanentmagnet-Synchronmotor: Lastkennlinie bei Rechts- und Linkslauf, bei Linkslauf motorisches Drehmoment bei $\delta \approx -120 \cdots -50°$, Kondensatorhilfsstrang, Motordaten siehe Tab. 7.1.

Bei kleinen Synchronmotoren können schon parasitäre Kapazitäten, wie z. B. falsch angebrachte Entstörkondensatoren, zu Problemen führen, wenn sich durch die Kapazitäten ein stationärer Betriebspunkt in falscher Drehrichtung ausbildet.

Abbildung 7.42 zeigt das Drehmomentverhalten eines Motors bei Rechts- und Linkslauf (Daten siehe Tab. 7.1). Auch bei Linkslauf kann der Motor ein motorisches Drehmoment $M > 0$ erzeugen. Handelt es sich um einen stabilen Betriebspunkt, ist auch ein stationärer Betrieb in falscher Drehrichtung möglich. Der Motor könnte also nach einem Hochlauf in falscher Drehrichtung diese falsche Drehrichtung beibehalten.

7.6 Reversierbetrieb

Beim Synchronmotor mit Kondensatorhilfsstrang erfolgt die Drehrichtungsänderung genauso wie beim Asynchronmotor (Abschnitt 6.6). Typischerweise wird das Vertauschen von Haupt- und Hilfsstrang nach Abb. 7.43 vorgenommen. Dies ist nur bei symmetrischen Wicklungen möglich.

Der Synchronmotor kann unter Umständen auch bei falscher Drehrichtung ein motorisches Drehmoment erzeugen. Abbildung 7.42 zeigt dies für den Beispielmotor

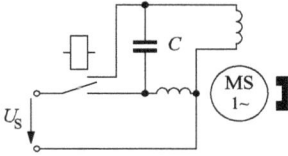

Abb. 7.43: Permanentmagnet-Synchronmotor: Reversierschaltung für Motoren mit Kondensatorhilfsstrang durch Vertauschen von Haupt- und Hilfsstrang bei zweisträngigen symmetrischen Motoren.

nach Tab. 7.1. Für Lastwinkel $\delta \approx -120 \cdots -50°$ arbeitet der Motor auch bei falscher Drehrichtung im Motorbetrieb.

Um ein Weiterlaufen in der falschen Drehrichtung zu vermeiden, muss daher der Strom im Motor solange unterbrochen werden, bis der Motor zum Stillstand kommt. Dann wird die Spannung eingeschaltet und der Motor läuft in der gewünschten Richtung hoch.

7.7 Drehzahlstellen, Drehzahlregelung bei der Synchronmaschine

Bei der Synchronmaschine erfolgt die Drehzahlstellung über die Statorfrequenz. Der Motor wird dazu von einem Wechselrichter/Frequenzumrichter (siehe Kapitel 11) gespeist. In der Regel verwendet man in diesem Fall dreisträngige Synchronmotoren, Schaltbild siehe Abb. 7.44.

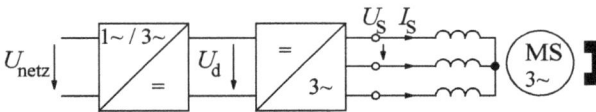

Abb. 7.44: Antrieb aus Permanentmagnet-Synchronmotor und Frequenzumrichter, Darstellung mit Gleichrichter für Einphasennetz oder Dreiphasennetz.

In dieser Kombination wird der Gleichrichter an das Einphasennetz angeschlossen. Der Wechselrichter erzeugt eine variable Drehspannung. Durch die Drehspannung erzeugt der Motor ein nahezu konstantes Drehmoment und hat eine hohe Motorausnutzung. Der Motor kann aus dem Stillstand heraus kontinuierlich auf seine Arbeitsdrehzahl hochgefahren werden.

Da die Drehzahl des Synchronmotors belastungsunabhängig ist und sich direkt aus der Statorfrequenz ergibt, ist eine Drehzahlregelung nicht erforderlich. Solange der Motor nicht überlastet wird und dadurch außer Tritt fällt, läuft er synchron mit konstanter Drehzahl $n_s = f_s/p$.

Für besonders kostensensible Antriebe kann der Synchronmotor auch mit einem Strang am Wechselrichter zur Drehzahlstellung betrieben werden. Dies wird z. B. für Lüfterantriebe genutzt. Der Motor hat eine Ruhelage, die etwas gegenüber der Wicklungsachse versetzt ist (Abb. 7.7). Wird dieser Motor an eine Wechselspannung gelegt, bewegt er sich zunächst von der Nulllage in Richtung Wicklungsachse. Durch Variation der Frequenz kann die Drehzahl an die Anforderung angepasst werden.

Wolfgang Amrhein

8 Bürstenlose Permanentmagnetmotoren mit Block- und Sinuskommutierung

Schlagwörter: Eigenschaften, Einsatzgebiete, Ausführungsarten, Wirkungsweise, Modellierung, Feldorientierte Steuerung

8.1 Einleitung

8.1.1 Definitionen

Bürstenlose Permanentmagnetmotoren werden abhängig von der Bauart an einem Wechselstromnetz, einem Drehstromnetz oder einem Wechselrichter mit in der Regel block- oder sinusförmigen Strömen bzw. Spannungen betrieben [166–169, 190–192] (Synchronmotoren beim Betrieb am Netz siehe Kapitel 7). Ein Betrieb mit Wechselrichtern kann, wie in Abb. 8.1 angedeutet, frequenzgeneratorgesteuert oder feldorientiert erfolgen. Das erste Verfahren wird für Schrittmotoren verwendet. Bei positions- bzw. feldgeführten Antrieben erfolgt die Wicklungsansteuerung rotorwinkel- bzw. bei Linearantrieben wegabhängig. Die Stellgröße des Wechselrichters – die Motorspannung oder der geregelte Motorstrom – wird in Abstimmung mit der Flussverkettung der Ständerwicklung meist blockförmig oder sinusförmig eingeprägt.

Abb. 8.1 zeigt, dass die Ansteuerung der bürstenlosen Permanentmagnetmotoren auch sensorlos, zum Beispiel über die Messung bzw. Berechnung der in den Strängen induzierten Polradspannung, erfolgen kann. Die Anlaufphase kann hierbei mit einem Frequenzgenerator überbrückt werden, der die Rotordrehzahl in einen Bereich auswertbarer induzierter Spannungssignale führt. Hierbei ist zu beachten, dass bei

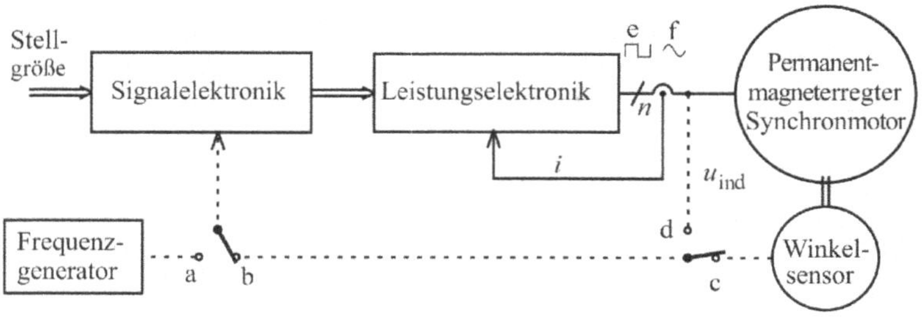

Abb. 8.1: Varianten des Wechselrichterbetriebs von bürstenlosen Permanentmagnetmotoren frequenzgeführt (Schalterstellung (a), positions- bzw. feldgeführt (b); sensorgesteuert (c), sensorlos (d); blockförmige (e), bzw. sinusförmige (f) Speisung.

Wolfgang Amrhein, Johannes Kepler Universität Linz – Linz Center of Mechatronics

https://doi.org/10.1515/9783110565324-008

einfachen Ansteuerverfahren der Motor abhängig von der jeweiligen Rotorstellung beim Anlauf einen ersten Schritt in die falsche Richtung durchführen kann. Andere sensorlose Verfahren verwenden zum Beispiel die Rotorpositionsabhängigkeit der Stranginduktivitäten als Auswertesignale für den unteren Drehzahlbereich.

Sowohl im deutschen als auch im englischen Sprachgebrauch wird der Begriff bürstenlose Permanentmagnetmotoren sehr häufig für die Bezeichnung der Untergruppe der feldgeführten Permanentmagnetmotoren und eher selten für die Benennung der netzgeführten Synchronmotoren sowie der Schrittmotoren verwendet. Die Ausführungen des Kapitels 8 beschränken sich auf die Beschreibung der bürstenlosen feldgeführten Permanentmagnetmotoren.

Für einen Betrieb mit blockförmiger Kommutierung werden bürstenlose permanentmagneterregte Gleichstrommotoren (englisch: Brushless DC Motors, kurz: BLDC-Motoren) eingesetzt. Man benennt sie aufgrund des den Kommutatormotoren entnommenen Funktionsprinzips auch als elektronisch kommutierte Motoren oder Elektronikmotoren (englisch: Electronically Commutated Motors, kurz: EC-Motoren).

Die zweite Motorgruppe für sinusförmige Spannungs- bzw. Stromspeisung ähnelt im Aufbau und der Durchflutungsverteilung des Stators sehr stark den Wechsel- bzw. Drehstrommotoren und wird daher häufig als die Gruppe der bürstenlosen permanentmagneterregten Synchronmotoren (englisch: Permanent Magnet Synchronous Motors, kurz: PMSM, oder auch BLAC-Motoren) bezeichnet.

Beide Motorgruppen beziehen ihre Leistung aus einem Gleichspannungszwischenkreis. Die Leistungselektronik erzeugt bei BLDC-Antrieben block- oder trapezförmige und in Zusammenhang mit PMSM sinusförmige Spannungs- oder Stromkurven. In beiden Fällen werden die Motorstränge mit Wechselgrößen gespeist, d. h. also auch beim sogenannten bürstenlosen Gleichstrommmotor. Der Begriff kann daher irreführend sein.

Bürstenlose permanentmagneterregte Gleichstrom- (BLDC-Motoren) und Synchronmotoren (PMSM) unterscheiden sich, wie in Abschnitt 8.2.2 noch dargestellt wird, konstruktiv im Wesentlichen bezüglich der Formung des Permanentmagnetfelds, der Wicklungsausführung sowie der Anforderungen an die Auflösung des Positionsgebers.

8.1.2 Verwandtschaften zu anderen Motorarten

Für die Darstellung der verwandtschaftlichen Beziehungen der feldgeführten Permanentmagnetmotoren zu anderen Antriebsgattungen ist es zweckmäßig, zwischen den bürstenlosen Motoren für blockförmige und sinusförmige Speisung zu unterscheiden [194, 195].

Bürstenlose Gleichstrommotoren und Gleichstromkommutatormotoren sind in ihrem Aufbau und ihrer Funktionsweise sehr ähnlich. Beide verfügen über eine Permanentmagneterregung, eine Ankerwicklung sowie eine Kommutierungseinrichtung für blockförmige Spannungs- oder Stromspeisung der Wicklung. Die Stromwendung erfolgt in beiden Fällen so, dass sich ein relativ zu den Permanentmagnetpolen stehender Ankerstrombelag ausbildet, der aufgrund der endlichen Strang- bzw. Spulenzahl lediglich kleinen Schaltbewegungen unterworfen ist.

Abbildung 8.2 stellt den prinzipiellen Aufbau des Gleichstromkommutatormotors und des elektronisch kommutierten Gleichstrommotors dar. Die bürstenlose Ausführung erfordert neben dem Antriebsmotor zusätzlich einen elektronischen Wechselrichter mit EMV-Filter, Überspannungs- und Stromschutz, einen Rotorwinkeldetektor, in der Regel einen Mikroprozessor sowie bei nichtintegrierter Motorelektronik mehrpolige Kabel und Steckanschlüsse, die insbesondere bei kleinen Antriebsausführungen einen nicht vernachlässigbaren Kostenfaktor darstellen können. Sowohl beim mechanisch als auch beim elektronisch kommutierten Motor ist die Ankerwicklung häufig aus Durchmesserspulen oder schwach gesehnten Spulen aufgebaut, um bei annähernd block- oder trapezförmig verteilter Luftspaltflussdichte und blockförmiger Bestromung ein möglichst winkelunabhängiges, konstantes Moment zu erzielen. Im Gegensatz zu den bürstenlosen Motoren mit einer vom elektronischen Aufwand begrenzten Strangzahl (üblich: $m = 3$ bzw. vereinzelt $m = 2$) sind im Kommutatormotor höhere Spulen- und Kollektorlamellenzahlen einfach realisierbar, sodass selbst bei sinusförmiger Flussverkettung ein annähernd konstantes Drehmoment resultiert (Beispiele: Glockenläufermotor mit Schräg- oder Rautenwicklung, Scheibenläufermotor mit Evolventenwicklung). Die übertragbaren Verhältnisse beider Motorarten in Aufbau und Funktionsweise führen auch weitgehend zu einer vergleichbaren Betriebscharakteristik. Bei konstanter Motortemperatur sowie vernachlässigbarer Ankerrückwirkung und Eisensättigung besteht in beiden Fällen ein in der Regel linearer Zusammenhang zwischen Drehzahl und Drehmoment bzw. zwischen Drehmoment und Ankerstrom.

Betrachtet man nun im zweiten Schritt die Gruppe der bürstenlosen permanentmagneterregten Synchronmotoren, so lassen sich insbesondere im mechanischen Aufbau und in der Ausführung der magnetischen Kreise deutliche Unterscheidungsmerkmale zu den bürstenlosen Gleichstrommotoren erkennen. So sind die Erregerflussdichte im Luftspalt durch entsprechende Magnetisierung oder Formgebung der Magnete als auch der Ankerstrombelag infolge einer Sehnung, Verteilung oder Schrägung der Wicklung sowie die Stromkurvenform aufgrund einer entsprechenden Ansteuerung der Brückenzweige vorteilhaft sinusförmig ausgebildet. Der Aufbau des Stators ist daher dem der netzgeführten Synchronmaschine und der Asynchronmaschine häufig sehr ähnlich. Eine weitere Gemeinsamkeit ergibt sich hinsichtlich des Berechnungsverfahrens. Wie bei Drehfeldmaschinen mit sinusförmig verteilten Durchflutungen erfolgt die mathematische Behandlung des permanentmagneterregten Synchronmotors vorteilhaft mit Hilfe der Raumzeigertheorie im zweisträngigen Ersatzsystem [170–174, 193]. Während sich beim netzgeführten Synchronmotor der Winkel zwischen den Raumzeigern des Ständerstroms $\underline{i}'_s$ und des verketteten Ständerflusses $\underline{\Psi}'_s$ lastabhängig einstellt, wird sowohl beim bürstenlosen, feldorientiert

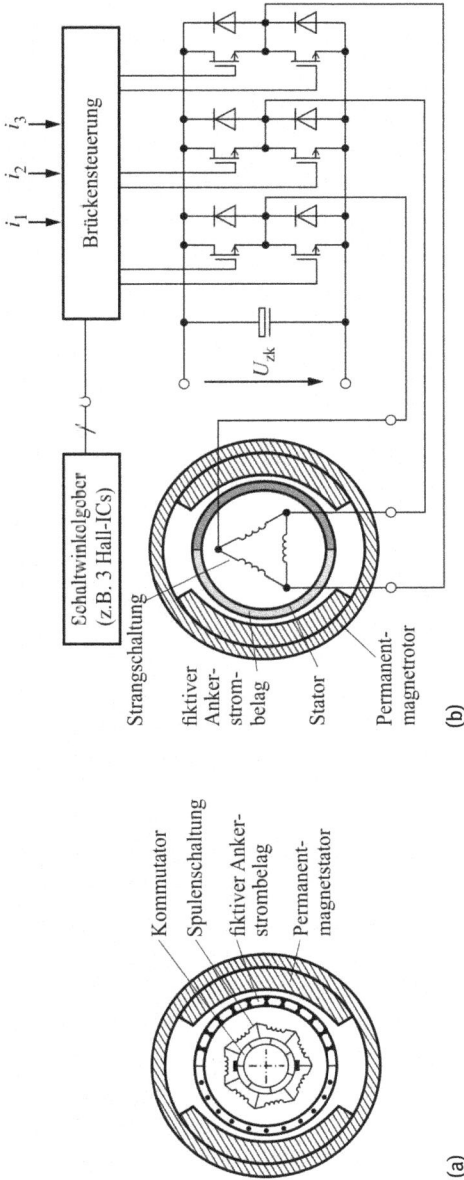

Abb. 8.2: Prinzipieller Vergleich des permanentmagneterregten Gleichstromkommutatormotors in Innenläuferausführung (a) mit dem elektronisch kommutierten Gleichstrommotor, dargestellt als Außenläufer mit dreieckverschalteter Wicklung (b).

Hinweis: Die hier dargestellte Dreieckwicklung ist anwendbar, wenn ein Kreisstrom durch eine geeignete Magnetgeometrie oder Wicklungsausführung unterdrückt wird. Kreisstrom siehe Abschnitt 3.2.1 und Abb. 8.6.

gesteuerten permanentmagneterregten Synchronmotor als auch beim feldorientiert gesteuerten Asynchronmotor der Ständerstromzeiger in einem definierten Winkel zum verketteten Ständerfluss geführt. Im Unterschied zur Asynchronmaschine, die einen zusätzlichen Längsstromanteil zum Erregerfeldaufbau benötigt, genügt dem permanentmagneterregten Synchronmotor bereits die Querstromkomponente zur Drehmomentbildung. Ständerstrom- und Flussraumzeiger werden daher bei Verzicht auf Feldschwächung und ohne Berücksichtigung von Reluktanzmomenten meist im elektrischen Winkel von 90° zueinander geführt (vgl. Abb. 8.3).

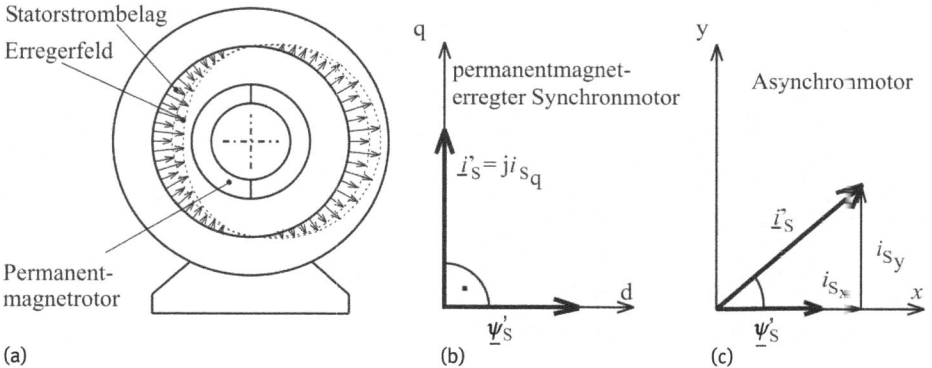

Abb. 8.3: (a): Sinusförmige Ständerstrombelags- und Erregerfeldverteilung des bürstenloser Synchronmotors für Sinuskommutierung; *Diagramme:* Ständerstrom- und Flussraumzeiger (b) des bürstenlosen Synchronmotors (flussorientierte und rotorfeste Koordinaten, Betrieb ohne Feldschwächung) und (c) des Asynchronmotors (flussorientierte Koordinaten).

In Tab. 8.1 sind die bürstenlosen Permanentmagnetmotoren den Gleichstromkommutatormotoren hinsichtlich ihrer Eigenschaften einander gegenübergestellt. Bürstenlose Permanentmagnetmotoren werden in Innenläufer-, Außenläufer- oder auch Scheibenläuferausführung häufig in Applikationen, die eine hohe Lebensdauer und Zuverlässigkeit (Lüfter), eine hohe Leistungsdichte (Antriebe für Elektrofahrräder), einen hohen Wirkungsgrad (batteriebetriebene Antriebe), hohe Dynamik und geringe Drehmomentenschwankungen (Servoantriebe) oder geringe Geräusche und Schwingungen (Antriebe zur Lenkunterstützung bei Fahrzeugen) erfordern, eingesetzt.

8.2 Konstruktive Besonderheiten und resultierende Applikationen

Für ein gutes Motorbetriebsverhalten ist es erforderlich, das Permanentmagneterregerfeld, die Statorwicklungsausbildung sowie die Motorspeisung sorgfältig aufeinander abzustimmen. Prinzipiell kann hierbei zwischen zwei Grundausführungen für blockförmige und sinusförmige Kommutierung unterschieden werden.

Tab. 8.1: Eigenschaften und Applikationen bürstenbehafteter und bürstenloser Permanentmagnetmotoren im Vergleich.

Permanentmagneterregte Gleichstromkommutatormotoren (Details siehe auch Kapitel 4)

Einige besonders typische Eigenschaften in Stichworten: Direktanschluss an ein Gleichstromnetz möglich zum Teil hoher Wirkungsgrad (insbesondere bei Einsatz von SmCo- oder NdFeB-Magneten sowie bei Glockenankermotoren mit eisenlosem Rotor und Metalllegierungsbürsten), zum Teil hohes Drehmoment/Trägheitsmoment-Verhältnis und damit hochdynamischer Betrieb möglich (Beispiel: Glockenankermotoren), nur kurzzeitige elektrische Überlastbarkeit, starker Einfluss der Drehzahl und des Moments auf die Lebensdauer, hohe Gleichlaufgüte bei hoher Spulenzahl/Nutzahl, weitgehend lineare Kennliniencharakteristik, relativ kleiner Aufwand zur elektronischen Steuerung. Kosten: Für einfache Antriebsaufgaben bei vorhandenem Niederspannungsanschluss oft die kostengünstigste Lösung.

Typische Applikationen: Stellantriebe in der Automobiltechnik (Fensterheber, Sitzverstellung, Klappensteller, Scheibenwischer), medizintechnische Antriebe (Dosiergeräte, Schlauchpumpen), Messtechnik (Tachogenerator, Momentenaufnehmer), Spielzeugindustrie (Auto-, Flug- und Schiffsantriebe), mit Leistungssteller: positions- und drehzahlgeregelte Antriebe unterschiedlichster Art (industrielle Servoantriebe ohne sehr hohe Anforderungen an die Betriebslebensdauer).

Bürstenlose Permanentmagnetmotoren mit Block- oder Sinuskommutierung

Einige besonders typische Eigenschaften in Stichworten: Bei Einsatz von SmCo- oder NdFeB-Magneten: hohe Leistungsdichte (Hauptverlustquelle: Stator, guter Wärmetransport möglich), hoher Wirkungsgrad, hoher Leistungsfaktor im Volllastbetrieb, hohes Drehmoment/Trägheitsmoment-Verhältnis und damit hochdynamischer Betrieb möglich, im Gegensatz zum Gleichstrommotor keine drehzahlabhängige Strombegrenzung erforderlich, geeignet für hohe Drehzahlen (bei bandagierten Rotoren), explosionsgeschützte Ausführungen, insbesondere bei Motorausführungen mit Sinuskommutierung kleine Geräuschwerte und Drehmomentschwankungen erzielbar, bei bürstenlosen Gleichstrommotoren sind diesbezüglich in der Regel besondere Maßnahmen wie Softkommutierung (Senkung der Stromanstiegsgeschwindigkeit), Nutschrägung oder Polschrägung zu treffen, weitgehend lineare Kennliniencharakteristik, hohe Lebensdauer und Zuverlässigkeit (maßgeblich durch Lager und Leistungselektronik bestimmt). Kosten: Besonders im Bereich von Niederspannungsanwendungen sind einfache, sehr kostengünstige Lösungen mit einsträngigen Antrieben mit integrierter Elektronik möglich (Achtung: sehr kleine Stillstandsmomente), dreisträngige Ausführungen häufig für anspruchsvolle positions- oder drehzahlgeregelte Antriebssysteme. Bürstenlose Gleichstrommotoren sind im Allgemeinen kostengünstiger als Ausführungen für sinusförmige Kommutierung (letztere haben eine in der Regel aufwendigere Wicklung, höhere Anforderungen an die Winkelauflösung der Sensorik, dafür besseres Betriebsverhalten hinsichtlich Gleichlauf, Positionsgenauigkeit und Geräusch).

Typische Applikationen: Einsträngige bürstenlose Antriebe: Luft- und Klimatechnik (Lüfter, Gebläse, Ventilatoren), Heizungstechnik (Öl- und Gasbrennergebläse). Dreisträngige bürstenlose Antriebe: Computertechnik (Festplatten-, CD-, DVD-Antriebe), Medizintechnik (Förder- und Pumpantriebe, Zentrifugen, Rührwerke), Werkzeugmaschinen, Robotik, Automobiltechnik (Servolenkung, Kühlergebläse, Traktionsantriebe), anspruchsvolle, industrielle positions- und drehzahlgeregelte Antriebe mit Resolver oder optischen bzw. magnetischen Winkelgebern.

Abb. 8.4a zeigt in vereinfachter Darstellung den Aufbau eines bürstenlosen Gleichstrommotors mit einem radial magnetisierten zweipoligen Permanentmagnetring und ungesehnter Wicklung. Unter idealisierten Bedingungen (Vernachlässigung von Streuung, Nutungseinflüssen und Eisenverlusten) ergibt sich in Abhängigkeit des Rotorwinkels bei rechteckförmiger Luftspaltflussdichteverteilung eine dreieckförmige Flussverkettung der Statorstränge. Das resultierende innere Drehmoment M der m Stränge resultierend aus der Verkettung mit dem permanentmagnetischen Fluss (siehe auch Abschnitt 2.6.2.5)

$$M = p \sum_{i=1}^{m} \frac{d\Psi_i}{d\gamma} i_i \quad \text{mit} \quad \gamma = p\gamma_m \tag{8.1}$$

wird für eine blockförmige Stromeinprägung nach Abb. 8.5a mit einem Einschaltwinkelbereich von $2\pi/3$ winkelunabhängig. Voraussetzung hierfür ist eine gleichbleibende Steigung des verketteten Strangflusses über die Blockeinschaltdauer des zugehörigen Strangstroms. In Gleichung (8.1) ist γ der elektrische und γ_m der mechanische Rotordrehwinkel.

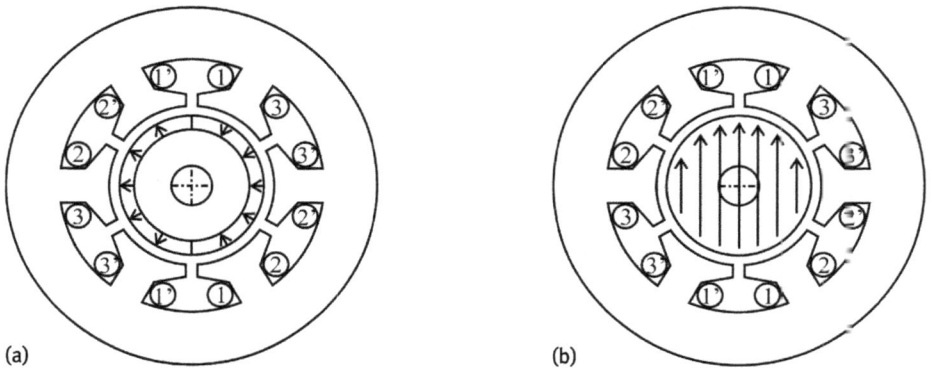

(a)   (b)

Abb. 8.4: (a): Bürstenloser Gleichstrommotor mit radial magnetisiertem zweipoligem Permanentmagnetring und Durchmesserwicklung. (b): Motorausführung für Sinuskommutierung mit diametral magnetisiertem Permanentmagnetzylinder.

In Abb. 8.4b ist eine korrespondierende Motorausführung für Sinuskommutierung dargestellt. Der zweipolige Rotormagnet ist diametral magnetisiert und bildet ein sinusförmiges Luftspaltfeld. Der mit der Durchmesserwicklung verkettete Fluss ist daher ebenfalls sinusförmig ausgeprägt und führt in Verbindung mit dem sinusförmigen Strangstromverlauf gemäß Abb. 8.5b ebenfalls zu einem winkelunabhängigen Gesamtmoment.

Für die Erzielung eines gleichmäßigen Drehmoments dürfen die Strangflussverläufe des bürstenlosen Gleichstrommotors nach Abb. 8.5 außerhalb der Stromeinschaltdauer des jeweils zugeordneten Strangs von der skizzierten Form abweichen.

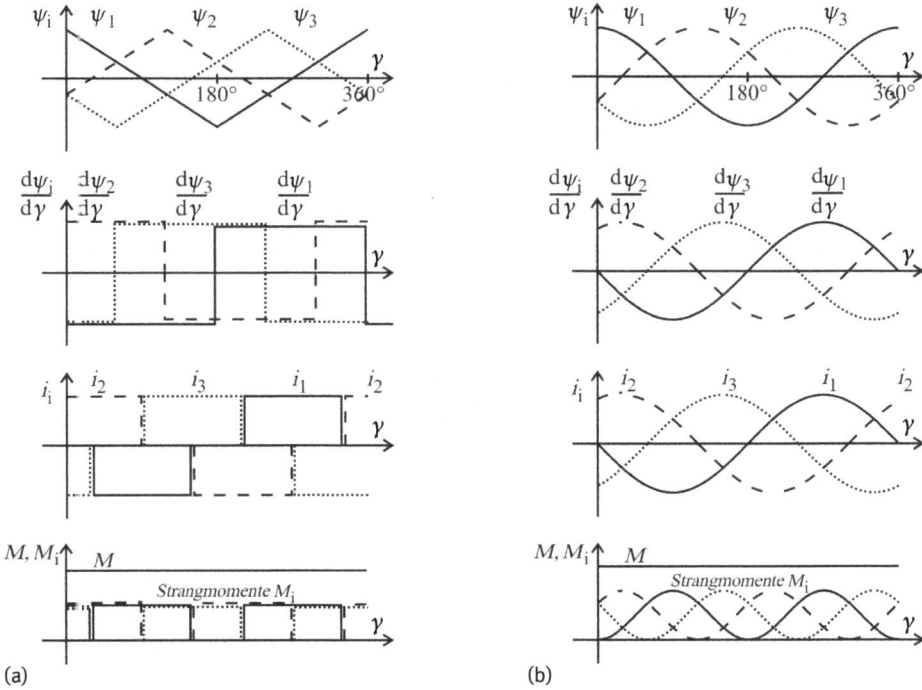

Abb. 8.5: (a): Idealisierte Darstellung der verketteten Strangflüsse, deren Ableitungen nach dem Rotorwinkel, der Strangströme, der Strangmomente und des Gesamtmoments für den bürstenlosen Gleichstrommotor aus Abb. 8.4a. (b): Idealisierte Darstellung der benannten Größen für die Motorausführung für Sinuskommutierung aus Abb. 8.4b.

Daraus ergeben sich, wie nachfolgende Kapitel zeigen, Freiheitsgrade für die Magnet- und Wicklungsgestaltung. Ebenso bieten sich auch für die Motorausführung für sinusförmige Kommutierung verschiedene Möglichkeiten, das Betriebsverhalten zu optimieren. So lässt sich beispielsweise der negative Einfluss eines nicht sinusförmigen Luftspaltfelds durch eine entsprechende Wicklungsgestaltung korrigieren. Auch hierzu werden im nachfolgenden Kapitel Beispiele vorgestellt.

8.2.1 Ausführung und Auswahl der Statorwicklung

Neben der Auswahl der geeigneten Magnete (siehe Kapitel 2 und Abschnitt 8.2.2) kommt der Gestaltung der Ankerwicklung hinsichtlich der Optimierung des Motorbetriebsverhaltens eine große Bedeutung zu. In diesem Kapitel soll daher anhand von einigen ausgewählten Beispielen ein Einblick in Konstruktionsvarianten der Ankerwicklung und deren Einfluss auf das Betriebsverhalten gegeben werden (Wicklungen für Synchronmotoren siehe auch Abschnitt 7.3.1.1, Abb. 7.12, Abb. 7.13).

Bürstenlose Motoren für Blockkommutierung

Um eine möglichst gleichmäßige Momentenbildung zu erzielen, sollten, wie bereits in der Einführung zu Abschnitt 8.2 angedeutet, die Luftspalterregerfeldverteilung, die Stromkurvenform sowie die Wicklungsausführung aufeinander abgestimmt sein. Ein Ausführungsbeispiel, das diese Forderung grundsätzlich erfüllt, wurde mit der bürstenlosen Gleichstrommotorausführung aus Abb. 8.4 und den zugehörigen Kennlinien in Abb. 8.5 bereits vorgestellt.

Unter Beachtung von Gleichung (8.1) lässt sich aus Abb. 8.5a erkennen, dass die Strangmomentkurven des betreffenden Motors auch dann noch unverändert bleiben, wenn sich der Wert der Ableitung des verketteten Strangflusses nach dem Rotorwinkel, zum Beispiel infolge einer Pollücke oder der magnetischen Streuung zwischen den Magnetpolen, an der Sprungstelle im Bereich von $\pm\pi/6$ winkelabhängig ändert. Streuungsbedingt trapezförmige Kurven führen daher, solange der konstante Teil der Kurve den kritischen Stromeinschaltwinkelbereich von $2\pi/3$ nicht unterschreitet, bei idealer Blockstromeinprägung zu keinen Drehmomentschwankungen.

Die praktische Realisierung steiler Stromflanken, wie in Abb. 8.5 angedeutet, erfordert jedoch insbesondere im mittleren und oberen Drehzahlbereich bei hohen induzierten Strangspannungen eine große Spannungsreserve des Wechselrichters. Dies führt infolge der dafür erforderlichen Überdimensionierung des Leistungsteils zu einem deutlich höheren Kostenaufwand sowie darüber hinaus zu starken, für viele Applikationen unzulässigen Kommutierungsschaltgeräuschen. In vielen Fällen wird daher eine Abweichung der Stromkurve von der idealen Rechteckform und damit eine Zunahme der Drehmomentwelligkeit zugunsten niedrigerer Kosten und Schaltgeräusche in Kauf genommen. Überdies glättet das Massenträgheitsmoment des schnell drehenden Rotors auftretende Drehzahlschwankungen. Insbesondere bei einer blockförmigen Spannungsansteuerung ergeben sich aufgrund des Einflusses der induzierten Strangspannungen abhängig von der Drehzahl und Last unterschiedliche, von der Blockform abweichende Stromkurven.

Um den leistungselektronischen Aufwand möglichst gering zu halten, werden bei mehrsträngigen Motoren die Stränge im Allgemeinen zu einer Sternschaltung ohne Mittelpunktanschluss bzw. zu einer Dreieckschaltung zusammengeschlossen. In dem Beispiel aus Abb. 8.5 sind die Stranggrößen für eine Sternschaltung dargestellt. Die gewählte Stromblockweite von $2\pi/3$ führt mit und ohne Anschluss des Wicklungsmittelpunkts zur Stromsumme

$$i_1 + i_2 + i_3 = 0 \tag{8.2}$$

Technische Probleme bereitet die Statorausführung aus Abb. 8.4a bei einer Dreieckschaltung der Stränge [175]. Die Spannungssummenbedingung

$$u_{p1} + u_{p2} + u_{p3} = 0 \tag{8.3}$$

wird für die Polradspannungen der Stränge grob verletzt, sodass sich den Strangströmen ein Kreisstrom überlagert, der zu erheblichen Drehmomentstörungen und Ver-

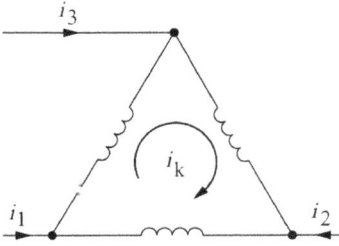

Abb. 8.6: Kreisstrom bei Dreieckschaltungen infolge eines Summenwerts der induzierten Polradspannungen ungleich null.

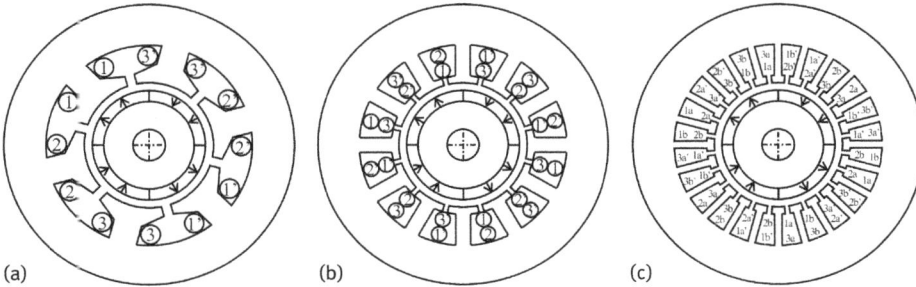

(a)

(b)

(c)

Abb. 8.7: (a): Vierpolige Motorausführung mit konzentrierten Wicklungen (zweischichtige Zahnspulenwicklung mit Spulenweite: 120°). (b): Vierpolige Motorausführung mit Zweischichtwicklung (Spulenweite: 120°). (c): Vierpolige Motorausführung mit einer verteilten Zweischichtwicklung (Spulenweite: 120°).

lusten führen kann (Abb. 8.6). Störend wirken sich hierbei vor allem die ungeradzahligen Vielfachen der dritten Harmonischen der Polradspannungen aus. Der beschriebene Effekt kann durch eine geeignete Sehnung bzw. Verteilung der Wicklungsspulen (z. B. wie in Abb. 8.7) oder angenähert durch eine Verkürzung der Magnetpolweite auf einen Polwinkel von $2\pi/3$ verhindert bzw. stark unterdrückt werden.

Mit Hilfe der Stern- und Dreieckschaltung lassen sich Anpassungen an die Betriebseigenschaften und die Versorgungsspannung des Motors vornehmen [175]. Für die Auslegung eines Motors mit äußerst kleinen oder großen Drahtquerschnitten kann es auch vorteilhaft sein, zwischen den beiden Wicklungsverschaltungen zu wählen, um fertigungstechnische Wickelprobleme (Drahtriss bei extrem dünnen Drähten, steife Wickeldrähte bei großen Drahtquerschnitten) zu vermeiden. Das Wickeln einer Dreieckwicklung kann unterbrechungsfrei und damit kostengünstig erfolgen.

Gründe, unabhängig von der Verschaltungsart eine Sehnung der Spulen vorzusehen, können eine gezielte Beeinflussung von Harmonischen, die Reduktion von Kupferverlusten oder auch das Erzielen kleinerer elektromagnetischer Drehstromschwankungen oder permanentmagnetischer Nutrastmomente sein. Letzteres ergibt sich, wie später noch beschrieben wird, durch die Wahl eines günstigen Magnetpol/Nut-Teilungsverhältnisses.

In Abb. 8.7 werden als Beispiele einer gesehnten Wicklung für einen vierpoligen Motor mit (idealisierter) rechteckförmiger Luftspaltfeldverteilung zunächst zwei dreisträngige Wicklungsvarianten mit vergleichbarem Verhalten mit Spulenweiten von $2\pi/3$ vorgestellt. Das linke Bild zeigt eine zweischichtige Zahnspulenwicklung, im mittleren Bild ist eine höhernutige Ausführung dargestellt. Die Flussverkettung eines Strangs, die blockförmige Stromkurve für die Sternschaltung der Stränge sowie die resultierende Drehmomentkurve mit konstanter Amplitude können Abb. 8.8a entnommen werden. Die Kurvenverläufe sind, idealisiert betrachtet, für beide Wicklungsausführungen identisch.

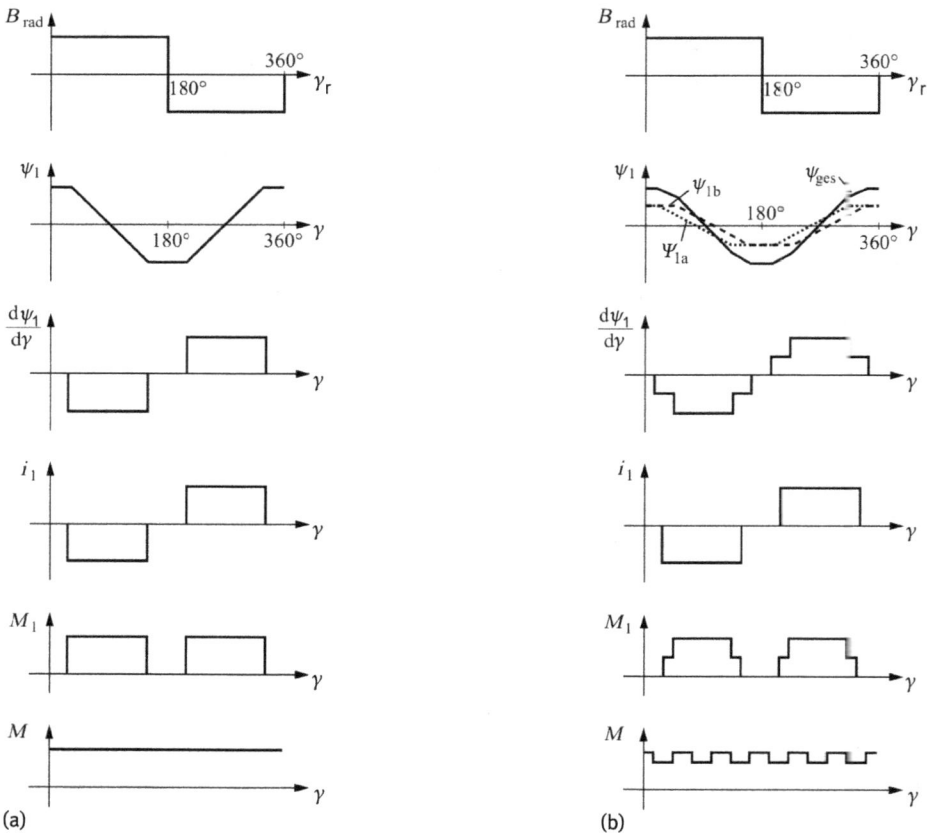

Abb. 8.8: (a): Idealisierte Darstellung der radialen Luftspaltflussdichte sowie des verketteten Strangflusses, dessen Ableitung, des Strangstroms und des Strangmoments am Beispiel des Strangs 1 und des Gesamtmoments für die beiden Wicklungsausführungen aus Abb. 8.7a,b. (b): Darstellung der benannten Größen für die Wicklungsausführung aus Abb. 8.7c. Dargestellt sind die Größen über ein Polpaar (B_{rad}) bzw. eine halbe Rotorumdrehung (restliche Größen).

In der Praxis führt der hohe Sehnungsgrad der beiden Wicklungen infolge der Verkürzung der konstanten Abschnitte der Flussableitungen, die durch magnetische Streuungen an den Polkanten entstehen, zu Drehmomenteinbrüchen. In Fällen mit hohen Anforderungen an den Gleichlauf kann es daher empfehlenswert sein, Motorwicklungen mit größerer Spulenweite zu verwenden.

Bürstenlose Motoren für Sinuskommutierung

In Abb. 8.7c ist eine gesehnte und gleichzeitig verteilte Wicklung mit einer Einzelspulenweite von ebenfalls $2\pi/3$ dargestellt. Bei Serienschaltung zweier benachbarter Spulen ergibt sich, wie in Abb. 8.8b idealisiert gezeigt, ein zweistufig treppenförmiger Verlauf der Flussableitung. Für eine Sternschaltung der Wicklungsstränge treten somit in der betrachteten Konfiguration bei blockförmiger Bestromung störende Drehmomentschwankungen auf.

Aus den vorangegangenen Betrachtungen ist ersichtlich, dass durch die Sehnung und Verteilung der Spulen die Verläufe des verketteten Flusses, der Ableitung des verketteten Flusses (und somit der induzierten Polradspannung) und der Ankerdurchflutung selbst bei blockförmiger Luftspaltflussdichte jeweils einer Sinusform angenähert werden. Mit einer Polformung durch Aufweitung des Luftspalts zu den Erregerpolkanten hin oder einer zusätzlichen Schrägung der Nuten kann dieses Ergebnis noch weiter verbessert werden. Wicklungen der Art von Abb. 8.7c werden daher bevorzugt für permanentmagneterregte Motorausführungen mit nichtidealer sinusförmiger Flussdichteverteilung im Luftspalt in Verbindung mit einer sinusförmigen Ansteuerung eingesetzt. Die Sehnung und Verteilung ist insbesondere für die Gruppe der Motoren für Sinuskommutierung ein wichtiges Instrumentarium um Harmonische der Flussverkettung und der induzierten Polradspannung zu dämpfen bzw. zu unterdrücken. Um eine bessere Ausgangsbasis für die Erzeugung einer sinusförmigen Flussverkettung zu schaffen, werden diese Motoren häufig mit diametral magnetisierten Permanentmagneten bestückt oder die Rotorpole mit einer winkelabhängigen Luftspaltaufweitung ausgeführt. Die Amplitudenreduktion der Harmonischen der induzierten Polradspannung durch Sehnung oder Verteilung kann über den Wicklungsfaktor berechnet werden. Hierbei werden im Allgemeinen der Einfluss der Sehnung über den Sehnungs- und der Einfluss der Wicklungsverteilung über den Zonenfaktor berücksichtigt. Nähere Hinweise hierzu können der einschlägigen Literatur, wie z. B. [176–178] bzw. dem folgenden Abschnitt entnommen werden.

Wicklungsfaktor

Wie in den vorangegangenen Ausführungen gezeigt, sollte die Auslegung der Statorwicklung an die Wahl der Kommutierung (Block- oder Sinuskommutierung) angepasst sein. Eine wichtige Rolle spielt hierbei der Wicklungsfaktor ξ_ν, der sich gemäß

$$\xi_\nu = \xi_{Z\nu}\xi_{S\nu} \tag{8.4}$$

aus dem Zonenfaktor

$$\xi_{Z\nu} = \frac{\sin\left(\frac{q\nu\beta_N}{2}\right)}{q\sin\left(\frac{\nu\beta_N}{2}\right)} \tag{8.5}$$

und dem Sehnungsfaktor

$$\xi_{S\nu} = \sin\frac{\pi}{2}\nu\frac{W}{\tau_P} \tag{8.6}$$

zusammensetzt, wobei q die Lochzahl (Nuten pro Pol und Strang), ν die Ordnungszahl, β_N den Nutwinkel, W die Spulenweite und τ_P die Polteilung darstellen. Für sinusförmigen Motorbetrieb (Grundwellenmotor) wird man bei sinusförmiger Luftspaltfeldverteilung im Hinblick auf ein hohes erzielbares Drehmoment bestrebt sein, einen möglichst hohen Wicklungsfaktor für die Grundwelle ($\xi_1 \rightarrow 1$) zu erhalten. Bei nicht sinusförmigem Luftspaltfeld wird man vermehrt auf eine hohe Unterdrückung des Einflusses von Oberwellen achten.

Viele bürstenlose Permanentmagnetmotoren werden heute (auch aus Kostengründen) mit einer Zahnspulenwicklung ausgeführt, bei der die einzelnen Spulen jeweils einen Zahn umschließen (Zahnspulenwicklungen siehe auch Abschnitt 7.3.1.1, Abb. 7.12, Abb. 7.13). Die Tabellen 8.2 und 8.3 geben für einige dreisträngige Einschicht- und Zweischicht-Zahnspulenwicklungen einen Überblick über erzielbare Grundwellen-Wicklungsfaktoren bei verschiedenen Nut-/Polpaarzahl-Kombinationen. Zahnspulenmotoren verfügen über eine gute Grundwellenausnutzung, wenn Pol- und Nutteilung sich nur wenig unterscheiden. Die daraus resultierenden Motortopologien liegen im Nahbereich der Diagonalen der Tabelle. Vorsicht ist bei der Wahl von Motoren mit unsymmetrischer Wicklungsverteilung geboten (z. B. $N = 9$ $p = 4$ oder $p = 5$). Hier können lastabhängig hohe Radialkräfte auf den Rotor wirken.

Ist der Wicklungsfaktor für eine Ordnungszahl ν ungleich null, so findet sich die Harmonische der Luftspaltflussdichte in der Polradspannung des Strangs wieder. Be-

Tab. 8.2: Beispiele für Grundwellen-Wicklungsfaktoren für verschiedene dreisträngige Einschichtwicklungen.

Grundwellenwicklungsfaktoren von Zahnspulen-Einschichtwicklungen

Polpaarzahlen	\	Nutzahlen							
		3	6	9	12	15	18	21	24
	1								
	2		0,87						
	3								
	4		0,87		0,87				
	5				0,97				
	6						0,87		
	7				0,97				
	8				0,87		0,95		0,87
	9								
	10						0,95		0,97
	11								0,96
	12						0,87		
	13								0,96

Tab. 8.3: Beispiele für Grundwellen-Wicklungsfaktoren für verschiedene dreisträngige Zweischicht-wicklungen.

Grundwellenwicklungsfaktoren von Zahnspulen-Zweischichtwicklungen

		Nutzahlen							
		3	6	9	12	15	18	21	24
Polpaarzahlen	1	0,87							
	2	0,87	0,87						
	3			0,87					
	4		0,87	0,95	0,87				
	5			0,95	0,93	0,87			
	6			0,87			0,87		
	7				0,93	0,95		0,87	
	8				0,87	0,95	0,95		0,87
	9								
	10					0,87	0,95	0,95	0,93
	11							0,95	0,95
	12						0,87		
	13								0,95

sondere Vorsicht ist in Zusammenhang mit dreisträngigen Wicklungen bei der dritten Harmonischen und deren Vielfachen geboten. In solchen Fällen empfiehlt es sich, eine Sternschaltung zu wählen, um Kreisströme zu verhindern.

Reduktion der Nutrastmomente

Zur Dämpfung der Nutrastmomente können verschiedene Maßnahmen ergriffen werden. So wirken sich Polformen mit Luftspaltaufweitungen in Richtung der Randzonen (z. B. brotlaibförmige Magnete) ebenso wie eine diametrale Magnetisierung von Oberflächenmagneten (gegenüber einer radialen Magnetisierung) positiv auf das Drehmomentverhalten aus. Eine andere Möglichkeit besteht in der Schrägung des Statorblechpakets oder der Pole der Permanentmagnete. Die Schrägung der Nuten beeinflusst ebenso wie die Sehnung oder die Wicklungsverteilung den Verlauf des verketteten Flusses und somit der induzierten Polradspannung. Berechnungshinweise hierzu können z. B. [168, 176] entnommen werden. Die Herstellung des Blechpakets mit geschrägten Nuten und das Einbringen der Wicklung erfordern im Vergleich zur ungeschrägten Ausführung in der Regel einen höheren Fertigungsaufwand. Es ist daher im Einzelfall zu überprüfen, ob eine Schrägung der Magnetpole oder eine axiale Anordnung winkelversetzter Magnetsegmente diesbezüglich günstigere Voraussetzungen bringen. Eine Schrägung der Magnetpole muss hierbei nicht zwangsläufig durch eine entsprechende Geometrie der Magnetsegmente erfolgen, sondern kann bei oberflächenmontierten Magneten grundsätzlich auch durch eine Nutschrägung in der Magnetisierungsvorrichtung des Rotors bewirkt werden.

Eine andere Methode, das Nutrastmoment zu reduzieren, ist die Wahl einer gebrochenen Zahl für das Nut-Polzahl-Verhältnis. In Abb. 8.9 sind für einen vierpoligen Permanentmagnetrotor zwei Statorwicklungsausführungen mit einem Nut-

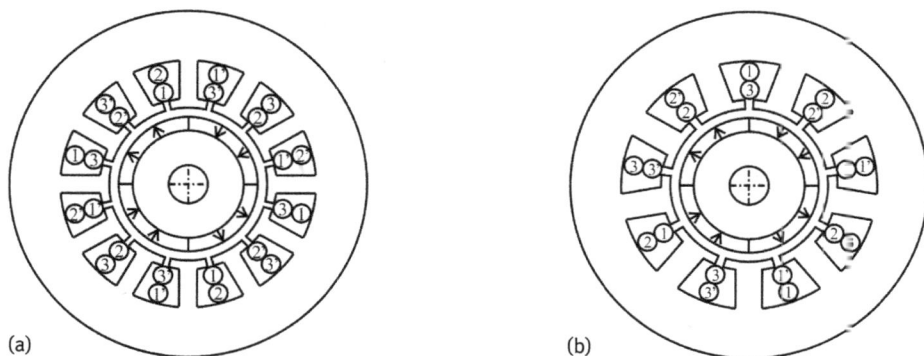

Abb. 8.9: (a): Vierpoliger dreisträngiger bürstenloser Permanentmagnetmotor mit einem ganzzahligen Nut-Polzahl-Verhältnis $z = 3$. (b): Vierpoliger dreisträngiger Motor mit einem stark gebrochenen Nut-Polzahl-Verhältnis $z = 2,25$.

Polzahl-Verhältnis von 3 bzw. 2,25 dargestellt. Während im ersten Fall bei jeder Rotordrehung um eine Nutteilung jeweils vier Polkanten gleichzeitig vier Nutöffnungen gegenüberstehen und damit während der Rotation infolge der Änderung der magnetisch gespeicherten Energie entsprechend hohe Rastmomente erzeugen, tritt in der zweiten Konstruktionsvariante jeweils nur eine einzige Überdeckung auf. Der Reduktion der Rastmomentschwankungen kann jedoch infolge der Sehnung und Verteilung der Wicklung eine Schwächung der Grundwelle des verketteten Strangflusses nachteilig gegenüberstehen.

Weiterhin sollte bei der Wahl des Nut-Polzahlverhältnisses darauf geachtet werden, dass bei einer unsymmetrischen Strangwicklungsanordnung, wie dies zum Beispiel in Abb. 8.9b der Fall ist, abhängig von der Größe des Ankerfelds radiale Zugkräfte auf den Rotor wirken. Durch eine Verdoppelung der Pol- und Nutzahl kann dieser Effekt infolge der entstehenden Wicklungssymmetrie verhindert werden. Ein Beispiel für eine symmetrische Wicklungsanordnung mit einem gebrochenen Nut-Polzahl-Verhältnis von 1,5 zeigt die Motorausführung in Abb. 8.7a.

8.2.2 Ausführung und Auswahl der Permanentmagnetbauformen

Für die Ausbildung des Erregerfelds können in bürstenlosen Permanentmagnetmotoren unterschiedliche Magnetmaterialien, wie Ferrit-, AlNiCo-, SmCo- oder NdFeB-Magnete (siehe Kapitel 2) sowie verschiedene Magnetbauformen zum Einsatz kommen. In Abb. 8.10 sind einige Konstruktionsausführungen dargestellt. Abhängig von der jeweiligen Spezifikation und der gewünschten Motorbetriebsweise mit blockförmiger oder sinusförmiger Ansteuerung wird man in Abstimmung mit der Statorwicklungsausführung (siehe Abschnitt 8.2.1) die Magnetgeometrie sowie die Magnetisierungsart festlegen. Für eingebettete Permanentmagnete sind drei prinzipielle Konstrukti-

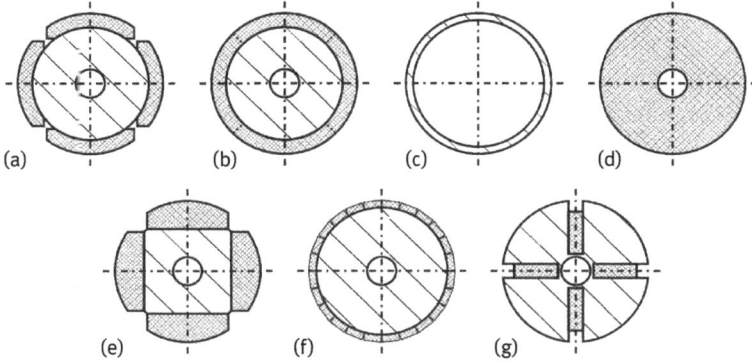

Abb. 8.10: Beispiele verschiedener Ausführungsformen von Rotoren: Permanentmagnete als Segmente (a), Ring (b), flexibles Band (c), Zylinder (d), Blocksegmente (Brotleibmagnete) (e), Blöcke zur Polunterteilung (f), eingebettete Blöcke (g).

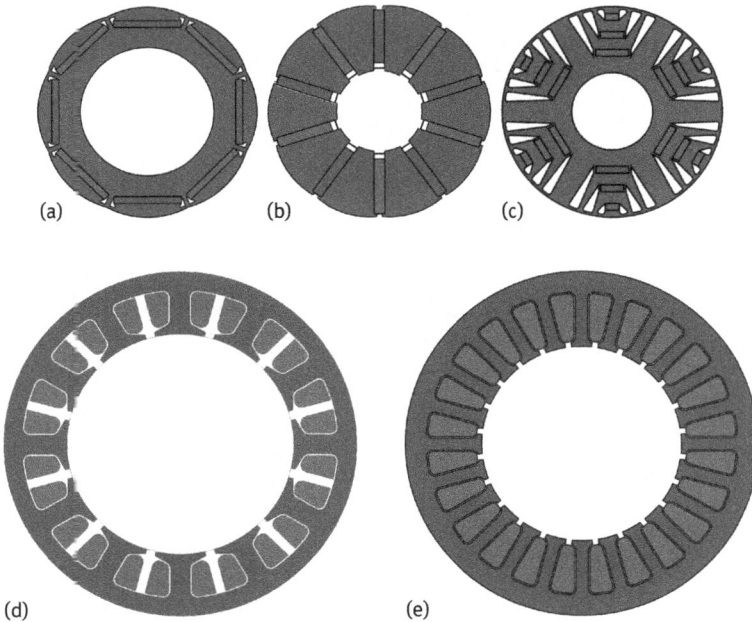

Abb. 8.11: Beispiele von Rotorausführungen (a)–(c) mit eingebetteten Magneten sowie Statoren mit Zahnspulenwicklung (d) bzw. mit verteilter Wicklung (e).

onsbeispiele aus Abb. 8.11 ersichtlich (siehe auch Abb. 7.20, Abb. 7.21). Für hohe Polzahlen findet in der mittleren Ausführungsvariante eine Flusskonzentration statt, die zu erhöhten Luftspaltflussdichten führt. Die rechte Ausführung zeigt ein Beispiel, bei dem zusätzlich zum permanentmagnetischen Drehmomentanteil noch ein deutlicher

Reluktanzanteil drehmomentbildend genutzt werden kann. In allen drei Ausführungen kann man über eine kuppenförmige Polformung im luftspaltnahen ferromagnetischen Teil eine annähernd sinusförmige Flussdichteverteilung im Luftspalt erreichen. In Tab. 8.4 sind für Innen- und Außenläufer zur weiteren Erläuterung Hinweise über die Eignung und den Einsatz verschiedener Rotortopologien angeführt.

Während die radiale Magnetisierung der Magnete häufig bei bürstenlosen Gleichstrommotoren eingesetzt wird, kommt bei den Ausführungen mit Sinuskommutierung aufgrund der gewünschten sinusförmigen Flussverkettung bei oberflächenmontierten Magneten oftmals die diametrale Magnetisierung mit paralleler Magnetisierungsausrichtung zum Einsatz.

Aus den Grundgleichungen für den permanentmagnetischen Kreis lassen sich für beide Applikationen einfache Beziehungen zur näherungsweisen Bestimmung der drehmomentwirksamen Radialkomponente B_δ der Luftspaltflussdichte angeben. In der folgenden Betrachtung werden Spannungsabfälle im Eisen sowie magnetische Streuungen vernachlässigt. B_m ist die Flussdichte im Magneten in der jeweiligen Magnetisierungsrichtung (radial bzw. diametral). H_δ und H_m entsprechen in ihrer Orientierung jeweils den zugeordneten Flussdichten.

Mit Hilfe des Durchflutungsgesetzes

$$\oint_C \boldsymbol{H}\,\mathrm{d}\boldsymbol{s} = \iint_A \boldsymbol{J}\,\mathrm{d}\boldsymbol{A} \tag{8.7}$$

der Verknüpfung

$$B_\delta = \mu_0 H_\delta \tag{8.8}$$

und der Flussgleichungen (mit den Abmessungen: mittlerer Luftspalt- und Magnetradius: r_δ, r_m und der Blechpaketlänge l, kleine Luftspalte und Magnethöhen vorausgesetzt, Flussverläufe entsprechend Abb. 8.12)

$$B_\delta r_\delta l = B_m r_m l \tag{8.9}$$

bzw.

$$B_\delta r_\delta l = B_m r_m l \cos \gamma_r \tag{8.10}$$

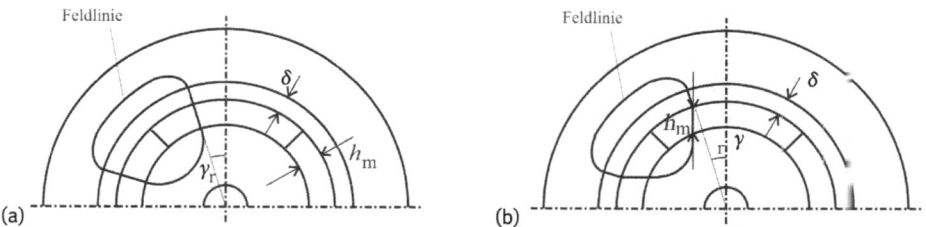

Abb. 8.12: (a): Modell zur Berechnung der Luftspaltflussdichte bei radialer Magnetisierung von Ringmagneten. (b): Modell zur Berechnung der Luftspaltflussdichte bei diametraler Magnetisierung.

Tab. 8.4: Der Einsatz und Besonderheiten von unterschiedlichen Permanentmagnetbauformen für bürstenlose Motoren (vgl. auch konstruktive Ausführungen in Abb. 8.10).

PM-Bauform	Einige Besonderheiten
Segment	*Magnetische Ausrichtung:* isotrop; anisotrop meist in diametraler Richtung *Reduktion der magnetischen Rastung:* axial winkelversetzte Segmente, winkelabhängige Segmenthöhe *Mechanische Besonderheiten:* 2-Linien-Auflage (Bruchgefahr, Spaltausgleich durch Kleber), bei zweipoliger Ausführung verkürzte Polweite ($\ll$ 180° geom.) *Applikationen:* Innenläufer, Außenläufer
Ring	*Magnetische Ausrichtung:* isotrop; teilweise bei dünnen Ringen anisotrop in radialer Richtung *Magnetische Besonderheiten:* beliebige Polkonfiguration realisierbar; spezielle Magnetisierungsvorrichtung erforderlich, falls keine zweipolige diametrale Magnetisierung gewünscht wird *Reduktion der magnetischen Rastung:* Magnetisierung einer Polschräge *Mechanische Besonderheiten:* Spalten durch Fertigungstoleranzen, Spaltausgleich durch Kleber *Applikationen:* Innenläufer, Außenläufer
Flexibles Band	*Magnetische Ausrichtung:* meist anisotrop senkrecht zur Bandebene *Magnetische Besonderheiten:* beliebige Polkonfigurationen realisierbar; spezielle Magnetisierungsvorrichtung erforderlich *Reduktion der magnetischen Rastung:* Magnetisierung einer Polschräge *Mechanische Besonderheiten:* Längentoleranzausgleich durch Quetschung (Stoßstelle) *Applikationen:* Außenläufer
Zylinder	*Magnetische Ausrichtung:* isotrop, anisotrop in diametraler Richtung *Magnetische Besonderheiten:* isotrop: polorientierte Magnetisierung (Multipole mit integriertem magn. Rückschluss); diametrale Magnetisierung; anisotrop: Magnetisierung entsprechend Vormagnetisierung beim Pressen *Reduktion der magnetischen Rastung:* polorientierte Magnetisierung: Magnetisierung einer Polschräge möglich; diametrale Magnetisierung: axiale Anordnung von winkelversetzten Zylindern *Applikationen:* kleine Innenläufer, Motoren mit nutenloser Wicklung zwischen Magnet und Eisenrückschluss
Blocksegment	*Magnetische Ausrichtung:* isotrop, anisotrop in diametraler Richtung *Magnetische Besonderheiten:* sinusförmige Feldverteilung im Luftspalt über winkelabhängige Anpassung der Magnethöhe realisierbar (variabler Luftspalt) *Reduktion der magnetischen Rastung:* winkelabhängige Anpassung der Magnethöhe *Applikationen:* Innenläufer
Unterteilte Pole	*Magnetische Ausrichtung:* isotrop, anisotrop parallel zur Blockhöhe *Magnetische Besonderheiten:* Approximation einer radialen Magnetisierung mit parallel magnetisierten Blöcken; mehrere benachbarte Magnetblöcke mit gleicher magnetischer Orientierung bilden einen Pol *Reduktion der magnetischen Rastung:* axial winkelversetzte Blöcke *Mechanische Besonderheiten:* bei stark unterteilten Polen Automatenbestückung empfehlenswert, dünne Magnetschichten über große Polweiten realisierbar *Elektrische Besonderheiten:* Reduktion der Wirbelstromverluste im Magnetpol (z. B. bei Motoren mit offenen Nuten oder starker Ankerfeldeinwirkung); bei Ferritmagneten besteht das Wirbelstromproblem nicht *Applikationen:* Innenläufer, Außenläufer
Eingebettete Blöcke	*Magnetische Ausrichtung:* isotrop, anisotrop parallel zur Blockhöhe *Magnetische Besonderheiten:* Besserer Schutz der Magnete vor Entmagnetisierung durch Ankerfeld, sinusförmige Feldverteilung im Luftspalt über winkelabhängige Anpassung der Eisenpolschuhgeometrie realisierbar, hohe Ankerrückwirkung und elektrische Ankerzeitkonstante (daher geringere Dynamik), ferromagnetische Verbindungsbrücken zwischen den Rotorpolen für den Zusammenhalt der Rotorteile: lokale magnetisch gesättigte Kurzschlüsse im Rotor (in Zeichnung nicht dargestellt) *Reduktion der magnetischen Rastung:* Winkelversatz von Blechpaketen, winkelabhängige Anpassung der Polschuhgeometrie *Mechanische Besonderheiten:* vor Fliehkraft geschützter Permanentmagnet, einfache Bestückung *Applikationen:* Innenläufer

für die radiale Magnetisierung (Gleichung 8.9) bzw. für die diametrale Magnetisierung (Gleichung 8.10) sowie der (linearen) Magnetisierungskennlinie

$$B_\mathrm{m} = \mu_0\mu_\mathrm{r}H_\mathrm{m} + B_\mathrm{r} \tag{8.11}$$

ergibt sich mit der Stromdichte $J = 0\,\mathrm{A/mm^2}$ für die Radialkomponente B_δ der Luftspaltflussdichte folgende Näherung bei Verwendung eines radial magnetisierten Ringmagneten (Abb. 8.12a)

$$B_\delta = \frac{r_\mathrm{m}}{r_\delta}\frac{B_\mathrm{r}}{1 + \mu_\mathrm{r}\frac{\delta}{h_\mathrm{m}}} \tag{8.12}$$

bzw. bei diametraler Magnetisierung (Abb. 8.12b)

$$B_\delta = \frac{r_\mathrm{m}}{r_\delta}\frac{B_\mathrm{r}\cos\gamma_\mathrm{r}}{1 + \mu_\mathrm{r}\frac{\delta}{h_{\mathrm{m}(\gamma_\mathrm{r})}}} \tag{8.13}$$

Bei Polpaarzahlen $p > 1$ wird es infolge des verkürzten Polwinkels zunehmend schwieriger, selbst bei diametraler Magnetisierung eine befriedigende Annäherung des Luftspaltfeldverlaufs oder der Polradspannung an die Sinusform zu erhalten. Es kann daher erforderlich sein, entweder den Luftspalt zwischen Magnet und Stator winkelabhängig in Richtung der Polränder zu vergrößern, den Magneten bzw. das Statorblechpaket zu schrägen, oder, wie im vorangegangenen Kapitel behandelt, die Ankerwicklung entsprechend zu sehnen bzw. zu verteilen.

Die bessere Ausnutzung des Magnetvolumens (gleiche Kennlinie vorausgesetzt) erfolgt bei isotropen Materialien, die beliebige Magnetisierungsrichtungen zulassen, mit einer radialen Magnetisierung. Dies gilt insbesondere für sehr kleine Polpaarzahlen. So ergibt sich für einen blockförmigen Luftspaltfeldverlauf für eine Polpaarzahl $p = 1$ im Vergleich zu einem sinusförmigen Feld gleicher Amplitude eine um $4/\pi$ größere Grundwellenamplitude.

Viele bürstenlose Permanentmagnetmotoren sind mit oberflächenmontierten Magneten bestückt. Infolge kleinerer Ankerinduktivitätswerte, kleinerer elektrischer Zeitkonstanten und einer geringeren Ankerrückwirkung ergeben sich Vorteile in der Motorcharakteristik in Bezug auf Dynamik und Linearität. Nachteilig ist allerdings, dass im Gegensatz zu eingebetteten Magneten bei hohen Gegenfeldern kein besonderer Entmagnetisierungsschutz und hinsichtlich der mechanischen Robustheit bei sehr hohen Drehzahlen kein ausreichender Fliehkraftschutz besteht. Oberflächenmontierte Magnete werden daher bei Innenläufern mit Kohle-, Glasfasern oder nicht ferromagnetischen Metallhülsen bandagiert, wenn die Klebe- bzw. Materialfestigkeit für den vorgesehenen Drehzahlbereich nicht ausreichend ist. Auch bei eingebetteten Magneten sind für hohe Drehzahlen zusätzliche Schutzvorrichtungen erforderlich, da die die Polkappen verbindenden ferromagnetischen Stege nur begrenzt Kräfte aufnehmen können.

8.2.3 Ausführung und Auswahl der Motorbauform

Wie die Applikationsbeispiele aus Abschnitt 8.1 zeigen, sind die Anforderungen an bürstenlose Permanentmagnetantriebe sehr vielfältig. Die verschiedenen Antriebsaufgaben werden durch zum Teil sehr unterschiedliche Motorkonstruktionen gelöst. Bereits in der Konzeptphase kommt daher der Auswahl einer geeigneten Motorbauform eine besondere Bedeutung zu. Hier stehen grundsätzliche Kriterien, wie der zur Verfügung stehende Bauraum (Länge, Durchmesser), die geforderte Betriebsart (konstante Drehzahl, Drehzahlstellbereich, Motordynamik, Gleichlauf) sowie auch die Anforderungen an die mechanische Stabilität und Schwingungsneigung oder die Integrationsfähigkeit des Motors in eine vorhandene Konstruktion, im Vordergrund.

Um hier eine Entscheidungshilfe zu bieten, werden nachfolgend wichtige Eigenschaften einer Innenläufer-, Außenläufer- und Scheibenläuferausführung der bürstenlosen Permanentmagnetmotoren unter Einbezug einer nutenbehafteten bzw. nutenlosen Wicklungsgestaltung vorgestellt.

Bürstenloser Permanentmagnetmotor in Innenläuferausführung

Die Innenläuferausführung des bürstenlosen Permanentmagnetmotors entspricht den Vorstellungen einer klassischen Motorausführung, wie man sie in überwiegender Anzahl auch bei den Gleichstromkommutatormotoren und Asynchronmotoren vorfindet. Das Längen/Durchmesser-Verhältnis der Läuferausführungen variiert in der Praxis sehr stark von sehr schlanken bis hin zu nahezu scheibenförmigen Rotorkonstruktionen. Im Allgemeinen erlaubt jedoch eine schlanke Konstruktion eine bessere Ausnutzung der magnetischen Kreise, da die magnetischen Streuflüsse an den Stirnseiten sowie die Wickelkopfverluste weniger stark ins Gewicht fallen. Insbesondere in Verbindung mit SmCo- oder NdFeB-Magneten lassen sich mit der Innenläuferbauform hohe Drehmoment/Trägheitsmoment-Verhältnisse und damit sehr gute dynamische Eigenschaften erzielen.

Abb. 8.13 zeigt den prinzipiellen Aufbau eines permanentmagnetbestückten Innenläufermotors. Um die in der Regel spröden und im magnetisierten Zustand unter innerer Spannung stehenden Magnete bei großen Fliehkräften vor Zerstörung zu schützen, ist es, wenn die Klebeverbindung oder das Magnetmaterial über keine ausreichende Festigkeit verfügt, erforderlich, die Segmente bzw. Ringe zum Beispiel mit epoxydharzgetränkten Glas- oder Kohlefasern zu bandagieren. Manchmal werden hierzu auch dünngezogene magnetisch nicht leitfähige Metallhülsen verwendet.

Für den magnetischen Rückschluss im Rotor ist es bei kleinen Statornutöffnungen und großen Magnethöhen meist nicht erforderlich, den Magnetträger zu blechen. Dennoch ist dies in vielen Fällen die kostengünstigste Lösung, zumal das Rotorblech aus dem Kern des Statorblechschnitts im gleichen Arbeitsgang gestanzt werden kann. Bei besonders engen räumlichen Verhältnissen wird die Welle zur magnetischen Leitung des Flusses mit verwendet. In diesen Fällen ist jedoch zu beachten, dass im Ge-

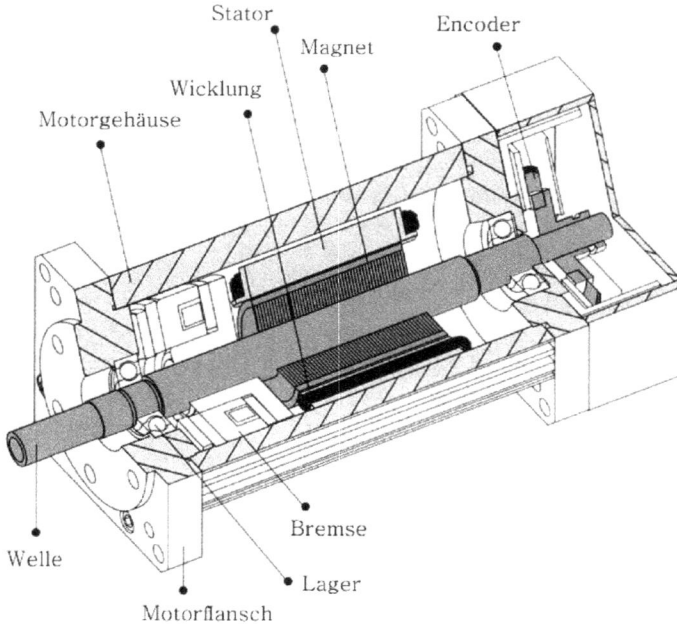

Abb. 8.13: Schnittbild eines bürstenlosen Permanentmagnetmotors in Innenläuferausführung (ebm-papst).

gensatz zu den weichmagnetischen Blechen in der Regel keine eng tolerierten magnetischen Daten des Wellenwerkstoffs vorliegen. Wellen sind für die Führung des magnetischen Flusses im Einsatz in der Serienfertigung daher nur bedingt geeignet.

Die Anordnung des Rotorrückschlusses auf der Welle führt zu einer vergleichsweise steifen Rotorkonstruktion. Die Eigenresonanzfrequenzen des Rotors und damit die schwingungsmäßig kritischen Drehzahlen liegen bei Innenläuferausführungen in der Regel deutlich höher und damit günstiger als bei vergleichbaren Außenläuferbauformen.

Die Motorverluste (Wicklungs-, Hysterese-, Wirbelstromverluste) entstehen beim bürstenlosen Permanentmagnetmotor meist im Wesentlichen im Stator. Die resultierende Wärme lässt sich sehr effektiv über den äußeren Statorumfang durch eine entsprechende Gehäuse- und Flanschausführung abführen. Bei guter Wärmeableitung durch Konvektion oder eine Mantelwasserkühlung kann daher die Leistungsdichte des Innenläufermotors sehr hohe Werte erreichen. Die Wirbelstromverluste in den Magneten sind nicht immer vernachlässigbar klein. Einflussgrößen sind die magnetische Leitfähigkeit des Magnetmaterials, Nutöffnungen, zeitliche Änderungen des Ankerfelds sowie dessen Relativbewegungen zum Rotor. Bei hochfrequenten Anwendungen müssen zum Teil neben den (Quasi-)DC-Kupferverlusten auch Wirbelstromverluste, verursacht durch Skin- oder Proximity-Effekte, berücksichtigt werden.

Bürstenloser Permanentmagnetmotor in Außenläuferausführung

Hohe Stückzahlen von bürstenlosen Permanentmagnetmotoren werden in Außenläuferbauweise gefertigt. Bedeutende Anteile hieran haben elektronische Antriebe für Lüfter, Gebläse, Ventilatoren sowie aus dem Bereich der Computertechnik, geregelte Antriebe für Festplatten-, Compactdisc- und DVD-Laufwerke. Diesen Anwendungen liegen neben den für bürstenlose Motoren typischen Merkmalen, wie große Lebensdauer und hohe Zuverlässigkeit, spezielle Anforderungen nach Laufruhe, geringen Herstellkosten sowie zum Teil auch Forderungen nach hohen Drehmomentwerten bei kleinstem Bauraum und geringen Wicklungsverlusten zugrunde.

Die Außenläuferbauweise bietet gegenüber der Innenläuferausführung diesbezüglich einige besondere Vorteile. Das größere Trägheitsmoment des Läufers wirkt sich sehr positiv auf den Gleichlauf und die Laufruhe des Antriebs aus. Drehzahlschwankungen, verursacht zum Beispiel durch reluktante Störmomente, werden geglättet. Weitere technische Vorteile sind in der größeren zur Verfügung stehenden Fläche für die Permanentmagnete, der radial nach innen sich ergebenden Flussverdichtung des Permanentmagnetfelds sowie in den kürzeren Wickelköpfen des Stators zu sehen. Ein Manko stellt allerdings die Wärmeabfuhr des Stators über den montageseitigen Flansch dar.

Der Außenläufer eignet sich, wie aus Abb. 8.14 zu erkennen, konstruktiv sehr gut für kostengünstige Großserienfertigungen. Das Motorgehäuse wird, sofern kein Berührungsschutz erforderlich ist, aus Stator und Rotor gemeinsam gebildet. Der Stator besitzt im Gegensatz zum Innenläufer oft nur einen Flansch mit integriertem Lagerrohr. Somit entfallen das passgenaue Anfertigen sowie die fluchtende Montage zweier

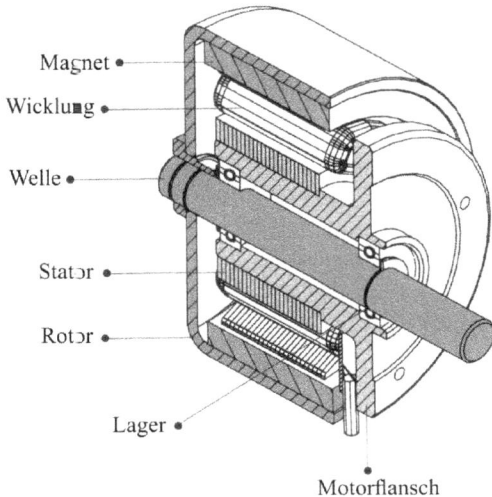

Abb. 8.14: Schnittbild eines bürstenlosen Permanentmagnetmotors in Außenläuferausführung (ebm-papst).

getrennter Flanschteile. Die beiden Kugellagersitze können, sofern hohe Genauigkeit gefordert ist, in einer Aufspannung präzise gedreht werden. Für eine kostengünstige Fertigung stehen Flyerwicklungsmaschinen mit äußerst kurzen Wicklungszeiten zur Verfügung. Bei konzentrierten Wicklungen besteht darüber hinaus die Möglichkeit der gleichzeitigen Wicklung verschiedener Stränge. Investitionskosten für Einzugs- und Wicklungsbandagierautomaten entfallen.

In Lüftern, Gebläsen und Ventilatoren wird die Motorelektronik meist auf einer Leiterplatte an der Flanschinnenseite des Motors integriert und durch den überlappenden Läufer geschützt. Das Rotorgehäuse besteht bei Lüftern aus einem gezogenen weichmagnetischen Blechtopf, der über eine Niet-, Schweiß- oder Spritzverbindung mit der Welle verbunden ist. Unter Einbezug des Topfbodens für die magnetische Flussführung lassen sich kleine Blechdicken und damit niedrige Gewichte realisieren. Die Magnete, bei lufttechnischen Applikationen häufig kunststoffgebundene elastische anisotrope Ferritmagnetbänder oder bei Festplattenantrieben NdFeB-Magnetringe, werden in das Rotorgehäuse eingeklebt. Eine Bandage der Magnete ist aufgrund des Rotormantels nicht erforderlich. Für extreme Fliehkraftanforderungen müssen zum Teil noch die stirnseitigen Magnetseitenränder abgestützt werden.

Bürstenloser Permanentmagnetmotor in Scheibenläuferausführung

Abb. 8.15 zeigt verschiedene Ausführungsformen von bürstenlosen Scheibenläuferbauformen. Der Stator, der, wie im Bild gezeigt, ein- und zweiseitig ausgeführt sein kann, besteht im Allgemeinen aus einer ferromagnetischen Rückschlussplatte, einer Flachwicklung, die auch im Unterschied zur dargestellten Zahnspulenwicklung als verteilte Wicklung oder nutenlos ausgeführt werden kann sowie aus Polschuhen, die im Luftspalt den magnetischen Fluss sammeln, an die Rückschlussplatte weiterführen und ihn mit der Strangwicklung verketten. Aufgrund der dreidimensionalen Flussführung im Eisen ist es schwierig, eine geeignete Blechung zu realisieren. Möglich sind getrennt ausgeführte und ineinander steckbare Blechpakete für die Rückschlussplatte und die Statorzähne mit unterschiedlichen Blechungsebenen oder ein Stator, der aus einem spiralförmig aufgewickelten Blechstreifen mit variabler Nutteilung besteht. Vermehrt werden aufgrund der Blechungsproblematik Soft-Magnetic Composites (SMC) verwendet, die ein weitgehend isotropes Materialverhalten aufweisen und aufgrund ihrer schwachen elektrischen Leitfähigkeit als gepresste Massivkörper eingesetzt werden können. Abb. 8.15c zeigt ein Anschauungsbeispiel hierfür.

Mit Scheibenläufermotoren lassen sich aufgrund des hohen Rotorträgheitsmoments in Verbindung mit geschrägter Nutung bzw. Magnetisierung der Permanentmagnetpole sehr gute Gleichlaufwerte erzielen. Auch die Drehmomentdichte kann bei Motoren mit größeren Durchmessern beachtliche Werte annehmen. Sofern der Stator, wie in Abb. 8.15b dargestellt, auf der Motoraußenseite angebracht ist, ergeben sich

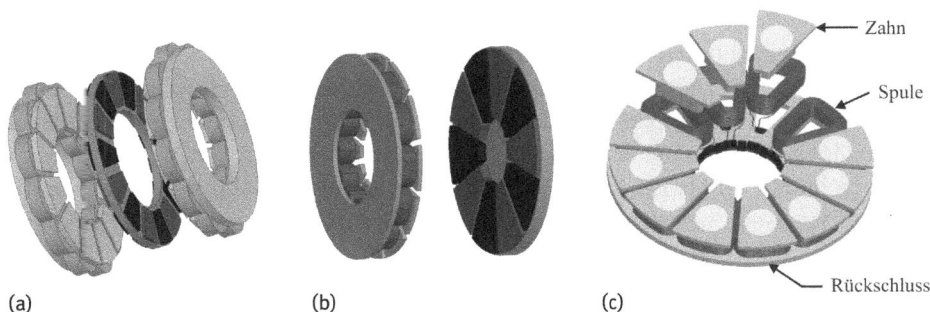

Abb. 8.13: Bürstenloser Permanentmagnetmotor in Scheibenläuferausführung. (a): Doppelseitiger Stator. (b): Einseitiger Stator. (c): SMC-Statorkomponenten (LCM, MIBA).

zum Beispiel in Verbindung mit eingegossenen Wicklungen und einer stirnseitigen Wasser-Mantelkühlung gute Kühlverhältnisse. Dies gilt insbesondere bei Motoren mit einseitigem Stator, der gleichzeitig als Flanschanschluss dient. Bei der Verwendung von Seltenerd-Magneten können jedoch die einseitig wirkenden Zugkräfte, insbesondere bei Motoren mit größeren Durchmessern, sehr hohe Werte annehmen. Sie erhöhen die Lagerreibung und wirken sich negativ auf die Lagerlebensdauer aus.

Teilweise verwendet man auch Scheibenläuferausführungen, deren Stator zwischen zwei mit Permanentmagneten bestückten Rotorscheiben angeordnet ist. In diesen Fällen kann die Rotorrückschlussplatte sehr kostengünstig aus massivem Eisen ausgeführt werden, wenn keine hohen Wechselfeldanteile, z. B. durch offene Statornuten oder starke Ankerwechselfelder, entstehen. Nachteilig bei solchen Anordnungen mit Rotordoppelscheiben sind jedoch die beschränkten Kühlungsmöglichkeiten des mittigen Stators.

Im Gegensatz zu den Ausführungen mit nur einem Stator und einem Rotor treten bei den symmetrischen „Sandwich"-Packungen (mit Doppelrotor bzw. Doppelstator) deutlich geringere axiale Zugkräfte zwischen Stator und Rotor auf. Verbleibende Zugkräfte entstehen im Wesentlichen durch Material- und Rotorlagetoleranzen in axialer Richtung.

Scheibenläufermotoren eignen sich sehr gut für eine Integration von Motor und Motorelektronik und erlauben eine sehr kompakte Flachbauweise. Anwendungsgebiete von Scheibenläufermotoren sind beispielsweise Radnabenmotoren für direktangetriebene Fahrzeuge, Motoren für Rasen- und Bodenpflegemaschinen, flache Kompaktpumpen oder Elektromotorräder. Im Gegensatz zu Innenläufermotoren, deren Leistungsanpassung relativ einfach und modular über eine Verlängerung des Blechpakets vorgenommen werden kann, erfordert dies bei Scheibenläufermotoren tiefere Eingriffe in den Fertigungsprozess. Gleiches gilt auch für die bereits vorgestellten Außenläufermotoren.

Bürstenloser Permanentmagnetmotor
mit nutenloser zylindrischer Wicklungsausführung

Die bürstenlosen Permanentmagnetmotoren mit nutenloser zylindrischer Wicklungsausführung sind häufig den Glockenankerkommutatormotoren nachgebildet. Die im
Allgemeinen dreisträngige Rauten- oder Schrägwicklung ist im Luftspalt des Motors
angebracht und wird in der linken Konstruktionsvariante von Abb. 8.16 innen von einem auf der Welle befestigten Permanentmagneten und außen von einer ebenfalls
auf der Welle montierten massiv ausgeführten Eisenjochglocke umschlossen. Durch
die selbsttragende nutenlose Wicklung und den mitrotierenden Eisenrückschluss entstehen nahezu keine Eisenverluste im Motor. Dies wirkt sich insbesondere bei hohen
Drehzahlen sehr günstig auf den Wirkungsgrad aus.

Abb. 8.16b zeigt eine andere, sehr trägheitsarme Ausführungsvariante mit einem
geblechten magnetischen Rückschluss im Stator. Im Gegensatz zur ersten Ausführung
ist der permanentmagnetische Kreis infolge des Drehfelds im Statorblechpaket nicht
mehr verlustfrei.

Die Lebensdauer der bürstenlosen Antriebe mit nutenloser Wicklung wird im Vergleich zu den Glockenankerkommutatormotoren lediglich noch durch die Lager und
die Kommutierungselektronik bestimmt. Die Elektronik ist in einigen Ausführungen
(siehe Abb. 8.16a) im Rückteil des Motorgehäuses integriert.

Sowohl die Wicklungsausführung als auch die diametrale Magnetisierung der
zweipoligen Zylindermagnete führen zu sinusförmigen Flussverkettungen und damit zu sinusförmigen induzierten Polradspannungen. Von daher ist hinsichtlich der
Gleichförmigkeit des Drehmoments eine sinusförmige Ansteuerung empfehlenswert.
Im Gegensatz zu den Glockenankerkommutatormotoren, die aufgrund der hohen
Spulenzahl trotz Blockkommutierung sehr geringe Drehmomentwelligkeitswerte erreichen, kann sich aufgrund der nur dreisträngigen bürstenlosen Ausführung die

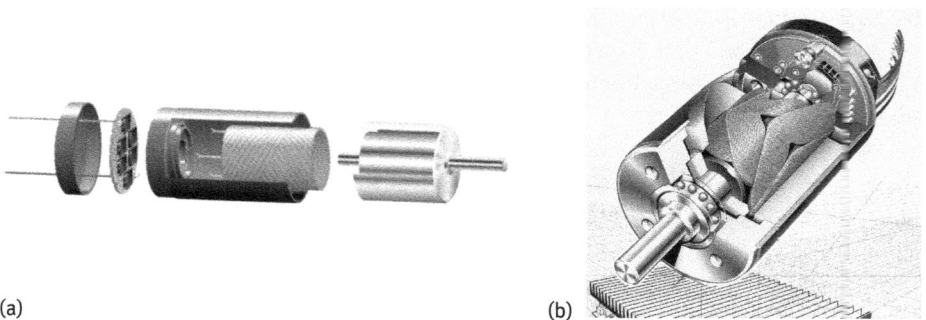

(a) (b)

Abb. 8.16: Beispiele zum Aufbau von nutenlosen EC-Motoren: (a): Permanentmagnetrotor mit mitro-
tierendem, massiv ausgeführtem Rückschluss, Wicklungsausführung: Schrägwicklung (Faulhaber).
(b): Der magnetische Rückschluss befindet sich im geblechten Stator, Wicklungsausführung Rautenwicklung (maxon).

Blockkommutierung bei anspruchsvollen Servoapplikationen störend auswirken (Servoantriebe siehe Band 2). Aus Kostengründen sowie aufgrund des beschränkten Einbauvolumens für Elektronik und Sensorik wird jedoch in einigen Anwendungen die Blockstromkommutierung der sinusförmigen Ansteuerung vorgezogen. Mit steigender Drehzahl schwinden die Unterschiede zwischen Sinus- und Blockkommutierung in den Drehzahlschwankungen aufgrund des glättenden Einflusses des Rotorträgheitsmoments.

8.3 Mathematische Modellierung des permanentmagneterregten Synchronmotors

Bürstenlose, feldorientiert gesteuerte Permanentmagnetmotoren gewinnen im Trend einer stetig wachsenden Automatisierung technischer Prozesse mit steigenden Anforderungen an die Dynamik, die Leistungsdichte, den Wirkungsgrad sowie die Zuverlässigkeit und Lebensdauer der Antriebe zunehmend an Bedeutung. Dies gilt auch für den Bereich der Servoapplikationen, wo mit der Verfügbarkeit hochenergetischer, entmagnetisierungs- und temperaturfester Permanentmagnetwerkstoffe in dem bürstenlosen Permanentmagnetmotor eine technisch und wirtschaftlich äußerst interessante Alternative zum Asynchronmotor erwachsen ist. Der bürstenlose permanentmagneterregte Servomotor zeichnet sich im Allgemeinen durch eine mittlere mechanische und thermische Robustheit, hohe Dynamik, geringes Leistungsgewicht und eine gute Regelbarkeit aus.

Für die Auswahl und optimale Anpassung der Komponenten eines Antriebssystems sowie bei Stellantrieben für den rechnergestützten Entwurf der Drehzahl- oder Positionsregler ist eine Simulation der dynamischen Vorgänge in vielen Fällen unentbehrlich. Sind die mathematischen Modelle der Motoren und der übrigen Antriebskomponenten erst einmal in allgemeiner Form definiert und die spezifischen Parameter bzw. Kennlinien der betrachteten Komponenten ermittelt, so können wichtige Aussagen über das dynamische Betriebsverhalten zeit- und kostensparend getroffen werden. Abhandlungen zum Gesamtantriebssystem finden sich in Band 2 unter dem Kapitel Servoantriebe.

8.3.1 Einfaches Maschinenmodell

Für die Entwicklung eines mathematischen Modells ist sowohl das mechanische als auch das elektromagnetische dynamische Verhalten des Motors zu beachten. Es wird im Folgenden angenommen, dass die Eisenverluste vernachlässigbar sind. Die Spannungsgleichungen des Motors mit m Strängen können mit der Beziehung

$$u_i = R_i i_i + \sum_{j=1}^{m} L_{ij} \frac{d}{dt} i_j + u_{pi} \qquad (8.14)$$

angegeben werden, wobei der mittlere Term die induktiv durch Stromänderungen in den Strängen induzierten Spannungen und der letzte Term die Polradspannungen darstellt.

Für einen symmetrisch aufgebauten dreisträngigen Motor weisen die einzelnen Selbstinduktivitäten $L_{ki,k=i} = L_s^*$ und Gegeninduktivitäten $L_{ki,k\neq i} = M_s^*$ jeweils gleiche Werte auf.

Mit der Stromsummengleichung

$$i_1 + i_2 + i_3 = i_0 \tag{8.15}$$

für einen angeschlossenen Sternpunkt und gleichen Strangwiderständen $R_i = R$ kann Gleichung (8.14) daher umgeschrieben werden zu

$$u_i = Ri_i + L_s \frac{\mathrm{d}}{\mathrm{d}t} i_i + M_s^* \frac{\mathrm{d}}{\mathrm{d}t} i_0 + u_{pi} \tag{8.16}$$

mit

$$L_s = L_s^* - M_s^* \tag{8.17}$$

Bei nicht angeschlossenem Sternpunkt ($i_0 = 0$) vereinfacht sich die Spannungsgleichung Gleichung (8.16) zu

$$u_i = Ri_i + L_s \frac{\mathrm{d}}{\mathrm{d}t} i_i + u_{pi} \tag{8.18}$$

Abb. 8.17a zeigt das zugehörige elektrische Ersatzschaltbild des bürstenlosen Permanentmagnetmotors. Der letzte Term aus Gleichung (8.16) bzw. (8.18) entspricht hierbei den rotatorisch induzierten Polradspannungen u_{pi}.

Für die Beschreibung des mathematischen Motormodells wird neben der Spannungsgleichung noch die mechanische Bewegungsgleichung benötigt. Sie lautet für das innere Motormoment der Maschine

$$M = J \ddot{\gamma}_m + D \dot{\gamma}_m + M_w \tag{8.19}$$

Zur Kopplung der Spannungsgleichung mit der mechanischen Bewegungsgleichung ist die Beziehung für die elektromechanische Drehmomenterzeugung aufzustellen.

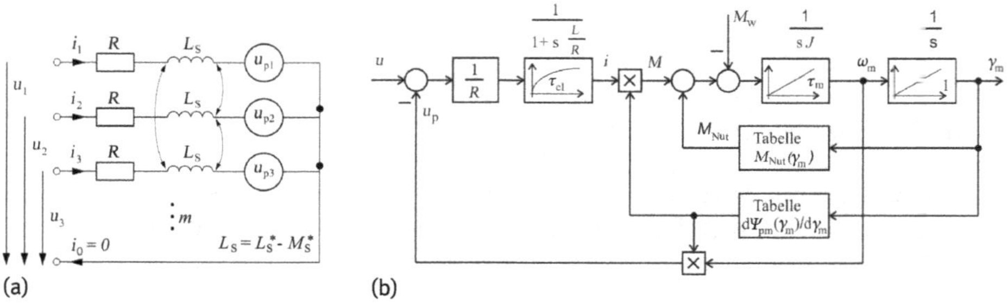

(a) (b)

Abb. 8.17: (a): Elektrisches Ersatzschaltbild des bürstenlosen dreisträngigen Permanentmagnetmotors. (b): Lineares Motormodell für einen einsträngigen Motor.

Dies kann über die winkelabhängige Änderung der magnetischen Koenergie des Motors erfolgen. Für das elektromagnetisch erzeugte Drehmoment gilt daher (siehe auch Abschnitt 2.6.2.5):

$$M = \frac{\partial W_{\mathrm{mag}}^{\mathrm{co}}}{\partial \gamma_{\mathrm{m}}} \tag{8.20}$$

Die magnetische Koenergie lässt sich für lineare Verhältnisse bei Vernachlässigung der magnetischen Spannungsabfälle und Verluste im Eisen und des Nutrastmoments mit

$$W_{\mathrm{mag}}^{\mathrm{co}} = \sum_{i=1}^{m} \Psi_{\mathrm{pmi}} i_{\mathrm{i}} + \frac{1}{2} \sum_{i=1}^{m} \sum_{j=1}^{m} L_{\mathrm{ij}} i_{\mathrm{j}} i_{\mathrm{i}} \tag{8.21}$$

angeben, wobei mit m die Anzahl der Stränge und mit γ_{m} der mechanische Rotordrehwinkel bezeichnet ist.

Aus den Gleichungen (8.20) und (8.21) erhält man für den allgemeinen Fall winkelabhängiger Induktivitäten das innere Drehmoment der Maschine:

$$M = \sum_{i=1}^{m} \frac{\mathrm{d}\Psi_{\mathrm{pmi}}}{\mathrm{d}\gamma_{\mathrm{m}}} i_{\mathrm{i}} + \frac{1}{2} \sum_{i=1}^{m} \sum_{j=1}^{m} \frac{\mathrm{d}L_{\mathrm{ij}}}{\mathrm{d}\gamma_{\mathrm{m}}} i_{\mathrm{j}} i_{\mathrm{i}} \tag{8.22}$$

Winkelabhängige Induktivitätswerte ergeben sich beispielsweise durch polygonförmige Rotorblechschnitte, Blechpakete mit eingebetteten Magneten oder im geringen Ausmaß auch bei Verwendung von Permanentmagneten mit höheren reversiblen Permeabilitätswerten, wenn die Magnetanordnung keine geschlossene ringförmige Verteilung ergibt (z. B. bei Lücken zwischen den Polkanten oder bei winkelabhängiger Magnethöhe).

Für winkelunabhängige Induktivitäten entfällt der zweite Term der Drehmomentgleichung (8.22). Die Ableitung der verketteten Strangflüsse kann messtechnisch auch aus der winkelgeschwindigkeitsabhängigen induzierten Polradspannung gewonnen werden. Es gilt hier der Zusammenhang

$$u_{\mathrm{pi}} = \sum_{i=1}^{m} \frac{\mathrm{d}\Psi_{\mathrm{pmi}}}{\mathrm{d}\gamma_{\mathrm{m}}} \frac{\mathrm{d}\gamma_{\mathrm{m}}}{\mathrm{d}t} \tag{8.23}$$

Das innere Drehmoment des bürstenlosen Motors besteht nach Gleichung (8.22) aus einem Anteil, der aus der Permanentmagnetflussverkettung der Stränge gebildet wird (erster Term), einem reluktanten Anteil (zweiter Term) und kann zusätzlich noch um ein permanentmagnetisches Nutrastmoment $M_{\mathrm{Nut}}(\gamma_{\mathrm{m}})$, das bereits ohne Ankerstrom auftritt, erweitert werden.

In vielen Fällen, insbesondere bei rotationssymmetrischen Rotoren mit oberflächenmontierten Permanentmagneten, ist es zulässig, den reluktanten Anteil aufgrund winkelunabhängiger Induktivitätswerte zu vernachlässigen. Vernachlässigbar ist auch der Anteil $M_{\mathrm{Nut}}(\gamma_{\mathrm{m}})$ bei nutenlosen Motoren sowie bei Motoren, für die spezielle Vorkehrungen zur Unterdrückung des Nutrastmoments, zum Beispiel durch eine

Nutschrägung, eine Schrägung der Magnetpole bzw. deren Magnetisierung oder ein günstiges Nut-/Polzahl-Verhältnis getroffen sind (vgl. Abschnitt 8.2.1).

Die angeführten Gleichungen beschreiben das dynamische Betriebsverhalten des bürstenlosen Permanentmagnetmotors und lassen sich unter der Annahme winkelunabhängiger Induktivitätswerte zu einem einfachen Motormodell zusammenfassen. Abb. 8.17b zeigt beispielhaft ein mathematisches Modell für einen einsträngigen Motor mit linearem Verhalten. Die Funktionen $M_{\text{Nut}}(\gamma_m)$ und $d\Psi_{\text{pm}}(\gamma_m)/d\gamma_m$ können analytisch, numerisch mit einem Finite-Elemente-Programm oder auch messtechnisch auf dem Prüfstand (vgl. Gleichung (8.23)) ermittelt werden und in Form von Gleichungen oder Tabellenwerten in die Simulation einfließen. Das Modell des einsträngigen Motors aus Abb. 8.17 lässt sich mit den in diesem Kapitel angeführten Gleichungen für mehrsträngige Motoren erweitern.

8.3.2 Zweisträngiges Ersatzmodell für die feldorientierte Steuerung

Für die feldorientierte Steuerung des dreisträngigen Permanentmagnetsynchronmotors mit Sinusansteuerung (siehe auch Abschnitt 11.3.2) ist es günstig, ein zweisträngiges Ersatzmodell mit flussorientierten Koordinaten zu verwenden [170–174, 193]. Damit kann der Ständerstrom des Motors in zwei Komponenten vorgegeben werden, die unabhängig voneinander Drehmoment und Magnetisierung bestimmen.

Für den hochdynamischen Betrieb ist eine sehr schnelle Änderungsmöglichkeit der drehmomentsteuernden Stromkomponente erwünscht. Der Magnetisierungsanteil zum Aufbau des Erregerfelds kann beim bürstenlosen Permanentmagnetmotor aufgrund der vorhandenen Permanentmagneterregung grundsätzlich entfallen, sofern kein Feldschwächbetrieb gefordert ist. Um eine Entkopplung der beiden Stromkomponenten für den Feldschwächbetrieb und die Drehmomenterzeugung zu erreichen, ist es erforderlich, den Ständerstrom in Betrag und Phase abhängig von der Orientierung des Flusses zu regeln. Hierzu empfiehlt es sich, die notwendigen Berechnungen und Transformationen in der komplexen Raumzeigerdarstellung zu implementieren. Dies führt einerseits zu einer übersichtlichen und einfachen Programmstruktur und erlaubt darüber hinaus die Realisierung kurzer Rechenzeiten und damit hoher Abtastraten.

Zur einfacheren und übersichtlicheren Darstellung der Raumzeigerkomponenten elektrischer und magnetischer Größen, wie der Strangströme, der Durchflutungen, der Strangspannungen oder der verketteten Strangflüsse, wird das Dreistrangsystem des Motors in ein zweisträngiges Ersatzsystem nach Abb. 8.18 umgewandelt.

Ein Raumzeiger setzt sich aus den Größen der Strangkomponenten zusammen. Für statorfeste Koordinaten α, β gilt zum Beispiel:

$$\underline{x}(t) = x_\alpha + jx_\beta = \frac{2}{3}\left(x_1(t) + x_2(t)e^{j\frac{2\pi}{3}} + x_3(t)e^{j\frac{4\pi}{3}}\right) \tag{8.24}$$

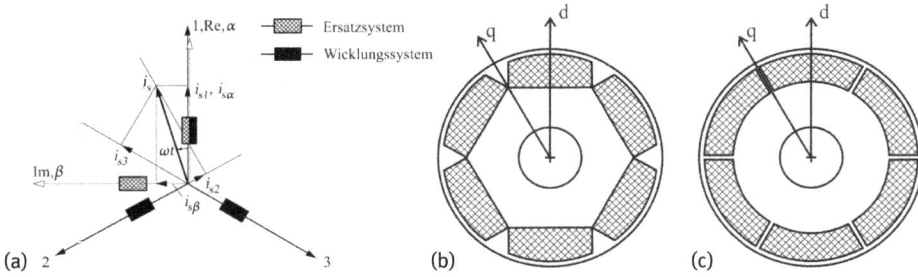

Abb. 8.13: (a): Umwandlung des Dreistrangsystems in ein zweisträngiges Ersatzsystem (Clarke-Transformation). *Rechts:* Unterscheidung von oberflächenmontierten Permanentmagnetmotoren mit (b) $L_{sd} < L_{sq}$ bzw. (c) $L_{sd} = L_{sq}$.

Die Transformationsgleichung zur Überführung der oben benannten Motorgrößen in ein statorfestes Koordinatensystem (Clarke-Transformation) kann folgendermaßen angegeben werden

$$\begin{pmatrix} x_\alpha \\ x_\beta \\ x_0 \end{pmatrix} = \frac{2}{3} \begin{bmatrix} 1 & -\frac{1}{2} & -\frac{1}{2} \\ 0 & \frac{\sqrt{3}}{2} & -\frac{\sqrt{3}}{2} \\ \frac{1}{2} & \frac{1}{2} & \frac{1}{2} \end{bmatrix} \begin{pmatrix} x_1 \\ x_2 \\ x_3 \end{pmatrix} \tag{8.25}$$

Mit Einführung der Nullkomponente x_0 wird die Transformation invertierbar. Die Nullkomponente des Stroms ist aber in der Regel $i_0 = 0$, so dass bei der Raumzeigertransformation sowohl für den Strom als auch für die Spannung die Nullkomponente nicht berücksichtigt werden muss. Die inverse Transformation lautet

$$\begin{pmatrix} x_1 \\ x_2 \\ x_3 \end{pmatrix} = \begin{bmatrix} 1 & 0 & 1 \\ -\frac{1}{2} & \sqrt{\frac{3}{2}} & 1 \\ \frac{1}{2} & -\sqrt{\frac{3}{2}} & 1 \end{bmatrix} \begin{pmatrix} x_\alpha \\ x_\beta \\ x_0 \end{pmatrix} \tag{8.26}$$

Im zweisträngigen Ersatzsystem lässt sich nun der bürstenlose Permanentmagnetmotor einfach modellieren [170]. Hierbei wird angenommen, dass folgende Eigenschaften auf den Motor zutreffen:
- oberflächenmontierte Magnete mit sinusförmiger Flussdichteverteilung im Luftspalt,
- Speisung mit sinusförmigen Strangströmen,
- sinusförmige Durchflutungsverteilung der Statorwicklung,
- Magnetwerkstoffe mit linearer Kennlinie,
- vernachlässigbare Sättigungseinflüsse und
- vernachlässigbare Wirbelstrom- und Hystereseverluste.

Die Permanentmagnete lassen sich mit einer elektrischen Ersatzspule (Mantelstrombelag) modellieren (siehe Abschnitt 2.5.2.3 Durchflutung $H_{PM} l_{PM}$). Für den Raumzeiger des Rotorstroms gilt demnach im rotorflussorientierten d, q-Koordinatensystem

$$\underline{i}_r = i_{rd} + ji_{rq} = I_r \tag{8.27}$$

mit der Gleichstromlängskomponente $i_{rd} = I_r$ und der Querkomponente $i_{rq} = 0$.

Der Permanentmagnetersatzstrom bestimmt sich aus der Durchflutungsgleichung zu

$$I_r = \frac{H_{cB} h_{pm}}{N} \tag{8.28}$$

mit der Koerzitivfeldstärke H_{cB}, der Magnethöhe h_{pm} und der Windungszahl N der Ersatzspule, wobei in der Regel vereinfachend $N = 1$ angenommen wird. Die Ersatzspule mit infinitesimal dünnem Flachleiter bildet den Mantelstrombelag um die Außenmantelflächen des Permanentmagneten nach.

Die Bestimmung des Motordrehmoments kann mit dem mit der Ständerwicklung verketteten Fluss erfolgen. Es gilt für den Ständerflussraumzeiger die einfache Beziehung

$$\underline{\Psi}_s = L_s \underline{i}_s + L_m \underline{i}_r' \tag{8.29}$$

mit

$$L_s = L_s^* - M_s^* \quad \text{und} \quad L_m = \frac{3}{2} M_{sr}^*$$

wobei L_s^* die Selbstinduktivität und M_s^* die Gegeninduktivität der Ständerstränge sowie M_{sr}^* den maximalen Wert der Koppelinduktivität zwischen den Ständersträngen und der Magnetersatzwicklung darstellen. Der fiktive Rotorstromraumzeiger $\underline{i}_r'$ ist in Ständerkoordinaten angegeben (das Apostrophzeichen bedeutet „transformiert") und entspricht

$$\underline{i}_r' = \underline{i}_r e^{j\gamma} \tag{8.30}$$

Mit

$$\Psi_f = L_{md} i_{rd} \tag{8.31}$$

ist der mit der Ständerwicklung verkettete permanentmagnetische Fluss in Rotorkoordinaten definiert. Der Magnetisierungsvektor des Permanentmagneten zeigt in Richtung der d-Achse. Der Rotorfluss weist daher nur einen realen Anteil auf.

Im polradfesten Koordinatensystem ergibt sich die Ständerflussgleichung zu

$$\underline{\Psi}_s' = \left(L_s \underline{i}_s + L_m \underline{i}_r' \right) e^{-j\gamma} = L_s \underline{i}_s' + L_m \underline{i}_r \tag{8.32}$$

oder in Koordinatenschreibweise mit polradbezogenen d- und q-Komponenten

$$\underline{\Psi}_s' = \Psi_{sd} + j\Psi_{sq} = L_{sd} i_{sd} + jL_{sq} i_{sq} + \Psi_f \tag{8.33}$$

Die ersten beiden Summanden repräsentieren die Flussverkettung innerhalb der Ständerwicklung. Dieser Anteil gewinnt bei kleinen Nutungsöffnungen, kleinen Magnethöhen oder bei Verwendung von Permanentmagnetmaterialien mit hohen Permeabilitätswerten zusätzlich an Gewicht. Der dritte Summand steht, wie oben bereits beschrieben, für die Flussverkettung des Permanentmagnetfelds mit der Statorwicklung.

Über die Beziehung

$$M = \frac{3}{2}p\left(\Psi_{s\alpha}i_{s\beta} - \Psi_{s\beta}i_{s\alpha}\right) \tag{8.34}$$

überführt in polradfesten Koordinaten (das Drehmoment ist unabhängig vom gewählten Koordinatensystem)

$$M = \frac{3}{2}p\left(\Psi_{sd}i_{sq} - \Psi_{sq}i_{sd}\right) \tag{8.35}$$

ergibt sich für das Motordrehmoment

$$M = \frac{3}{2}p\left[\Psi_{f}i_{sq} + \left(L_{sd} - L_{sq}\right)i_{sd}i_{sq}\right] \tag{8.36}$$

Sind die Magnetsegmente nach Abb. 8.18 beispielsweise auf einem als regelmäßiges Vieleck gestalteten Eisenquerschnitt angeordnet (a), so gilt zwischen der Längs- und Querinduktivität der Zusammenhang $L_{sd} < L_{sq}$. Im anderen Fall (b) besteht aufgrund der Rotationssymmetrie bei vernachlässigbaren Pollücken oder bei Magneten mit reversiblen Permeabilitäten von $\mu_r \approx 1$ und größeren Magnethöhen auch im Fall (a) kein nennenswerter Unterschied zwischen den Längs- und Querinduktivitäten. Der zweite Drehmomentterm aus Gleichung (8.36) kann daher in diesen Fällen entfallen.

Wird der Raumzeiger des Ständerstroms (in polradfesten Koordinaten) zu

$$\underline{i}'_s = j\underline{i}_{sq} \tag{8.37}$$

gewählt, was einem Betrieb ohne Feldschwächung entspricht, so vereinfacht sich die Drehmomentengleichung (8.36) zu

$$M = \frac{3}{2}p\Psi_{f}i_{sq} \tag{8.38}$$

Zur Erfüllung dieser, der Momentengleichung der Gleichstrommaschine sehr ähnlichen, Beziehung ist eine feldorientierte Steuerung des Ständerstroms erforderlich. Da hier die Flussverkettung Ψ_f des Permanentmagnetfelds mit der Statorwicklung in Richtung der d-Achse des Rotors zeigt, kann die Stromsteuerung aus dem Lagesignal des Polrads abgeleitet werden.

Für die Einprägung der Strangströme durch die Leistungselektronik muss der Ständerstromraumzeiger in Ständerkoordinaten vorliegen. Seine Komponenten lauten

$$\underline{i}_s = i_{s\alpha} + ji_{s\beta} \tag{8.39}$$

Die Transformation in polradfeste Koordinaten (Park-Transformation) führt zu folgender Schreibweise

$$\underline{i}'_s = \underline{i}_s e^{-j\gamma} = i_{sd} + ji_{sq} \tag{8.40}$$

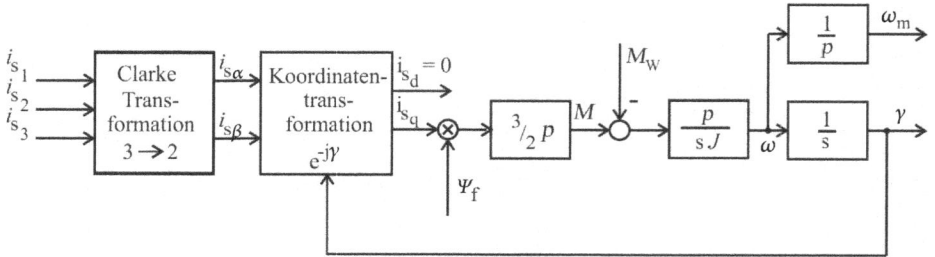

Abb. 8.19: Einfaches dynamisches Modell des bürstenlosen Permanentmagnetmotors für sinusförmige feldorientierte Ständerstromeinprägung (hier dargestellt: Betrieb ohne Feldschwächung).

Für das Motormodell (Abb. 8.19) benötigt man die im Rotorkoordinatensystem definierten Statorstromkomponenten als Funktion der Stromkomponenten im Statorsystem:

$$i_{s\alpha} \cos\gamma + i_{s\beta} \sin\gamma = i_{sd}$$
$$-i_{s\alpha} \sin\gamma + i_{s\beta} \cos\gamma = i_{sq}$$

(8.41)

Aus den trigonometrischen Funktionen der vorangegangenen Gleichung kann die sogenannte Drehmatrix gewonnen werden. In Gleichung (8.40) ist die Drehung durch den Faktor $e^{-j\gamma}$ definiert. Die Ständerstromkomponenten i_{sd} und i_{sq} sind im stationären Betrieb der Maschine Gleichgrößen, sodass sich aus Sicht des rotororientierten Koordinatensystems eine Motorcharakteristik ähnlich der von Gleichstromkommutatormotoren ergibt.

Zur Simulation des Antriebssystems kann unter Beachtung der vorangegangenen Gleichungen das Modell des Permanentmagnetmotors entwickelt werden. In dieses Modell fließt auch die mechanische Bewegungsgleichung Gleichung (8.29) ein. Ein Beispiel einer Modellstruktur zeigt Abb. 8.19 für eine sinusförmige feldorientierte Stromeinprägung ohne Feldschwächungskomponente ($i_{sd} = 0$).

Mit der d-Komponente des Ständerstroms von Gleichung (8.41) lässt sich bei negativem Vorzeichen der Feldschwächbetrieb einstellen. So können ohne die Erfordernis, die Bemessungsspannung und damit auch die Bemessungsleistung des Leistungsstellers zu vergrößern, Drehzahlen oberhalb des nominalen Betriebsbereichs (entspricht $i_{sd} = 0$) realisiert werden. Da das hierzu nötige Ankerfeld (d-Achsenkomponente) das Permanentmagnetmaterial durchdringen muss, sind aufgrund dessen kleiner Permeabilitätswerte relativ große Ankerdurchflutungen erforderlich. Eine effektive Feldschwächung, wie man sie von der feldorientiert geregelten Asynchronmaschine kennt, ist daher nicht in dem Maße möglich. Der Grund ist, dass man bei der Asynchronmaschine kein Gegenfeld aufbauen, sondern lediglich den Magnetisierungsstromanteil reduzieren muss.

Hinsichtlich der Einbindung der bürstenlosen Motoren in eine Drehzahl- oder Positionsregelung wird ein Beispiel in Kapitel 8.3.5 vorgestellt. Wesentliche Komponenten der zugehörigen Signalflusspläne können sein: die Kaskadierung von Positions-,

Drehzahl- und Drehmomentreglern, das Einfügen einer Vorsteuerung zur Erhöhung der Motordynamik, die Transformationen der Statorströme zwischen ständerfesten und rotorfesten Koordinaten, die Transformationen zwischen dem dreisträngigen Motor und dem zweisträngigen Ersatzsystem sowie die Korrektur des Drehwinkels des Ständerstromraumzeigers um $\omega t_{\mu p}$. Mit dem Korrekturwinkel $\omega t_{\mu p}$ wird der fortschreitende Motordrehwinkel während der Rechen- und Wandelzeit des Mikroprozessors bzw. der Analog/Digital-Wandler berücksichtigt.

8.3.3 Feldschwächbetrieb

Wie bereits im vorangegangenen Kapitel angesprochen, eignet sich der Feldschwächbetrieb sehr gut, bei Applikationen, wie zum Beispiel bei Waschmaschinen, Zentrifugen oder auch Traktionsantrieben, den Drehzahlbereich gegenüber dem nominellen Betrieb des Motors zu erhöhen, ohne dass dafür vom Umrichter eine über die Bemessungsspannung hinausgehende Spannung zur Verfügung gestellt werden muss. Damit ist für die Leistungselektronik keine unmittelbare Kostensteigerung verbunden.

Für den stationären Fall des Feldschwächbetriebs kann zur Beschreibung der Betriebsverhältnisse die Ständerspannungsgleichung in Effektivwertdarstellung verwendet werden. In rotororientierten Koordinaten lautet diese:

$$\underline{U}'_s = R_s\underline{I}'_s + jX_s\underline{I}'_s + \underline{U}'_p \tag{8.42}$$

Formuliert man die vorangegangene Gleichung in Komponentendarstellung, so erhält man:

$$U_{sd} + jU_{sq} = R_sI_{sd} + jX_{sd}I_{sd} - X_{sq}I_{sq} + jR_sI_{sq} + jU_p \tag{8.43}$$

Unter Verwendung dieser Beziehung lässt sich die für einen Arbeitspunkt der Drehzahl-Drehmoment-Kennlinie erforderliche Ständerspannung reduzieren. Erreicht wird dies über eine negative Ständerstromkomponente I_{sd}, die einen Ankerflussanteil in der d-Achse erzeugt, der dem Permanentmagnetfluss entgegenwirkt und somit den Luftspaltfluss schwächt. Durch diese Maßnahme lässt sich der Drehzahlstellbereich des Motors vergrößern. Zu beachten ist jedoch, dass mit Hinzunahme der Ständerstromkomponente I_{sd} der Betrag des Ständerstroms wächst und damit die Wicklungsverluste ansteigen. Die aus der Feldreduktion resultierenden geringeren Eisenverluste können im Allgemeinen den Wicklungsverlustzuwachs nicht kompensieren. Das bei Feldschwächbetrieb maximal erzielbare Dauermoment ist daher kleiner als das Bemessungsmoment des Motors. Folglich sollte die maximale Amplitude der drehmomentbildenden I_{sq}-Stromkomponente gegenüber dem Betrieb ohne Feldschwächung auf zulässige Werte reduziert werden.

Die oben beschriebenen Verhältnisse können anschaulich durch die Raumzeigerdiagramme für die beiden in Abb. 8.20 dargestellten Betriebsfälle mit und ohne Feldschwächung beschrieben werden. Hierbei sieht man im linken Diagramm die

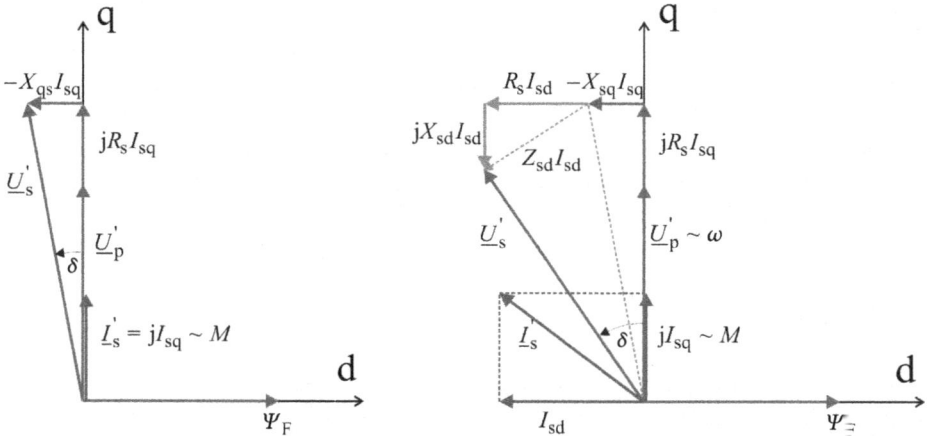

Abb. 8.20: Zeigerdiagramme der Ständerspannungsgleichung zur Erläuterung des Feldschwächbetriebs: links für den drehmomentwirksamen Strom $\underline{I}'_s = jI_{sq}$; rechts: für einen Ständerstrom mit zusätzlichem (feldschwächendem) d-Anteil: $\underline{I}'_s = I_{sd} + jI_{sq}$.

Stromeinprägung $\underline{I}'_s = jI_{sq}$ für eine optimale Drehmomentausbeute von Motoren, deren Drehmomentcharakteristik nur oder im Wesentlichen von dem Produkt der Permanentmagnetflussverkettung (mit der Ständerwicklung) und dem Ständerstrom geprägt wird und bei denen der reluktante Drehmomentanteil null oder vernachlässigbar klein ist. In diesem Fall gilt dann entsprechend den Ausführungen des vorangegangenen Kapitels (vgl. Gleichung (8.36)) näherungsweise $L_{sd} \approx L_{sq}$, eine Eigenschaft, die insbesondere Motoren mit oberflächenmontierten Magneten mit hoher Magnethöhe oder zylindrischem Eisenrückschluss (vgl. Abb. 8.18) aufweisen. Im Diagramm rechts ist bei sonst gleichen Bedingungen die Hinzunahme einer zusätzlichen negativen d-Stromkomponente dargestellt, die, wie man erkennen kann, zu einem geringeren Ständerspannungsbedarf $\underline{U}'_s$ führt. Ebenfalls erkennbar ist die damit verbundene Zunahme der Ständerstromamplitude bei unverändertem Drehmoment M. Da sich die drehzahlproportionale Polradspannung $\underline{U}'_p$ aus der Ableitung des verketteten Flusses ergibt, steht sie in beiden Diagrammen senkrecht zum Flussraumzeiger.

8.3.4 Aus der Spannungsgleichung gewonnene Übertragungsfunktion

Ausgangspunkt für das mathematische Modell der permanentmagneterregten Synchronmaschine ist die Spannungsgleichung im statorfesten Koordinatensystem [196, 197]. Sie setzt sich im statorfesten Koordinatensystem aus den ohmschen Spannungsabfällen und der zeitlichen Ableitung des mit der Statorwicklung verketteten Flusses zusammen und lautet

$$\underline{u}_s = R_s \underline{i}_s + \frac{\mathrm{d}\underline{\Psi}_s}{\mathrm{d}t} \tag{8.44}$$

Transformiert man die Gleichung in das rotorfeste Koordinatensystem, so ergibt sich ein zusätzlicher Transformationsterm, der einer induzierten Spannung entspricht. $\omega = p\omega_m$ stellt hierbei die (elektrische) Relativwinkelgeschwindigkeit zwischen den beiden Koordinatensystemen dar (allgemein: Winkelgeschwindigkeitsdifferenz zwischen dem Zielsystem und dem Ursprungssystem)

$$\underline{u}_s' = R_s \underline{i}_s' + \frac{\mathrm{d}\underline{\Psi}_s'}{\mathrm{d}t} + \mathrm{j}\omega\underline{\Psi}_s' \tag{8.45}$$

Daraus ergeben sich die Systemgleichungen mit den entsprechenden Spannungskomponenten

$$u_{sd} = R_s i_{sd} + \frac{\mathrm{d}\Psi_{sd}}{\mathrm{d}t} - \omega\Psi_{sq}$$
$$u_{sq} = R_s i_{sq} + \frac{\mathrm{d}\Psi_{sq}}{\mathrm{d}t} + \omega\Psi_{sd} \tag{8.46}$$

Im Frequenzbereich können mit einer Laplace-Transformation die Spannungskomponenten in den rotorfesten Koordinaten nun wie folgt angeschrieben werden:

$$u_{sd} = R_s i_{sd} + s\Psi_{sd} - \omega\Psi_{sq}$$
$$u_{sq} = R_s i_{sq} + s\Psi_{sq} + \omega\Psi_{sd} \tag{8.47}$$

mit

$$\Psi_{sd} = L_{sd} i_{sd} + \Psi_f$$
$$\Psi_{sq} = L_{sq} i_{sq} \tag{8.48}$$

Damit ergibt sich unter Berücksichtigung von Gleichung (8.47) und (8.48) sowie der mechanischen Bewegungsgleichung

$$M = Js\omega_m + D\omega_m + M_w \tag{8.49}$$

in der Zustandsraumdarstellung folgender Gleichungssatz für das elektromechanische System:

$$s i_{sd} = (u_{sd} - R_s i_{sd} + \omega L_{sq} i_{sq})/L_{sd}$$
$$s i_{sq} = (u_{sq} - R_s i_{sq} - \omega L_{sd} i_{sd} - \omega\Psi_f)/L_{sq}$$
$$s\omega_m = (M - M_w - D\omega_m)/J \tag{8.50}$$

Zur Erweiterung des Modells aus Abb. 8.21 können die Spannungskomponenten des zwei- und dreisträngigen Wicklungssystems über folgende Gleichungen

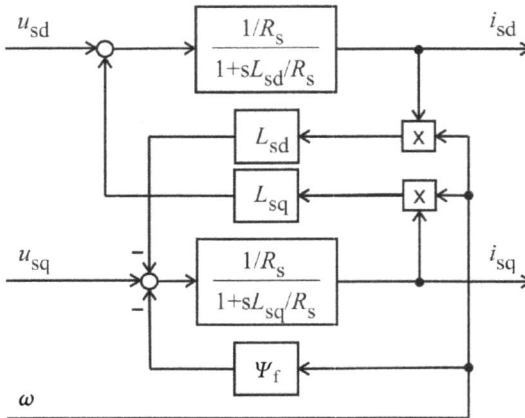

Abb. 8.21: Blockschaltbild zur Berechnung der Übertragungsfunktion der permanentmagneterregten Synchronmaschine entsprechend Gleichung (8.50, elektrischer Teil) für den stationären Betrieb [198].

(Park-/Inverse Park-Transformation) ineinander umgerechnet werden

$$\begin{pmatrix} u_{sd} \\ u_{sq} \\ u_{s0} \end{pmatrix} = \frac{2}{3} \begin{bmatrix} \cos\gamma & \cos\left(\gamma - \frac{2\pi}{3}\right) & \cos\left(\gamma - \frac{4\pi}{3}\right) \\ -\sin\gamma & -\sin\left(\gamma - \frac{2\pi}{3}\right) & -\sin\left(\gamma - \frac{4\pi}{3}\right) \\ \frac{1}{2} & \frac{1}{2} & \frac{1}{2} \end{bmatrix} \begin{pmatrix} u_{s1} \\ u_{s2} \\ u_{s3} \end{pmatrix} \tag{8.51}$$

$$\begin{pmatrix} u_{s1} \\ u_{s2} \\ u_{s3} \end{pmatrix} = \begin{bmatrix} \cos\gamma & -\sin\gamma & 1 \\ \cos\left(\gamma - \frac{2\pi}{3}\right) & -\sin\left(\gamma - \frac{2\pi}{3}\right) & 1 \\ \cos\left(\gamma - \frac{4\pi}{3}\right) & -\sin\left(\gamma - \frac{4\pi}{3}\right) & 1 \end{bmatrix} \begin{pmatrix} u_{sd} \\ u_{sq} \\ u_{s0} \end{pmatrix} \tag{8.52}$$

Bei der oben beschriebenen Transformation handelt es sich um eine amplitudeninvariante dq0-Transformation für das symmetrische Dreistrangsystem. Die Leistungen im zwei- und dreisträngigen System können mit

$$P = \frac{3}{2}\left(u_{sd}i_{sd} + u_{sq}i_{sq}\right) \tag{8.53}$$

bzw.

$$P = u_{s1}i_{s1} + u_{s2}i_{s2} + u_{s3}i_{s3} \tag{8.54}$$

angegeben werden.

Für eine leistungsinvariante dq0-Transformation sind folgende Umrechnungen gültig:

$$\begin{pmatrix} u_{sd} \\ u_{sq} \\ u_{s0} \end{pmatrix} = \sqrt{\frac{2}{3}} \begin{bmatrix} \cos\gamma & \cos\left(\gamma - \frac{2\pi}{3}\right) & \cos\left(\gamma - \frac{4\pi}{3}\right) \\ -\sin\gamma & -\sin\left(\gamma - \frac{2\pi}{3}\right) & -\sin\left(\gamma - \frac{4\pi}{3}\right) \\ \frac{1}{\sqrt{2}} & \frac{1}{\sqrt{2}} & \frac{1}{\sqrt{2}} \end{bmatrix} \begin{pmatrix} u_{s1} \\ u_{s2} \\ u_{s3} \end{pmatrix} \tag{8.55}$$

bzw. für die hierzu inverse Transformation:

$$
\begin{pmatrix} u_{s1} \\ u_{s2} \\ u_{s3} \end{pmatrix} = \sqrt{\frac{2}{3}} \begin{bmatrix} \cos\gamma & -\sin\gamma & \frac{1}{\sqrt{2}} \\ \cos\left(\gamma - \frac{2\pi}{3}\right) & -\sin\left(\gamma - \frac{2\pi}{3}\right) & \frac{1}{\sqrt{2}} \\ \cos\left(\gamma - \frac{4\pi}{3}\right) & -\sin\left(\gamma - \frac{4\pi}{3}\right) & \frac{1}{\sqrt{2}} \end{bmatrix} \begin{pmatrix} u_{sd} \\ u_{sq} \\ u_{s0} \end{pmatrix} \quad (8.56)
$$

8.3.5 Beispiel für eine feldorientierte Regelung

Die aus den vorangegangenen Ausführungen des Kapitels 8.3 gewonnenen Erkenntnisse zur feldorientierten Steuerung können nun zur Drehzahl- oder Positionsregelung genutzt werden. Abb. 8.22 zeigt ein Beispiel hierfür. Clarke- und Park-Transformation bilden den Kern der feldorientierten Regelung (FOC, Field Oriented Control). Die Transformationen bewirken eine Umwandlung der dreisträngigen Maschine in eine zweisträngige Maschine mit orthogonaler und damit entkoppelter Stranganordnung sowie einen Wechsel vom statorfesten in ein rotororientiertes Koordinatensystem bzw. umgekehrt. Die Regelung der Maschine findet im rotororientierten Koordinatensystem statt und entspricht in ihrer Art der Regelung der Gleichstrommaschine (Regelung von Gleichgrößen). Als Beispiel für die Modulation zur Steuerung der Phasenspannungen des Umrichters ist im Bild die Raumzeigermodulation (SVPWM, Space Vector Modulation) angeführt. Die Erfassung des Rotorwinkels zur Park-Transformation und in abgeleiteter Form zur Drehzahlregelung erfolgt entweder über Winkelsensoren oder sensorlos durch Auswertung der elektrischen Maschinengrößen. Die Positionsregelung des Rotors kann zum Beispiel über einen weiteren, dem Drehzahlregler vorgeschalteten Regelkreis realisiert werden.

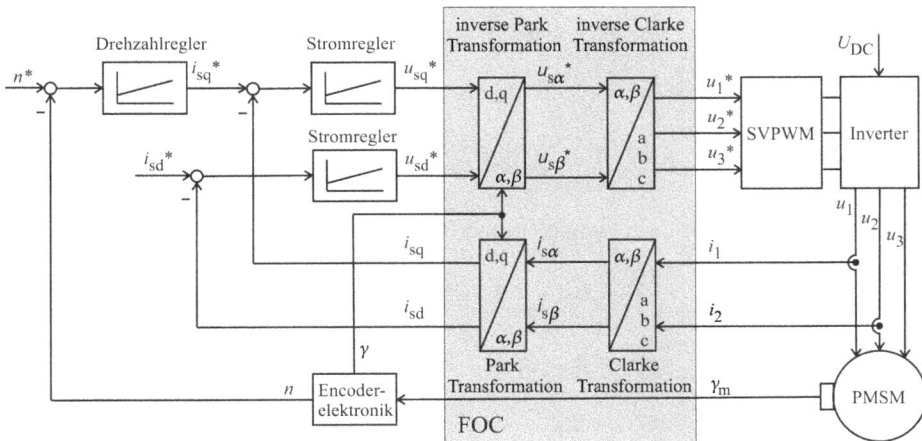

Abb. 8.22: Beispiel für einen Signalflussplan zur feldorientierten Drehzahlregelung (SVPWM: Spannungs-Vektor-Pulsweitenmodulation).

8.3.6 Flussbasiertes Maschinenmodell

Eine allgemeinere Formulierung des dynamischen Maschinenverhaltens, die auch zum Beispiel magnetische Sättigungseffekte oder die Einflüsse rotorwinkelabhängiger Größen berücksichtigt [199], kann über ein flussbasiertes Maschinenmodell gefunden werden.

Ausgangspunkt für die Betrachtungen ist das Spannungsgleichungssystem (8.46), dargestellt im rotorfesten dq-Koordinatensystem, das hier zur besseren Übersicht nochmals angeschrieben sei:

$$
\begin{aligned}
u_{sd} &= R_s i_{sd} + \frac{d\Psi_{sd}}{dt} - \omega\Psi_{sq} \\
u_{sq} &= R_s i_{sq} + \frac{d\Psi_{sq}}{dt} + \omega\Psi_{sd}
\end{aligned}
\tag{8.57}
$$

Für das Maschinendrehmoment gilt allgemein die Abhängigkeit

$$
M = M\left(i_{sd}, i_{sq}, \gamma\right)
\tag{8.58}
$$

Die Flusskomponenten in Längs- und Querrichtung

$$
\begin{aligned}
\Psi_{sd} &= \Psi_{sd}\left(i_{sd}, i_{sq}, \gamma\right) \\
\Psi_{sq} &= \Psi_{sq}\left(i_{sd}, i_{sq}, \gamma\right)
\end{aligned}
\tag{8.59}
$$

hängen bei einer gesättigten Maschine jeweils sowohl von der Längs- und Querkomponente des Statorstroms als auch vom Rotorwinkel ab.

Unter der Annahme einer bijektiven Funktion Γ_γ, welche die Abhängigkeit der Teilflüsse von den Stromkomponenten und dem Rotorwinkel darstellt

$$
\begin{pmatrix} \Psi_{sd} \\ \Psi_{sq} \end{pmatrix} = \Gamma_\gamma \begin{pmatrix} i_{sd} \\ i_{sq} \end{pmatrix}
\tag{8.60}
$$

kann folgende Umkehrfunktion gebildet werden

$$
\begin{pmatrix} i_{sd} \\ i_{sq} \end{pmatrix} = \Gamma_\gamma^{-1} \begin{pmatrix} \Psi_{sd} \\ \Psi_{sq} \end{pmatrix}
\tag{8.61}
$$

Somit lässt sich das Differenzialgleichungssystem

$$
\begin{aligned}
\frac{d\Psi_{sd}}{dt} &= u_{sd} - R_s i_{sd}\left(\Psi_{sd}, \Psi_{sq}, \gamma\right) + \omega\Psi_{sq} \\
\frac{d\Psi_{sq}}{dt} &= u_{sq} - R_s i_{sq}\left(\Psi_{sd}, \Psi_{sq}, \gamma\right) - \omega\Psi_{sd}
\end{aligned}
\tag{8.62}
$$

basierend auf den Zustandsvariablen Ψ_{sd}, Ψ_{sq} ermitteln. Gleichung (8.61) liefert hierfür die benötigten Werte für die Statorstromkomponenten.

Die aus den Gleichungen (8.58) und (8.59) hervorgehenden funktionellen Zusammenhänge $\Psi_{sd}(i_{sd}, i_{sq}, \gamma)$, $\Psi_{sq}(i_{sd}, i_{sq}, \gamma)$ und $M(i_{sd}, i_{sq}, \gamma)$ lassen sich unter geeigneter

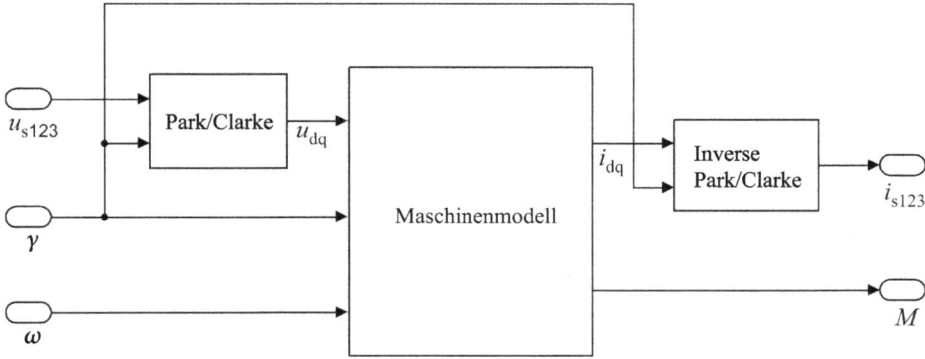

Abb. 8.23: Das dq-Maschinenmodell als Black-Box eingebettet zwischen den Transformationsfunktionen.

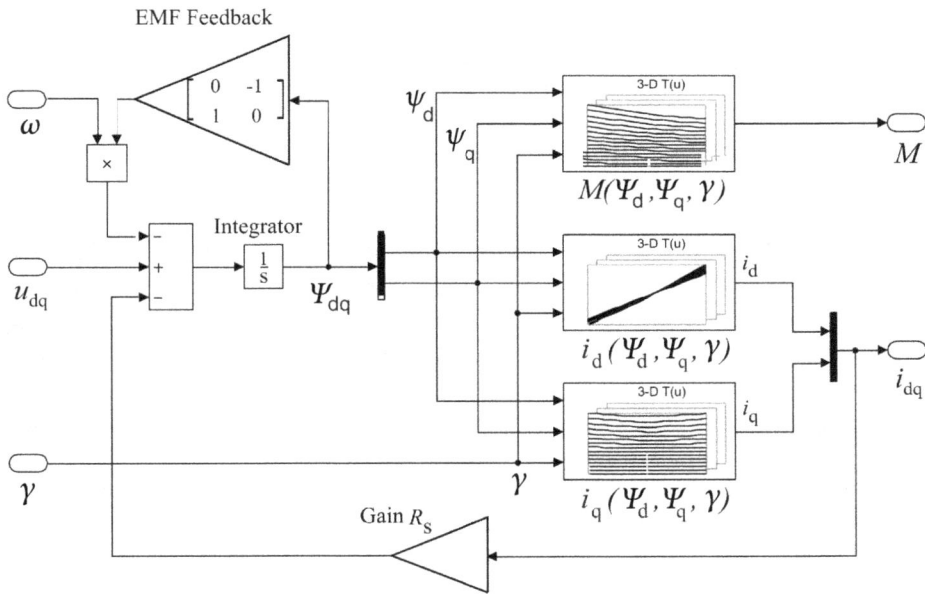

Abb. 8.24: Funktionsschaltbild des allgemeinen dq-Maschinenmodells.

Festlegung der Rastergröße eines Rechengitters für die Stromkomponenten i_{sd} und i_{sq} mit Hilfe von Finite-Element-Berechnungen punktweise bestimmen. Um zur invertierten Funktion entsprechend Gleichung (8.61) zu gelangen, benötigt man mehrdimensionale Interpolationen, die zum Beispiel über radiale Basisfunktionen durchgeführt werden können. Als Ergebnis erhält man auf diesem Weg die in Abb. 8.24 beispielhaft dargestellten Funktionen $i_{sd}(\Psi_{sd}, \Psi_{sq}, \gamma)$, $i_{sq}(\Psi_{sd}, \Psi_{sq}, \gamma)$ und $M(\Psi_{sd}, \Psi_{sq}, \gamma)$.

Kernstück der Abb. 8.24 ist die Umsetzung der Differenzialgleichung (8.62), wobei die benötigten Funktionen für die Stromkomponenten und das Moment zur Einsparung von Rechenzeiten zweckmäßig in dreidimensionalen Lookup-Tabellen abgelegt werden. Das vorgestellte dq-Modell muss noch an die statorfeste Umgebung angebunden werden, was über die in Abb. 8.23 dargestellten Koordinatentransformationen geschieht.

In dem vorgestellten dynamischen Maschinenmodell sind die nichtlinearen Motoreigenschaften durch vorgelagerte Finite-Element-Berechnungen für alle Betriebsbereiche (Teillast, Volllast, Feldschwächbetrieb, etc.) hinterlegt. Es kann daher sehr effizient zum Beispiel zum Aufbau von Functional Mock-Up Units für den Einsatz in Simulationsprogrammen verwendet werden, ebenso wie auch für die Nachbildung der Maschine unter Echtzeitbedingungen im Signalprozessor der Leistungselektronik. Ein anschauliches Beispiel für die in diesem Kapitel skizzierte Vorgehensweise zeigt [199] am Beispiel eines bürstenlosen DC-Motors mit Spannungs-Blockkommutierung.

8.4 Elektronische Unterdrückung von Drehmomentschwankungen

Wie in Kapitel 8.2 ausgeführt, sollte sowohl bei der Gestaltung des Motordesigns wie auch bei der elektrischen Ansteuerung der Motoren durch die Leistungselektronik darauf geachtet werden, dass beide Einheiten gut zusammenpassen. Die Antriebskomponenten ergänzen sich gut, wenn, wie dort gezeigt, in der Maschine block- oder trapezförmige Polradspannungen in Kombination mit einer Blockbestromung (BLDC-Antriebe) bzw. sinusförmige Polradspannungen zusammen mit sinusförmigen Strangströmen (BLAC-Antriebe) kombiniert werden. Natürlich lassen sich diese idealisierten Annahmen nicht immer in Reinform realisieren.

In Kapitel 8.2 wurden bereits verschiedene Möglichkeiten aufgezeigt, mit denen durch konstruktive Maßnahmen auf das Gleichlaufverhalten der Motoren Einfluss genommen werden kann. In diesem Abschnitt soll aus einer Vielzahl von Möglichkeiten [181–185] ein einfach umsetzbares Beispiel einer elektronischen Drehmomentglättung vorgestellt werden.

Im Wesentlichen sind für den unzulänglichen Gleichlauf verantwortlich:
- Schwankungen des permanentmagnetischen Drehmomentanteils (erster Term in Gleichung (8.22)) infolge einer ungenügenden Abstimmung der Wechselwirkung zwischen den Ankerströmen und den mit den Strängen verketteten Permanentmagnetflüssen (torque ripple);
- permanentmagnetische Nutrastmomente, ausgelöst bereits im stromlosen Zustand durch die Wechselwirkung zwischen den Permanentmagneten und den Wicklungsnuten im ferromagnetischen Anker (cogging torque);
- Schwankungen des elektromagnetischen (reluktanten) Drehmomentanteils (zweiter Term in Gleichung (8.22)), verursacht durch winkelabhängige Änderungen der

Wicklungsinduktivitäten, wie sie zum Beispiel bei Rotoren mit eingebetteten Permanentmagneten auftreten.

Drehmomentpulsationen können aber auch mechanische Ursachen haben, wie beispielsweise durch mechanische Toleranzen ausgelöste Asymmetrien des Motoraufbaus. Insbesondere bei BLDC-Motoren können Drehmomentschwankungen auch infolge mangelnder Spannungsreserven zur Erzielung genügend steiler Stromflanken entstehen.

In all diesen Fällen treten die Störungen bei stationärem Betrieb zyklisch über eine Periode einer Rotorumdrehung auf, sodass über eine entsprechende Stromkurvensteuerung elektronische Eingriffsmöglichkeiten bestehen, das Gleichlaufverhalten zu verbessern.

Nachdem reluktante Drehmomentschwankungen von bürstenlosen Permanentmagnetmotoren häufig (z. B. bei Motoren mit oberflächenmontierten Magneten) eine untergeordnete Rolle einnehmen, soll hier das Augenmerk auf die elektronische Reduktion der Schwankungen des permanentmagnetischen Drehmomentanteils gelegt werden [181].

Aus Gleichung (8.22) lässt sich unter Berücksichtigung von Gleichung (8.23) und unter Vernachlässigung des reluktanten Anteils das innere Motordrehmoment angeben zu

$$M = \frac{1}{\omega_\mathrm{m}} \sum_{k=1}^{m} u_\mathrm{pk}\left(\gamma_\mathrm{m}, \omega_\mathrm{m}\right) i_\mathrm{k}\left(\gamma_\mathrm{m}\right) \tag{8.63}$$

Für die Forderung nach konstantem inneren Moment M = konst. sollen nun für einen gegebenen Motor mit Sternschaltung der Wicklung die zugehörigen optimalen Stromkurvenformen ermittelt werden. Hierbei ist zwischen Motoren mit und ohne Mittelpunktanschluss der Wicklung (Summenstrom $i_0 \neq 0$ bzw. $i_0 = 0$) zu unterscheiden.

8.4.1 Motor mit Mittelpunktanschluss der Wicklung

Die Gleichung (8.63) ist in der angeführten Form unterbestimmt. Es kann daher zur Ermittlung der optimalen Strangstromkurven eine zusätzliche Forderung erhoben werden.

Beispielhaft soll unter der Voraussetzung eines symmetrischen Motoraufbaus mit identischen Strangwicklungen und zunächst ohne die Einschränkung eines verschwindenden Summenstroms die Forderung nach minimalen ohmschen Wicklungsverlusten aufgestellt werden

$$P_v = \sum_{k=1}^{m} R_\mathrm{s} i_\mathrm{k}^2\left(\gamma_\mathrm{m}\right) \rightarrow \text{Minimum} \tag{8.64}$$

Zur Lösung des Gleichungssystems (8.63) mit m Variablen und der Nebenbedingung aus (8.64) kann zunächst die notwendige Bedingung mit Hilfe des Lagrange-Multiplikators λ für die unabhängige Steuerung der Strangströme bestimmt werden

$$\frac{\partial P_v}{\partial i_k} + \lambda \frac{\partial M}{\partial i_k} = 0 \tag{8.65}$$

Die Lösung des Gleichungssystems aus (8.63), (8.64) und (8.65) führt über

$$\lambda = -\frac{2\omega_m{}^2 M}{\sum_{k=1}^{m} \frac{u_{pk}^2(\gamma_m,\omega_m)}{R_s}} \tag{8.66}$$

zu der Definition der Stromkurven für konstantes inneres Moment

$$i_k(\gamma_m) = \frac{u_{pk}(\gamma_m,\omega_m)}{\sum_{\chi=1}^{m} u_{p\chi}^2(\gamma_m,\omega_m)} \omega_m M \tag{8.67}$$

Für lineare Verhältnisse lassen sich grundsätzlich unter der Annahme ausreichender Dynamik und Stellreserven der Leistungselektronik ebenso Korrekturströme zur Unterdrückung der permanentmagnetischen Nutrastmomente ableiten. Hier werden die entsprechenden Stromkomponenten so bestimmt, dass ein winkelabhängiges Gegenmoment zum Nutrastmoment M_{Nut} aufgebaut wird. Die Ermittlung der Stromkomponenten $i_{rk}(\gamma_m)$ erfolgt über Gleichung (8.67), wobei das vorher als konstant gewählte innere Moment M durch das Nutrastmoment mit negativem Vorzeichen $-M_{Nut}(\gamma_m)$ zu ersetzen ist.

Für den ungesättigten linearen Magnetkreis sind die Drehmomentkomponenten der beiden angesprochenen Gleichungen unabhängig und lassen sich getrennt durch die Überlagerung der Stromkomponenten $i_k(\gamma_m)$ und $i_{rk}(\gamma_m)$ der Stränge $k = 1 \ldots m$ steuern. In der Regel reicht jedoch die Spannungsreserve bzw. die Bandbreite des Umrichters nicht aus, um die meist hochfrequenten Anteile der Stromkomponente $i_{rk}(\gamma_m)$ zur Unterdrückung der Rastmomente amplituden- und phasenwinkelgetreu einzuprägen, sodass insbesondere bei höheren Nutungsfrequenzen Störmomente entstehen können.

8.4.2 Motor ohne Mittelpunktanschluss der Wicklung

Unter der einschränkenden Bedingung eines verschwindenden Summenstroms

$$\sum_{k=1}^{m} i_k(\gamma_m) = 0 \tag{8.68}$$

lässt sich mit den vorangegangenen Beziehungen bei einem dreisträngigen Antrieb folgendes Stromgleichungssystem für ein konstantes inneres Moment ermitteln:

$$i_{\{1,2,3\}}(\gamma_m) = \frac{2u_{p\{1,2,3\}} - u_{p\{2,1,1\}} - u_{p\{3,3,2\}}}{(u_{p1} - u_{p2})^2 + (u_{p1} - u_{p3})^2 + (u_{p3} - u_{p2})^2} \omega_m M \tag{8.69}$$

wobei die Polradspannungen u_{p1}, u_{p2}, u_{p3} Funktionen des Winkels γ_m bzw. dessen zeitlicher Ableitung sind. Gleichung (8.69) beschreibt die Verläufe der drei Strangströme. Mit den Indizes {1}, {2}, {3} wird zwischen den Stranggrößen unterschieden [181].

8.4.3 Praktische Ausführung einer Korrekturstromspeisung

Das vorgestellte Verfahren der Korrekturstromspeisung mit oder ohne Summenstrom lässt sich in Motorelektronikschaltungen, wie sie üblicherweise in der Servoantriebstechnik Verwendung finden, einfach softwaremäßig implementieren. Die Berechnung der Stromkurven im Mikroprozessor erfolgt abhängig von der Rotorwinkelstellung und dem gewünschten Motormoment nach den vorangegangenen Gleichungen (8.67) oder (8.69). Hierzu wird auf normierte Kurven $i_k^*(\gamma)$ zugegriffen, die entweder in Tabellen- oder Funktionsform in Speicherbausteinen analog zu üblichen Sinuskurvenformen abgelegt sind. Somit kann eine Korrekturstromspeisung in konventionellen Leistungselektronikschaltungen der Servoantriebstechnik realisiert werden, ohne dass dafür elektrische Umbauten bzw. Erweiterungen erforderlich sind.

Im Blockschaltbild in Abb. 8.25 ist unter der Voraussetzung linearer Verhältnisse und ausreichender Dynamik der Leistungselektronik der Betriebsstromkurve $i_k(\gamma)$ eine Stromkurve $i_{rk}(\gamma)$ zur Unterdrückung der Nutrastmomente überlagert. Hierbei wurde angenommen, dass die Flussverteilungen in allen Polpaaren gleich sind und Stromkurvendatensätze über einen elektrischen Winkelbereich von $\gamma = 0° \ldots 360°$ genügen. Sollte dies nicht zutreffen, ist es von Vorteil, normierte Stromkurven für den mechanischen Winkelbereich von $\gamma_m = 0° \ldots 360°$ zu speichern. Die Stellamplitude $\hat{i}$ der Betriebsstromkurve wird wahlweise durch Vorgabe der Stellgröße für das Drehmoment oder in der Regelschleife vom Drehzahlregler eingestellt, während die Stellamplitude $\hat{i}_r$ der Nutraststromkurve einen konstanten Wert behält.

Die erzielbare Drehmomentkonstanz hängt in entscheidendem Maße von der Genauigkeit der Ermittlung der Kurven der Polradspannungen und des Rastmoments,

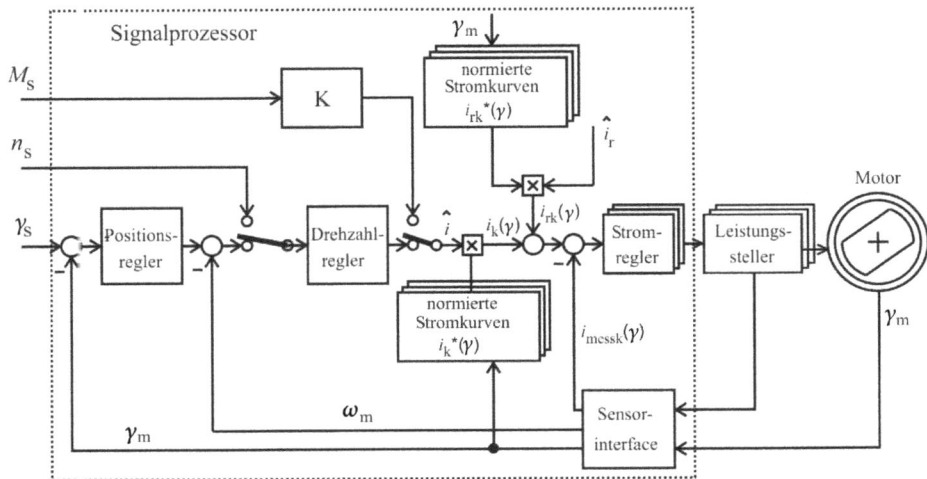

Abb. 8.25: Blockschaltbild der elektronischen Korrekturstromspeisung für die Unterdrückung von Drehmomentschwankungen.

der Dynamik der Leistungselektronik sowie von der Auflösung des Winkelgebers ab. So können Drehmomentstörungen mit Harmonischen hoher Ordnungszahl nur dann ausreichend unterdrückt werden, wenn die erforderlichen Stromanstiegs- und -abfallzeiten auch realisiert werden können. Da mit steigender Drehzahl die Glättung des Gleichlaufs durch das Rotorträgheitsmoment zunehmend unterstützt wird, ist die elektronische Unterdrückung der Drehmomentschwankungen für den Gleichlauf in der Regel nur im unteren Drehzahlbereich von praktischer Bedeutung.

In Abb. 8.26 sind als Beispiel für einen dreisträngigen Motor mit annähernd trapezförmigen Polradspannungen die Kurvenformen der Betriebsstromkurven $i_k^*(\gamma)$ für die beiden Fälle mit (Summenstrom $i_0 \neq 0$) und ohne Sternpunktanschluss $i_0 = 0$) angegeben. Die Stromkurven für den Fall eines angeschlossenen Sternpunkts sind unter der Bedingung minimaler Kupferverluste (Gleichung 8.64) entstanden gelten daher, wenn man die Eisenverluste vernachlässigt, als energieoptimal. Die beiden der speziellen Motorcharakteristik angepassten Stromkurvensätze für konstantes Moment weichen, wie man erkennen kann, zum Teil stark von der konventionellen Sinus- oder Rechteckform ab. Ein Betrieb des Motors mit sinusförmigen bzw. blockförmigen

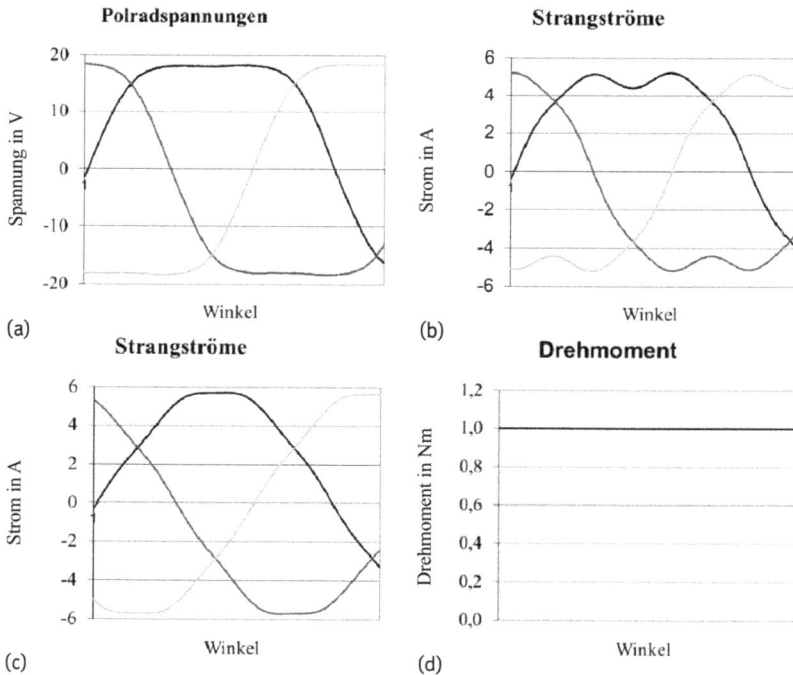

Abb. 8.26: (a) Polradspannung eines bürstenlosen Permanentmagnetmotors mit sterngeschalteter Wicklung; (b) energieoptimaler Stromverlauf für die Wicklung mit angeschlossenem Sternpunkt (Vernachlässigung der Eisenverluste); (c) Stromkurvenform für die Wicklung mit nicht angeschlossenem Sternpunkt; (d) winkelunabhängiges Drehmoment.

Strangströmen würde in diesen Fällen zu unerwünschten Drehmomentschwankungen führen.

8.5 Entmagnetisierung der Permanentmagnete

Die Entmagnetisierung von Permanentmagneten ist ein wichtiges Thema bei der Auslegung und im Betrieb von bürstenlosen permanentmagnetisch erregten Motoren. Abhängig von der Gestaltung des magnetischen Kreises (vgl. auch Kapitel 2 dieses Handbuchs), der Beaufschlagung mit magnetischen Gegenfeldern (z. B. über die Ankerrückwirkung) oder von der Temperatur des Magneten kann eine Gefahr für eine irreversible Entmagnetisierung gegeben sein.

Ein wichtiges Mittel, um kritische Arbeitspunkte im Magnetmaterial abschätzen zu können, ist die Berechnung der Arbeitsgeraden. Deren Ermittlung soll im Folgenden am Beispiel eines Motors mit oberflächenmontierten radial magnetisierten Permanentmagneten (Abb. 8.27) erfolgen. Es werden der Einfachheit halber nachfolgend Sättigungserscheinungen, magnetische Streuungen sowie Nutungseffekte vernachlässigt. Für eine detaillierte Untersuchung der gefährdeten Permanentmagnetzonen sind numerische Feldberechnungen, z. B. mit finiten Elementen, unentbehrlich.

Ausgehend von der Quellenfreiheit magnetischer Felder kann für den streufreien Fluss im Permanentmagneten und im Luftspalt Flussgleichheit angenommen werden:

$$\Phi = B_{\mathrm{m}} A_{\mathrm{m}} = B_\delta A_\delta \tag{8.70}$$

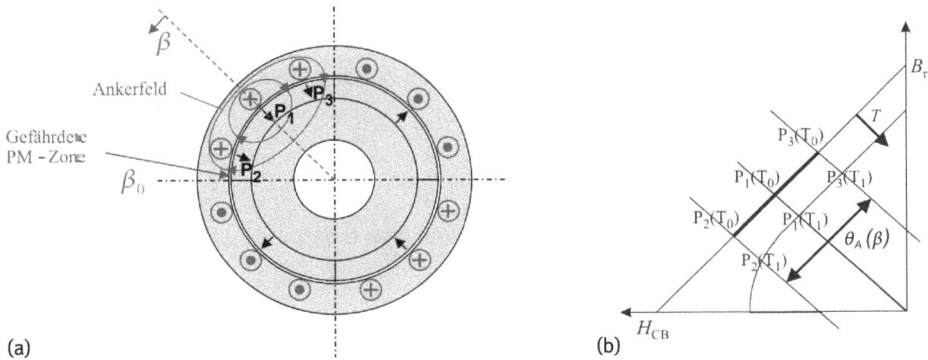

(a) (b)

Abb. 8.27: (a) Querschnitt eines vierpoligen bürstenlosen Motors mit oberflächenmontierten radial magnetisierten Magneten, Schematische Darstellung der Magnetisierung und des Ankerfelds (kein Feldschwächbetrieb) über einen Polbereich. (b) Kennlinien des Magnetmaterials für zwei Temperaturen, durchflutungsabhängige Verschiebung der Luftspaltgerade, zugehöriger Arbeitsbereich im Magneten (fett dargestellt für $T = T_0$) (siehe Abschnitt 2.5.2.3, Abb. 2.9 und 2.10).

Zusammen mit der Durchflutungsgleichung (Spannungsabfälle im Eisen vernachlässigt)

$$2\frac{B_\delta}{\mu_0}\delta + 2H_m h_m = 0 \tag{8.71}$$

erhält man die Luftspaltgerade mit der durch das Flächenverhältnis und das Magnethöhen-Luftspalt-Verhältnis definierten Steigung

$$B_m = -\mu_0 \frac{h_m}{\delta}\frac{A_\delta}{A_m}H_m \tag{8.72}$$

Aus der (linearisierten) Entmagnetisierungskennlinie

$$B_m = B_r + \mu_0\mu_m H_m \tag{8.73}$$

und der Luftspaltgeraden (8.72) kann nun der Arbeitspunkt im Magneten als Schnittpunkt der beiden Kurven ermittelt werden

$$B_m = \frac{B_r}{1 + \mu_m \frac{\delta}{h_m}\frac{A_m}{A_\delta}} \tag{8.74}$$

Dieser Arbeitspunkt gilt für den unbestromten Fall (magnetische Streuungen und Sättigungen vernachlässigt) über den gesamten Polbereich.

Um auch die Bestromung des Stators und die damit verbundene Ankerrückwirkung berücksichtigen zu können (siehe Abschnitt 2.5.2.3), benötigt man neben der Durchflutungsgleichung

$$\frac{B_\delta(\beta)}{\mu_0}\delta + H_m(\beta)h_m = \theta_A(\beta) \tag{8.75}$$

noch folgende Gleichungen für die Flussdichten im Magneten und im Luftspalt

$$B_m = \mu_m\mu_0 H_m \tag{8.76}$$

$$B_\delta = \mu_0 H_\delta \tag{8.77}$$

Aus den Gleichungen (8.70, 8.75 bis 8.77) ergibt sich der durchflutungsabhängige Anteil im Permanentmagneten zu

$$B_m(\beta) = \frac{\mu_0}{\frac{h_m}{\mu_m} + \delta\frac{A_m}{A_\delta}}\theta_A(\beta) \tag{8.78}$$

und unter Berücksichtigung des Ergebnisses aus Gleichung (8.72) die durchflutungsabhängige Parallelverschiebung zur Luftspaltgeraden zu

$$B_m(\beta) = -\mu_0\frac{h_m}{\delta}\frac{A_\delta}{A_m}H_m \pm \frac{\mu_0}{\frac{h_m}{\mu_m} + \delta\frac{A_m}{A_\delta}}\theta_A(\beta) \tag{8.79}$$

Die Schnittpunkte mit der Entmagnetisierungskennlinie sind durch die Überlagerung der Flussdichteanteile aus den Gleichungen (8.74) und (8.78) festgelegt (siehe Abb. 2.9). Man erhält den winkelabhängigen Arbeitsbereich:

$$B_{\mathrm{m}}(\beta) = \frac{B_{\mathrm{r}}}{1 + \mu_{\mathrm{m}} \frac{\delta}{h_{\mathrm{m}}} \frac{A_{\mathrm{m}}}{A_{\delta}}} \pm \frac{\mu_0}{\frac{h_{\mathrm{m}}}{\mu_{\mathrm{m}}} + \delta \frac{A_{\mathrm{m}}}{A_{\delta}}} \theta_{\mathrm{A}}(\beta) \qquad (8.80)$$

Eine dauerhafte Entmagnetisierung tritt dann ein, wenn die Arbeitspunkte im Magneten aus dem reversiblen Bereich der Entmagnetisierungskennlinie treten. Dies ist in Abb. 8.27 im unteren Bereich der Parallelverschiebungen der Arbeitsgerade bei der Temperatur T_1 der Fall (siehe auch Abb. 2.9 und 2.10). In der Motorquerschnittszeichnung entspricht dies dem äußeren Polbereich P_2, an dem das eingezeichnete Ankerfeld das Permanentmagnetfeld im Magneten schwächt. Das Feld der anderen Polkante P_1 wird infolge der gleichen Orientierung der beiden Felder durch die Ankerrückwirkung gestärkt, sodass in diesem Polbereich keine Entmagnetisierungsgefahr besteht. Zu beachten ist allerdings, dass sich zum Beispiel bei Seltenerdmagneten mit ansteigender Temperatur, wie in der Abbildung dargestellt, der lineare Teil der Entmagnetisierungskennlinie parallel in Richtung Koordinatenursprung verschiebt, wobei der Knickbereich aus dem dritten Quadranten in den zweiten Quadranten hineinwächst und sich zu höheren Flussdichten- und kleineren absoluten Feldstärkewerten verlagert. Somit sind beim Entwurf des Magnetkreises mit Seltenerdmagneten die Steigung der Arbeitsgeraden, die maximal auftretende Durchflutung bei höchstmöglicher Magnettemperatur sowie die Koerzitivfeldstärke des verwendeten Magnetmaterials von großer Bedeutung. Bei Einsatz von Ferritmagneten sind im Gegensatz hierzu aufgrund des positiven Temperaturkoeffizienten der Koerzitivfeldstärke tiefe Temperaturen kritisch.

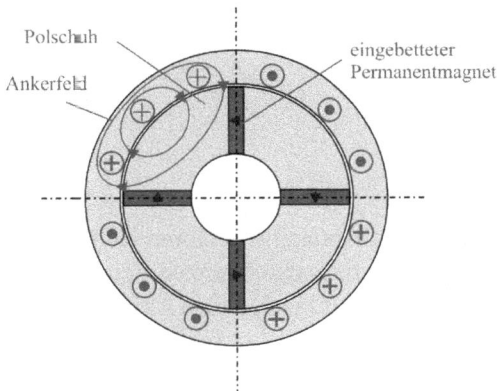

Abb. 8.28: Querschnitt eines vierpoligen bürstenlosen Motors mit eingebetteten blockförmigen Magneten, Darstellung der Ankerfeldausbreitung über dem ferromagnetischen Rotorpolbereich (kein Feldschwächbetrieb).

In Abb. 8.28 wird eine Synchronmotorausführung mit eingebetteten Permanentmagneten gezeigt. In dieser Anordnung werden die Flüsse der Permanentmagneten
über ferromagnetische Polausbildungen gesammelt. Gleichzeitig reduzieren diese
auch die Entmagnetisierungsgefahr, da die Ankerflüsse sich über die Eisenpole weitgehend schließen können. Dies ist der Idealfall. In der Praxis reichen die Ankerfelder
jedoch auch in die Magnete hinein. Beispiele hierfür sind die nicht winkelgetreue
Nachführung des Ankerstrombelags mit dem Rotorwinkel (z. B. bei Blockkommutierung aufgrund der geringen Anzahl von Schaltzyklen), Sättigungserscheinungen in
der Polschuhumgebung oder die Ankerfeldverschiebung durch einen Feldschwächbetrieb. Ein Beispiel für Letzteres zeigt für den mit oberflächenmontierten Magneten
bestückten Motor Abb. 8.29. In der Darstellung ist das Ankerfeld nur über eine Mo-
torhälfte eingetragen und zur besseren Veranschaulichung der Feldüberlagerung die
Anzahl von Magnetisierungspfeilen an diesen Stellen auf drei pro Pol erhöht worden.

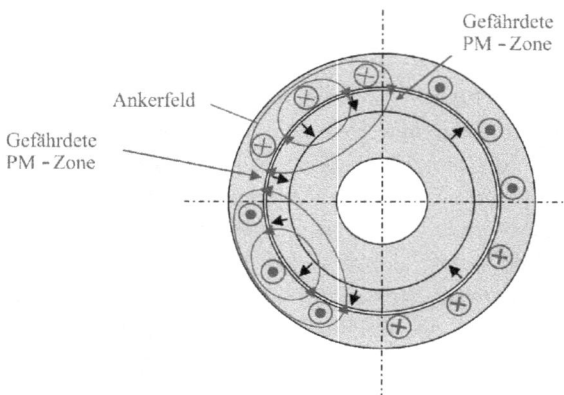

Abb. 8.29: Ankerfeldausbreitung des Motors aus Abb. 8.26 und die damit verbundene Entmagnetisierungsgefahr am Beispiel des Feldschwächbetriebs.

8.6 Motorkennlinien

Die Belastungskennlinien der bürstenlosen Permanentmagnetmotoren sind weitgehend vergleichbar mit den Kennlinien der permanentmagneterregten Kommutatormotoren. Diese Charakteristik ist auch aus den Betrachtungen in den Abschnitten 8.2
und 8.3 zu erkennen. Abb. 8.30 links zeigt beispielhaft typische Kurvenverläufe für die
Drehzahl, den Strom, die Abgabeleistung und den Wirkungsgrad jeweils in Abhängigkeit vom Motordrehmoment. Mit schraffierten Linien ist für die ersten beiden Kurven
zusätzlich der Einfluss einer Temperaturerhöhung (Ankerwiderstandserhöhung) angedeutet. Sättigungserscheinungen im Eisen können zu einem weiteren Drehzahleinbruch bei hohen Drehmomenten führen. Spannungsänderungen führen im Bereich li-

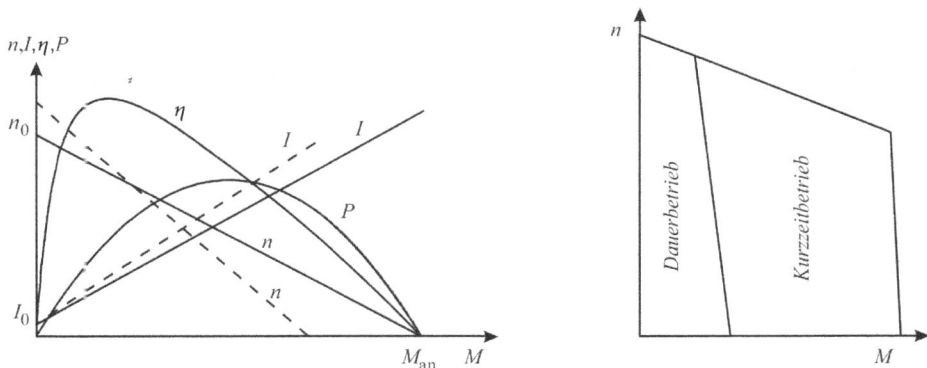

Abb. 8.30: *Links:* Typische Belastungskennlinien von permanentmagneterregten bürstenlosen Motoren (gestrichelt: Kurven für höhere Temperaturen). *Rechts:* Unterteilung des Arbeitsbereichs in Dauerbetrieb und Kurzzeitbetrieb (schematisch).

nearer Verhältnisse und konstanter Temperatur zu parallelen Drehzahl-Drehmoment-Kennlinienscharen.

In Abb. 8.30 rechts sind die Arbeitsbereiche, wie sie typischerweise bei permanentmagneterregten Motoren auftreten, dargestellt. Für hochdynamische Bewegungsänderungen kann das Motorbemessungsmoment kurzzeitig um den mehrfachen Wert überschritten werden. Dies gilt insbesondere für Motoren mit Sm_xCo_y- oder NdFeB-Permanentmagnetbestückung, deren Koerzitivfeldstärken hohe Werte aufweisen. Verbessert werden kann der Schutz vor Entmagnetisierung durch konstruktive Maßnahmen wie die Realisierung großer Magnethöhen, hoher Polpaarzahlen oder die Anbringung ferromagnetischer Polschuhe, wie dies bei Rotoren mit eingebetteten Magneten der Fall ist. Weitere Grenzen des Antriebs sind durch die Robustheit der Motormechanik, der Strom- und Spannungsgrenze des Leistungsstellers und durch die Verluste gegeben.

Wolfgang Amrhein und Johannes Schmid

9 Geschaltete Reluktanzmotoren

Schlagwörter: Eigenschaften, Einsatzgebiete, Grundlagen, Energiewandlung, Modellbildung, Ansteuerung, Kennfelder

Geschaltete Reluktanzmotoren zählen zu der Familie der elektronisch kommutierten Synchronmotoren. Andere geläufige Bezeichnungen für diese Motorart sind Switched Reluctance Motor oder abgekürzt SR-Motor. Vergleichbar mit dem BLDC-Motor werden die Strangspannungen oder Strangströme in unterbrochener Form in Abhängigkeit der Rotorstellung geschaltet. Im Gegensatz zum Synchron-Reluktanzmotor weisen sowohl der Rotor als auch der Stator ausgeprägte Pole auf, wobei die Statorzähne in der Regel Zahnspulen tragen [200–203, 233, 234].

Abb. 9.1: Beispiel eines geschalteten Reluktanzmotors.

Die Drehmomentbildung des Motors basiert auf Maxwell-Kräften, die im Bereich des Permeabilitätssprungs an der Grenzschicht zwischen Luftspalt und Zahngeometrie entstehen (siehe Abschnitt 2.6.1.4). Die Änderungen der magnetischen (Ko-)Energieanteile $W_{\text{mag}\nu}^{\text{co}}$ (Herleitung dazu ist in Abschnitt 9.1.1 dargestellt) sind abhängig vom Rotorwinkel ϑ starken Schwankungen unterworfen, woraus entsprechend der Beziehung

$$M_{\text{SRM}} = \sum_{\nu=1}^{m} \frac{\partial W_{\text{mag}\nu}^{\text{co}}}{\partial \vartheta} \tag{9.1}$$

Einbrüche im Gesamtdrehmoment M_{SRM} der m Stränge resultieren können. Zur Reduktion der Drehmomentschwankungen bieten sich Maßnahmen im Bereich der Zahnformgestaltung (z. B. Zahnverbreiterung) und der elektronischen Ansteuerung

Wolfgang Amrhein, Johannes Kepler Universität Linz – Linz Center of Mechatronics
Johannes Schmid, Oberaigner Powertrain GmbH, Nebelberg

https://doi.org/10.1515/9783110565324-009

(z. B. Vorverlegung der Schaltzeitpunkte, Einprägung spezieller Stromkurven) an [204 – 213].

Die Geschichte des geschalteten Reluktanzmotors reicht in die Anfänge der elektrischen Antriebstechnik zurück. So wurde bereits 1838 von Davidson eine Lokomotive der Strecke Glasgow – Edinburgh mit einem geschalteten Reluktanzmotor ausgerüstet. In den zwanziger Jahren des letzten Jahrhunderts wurde von C. L. Walker ein Schrittmotor auf Basis des variablen Reluktanzprinzips vorgeschlagen, der hinsichtlich seiner Eigenschaften modernen Motoren schon sehr nahe kam [200].

Nach wie vor ist der Reluktanzmotor immer noch ein interessantes Thema für Forschungsarbeiten, die sich damit auseinandersetzen, Betriebseigenschaften, wie die Drehmomentkonstanz, die Geräuschbildung, die elektromagnetische Verträglichkeit oder auch die Motorausnutzung zu verbessern [204–232, 235–248, 250, 251]. Aktuelle Anwendungen des Reluktanzmotors beschränken sich meist auf Sonderapplikationen, die seinen Eigenschaften besonders entgegenkommen. Dazu zählen insbesondere die hohe Robustheit gegenüber mechanischen, elektrischen, magnetischen und thermischen Störeinwirkungen, die gute Feldschwächbarkeit oder auch hohe erzielbare Spitzenmomente. Nachteile, wie die erwähnten starken Drehmomentenschwankungen, die im Vergleich zu anderen elektrischen Maschinen höheren Geräusche, die systembedingt geforderten engen Luftspalte sowie die Verwendung von Leistungsendstufen, die in der Regel nicht den Umrichterstandards entsprechen und einen höheren Filteraufwand benötigen, müssen erwähnt und für die angedachten Applikationen mitberücksichtigt werden. Applikationsbeispiele für geschaltete Reluktanzmaschinen sind Elektrowerkzeuge, Staubsauger, Elektrofahrzeuge oder Hilfs- und Nebenaggregate in Kraftfahrzeug- und Luftfahrtanwendungen. Im Vergleich zu einigen anderen Synchronmotoren, wie zum Beispiel denen mit Permanentmagneterregung, ist jedoch die wirtschaftliche Bedeutung des geschalteten Reluktanzmotors noch relativ gering.

9.1 Grundlagen

Geschaltete Reluktanzmotoren gibt es in verschiedenen ein- oder mehrsträngigen Ausführungen. Charakteristisch sind die ausgeprägten Zahn- und Nutstrukturen sowohl im Stator als auch im Rotor. Der formale Zusammenhang zwischen Stator- und Rotorzähnezahl wird im Allgemeinen über die Strangzahl m und die Polpaarzahl p definiert (vgl. Abb. 9.2):

$$N_S = 2\,mp \tag{9.2}$$

$$N_R = 2(m \pm 1)p \tag{9.3}$$

Es gibt jedoch auch konstruktive Sonderfälle [200–202], in denen man von dieser Regel abweicht. Ein Beispiel hierfür ist in Abb. 9.3 mit zwei Rotorzähnen (in gestufter Ausführungsform) und einer dreisträngigen Wicklung mit sechs Statorpolen gegeben.

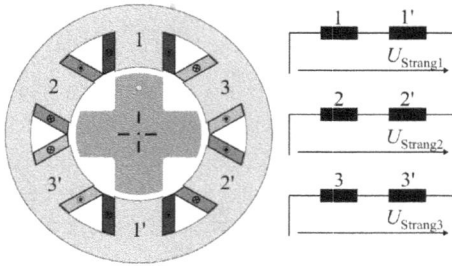

Abb. 9.2: Dreisträngiger geschalteter Reluktanzmotor in einer 6/4-Topologie.

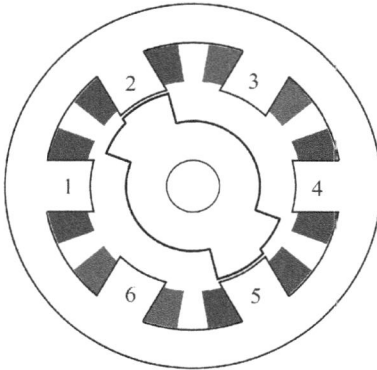

Abb. 9.3: Sonderfall eines geschalteten Reluktanzmotors für eine Drehrichtung.

Im Betrieb des geschalteten Reluktanzmotors unterscheidet man zwischen den zwei ausgeprägten Rotorstellungen *aligned* und *unaligned*:

– *Aligned (ausgerichtet):* Rotor- und bestromte Statorzähne stehen einander gegenüber, der magnetische Widerstand des Kreises ist minimal. Bei Auslenkung aus der aligned-Stellung versucht der Rotor diese Winkelstellung wieder einzunehmen (vgl. Abb. 9.2 für eine Bestromung des Strangs 1). Das Drehmoment in dieser Stellung ist null. Es handelt sich hierbei um eine asymptotisch stabile Ruhelage.

– *Unaligned (unausgerichtet):* Rotornuten und bestromte Statorzähne stehen sich mittig gegenüber (vgl. Abb. 9.2 für eine Bestromung des Strangs 1 bei einem um 45° gedrehten Rotor). Der magnetische Kreis weist maximalen magnetischen Widerstand auf. Auch in dieser Stellung ist das entsprechende Strangmoment des Motors null. Die Position stellt für den Rotor eine instabile Gleichgewichtslage dar.

In beiden Positionen (aligned und unaligned) findet bei konstantem Strangstrom ein Wechsel des Vorzeichens des generierten Drehmoments statt. Jede Position zwischen den beiden Ruhelagen wird als Rotorzwischenposition bezeichnet. Der Motor erzeugt, bezogen auf den jeweiligen Strang, unabhängig vom Vorzeichen des jeweiligen Strangstroms, in jeder dieser Zwischenpositionen ein Drehmoment.

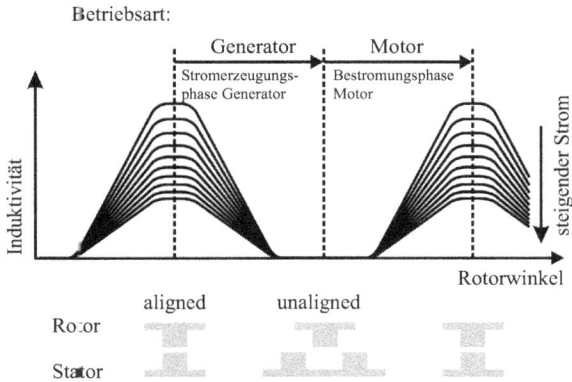

Abb. 9.4: Die winkel- und stromabhängige Stranginduktivität.

Abbildung 9.4 zeigt den Zusammenhang zwischen der Rotorstellung und der Stranginduktivität unter Einfluss der Eisensättigung bei steigenden Stromwerten. Die abfallenden Flanken der Stranginduktivität werden im generatorischen Betrieb für die Stromerzeugung genutzt, die ansteigenden Flanken bei entsprechender Bestromung für die Erzeugung des Motordrehmoments.

9.1.1 Energiewandlung und Drehmomentbildung

Das Drehmoment des geschalteten Reluktanzmotors lässt sich mit Hilfe des Energieerhaltungssatzes herleiten. Für den ungesättigten Zustand kann im ferromagnetischen Material der Einfluss der magnetischen Spannungen vernachlässigt werden. In dem eisenverlustfreien Motor gilt für die Änderungen der im Motor auftretenden Energien der allgemeine Zusammenhang

$$\mathrm{d}W_{el} = \mathrm{d}W_{mech} + \mathrm{d}W_{mag} + \mathrm{d}W_V \tag{9.4}$$

Hierbei sind die einzelnen Terme der Energiebilanz folgendermaßen definiert:

Änderung der elektrisch zugeführten Energie:

$$\mathrm{d}W_{el} = \sum_{\nu=1}^{m} u_{Strang\nu} i_\nu \, \mathrm{d}t \tag{9.5}$$

mit den Strangspannungen

$$u_{Strang\nu} = \frac{\mathrm{d}\Psi_\nu}{\mathrm{d}t} + R_\nu i_\nu$$

und den Strangströmen i_ν.

Änderung der mechanischen Energie:

$$dW_{\text{mech}} = M_{\text{SRM}}\, d\vartheta \tag{9.6}$$

mit dem Motormoment M_{SRM} und der Rotorwinkeländerung $d\vartheta$.

Änderung der magnetisch gespeicherten Energie:

$$dW_{\text{mag}}(\boldsymbol{\Psi}, \vartheta) = \sum_{\nu=1}^{m} \frac{\partial W_{\text{mag}}(\Psi_1, \ldots, \Psi_m, \vartheta)}{\partial \Psi_\nu}\, d\Psi_\nu + \frac{\partial W_{\text{mag}}(\Psi_1, \ldots, \Psi_m, \vartheta)}{\partial \vartheta}\, d\vartheta \tag{9.7}$$

als Funktion der verketteten Strangflüsse Ψ_ν und des Rotorwinkels ϑ.

Aus den Kupferverlusten resultierender Energieänderungsanteil:

$$dW_{\text{V}} = \sum_{\nu=1}^{m} R_\nu i_\nu^2\, dt \tag{9.8}$$

mit den Strangwiderständen R_ν.

Aus den Gleichungen (9.4) bis (9.8) lässt sich das Drehmoment als Funktion der magnetisch gespeicherten Energie und des Rotorwinkels ermitteln:

$$M_{\text{SRM}}(\boldsymbol{\Psi}, \vartheta) = -\frac{\partial W_{\text{mag}}(\Psi_1, \ldots, \Psi_m, \vartheta)}{\partial \vartheta} \tag{9.9}$$

Analog lässt sich auch ein Zusammenhang zwischen dem Drehmoment und der magnetischen Koenergie angeben. Man sieht, dass das Drehmoment in die Richtung wirkt, die zu einer Maximierung der magnetischen Koenergie führt:

$$M_{\text{SRM}}(\boldsymbol{i}, \vartheta) = \frac{\partial W_{\text{mag}}^{\text{co}}(i_1, \ldots, i_m, \vartheta)}{\partial \vartheta} \tag{9.10}$$

Die magnetische Koenergie berechnet sich aus der magnetischen Energie über den Zusammenhang:

$$W_{\text{mag}}^{\text{co}}(\boldsymbol{i}, \vartheta) = \boldsymbol{i}^{\text{T}}\boldsymbol{\Psi}(\boldsymbol{i}, \vartheta) - W_{\text{mag}}(\boldsymbol{i}, \vartheta) \tag{9.11}$$

Abbildung 9.5a gibt den in (9.11) beschriebenen Zusammenhang zwischen der magnetischen Energie und der Koenergie für den allgemeinen nichtlinearen Fall bei einer Winkelposition wieder.

Abbildung 9.5b zeigt schematisch einen Energiewandlungszyklus bei gemischtem Betrieb der Leistungselektronik im Hard- und Soft-Chopping-Mode im Falle einer ideal blockförmigen Bestromung. Bei reinem Hard-Chopping-Betrieb würde, einen verlustfreien Motor vorausgesetzt, der Anteil der rückgespeisten Energie R_{el} die Fläche W_{V} miterfassen.

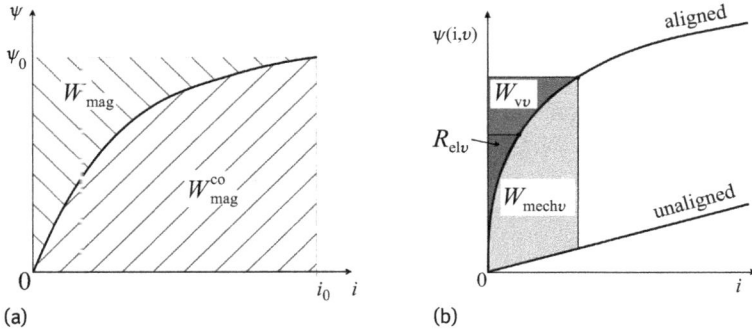

Abb. 9.5: (a): Zusammenhang zwischen der magnetischen Energie und der Koenergie. (b): Beispiel für einen Energiewandlungszyklus bei blockförmiger Bestromung.

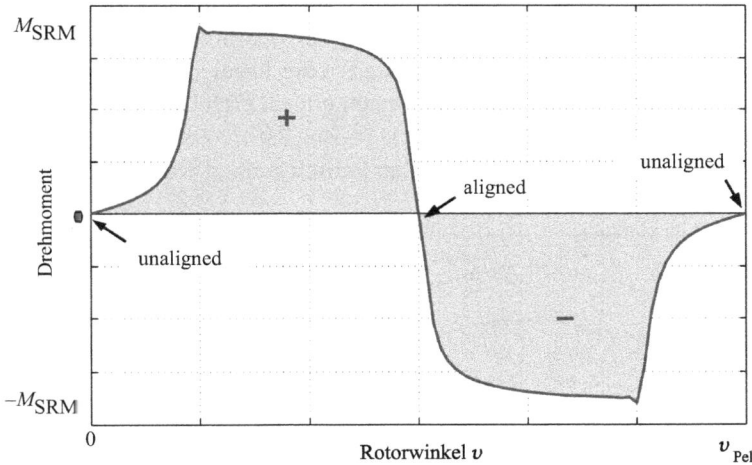

Abb. 9.6: Beispielhafter Verlauf des Strangmoments bei konstantem Strangstrom.

Der Energiewandlungsfaktor des geschalteten Reluktanzmotors lässt sich durch folgende Gleichung beschreiben:

$$E = \frac{W_{\text{mech}}}{W_{\text{mech}} + W_{\text{V}} + R_{\text{el}}} \tag{9.12}$$

wobei W_{V} den Verlustanteil beschreibt und R_{el} die von den Strängen an den Umrichter zurückgespeiste Energie darstellt. W_{mech} bezeichnet die mechanisch an der Welle abgegebene Energie.

Als Beispiel für die aus (9.10) hervorgehende koenergie- und rotorwinkelabhängige Drehmomenterzeugung stellt Abb. 9.6 einen typischen Verlauf des Strangmoments unter Annahme eines konstanten Strangstroms dar.

9.1.2 Radialkraftbildung

Gleichzeitig mit der Entstehung des Drehmoments tritt beim geschalteten Reluktanzmotor zwischen Rotor- und Statorzähnen eine winkel- und stromabhängige Radialkraft auf (siehe Abschnitt 2.6.1.2). Im Gegensatz zu gewöhnlichen Synchronmotoren
mit kleinen Statornutöffnungen ist dieser Radialkraftanteil starken Schwankungen
unterworfen. Abbildung 9.7 veranschaulicht die Verhältnisse für unterschiedliche Ro-
torwinkel- und Strangstromwerte.

Wie Abb. 9.7 zeigt, sind Drehmoment- und Radialkraftkurven zueinander phasenverschoben. Die Maxima der Radialkraft treten in der aligned-Position auf, also bei
einer Rotorstellung, in der die Drehmomentkurven ihren Nulldurchgang aufweisen.
Drehmoment und Radialkraft sind elektrisch nicht entkoppelbar, sodass mit steigen-
dem Drehmoment die Schwankungen der Radialkräfte steigen und über die so erzeugten mechanischen Schwingungen der Körperschall des Motors zunimmt. Über spezielle Stromkurvenformungen können die Körperschallwerte des Motors minimiert werden. Für die Ermittlung geeigneter Stromkurven sind in der Regel jedoch aufwendige
Schwingungsanalysen und Optimierungsrechnungen erforderlich [214–226]. Weitere
Arbeiten zur Geräuschreduktion befinden sich in [241–248, 251]. [249] gibt ein Beispiel,
wie die Radialkrafterzeugung für einen lagerfreien Betrieb genutzt werden kann.

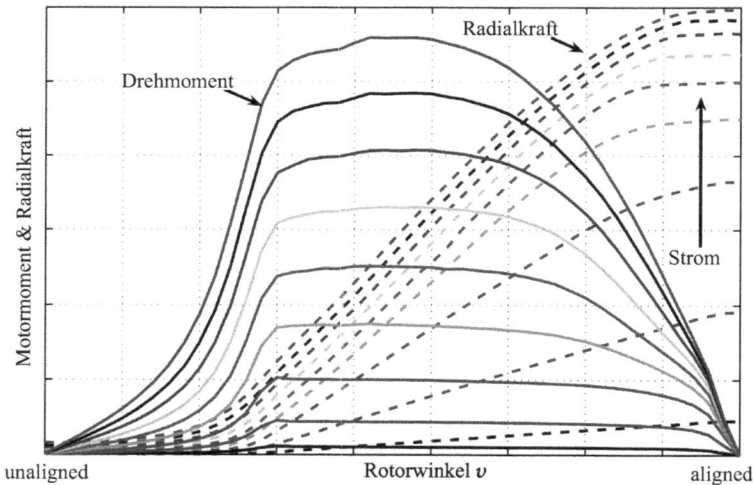

Abb. 9.7: Drehmoment- und Radialkraftentwicklung als Funktion des Strangstroms und der Rotorposition.

9.2 Mathematisches Modell

Das nichtlineare mathematische Modell des Reluktanzmotors kann aus einer Kombination von Kirchhoffschen und Newtonschen Gleichungen beschrieben werden. Ausgangspunkt für die Herleitung des mathematischen Modells bilden der Drallsatz für den mechanischen Teil und die Maschengleichung für die elektrische Teilkomponente des Systems. Abbildung 9.8 zeigt schematisch den Querschnitt eines dreisträngigen 6/4-Reluktanzmotors. Darin ist auch das zugehörige elektrische Ersatzschaltbild eines Strangs dargestellt.

Die Gleichungen für das mechanische Teilsystem lauten:

$$\frac{\mathrm{d}\vartheta}{\mathrm{d}t} = \omega_\mathrm{m}$$
$$\frac{\mathrm{d}\omega_\mathrm{m}}{\mathrm{d}t} = \frac{1}{J_\mathrm{ges}}\left(M_\mathrm{SRM}(\boldsymbol{i}, \vartheta) - M_\mathrm{L}(\vartheta, \omega_\mathrm{m})\right) \tag{9.13}$$

mit dem Massenträgheitsmoment J_ges, dem Motormoment M_SRM und dem Lastmoment M_L.

Das elektrische Teilsystem basiert auf den Strangspannungsgleichungen. Es gilt

$$u_\mathrm{Strang\nu} = R_\nu i_\nu + u_\mathrm{Ind\nu} \qquad \nu = 1, 2, \ldots, \mathrm{m} \tag{9.14}$$

wobei $u_\mathrm{Ind\nu}$ die induzierte Spannung eines Strangs darstellt. Die Strangzahl des Motors wird mit m bezeichnet.

In allgemeiner Form kann die induzierte Spannung unter Berücksichtigung der magnetischen Kopplungen zwischen den Strängen folgendermaßen beschrieben werden:

$$u_\mathrm{Ind\nu} = \sum_{\nu=1}^{\mathrm{m}} \frac{\partial \Psi_\nu(i_1, \ldots, i_\mathrm{m}, \vartheta)}{\partial i_\nu} \frac{\mathrm{d}i_\nu}{\mathrm{d}t} + \frac{\partial \Psi_\nu(i_1, \ldots, i_\mathrm{m}, \vartheta)}{\partial \vartheta} \frac{\mathrm{d}\vartheta}{\mathrm{d}t} \tag{9.15}$$

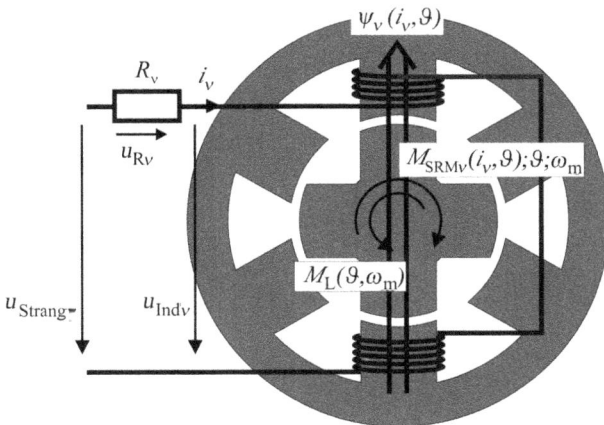

Abb. 9.8: Schematisches Ersatzschaltbild für das Motormodell.

Bei vernachlässigbarer magnetischer Kopplung zwischen den m Strängen ergibt sich für den Spannungsabfall $u_{\text{Ind}\nu}$ an der Induktivität folgender einfacher Zusammenhang:

$$u_{\text{Ind}\nu} = \frac{\partial \Psi_\nu(i_\nu, \vartheta)}{\partial i_\nu} \frac{\mathrm{d}i_\nu}{\mathrm{d}t} + \frac{\partial \Psi_\nu(i_\nu, \vartheta)}{\partial \vartheta} \frac{\mathrm{d}\vartheta}{\mathrm{d}t} \tag{9.16}$$

Daraus resultiert die nichtlineare Differenzialgleichung des Strangstroms:

$$\frac{\mathrm{d}i_\nu}{\mathrm{d}t} = \frac{u_{\text{Ind}\nu} - \frac{\partial \Psi_\nu(i_\nu, \vartheta)}{\partial \vartheta} \omega_\mathrm{m}}{\frac{\partial \Psi_\nu(i_\nu, \vartheta)}{\partial i_\nu}} \qquad \nu = 1, 2, \ldots, m \tag{9.17}$$

Durch die in (9.13) und (9.17) ermittelten Differenzialgleichungen ergibt sich das vollständige nichtlineare Zustandsmodell einer m-strängigen Maschine zu

$$\begin{pmatrix} \frac{\mathrm{d}\vartheta}{\mathrm{d}t} \\ \frac{\mathrm{d}\omega_\mathrm{m}}{\mathrm{d}t} \\ \frac{\mathrm{d}i_1}{\mathrm{d}t} \\ \vdots \\ \frac{\mathrm{d}i_m}{\mathrm{d}t} \end{pmatrix} = \begin{pmatrix} \omega_\mathrm{m} \\ \frac{1}{J_{\text{ges}}} (M_{\text{SRM}}(\boldsymbol{i}, \vartheta) - M_\mathrm{L}(\vartheta, \omega_\mathrm{m})) \\ \frac{u_{\text{Ind}1} - (\partial \Psi_1(i_1, \vartheta)/\partial \vartheta)\omega_\mathrm{m}}{\partial \Psi_1(i_1, \vartheta)/\partial i_1} \\ \vdots \\ \frac{u_{\text{Ind}m} - (\partial \Psi_m(i_m, \vartheta)/\partial \vartheta)\omega_\mathrm{m}}{\partial \Psi_m(i_m, \vartheta)/\partial i_m} \end{pmatrix} \tag{9.18}$$

Aus (9.18) lässt sich erkennen, dass das System zusammenfassend als folgendes nichtlineares System beschrieben werden kann:

$$\dot{\boldsymbol{x}} = \boldsymbol{f}(\boldsymbol{x}) + \boldsymbol{g}(\boldsymbol{x})\boldsymbol{u}$$
$$y = h(\boldsymbol{x}) \tag{9.19}$$

mit dem Zustandsvektor

$$\boldsymbol{x} = \begin{pmatrix} \vartheta \\ \omega_\mathrm{m} \\ \boldsymbol{i} \end{pmatrix} \quad \text{mit} \quad \boldsymbol{i} = \begin{pmatrix} i_1 \\ \vdots \\ i_m \end{pmatrix} \tag{9.20}$$

dem Eingangsvektor

$$\boldsymbol{u} = \begin{pmatrix} 0 \\ 0 \\ \boldsymbol{u}_{\text{Ind}} \end{pmatrix} \quad \text{mit} \quad \boldsymbol{u}_{\text{Ind}} = \begin{pmatrix} u_{\text{Ind}1} \\ \vdots \\ u_{\text{Ind}m} \end{pmatrix} \tag{9.21}$$

und den nichtlinearen Funktionen $\boldsymbol{f}(\boldsymbol{x})$

$$\boldsymbol{f}(\boldsymbol{x}) = \begin{pmatrix} \Omega \\ \frac{1}{J_{\text{ges}}} (M_{\text{SRM}}(\boldsymbol{i}, \vartheta) - M_\mathrm{L}(\vartheta, \omega_\mathrm{m})) \\ -\frac{(\partial \Psi_1(i_1, \vartheta)/\partial \vartheta)\omega_\mathrm{m}}{\partial \Psi_1(i_1, \vartheta)/\partial i_1} \\ \vdots \\ -\frac{(\partial \Psi_m(i_m, \vartheta)/\partial \vartheta)\omega_\mathrm{m}}{\partial \Psi_m(i_m, \vartheta)/\partial i_m} \end{pmatrix} \tag{9.22}$$

und $g(x)$:

$$g(x) = \begin{pmatrix} 0 & 0 & 0 & \cdots & 0 \\ 0 & 0 & 0 & \cdots & 0 \\ 0 & 0 & \frac{1}{\partial\Psi_1(i_1,\vartheta)/\partial i_1} & \cdots & 0 \\ \vdots & \vdots & \vdots & \ddots & \vdots \\ 0 & 0 & 0 & \cdots & \frac{1}{\partial\Psi_m(i_m,\vartheta)/\partial i_m} \end{pmatrix} \tag{9.23}$$

Die Funktion $h(x)$ bestimmt den gewünschten Ausgang des Zustandsmodells. Diese kann entweder eine nichtlineare Funktion beschreiben oder sich aus einer beliebigen linearen Kombination aus den Zuständen x ergeben.

9.3 Typische Kennfelder

Aufgrund der ausgeprägten Nichtlinearitäten zwischen der Flussverkettung eines Strangs, dem Strangstrom und der Rotorposition entzieht sich die Funktion $\Psi_v(i_v, \vartheta)$ einer geschlossenen analytischen mathematischen Beschreibung durch einen einfachen funktionellen Zusammenhang. In [218] wird gezeigt, dass $\Psi_v(i_v, \vartheta)$ mittels Reihenentwicklungen oder Exponentialfunktionen nachgebildet werden kann.

Typische Kennfelder eines geschalteten Reluktanzmotors werden in Abb. 9.9 gezeigt. Dies sind die Verläufe für die Strangmomente $M_{\mathrm{SRMv}}(i_v, \vartheta)$ bei konstanter rotorwinkelunabhängiger Bestromung, die dabei resultierenden Radialkräfte $F_{\mathrm{radv}}(i_v, \vartheta)$ sowie die charakteristischen Kurven der Ableitungen der verketteten Flüsse nach den Strangströmen $\frac{\partial\Psi_v(i_v,\vartheta)}{\partial i_v}$ und nach dem Rotorwinkel $\frac{\partial\Psi_v(i_v,\vartheta)}{\partial\vartheta}$. Abbildung 9.9 zeigt die Kennfelder für einen der m Stränge.

Aus den Diagrammen wird nochmals deutlich, dass die Radialkraft im Nahbereich der aligned-Position ihre höchsten Amplituden bei vergleichsweise kleinen Drehmomentwerten (diese wechseln hier das Vorzeichen) erreicht. Ein schnelles Abschalten des Stroms führt im Nahbereich der vollständigen Zahnüberdeckungen zu hohen Radialkraftsprüngen, die pulsierende Mikroverformungen des Stators zur Folge haben und beträchtliche Geräusche verursachen können. Optimierungen der Stromkurvenformen zur Reduktion der mechanischen Statorschwingungen und damit des abgestrahlten Schalls kommen daher vor allem in diesem Teilbereich der Kommutierung besonders zum Tragen.

Die Abb. 9.10 bis 9.12 zeigen beispielhaft typische nichtlineare Fluss-Strom-Kennlinien für verschiedene Rotorpositionen. Hierbei wird die Flussverkettung der Spule am oberen Zahn des eingezeichneten Statorausschnitts betrachtet. Die grau unterlegten Flächen in den Diagrammen sind ein Maß für die jeweils gespeicherte magnetische Koenergie im Betriebspunkt i_{vmax}. Die Änderung der magnetischen Koenergie (und damit die Differenz der grau eingezeichneten Flächen) ist verantwortlich für die Energieumwandlung und somit für die Drehmomenterzeugung entsprechend Gleichung (9.10).

Moment eines Stranges

Radialkraft

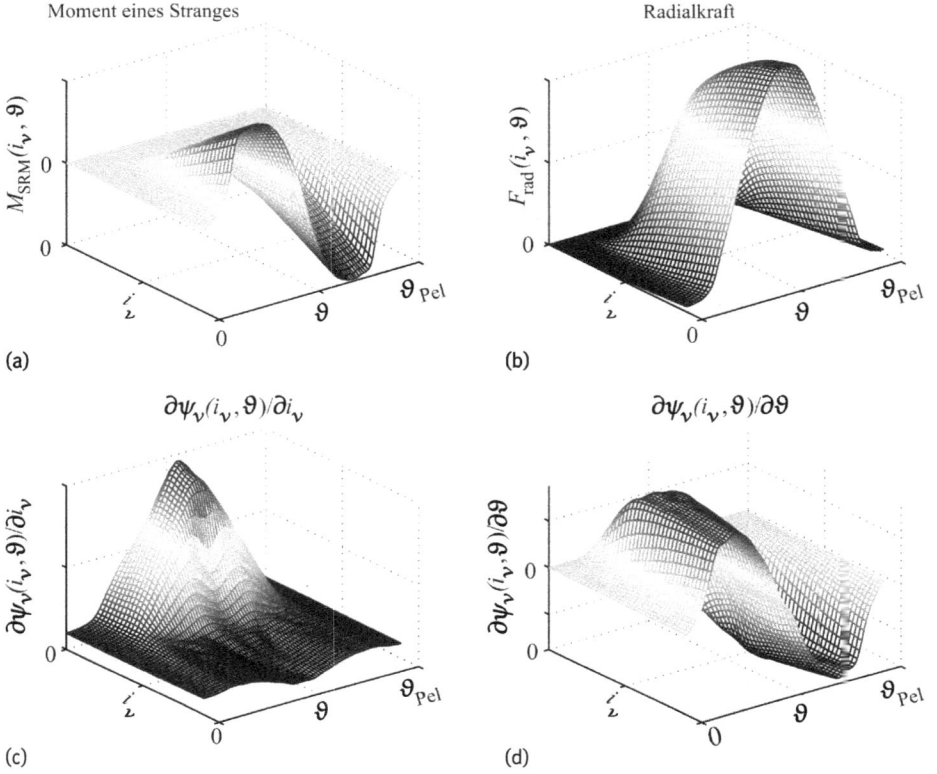

(a)

(b)

$\partial\psi_\nu(i_\nu,\vartheta)/\partial i_\nu$

$\partial\psi_\nu(i_\nu,\vartheta)/\partial\vartheta$

(c)

(d)

Abb. 9.9: Typische Kennfelder eines geschalteten Reluktanzmotors mit Drehmoment (a), Radial-kraft (b), Ableitung der Flussverkettung nach dem Strom (c) und Ableitung der Flussverkettung nach dem Rotorwinkel (d).

$\Psi(i_\nu,\vartheta)$

aligned

Rotorposition ϑ

unaligned

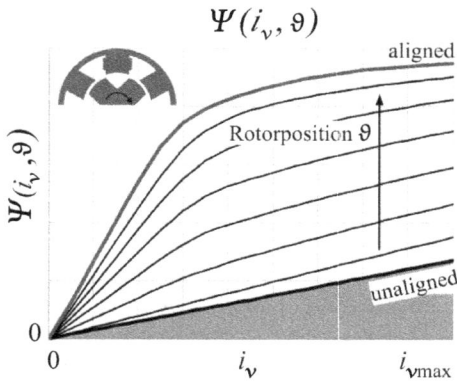

Abb. 9.10: Die Strangflussverkettung in der unaligned Position.

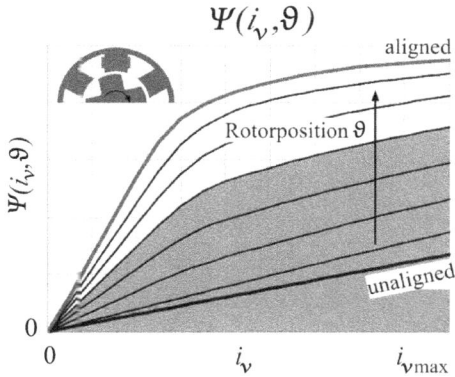

Abb. 9.11: Die Strangflussverkettung in einer Zwischenstellung.

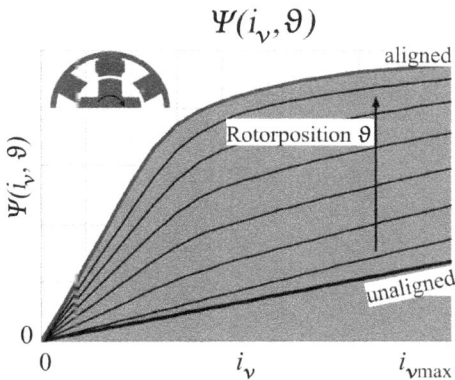

Abb. 9.12: Die Strangflussverkettung in der aligned Position.

9.4 Leistungselektronik und Ansteuerung

Da die Drehmomenterzeugung im geschalteten Reluktanzmotor unabhängig vom Vorzeichen des Strangstroms erfolgt, wird dieser meist mit asymmetrischen Halbbrücken, bestehend jeweils aus einem Transistor und einer Diode, angesteuert. Grundsätzlich unterscheidet man zwei in ihrer Charakteristik unterschiedliche Betriebsarten: das Hard- und das Soft-Chopping (siehe Abb. 9.13).

Beim Hard-Chopping werden der untere und der obere Transistor synchron getaktet, sodass die Strangströme einmal über die Transistoren und in deren ausgeschaltetem Zustand über die Dioden fließen. In der Ausschaltphase wird die in den Stranginduktivitäten gespeicherte Energie in das Netz zurückgespeist (vgl. auch Abb. 9.5 rechts).

Im Soft-Chopping-Mode wird während der Kommutierung nur jeweils ein Transistor getaktet. Die Stranginduktivitäten werden daher in dieser Phase kurzgeschlossen, die in den Strängen gespeicherte Energie in Form von Wärme abgebaut. Die Abb. 9.15 bis Abb. 9.17 illustrieren die beschriebenen Zusammenhänge in den einzelnen Schaltphasen.

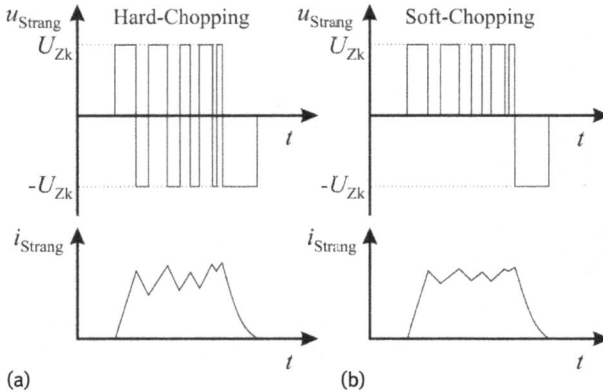

Abb. 9.13: Vergleich der Betriebsarten (a) Hard- und (b) Soft-Chopping: Strangspannung (oben) und Strangstrom (unten).

Untersuchungen haben gezeigt, dass es sich für einen geräuschreduzierten Betrieb des Motors empfiehlt, diesen mittels Soft-Chopping zu betreiben. Durch diese Taktung und die daraus resultierenden geringeren Schwankungen im Strangstrom ergeben sich kleinere Schwankungen in der Funktion der Radialkraft entlang einer elektrischen Periode. Dies nimmt positiven Einfluss auf die Körperschallentwicklung des Motors [200, 225, 227].

9.4.1 Schaltzustände der Leistungselektronik

Aus der in Abb. 9.14 dargestellten Topologie der Elektronik ist ersichtlich, dass sich beim Betrieb des geschalteten Reluktanzmotors mit einer asymmetrischen Halbbrücke während des Betriebs drei mögliche Schaltzustände der Elektronik einstellen können. Entsprechend ergeben sich unterschiedliche Gleichungen für die Beschreibung des Strangstromverlaufs.

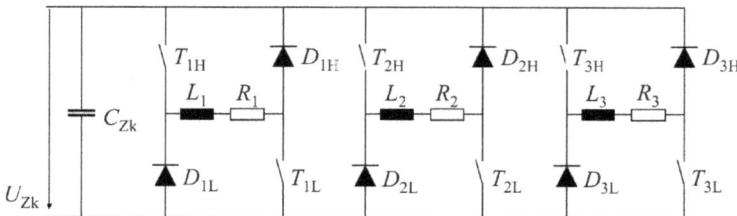

Abb. 9.14: Asymmetrische Brückenschaltung für einen dreisträngigen geschalteten Reluktanzmotor.

Im Folgenden wird für die drei unterschiedlichen Schaltzustände der Leistungselektronik jeweils der Eingangsvektor u_{Ind} für die weitere Verwendung im Zustandsmodell aus (9.21) bestimmt.

Schaltzustand 1. In dem in Abb. 9.15 dargestellten Schaltzustand 1 der Leistungselektronik sind der High- und Low-side-Transistor geschlossen. Die Widerstände R_{DSONvL} und R_{DSONvH} beschreiben die Durchlasswiderstände der beiden Halbleiterschalter. Wendet man die Maschengleichung für den elektrischen Kreis des Motors in diesem Schaltzustand an, so ergibt sich für die Spannung an der nichtlinearen verlustfrei betrachteten Ständerinduktivität $L_v(i_v, \vartheta)$

$$u_{\mathrm{IndvSZ1}} = U_{\mathrm{Zk}} - i_v\left(R_{\mathrm{DSONvH}} + R_{\mathrm{DSONvL}} + R_v\right) \tag{9.24}$$

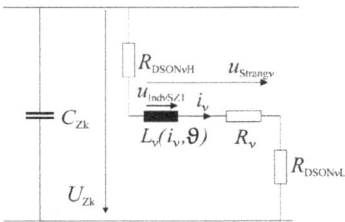

Abb. 9.15: Schaltzustand 1 – beide Transistoren eingeschaltet.

Schaltzustand 2. Durch Soft-Chopping wird während der Kommutierung immer nur einer der beiden Transistoren ausgeschaltet. Für den elektrischen Kreis des Motors bei Low-side-Taktung ergibt sich das Schaltbild aus Abb. 9.16. Die in der Induktivität $L_v(i_v, \vartheta)$ gespeicherte Energie wird abgebaut. Mit Hilfe der Maschengleichung kann für die Spannung an der ideal betrachteten Induktivität

$$u_{\mathrm{IndvSZ2}} = -u_{\mathrm{DvH}} - i_v(R_v + R_{\mathrm{DSONvH}}) \tag{9.25}$$

geschrieben werden.

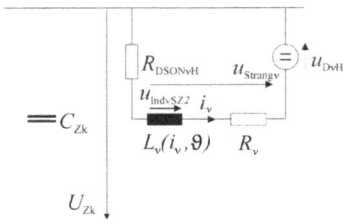

Abb. 9.16: Schaltzustand 2 – nur ein Transistor eingeschaltet.

Schaltzustand 3. Im Schaltzustand 3 sind beide Halbleiterschalter ausgeschaltet. In Abb. 9.17 ist das zugehörige elektrische Ersatzschaltbild dargestellt. Die in der Statorinduktivität $L_v(i_v, \vartheta)$ gespeicherte Energie wird abgebaut und abzüglich der Verluste in den Zwischenkreis zurückgespeist. Durch das Anlegen einer Gegenspannung erfolgt der Abbau der in der Induktivität gespeicherten Energie deutlich schneller als im Schaltzustand 2.

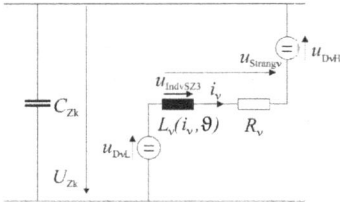

Abb. 9.17: Schaltzustand 3 – beide Transistoren ausgeschaltet.

Aus der Maschengleichung ergibt sich für u_{IndvSZ3}

$$u_{\text{IndvSZ3}} = -U_{\text{Zk}} - u_{\text{DvH}} - u_{\text{DvL}} - i_{\text{v}} R_{\text{v}} \tag{9.26}$$

Mittelwertmodell. Für den Soft-Chopping-Zwischentaktungsbetrieb (Wechsel zwischen den Schaltphasen 1 und 2) kann ein entsprechendes Mittelwertmodell hergeleitet werden: Während einer Periode der pulsweitenmodulierten Zwischenkreisspannung gilt für den Strangstrom i_{v} durch Kombination der Gleichungen (9.24) und (9.25):

$$i_{\text{v}} = \frac{\int_0^{t_{\text{on}}} u_{\text{IndvSZ1}} \, dt + \int_{t_{\text{on}}}^{T_{\text{p}}} u_{\text{IndvSZ2}} \, dt}{T_{\text{p}} L_{\text{v}} (i_{\text{v}}, \vartheta)} = \frac{\int_0^{T_{\text{p}}} u_{\text{Indv}} \, dt}{T_{\text{p}} L_{\text{v}} (i_{\text{v}}, \vartheta)} = \frac{\int_0^{T_{\text{p}}} p_{\text{neuv}} U_{\text{Zk}} \, dt}{T_{\text{p}} L_{\text{v}} (i_{\text{v}}, \vartheta)} \tag{9.27}$$

Die nichtlineare Statorinduktivität $L_{\text{v}}(i_{\text{v}}, \vartheta)$ kann innerhalb einer Periode der pulsweitenmodulierten Stellgröße als konstant angenommen werden. Somit lässt sich für das mittlere Tastverhältnis eines Strangs durch Umformen von (9.27) folgender Zusammenhang definieren:

$$\int_0^{t_{\text{on}}} u_{\text{IndvSZ1}} \, dt + \int_{t_{\text{on}}}^{T_{\text{p}}} u_{\text{IndvSZ2}} \, dt = \int_0^{T_{\text{p}}} p_{\text{neuv}} U_{\text{Zk}} \, dt \tag{9.28}$$

Für die Einschaltdauer eines pulsweitenmodulierten Stellsignals gilt:

$$t_{\text{on}} = p_{\text{v}} T_{\text{p}} \tag{9.29}$$

mit dem Tastverhältnis p_{v} (in Prozent) und der Periodendauer T_{P} des pulsweitenmodulierten Stellsignals. Durch Einsetzen der aus (9.24), (9.25) und (9.29) bekannten Zusammenhänge in (9.28) kann das mittlere Tastverhältnis p_{neuv} eines Strangs zu

$$p_{\text{neuv}} = \frac{U_{\text{Zk}} p_{\text{v}} - i_{\text{v}} (R_{\text{DSONvL}} p_{\text{v}} + R_{\text{v}} + R_{\text{DSONvH}}) - u_{\text{DvH}} (1 + p_{\text{v}})}{U_{\text{Zk}}} \tag{9.30}$$

bestimmt werden. [230]

9.5 Motorischer und generatorischer Betrieb

Im Allgemeinen können geschaltete Reluktanzmaschinen mit positivem oder negativem Moment in beiden Drehrichtungen betrieben werden. Für einen Vier-Quadranten-Betrieb kann man motorischen und generatorischen Betrieb folgendermaßen definieren:

- Motorischer Betrieb: generiertes Moment und Drehzahl an der Welle haben die gleiche Richtung.
- Generatorischer Betrieb: Moment und Drehzahl an der Welle haben entgegengesetzte Richtung.

In Abb. 9.18 werden die erforderlichen Bestromungsmuster zur Generierung von positivem und negativem Moment anhand einer dreisträngigen Maschine gezeigt. Hierbei wird ausgehend von den Verläufen der Strangmomente das generierte Gesamtmoment der Maschine als die Summe der einzelnen Strangmomente angegeben. Diese Vorgehensweise ist bei vernachlässigbaren Kopplungen zwischen zwei bestromten Strängen zulässig.

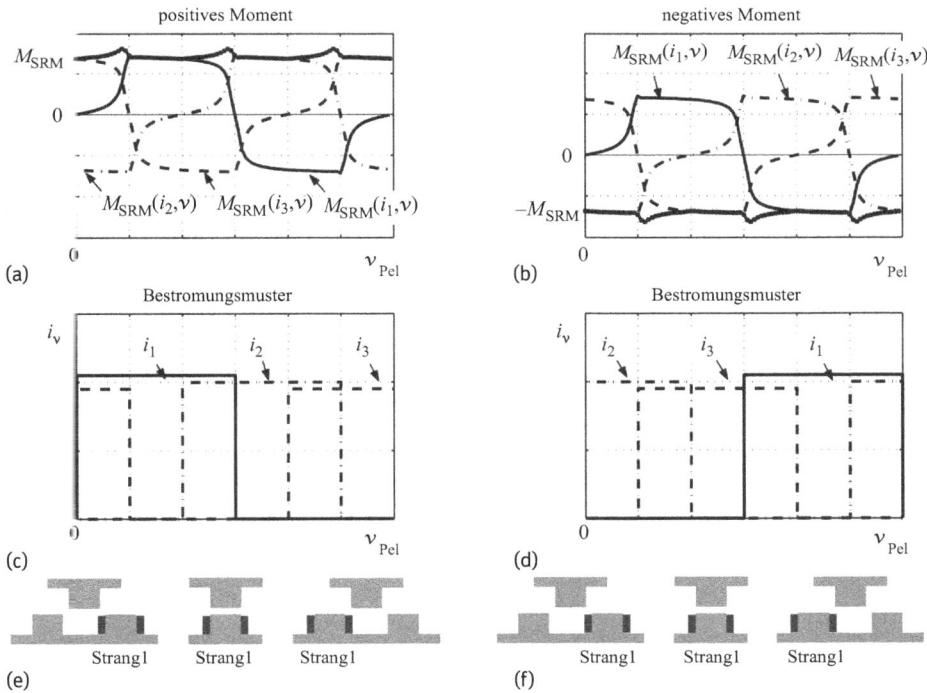

Abb. 9.18: (a), (b): Drehmomentverläufe der Stränge für eine konstante Bestromung sowie Gesamtmoment für die angegebenen Bestromungsmuster; (c), (d): Bestromungsmuster für den motorischen (c) und generatorischen (d) Betrieb einer dreisträngigen Maschine bei Blockbestromung; (e), (f): Rotorstellungen für das Beispiel der Bestromung von Strang 1.

9.6 Stromformung

Das Motormoment ergibt sich aus der Summe der einzelnen Strangmomente. Um ein annähernd konstantes Motordrehmoment zu erhalten, ist es notwendig, den Strangstrom winkelabhängig anzupassen. Wie Abb. 9.19 zeigt, gibt es Winkelabschnitte, in denen der einzelne Strangstrom das Motormoment bestimmt. Hier beeinflusst der betreffende Strangstrom das Drehmoment direkt. In anderen Winkelabschnitten, in denen sich die Strangmomente überlappen, bieten sich Freiheiten, die Momentanteile auf die bestromten Stränge aufzuteilen. In diesen Abschnitten ist das System überbestimmt. Daher erfolgt eine Optimierung der Stromkurvenform unter Hinzunahme zusätzlicher Bedingungen. Beispiele hierfür sind Forderungen nach minimaler Kupferverlustleistung oder minimalen Radialkraftänderungen (vgl. Abb. 9.7) [204, 225, 235–240].

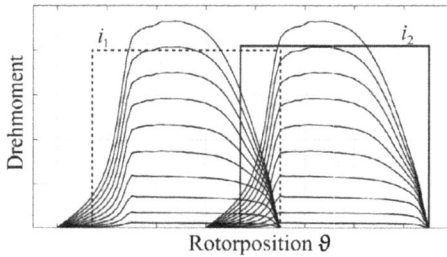

Abb. 9.19: Beispiel für eine überlappende Strangmomentverteilung bei blockförmigem Betrieb.

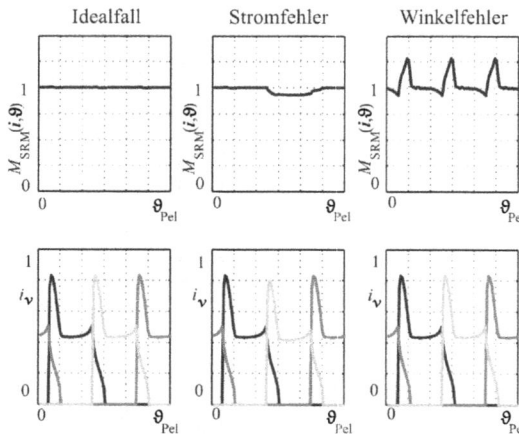

Abb. 9.20: Betrieb des geschalteten Reluktanzmotors mit optimierten Strangstromverläufen – Vergleich des Gesamtmoments im Idealfall mit dem Gesamtmoment bei Fehlern in der Strangstromregelung (4 %) und der Erfassung der Rotorposition (1° mechanisch).

Abbildung 9.20 vergleicht das Drehmoment eines dreisträngigen Motors für den Idealfall mit dem Moment unter Einfluss von Strom- und Winkelfehlern. Zur Erzielung eines konstanten Moments werden die in [204] optimierten Strangstromverläufe verwendet. Für den auftretenden Stromfehler eines Strangs wird eine Abweichung von 4 % des Iststroms vom Sollstrom angenommen. Das damit erzeugte Moment ist in Abb. 9.20 unter „Stromfehler" dargestellt. Im Falle eines Winkelfehlers wird eine Abweichung von 1° in der Rotorposition angenommen. Als Referenzmotor ist hierbei ein dreisträngiger 6/4-SR-Motor verwendet worden. Man erkennt, dass bereits bei relativ kleinen Abweichungen deutliche Drehmomentschwankungen auftreten können, das Motorbetriebsverhalten also sehr sensitiv reagiert. Wie der Zündwinkel der Strangbestromung sich auf den Wirkungsgrad einer geschalteten Reluktanzmaschine auswirkt, kann beispielhaft [250] entnommen werden.

Marcus Herrmann und Thomas Roschke

10 Elektromagnetische Schrittantriebe

Schlagwörter: Wirkungsweise, Betriebsverhalten, Ansteuerung, Dynamik, Spezifikation

10.1 Überblick

Schrittantriebe sind dadurch gekennzeichnet, dass der Läufer des Schrittmotors in der Lage ist, bestimmte definierte Schritte mit dem Schrittwinkel φ_S auszuführen. Das bedeutet, jede Drehbewegung kann in eine bestimmte Zahl z von Schritten aufgelöst werden. Der technisch realisierte Bereich liegt bei Schrittwinkeln $\varphi_S = 0,36 \ldots 180°$ bzw. Schrittzahlen $z = 1000 \ldots 2$ je Umdrehung. Allerdings werden Schrittwinkel $\varphi_S > 45°$ nur mit Kleinstschrittmotoren realisiert, die als Uhrenantriebe verwendet werden und für Positionieraufgaben nicht geeignet sind.

Einige Beispiele sollen die breite Palette der Anwendungen von Schrittmotoren demonstrieren:
- in der Heizungs-, Lüftungs- und Klimatechnik (HVAC) für Thermostate, Klappen-, Ventil- und Düsenverstellungen;
- in der Kraftfahrzeugtechnik für Anzeigeinstrumente, Spiegel- und adaptive Scheinwerferverstellungen, Klimaanlagen, Kühlerjalousien, Kühlkreislaufsteuerung, Emissionsreduzierung, Leerlaufluftregelventile;
- in der Foto- und Videotechnik für Blendensteuerungen, Zoomantriebe, Objektivausrichtung und Kameraschwenkeinrichtungen;
- in der Computerperipherie für Drucker, Plotter, Kopierer, Speicherlaufwerke und Kreditkartenlesegeräte;
- in der Medizin- und Labortechnik zur Medikamentendosierung, für Infusionspumpen, Peristaltikpumpen, Inhalationsgeräte, Beatmungstechnik, Dialysegeräte, chirurgische Instrumente, Chartrecorder, Pipettiertechnik und Probenwechsler;
- im wissenschaftlichen Gerätebau bzw. im Sondermaschinenbau für Bordautomaten, x-y-φ-Tische, Handhabegeräte, präzise Zustellbewegungen, Kleinroboter und Leiterplattenbestückungsautomaten;
- im Messgerätebau und in der Regelungstechnik für Sensorpositionierungen, Texturgoniometer, Programmgeber und Langzeitrelais;
- außerdem im Textilmaschinenbau, in Schaltgeräten, in der Heiztechnik, in Hausgeräten und Spielautomaten für verschiedenste Verstellaufgaben.

Marcus Herrmann, Johnson Electric
Thomas Roschke, Johnson Medtech

https://doi.org/10.1515/9783110565324-010

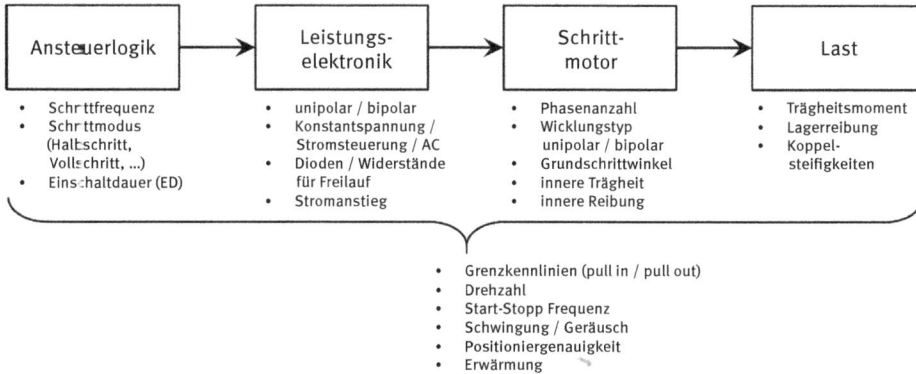

Abb. 10.1: Charakteristische Kenngrößen des Schrittmotor-Antriebssystems aus Ansteuerung, Schrittmotor und Last sowie deren Wechselwirkungen.

Der Schrittmotor wurde in den 70er Jahren der erste „digitale" Motor und ist eng mit den Anfängen der Computertechnik verbunden [252, 258]. Eine digitale Schrittvorgabe konnte mit Hilfe der Ansteuerelektronik direkt in eine entsprechende schrittweise Bewegung umgesetzt werden, ohne dass sich dabei der Positionierfehler aufsummiert. Typisch für einen Schrittantrieb ist der Betrieb in einer offenen Steuerkette ohne Sensorik: Ein Ansteuerimpuls führt im einfachsten Fall zu einem einzelnen Schritt (Abb. 10.1).

10.2 Bauformen von Schrittmotoren

Schrittmotoren sind grundsätzlich Synchronmaschinen (siehe Kapitel 7 zu Synchronmaschinen) und können auch mit Wechselspannung mit entsprechender Phasenverschiebung zwischen den einzelnen Ständerwicklungen angesteuert werden. In diesem Kapitel steht aber der weit verbreitete und typische Einsatz mit geschalteter Gleichspannung im Mittelpunkt. Bei Schrittmotoren haben sich drei wesentliche Bauformen durchgesetzt. Charakteristische Parameterbereiche dieser drei Bauformen sind in Tab. 10.1 angegeben:
- der Klauenpolschrittmotor (claw-pole permanent magnet motor, tin can stepper),
- der Hybridschrittmotor (hybrid stepper),
- der Reluktanzschrittmotor (variable reluctance motor).

Der *Klauenpolschrittmotor* wird als technologisch relativ einfache Lösung für Antriebe kleiner Leistung mit kleinen bis mittleren Anforderungen an die Dynamik eingesetzt. Der Einsatz in der Automobiltechnik und der Gebäudeautomatisierung für Klima- und Heizungsanlagen hat zu hohen Wachstumsraten in den vergange-

Tab. 10.1: Typische Parameterbereiche der wesentlichen Schrittmotorentypen.

Parameter	Klauenpolschrittmotor	Hybridschrittmotor	Reluktanzschrittmotor
Schrittwinkel φ_S in °	6 … 45	0,36 … 15	1,8 … 30
Haltemoment M_H in cNm	0,5 … 60	3 … 1000	1,0 … 500
max. Startfrequenz f_{A0max} in kHz	… 0,5	… 3,0	… 1,0
max. Betriebsfrequenz f_{B0max} in kHz	… 5,0	… 40,0	… 20,0

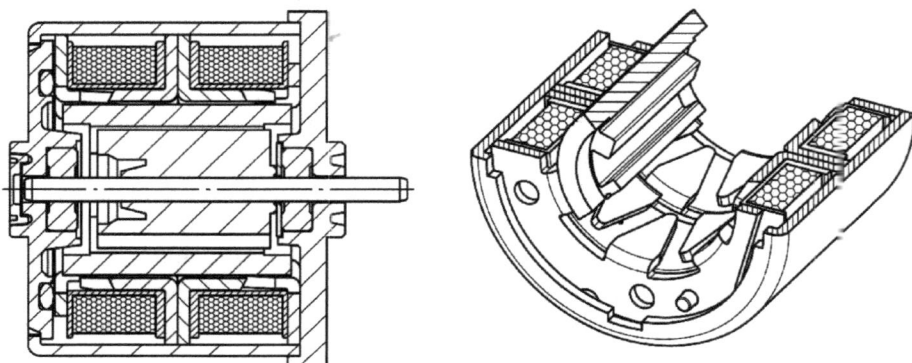

Abb. 10.2: Aufbau eines Schrittmotors nach dem Klauenpolprinzip: Querschnitt eines rotatori-schen Motors mit permanentmagnetischem Rotor und zweisträngigem Stator (links), Klauenpole des zweisträngigen Stators (rechts) (Johnson Electric).

nen Jahren geführt. Weltweit wird die Jahresproduktion auf etwa 230 Mio Stück geschätzt. Wesentlich beeinflusst ist diese Zahl durch die Nutzung als elektrische Kleinstantriebe in Personenkraftwagen, mit dem höchsten Anteil bei japanischen Automobilen.

Der Schrittmotor nach dem Klauenpolprinzip ist aus mindestens zwei Ständern aufgebaut [264]. Die Ständerteile sind typisch aus Eisenblech als Stanz-Biege-Teile bzw. Stanz-Tiefzieh-Teile hergestellt, daher auch der Name „Tin-Can-Motor" in eng-lischen Sprachraum. Die Wicklungen je Ständer, es sind einfache Ringwicklungen, bestehen aus einer Spule für die bipolare Ansteuerung oder aus zwei Spulen, die ge-gensinnig gewickelt sind, für die unipolare Ansteuerung. Der magnetische Fluss um-schließt die Ringwicklung. Daher bilden sich an den Klauen der einen Ständerseite Nordpole, an der anderen Ständerseite Südpole (Abb. 10.3). Der magnetische Fluss schließt sich über den Läufer.

Um einen eindeutigen Drehrichtungsentscheid zu erreichen, sind die beiden Ständer um eine halbe Polteilung gegeneinander versetzt. Der Läufer besteht aus einem Ringmagnet, der am Umfang heteropolar magnetisiert ist. Die Läufermagneti-

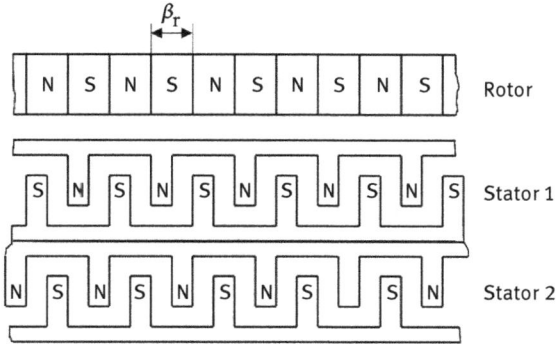

Abb. 10.3: Ständerabwicklung eines Klauenpolschrittmotors.

sierung ist in axialer Richtung unter den beiden Ständern gleich. Die Zuordnung der Ständer- und Läuferpole zeigt Abb. 10.3.

Die Sonderausführung des Klauenpolschrittmotors als *Linearmotor* hat in den letzten Jahren sehr große Bedeutung gewonnen (Abb. 10.4). In den Läufer ist als Bewegungswandler von der Rotation zur Translation ein Gleitschraubengetriebe integriert. Die Motorwelle wird durch eine Gewindestange ersetzt, welche innerhalb oder außerhalb des Motors gegen Verdrehung gesichert werden muss. Ausführungen mit integrierter Verdrehsicherung stellen die komplette Funktionalität eines Linearantriebs zur Verfügung, begrenzen aber den Stellbereich konstruktionsbedingt auf Stellwege im Bereich von 10 ... 100 mm je nach Motorgröße. Wird die Verdrehsicherung in die Systemkonstruktion außerhalb des Linearantriebs integriert, gibt es theoretisch keine Begrenzung des Stellwegs.

Führt der Schrittmotor einen Winkelschritt φ_S aus, so bewegt sich die Gewindestange entsprechend der Steigung um einen linearen Schritt x_S. Typische Werte liegen im Bereich $x_S = 10 \ldots 50\,\mu m$. Vorteile dieser Motoren sind die Verwendbarkeit der Hauptbauteile der rotierenden Motoren, die relativ einfache Variation der linea-

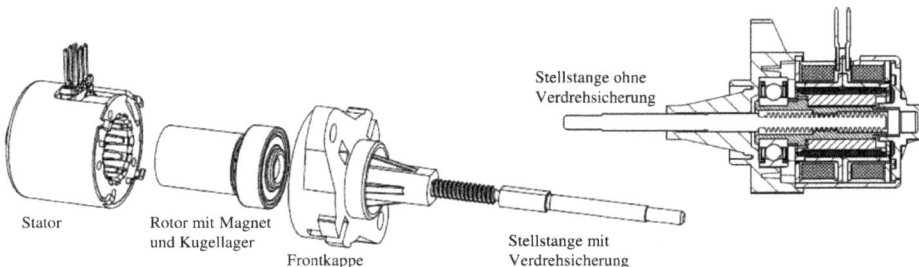

Abb. 10.4: Aufbau eines Linearantriebs, bestehend aus einem Rotationsschrittmotor nach dem Klauenpolprinzip und einem Bewegungswandler Rotation – Translation: links mit integrierter Verdrehsicherung, rechts ohne (Johnson Electric).

ren Schritte x_S bei konstantem Schrittwinkel φ_S durch unterschiedliche Gewindesteigungen und die Selbsthemmung. Dadurch wird nur Energie während der Stellbewegung benötigt. Das führt zu einem guten Wirkungsgrad und zu geringer Erwärmung. Das gute Preis-Leistungs-Verhältnis, die feinstufige Stellbarkeit ohne Regelkreis und der geringe Energieverbrauch haben zu einem breiten Einsatz dieser Linearmotoren in der Automobiltechnik für die Verstellung von Scheinwerfern und in der Gebäudeautomatisierung für diverse Ventilantriebe geführt. Ebenso sind sie gut geeignet für die Betätigung von kleinen Kolbenpumpen, um Flüssigkeiten in kleinsten Einheiten in der Labor- oder Medizintechnik zu dosieren.

Der *Hybridschrittmotor* ist der energetisch günstigste Schrittmotor mit der höchsten Leistungsparametern. Das Haupteinsatzgebiet liegt bei Drehmomenten bis etwa 100 cNm, da darüber hinaus das Masse-Leistungs-Verhältnis kaum noch verbessert werden kann. Motoren mit kleineren Leistungen dominieren in peripheren Geräten der Datenverarbeitung und in der Medizintechnik. Die höheren Leistungen sind typisch für hochwertige Positionieraufgaben, wie sie z. B. in der Automatisierungstechnik und bei Roboterantrieben verlangt werden. Hybridschrittmotoren erreichen global jährliche Produktionszahlen von etwa 150 Mio. Stück. Charakteristisch sind dabei kleine Stückzahlen pro Einsatzfall und daraus resultierende deutlich höhere Preise im Vergleich zum Klauenpolschrittmotor.

Speziell für kleine Schrittwinkel $\varphi_S \leq 1,8°$ sind Hybridschrittmotoren mit drei und fünf Wicklungssträngen entwickelt worden. Sie zeichnen sich durch einen besonders schwingungsarmen Lauf aus. Der wesentliche Nachteil ist der höhere Aufwand für die Ansteuerelektronik, weshalb diese Antriebe typischerweise nur in hochwertigen Einsatzfällen Anwendung finden.

Der Ständer des Hybridschrittmotors (Abb. 10.5) entspricht dem des Reluktanzschrittmotors. Der Läufer besteht aus einem axial magnetisierten Permanentmagnet, der von zwei gezahnten Polkappen umschlossen bzw. zwischen gezahnten Polscheiben angeordnet wird [269]. Auch die Anordnung mehrerer gleicher Systeme axial hintereinander ist bekannt. Die Zähne einer Polkappe haben jeweils die gleiche Polarität.

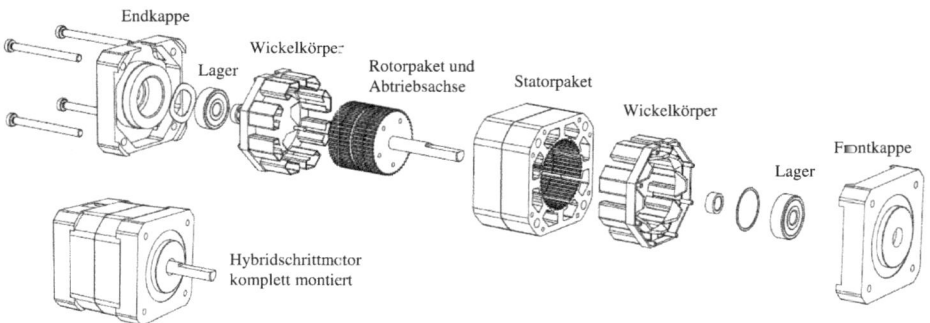

Abb. 10.5: Explosionsdarstellung eines Hybridschrittmotors (Johnson Electric).

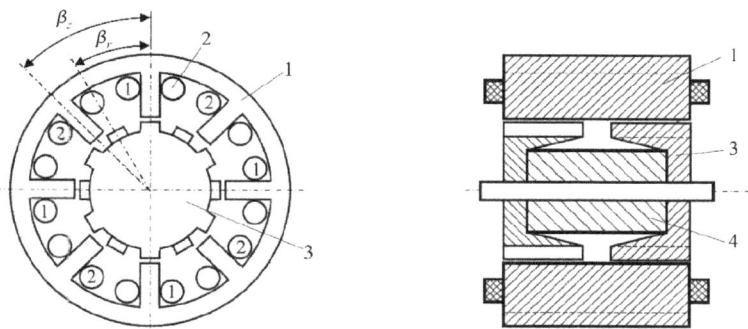

Abb. 10.6: Aufbau eines Hybridschrittmotors: (1) geblechter Ständer mit ausgeprägten Polen, (2) bipolare Wicklung (die Nummerierung kennzeichnet den Wicklungsstrang), (3) gezahnte Polkappe, (4) Permanentmagnet.

Untereinander werden die Polkappen um eine halbe Zahnteilung gegeneinander verdreht. Wie bei den Reluktanzläufern sind zum Erzielen hoher Schrittfrequenzen die Polkappen geblecht, für niedrige Schrittfrequenzen ist eine massive Ausführung ausreichend.

Die Wicklungen eines Strangs sind in Umfangsrichtung so geschaltet, dass abwechselnd magnetische Nord- und Südpole entstehen. Nimmt man an, die obere Wicklung des Strangs 1 in Abb. 10.6 erzeugt einen Nordpol, so steht sie einem Zahn der vorderen Polkappe gegenüber, deren gesamten Zähne Südpole aufweisen. Die zweite Wicklung des Strangs 1 (rechts in Abb. 10.6) erzeugt entsprechend obiger Aussage einen Südpol und steht einem der Zähne der hinteren Polkappe gegenüber, die wiederum alle Nordpole aufweisen. Analog erzeugt der dritte Zahn des Strangs 1 (unten in Abb. 10.6) einen Nordpol und korrespondiert mit einem Zahn der vorderen Polkappe usw. Nach diesem Prinzip gelingt es, dass trotz axial fluchtender Ständerzähne beide Läuferteile mit unterschiedlicher magnetischer Polarität in axialer Richtung zur Drehmomentbildung beitragen. Die Zahnteilungen im Ständer und in jeder Polkappe sind identisch mit denen des Reluktanzläufers.

Aus technologischen Gründen lassen sich Schrittwinkel $\varphi_S < 7°$ nach der Ausführung entsprechend Abb. 10.6 nicht mehr realisieren. Für Hybridschrittmotoren dieser Art ist es notwendig, jeden Ständerpol am Luftspalt nochmals mit einer feinen Zahnung zu versehen (Abb. 10.7). Diese Zahnteilung des Ständerpols muss mit der des Läufers identisch sein. Der Winkelabstand zwischen den Ständerpolen, die zu einem Wicklungsstrang gehören, ist wiederum so zu wählen, dass abwechselnd das Zusammenwirken mit den beiden gegeneinander verdrehten Läuferkappen erfolgen kann. Aus dem Vergleich von Abb. 10.6 und Abb. 10.7 ist leicht zu erkennen, dass bei etwa gleichen Ständerpolteilungen durch das Umschalten des magnetischen Felds von einem Strang auf den zweiten die feinere Zahnteilung im Läufer eine wesentlich geringere Läuferverdrehung bewirkt.

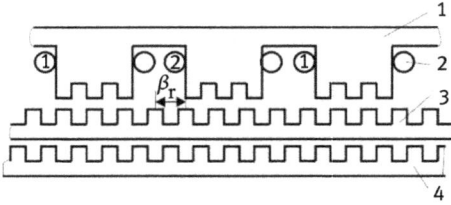

Abb. 10.7: Abwicklung eines Hybridschrittmotors mit einem Schrittwinkel $\varphi_S < 7°$: 1 Ständerabwicklung, 2 Wicklung (die Nummerierung kennzeichnet den Wicklungsstrang), 3 Abwicklung der ersten Polkappe, 4 Abwicklung der zweiten Polkappe.

Der *Reluktanzschrittmotor* ist heute bei den Kleinstmotoren von untergeordneter Bedeutung, auch wenn die Schrittmotorenentwicklung vor etwa 100 Jahren mit diesem Grundaufbau begann. Er lässt sich zwar technologisch günstig fertigen, weist aber nur eine geringe Energiedichte auf und erreicht einen relativ geringen Wirkungsgrad. Da der Reluktanzmotor durch seinen Aufbau ohne Permanentmagnete kein Selbsthaltemoment besitzt bzw. im unerregten Zustand kein Drehmoment entwickelt, ist er als elektrische Maschine im kW-Bereich für Hybridkraftfahrzeuge zunehmend interessant. Die im Vergleich zu polarisierten Schrittmotoren größere Neigung des Reluktanzmotors zu mechanischen Schwingungen erfordert eine genaue Abstimmung auf die mechanische Last und spezielles Augenmerk bei der elektronischen Ansteuerung. Praktisch wird der Reluktanzschrittmotor im mittleren Leistungsbereich von einigen hundert Watt genutzt. Im Kapitel 9 wird speziell auf diese Motoren eingegangen.

Um eine bessere Dynamik mit Schrittmotoren zu erreichen sind immer wieder Untersuchungen zum geregelten Betrieb durchgeführt worden [254, 262]. Der geregelte Betrieb basierend auf Rotorpositionssignalen hat sich trotz sehr guter Leistungsparameter in der Breite nicht durchgesetzt, sondern wird nur in einigen Kompakthybridschrittantrieben mit integrierter Ansteuerelektronik und Sensorik genutzt (Abb. 10.8 links). Der Wirkungsgrad, die maximale Geschwindigkeit und das Drehmoment von Schrittmotoren gleicher Bauform können im geregelten Betrieb im Vergleich zur üblichen offenen Steuerkette erheblich gesteigert werden.

Außerdem bietet das im Vergleich zu vielen anderen Motorprinzipien hohe motorvolumenbezogene Drehmoment einen guten Ausgangspunkt für die Miniaturisierung. Es wurden neben den klassischen Klauenpolschrittmotoren (Abb. 10.2, Abb. 10.4), die mit Motordurchmessern von 4 ... 15 mm angeboten und insbesondere in der Kamera- und Videotechnik genutzt werden, neue vorteilhafte elektromagnetische Anordnungen für die Miniaturisierung [256, 268, 271] entwickelt (Abb. 10.8 rechts).

Charakteristisch für Schrittmotoren ist die Ausführung mit zwei Wicklungssträngen zur bipolaren Ansteuerung (bipolar drive) bzw. mit vier Wicklungssträngen zur unipolaren Ansteuerung (unipolar drive). Bipolare Ansteuerung bedeutet, dass der Strom im Wicklungsstrang in positiver und negativer Richtung fließen kann, während bei unipolarer Ansteuerung nur eine Stromrichtung möglich ist. Darauf wird im nächsten Abschnitt näher eingegangen.

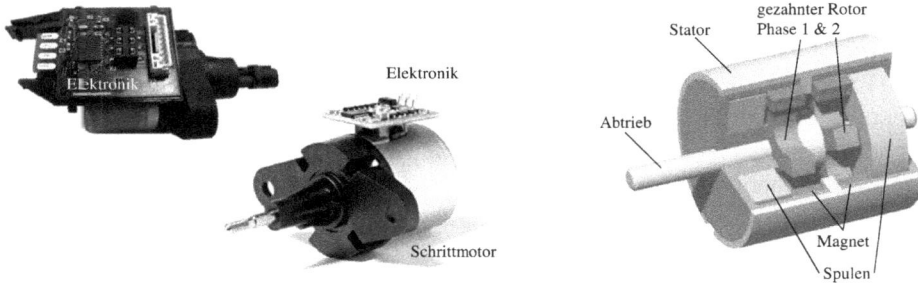

Abb. 10.3: Kompaktschrittantrieb zur Ventilsteuerung mit integrierter Elektronik (links, Johnson Electric) und Schrittmotorkonzepte für die Miniaturisierung (rechts, Coreta [271]).

10.3 Betriebsverhalten des Schrittmotors

10.3.1 Der Schrittmotor als Teil eines Antriebssystems

Schrittmotoren sind fremdgeführte Synchronantriebe und ihr Betriebsverhalten unterscheidet sich zum Teil deutlich von dem der selbstgesteuerten elektronisch kommutierten Synchronmotoren (Kapitel 8). Während alle elektrodynamischen Antriebe eindeutig zuordenbare Betriebskennlinien haben, sind diese bei Schrittmotoren so nicht vorhanden. Auch ist die Ansteuerung von AC- bzw. DC-Motoren im ersten Schritt technisch recht einfach zu bewerkstelligen und wird erst für präzise Antriebssysteme und Servomotoren aufwendiger.

Bei Schrittmotoren hängt das Betriebsverhalten eng mit ihrer Ansteuerung zusammen, ist aber auch stark von der angekoppelten Last abhängig. Die Auswahl und Auslegung erfordert daher immer die Betrachtung des Gesamtsystems aus Ansteuerung, Antrieb und Last. Abbildung 10.1 hat diese Zusammenhänge im Überblick bereits dargestellt. Dieser Abschnitt stellt einführend die wichtigsten Kenngrößen und Mechanismen bezüglich der Ansteuerung und des Betriebsverhaltens zusammen. Eine detaillierte Erläuterung der einzelnen Aspekte enthalten die nachfolgenden Abschnitte.

Die Ansteuerung des Schrittmotors ist im Allgemeinen eine getaktete Gleichspannung, die für jeden Strang des Motors separat vorgegeben wird. Aus den verschiedenen Phasenlagen bestimmt sich die Drehrichtung eindeutig. Die Motordrehzahl hängt dabei nur von der Taktfrequenz ab, es sei denn, der Schrittmotor wird überlastet und fällt außer Tritt, d. h., er kann dem Taktsignal nicht mehr folgen. Als Spezialfall gibt es den Betrieb mit Wechselspannung direkt an der Wicklung, wobei bei zweiphasigen Antrieben ein Kondensator die zur Drehrichtung notwendige Phasenverschiebung zwischen den beiden Wicklungssträngen erzeugt. Diese Motoren laufen netzsynchron mit konstanter unveränderlicher Drehzahl bis zum sogenannten Kippmoment M_K.

Beim Gleichspannungsbetrieb gibt es mehrere Varianten der Ansteuerlogik für die Motorstränge:

- *Wave Mode*: jeder Strang abwechselnd einzeln bestromt, Motor mit geringem Drehmoment, ganzer Schrittwinkel;
- *Vollschritt*: alle Stränge jederzeit gleichzeitig bestromt, Motor mit normalem Drehmoment, ganzer Schrittwinkel;
- *Halbschritt*: abwechselnd alle Stränge und ein Strang bestromt, Motor mit hohem Drehmoment, halber Schrittwinkel;
- *Kompensierter Halbschritt*: wie Halbschritt, wobei ein einzelner Strang übererregt wird, dadurch höchstes Drehmoment;
- *Mikroschritt*: *n*-fach höhere Ansteuerfrequenz bei *N* Gleichspannungswerten zur Quasi-Nachbildung einer Sinusansteuerung in jedem Strang, Motor mit nahezu konstantem Drehmoment, kleineren Schrittwinkeln und sehr ruhigem Lauf, aber keine bessere statische Positioniergenauigkeit.

Neben der Wahl der Ansteuerlogik hat der Anwender die Möglichkeit zweier Varianten der Spannungsversorgung:
- *unipolar*: Motor mit zwei gegensinnigen Wicklungen pro Strang, die jeweils nur in einer Stromrichtung betrieben wird, dadurch einfache elektrische Transistor-Schaltung (2 Transistoren pro Strang), aber geringe Drehmomentausbeute, daher heute nur noch selten;
- *bipolar*: Motor mit einer Wicklung pro Strang, die wechselsinnig von Strom durchflossen wird, damit etwas höherer Schaltungsaufwand (H-Brücke mit 4 Transistoren pro Strang, heute integriert erhältlich), aber auch bestmögliche Drehmomentausbeute.

Damit wird deutlich, dass zur korrekten Ausbildung der Magnetpole im Stator die Motorwicklung und der Leistungsteil der Ansteuerung aufeinander abgestimmt sein müssen.

Bei gleicher Ansteuerung kann der jeweilige technologische Aufbau des Schrittmotors erhebliche Unterschiede im Einsatz hervorrufen. Selbst bei gleicher Baugröße bestimmen der mechanische Grundschrittwinkel, innere Trägheiten und die Anzahl der Stränge maßgeblich das Betriebsverhalten. Schrittwinkel und Taktfrequenz ergeben zusammen die Abtriebsdrehzahl an der Motorwelle. Die erreichbare Positioniergenauigkeit ist abhängig von der Reibung im gesamten Antriebsstrang, d. h. von der – z. T. lastabhängigen – Reibung in den Lagern des Motors und der Reibung der Lastkomponenten. Ebenso definieren die motoreigene und die angekoppelte äußere Drehträgheit die erreichbare Start-Stopp-Frequenz als auch die Grenzen des Betriebs überhaupt. Die angekoppelte Struktur mit ihren Endpositionen und Elastizitäten beeinflusst schließlich die auftretenden Schwingungen, Geräusche und die Erwärmung im System. All diese Kenngrößen können aber durch die Ansteuerung in den physikalischen Grenzen kontrolliert und auf den Einsatzzweck hin optimiert werden.

Aus diesen Zusammenhängen entlang der mechatronischen Wirkungskette von Ansteuerung bis hin zur treibenden Last wird deutlich, dass zum bestmöglichen Betrieb des Schrittmotors alle Aspekte gemeinsam zu betrachten sind. Die folgenden Abschnitte beschreiben die inhärenten Schrittmotor-Phänomene im Detail und zeigen deren Wechselwirkungen auf, um die – immer individuelle – Priorisierung der konkurrierenden Antriebsziele zu ermöglichen und schlussendlich einen zufriedenstellend arbeitenden Schrittmotorantrieb zu haben.

10.3.2 Schrittwinkel und Rotorausrichtung

Der *Schrittwinkel* φ_S ist durch die geometrische Konstruktion des Schrittmotors festgelegt. Dieser Grundschrittwinkel wird bei jedem Vollschritt (Abschnitt 10.4) ausgeführt. Mit Hilfe der Ansteuerung im Halbschrittbetrieb lässt sich eine Halbierung des Grundschrittwinkels zu $\varphi_{Shs} = \varphi_S/2$ realisieren, die aufgrund des glatteren Drehmoments zu einem gleichmäßigeren Lauf mit weniger Geräuschen führt. Der Grundschrittwinkel φ_S kann für alle Schrittmotortypen nach der Beziehung (10.1) berechnet werden:

$$\varphi_S = \frac{360°}{2p \cdot m \cdot k} \tag{10.1}$$

$$\varphi_{Svs} = \varphi_S(k = 1) \, ; \quad \varphi_{Shs} = \varphi_S(k = 2) = \frac{\varphi_{Svs}}{2} \tag{10.2}$$

mit
- $2p$ Polzahl eines Magnetsystems bei permanentmagneterregten Schrittmotoren; bzw.
- p Läuferzähnezahl bei Reluktanzschrittmotoren bzw. Zähnezahl einer Polkappe bei Hybridschrittmotoren;
- m Anzahl der Magnetsysteme/Stränge;
- $k = 1$ für Vollschrittbetrieb, $= 2$ für Halbschrittbetrieb;
- φ_{Svs} für Vollschrittbetrieb, φ_{Shs} für Halbschrittbetrieb.

Zur Erläuterung des Schaltvorgangs mit dem Grundschrittwinkel wird der *Vollschrittbetrieb* betrachtet, bei dem stets alle Wicklungsstränge gleichzeitig stromdurchflossen sind. Es werden nachfolgend die Vorgänge am Klauenpolschrittmotor und am Hybridschrittmotor (Abschnitt 10.2) erläutert. Die Schrittwinkelbeziehungen am Reluktanzschrittmotor sind denen des Hybridschrittmotors äquivalent.

Für den Klauenpolschrittmotor (Abb. 10.2) ist eine bestimmte Verteilung der magnetischen Pole in Abb. 10.3 dargestellt. Im kontinuierlichen Betrieb des Motors ist das gezielte Abfahren der einzelnen Schritte eindeutig möglich. Bei der Erstbestromung des Stators ist die initiale Ausrichtung des Rotors allerdings nicht ohne weiteres per *open loop* steuerbar.

Im unbestromten Zustand des Motors befinden sich die Pole des Magnetrotors jeweils mittig zwischen den beiden inneren und äußeren Klauenpolen der zwei Magnetsysteme (Abb. 10.3), siehe auch Abb. 10.12. Diese inneren und äußeren Klauenpole

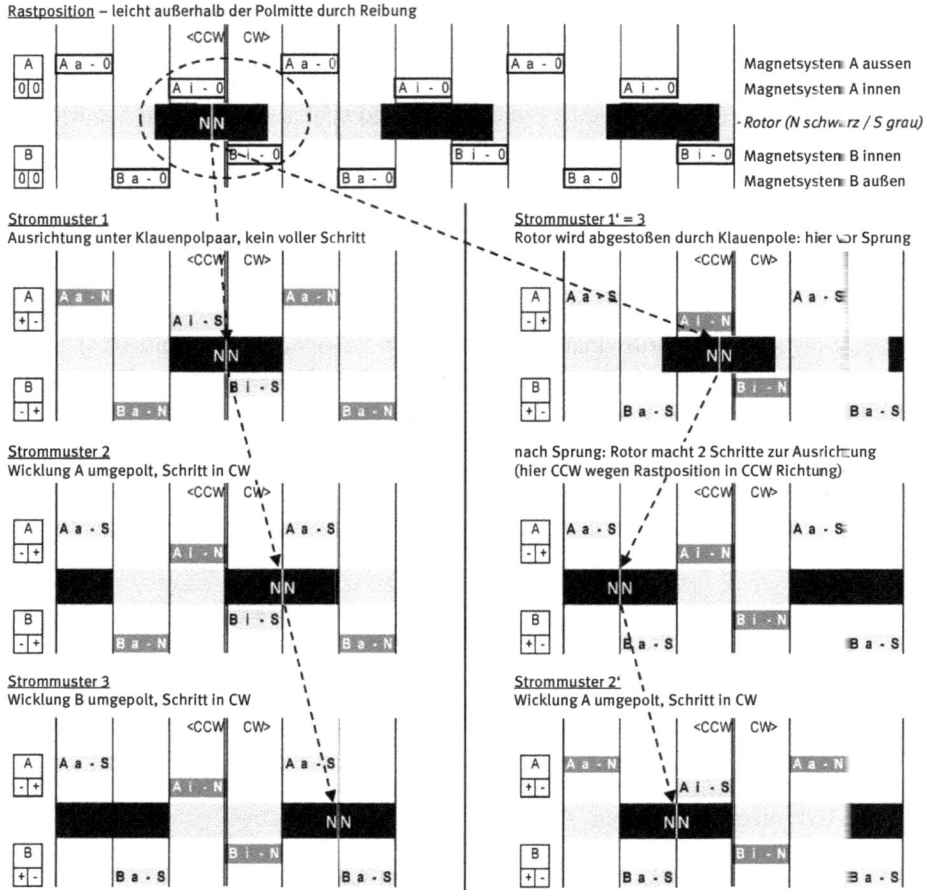

Abb. 10.9: Rotorausrichtung und Schrittfolge eines Klauenpol-Schrittmotors im Vollschrittmodus, abhängig vom Strommuster in den Wicklungen A und B.

bilden unter dem Einfluss des permanentmagnetischen Rotors einen gemeinsamen Pol aus, der bei absoluter Reibungsfreiheit den Rotor zentriert. Praktisch ist die Ausgangslage durch Reibungseffekte und Belastungen jedoch azentrisch zu den Klauenpolen. Durch die Bestromung der Wicklungen richtet sich der dauermagnetische Rotor mit seinen Polen unter den entgegengesetzt magnetisierten Polschuhen des Stators aus. In Abb. 10.9 wird gezeigt, dass sich der Rotor dabei abhängig von der Magnetisierung entweder nur wenig bewegt oder bis zu zwei Schritte in eine beliebige Drehrichtung machen kann. Erst danach erfolgt der erste definierte Winkelschritt im gewünschten Drehsinn durch das gesteuerte Weiterschalten des Bestromungsmusters. Abbildung 10.9 verdeutlicht diese willkürliche Erstausrichtung und die ersten Folgeschritte.

Die Abfolge der Strommuster in den Wicklungssträngen des Schrittmotors wird Bestromungsmuster genannt. Bei zwei Magnetsystemen (zwei Strängen) im Motor wiederholt sich das Bestromungsmuster im Vollschrittbetrieb nach vier zyklischen Änderungen, siehe Abb. 10.19 und Abb. 10.21. Deswegen überspringt beim zweisträngigen Schrittmotor der Rotor zur Erstausrichtung höchstens zwei Schritte, denn ein Sprung über einen Schritt CCW ist magnetisch äquivalent dem Sprung über drei Schritte in CW, und damit energieärmer. Im Halbschrittbetrieb ist es ein 8-Schritt-Zyklus, der sich wiederholt.

In Abb. 10.9 wird ersichtlich, dass die Rotorschrittweite (Schrittwinkel) der halben Breite eines seiner Magnetpole (Läuferteilung β_R) entspricht. Dieser Zusammenhang folgt aus Gleichung (10.1), da die Läuferteilung β_R sich mit (10.3) berechnen lässt. Für einen $2p = 24$-poligen Rotor (d. h. 12 Nordpole und 12 Südpole) mit der Teilung $\beta_R = 360°/24 = 15°$ folgt beim zweisträngigen Schrittmotor ein Schrittwinkel $\varphi_S = 7,5°$. Gleichung (10.1) lässt sich demzufolge mit Hilfe der Läuferteilung β_R auch in der Form (10.4) schreiben.

$$\beta_R = \frac{360°}{2p} \tag{10.3}$$

$$\varphi_S = \frac{\beta_R}{m \cdot k} \tag{10.4}$$

Die Verhältnisse beim Hybridschrittmotor nach Abb. 10.5, der magnetisch wie ein Reluktanzschrittmotor arbeitet, sind denen des Klauenpolmotors ähnlich. Während beim Klauenpolmotor in jedem Magnetsystem durch die Ringwicklung und die beiden Statorbleche sich abwechselnde Magnetpole auf den Statorklauen ausbilden, ist beim Hybridschrittmotor der Wickelsinn der Statorwicklung von Pol zu Pol entgegengesetzt, sodass bei einer Stromrichtung im Strang von den Polen dieses Strangs magnetische Flüsse wechselnder Polarität aufgebaut werden. Damit stehen auch hier den Rotorpolen – ausgebildet durch vordere und hintere Rotorkappe – entsprechende Statorpole gegenüber (stabile Rastposition). Typische Schrittwinkel für Hybridschrittmotoren liegen im Bereich von $\varphi_S = 0,36° \ldots 15°$.

Entsprechend Gleichung (10.1) hat der bipolare Hybridschrittmotor nach Abb. 10.6 einen Schrittwinkel $\varphi_S = 15°$, da $p = 6$, $m = 2$ und $k = 1$. Zur Veranschaulichung der Schrittfolge sollen die beiden senkrechten Pole des Strangs 1 magnetische Nordpole aufbauen, damit bilden die waagerechten Pole Südpole aus. Der ausgehend vom oberen Pol des Strangs 1 im Uhrzeigersinn benachbarte Pol des Strangs 2 und sein Gegenüber sollen wiederum Nordpole aufbauen, somit erzeugen die beiden senkrecht dazu angeordneten Pole des Strangs 2 Südpole. Bildet die vordere Polkappe des Läufers Zähne mit Südpolen, dann sind die Zähne der hinteren Polkappe die Nordpole. Damit wird sich der Läufer als Erstausrichtung um 7,5° (d. h. um den halben Grundschrittwinkel) mathematisch positiv verdrehen, denn die dargestellte Rastposition ist in diesem Fall keine Schrittposition mit Bestromung. Betrachtet man die Paarungen der Ständerpole und Läuferzähne am Umfang, so erkennt man, dass sich zwei Ständerpole und zwei Läuferzähne immer dann nahestmöglich gegenüber stehen, wenn unterschiedliche magnetische Flüsse vorhanden sind (kleinstmöglicher Abstand der vier sich anziehenden Pole). Benachbarten Ständerpolen mit gleichnamigen magnetischen Flüssen steht immer nur ein gleichartiger Läuferpol gegenüber (größtmögliche Distanz der drei sich abstoßenden Pole). Aus den hier angestellten Betrachtungen ist zu schlussfolgern, dass sich der Schrittwinkel neben Gleichung (10.1) auch nach Gleichung (10.5) mit Statorteilung β_S und Rotorteilung β_R (einer Polkappe) errechnen lässt, die dem Prinzip der minimalen gespeicherten magnetischen Energie folgt. In Abb. 10.6 sind $\beta_S = 360°/8 = 45°$ sowie $\beta_R = 360°/12 = 30°$ und damit der Grundschrittwinkel $\varphi_S = 15°$.

$$\varphi_S = \beta_S - \beta_R \tag{10.5}$$

Für Grundschrittwinkel $\varphi_S < 7°$ sind die notwendigen Ständergeometrien nicht mehr kostengünstig herstellbar. Deshalb erfolgt eine Zahnung der Ständerpole (Abb. 10.7). Die Zahnteilung auf dem Ständerpol und die Läuferzahnteilung müssen übereinstimmen, um die maximale Kraftwirkung zu erzielen. Damit beim Umschalten der Wicklungsstränge der Läufer genau wieder einen Schritt ausführt, ist es notwendig, benachbarte Statorpole analog zu Gleichung (10.5) um die Summe aus Schrittwinkel und Läuferzahnteilung versetzt anzuordnen. Das Wirkprinzip wird dabei nicht gestört, wenn $n - 1$ Läuferzahnteilungen übersprungen werden. Der Schrittwinkel errechnet sich dann mit Gleichung (10.6).

$$\varphi_S = \beta_S - n \cdot \beta_R \tag{10.6}$$

Alle bisherigen Ausführungen bezogen sich auf den Betrieb des Schrittmotors im Vollschrittmodus, d. h., jede Motorwicklung führt zu jeder Zeit Strom. Dabei stellt sich der Läufer auf die Mittelstellung benachbarter Pole ein. Beim *Halbschrittbetrieb* werden abwechselnd ein oder zwei Wicklungsstränge eingeschaltet. Ist zeitweise nur ein Wicklungsstrang stromführend, so stellt sich der Läufer direkt auf den zugehörigen Ständerpol ein und nimmt gegenüber dem vorherigen Fall des Vollschrittbetriebs die Mittelstellung dazu ein. Er führt daher nur einen halben Schritt aus. Auf die Umsetzung sowie die Vor- und Nachteile des Halbschrittbetriebs wird in Abschnitt 10.4 eingegangen.

10.3.3 Drehzahl

Die Drehzahl des Schrittmotors an der Abtriebsachse ist aufgrund der fremdgeführten Arbeitsweise bis zur Belastungsgrenze des Motors mit Gleichung (10.7) nur von der Ansteuerfrequenz abhängig. Kommt der Motor an seine Belastungsgrenze, dann treten sukzessive immer häufiger Schrittverluste auf, d. h., der Motor fällt außer Tritt bis zum Stillstand oder sogar Rückdrehen des Antriebs.

$$n = \frac{\varphi_S}{360°} \cdot \frac{f_S}{k} \tag{10.7}$$

mit
- φ_S Grundschrittwinkel in Grad nach Gleichung (10.1);
- f_S Ansteuerfrequenz in Hz;
- $k = 1$ für Vollschrittbetrieb, $= 2$ für Halbschrittbetrieb.

Im Halbschrittbetrieb wird demnach nur die halbe Drehzahl bei gleicher Ansteuerfrequenz erzielt, allerdings zugunsten eines höheren Drehmoments mit weniger pendelndem Rotor (insbesondere beim kompensierten Halbschritt), siehe Abschnitt 10.4.

10.3.4 Drehmoment

Die im Abschnitt 10.3.2 beschriebenen Stellungen des Rotors sind stabile Lagepunkte des Schrittmotors. Ständer und Läufer haben sich so aufeinander eingestellt, dass die magnetischen Felder kein Drehmoment entwickeln. In der oberen Darstellung der Abb. 10.10 sind die Bedingungen für einen stabilen Arbeitspunkt nach Gleichung (10.8) erfüllt.

$$\sum M = 0 \quad \text{und} \quad \frac{\mathrm{d}M}{\mathrm{d}\varphi} < 0 \tag{10.8}$$

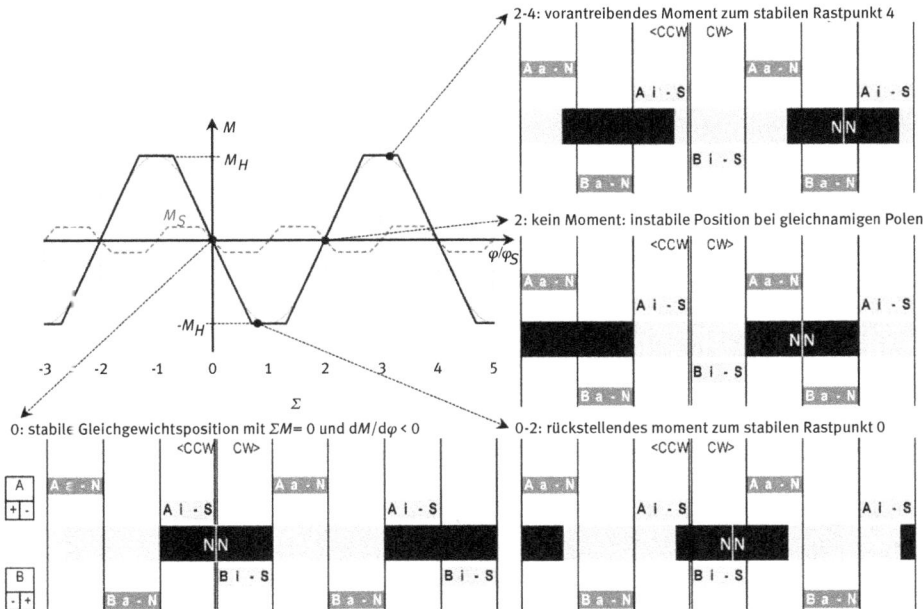

Abb. 10.10: Statisches Drehmoment des Schrittmotors als Funktion des Auslenkungswinkels bei konstanter Erregung (durchgezogene Kurve) und Rastmoment M_S ohne Erregung (gestrichelte Kurve, reibungsfreier Rotor).

Lenkt man diesen Schrittmotor im Stillstand nach rechts oder links aus, so entwickelt er ein Drehmoment, das ihn stets in die Ausgangslage zurückdrehen will (siehe Abb. 10.10 unten für Auslenkung im Uhrzeigersinn). Abhängig vom Design der Stator- und Rotorpole ist der Verlauf des Drehmoments über dem Auslenkungswinkel vielfach annähernd eine Sinusfunktion. Der angestrebte Verlauf ist jedoch mehr eine Trapezfunktion, was durch eine entsprechende Polgeometrie oder Materialeigenschaften erzielt werden kann. Aufgrund des steileren Anstiegs des Drehmoments in der Nähe des Nullpunkts ergibt sich bei einem äußeren Lastmoment dann eine geringere Auslenkung des Rotors aus dem Nullpunkt. Nach einer Verdrehung um $\pm 2\varphi_S$ (allgemein $\pm m \cdot \varphi_S$) stellt sich ein instabiler Arbeitspunkt ein ($\mathrm{d}M/\mathrm{d}\varphi > 0$). In diesem Fall stehen sich Felder gleicher Polarität gegenüber, deren Pole sich abstoßen und bei dem das System sein Energiemaximum erreicht. Jenseits dieser Winkel $\pm 2\varphi_S$ ändert das Drehmoment seine Wirkrichtung, der Schrittmotor wird beschleunigt und strebt der nächsten stabilen Ruheposition bei $\pm 4\varphi_S$ zu.

Wird entsprechend Abb. 10.10 das maximale Drehmoment des Schrittmotors, das *Haltemoment* M_H, durch äußere Drehmomente überschritten, verdreht sich der Schrittmotor ohne Änderung des Strommusters so weit, dass er nicht mehr in seine Ausgangslage zurückkehrt. Es kommt damit zu *Schrittfehlern*, im kontinuierlichen Betrieb auch als *Schrittverlust* bezeichnet. Dabei ist leicht zu erkennen, dass bei vorgegebener Bestromung der Wicklungsstränge ein Schrittfehler von einem oder zwei Schritten nicht auftreten kann, sondern er wird bei Schrittmotoren mit zwei Magnetsystemen immer ein Vielfaches von vier Schritten betragen. Erreicht der Schrittmotor seine Belastungsgrenze, dann mehren sich die Schrittfehler, bis er praktisch stehen bleibt.

Abbildung 10.11 zeigt das Drehmoment für die vier Strommuster im Vollschrittbetrieb, in dem immer die gleiche Zahl von Wicklungssträngen stromdurchflossen ist. Die Abbildung zeigt alle Maximalwerte des Moments gleich groß, was nur eine idealisierte Darstellung ist. Bedingt durch die Fertigungstoleranzen der Motorkomponenten sind in der Realität die Maxima des Drehmoments über dem Umfang nicht gleich. Ursachen dafür können sein die Magnetisierung des Rotors, die Rundheit der Statorpole oder auch die mangelnde Konzentrizität des Rotors zum Stator. Hinzu kommen die Lagerspiele und über die Lebensdauer auch Abrieb und Verschleiß. Dementsprechend wird die kleinste aller Amplituden als *Haltemoment* M_H des Schrittmotors definiert, denn dieses Drehmoment kann der Schrittmotor im Stillstand mindestens entwickeln. Die Angabe erfolgt in der Regel für den Vollschrittbetrieb, d. h. $M_H = \min(M_{H-s})$. Für die Bestimmung des Haltemoments sollten daher immer mehrere komplette Umdrehungen des Rotors, vorzugsweise bei verschiedenen Bestromungsmustern, gemessen werden. Die Katalogangaben der Hersteller enthalten meist eine gewisse Reserve, um Produktionstoleranzen und Lebensdauerreduktionen zu kompensieren, d. h., der angegebene Wert wird meist etwas übertroffen. Während der Messung des Haltemoments sind die Betriebsspannung und die Einschaltdauer (ED, vgl. Abschnitt 10.4) des Herstellers zu beachten, um eine Schwächung des Motors durch unzulässige

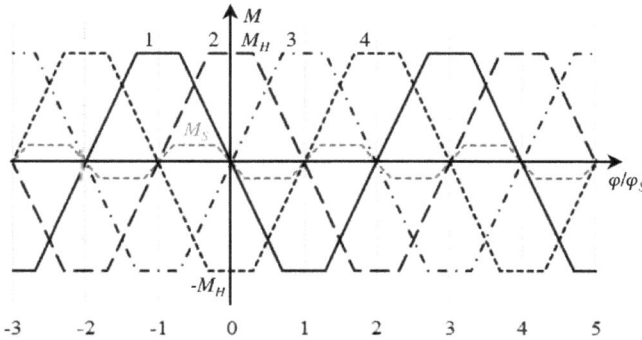

Abb. 10.11: Statisches Drehmoment des Schrittmotors als Funktion des Auslenkungswinkels bei den vier möglichen verschiedenen Ansteuerzuständen, die Nummerierung kennzeichnet die Kombination der Stromführung in den Wicklungssträngen.

Erwärmung oder zu geringe Durchflutung zu vermeiden. Einen Überblick über Messverfahren zur Bestimmung der verschiedenen Drehmomentkennwerte gibt [269]. Zusätzlich sind Verfahren entwickelt worden, die berührungslos ganz ähnlich zur Anschlagerkennung in Abschnitt 10.5.3 aus der induzierten Spannung der nichterregten Spule das Drehmoment ermitteln. Dies ist insbesondere in der Serienkontrolle kleiner Motoren von großer Hilfe, um schnell und lastfrei das Drehmoment zu ermitteln.

Im Halbschrittbetrieb existiert zwischen den beiden Zuständen des Vollschritts eine Periode, in der nur ein Wicklungsstrang Strom führt. Entsprechend ist das Haltemoment M_{Hhs} für diesen Zustand kleiner. Die Drehmomentanteile der beiden Wicklungsstränge im Vollschrittbetrieb addieren sich aufgrund der Winkelverhältnisse nicht arithmetisch, sodass das Verhältnis Halb- zu Vollschrittbetrieb im Bereich $M_{Hhs}/M_{Hvs} = 0{,}6 \ldots 0{,}75$ liegt. Abhilfe bringt eine Spannungs- bzw. Stromsteuerung der Wicklungen, sodass in der einzeln bestromten Wicklung der Strom so angehoben wird, dass das Verhältnis $M_{Hhs}/M_{Hvs} \approx 1$ entsteht. Dieser Betrieb wird vielfach als *kompensierter Halbschritt* bezeichnet, siehe Abschnitt 10.4.

Alle permanentmagnetisch erregten Schrittmotoren (Abb. 10.2, Abb. 10.5) entwickeln auch im elektrisch unerregten Zustand ein Drehmoment. Dieses Moment wird *Rastmoment* oder *Selbsthaltemoment* M_S genannt. Es liegt typischerweise in der Größe von $M_S = (0{,}05 \ldots 0{,}30) \cdot M_H$. Das Rastmoment ist ebenso wie das Haltemoment nicht konstant über dem Umfang. Es hat zudem unter jedem gemeinsamen Statorpol (d. h., wo die Statoren beieinander liegen und die inneren Pole als auch die äußeren Pole sich zusammenschließen) eine stabile Rastposition und pendelt daher mit der doppelten Frequenz gegenüber dem Drehmoment im erregten Motor (siehe Abb. 10.10: bei einem Bestromungsmuster hat der Rotor $2p/4$ stabile Gleichgewichtslagen, unerregt aber $2p/2$ Rastpunkte). Die Mittelstellung zwischen den gemeinsam ausgebildeten Polen stellt eine instabile Gleichgewichtslage dar.

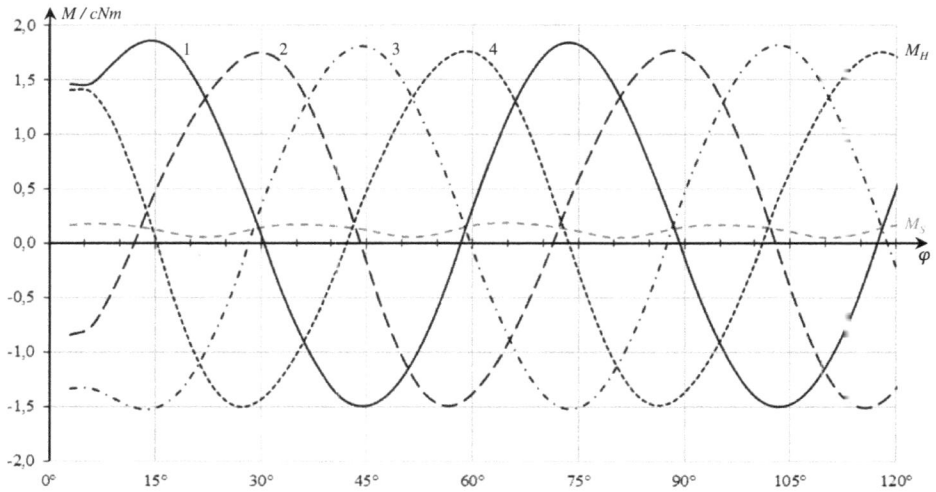

Abb. 10.12: Gemessene Drehmomentverläufe eines zwölfpoligen Schrittmotors (Haltemoment M_H aller vier Strommuster 1–4, Selbsthaltemoment M_S, Schrittwinkel $\varphi_S = 15°$).

Dieses Rastmoment erzeugt unter Umständen eine Oberschwingung im Motorlauf, die unerwünscht sein kann. Werden die Statoren separiert, dann werden die gemeinsamen Pole aufgehoben und die Rastmomente der individuellen Ständer kompensieren sich theoretisch zu null. Der Motor läuft dann besonders ruhig. In gewissen Grenzen ist das Selbsthaltemoment zur Sicherung der Endlagenposition in der Applikation nutzbar, insbesondere, wenn hochübersetzende Getriebe (Spindel-Mutter, Planetengetriebe, ...) hinter dem Schrittmotor angebracht sind. Für kleine Bewegungen, insbesondere bei kleinen Motoren (Durchmesser < 20 mm, radialer Luftspalt < 0,20 mm), variiert das Selbsthaltemoment aufgrund der vergleichsweise hohen Fertigungseinflüsse (Einzelteil- und Montagetoleranzen) bereits sehr deutlich, und kann nicht als verlässliche Größe in der Anwendung genutzt werden. Wenn die Endlagenposition absolut sicher gehalten werden muss, sollte auf die Stillstandsbestromung zurückgegriffen werden (wobei dann viermal weniger Haltepositionen vorhanden sind).

Abschließend zeigt Abb. 10.12 exemplarisch die verschiedenen Drehmomente für einen realen Klauenpolmotor mit zwölf Polen und zwei Strängen. Darin sind sehr gut die tatsächlichen Schwankungen des Selbsthaltemoments als auch des Drehmoments bei konstanter Erregung zu erkennen. Weiterhin ist der Mittelwert der Kurven aufgrund der inneren Reibung aus der Nulllage verschoben.

10.3.5 Reibung und Positioniergenauigkeit

Beim idealen unbelasteten Schrittmotor sind die Nulldurchgänge des Drehmoments gleichmäßig über den Umfang verteilt, und der Momenten-Mittelwert ist null (vgl. Abb. 10.11). Damit würde der Schrittantrieb bei jedem Takt genau eine Winkeländerung um den *Schrittwinkel* φ_S ausführen.

Jeder reale Schrittmotor weist jedoch ein inneres Reibmoment M_R auf. Ist das elektrisch entwickelte Drehmoment kleiner als das Reibmoment, so wird der Schrittmotor nicht die theoretische Winkellage erreichen können (Abb. 10.13). Auch sind die Ruhelagen des Rotors durch magnetische und elektrische Unsymmetrien sowie Fertigungstoleranzen nicht ideal gleichmäßig am Umfang verteilt. Der reale Schrittmotor bleibt damit nach Ende des Betriebs oder im Einzelschrittbetrieb (sehr geringe Frequenz) in einer Zone $\pm\Delta\varphi_S$ um die ideale Position stehen. Die größtmögliche Abweichung von der theoretischen Sollposition des unbelasteten Schrittmotors wird als die *Positioniergenauigkeit* $\Delta\varphi_S$ bezeichnet. Abbildung 10.13 zeigt die möglichen Winkelbereiche, in denen ein unbelasteter Schrittmotor stehen bleiben kann.

Die jeweilige Abweichung von der Sollposition ist eine statistische Größe. Wichtig ist, dass sich der Positionierfehler bei der Ausführung von mehreren Schritten nicht aufsummiert. Die *Positioniergenauigkeit* $\Delta\varphi_S$ gibt unabhängig von Anzahl und Richtung der ausgeführten Schritte die maximal zulässige Endabweichung an. Konkrete Werte betragen $\Delta\varphi_S = (0{,}02 \ldots 0{,}25) \cdot \varphi_S$. Durch externe Belastungen kann sich dieser Wert noch vergrößern.

Die obigen Ausführungen zur Positioniergenauigkeit beziehen sich auf den bestromten Schrittmotor, der nach Abb. 10.11 aufgrund der verschiedenen Strommuster tatsächlich in jedem Schritt eine stabile Ruheposition innerhalb der beschriebenen Zone $\pm\Delta\varphi_S$ findet. Für den praktischen Einsatz sind zudem noch die folgenden beiden Aspekte zu berücksichtigen.

Wird der Motor in der Anwendung in eine Endposition mit Anschlag gefahren, dann ist abhängig vom Bestromungsmuster (Abschnitt 10.4) seine Endposition nicht unbedingt die durch den letzten Schritt vorgegebene Sollposition. Der Endanschlag

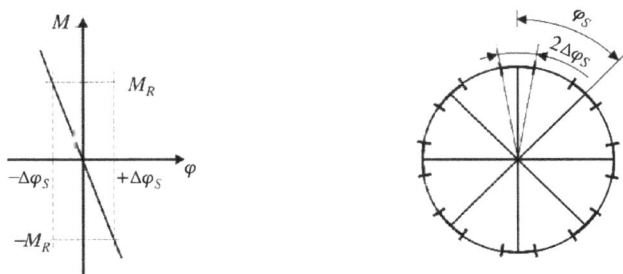

Abb. 10.13: Positioniergenauigkeit als Folge eines Reibmoments und resultierender Schrittwinkel im quasistatischen Betrieb.

repräsentiert eine unendlich große Last mit einer gewissen – meist sehr hohen – Steifigkeit. Bei der Fahrt in diesen Anschlag wird der Motor außer Tritt fallen (permanente Schrittverluste) und die letzten vier möglichen Schritte vor dem Anschlag zyklisch wiederholen (vgl. Abschnitt 10.5.3). Die finale Rotorlage hängt dann vom letzten Bestromungsmuster ab und davon, ob der Motor abgeschaltet wird oder mit verringerter Haltebestromung verbleibt. Gemäß Abb. 10.10 wird der Rotor bei Abschaltung unter einem Polpaar zum Stehen kommen, d. h. bei einem Vielfachen des Schrittwinkels φ_S zuzüglich des oben beschriebenen Positionierfehlers $\pm\Delta\varphi_S$ Behält der Motor eine Haltebestromung (Stillstandsbestromung), dann ergibt sich die Ruheposition des Läufers innerhalb des vierfachen Schrittwinkels $4\varphi_S$ nur unter einem Polpaar, bestimmt durch die Spulenströme. Weiterhin ist zu bemerken, dass durch die elektrische Unterteilung des Grundschrittwinkels mit Hilfe des Halb- oder Mikroschrittbetriebs die Positioniergenauigkeit auch nicht entscheidend verbessert werden kann (Abschnitt 10.4).

Aufgrund der bereits erwähnten Fertigungstoleranzen, Unsymmetrien, Reibungen und äußeren Einflüsse wird die Positionierung auf einen Schrittwinkel genau für die Praxis nicht empfohlen. Das Antriebssystem sollte immer so entwickelt werden, dass mehrere 10 bis 100 Schritte nutzbar sind, um die erforderliche Positioniergenauigkeit zu erzielen (vgl. Abschnitt 10.5.1).

10.3.6 Schritt-Zeit-Verlauf

Der Schritt-Zeit-Verlauf des Rotors kann mittels der Drehmomente und Bestromungsmuster aus Abb. 10.11 hergeleitet werden. Ist der Schrittmotor unbelastet, stromdurchflossen und im Ruhezustand, dann befindet er sich entsprechend Abb. 10.11 für die Bestromung 1 an der Stelle $\varphi/\varphi_S = 0$. Im nächsten Takt wird die nächste Kombination der Ansteuerung wirksam, für eine Rechtsdrehung die Bestromung 2. Das positive Drehmoment des Strommusters 2 an der Stelle $\varphi/\varphi_S = 0$ beschleunigt den Schrittmotor bis zum Winkel $\varphi/\varphi_S = 1$. Findet kein neuer Takt statt, so schwingt der Läufer des Schrittmotors um diesen Punkt, bis er durch dämpfende Einflüsse zum Stillstand kommt. Die Bewegungsgleichung (10.9) des Systems lautet:

$$M_{el} = M_L + M_R + k_d \cdot \frac{d\varphi}{dt} + J \cdot \frac{d^2\varphi}{dt^2} \tag{10.9}$$

mit

- φ Drehwinkel des Rotors;
- M_{el} elektrisch erzeugtes Drehmoment des Schrittmotors;
- M_L statischer Anteil des Lastdrehmoments des anzutreibenden Mechanismus;
- M_R Reibmoment des Schrittmotors;
- k_d geschwindigkeitsproportionale Dämpfung im System;
- J gesamtes Trägheitsmoment im System ($J = J_R + J_L$ mit J_R Trägheitsmoment des Rotors und J_L Trägheitsmoment der gekoppelten Last).

Diese Differenzialgleichung (10.9) ist für reale Schrittmotoren nichtlinear (d. h., ihre Koeffizienten sind zeitlich nicht konstant) und damit nicht geschlossen lösbar. Zugleich sind die gekoppelten Mechanismen ebenfalls oft nichtlineare schwingungsfähige Mehrkörpersysteme. Zur effizienten Lösung der entstehenden Differenzialgleichungssysteme bieten sich heute jedoch zahlreiche numerische Simulationsprogramme an. Ein mögliches Ersatzmodell für Schrittmotoren zeigt Abschnitt 10.3.8.

Sind alle Parameter der Differenzialgleichung (10.9) konstant, dann würde die analytische Lösung eine Schwingungsgleichung wie bei einem gedämpften mathematischen Pendel sein. Daraus ließen sich die Übergangsfunktionen für jeden Einzelschritt und charakteristische Eigenwerte des Systems berechnen. Der Zeitverlauf des Rotorwinkels bei einem *Einzelschritt* ist in Abb. 10.14 dargestellt. Das Überschwingen ist abhängig von der äußeren Dämpfung, der angekoppelten Trägheit und den Eigenfrequenzen des anzutreibenden Mechanismus. Diese Rückwirkung der Belastung auf das Schwingverhalten des Schrittmotors sorgt in der Praxis oft für Probleme. So sind ggf. Geräusche in der Applikation vorhanden, die im Labor bei spezifizierter Belastung und Ansteuerung nicht auftreten und oft schwierig nachzubilden sind.

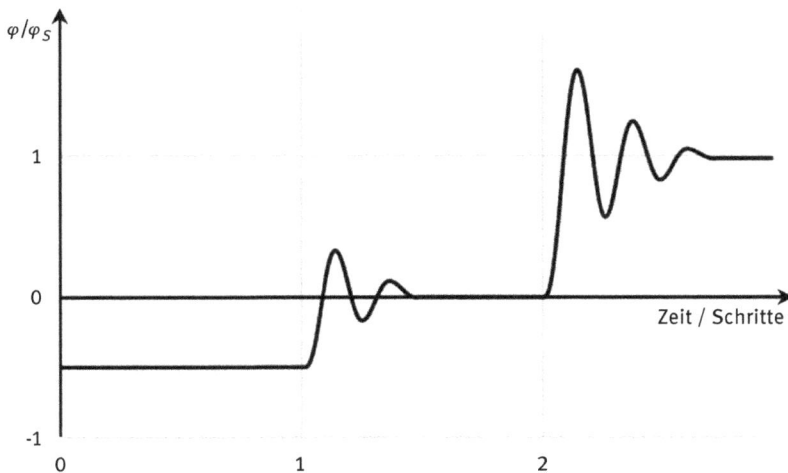

Abb. 10 14: Schritt-Zeit-Verlauf im Einzelschrittbetrieb (der erste Schritt ist die initiale Rotorausrichtung, siehe Abschnitt 10.3.2).

Abbildung 10.15 zeigt die Schritt-Zeit-Verläufe des selben Antriebs mit identischer Last bei unterschiedlichen Schrittfrequenzen. Im Fall (a) ist die Frequenz noch so klein (doppelte Frequenz von Abb. 10.14), dass der Schrittmotor nach jedem Bewegungsvorgang fast in die Endstellung einschwingt. Im Fall (b) ist die Ansteuerfrequenz weiter verdreifacht, sodass der Winkel nahezu linear wächst und der Schrittmotor sich mit fast konstanter Drehzahl bewegt. Die weitere Verdopplung der Frequenz im Fall (c) ergibt einen kontinuierlichen Lauf mit wenig Oberwellen. In der Variante (d) der Abb. 10.15 ist die Schrittfrequenz zu groß gewählt, sodass der belastete Rotor dem Statorfeld nicht mehr folgen kann. Er fällt außer Tritt und bleibt in undefinierter Stellung stehen.

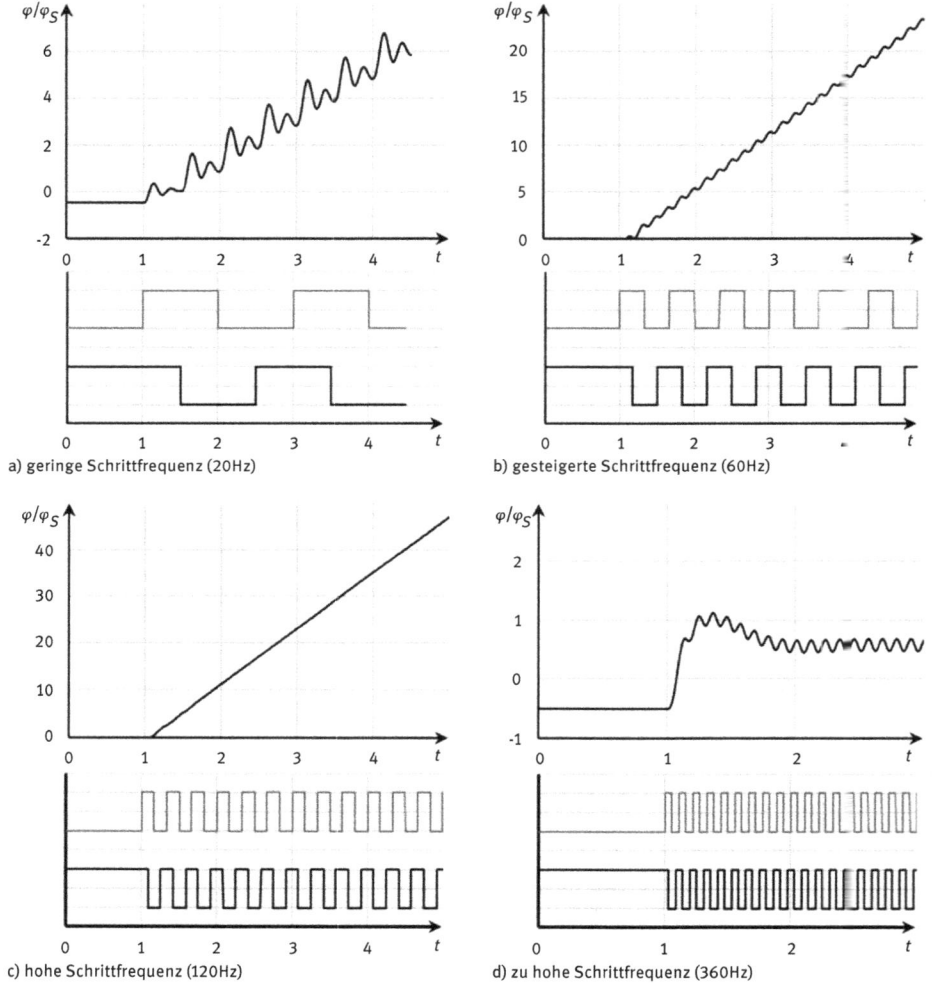

a) geringe Schrittfrequenz (20Hz)

b) gesteigerte Schrittfrequenz (60Hz)

c) hohe Schrittfrequenz (120Hz)

d) zu hohe Schrittfrequenz (360Hz)

Abb. 10.15: Schritt-Zeit-Verläufe bei Ansteuerung mit steigender Frequenz bis zum Schrittverlust (außer Tritt fallen).

10.3.7 Betriebsbereiche und Grenzkennlinien

Aus den Betrachtungen im Abschnitt 10.3.6 ist ersichtlich, dass der Schrittantrieb ein schwingungsfähiges System ist. Zugleich arbeitet er durch die Ansteuerung als fremdgeführter Synchronantrieb bis zu einer gewissen Belastungsgrenze mit einer vorgegebenen festen Drehzahl (siehe Abschnitt 10.3.3). Abhängig von der Ansteuerung gibt es verschiedene Belastungsgrenzen, die über charakteristische Betriebskennlinien (Abb. 10.16) beschrieben werden.

Die in Herstellerkatalogen gezeigten Betriebskennlinien stellen Grenzen des jeweiligen Bereichs dar. Sie geben quantitativ die konkreten Einsatzmöglichkeiten des beschriebenen Schrittmotors unter Einbeziehung seiner Nichtlinearitäten, Toleran-

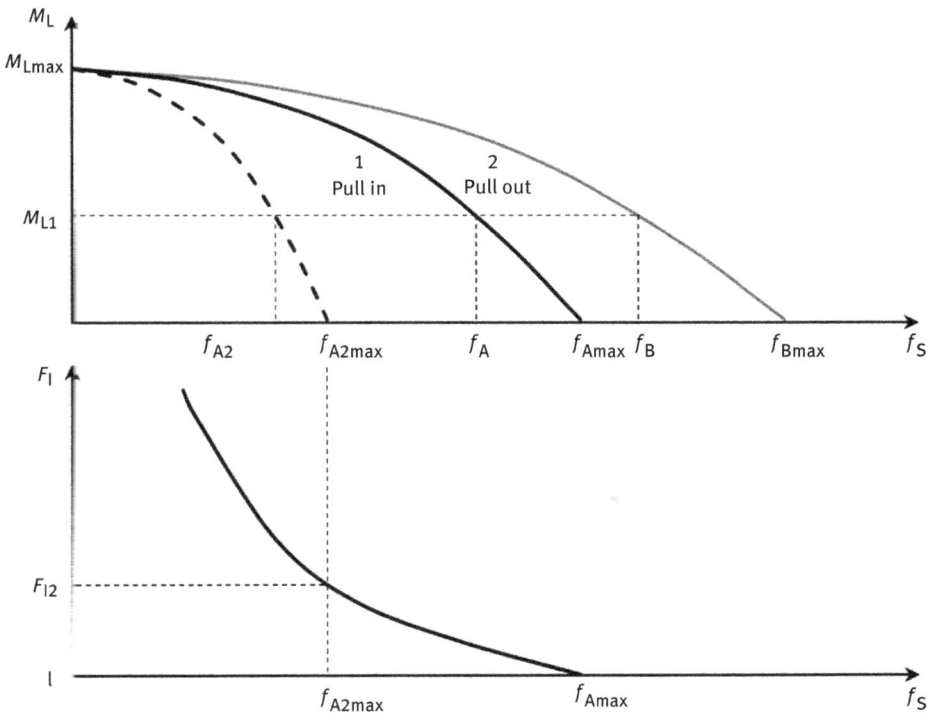

Abb. 10.16: Grenzkennlinien und Betriebsbereiche eines Schrittantriebs, bestehend aus Motor, Ansteuerung und Last
oben: Betriebskennlinien
ausgezogen: Start-Stopp-Bereich/*pull in* (1) und Beschleunigungsbereich/*pull out* (2) bei Trägheitsfaktor $F_\mathrm{I} = 1$
gestrichelt: Start-Stopp-Kennlinie für Trägheitsfaktor $F_\mathrm{I2} > 1$
unten: Korrekturkennlinie für den Start-Stopp-Bereich bei externen Trägheiten ($F_\mathrm{I} > 1$).

zen usw. an. Die in Abb. 10.16 gezeigten Schrittmotor-Kennlinien sind abhängig von seiner Ansteuerung, der Ansteuerschaltung und der angekoppelten Belastung und gelten daher streng genommen nur für das Gesamtsystem, nie für den Motor allein.

In Abschnitt 10.3.6 wird durch Gleichung (10.9) deutlich, dass externe Trägheiten, Steifigkeiten und Dämpfungen die Leistungsfähigkeit des Schrittmotors beeinflussen. Für die Betriebskennlinien wird im Allgemeinen mit kleinstmöglichen Dämpfungen und höchstmöglicher Koppelsteifigkeit gemessen. Die angekoppelte Trägheit verbleibt als Einflussgröße und wird meist in Form des sogenannten *Trägheitsfaktors* F_I nach den Gleichungen (10.10) und (10.11) beschrieben.

$$J = J_R + J_L = F_I \cdot J_R \qquad (10.10)$$

$$F_I = \frac{J_R + J_L}{J_R} \qquad (10.11)$$

Ist nichts explizit angegeben, dann sind die Betriebskennlinien ohne äußere Last bei $F_I = 1$ aufgenommen. Bei der Bestimmung der Kennlinien – insbesondere bei kleinen Schrittmotoren mit $\varnothing < 20\,\text{mm}$ – ist auf die bewegte Masse des Prüfaufbaus zu achten. Beispielsweise empfiehlt sich bei kleinen Antrieben die Messung des Drehmoments über das Reaktionsmoment am Motorgehäuse, um bei hohen Schrittfrequenzen die Kennlinien nicht zu verschleifen. Die Katalogwerte der Hersteller beinhalten üblicherweise eine Reserve von 10 ... 15 % zur Abdeckung von Fertigungsschwankungen und Lebensdauereinbußen, die auch in der Auslegung berücksichtigt werden sollten.

Aus den Schritt-Zeit-Verläufen in Abb. 10.15 sowie den Kennlinien in Abb. 10.16 erkennt man, dass der nur mit einem Drehmoment M_{L0} belastete Schrittantrieb (mit der inneren Trägheit J_R und ohne zusätzliche Trägheit $F_I = 1$) dem Taktsignal bis zu einer maximalen Frequenz f_A direkt aus dem Stillstand ohne Schrittfehler folgen kann. Diese Frequenz f_A ist die Grenzfrequenz für den dynamischen Betrieb; sie gilt streng für den Startvorgang und genähert für das Stoppen, daher die Bezeichnung *Start-Stopp-Frequenz* f_A (*pull in*). Der Schrittantrieb lässt sich über diesen Wert f_A hinaus noch weiter beschleunigen, allerdings nur mit Frequenzänderungen in kleinen Schritten ($df/dt \rightarrow \min$, z. B. 5 Hz/s). Die maximale Frequenz, welcher der Schrittantrieb bei einem Lastdrehmoment M_{L0} überhaupt noch ohne Schrittverlust folgen kann, ist die Betriebsfrequenz f_B als Grenze des *Beschleunigungsbereichs* (*pull out*). Die Relationen von f_A zu f_B gehen aus der Tab. 10.1 hervor.

Zu den in Abb. 10.16 gezeigten Kennlinien müssen die Details der Ansteuerung genannt sein, um die Leistungsfähigkeit des Schrittantriebs beurteilen zu können. Ist der Schrittmotor für den Dauerbetrieb (Einschaltdauer ED = 100 %) ausgelegt, so sind das Haltemoment M_H und das maximale Betriebsdrehmoment $M_{\max}$ nur geringfügig von der Ansteuerung abhängig. Der Kurvenverlauf insbesondere des Beschleunigungsbereichs und damit die maximale Betriebsfrequenz f_{Bmax} hängen dagegen sehr stark von der Ansteuerung ab. So können, wie im Abschnitt 10.4.2 beschrieben, durch Übererregung und die damit verbundenen sehr steilen Stromanstiege (z. B. Stromsteuerung mit Chopperbetrieb) bis zu fünffach höhere Werte erzielt werden. Bei der Angabe der Parameter und Betriebskennlinien ist darauf zu achten, ob die Nennspannung am Eingang der Ansteuerschaltung oder direkt an den Motorklemmen gilt. Das ist besonders bei kleinen Nennspannungen wichtig, z. B. 6 V. Wenn beispielsweise der Spannungsabfall über der Ansteuerschaltung 1 V beträgt, ergeben sich für beide Fälle stark unterschiedliche Aussagen.

Anders als bei vielen rotierenden Maschinen stellen die Kennlinien eines Schrittantriebs die Grenzen des Einsatzbereichs dar. Im gesamten Start-Stopp-Bereich kann der Schrittantrieb bei vorgegebenem Trägheitsmoment mit beliebigen Kombinationen von Lastdrehmoment M_L und Schrittfrequenz f_S gestartet und gestoppt werden, ohne dass Schrittfehler auftreten. Der Beschleunigungsbereich kann nur aus dem Start-Stopp-Bereich angefahren werden, indem man die Schrittfrequenz weiter erhöht bzw. für das Stoppen auch wieder absenkt (Rampen vgl. Abschnitt 10.5.2 oder [254]). Sprunghafte Änderungen der Schrittfrequenz von 0 auf f_B und umgekehrt führen in der Regel zu Schrittfehlern.

Die Weite des Start-Stopp-Bereichs wird durch das Trägheitsmoment des gesamten Antriebs bestimmt. Wie oben bereits erwähnt, gilt er ohne zusätzliche Angabe stets für den unbelasteten Antrieb ($F_I = 1$). Zu den Betriebskennlinien gehört deshalb noch die Kurve $F_I = f(f_{A\,max})$ in Abb. 10.16 unten (gemessen als $f_{A\,max}(F_I)$ und invertiert), die den Fußpunkt des Start-Stopp-Bereichs auf der Abszisse des oberen Diagramms beschreibt. Für einen bestimmten Lastfall mit dem Trägheitsfaktor F_{I2} kann die Grenzkurve für den Start-Stopp-Bereich aus dem Verhältnis (10.12) umgerechnet werden. Die umgerechnete Kurve ist als Beispiel in Abb. 10.16 oben gestrichelt eingetragen. Ist die Trägheitskurve in Abb. 10.16 unten nicht gegeben, so kann man sie näherungsweise mit (10.13) ermitteln.

$$f_{A2} = f_A \cdot \left. \frac{f_{A2\,max}}{f_{A\,max}} \right|_{M_L=\text{konst.}} \tag{10.12}$$

$$f_{A2\,max} = \frac{f_{A\,max}}{\sqrt{F_{I2}}} \tag{10.13}$$

Für den Einsatz eines Schrittantriebs ist es wichtig, den Einsatzbereich sicher innerhalb der Grenzkennlinien zu wählen, um den Synchronismus zwischen der Ansteuerfrequenz und der mechanisch ausgeführten Schrittzahl sicher zu halten. Dann treten keine Schrittfehler auf. Nur unter dieser Bedingung kann der wesentliche Vorteil eines Schrittantriebs genutzt werden, ohne Rückmeldung als offene Steuerkette zu arbeiten und so einfach Positionieraufgaben zu erfüllen.

10.3.8 Ersatzmodell des Schrittmotors

Um die Eigenschaften eines permanenterregten Schrittmotors nachzubilden und diese im Zusammenspiel mit Ansteuerung, Anwendung und Belastung zu untersuchen, kann das Netzwerk in Abb. 10.17 eingesetzt werden. Für die Modellierung sind folgende Festlegungen getroffen worden:

- Für den Flussdichteverlauf des permanentmagnetischen Rotors wird eine Sinusform über den Umfang angenommen.
- Beim Winkel $\varphi = 0$ befindet sich ein Pol des Rotors genau unter einem magnetischem Pol des ersten Stators, d. h. im Falle eines Klauenpol-Schrittmotors genau zwischen den Klauenpolen dieses Stators.
- Für den Drehmomentverlauf zwischen Rotor und Stator wird eine sinusförmige Verteilung für jeden Stator unter seinen elektrisch erregten Statorpolen angenommen. Die Nulldurchgänge des Drehmoments befinden sich zwischen den Eisenpolen dieses Stators, z. B. bei $\varphi = 0$ und dann weiterhin bei $\varphi = n \cdot 2\pi/(2p)$, denn dort hat der Betrag der Flussdichte ein Maximum.
- Die Statoren sind magnetisch verbunden, d. h., die inneren Statorflussleitstücke berühren sich. Damit bilden sowohl die beiden inneren Pole als auch die beiden äußeren Pole (über den Statorgehäuse-Rückschluss) einen gemeinsamen Magnetpol aus. Das Rastmoment wird daher nicht für jeden Stator einzeln beschrieben, sondern als eine Sinusfunktion des 2-Ständer-Motors. Wegen der Statorverdrehung um $1/2 \cdot 360°/2p = (\pi/2p)$ sind die Rastmoment-Nulldurchgänge genau zwischen den $2p$ vereinigten inneren und äußeren Polen, d. h., es muss gelten: $2p \cdot (\varphi + 0{,}5 \cdot \pi/2p) = 2p \cdot \varphi + \pi/2 = n \cdot \pi$. Daraus folgen die Nulldurchgänge in Gleichung (10.18) zu $\varphi = (n \cdot \pi - \pi/2)/(2p)$.

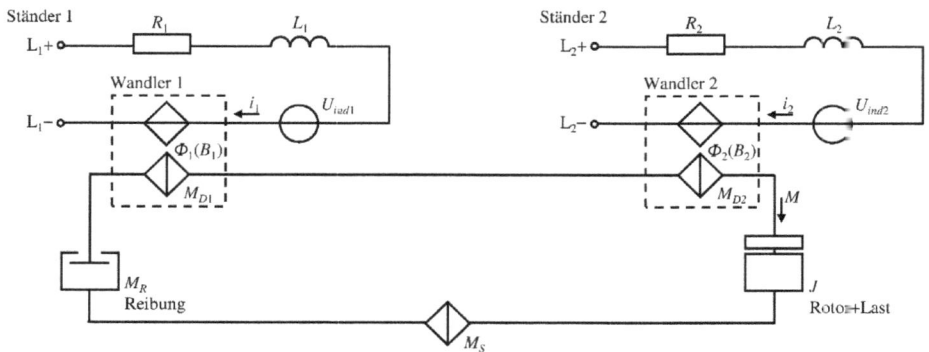

Abb. 10.17: Ersatzschaltbild des Schrittmotors mit konzentrierten Elementen.

Die Elemente werden durch folgende Formeln beschrieben.

$$B_1 = B_0 \cdot \cos\left(\frac{1}{2} \cdot 2p \cdot \varphi\right) \qquad B_2 = B_0 \cdot \cos\left(\frac{1}{2} \cdot 2p \cdot \varphi - \frac{\pi}{2}\right) \qquad (10.14\mathrm{a/b})$$

$$U_{\mathrm{ind}} \sim \frac{\mathrm{d}B}{\mathrm{d}t} = \frac{\partial B}{\partial \varphi} \cdot \frac{\partial \varphi}{\partial t} \qquad (10.15)$$

$$U_{\mathrm{ind}1} = -k \cdot w \cdot \omega \cdot \sin\left(\frac{1}{2} \cdot 2p \cdot \varphi\right) \qquad U_{\mathrm{ind}2} = -k \cdot w \cdot \omega \cdot \sin\left(\frac{1}{2} \cdot 2p \cdot \varphi - \frac{\pi}{2}\right)$$

$$(10.16\mathrm{a/b})$$

$$M_{\mathrm{D}2} = k \cdot w \cdot i \cdot \sin\left(\frac{1}{2} \cdot 2p \cdot \varphi\right) \qquad M_{\mathrm{D}2} = k \cdot w \cdot i \cdot \sin\left(\frac{1}{2} \cdot 2p \cdot \varphi - \frac{\pi}{2}\right)$$

$$(10.17\mathrm{a/b})$$

$$M_{\mathrm{S}} = M_{\mathrm{S}0} \cdot \sin\left(2p \cdot \varphi + \frac{\pi}{2}\right) \qquad (10.18)$$

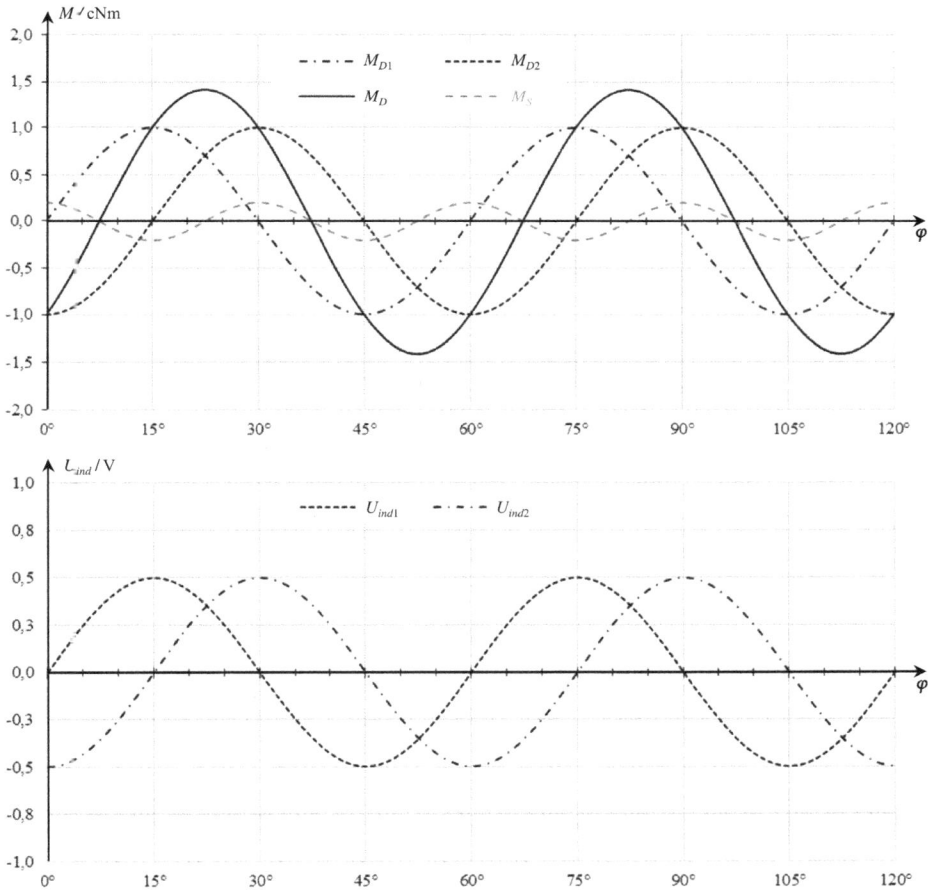

Abb. 10.18: Drehmomente und Induktionsspannungen nach den Modellgleichungen (10.14a/b) bis (10.18) für $2p = 12$, $m = 2$ bei konstanter Bestromung beider Stränge, vgl. auch Abb. 10.12.

Die Induktionsspannung (10.16a/b) und das Drehmoment (10.17a/b) sind für jedes Magnetsystem phasengleich, denn die größte Flussänderung findet jeweils zwischen den magnetischen Polen statt. Dort ändert der Rotormagnet seine Polarität unter dem Klauenpol (Gleichung (10.15)). Für die elektrisch erregten Magnetpole des Stators folgt mit $M_D \sim dB/d\varphi$ ebenfalls die größte Momentwirkung zwischen den Polen, denn die Flussdichte ist direkt unter dem Pol maximal.

Mit Hilfe dieses Modellansatzes wurden zum Beispiel die Darstellungen in Abb. 10.14, Abb. 10.15 oder Abb. 10.22 erzeugt. Abbildung 10.18 stellt die Verhältnisse über eine Umdrehung bei einem zweipoligen 2-Ständer-Motor dar. Weitere Details zur analytischen Berechnung von Schrittmotoren finden sich in [269] und [273].

10.4 Ansteuerung von Schrittmotoren

10.4.1 Ansteuerregime (Softwareeinfluss)

In den bisherigen Ausführungen wurde immer wieder auf die Zusammenhänge von Betriebsverhalten und Ansteuerung eines Schrittmotors hingewiesen. Beispielsweise ist das erzeugte Drehmoment neben der mechanischen Konstruktion auch von der Schrittfrequenz und Spannungshöhe abhängig. Die Abb. 10.1 in Abschnitt 10.1 zeigt, dass ein Schrittmotor zum bestmöglichen Betrieb und in Abhängigkeit der anzutreibenden Last eine adäquate Ansteuerung benötigt. Ansteuerung bedeutet in dem Fall die Kombination von

– Möglichkeiten und Maßnahmen im Ansteuerregime und
– Varianten der Ausführung der elektronischen und elektrischen Schaltkreise.

Damit im Schrittmotor das benötigte Drehmoment entstehen kann und er die Schritte in gewünschter Zahl und Richtung ausführt, muss jeder einzelne Wicklungsstrang (üblicherweise zwei, aber auch ein bis drei) auf Basis eines Taktsignals über Elektronik und Leistungsverstärker mit der richtigen Sequenz angesteuert werden. Dieser Abschnitt widmet sich der Ansteuerlogik und den möglichen Ansteuermodi, die zum Betrieb des Schrittmotors gewählt werden können. Im Folgenden wird dann die Ausführung der elektrischen Kreise diskutiert, welche die Antriebsenergie kostengünstig und wirksam bereitstellen sollen. Hardware und Software können nicht getrennt voneinander betrachtet werden, sind hier aber aus Gründen der Übersichtlichkeit einzeln aufgeführt.

Um einen optimalen Antrieb im Sinne der Aufgabenstellung zu entwickeln, sollte man folgende Frage beantworten: „Was soll erreicht werden?" Mögliche Ziele könnten sein:

– gleichmäßiger Lauf
– schwingungsarmer Betrieb
– keine Geräusche in den Endlagen

- hohes Haltemoment in der Endlage
- schneller dynamischer Betrieb
- kraftvoller Kurzzeiteinsatz
- ausdauernder Dauerbetrieb
- hoher Wirkungsgrad.

Folgende Parameter können für den Betrieb des Schrittmotors ohne Eingriff in die Hardware unkompliziert über das Ansteuerregime und auch während des Einsatzes verändert werden:
- Ansteuerfrequenz
- Schrittmodus (WaveMode, Vollschritt, Halbschritt, Mikroschritt, Sinus)
- Einschaltdauer (ED).

Da die überwiegende Zahl der Schrittantriebe zwei elektromagnetische Systeme (Ständer) hat, widmen sich die nachfolgenden Ausführungen dieser Variante. Mit Hilfe der Stromabfolge in den zwei Ständersträngen lässt sich die Drehrichtung eindeutig festlegen (Abb. 10.19, vgl. auch Abb. 10.24). Zweisträngige Schrittmotoren unterstützen alle Ansteuerungsmethoden und sind deutlich kostengünstiger als drei- oder höherphasige Motoren. Auch im Vergleich zu kleinen BLDC-Motoren (Durchmesser < 30 mm) ergeben sich Kostenvorteile und das maximale Drehmoment ist typischerweise höher. Es existieren auch Einständer-Schrittmotoren, die per Sinussignal als Synchronmotor mit Netzfrequenz betrieben werden. Deren Drehsinn ist entweder zufällig oder wird dauerhaft über ein mechanisches Sperrsystem festgelegt.

Die *Ansteuerfrequenz* f_S (*Schrittfrequenz*) ist ein elementarer Parameter des getakteten Betriebs mit blockförmigen Signalen. Die Abb. 10.15 zeigt, dass die Drehzahl des Motors der Schrittfrequenz solange fest folgt, bis er Schritte verliert (Abschnitt 10.3.3).

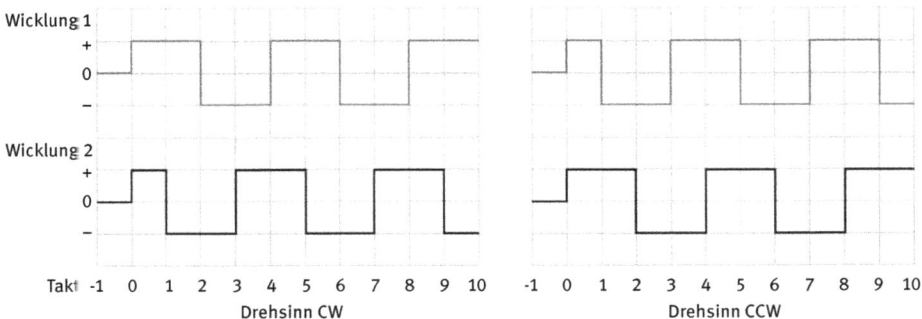

Abb. 10.19: Bipolare Ansteuerung der Wicklungen eines 2-Ständer Schrittmotors für Drehung in beide Richtungen (CW: clockwise/im Uhrzeigersinn bzw. CCW: counter clockwise/gegen den Uhrzeigersinn).

Während des Betriebs ist im einfachsten Fall die Schrittfrequenz unveränderlich programmiert. Darüber hinaus wird in der Praxis aufgrund der einfachen Handhabung über Mikrocontroller die Frequenz über den Verfahrweg oder den Drehwinkel sinnvoll angepasst. Zum Beispiel benutzt man Beschleunigungsrampen oder Zwischensegmente höherer Frequenz zum schnellen Überbrücken von Leerläufen (z. B. bei Ventilanwendungen, siehe Abschnitt 10.4.2). Die Wahl der richtigen Ansteuerfrequenz hängt neben den Belastungsbedingungen auch von der Motorkonstruktion ab. Größere Motoren (Außendurchmesser > 40 mm) können aufgrund ihrer massiven Eisenkreise bei höheren Frequenzen durch Wirbelströme geschwächt werden. Hybridschrittmotoren mit ihren geblechten Kernen sind dieser Problematik aber weit weniger ausgesetzt als Klauenpolschrittmotoren. Die maximal nutzbare Ansteuerfrequenz wird außerdem durch die Induktivität des Stator-Wicklungs-Systems begrenzt. Zur Drehmomentbildung muss der Strom schnell in der gewünschten Stärke durch die Wicklung fließen. Die mögliche Stromanstiegsrate wird aber durch Widerstand, Induktivität und Spannungshöhe festgelegt, sodass ab einer gewissen Frequenz der Strom innerhalb eines Schritts nicht ausreichend ansteigen kann, und das Drehmoment damit massiv abfällt. Neben der mechanischen Zeitkonstante begrenzt also auch die elektrische Zeitkonstante die Betriebsbereiche in Abb. 10.16.

Über die Ansteuerfrequenz hat der Anwender einen der größten Hebel auf den *Motorwirkungsgrad η*. Aufgrund der Schwingungsproblematik bei kleinen Schrittfrequenzen (Abb. 10.15) ist der Wirkungsgrad dort sehr schlecht (bis unter 10 %). Erst bei hohen Frequenzen steigert sich der Wirkungsgrad auf bis zu 30 … 40 % maximal, um danach mit fallendem Abtriebsmoment (Abb. 10.16) wieder zu sinken. Im Gegensatz zu DC-Motoren ist die Leistungsaufnahme bei Schrittmotoren nahezu konstant und der Wirkungsgrad im Allgemeinen geringer, denn der Antrieb muss mit ausreichender Sicherheit unterhalb der Grenzkennlinien nach Abb. 10.16 betrieben werden. Weiterhin nachteilig für den Wirkungsgrad ist die für die Drehmomentbildung ursächliche Reluktanzkraft, die nicht ausschließlich tangential auf den Rotor wirkt und unter den Polen sogar rein radial. Weiterhin erzeugt das Reluktanzprinzip des Schrittmotors einerseits das gewünschte Rasten (Selbsthaltemoment), aber eben auch unerwünschte Schwingungen, deren Energie den Wirkungsgrad mindern. Nur bei höheren Schrittfrequenzen folgt der Rotor dem Erregerfeld in einem kontinuierlichen Lauf (Abb. 10.15, Fall c) und bestmöglicher Effizienz. Bei weiterer Erhöhung der Schrittfrequenz erhöht sich der *Schleppwinkel* $\Delta\varphi_R$ (Differenz Erregerfeld und Rotorlage) und der Motor fällt beim Erreichen von $\Delta\varphi_R \geq \varphi_S$ außer Tritt. Abbildung 10.20 zeigt einen typischen Wirkungsgradverlauf. Die aufgenommene elektrische Leistung sinkt aufgrund der Wicklungsinduktivität mit steigender Drehzahl. Neben einer hohen Ansteuerfrequenz (möglichst kontinuierlicher Lauf) kann der Wirkungsgrad noch durch stärkere Rotormagnete und auch durch erhöhte Erregung bei Reduzierung der Einschaltdauer positiv beeinflusst werden.

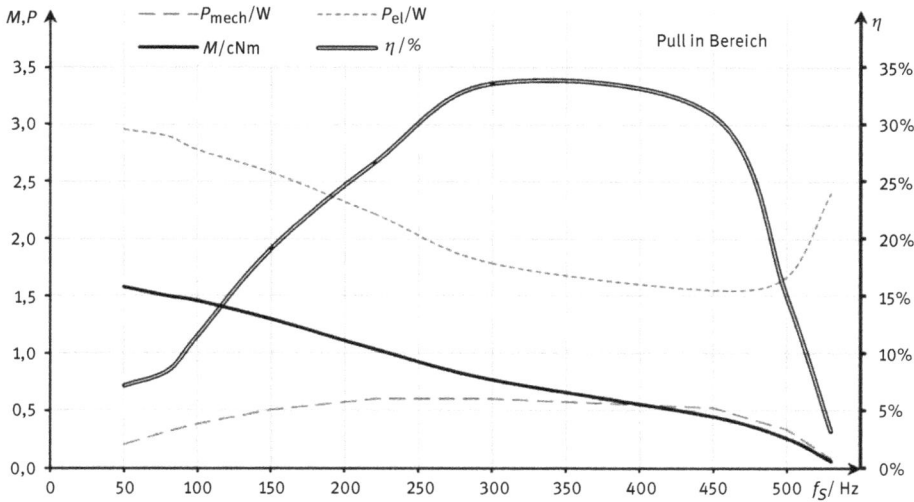

Abb. 10.20: Start-Stopp-Drehmomentkennlinie und Wirkungsgrad η eines zwölfpoligen Schrittmotors sowie zugehörige Aufnahme- (P_{el}) und Abgabeleistung (P_{mech}) über der Schrittfrequenz.

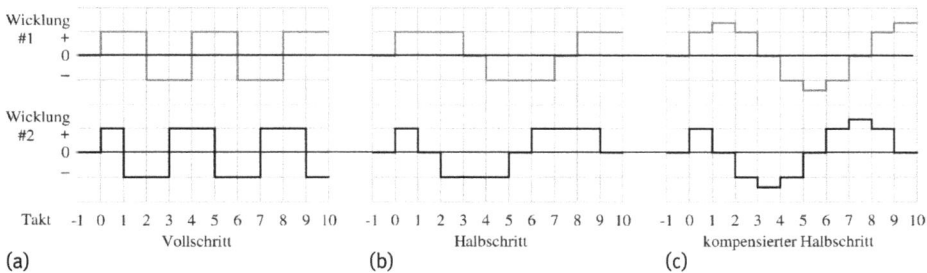

Abb. 10.21: Strommuster im Vollschrittbetrieb (a), Halbschrittbetrieb (b) und kompensierten Halbschrittbetrieb (c) eines zweisträngigen Schrittmotors mit bipolarer Wicklung.

Der *Schrittmodus* ermöglicht ebenfalls eine starke Einflussnahme auf die Betriebseigenschaften des Schrittantriebs. Am weitesten verbreitet ist der *Vollschrittbetrieb* (Abb. 10.21a), bei dem in jedem Schritt die gleiche Anzahl von Wicklungssträngen in Betrieb ist. Es werden alle Magnetsysteme gleichzeitig erregt, und die Stromrichtung abwechselnd in dem einen und dem anderen Strang umgepolt (siehe auch Abb. 10.24a). Bei jedem Takt bewegt sich der Läufer dabei um den Grundschrittwinkel φ_S weiter (Abschnitt 10.3.2). Eine noch einfachere Ansteuerungsform als der Vollschritt ist der sogenannte *Wave Mode*, bei dem die Stränge abwechselnd bestromt werden. Da jedoch die Drehmomentausbeute aufgrund des nur zu 50 % genutzten Kupfervolumens gering ist, wird dieser Modus nur äußerst selten benutzt. Außerdem ist das Drehmoment über dem Umfang sehr wellig.

Im *Halbschrittbetrieb* ändert sich die Anzahl der elektrisch erregten Wicklungsstränge von Schritt zu Schritt stets um eins. Es schaltet also immer nur ein Stromsignal an oder aus (Abb. 10.21b bzw. Abb. 10.24b) und daher sind abwechselnd ein oder zwei Wicklungsstränge stromführend (siehe auch Abschnitt 10.3.2). Weil zeitweise nur ein Wicklungsstrang aktiv ist, stellt sich der Läufer in dieser Situation direkt auf den zugehörigen Ständerpol ein und nimmt gegenüber den Positionen des Vollschrittbetriebs eine Mittelstellung ein. Der Rotor führt daher nur Schritte mit dem halben Grundschrittwinkel φ_S aus. Der Vorteil des kleineren Schrittwinkels ist ein gleichmäßigerer Drehmomentverlauf, der zu reduzierten Schwingungen und Geräuschen führt (vgl. Abschnitt 10.3.4)

Eine noch bessere Laufruhe lässt sich im *kompensierten Halbschritt* (Abb. 10.21c) erreichen. Wenn nur ein Strang aktiv ist, ergibt sich naturgemäß ein geringeres Drehmoment als bei zwei erregten Strängen. Abschnitt 10.3.4 erläutert, dass sich aufgrund der Winkelverhältnisse die Drehmomentanteile der beiden Wicklungsstränge im Vollschrittbetrieb nicht arithmetisch addieren. Das Verhältnis Halb- zu Vollschrittbetrieb liegt etwa im Bereich $M_{Hhs}/M_{Hvs} = 0,6 \ldots 0,75$. Um das Drehmoment bei einsträngiger Erregung zu vergrößern, kann per Spannungs- bzw. Stromsteuerung der Strom in der einen Wicklung zeitweise so angehoben werden, dass man ein Verhältnis $M_{Hhs}/M_{Hvs} \approx 1$ erreicht. Abbildung 10.22 zeigt die Unterschiede in den Stromhöhen und Drehgeschwindigkeiten sowie die Schwingungen des Drehwinkels für Vollschritt,

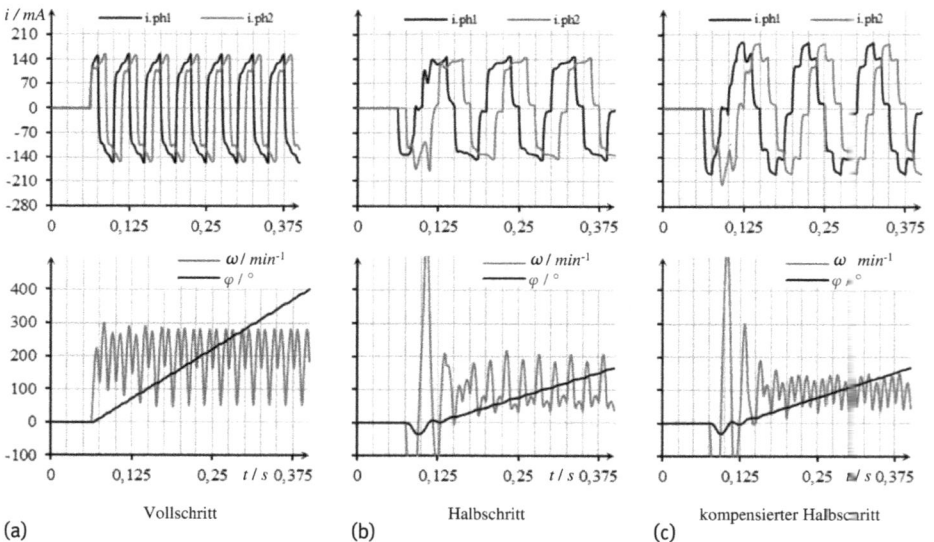

Abb. 10.22: Vergleich der Strangströme, Drehgeschwindigkeiten und des Schrittwinkels für Betrieb mit Vollschritt (a), Halbschritt (b) und kompensierten Halbschritt (c) für einen zwölfpoligen 2-Ständer-Schrittmotor bei Spannungssteuerung mit $f_S = 80\,\text{Hz}$ ($\varphi_S = 15°$, somit $n_{vs} = 200\,\text{min}^{-1}$ bzw. $n_{hs} = 100\,\text{min}^{-1}$).

Halbschritt und kompensierten Halbschritt bei Spannungssteuerung im Vergleich. Die verbesserte Laufqualität des letzteren ist deutlich zu erkennen, jedoch erfordert diese Ansteuerung aufgrund der Flexibilität einen höheren schaltungstechnischen Aufwand, um die Stromhöhe geeignet anzupassen.

Ausgehend vom kompensierten Halbschritt führt die weitere elektrische Unterteilung des Grundschrittwinkels und die gestufte Abstimmung der Strompegel an die Läuferlage in den *Mikroschrittbetrieb*. Wäre der Verlauf des Drehmoments über dem Winkel (Abb. 10.11) eine ideale Sinusfunktion, so könnte man durch die Speisung der Wicklungsstränge mit Strömen, die dem Winkel ebenfalls sinusförmig zugeordnet sind, ein in jeder Stellung ideal konstantes Haltemoment M_H erzeugen. Abweichungen ergeben sich beim realen Schrittmotor deshalb, weil
- der Drehmomentverlauf zum Erzielen steiler Nulldurchgänge eher trapezförmig ist und
- durch Fertigungstoleranzen sowie Toleranzen in der Ansteuerung die Amplituden der einzelnen Drehmomenthalbwellen bis zu 15 % unterschiedlich sein können.

Vergleicht man die einzelnen Kurvenzüge des Drehmoments in Abb. 10.11 für einen realen Schrittmotor am gesamten Umfang, so sind sie an keiner Stelle identisch. Die Konsequenz daraus ist, dass die elektrische Unterteilung des mechanischen Grundschrittwinkels φ_S in n Teilschritte generell nur sehr ungenau in gleiche Schritte φ_S/n gelingt. Der Absolutwert für die Positioniergenauigkeit $\Delta\varphi_S$, der auf den Grundschrittwinkel im Vollschrittbetrieb bezogen ist, kann durch den Mikroschrittbetrieb nicht verbessert werden (vgl. Abschnitt 10.3.5). Es lassen sich praktisch nur solche Positionen genau anfahren, die mindestens um den Schrittwinkel φ_S voneinander entfernt sind. Dabei spielt der Anfangswert nur eine untergeordnete Rolle.

Neben den elektromagnetischen Toleranzeinflüssen sind bei der Betrachtung der Positioniergenauigkeit auch die Reibmomente (Abschnitt 10.3.5) und das Lastdrehmoment nicht vernachlässigbar. Liegen z. B. zwei Positionen im Mikroschrittbetrieb nur so weit voneinander entfernt, dass das erzeugte Drehmoment kleiner als das Reibmoment ist, so führt der Schrittmotor keine Bewegung aus, obwohl Eingangssignale angelegen haben. In Abb. 10.23 sind dick die Drehmomentverläufe im Vollschrittbetrieb nach Abb. 10.11 eingetragen. Durch Ansteuerung des Schrittmotors in zwölf Teilschritten ergeben sich die dünn ausgezogenen Drehmomentverläufe. Zur Verdeutli-

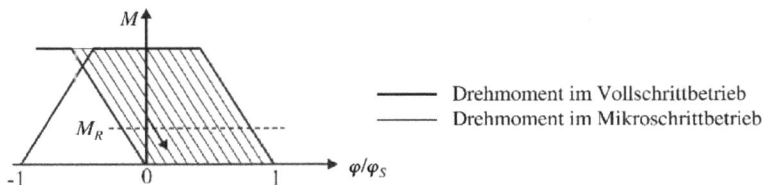

Abb. 10.23: Bewegungsablauf im Mikroschrittbetrieb und Einfluss der Reibung (vgl. Abb. 10.13).

chung des oben Gesagten ist das Reibmoment M_R relativ groß gewählt worden. Man erkennt, dass erst nach dem dritten Mikroschritt das erzeugte Drehmoment größer als das Reibmoment wird. Erst dann setzt sich der Schrittmotor in Bewegung, die ersten beiden Taktimpulse ignoriert er. Die Wiederholpositioniergenauigkeit gerade bei nur wenigen Schritten wird daher nicht oder nur unwesentlich verbessert.

Ein deutlicher Vorteil des Mikroschrittbetriebs ist, dass das magnetische Feld des Ständers mit kleinen Winkeln und relativ hohen Frequenzen geändert wird. Im normalen Schrittmotor springt das Feld ruckartig mit relativ großen Winkeln von Schritt zu Schritt. Im Mikroschrittbetrieb kommt man der *kontinuierlichen Bewegung eines Drehfeldmotors* sehr nahe und erhält in der Folge einen ruhigen und resonanzarmen Lauf.

Bereits Abb. 10.22 macht deutlich, dass durch elektrische Unterteilung des Schrittwinkels die Schwingneigung reduziert wird. Folglich kann damit insbesondere im Mikroschrittbetrieb bei langsamen Bewegungen eine stabile Sollposition unter Umständen besser angefahren werden. Üblich und mit vertretbarem Aufwand [260] sind Schrittunterteilungen bis $n = 10$ realisiert worden. Bekannte Spitzenwerte weisen maximale Schrittzahlen von bis zu 50 000 Schritten/Umdrehung auf. Bei Klauenpolmotoren ist üblicherweise bei 1/8 Schritt, spätestens bei 1/16 Schritt keine weitere Verbesserung zu erreichen.

Zusammengefasst können folgende Vorteile für den Mikroschrittbetrieb genannt werden:
– die höhere Schrittzahl je Umdrehung;
– die deutliche Schwingungsdämpfung;
– das nahezu konstante Drehmoment für jeden Schritt;
– der mögliche Wegfall eines Getriebes;
– die Reduzierung der Schwingungserscheinungen beim Anfahren einer Sollposition.

Den Vorteilen stehen aber auch folgende Nachteile gegenüber:
– der höhere elektronische Aufwand;
– der damit verbundene höhere Preis;
– hohe Schaltfrequenzen, die Geräusche als auch EMV-Probleme verursachen können;
– die vergleichsweise schlechte Positioniergenauigkeit für den Einzelschritt (absolut nicht besser als Vollschritt).

Die logische Fortsetzung des Mikroschrittbetriebs und harmonischste Ansteuerung wären Sinussignale, die aber im Gegensatz zu EC/BLDC-Motoren beim Schrittmotor praktisch keine Rolle spielen.

Um die Leistungsabgabe eines Schrittmotors zu erhöhen, kann natürlich die Eingangsleistung erhöht werden. Dabei ist die maximale thermische Belastbarkeit des Antriebs zu beachten, und entsprechend der Erhöhung der Erregung die *Einschalt-*

dauer (ED) zu reduzieren (siehe Kapitel Antriebssysteme im Band 2). Üblicherweise werden die Betriebskennlinien der Schrittantriebe für Dauerbetrieb bei 100 % ED für den *Betriebstemperaturbereich* angegeben. Sind auch Kennlinien für geringere Einschaltdauern gezeigt, dann sollte immer die Bezugsgröße bekannt sein, z. B. 30 % ED bezogen auf 5 Minuten. In diesem Fall kann der Antrieb wiederkehrend in einem Fünf-Minuten Intervall für 90 Sekunden mit der spezifizierten höheren Erregung betrieben werden, ohne die thermische Belastungsgrenze dauerhaft zu überschreiten. Eine unzulässig hohe Temperatur des Motors schädigt neben der Wicklung (thermische Klasse des Drahts, *Kurzschlussgefahr*) auch die Lager und stellt eine *Verbrennungsgefahr* bei Berührung dar. Die zulässige Erregung für einen Motor wird durch seinen thermischen Widerstand R_{th} (10.19) bestimmt.

$$R_{th} = \frac{\Delta T}{P_{el}} \qquad (10.19)$$

Unter der Voraussetzung, dass die mittlere elektrische Leistung nach Gleichung (10.20) erhalten bleibt und die thermische Zeitkonstante des Motors kleiner als die Bezugsgröße der Einschaltdauer ist, kann bei Reduzierung der Einschaltdauer die mögliche höhere elektrische Spannung nach Gleichung (10.21) ermittelt werden:

$$P_{el} = \frac{U_{100\%}^2}{R_{ph}} = ED \cdot \frac{U_{ED}^2}{R_{ph}} \qquad (10.20)$$

$$U_{ED} = \frac{U_{100\%}}{\sqrt{ED}} \qquad (10.21)$$

Eine Einschaltdauer von 50 % ED ließe somit in erster Näherung die 1,4-fache Speisespannung zu und bei 30 % ED könnte man ca. 80 % mehr Spannung anwenden. Zur Absicherung sollten allerdings immer thermische Messungen durchgeführt werden, da thermischer Widerstand und thermische Zeitkonstante von den tatsächlichen Betriebsbedingungen abhängen und variieren. Sollte die höchste tatsächliche Umgebungstemperatur unter allen Einsatzbedingungen günstigerweise geringer als der vom Hersteller angegebene Betriebstemperaturbereich sein (z. B. maximal 35 °C statt 60 °C), dann kann diese Differenz auch zur Erhöhung der Eingangsleistung nach Gleichung (10.19) genutzt werden. Aus der gesteigerten Eingangsleistung folgt praktisch, dass man beispielsweise aus einem 5 V-100 %-ED-Schrittmotor bei 12 V leicht das doppelte Drehmoment herausholt, natürlich unter Beachtung der erwähnten Abkühlpausen.

10.4.2 Elektrische Beschaltung von Schrittmotoren (Hardwareeinfluss)

Die elektrische Auslegung und die Beschaltung des Motors haben ähnlich großen Einfluss auf seine Leistungsfähigkeit wie die Softwareseite. Nachdem im vorigen Abschnitt die Ansteuerung über Frequenzen und Schrittfolgen variiert wurde, ergeben sich hardwareseitig folgende Stellschrauben für den optimalen Einsatz:

-   unipolare oder bipolare Wicklungsausführung und Ansteuerung;
-   Spannungssteuerung oder Stromsteuerung (Chopperbetrieb);
-   Spannungsüberhöhungen;
-   Eingangsschaltungen mit Freilaufkreisen.

Abbildung 10.1 verdeutlicht, dass der Schrittmotor Bestandteil eines elektrischen Antriebssystems ist, der erst durch die Möglichkeiten der elektronischen Ansteuerung technisch sinnvoll eingesetzt werden kann. Die Ansteuerlogik wird meist in Form von Mikrocontrollern oder Prozessoren ausgeführt, die dem Taktsignal eines internen Quarzes und einem extern vorgegebenen Richtungssignal folgen. An den Controller-Ausgängen werden dann für jeden Motorstrang die Signale für die Ansteuerung

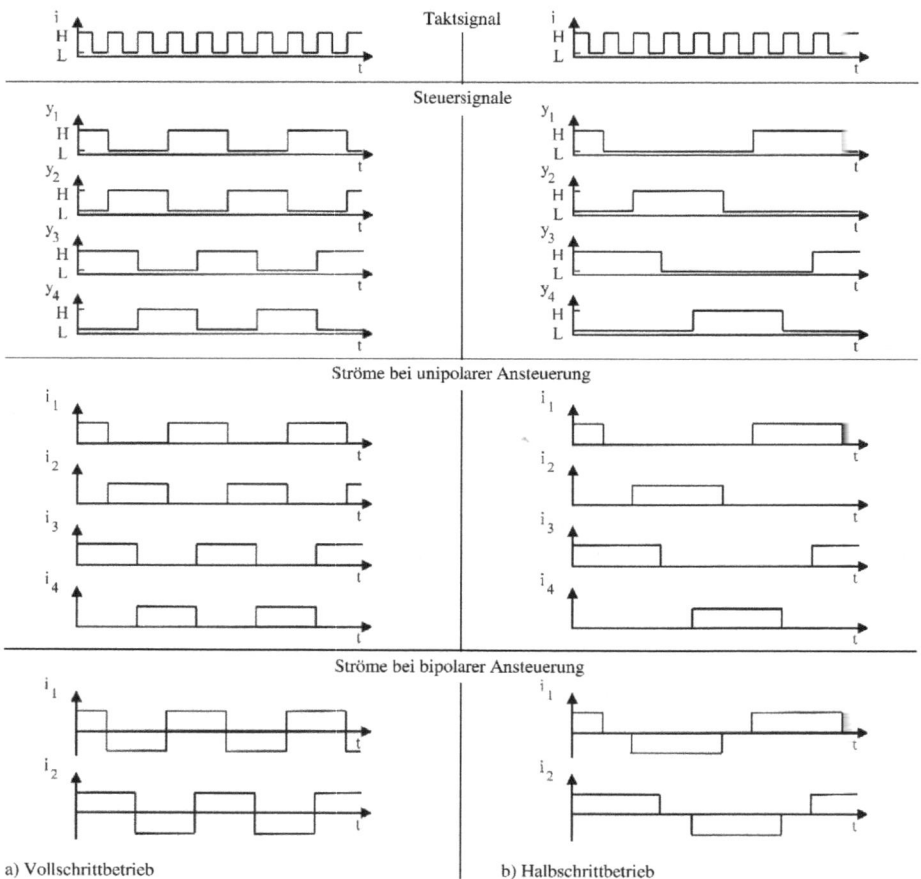

Abb. 10.24: Ansteuersignale und ideale Stromverläufe in unipolar und bipolar gespeisten Wicklungen bei Vollschrittbetrieb (a) und Halbschrittbetrieb (b).

der Leistungsstufen bereitgestellt [255, 270]. Die überwiegende Zahl der Schrittantriebe hat zwei elektromagnetische Systeme und benötigt daher vier Ansteuersignale $y_1 \ldots y_4$ für die Leistungsendstufen (Abb. 10.24 oben).

Die Motorwicklungen können unipolar oder bipolar ausgeführt sein, was jeweils eine zugeschnittene Ansteuerschaltung nach sich zieht. Jedes Magnetsystem trägt bei bipolarer Ansteuerung genau einen Wicklungsstrang, für die unipolare Ansteuerung zwei Wicklungsstränge, die gegensinnig gewickelt sind (Bifilar-Wicklung). Die Vor- und Nachteile der jeweiligen Ausführung fasst Tab. 10.2 zusammen.

Unipolare Ansteuerung eines Wicklungsstrangs (Abb. 10.25 links) bedeutet, dass in jedem der beiden Stränge einer Motorwicklung der Strom immer nur in einer Richtung fließt. Zur Umpolung des magnetischen Statorflusses fließt der Strom abwechselnd in den beiden gegensinnig gewickelten Wicklungssträngen (Abb. 10.24 mittig). D. h., zu jedem Takt wird ein Strang stromlos und der gegensinnig gewickelte Strang wird stromtragend. Die Steuereinheit muss sicherstellen, dass der elektrische Strom nicht gleichzeitig in den beiden Wicklungssträngen eines Ständers fließt, denn in diesem Fall würden sich beide Komponenten kompensieren.

Tab. 10.2: Vor- und Nachteile der unipolaren und bipolaren Wicklungsansteuerung.

Ansteuerung	unipolar	bipolar
Anwendung	– kleine Leistung – geringe Frequenzen	– kleine bis große Leistungen – höhere Frequenzen
Vorteile	– einfacher elektrischer Aufbau – geringer Preis – geringere Verlustleistung in den Treiberstufen, damit mehr Leistungsabgabe möglich	– alle Wicklungsstränge führen gleichzeitig Strom – bei Stromsteuerung kein Zusatzaufwand an Leistungsbauelementen und keine Temperaturabhängigkeit des Stroms, damit kein Einfluss auf das Drehmoment
Nachteile	– nur 50 % der Wicklungsfläche (Kupfer) genutzt – Zusatzverluste durch Vorwiderstände – Stromreduzierung bei Erwärmung und damit Drehmomenteinbuße	– größerer Schaltungsaufwand – Transistoren an Speisung schwer steuerbar – doppelter Spannungsabfall kann bei kleinen Einsatzspannungen kritisch sein – höhere Kosten (ca. 5–10× teurer als unipolar)
Spezielle Ansteuerschaltungen zur Verbesserung des Drehmomentaufbaus	– Zener-Diode (schneller Stromabfall) – Vorwiderstand (mit/ohne Kondensator) – Bi-Level-Schaltung – PWM oder Chopper	– Chopper (schneller Stromanstieg) – PWM

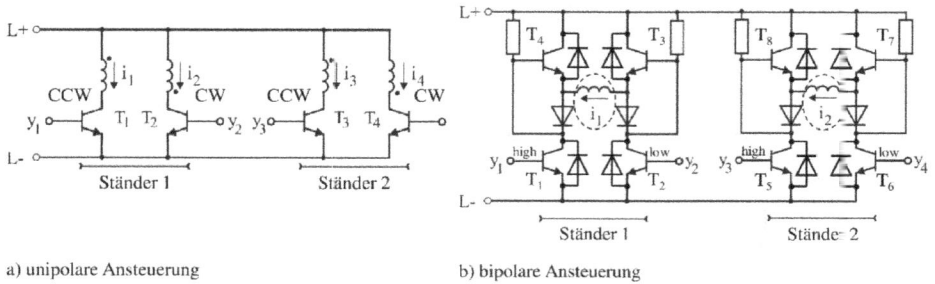

a) unipolare Ansteuerung   b) bipolare Ansteuerung

Abb. 10.25: Ansteuerungsvarianten des Schrittmotors: unipolar (a) und bipolar (b); CW: clockwise, im Uhrzeigersinn, CCW: counterclockwise, gegen den Uhrzeigersinn.

Bei der *bipolaren Ansteuerung* (Abb. 10.25 rechts) fließt der elektrische Strom in jedem Wicklungsstrang abwechselnd in beiden Richtungen und baut damit auch magnetische Flüsse beider Polaritäten auf (Abb. 10.24 unten). Zur bipolaren Speisung eines Wicklungsstrangs muss dieser über eine Vollbrücke aus vier Transistoren geschaltet werden. Weitere Ausführungen zu Signalfolgen und Stromverläufen bei wechselndem Richtungssignal und im Minischrittbetrieb sowie Ansteuerschaltungen für Drei- und Fünf-Strang-Schrittmotoren sind [264] oder [270] zu entnehmen.

Für unipolare und auch bipolare Antriebe sind heute vielfältige integrierte Treiber erhältlich, die bereits verschiedenste Schrittmodi, zum Teil mit Schrittverlusterkennung, als auch die Treiberstufe enthalten. Zudem bieten Schrittmotorenhersteller meist einfach programmierbare Entwicklungs-Boards an.

Da Schrittantriebe bis in den Bereich von einigen Kilohertz eingesetzt werden, ist dem zeitlichen Verlauf der Ströme besondere Beachtung zu schenken. Jeder Wicklungsstrang besitzt einen ohmschen Widerstand R und eine Induktivität L. Werden Transistoren als ideale Schalter angesehen, dann weisen sie keinen Spannungsabfall auf und schalten verzögerungsfrei. Beim Anlegen eines Spannungssprungs der Höhe U_0 ergibt sich der bekannte verzögerte Zeitverlauf für den Strom $i(t)$ nach Gleichung (10.22):

$$i(t) = I_0(1 - e^{-t/\tau_e}) \tag{10.22}$$

mit dem Endwert des Stroms $I_0 = U_0/R$ und der elektrischen Zeitkonstante $\tau_e = L/R$. Dieser Stromverlauf gilt nur im Idealfall, denn es gibt immer Rückwirkungen durch die Rotorbewegung und auch durch Wirbelströme. Da unter Vernachlässigung der Rückwirkungen der Strom in erster Näherung das Drehmoment bestimmt, ist gerade bei höheren Schrittfrequenzen zur Vermeidung von Schrittverlusten ein schneller Stromanstieg notwendig (vgl. Abb. 10.15 und Abb. 10.22). Aus Gleichung (10.22) folgt d$i/$d$t|_{t=0} = I_0/\tau_e = U_0/L$, d. h., der Stromanstieg wird durch die Motorinduktivität L und Spannung U_0 beeinflusst. Damit bestimmen v. a. die Steuerspannung U_0 und die Wicklungskennwerte R und L das Moment und die Dynamik des Schrittmotors.

Typisch für den *unipolaren Betrieb* ist die *Spannungssteuerung* mit den Ansteuerschaltungen nach Tab. 10.3. Es ist darauf zu achten, dass der thermisch zulässige Strom nicht überschritten wird, um Beschädigungen des Motors durch unzulässige Erwärmung zu vermeiden (Abschnitt 10.4). Die ersten drei Schaltungen vernachlässigen allerdings den Fakt, dass sowohl zum Aufbau als auch zum Abbau des Wicklungsstroms Zeit vergeht. Zudem wird beim Ausschalten der Wicklung eine Gegenspannung induziert, welche die Bauelemente schädigen kann. Da der magnetische Fluss und das Drehmoment aus der resultierenden Durchflutung aufgebaut werden, die sich aus den beiden Wicklungssträngen der unipolaren Wicklung ergibt, möchte man den neuen Strom schnell einprägen und den alten schnell abbauen, ohne die Elektronik zu schädigen. Um die bei idealen Transistoren theoretisch unendlich hohe Induktionsspannung beim Abschalten zu vermeiden, werden Freilaufdioden D_1 und D_2 parallel zur Wicklung eingesetzt. Geht man von idealen Freilaufdioden aus, so klingt der Strom i_1 im abgeschalteten Wicklungsstrang 1 mit der bekannten Zeitkonstante $\tau_e = L/R$ eher langsam ab und verzögert die Feldumkehr zusätzlich zum langsam ansteigenden Strom i_2 im zugeschalteten Strang 2. Durch Ergänzung einer Z-Diode (Zenerdiode) Z in Reihe zur Freilaufdiode wird eine definierte Gegeninduktionsspannung in Höhe der Durchbruchspannung der Z-Diode zugelassen (Tab. 10.3 rechts). Diese beschleunigt den Abbau von i_1, und der Vorzeichenwechsel der Stromsumme $i_1 + i_2$ erfolgt deutlich früher. Mit dieser Schaltungsvariante kann daher ein bis zu 20 % größeres Drehmoment erzeugt werden. Da alle Z-Dioden gegen das Potenzial $L+$ arbeiten (negatives Schalten), reicht praktisch auch eine Z-Diode für alle vier Wicklungsstränge des unipolaren Schrittmotors. Es ist auf die zulässige Leistung der Z-Diode zu achten.

Allen unipolaren Schaltungen in Tab. 10.3 ist gemein, dass der Strom und damit das Drehmoment bei Erwärmung der Wicklung oder erhöhter Umgebungstemperatur sinken. Für die Wahl der Steuerspannung sind die Einsatzbedingungen auch dahingehend ausschlaggebend, dass bei Systemen mit Endanschlägen immer genügend Reserve eingeplant werden sollte, um durch kurzzeitige Spannungserhöhung das Losfahren aus dem Anschlag sicherzustellen. Durch die Elastizitäten im Antriebsstrang und der Anwendung sowie durch Wärme-Feuchte-Einflüsse kann es bei getriebebehafteten Systemen zu regelrechten Verspannungen kommen. Weiterhin können höhere Spannungen bzw. steilere Stromanstiege mit erhöhter Vibration und Geräuschentwicklung einhergehen.

Für *bipolare Schrittmotoren* kann eine *Spannungssteuerung* mit der H-Brückenschaltung nach Abb. 10.25 genutzt werden. Wiederum sind Drehmoment und Dynamik von den Wicklungsparametern und der Erwärmung bzw. Umgebung abhängig. Eine sehr lohnenswerte Alternative ist die *Stromsteuerung*, bei der durch elektronische Mittel der Strom in der Wicklung unabhängig von inneren und äußeren Einflüssen so konstant wie möglich auf einem festgelegten Niveau gehalten wird (Abb. 10.26, Tab. 10.4). Man unterscheidet hier die *Pulsweitenmodulierung* (PWM) und die *Chopper*-Ansteuerung. Beide Varianten unterteilen die vergleichsweise hohe Spannung in

Tab. 10.3: Unipolare Schaltungen für beschleunigten Stromanstieg.

Schaltung	mit Vorwiderstand	mit Vorwiderstand und Parallelkondensator	Bi-Level-Schaltung	mit Freilaufdioden und Z-Dioden (Zenerdioden)
Schaltung				
	Spannung U_0 anheben um $1 + R_V/R$	C speichert zusätzlich Energie	Start mit $L1+$, dann umschalten auf $L2+$	Definierter Stromabbau durch Zenerspannung
Stromverlauf	 $I_0 = U_0/(R+R_V)$	 $I_C = 2U_0/R$		
Vorteile	– einfache Schaltung – geringe Kosten	– einfache Schaltung – geringe Kosten – gute Frequenzerhöhung, da schneller Stromanstieg	– verlustarm – große Spannungsüberhöhung möglich, damit sehr gute Frequenzerhöhung	– verlustarm – geringe Kosten – sehr gute Frequenzerhöhung
Nachteile	– Verlust in R_V – nur für kleine Leistungen – geringe Frequenzerhöhung	– Verlust in R_V – nur für kleine Leistungen	– zwei Speisespannungen – Schaltungsaufwand – hohe Kosten	– Verluste in der Zenerdiode – Höhere Geräuschentwicklung

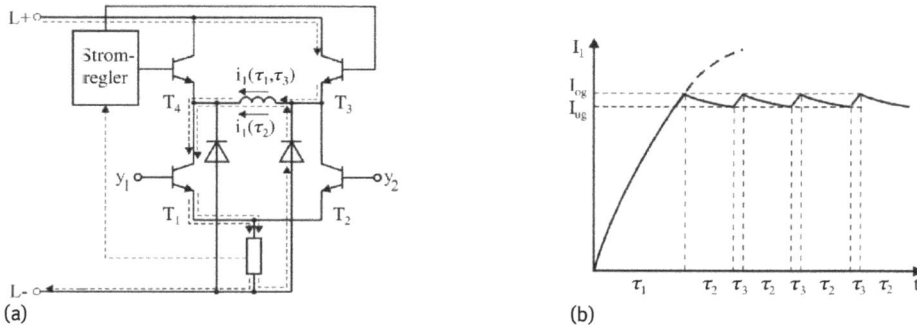

(a)

(b)

Abb. 10.26: Schaltung (a) und Stromverlauf (b) eines bipolar angesteuerten Wicklungsstrangs mit Stromregelung
(die Freiaufdioden über den Transistoren T_1 bis T_4 sind der Übersicht wegen nicht dargestellt).

Tab. 10.4: Vor- und Nachteile der Spannungssteuerung und Stromsteuerung von Schrittmotoren.

Ansteuerung	Spannungssteuerung	Stromsteuerung
Anwendung	– kleine Leistung – geringe Frequenzen	– kleine bis große Leistungen – höhere Frequenzen (bis zu Faktor 5)
Vorteile	– einfacher elektrischer Aufbau – 100 % ED Einsatz möglich	– Kennlinie fällt nur wenig mit der Drehzahl, damit größerer Betriebsbereich – Moment relativ unabhängig von Motorerwärmung und Umgebungstemperatur
Nachteile	– Drehmoment und Dynamik von den Wicklungsparametern und Erwärmung abhängig – schmaler Einsatzbereich	– meist höhere Erwärmung – aufwendigere Parametrierung – höhere Elektronik-Kosten

kleine gesteuerte An-Aus-Segmente, die über die elektrische Trägheit der Induktivität in der Wicklung den gewünschten Strom einstellen.

Bei der PWM wird innerhalb eines festgesetzten Takts die aktive Pulsweite durch den Mikrocontroller aufgrund festgelegter Parameter in Abhängigkeit äußerer Randbedingungen wie Temperatur oder Frequenz bestimmt. Im Chopper-Betrieb dagegen wird über einen Komparator der Strom mit den oberen und unteren Sollwerten verglichen und dann die Spannung entsprechend ab- und zugeschaltet. In einer einfacheren Chopper-Ausführung wird der Strom nur beim Erreichen der oberen Schwelle abgeschaltet (negativ durch unteren Transistor) und auf Basis einer festen Reglerfrequenz oder nach einer festen Abklingzeit wieder zugeschaltet. Die Strom-

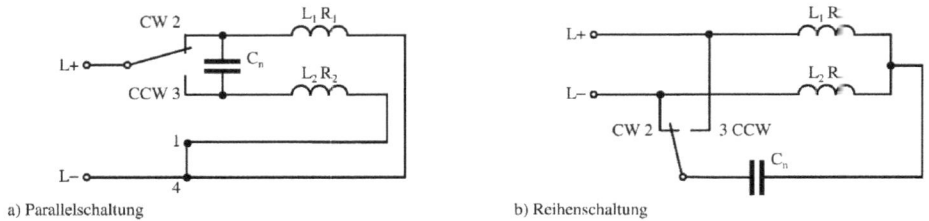

a) Parallelschaltung   b) Reihenschaltung

Abb. 10.27: Schaltungen für zweisträngige Schrittantriebe zum Betrieb an Wechselspannungsnetz als Synchronmotor, Phasenschieberkondensator C_n parallel zu den Motorwicklungen (links oder in Reihenschaltung (rechts).

reglerfrequenzen werden in der Regel $>13\,\text{kHz}$ gewählt, damit der Hörbereich des Menschen überschritten wird. Spannungsüberhöhungen von 1:5 bis 1:10 sind üblich, sodass sehr hohe Schrittfrequenzen bis $f_s = 4\,\text{kHz}$ erreicht werden können. Die Zusatzverluste sind gering, weil die beiden oberen Leistungstransistoren gleichzeitig als Regler arbeiten und keine zusätzlichen Leistungsbauelemente benötigt werden.

Mit den bisher gezeigten Ansteuerungen arbeitet der Schrittmotor in der typischen offenen Steuerkette (*feedforward*), vgl. Abb. 10.1. Natürlich kann man den eigentlich fremdgeführten Antrieb auch in einen geschlossenen Regelkreis (*feedback*) bringen und über die Lageerfassung des Rotors (per Drehgeber oder sensorlos) die Dynamik massiv steigern. Das Ansteuerkonzept entspricht dann dem des BLDC-Motors, der in seinen Eigenschaften und insbesondere dem Wirkungsgrad dem Schrittmotor in diesem Fall dennoch überlegen ist. Nichtsdestotrotz lassen sich über die Regelung des Schrittmotors bis zu 60 % mehr Drehmoment und doppelt so hohe Betriebsfrequenzen erzielen.

Der Vollständigkeit halber sei noch erwähnt, dass jeder Schrittmotor über eine der Schaltungen nach Abb. 10.27 am Versorgungsnetz auch als *Synchronmotor* betrieben werden kann (siehe auch Kapitel 7 zu Synchronmotoren). Dabei wird die Drehzahl durch die Netzfrequenz festgelegt. Anlaufverhalten und maximales Drehmoment (Kippmoment M_K) werden maßgeblich durch den Phasenkondensator C_n bestimmt, der durch Versuche über den Laufbereich des Antriebs zu verifizieren ist. Durch C_n wird die Phasenverschiebung zwischen den Wicklungen eingestellt, um das Drehfeld zu erzeugen. Diese ist jedoch auch vom Spannungsbereich der Anwendung abhängig, was die Bestimmung von C_n erschwert. Werden Motoren an Netzspannung $>70\,\text{V AC}$ betrieben, dann ist sicherzustellen, dass der Antrieb gegen direktes und indirektes Berühren geschützt ist. Gegebenenfalls ist beim Hersteller nachzufragen, um die Gefährdung durch elektrischen Schlag einzuschätzen und entsprechend abwenden zu können.

10.5 Dynamik und Bewegungsabläufe

10.5.1 Dynamik von Schrittmotor und Antriebssystem

Antriebssysteme mit Schrittmotor (siehe Abb. 10.1) entwickeln oft Eigendynamiken, die im Rahmen der Anwendung zu berücksichtigen sind. Bereits Gleichung (10.9) zeigt den schwingungsfähigen Charakter des Schrittmotors, der auf der reluktanzmagnetischen Kraftwirkung mit Tangential- und Radialkomponenten beruht, und durch die periodische Anregung mit der Speisefrequenz f_S verstärkt wird.

Wie in Abschnitt 10.3.7 erläutert, sind die Betriebs- bzw. Grenzkennlinien maßgeblich für das mögliche Einsatzspektrum des Schrittantriebs. Die in Abb. 10.16 gezeigten Kennlinien beruhen allerdings auf quasistatischen Zuständen, d. h., jegliche Änderungen sind eher langsam, sodass Resonanzeffekte nicht in Erscheinung treten. Jedoch können Resonanzen trotz eigentlich adäquater Antriebsleistung einen Motor für die Anwendung untauglich werden lassen, vgl. Abschnitt 10.5.4. Zuvor zeigt Abschnitt 10.5.2 typische Bewegungsabläufe, in denen die quasistatische Betrachtung ausreichend ist. Mit Abschnitt 10.5.3 wird auf den besonderen Betriebsfall der Anwendungen mit Endanschlägen eingegangen.

Da für die Antriebsauswahl der Trägheitsfaktor F_I nach Gleichung (10.11) eine wesentliche Kenngröße ist, sind neben den Motorkennwerten auch die Lastbedingungen zu beachten. Für hochdynamische Antriebe ist die quasistatische Betrachtung vielfach nicht ausreichend. So verlangen beispielsweise extrem schnelle Positionieraufgaben nichtkonstante Impulsabstände des Taktsignals, um auch Schwingneigungen des Systems auszunutzen [260, 261]. Zum besseren Verständnis wird die Simulation der Bewegungsabläufe mittels geeigneter CAE-Software für physikalisch-technische Systeme empfohlen (z. B. Adams, SIMPACK, MATLAB/Simulink, SimulationX). Darin können sowohl die Nichtlinearitäten des Schrittantriebs als auch komplizierte Lastmechanismen gut nachgebildet werden. Durch Variantenrechnungen und Parameterbeeinflussung lassen sich sowohl kritische Betriebszustände als auch optimale Impulsfolgen ohne hohen experimentellen Aufwand vorherbestimmen. Dennoch sind die Vorhersagen im Experiment zu überprüfen (Validierungstests des Systems, Typprüfungen) und mit den gewonnenen Erkenntnissen das Modell zu verbessern. Ein mögliches Schrittmotormodell enthält Abschnitt 10.3.8.

Um sich die Dynamik des Schrittantriebs über die Simulation hinaus anschaulich vorzustellen, hilft die Analogie mit einem Pendel. Bei jedem Pendel wird zuerst Energie zugeführt, welche dann zwischen maximaler potenzieller Energie (obere Ruhestellung) und maximaler kinetischer Energie (untere Lage) schwingt. Diese Schwingung wird durch innere und äußere Dämpfung abgebaut oder durch regelmäßige Zufuhr externer Energie am Leben gehalten. Sinngemäß pendelt beim Schrittmotor der Rotor auch unter den Statorpolen, wobei er die maximale potenzielle Energie genau zwischen den Polen hat (Reluktanzkraft mit höchster tangentialer Komponente) und die maximale kinetische Energie unter dem Pol. Im letzten Schritt einer Schrittfolge pendelt der Rotor dann unter dem jeweiligen Pol durch Dämpfung aus (vgl. Abb. 10.14). Belastete Schrittmotoren verhalten sich wie Mehrkörperpendel, die durch ihre Vielzahl an Zustandsvariablen auch von außen nicht beobachtbare Eigenschwingungen entwickeln können, und damit unerwartetes Geräusch und Verschleiß. Auch hier bietet die Simulation einen Zugang zu den inneren Vorgängen, die mit Hilfe gezielter oder statistischer Parametervariation untersucht werden können.

Beim Einsatz von spielbehafteten Getrieben (Stirnrad, Spindel-Mutter, ...) zur Drehmoment- bzw. Krafterhöhung ist der Spielausgleich zu beachten. Insbesondere für Positionieraufgaben sind sowohl beim Anfahren als auch beim Reversierbetrieb die dabei entstehenden Leerläufe zu beachten. Die Auslegung sollte so robust gestaltet werden, dass über entsprechende Getriebe oder Wandler die Zielposition nicht nur mit einem, sondern mehreren Schritten Auflösung erreicht wird. Auch die Geräuschentwicklung verdient erhöhte Aufmerksamkeit, da ungeeignete Zähnezahlpaarungen die Grundfrequenz oder eine der Eigenfrequenzen des Schrittmotors verstärken können.

Zur aktiven Analyse der dynamischen Zustände im Schrittmotor kann im Halbschrittbetrieb die Gegeninduktionswirkung in der nichterregten Spule genutzt werden. Die aufgrund der Rotorschwingung induzierte Spannung (*Self-Sensing*) ist ein Maß für das Rotorpendeln. Sie ist allerdings vom Betriebszustand und der Last abhängig und muss experimentell mit Versuchen in der jeweiligen Applikation charakterisiert und parametrisiert werden. Mit Hilfe der in der Ansteuerung abgelegten Zustandsparameter lassen sich im praktischen Einsatz Aussagen über Betriebsgrenzen, Drehmomente oder für eine Anschlagerkennung ableiten (Abschnitt 10.5.3). Bei geeigneter Ausführung lässt sich damit auch eine Feedback-Schleife im Sinne einer sensorlosen Regelung aufbauen, die den Betriebsbereich über das normale Maß hinaus erweitert.

Abschließend sei noch erwähnt, dass bei der Auswahl nach Grenzkennlinien genügend Reserven in der Antriebsauslegung einzuplanen sind. D. h., der Schrittantrieb sollte im Nennbetrieb erfahrungsgemäß nur zu 60 ... 70 % ausgelastet sein. Dieser Sicherheitsvorhalt liefert die nötige Robustheit gegenüber nicht spezifizierten Anforderungen im Feldeinsatz.

10.5.2 Typische Bewegungsabläufe

Aufgrund der Vielzahl konkreter Antriebsfälle mit ihren spezifischen Parametern ist es zweckmäßig, typische Bewegungsabläufe für Schrittantriebe [264], ähnlich den Betriebsarten elektrischer Maschinen [253], herauszuarbeiten. Sie sind die Grundlage für die Analyse der jeweiligen Antriebsaufgabe und liefern adäquate Lösungsoptionen.

Beim Bewegungsablauf *langzeit-drehzahlstabiler Antriebe* sind der Anlauf und das Stoppen ohne Bedeutung für den Winkel-Zeit-Verlauf. Die Schrittfrequenz f_S kann beliebige Werte bis maximal zur Betriebsfrequenz f_B annehmen (Abb. 10.16). Die Langzeitkonstanz wird nur durch die Stabilität der Speisefrequenz bestimmt. Typische

Beispiele für diesen Bewegungsablauf sind der Papiervorschub in registrierenden Messgeräten und Infusionspumpen in Dialysegeräten.

Eine zweite typische Antriebsaufgabe verlangt den *Betrieb mit variablen Drehzahlen*, d. h. zwischen einer minimalen und einer maximalen Drehzahl. Liegen beide Schrittfrequenzen im Start-Stopp-Bereich, so können sie sprunghaft geändert werden. Im Betriebsfrequenzbereich sind maximal zulässige Änderungen $|df_S/dt|_{zul}$ in Abhängigkeit vom Trägheitsfaktor F_I zu beachten. Dabei muss die Schrittfrequenzänderung nicht unbedingt kontinuierlich erfolgen. In erster Näherung sind Frequenzsprünge von der Größe der Start-Stopp-Frequenz unter Beachtung des Lastdrehmoments und des Trägheitsfaktors zulässig.

Ein interessanter Anwendungsfall im Zusammenhang mit diesem Bewegungsablauf sind die sogenannten *elektronischen Getriebe*. Zum Beispiel soll einer ersten rotierenden Bewegung, die von einem beliebigen Antriebsmotor erzeugt wird, eine zweite Bewegung synchron zugeordnet werden. Dazu koppelt man mit der Welle, die die erste Bewegung ausführt, einen Impulsgeber, der eine drehwinkelproportionale Impulsmenge abgibt. Diese Impulse führt man direkt oder nach einer elektronischen Reduktion oder Vervielfachung dem Schrittantrieb zu. Der proportionale Zusammenhang zwischen Eingangsimpulszahl und ausgeführter Schrittzahl garantiert den Synchronismus zwischen erster und zweiter Bewegung. Mittels des elektronischen Frequenzverhältnisses kann die Übersetzung zwischen beiden Bewegungen variiert werden. Vorteile dieser elektronischen Getriebe sind:

– absoluter Synchronismus ohne mechanische Kopplung der Wellen;
– beliebige räumliche Anordnung der anzutreibenden Wellen (z. B. Fahrtenschreiber);
– elektronisches Stellen der Übersetzung;
– keine mechanischen Schäden bei Überlastung einer Welle;
– verschleißfreier Betrieb.

Besonders zu beachten sind bei diesem Anwendungsfall mögliche Resonanzstellen, die maximal zulässigen Frequenzänderungen sowie die maximalen Lastdrehmomente.

Eine weitere typische Antriebsaufgabe, insbesondere bei Positionieraufgaben, ist der *Gruppenschrittbetrieb*. Dabei sind bestimmte Positionen mit nicht sehr großen Abständen und nicht zu hoher Geschwindigkeit anzufahren. Dem Schrittantrieb wird dazu während der Betriebszeit T_B jeweils eine Impulsgruppe zugeführt (Abb. 10.28 links). Anschließend steht er bis zum Ende der Spielzeit T still. Dann erfolgt die nächste Positionierung mit der nächsten Impulsgruppe. Typisch ist dabei der Betrieb im Start-Stopp-Bereich. Ein Beispiel für den Gruppenschrittbetrieb ist das Schreiben der einzelnen Zeichen bei einem Drucker. Um eine Proportionalschrift realisieren zu können, sind jedem Zeichen mehrere in der Zahl unterschiedliche Schritte zugeordnet. Das Gleiche gilt für die Zeilenschaltung. Beim Drucken eines Zeichens oder einer Zeile

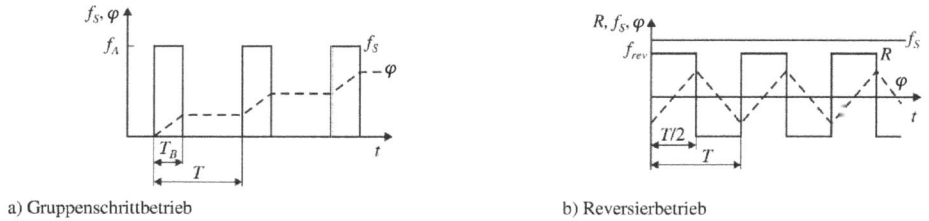

a) Gruppenschrittbetrieb

b) Reversierbetrieb

Abb. 10.28: Bewegungsablauf bei Gruppenschrittbetrieb (a) und Reversierbetrieb (b).

wird jeweils eine Pause eingelegt. Anschließend erhält der Antrieb die nächste Schrittgruppe zum Anfahren der nächsten Position.

Durch die Programmierung verschiedener Zeitabläufe der Schrittfrequenz lassen sich mit einem Schrittantrieb sehr komfortabel *oszillierende Antriebe* in vielfältiger Form realisieren (Reversierbetrieb in Abb. 10.28 rechts). Klassische Schwingantriebe arbeiten nur optimal bei fester Frequenz (Resonanzfrequenz) und fester Amplitude. Beispiele für oszillierende Antriebe auf Basis des Schrittantriebs mit programmierbaren Stellwinkeln sind häufig in der Textilindustrie (Nadelquerbewegung bei Nähmaschinen oder Fadenschnittantriebe), im Klimabereich (Klappensteuerung) oder der Agrarindustrie (Düsensteuerung Pflanzenschutzmittel) zu finden.

Sind Bewegungsaufgaben mit größeren Verfahrbereichen (z. B. Rückstellung auf einen definierten Nullpunkt) zu realisieren, dann geht man zum *zeitoptimalen Positionieren* über und nutzt den Umstand, dass die Schrittfrequenz im Betriebsfrequenzbereich wesentlich erhöht werden kann. Nach dem Start mit einer Startfrequenz f_A wird die Schrittfrequenz auf eine größere Betriebsfrequenz f_B gesteigert (Betrieb mit *Rampe*). Optimal ist eine exponentielle Frequenzveränderung, möglich sind aber auch lineare oder sprunghafte Frequenzänderungen. Kurz vor dem Erreichen der Zielposition wird die Schrittfrequenz von der Verfahrfrequenz f_B auf die Stoppfrequenz f_{Br} abgesenkt und dann abgeschaltet. Die Stoppfrequenz f_{Br} kann allgemein höher als die Startfrequenz f_A gewählt werden, da das Lastdrehmoment M_L den Stoppvorgang unterstützt. Das zeitoptimale Positionieren wird zweckmäßig eingesetzt beim Füllen bzw. Spülen von Kolbenpumpen und beim Wagenrücklauf von Druckern, die durch lange Wege mit hohen Schrittzahlen gekennzeichnet sind. Damit sind deutliche Zeitreduzierungen gegenüber dem eigentlichen Dosier- bzw. Druckbetrieb möglich, die im Bereich der Start-Stopp-Frequenz erfolgen.

10.5.3 Referenzpunktbestimmung und Anschlagerkennung

Schrittantriebe arbeiten üblicherweise in einer offenen Steuerkette. Schaltet man den Schrittantrieb mit vorgegebenem Bestromungsmuster ein, so ist damit noch keine absolute Position bestimmt, denn im Abstand von vier Schritten φ_S ergeben sich stabile

Arbeitspunkte (vgl. Abschnitt 10.3.4). Als Beispiel sei das Verschieben des Druckwagens in einem abgeschalteten Drucker von Hand durch Überschreiten des Selbsthaltemoments genannt.

Um immer ein gleiches Druckbild zu erreichen, ist es notwendig, vor Beginn des eigentlichen Arbeitsvorgangs eine Referenzposition anzufahren. Dazu wird der Schrittantrieb mit einer Schrittzahl angesteuert, die mindestens so groß wie der maximal mögliche Stellweg einschließlich zulässiger Toleranzen ist. Das Anfahren an einen mechanischen Anschlag ist für einen Schrittantrieb in erster Instanz unkritisch. Ausgehend von dieser Referenzposition arbeitet der Schrittantrieb fehlerfrei, solange die Betriebsparameter im zulässigen Bereich liegen. Allerdings wirkt der Schrittantrieb längere Zeit auf den Anschlag ein, wenn die Ausgangsposition vor Beginn der Referenzfahrt nicht beim maximalen Stellweg liegt. Durch das häufige Aufschlagen können nachteilige Geräusche und mechanische Verschleißerscheinungen an zwischengeschalteten mechanischen Übertragungsgliedern auftreten. Das gleiche gilt für Ventilantriebe, wenn durch Betrieb mit überhöhter Schrittzahl das sichere Schließen des Ventils auch bei unterschiedlichen Toleranzen des Stellwegs gewährleistet werden soll. Zur Reduzierung von Geräuschen können spezielle Ansteuerregime zur Anwendung kommen, siehe [267].

Es sind deshalb Verfahren entwickelt worden, um durch Auswertung des Strom-Zeit-Verlaufs der Motorspulen einen mechanischen Anschlag des Schrittantriebs zu erkennen (vgl. Abschnitt 10.5.1 und [257, 259, 265]). Der Vorteil einer solchen *Anschlagerkennung* ist es, dass bereits nach drei bis vier Schritten das Blockieren des Antriebs eindeutig erkannt wird. Außerdem erfolgt diese Auswertung im gleichen Prozessor, der für die Funktionsausführung in der Ansteuerung des Schrittantriebs vorhanden ist. Es werden daher keine zusätzlichen externen Bauelemente, wie z. B. Encoder, benötigt.

Das Verfahren der Anschlagerkennung kann auch vorteilhaft bei selbstlernenden Antrieben eingesetzt werden. Ein häufiger Einsatzfall von Schrittantrieben sind Klappensteuerungen in der Heizungs-, Lüftungs- und Klimatechnik. Mit einem Schrittantrieb lassen sich somit Klappen mit unterschiedlichen mechanischen Stellwinkeln realisieren. Dazu wird bei der Inbetriebnahme ein Lernlauf ausgeführt, bei dem beide Endpositionen angefahren und durch den Schrittantrieb erkannt werden. Aus den zwischen beiden Endanschlägen ausgeführten Schritten errechnet der Antrieb seinen Stellbereich und legt ihn als Maximalwert im Mikrocontroller ab. Darüber hinaus sind dabei auch die beim konkreten Objekt vorhandenen Toleranzen kompensiert.

Zusammengefasst bietet die elektronische Anschlagerkennung bei Schrittantrieben eine Reihe von Vorteilen:
– Sie erfordert keinen zusätzlichen Hardwareaufwand.
– Sie reduziert die Geräuschentwicklung.
– Sie vermindert möglichen Verschleiß mechanischer Baugruppen.
– Sie erweitert den Einsatzbereich durch die Realisierung selbstlernender Antriebe.

Für den Einsatz des Schrittmotors in Endanschlägen sind trotz Anschlagerkennung dennoch einige spezielle Aspekte zu beachten:
- Verhalten der Anschlagskraft
- Klemmen im Anschlag
- Rückspringen mit dreifacher Frequenz.

Die Abschnitte 10.3.4 bzw. 10.3.5 beschreiben, dass der Rotor bei einem zweistrangigen Motor alle vier Schritte dasselbe Bestromungsmuster erfährt und in einem Vielfachen von vier Schritten seine Schrittverluste hat. Dies passiert auch im Anschlag, sodass in Abhängigkeit von der Steifigkeit der Endlage dieselben ein bis vier Schrittpositionen zyklisch angefahren werden. Die Elastizität des Anschlags beeinflusst dann die Kraftwirkung und das Geräuschverhalten. Beispielsweise kann die Dichtkraft in Ventilanwendungen eben nicht für jede Endlage gleich groß eingestellt werden, sondern sie springt zwischen ein bis vier Kraftwerten und verbleibt nach Abschalten der Erregung in einem der möglichen Level.

Eine Fragestellung von praktischer Relevanz ist auch das Langzeitverhalten von Schrittantrieben in mechanischen Endlagen. Durch Alterung, Temperatureinflüsse und Umgebungsmedien entstehen mechanische Spannungen, Setzungseffekte, Spiel und/oder Verklebungen, die zum Funktionsausfall führen können. Dies kann zu Leckagen bis hin zum Verklemmen des Motors führen. Zur Einschätzung möglicher Probleme sind entsprechende Alterungstests mit übertriebenen Testbedingungen unerlässlich. Weiterhin wird in vielen Fällen jeden Tag eine Referenzfahrt ausgeführt, sodass über die erneute Positionierung des Antriebs im Anschlag die Zeitfaktoren weitestgehend kompensiert werden können. Darüber hinaus kann die Ansteuerung dahingehend optimiert werden, dass Blockagen möglichst vermieden werden [266].

Bei der Fahrt in den Anschlag kann es bei ungünstigem Zusammenspiel von Elastizitäten, Schritt- und Eigenfrequenzen zu einem Rückwärtslauf des Schrittantriebs mit dreifacher Schrittfrequenz kommen. In diesem Fall synchronisiert sich der Rotor auf das Schrittmuster, bei dem statt ein Schritt vorwärts drei Schritte rückwärts gesprungen wird. Dieses Verhalten ist auch bei Synchronmotoren mit AC-Speisung relativ häufig zu beobachten. Problematisch ist, dass die Laborversuche bei der Entwicklung oder Typprüfung oft unauffällig sind und dieser Effekt erst in der realen Applikation eintritt. Abhilfe schaffen hier frühzeitige Tests mit der finalen Applikation sowie Variationsversuche mit unterschiedlichen Ansteuerspannungen, Frequenzen und Lasten.

10.5.4 Resonanzfrequenzen

Schrittantriebe sind aufgrund der periodischen Anregung und magnetischen Kraftkopplung schwingungsfähige Systeme, wie Gleichung (10.9) und Abb. 10.15 verdeutlichen. Alle Schrittmotoren weisen im Allgemeinen mehrere Eigenfrequenzen auf. Die äußere Anregung des Systems erfolgt vor allem durch die speisende Schrittfrequenz, meist in dem Bereich von $f_S = 300 \ldots 5000\,\text{Hz}$. Neben den rein mechanischen Zusammenhängen können auch durch die elektronische Beschaltung Resonanzen eingebracht werden (Ausführung der Regelung, Netzteile und weitere Effekte, siehe [263]). Aus dem Zusammenwirken von Eigen- und Anregungsfrequenz resultieren daher für Schrittantriebe typische Resonanzstellen.

Eine eindeutige Interpretation und quantitative Berechnung der gesamten Resonanzerscheinungen ist bisher noch nicht gelungen. Sowohl die Nichtlinearitäten im Schrittmotor als auch Erscheinungen, die aus dem Zusammenspiel mit der Ansteuerelektronik resultieren, sind theoretisch sehr kompliziert. Hinzu kommen die Bedingungen der angekoppelten Last, wie z. B. ein Getriebespiel. Die Resonanzfrequenzen werden daher messtechnisch ermittelt, indem der Schrittmotor und gegebenenfalls die Anwendung mit Beschleunigungssensoren vermessen wird. Bei Auswahl und Applikation der Sensoren sind deren Eigenmasse sowie die potenziellen Wirkachsen zu berücksichtigen, um auch die tatsächlich relevanten Schwingungen zu erkennen. Alternativ können auch akustische Kameras zum Einsatz kommen, deren Auflösung im mm-Bereich bei kleinen Antrieben allerdings die Lokalisierung der Schwingungsquelle erschwert. Eine weitere Variante sind Laservibrometer zur berührungslosen Erfassung der Schwingungserscheinungen, siehe auch Kapitel 12 zu Geräuschen.

Da Resonanzen weder unter allen Umständen exakt bestimmt noch verhindert werden können, haben sich bei der praktischen Anwendung folgende Maßnahmen zur Reduzierung der Wirkung von Resonanzen von Schrittantrieben bewährt:
- Start über der höchsten Resonanzfrequenz, wenn diese im Start-Stopp-Bereich liegt, $f_A > f_{Res}$ (vgl. Abb. 10.16);
- zusätzliche Dämpfung des Systems durch Vergrößerung des Dämpfungsmoments M_D, wobei das Lastdrehmoment M_L diese Aufgabe mit übernehmen kann, Gleichung (10.9);
- Verlagerung der Resonanzfrequenz zu kleineren Werten durch Erhöhen des Lastträgheitsmoments

$$f_{Res} = \frac{f_{res0}}{\sqrt{F_I}} \; ; \tag{10.23}$$

- schnelles Durchfahren der Resonanzstelle.

Im Vergleich zu einem zweisträngigen Antrieb sind beim Fünf-Strang-Schrittmotor Resonanzerscheinungen im Allgemeinen kaum zu erkennen. Das liegt an den sehr kleinen Schrittwinkeln von $\varphi_S = 0{,}36°$ bzw. $0{,}72°$ als auch an der Erregung durch vier bzw. fünf Wicklungsstränge, die das resultierende Drehmoment nur sehr wenig schwanken lassen.

Tab. 10.5: Spezifikationsparameter Schrittantriebe (wo passend, sind rotatorische und translatorische Parameter angegeben).

Parameter (deutsch/englisch)	Formel	Einheit	Bemerkung
Motorgröße/motor size		mm	z. B. Außendurchmesser
Ansteuerung/control method			bipolar oder unipolar
Schrittwinkel/step angle	φ_S	°	rotatorisch
Schrittweite/step size	s	mm	translatorisch
Positioniergenauigkeit/position accuracy	$\Delta\varphi_S$,	°	rotatorisch
Auflösung/resolution	Δs	µm	translatorisch
Ansteuermodus/drive mode			Konstantspannung oder Stromsteuerung
Widerstand pro Strang/ winding resistance	R_{20}	Ω	gemessen bei Raumtemperatur, oft mit ± 10 % toleriert
Induktivität pro Strang bei x V, 1 kHz inductance per winding at x V, 1 kHz	L_{20}	mH	meist mit 1 V gemessen
Nennspannung/rated voltage	U_N	V	meist mit ± 10 % spezifiziert
Nennstrom/rated current	I_N	mA	bei U_N, speziell für Synchronmotoren
Max. Strom pro Strang/ max. current per winding	I_{max}	mA	
Einschaltdauer/duty cycle	ED	%	basierend auf 5 min Zykluszeit
Haltemoment/holding torque	M_H	mNm	rotatorisch
Selbsthaltemoment/detent torque	M_S	mNm	rotatorisch
Drehmoment/torque	M	mNm	rotatorisch
Stellkraft bei U_N und x Hz Vollschritt/ force at U_N and x Hz full step mode	F	N	translatorisch
Selbsthemmung/self locking force	F_H	N	translatorische Antriebe mit innenliegendem Gewinde (meist hochübersetzend mit großer Selbsthemmung)
Leistungsaufnahme/power consumption	P_{in}	W	oder VA für Synchronmotoren
Abgabeleistung/power output	P_{out}	W	
Betriebstemperaturbereich/ operating temperature range	ϑ_{amb}	°C	typisch: $-25\,°C \cdots +60\,°C$
Temperaturbereich Lagerung/ storage temperature range	ϑ_{stor}	°C	typisch: $-40\,°C \cdots +80\,°C$
Thermische Klasse/thermal class			z. B. 130 (B) nach DIN EN 60085
Schutzart/degree of protection			z. B. IP30 nach DIN EN 60529
Thermischer Widerstand/thermal resistance	R_{therm}	K/W	Erwärmung pro Leistung
Thermische Zeitkonstante/thermal constant	τ_{therm}	min	für ED Betrieb relevant
Elektrische Zeitkonstante/electrical constant	τ_{el}	ms	für Ansteuerung relevant
Trägheitsmoment Rotor/rotor inertia	J_R	$g \cdot cm^2$	mit Trägheitsfaktor F_i relevant für Betriebskennlinie unter Last
Resonanzfrequenz ohne Last/ resonance frequency without load	f_{res}	Hz	
Max. Axialspiel bei $\pm x$ N/ max. axial play at $\pm x$ N		µm	
Zulässige Axialkraft/permissible axial load	F_A	N	auf Abtriebsachse
Zulässige Radialkraft/permissible radial load	F_R	N	auf Abtriebsachse
Lebensdauer/mechanical lifetime		Zyklen/h	
Betriebskennlinien/operational range			für 100 % ED und weniger

10.6 Auswahlkriterien und Spezifikation für die Anwendung

Die bisherigen Abschnitte haben die Eigenschaften und Kenngrößen der Schrittantriebe beschrieben und deren Hintergründe erläutert. Tabelle 10.5 listet entscheidende Parameter bei der Auswahl eines Schrittantriebs auf. Auswahl und Auslegung siehe [261, 270].

Axel Mertens

11 Leistungselektronik und Regler für Kleinantriebe

Schlagwörter: Eigenschaften, Ausführungsarten, Wirkungsweise, Kommutierung

11.1 Einleitung

In der Einleitung (Kapitel 1) wird das elektromagnetische Antriebssystem in die verschiedenen Aufgaben untergliedert (Abb. 1.4). In den vorangegangenen Kapiteln werden in erster Linie elektromechanische Energiewandler beschrieben, die als Kernstück des Antriebs und Schnittstelle zwischen mechanischer und elektrischer Domäne bezeichnet werden können. Dieses Kapitel soll nun eine Einführung in die Funktionsprinzipien der elektronischen Stellelemente und in die Strukturen der Regler für die Gleichfeld- und Drehfeldmotoren geben. Dadurch soll dem Anwender ermöglicht werden, bei der Zusammenstellung eines Antriebssystems eine richtige Entscheidung bei der Auswahl von Stellglied und Regelung zu treffen.

Besonderheiten der Ansteuerung einzelner Motorentypen, beispielsweise bei Schrittmotoren oder geschalteten Reluktanzmotoren, werden an entsprechender Stelle diskutiert, sodass sich dieses Kapitel auf Grundlagen und übergreifende Ansätze beschränken kann.

Wie anhand von Abb. 1.4 deutlich wird, kommt ein geregeltes Antriebssystem nicht ohne Messsysteme aus. Systeme zur Erfassung mechanischer Drehwinkel werden in Band 2, Abschnitte 5.2 und 5.3 vorgestellt. In elektronischen Stellelementen kommen daneben Messglieder zur Erfassung von Strömen und Spannungen für die Regelung zum Einsatz (siehe auch Band 2, Abschnitt 5.1). Während Spannungen einfach mit Hilfe von Spannungsteilern und Differenzverstärkern erfasst werden können, sind für die potenzialgetrennte Erfassung von Strömen entweder Shunt-Widerstände mit Differenzverstärkern einsetzbar oder es werden magnetische Messprinzipien verwendet, die eine potenzialgetrennte und gleichzeitig verlustfreie Strommessung ermöglichen. Auf weitere Details muss an dieser Stelle verzichtet werden.

11.2 Elektronische Stellelemente

Elektronische Stellelemente lassen sich als Erstes nach dem Wirkprinzip einteilen. Zu unterscheiden ist zwischen *analogen Stellelementen* und *schaltenden Stellelementen*.

Axel Mertens, Leibniz Universität Hannover

https://doi.org/10.1515/9783110565324-011

11.2.1 Analoge Stellelemente

Bei analogen Stellelementen wird die gewünschte Ausgangsgröße (Strom oder Spannung) analog, d. h. als kontinuierlich veränderliche Größe, bereitgestellt. Das Grundprinzip ist das eines elektronisch veränderlichen Vorwiderstands, der durch eine Regelung so eingestellt wird, dass sich die gewünschte Ausgangsgröße einstellt. Abbildung 11.1 verdeutlicht das Prinzip. Abbildung 11.2 gibt eine Ausführungsmöglichkeit für einen Ein-Quadranten-Gleichstromantrieb an, wobei eine geregelte Ausgangsspannung zur Verfügung gestellt wird.

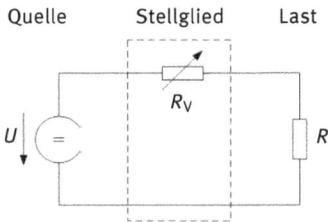

Abb. 11.1: Prinzip eines analogen Stellelements.

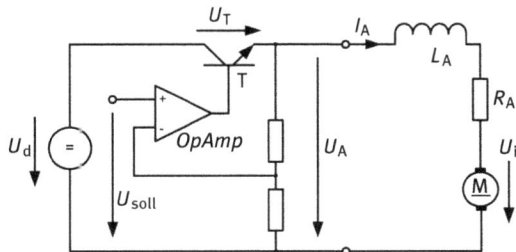

Abb. 11.2: Analoges Stellelement für einen Gleichstromantrieb mit geregelter Ausgangspannung.

Der Differenzverstärker (OpAmp) ist hier als ideal angenommen. Die einzustellende Ausgangsspannung wird mit Hilfe von Widerständen in eine Signalspannung umgewandelt, die im Differenzverstärker mit dem Sollwert verglichen wird. Der Transistor wird im aktiven Bereich betrieben und nur soweit aufgesteuert, bis der Istwert dem Sollwert entspricht und die Differenz der Eingangsspannungen des Verstärkers nahezu null ergibt.

Vorteil solcher analogen Stellelemente ist die sehr schnell und kontinuierlich veränderliche Ausgangsgröße. Der Nachteil liegt in der Verlustleistung im Transistor. Er wird vom gesamten Laststrom durchflossen, während gleichzeitig die Differenz von Eingangs- und Ausgangsspannung an ihm anliegt. Die resultierende Verlustleistung ist nur bei kleinen Antriebsleistungen tolerierbar. Der Wirkungsgrad ergibt sich zu

$$\eta = \frac{U_A \cdot I_A}{U_d \cdot I_A} = \frac{U_A}{U_d}$$

und ist besonders bei niedrigen Ausgangsspannungen gering.

Mit Hilfe von bipolaren Spannungsquellen lassen sich auch Wechselgrößen auf vergleichbare Weise analog einstellen. Anwendung finden solche Speisungen vor allem bei Klein- und Mikroantrieben mit Strömen weit unter 1 A oder im Bereich der Servoverstärker mit sehr hohen dynamischen Anforderungen. Hier findet allerdings eine Verdrängung durch schaltende Stellelemente statt.

11.2.2 Grundprinzip schaltender Stellelemente

Im Gegensatz zum analogen Stellelement ist die Grundkomponente beim schaltenden Stellelement ein *Schalter*, der durch seine beiden Zustände „Ein" (geringstmöglicher Widerstand $R \to 0$) und „Aus" (größtmöglicher Widerstand $R \to \infty$) beschrieben ist (Abb. 11.3). Beide Zustände sind im Prinzip verlustfrei. Im eingeschalteten Zustand kann der Strom I im Schalter hohe Werte annehmen, dagegen ist die Spannung U über den beiden Anschlüssen des Schalters sehr gering und damit auch die Verlustleistung $P_V = U \cdot I$ des Schalters. Im ausgeschalteten Zustand kann zwar die Spannung hohe Werte annehmen, dafür ist aber der Strom im Schalter und damit die Verlustleistung P_V nahezu gleich null.

Der gewünschte Wert der Ausgangsgröße kann hier durch eine zeitliche Abfolge der beiden Schaltzustände (Zeitmultiplex) *im zeitlichen Mittel* eingestellt werden (Abb. 11.4). *Filterelemente* (Kondensatoren und Induktivitäten) haben die Aufgabe, die Ausgangsgröße zu glätten und trotz der sprungförmig veränderlichen Größen am Ausgang der Schalteranordnung eine nahezu konstant verlaufende Ausgangsgröße bereitzustellen. Somit bestehen schaltende Stellelemente immer aus elektronischen

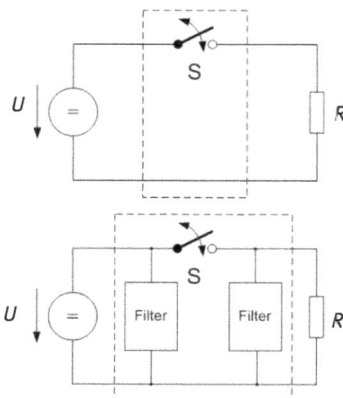

Abb. 11.3: Prinzip eines schaltenden Stellelements; oben: ohne Filter, unten: mit Filtern.

ohne Filter $P = \frac{T_E}{T}\frac{U^2}{R}$

S ein

$\eta = 1$

T_E

T

mit Filtern $P = \left(\frac{T_E}{T}\right)^2 \frac{U^2}{R}$

S ein

$\eta = 1$

T_E

T

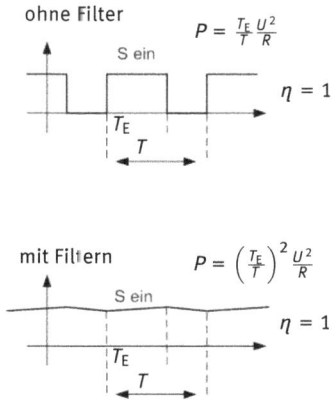

Abb. 11.4: Leistungsverlauf am Ausgang eines schaltenden Stellelements; oben: ohne Filter, unten: mit Filtern.

Schaltern, die zumeist Schaltfrequenzen im Kilohertzbereich zulassen, und Filterelementen, die zur Glättung und Filterung erforderlich sind.

Der Wirkungsgrad von schaltenden Stellelementen wäre bei idealen Schaltern und Filtern gleich 1. Tatsächlich treten aber im leitenden Zustand der elektronischen Schalter und während der Zustandsübergänge Verluste auf, die aus den Eigenschaften der Bauelemente und den Strom- und Spannungsverläufen zu ermitteln sind. Ebenso sind die Filterelemente nicht verlustfrei. Praktisch werden daher Wirkungsgrade von typisch 80 % bis 98 % erreicht. Die Spannungs- und Leistungsklasse sowie die Schaltfrequenz beeinflussen diesen Wert maßgeblich.

Mit diesem Funktionsprinzip kann eine Vielzahl von Stellelementen für alle möglichen Umformaufgaben bereitgestellt werden. Bevor auf die verschiedenen Schaltungen für Antriebsaufgaben eingegangen wird, sind einige Informationen über die Eigenschaften elektronischer Schaltelemente erforderlich, aus denen die Schaltungen aufgebaut sind.

11.2.3 Leistungselektronische Bauelemente

Diode

Dioden werden heute überwiegend aus Silizium gefertigt. Ihr wesentliches Element ist ein p-n-Übergang, der bei positiver Spannung von der Anode (p-dotiertes Silizium) zur Kathode (n-dotiertes Silizium) leitfähig ist und bei negativer Spannung sperrt. Dementsprechend stellt das Schaltsymbol ein Ventil dar, das den Strom nur in einer Richtung (von der Anode zur Kathode) führen kann.

Das Verhalten kann in einer Strom-Spannungs-Kennlinie dargestellt werden (Abb. 11.5). Eine Diode weist im Durchlassbereich eine Schleusenspannung U_{T0} von etwa 0,7 V auf. Der weitere Verlauf der Kennlinie kann durch eine Gerade mit der Steigung r_T angenähert werden. Diese Näherung kann zur Berechnung der Durch-

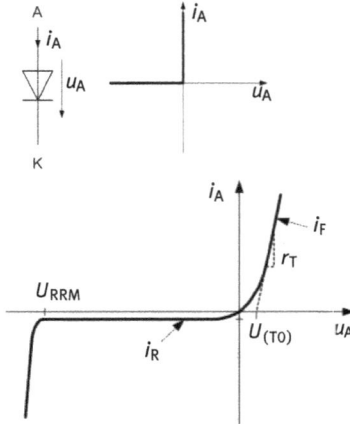

Abb. 11.5: Schaltsymbol, idealisierte und reale Kennlinie einer Diode, Anode A, Kathode K.

lassverluste verwendet werden:

$$\overline{P_{vD}} = \frac{1}{T} \int_0^T (U_{(T0)} + r_T \cdot i_A) \cdot i_A \, \mathrm{d}t$$

$$= U_{(T0)} \cdot \bar{i}_A + r_T \cdot I_A{}^2$$

wobei i_A den Augenblickswert und I_A den Effektivwert des Stroms bezeichnet. Zur Berechnung des Mittel- und Effektivwerts von i_A muss der Stromverlauf bekannt sein; er kann mit Hilfe der idealisierten Kennlinie ermittelt werden. Dabei erfolgt ein Einschalten automatisch, sobald die Anodenspannung positiv wird. Ein Abschalten ist nur möglich, wenn der Anodenstrom durch die äußere Schaltung (ohne Zutun der Diode) zu null wird.

Ein Abschaltvorgang ist in Abb. 11.6 dargestellt. Charakteristisch ist die Sperrverzugsladung Q_{rr}, die im Inneren der Diode zur Führung des Stroms als Speicherladung aufgebaut wird und die in etwa proportional zum stationären Wert des Anodenstroms ist. Sie wächst außerdem mit zunehmender Spannungsfestigkeit des Bauteils. Bevor der p-n-Übergang sperren kann, muss diese Ladungsmenge verschwinden, was hier durch Ausräumen in Form eines Rückstroms (reverse recovery current) mit dem Spitzenwert I_{rr} erfolgt. Der Wert von I_{rr} ist stark abhängig von der Steilheit des rückläufigen Anodenstroms.

Erst nach Erreichen von I_{rr} kann die Anodenspannung zu negativen Werten ansteigen. Die Folge sind Schaltverluste in der Diode, die durch Überlappung des Stromrückgangs von I_{rr} mit dem Anstieg der Sperrspannung entstehen. Die damit einhergehende Verlustenergie W_{VS} in der Diode lässt sich für einen einzelnen Vorgang als Integral über die Dauer dieses Schaltvorgangs bestimmen. Mit der Schaltfrequenz f_S ergibt sich daraus die mittlere Schaltverlustleistung, die erst bei Frequenzen im Kilo-

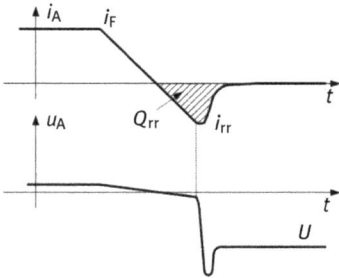

Abb. 11.6: Strom- und Spannungsverlauf beim Ausschalt-vorgang einer Diode. Der Rückgang des Stroms wird von außen vorgegeben.

hertzbereich zu berücksichtigen ist.

$$W_{VS} = \int_{t_1}^{t_2} i_A \cdot u_A \, dt$$

$$P_{VS} = W_{VS} \cdot f_{Sd}$$

Die gesamte mittlere Verlustleistung der Diode lässt sich dann als Summe aus Durch-lass- und Schaltverlusten angeben. Der Sperrstrom i_R und die damit verbundene Ver-lustleistung kann bei kleinen Spannungen in der Regel vernachlässigt werden.

Der Abriss des Rückstroms führt in Verbindung mit parasitären Induktivitäten des Aufbaus zu einer Überspannung entsprechend $L \cdot di/dt$, die steile Flanken und große Amplituden aufweisen kann. Sie kann auch Ursache für elektromagnetische Störun-gen sein (EMV). Schnelle Dioden sollten daher eine geringe Sperrverzugsladung und ein langsames Abklingen des Rückstroms (soft recovery) aufweisen. Dioden sind bis zu hohen Sperrspannungen von 1200 V und mehr sowie über einen weiten Bereich von zulässigen Strömen verfügbar.

Schottky-Diode

Im Gegensatz zu einer p-n-Diode basiert die Schottky-Diode auf einem Metall-Halb-leiter-Übergang, dem sogenannten Schottky-Kontakt. Infolgedessen sinkt die Schleu-senspannung auf Werte von etwa 0,2 V. Dafür steigt der Durchlasswiderstand r_T sehr schnell mit der Sperrspannung an, für die das Bauteil ausgelegt wird. Schottky-Dioden werden daher bevorzugt bei geringen Spannungen bis etwa 200 V eingesetzt. Darüber dominieren die p-n-Dioden.

Aufgrund des anderen Leitmechanismus ist bei der Schottky-Diode auch keine Speicherladung vorhanden, sodass praktisch kein Rückwärtsstrom auftritt. Lediglich eine parasitäre Kapazität zwischen Anode und Kathode (Sperrschichtkapazität) muss hier aufgeladen werden. Diese Kapazität existiert auch bei p-n-Dioden, ist dort aber zumeist von untergeordneter Bedeutung. Insgesamt eignet sich die Schottky-Diode daher für sehr hohe Schaltfrequenzen bis in den MHz-Bereich.

Thyristor

Thyristoren haben gegenüber den Dioden noch einen zusätzlichen Kennlinienast (Abb. 11.7). Sie können auch in Vorwärtsrichtung Spannung aufnehmen, ohne dass ein nennenswerter Strom fließt (Blockieren). Erst durch einen Steuerstromimpuls, der vom Gate-Anschluss zur Kathode fließt, kann das Bauteil vom Blockier- in der Durchlasszustand übergehen (Zünden). Dagegen ist ein Abschalten über das Gate nicht möglich. Der Strom kann nur wie bei der Diode von außen zu null geführt werden, wodurch der Thyristor in den Sperrzustand wechselt.

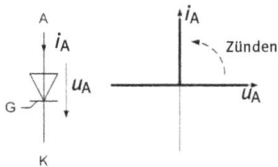

Abb. 11.7: Schaltsymbol und idealisierte Kennlinie des Thyristors. Anode A, Kathode K, Gate G.

Die Verhältnisse im Durchlasszustand sind denen der p-n-Diode sehr ähnlich. Die dort gemachten Angaben lassen sich – mit einer erhöhten Schleusenspannung von typisch 1 V – übertragen. Gleiches gilt für den Ausschaltvorgang. Der Einschaltvorgang erzeugt beim Thyristor Einschaltverluste aufgrund einer Überlappung der abklingenden Vorwärtsspannung und des ansteigenden Stroms. Um lokale Überhitzungen im Bauelement zu vermeiden, muss der Stromanstieg zumeist durch eine Serieninduktivität begrenzt werden.

Außer durch einen Gatestrom-Impuls kann der Thyristor durch eine zu hohe Blockierspannung (Überkopfzünden) oder durch eine zu schnell ansteigende Blockierspannung versehentlich gezündet werden, was zur Zerstörung des Bauteils führen kann.

Von besonderer Bedeutung ist, dass zwischen dem Verlöschen des Stroms und dem Wiedererlangen der Blockierfähigkeit eine gewisse Zeit vergehen muss (*Freiwerdezeit*). Während dieser Zeit, die mit dem Rekombinieren verbleibender Ladungsträger im Inneren des Thyristors verbunden ist, muss Rückwärtssperrspannung anliegen. Wird die Freiwerdezeit nicht eingehalten, sondern zu früh eine Blockierspannung in Vorwärtsrichtung angelegt, so schaltet der Thyristor wieder ungewollt ein. Dieses Verhalten erfordert, dass durch die Schaltung und ihre Steuerung eine *Schonzeit* t_C sichergestellt wird, die größer als die erforderliche Freiwerdezeit ist (Abb. 11.8).

Bipolartransistor

Der Bipolartransistor war das erste verfügbare Schaltelement, das über den Steueranschluss sowohl ein- als auch abschaltbar ist. Das Schaltsymbol für den in der Leistungselektronik am häufigsten eingesetzten n-p-n-Transistor (Abb. 11.9) enthält die Basis B als Steueranschluss, den Kollektor C und den Emitter E. Die Kollektor-Emitter-

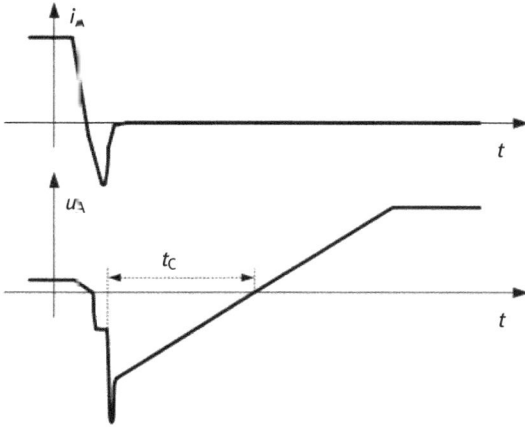

Abb. 11.3: Schonzeit t_C zwischen dem Verlöschen eines Thyristors und der Wiederkehr einer Blockierspannung.

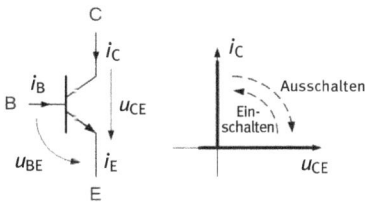

Abb. 11.9: Schaltsymbol und idealisierte Kennlinie des Bipolartransistors im Schaltbetrieb, Basis B, Kollektor C, Emitter E.

Spannung muss dabei positiv sein, eine Rückwärtssperrfähigkeit oder ein Rückwärtsleiten ist nicht gegeben.

Im aktiven Bereich (Abb. 11.10) ist der Kollektorstrom durch den Basisstrom steuerbar. Es gilt

$$i_C = \beta \cdot i_B ; \quad i_E = i_C + i_B$$

mit dem Stromverstärkungsfaktor β. Wird mehr Basisstrom geliefert, als zur Aufrechterhaltung des von außen bestimmten Kollektorstroms erforderlich ist, so wird der Transistor in Sättigung betrieben. Ohne Basisstrom sperrt der Transistor. Diese beiden Zustände werden im Schaltbetrieb genutzt.

Im eingeschalteten Zustand (Sättigung) entsteht wieder eine Kennlinie, die linear angenähert werden kann. Schleusenspannungen liegen bei etwa 0,2 bis 0,5 V. Der Kollektorstrom im ausgeschalteten Zustand führt nicht zu nennenswerten Verlusten.

Der Verstärkungsfaktor ist stark von der Spannungsfestigkeit des Bauteils abhängig. Bei niedrigen Spannungen erreicht er Werte von etwa 100, bei großen Spannungen von z. B. 1000 V nur noch Werte von etwa 10. Bei großen Leistungen steigen die Anforderungen an die Ansteuerung stark an, weshalb Bipolartransistoren nur noch bei kleinen Leistungen und bevorzugt bis etwa 300 V eingesetzt werden.

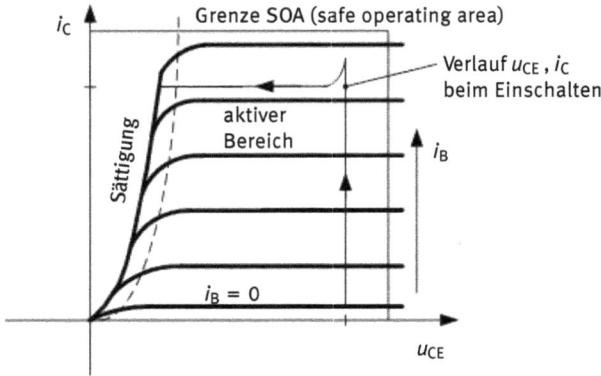

Abb. 11.10: Reales Kennlinienfeld eines Bipolartransistors (Prinzipdarstellung). SOA: Safe Operating Area.

Anhand des Bipolartransistors lassen sich Vorgänge beim Schalten induktiver Lasten erläutern, wie sie bei Antrieben in aller Regel vorliegen. Dazu wird die einfache Schaltung nach Abb. 11.11 betrachtet. Im ausgeschalteten Zustand des Transistors führt die Diode den Strom I, die Spannung am Transistor entspricht der Eingangsspannung U. Die Spannung an der Last entspricht nur der Diodendurchlassspannung und kann hier vernachlässigt werden.

Beim Einschalten des Transistors (Zeitverlauf in Abb. 11.12) muss zuerst der Diodenstrom zum Verlöschen gebracht werden, bevor die Diode Spannung aufnehmen

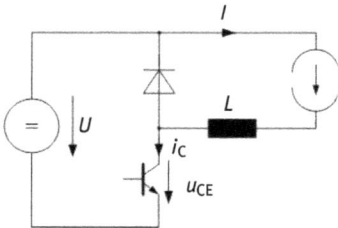

Abb. 11.11: Schaltung eines schaltenden Stellelements mit induktiver Last L.

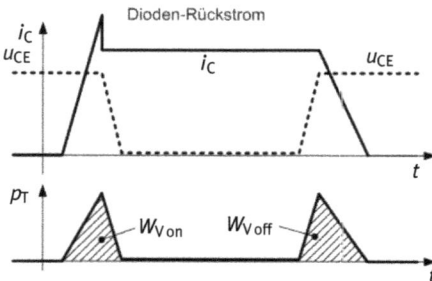

Abb. 11.12: Vorgänge beim Ein- und Ausschalten eines Transistors bei induktiver Last.

kann. Der Transistor muss also für die Dauer des Schaltvorgangs gleichzeitig Strom und Spannung führen, der volle Laststrom wird bei gleichzeitig anliegender maximaler Sperrspannung erreicht. Zusätzlich wird sogar der Diodenrückstrom noch durch den Transistor fließen. Die Trajektorie dieses Vorgangs ist im Kennlinienfeld eingezeichnet.

Während der Transistor eingeschaltet ist, liegt die Eingangsspannung an der Last an. Zum Abschalten dieser Spannung wird der Transistor abgeschaltet und die Diode übernimmt wieder den Strom. Damit die Diode einschalten kann, muss zuerst ihre Spannung zu null werden; dann liegt am Transistor bereits die volle Eingangsspannung an. Bis dahin kann der Strom nur durch den Transistor fließen. Der Transistor muss auch bei diesem Übergang für kurze Zeit gleichzeitig den vollen Laststrom und die Eingangsspannung führen.

Diese Vorgänge sind bei allen abschaltbaren Leistungshalbleitern im Prinzip gleich. Sie sorgen für große Augenblickswerte der Verlustleistung im Transistor, die nur für sehr kurze Zeiten anstehen dürfen, ohne das Bauteil thermisch zu zerstören. Außerdem müssen sie im Bereich der sogenannten *Safe Operating Area* (SOA) liegen. Beim Bipolartransistor ist diese SOA aus anderen Gründen meistens nicht rechteckig, was die Anwendbarkeit etwas einschränkt.

Bei allen abschaltbaren Leistungshalbleitern sind die Schaltverluste bei der Dimensionierung zu berücksichtigen. Sie stellen eine Einschränkung der realisierbaren Schaltfrequenz dar.

MOSFET

Der MOSFET (Metal Oxide Semiconductor Field Effect Transistor, Abb. 11.13) verhält sich zum Bipolartransistor in etwa wie die Schottky-Diode zur p-n-Diode. Durch einen völlig anderen Leitmechanismus (es sind bei den zumeist verwendeten n-Kanal-MOSFETs nur Elektronen am Ladungstransport beteiligt) ergibt sich im eingeschalteten Zustand eine rein ohmsche Kennlinie ohne Schleusenspannung. Der Strom fließt im eingeschalteten Zustand vom Drain D zur Source S. Das Bauelement wird über den Gate-Anschluss G gesteuert, wobei im Gegensatz zu Thyristor und Bipolartransistor kein Strom fließen muss, sondern das Anliegen einer Spannung ausreicht. Hierdurch wird ein leitfähiger Kanal im Halbleiter ausgebildet und es kann Strom fließen.

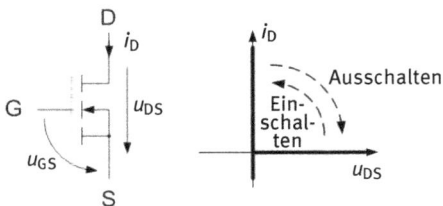

Abb. 11.13: Schaltsymbol und idealisierte Kennlinie eines n-Kanal-MOSFET, Gate G, Drain D, Source S.

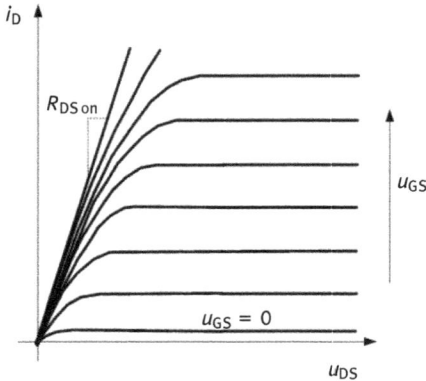

Abb. 11.14: Kennlinienfeld eines MOSFET.

Der MOSFET benötigt zum vollen Einschalten eine Gate-Source-Spannung von einigen Volt. Häufig werden Spannungen zwischen 10 und 15 V zur Ansteuerung verwendet. Der Widerstand im eingeschalteten Zustand R_{DSon} hängt von der angelegten Gate-Source-Spannung ab (Abb. 11.14). Wie beim Bipolartransistor gibt es einen aktiven Bereich, in dem der Strom von der Gatespannung begrenzt wird. Diese Verhältnisse sind im realen Kennlinienfeld nachvollziehbar.

Die Spannungssteuerung des MOSFET erweist sich in der Anwendung als wesentlicher Vorteil, weil die Ansteuerung viel weniger Strom benötigt und sehr einfach aufgebaut werden kann. Aufgrund des unipolaren Leitmechanismus kann der MOSFET auch wesentlich schneller ein- und ausgeschaltet werden als ein Bipolartransistor. Anstiegs- und Fallzeiten liegen häufig unter 100 ns. Damit fallen auch die Schaltverluste bedeutend geringer aus, sodass der MOSFET bei sehr hohen Schaltfrequenzen bis zu einigen 100 kHz und in manchen Anwendungen sogar bis in den MHz-Bereich eingesetzt werden kann. Im Gegensatz zum Bipolartransistor verfügt der MOSFET außerdem über eine rechteckige SOA, d. h., die maximale Sperrspannung kann auch beim Schaltvorgang voll ausgenutzt werden.

Ein weiterer Unterschied betrifft den Betrieb in Rückwärtsrichtung. Der MOSFET enthält in seiner internen Struktur eine p-n-Diode in Rückwärtsrichtung (Inversdiode) und kann somit keine negative Spannung aufnehmen, wohl aber negativen Strom führen. Leider lässt sich diese Diode nicht gut auf den Schaltbetrieb optimieren, sodass sie einen hohen und abrupt abklingenden Rückstrom aufweist. Damit ist sie für viele Anwendungen nur bedingt geeignet. Häufig kann Abhilfe geschaffen werden, indem der MOSFET während der Leitdauer der Diode ebenfalls eingeschaltet wird und so der aufgesteuerte Kanal den größten Teil des rückwärts fließenden Stroms übernimmt. Der Strom im Kanal kann nämlich positive oder negative Werte annehmen. Man spricht bei so betriebenen MOSFETs auch von *synchronen Gleichrichtern*.

Aufgrund der reinen Elektronenleitung steigt der erreichbare R_{DSon} sehr schnell an, wenn das Bauteil für höhere Spannungen ausgelegt wird. MOSFETs findet man deshalb meistens mit Spannungen unter 200 V. Eine neue Entwicklung, die sogenannten Kompensationsbauelemente, ermöglicht seit einigen Jahren die Herstellung von höher sperrenden MOSFET. Allerdings schalten die Inversdioden hier sehr hart und sind praktisch nicht einsetzbar, sodass die Anwendung auf Schaltungen beschränkt bleibt, die keine Inversdioden benötigen.

IGBT

Der IGBT (Insulated Gate Bipolar Transistor, Abb. 11.15) vereint die Vorteile des Bipolartransistors und des MOSFET und ermöglicht so ein spannungsgesteuertes, schnell schaltendes Bauelement für Spannungen oberhalb von 200 V. IGBTs sind heute mit Sperrspannungen von 600 V bis zu 6500 V verfügbar und in diesem Bereich die am häufigsten eingesetzten abschaltbaren Leistungshalbleiter. Erreicht wird dies durch die Kombination eines MOSFET-ähnlichen Steuermechanismus mit einem bipolaren Leitmechanismus wie bei p-n-Diode und Bipolartransistor. Als Resultat weist der IGBT ganz ähnliche Steuereigenschaften auf wie der MOSFET.

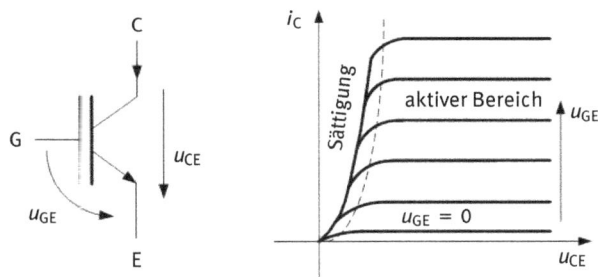

Abb. 11.15: Schaltsymbol und reales Kennlinienfeld eines IGBT, Gate G, Kollektor C, Emitter E.

Lediglich der Ausschaltvorgang ist durch einen zusätzlichen, mehr oder weniger langen Stromschweif gekennzeichnet, der für etwas längere Schaltzeiten und größere Schaltverluste sorgt. Das Durchlassverhalten im eingeschalteten Zustand weist wieder wie bei allen bipolaren Bauelementen eine Schleusenspannung auf, die etwa bei 0,7 V liegt.

Bei Kleinantrieben ist es somit vor allem vom Spannungsniveau abhängig, ob MOSFETs oder IGBTs eingesetzt werden.

11.2.4 Gleichstromsteller

Der Gleichstromsteller (englisch: chopper) erfüllt die Aufgabe, aus einer gegebenen Eingangsgleichspannung U_d eine einstellbare Ausgangsgleichspannung zu erzeugen. Die Anforderungen ergeben sich aus der Antriebsaufgabe und den dafür erforderlichen Kombinationen von Spannungs- und Stromvorzeichen. Bei einem rein motorisch betriebenen Gleichstromantrieb mit einer Drehrichtung sind sowohl Spannung als auch Strom immer positiv, die Leistungsrichtung ist immer von der Spannungsquelle zum Motor gerichtet. Dieser Betrieb kann mit einem Ein-Quadranten-Gleichstromsteller (Abb. 11.16) realisiert werden. Das Prinzip der Schaltung entspricht den Bildern 11.3 und 11.4. Die Rolle des Schalters übernehmen hier ein Transistor und eine Diode gemeinsam, die Rolle des ausgangsseitigen Filters kommt der Induktivität L_A des Motors zu, ggf. ergänzt durch eine externe Drossel.

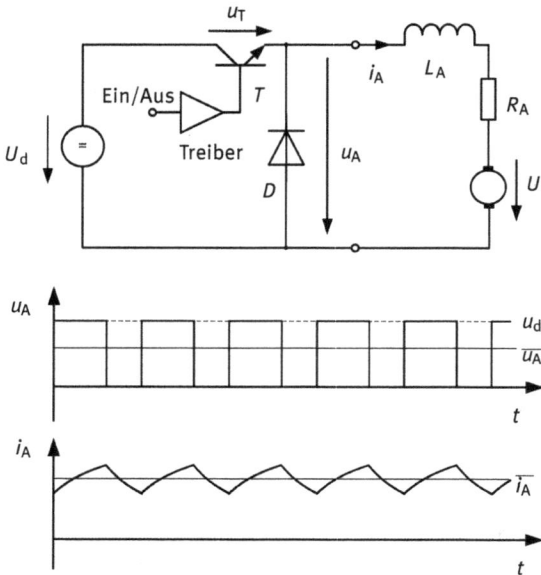

Abb. 11.16: Schaltung eines Gleichstromstellers und Verläufe von Ausgangsspannung und -strom.

Der Transistor (oder MOSFET oder IGBT) wird mit einer Schaltfrequenz $f_S = 1/T_S$ und veränderlicher Einschaltdauer T_E ein- und abgeschaltet. Ist er eingeschaltet, so liegt am Ausgang $U_A = U_d$ an. Mit $U_d > U_i + R_A I_A$ steigt der Strom dann an:

$$I_A = \frac{1}{L_A} \int (U_A - U_i - R_A \cdot I_A)\, \mathrm{d}t + I_{A0}$$

wobei I_{A0} ein Anfangswert ist. Diese Differenzialgleichung ergibt einen exponentiell gedämpften Anstieg, der allerdings für die meisten Fälle wegen $L_A/R_A \gg T_S$ gut als linearer Verlauf angenähert werden kann.

Nach dem Abschalten des Transistors kann der Strom I_A, der wegen der Induktivität L_A zunächst weiterfließt, durch die Diode freilaufen. In dieser Zeit ist $L_A = 0$, und der Strom verringert sich wegen der anliegenden Gegenspannung, die der Summe aus U_i und $R_A I_A$ entspricht. Auch hier kann für den Verlauf zumeist eine lineare Näherung angenommen werden.

Je größer die Schaltfrequenz, desto geringer fallen die Stromänderungen in jeder Schaltperiode aus, und umso mehr kann von einem glatten Gleichstrom gesprochen werden. Gleiches gilt bei Vergrößerung von L_A, was die Filterwirkung dieser Komponente unterstreicht (induktive Glättung).

Das Funktionsprinzip der induktiven Glättung kann auch anhand des Spannungsgleichgewichts über der Induktivität im stationären Betrieb verdeutlicht werden. Im zeitlichen Mittel über jede Schaltperiode darf an der Induktivität keine Spannung anliegen. Anderenfalls würde der Strom mit jeder Periode ansteigen (oder abfallen), und es wäre kein stabiler Betrieb möglich. Es gilt also unter der Annahme eines glatten Gleichstroms:

$$(U_i + R_A I_A) = \frac{T_E}{T_S} \cdot U_d$$

Anders ausgedrückt, entspricht die Ausgangsgleichspannung $U_i + R_A I_A$ dem zeitlichen Mittelwert der pulsförmigen Ausgangsspannung U_A. Dieser Sachverhalt wird auch als Steuergesetz des Tiefsetzstellers bezeichnet. Der Mittelwert von U_A kann einfach durch Variation des Tastgrads T_E/T_S verstellt werden. Der Tastgrad kann auch als Aussteuergrad a bezeichnet werden. Vollaussteuerung entspricht $a = 1$. Es können also nur kleinere Spannungen als U_d erzeugt werden.

Diese Betrachtung gilt jedoch nur für einen kontinuierlich fließenden Gleichstrom. Bei niedrigen Mittelwerten von I_A kann es vorkommen, dass der Strom wieder auf null absinkt, bevor der Transistor wieder eingeschaltet wird. Man spricht von *lückendem Strom* und *Lückbetrieb*. Der lineare Zusammenhang zwischen Tastgrad und Ausgangsspannung gilt dann nicht mehr.

Bei konstanter Schaltperiode und variabler Einschaltdauer spricht man von *Pulsdauermodulation* (PWM). Wird dagegen die Einschaltdauer konstant gehalten und die Schaltperiode variiert, so spricht man von *Pulsfrequenzmodulation*. Weitere Verfahren sind möglich.

Wie man sich leicht klarmachen kann, besteht der Eingangsstrom aus pulsförmigen Ausschnitten des Ausgangsstroms I_A. Sie haben die gleiche Breite wie die Spannungspulse von U_A. Aufgrund dessen ist die Eingangsspannung direkt am Eingang der Schaltung mit Kondensatoren abzublocken, welche die pulsförmigen Anteile des Stroms führen. Über die Zuleitungen fließt dann im Wesentlichen der Mittelwert des Eingangsstroms. Es handelt sich hier um eine kapazitive Glättung auf der Eingangsseite, die ebenfalls Filtereigenschaften hat (vgl. Abb. 11.3).

In der angegebenen Schaltung verhindert die Diode eine negative Spannung U_A. Außerdem kann der Strom I_A nur in positiver Richtung fließen, dafür sorgen beide Leistungshalbleiter. Wird nun ein negativer Strom (entsprechend einem negativen Drehmoment eines fremderregten oder Permanentmagnet-Gleichstrommotors) oder eine negative Spannung (entsprechend der negativen Drehzahl des Motors) benötigt, so muss die Schaltung ergänzt werden. Dabei wird vor allem der *Vier-Quadranten-*

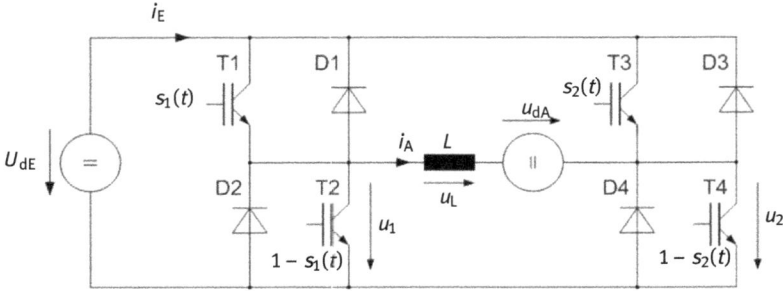

Abb. 11.17: Schaltung eines Vier-Quadranten-Stellers.

Steller (Abb. 11.17) häufig eingesetzt, der sowohl Strom als auch Spannung mit beiden Vorzeichen realisieren kann (daher der Name). Es sei angemerkt, dass bei Verzicht auf zwei Quadranten Vereinfachungen möglich sind. Zwei-Quadranten-Steller lassen sich entweder für Stromumkehr oder für Spannungsumkehr aufbauen.

Die Schaltung des Vier-Quadranten-Stellers erinnert in der Form an ein H, weshalb er auch *H-Brücke* genannt wird.

Bei dieser Schaltung werden die in Serie geschalteten Transistoren T1 und T2 bzw. T3 und T4 jeweils komplementär angesteuert, d. h., T2 ist aus, wenn T1 ein ist und umgekehrt. Das ist in Abb. 11.17 durch z. B. $s_1(t)$ und $1 - s_1(t)$ als Steuerfunktionen für T1 und T2 angedeutet. Ist beispielsweise I_A positiv, so fließt der Strom bei $s_1 = 1$ durch T1 und bei $s_1 = 0$ durch D2. Bei negativem Strom fließt er bei $s_1 = 1$ durch D1 und bei $s_1 = 0$ durch T2. Als Resultat ist jede Klemme des Ankers immer definiert mit einem der beiden Pole der Eingangsgleichspannung verbunden, und zwar abhängig vom Steuersignal s. Es ergibt sich eine durch die Steuerung eingeprägte Spannung an jeder Klemme.

Man kann die Brückenzweigpaare gedanklich durch jeweils einen Umschalter ersetzen, der von s gesteuert wird (Abb. 11.18). Die Spannung am Motor entspricht dabei der Differenz der beiden Ausgangsspannungen u_1 und u_2. Der Mittelwert dieser Differenz ist im stationären Betrieb gleich der induzierten Spannung plus dem ohmschen Spannungsabfall (beides zusammen hier vereinfacht durch eine Gegengleichspannung U_{dA} dargestellt).

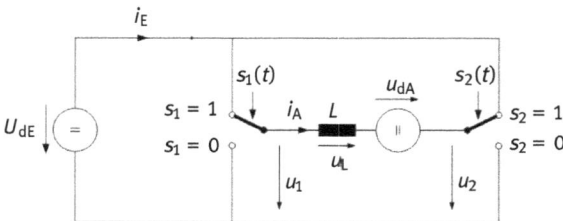

Abb. 11.18: Ersatzschaltbild des Vier-Quadranten-Stellers.

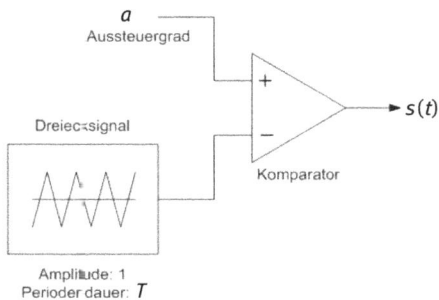

Abb. 11.19: Erzeugung eines Schaltsignals $s(t)$ durch Vergleich des gewünschten Aussteuergrads mit einem Dreiecksignal.

Die Schaltung kann nun mit zwei pulsdauermodulierten Signalen gesteuert werden. Dabei hat es sich besonders bewährt, die Signale durch den Vergleich des Aussteuergrads mit einer Dreieckfunktion zu erzeugen (Abb. 11.19). Dies kann natürlich leicht auch digital realisiert werden.

Besonders günstige Verhältnisse ergeben sich, wenn dasselbe Dreiecksignal zur Erzeugung für beide Schaltsignale herangezogen wird (Abb. 11.20). Während jeder Transistor nur mit einfacher Schaltfrequenz getaktet wird, ergibt sich am Ausgang eine Differenzspannung mit der doppelten Pulsfrequenz. Die Stromwelligkeit fällt so geringer aus als bei anderen Steuerungsvarianten, während die Schaltverluste gleichmäßig auf alle Transistoren verteilt sind. Dabei wird die Ausgangsspannung null abwechselnd durch die Schaltzustände $(s_1, s_2) = (1, 1)$ und $(s_1, s_2) = (0, 0)$ hergestellt.

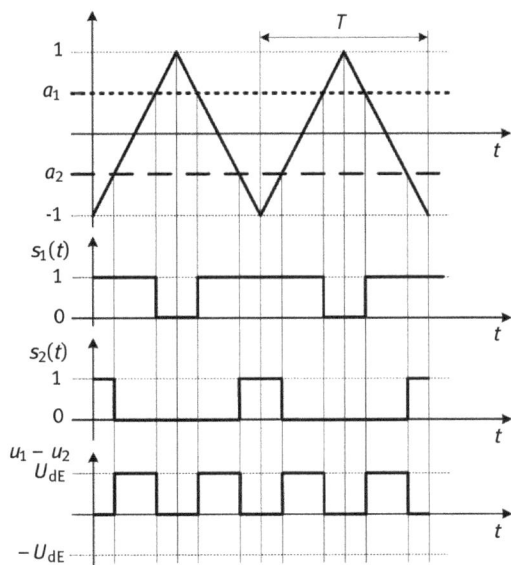

Abb. 11.20: Schaltsignale und Ausgangsspannung im Vier-Quadranten-Steller.

Ist U^* die gewünschte mittlere Ausgangsspannung, so ist $a_1 = U^*/U_{dE}$ und $a_2 = -U^*/U_{dE}$ zu wählen. Negative Sollwerte führen automatisch zu einer negativen mittleren Ausgangsspannung.

Der Vier-Quadranten-Steller kann für die Last beide Strom- und Spannungsrichtungen darstellen. Damit ist er in der Lage, Leistung entweder von der Eingangsgleichspannung zum Motor zu transferieren (Leistung positiv, Antreiben) oder aber vom Motor zur Eingangsgleichspannung zurückzuspeisen (Leistung negativ, Rückspeisen, generatorischer Betrieb).

11.2.5 Wechselrichter

Häufig besteht die Umformaufgabe eines Stellglieds darin, aus einer Gleichspannung eine Wechselspannung zu erzeugen. Beispiel ist die Speisung einer zweisträngigen Drehfeldmaschine. Für jeden der Stränge wird eine separate Wechselspannung benötigt. Für diese Aufgabe eignet sich die Schaltung des Vier-Quadranten-Stellers ebenso, insbesondere wenn die Ausgangsfrequenz wesentlich geringer als die Schaltfrequenz ist. Dazu muss lediglich der Aussteuergrad mit der gewünschten Ausgangsfrequenz sinusförmig verändert werden (Abb. 11.20 oben). Man spricht deshalb auch vom *Sinus-Dreieck-Vergleich* oder von einer *Sinus-Modulation*.

Das Resultat ist eine pulsförmige Ausgangsspannung, die eine Grundschwingung mit der gewünschten Frequenz aufweist. Abbildung 11.21 zeigt den prinzipiellen Verlauf eines solchen Signals und sein Spektrum. Neben der Grundfrequenz sind auch Vielfache der Schaltfrequenz und insbesondere Seitenbänder mit Vielfachen der Grundfrequenz vorhanden. Da der Strom unabhängig von der Spannung beide Vorzeichen annehmen darf, ist auch eine Phasenverschiebung von Strom und Spannung kein Problem. Aufgrund der Frequenzabhängigkeit der Impedanz einer Induktivität ($Z = \omega L$) ergibt sich für die Grundschwingung ein großer Strom, während die Oberschwingungen nur zu geringen Strömen führen. Das Spektrum des Stroms ist daher weit weniger oberschwingungsbehaftet; die gewünschte Sinusform ist im Strom sehr gut zu erkennen.

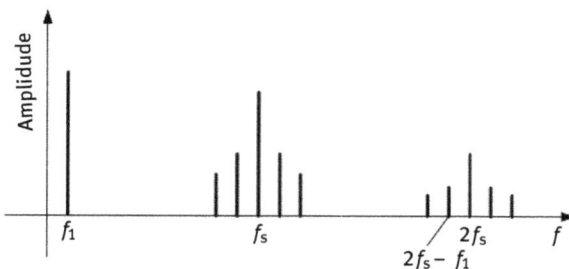

Abb. 11.21: Schaltsignale und Spektrum der Schaltsignale bei einem einphasigen Wechselrichter nach Abb. 11.22 mit der Grundfrequenz f_1 und der Schaltfrequenz f_s.

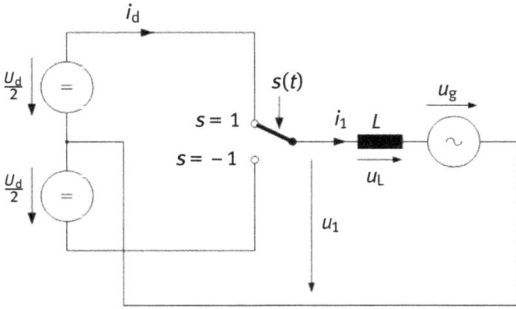

Abb. 11.22: Ersatzschaltbild eines Brückenzweigpaars.

11.2.6 Dreiphasiger Wechselrichter

In den meisten Fällen wird eine dreiphasige Wechselspannung benötigt, beispielsweise zur Speisung einer Asynchronmaschine oder eines Permanentmagnet-Synchronmotors (BLAC) mit variabler Frequenz. Schaltungstechnisch ist die Lösung einfach. Der Vier-Quadranten-Steller wird mit einem dritten Brückenzweigpaar ergänzt. Die resultierende Schaltung ist der dreiphasige spannungseinprägende Pulswechselrichter (Abb. 11.23).

Zur Beschreibung werden die einzelnen Brückenzweigpaare jeweils als ein Halbbrücken-Wechselrichter aufgefasst. Im Unterschied zur bisherigen Darstellung wird die Eingangsspannung nun aus zwei gleichen Hälften dargestellt (Abb. 11.22). Die Ausgangsspannung des Brückenzweigpaars wird gegen den Spannungsmittelpunkt gemessen, sie kann Werte von $+U_d/2$ oder $-U_d/2$ annehmen. Die Schaltfunktion s kann nun die Werte $+1$ oder -1 annehmen. Sie wird aus einem Aussteuergrad a gewonnen,

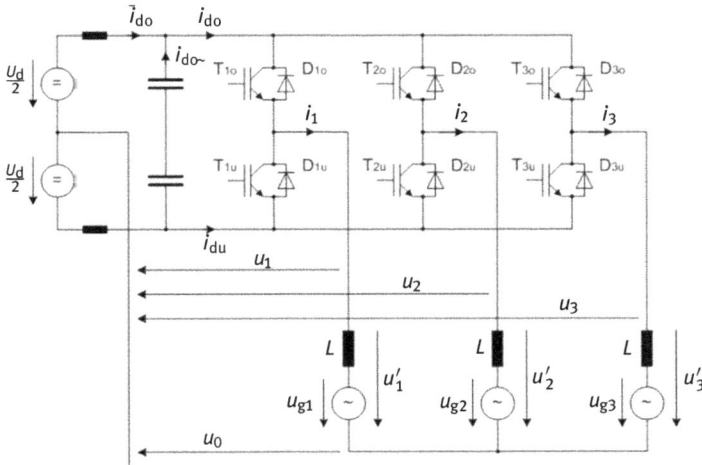

Abb. 11.23: Dreiphasiger spannungseinprägender Pulswechselrichter.

der einen Wertebereich zwischen −1 und 1 überstreicht. Mit diesem Modell wird jede der drei Phasen dargestellt.

Der Zeitverlauf jedes Aussteuersignals a kann beschrieben werden als

$$a(t) = M \cdot \sin(\omega_1 \cdot t - \varphi)$$

Darin ist ω_1 die Grundfrequenz. M wird als *Modulationsgrad* oder *Modulctionsindex* bezeichnet. Es gilt $M < 1$. Die Signalverläufe aus Abb. 11.21 lassen sich auf jedes Brückenzweigpaar anwenden.

Zur Erzeugung eines Drehstromsystems wird nun jedes Brückenzweigpaar mit sinusförmigen Aussteuersignalen a_1, a_2, a_3 betrieben, die alle die gleiche Amplitude aufweisen, aber jeweils um 120° phasenverschoben sind.

Besondere Beachtung verdient die Behandlung des Sternpunkts der Last. Betrachtet man nur die Grundschwingungen der drei Phasenströme, so ergeben sie bei symmetrischer Last ein symmetrisches Drehstromsystem. Ihre Summe ist stets null. Wird der Sternpunkt der Last mit dem Zwischenkreismittelpunkt verbunden (wie bei Kombination von drei einphasigen Wechselrichtern zunächst der Fall), so stellt man fest, dass hier kein Grundschwingungsstrom fließt. Es ergeben sich nur Oberschwingungen, die aber nichts zur Antriebssteuerung beitragen. Man kann daher den Sternpunkt offen lassen, ohne die Leistungsstellung zu beeinflussen. Allerdings verändern sich die Oberschwingungen des Stroms. Die Summe der drei Phasenströme ist nun zu jedem Zeitaugenblick gleich null. Es kann sich eine Sternpunktspannung gegen den Zwischenkreismittelpunkt ausbilden. Diese hat bei Sinusmodulation eine Grund-

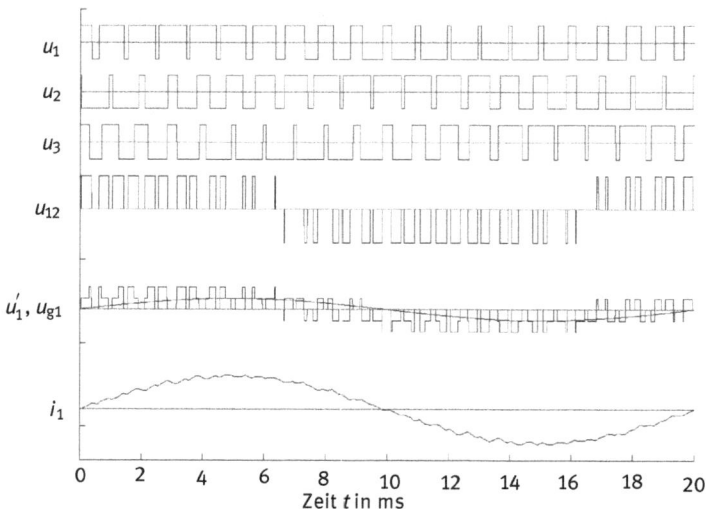

Abb. 11.24: Zeitverläufe von Spannungen und Strom in einem dreiphasigen Pulswechselrichter.

schwingung von 0 V, jedoch erhebliche Augenblickswerte. Die Sternpunktspannung springt bei jedem Schaltvorgang im Wechselrichter. Das kann negative Auswirkungen haben, weil sich nun kapazitive Umladeströme ergeben, die sich andere, zum Teil unerwünschte Wege suchen und Ursache für elektromagnetische Störungen sind.

Beispielhaft zeigt Abb. 11.24 Zeitverläufe der drei Phasenausgangsspannungen u_1, u_2, u_3 (sie entsprechen den vorgegebenen Schaltfunktionen), einer verketteten Ausgangsspannung u_{12}, einer Strangspannung u_1' mit der sinusförmigen induzierten Gegenspannung u_{g_1} sowie eines Strangstroms i_1.

Modulationsverfahren

Durch den offenen Sternpunkt ergeben sich verbesserte Möglichkeiten für die Steuerung des Wechselrichters. Mit dem Maximalwert bei Sinusmodulation $M = 1$ ergibt sich für die Amplitude der Grundschwingungsspannung der Wert $U_d/2$. Dies entspricht einer Grundschwingungsamplitude der verketteten Motorspannung von $\sqrt{3} \cdot U_d/2$. Da die verkettete Spannung jeweils zwischen zwei Brückenzweigpaaren gemessen wird, sollte sie eigentlich eine Amplitude bis zum Wert der vollen Zwischenkreisspannung U_d wie beim Vier-Quadranten-Steller aufweisen können. Zwischen diesen beiden Werten besteht der Faktor $2/\sqrt{3} = 1{,}154$. Bei dieser Art der Steuerung werden also 15 % der möglichen Spannung nicht genutzt. Abhilfe ist wie folgt möglich.

Ursache für das Problem ist, dass die einzelnen Aussteuerfunktionen betragsmäßig auf 1 beschränkt bleiben müssen. Größere Werte sind durch PWM nicht darstellbar. Verschiebt man aber alle drei Aussteuerfunktionen um denselben Betrag, so bleiben die verketteten Spannungen gleich. Dies kommt einer Verschiebung der Sternpunktspannung gleich. So kann erreicht werden, dass die Augenblickswerte der Ausgangsspannungen jeder Phase im zulässigen Bereich bleiben, während die verkettete Spannung bis auf U_d anwächst. In der Praxis haben sich hier zwei Verfahren etabliert.

Bei der *Addition einer dritten Harmonischen* werden den drei Signalen zusätzlich die Augenblickswerte einer Sinusschwingung der dreifachen Frequenz überlagert, deren Amplitude 1/6 der Grundschwingung beträgt. Das Ergebnis zeigt Abb. 11.25. Zum Vergleich ist die Grundschwingung eingezeichnet. Sie ragt über den zulässigen Bereich hinaus.

Bei der *Raumzeigermodulation* (Abb. 11.26) wird von allen drei Signalen der Mittelwert des zum jeweiligen Augenblick größten und kleinsten Aussteuergrads abgezogen. Dadurch wird der Kurvenzug so symmetriert, dass der Abstand von der oberen und unteren Aussteuergrenze gleich ist.

Die Raumzeigermodulation hat ihren Namen von der folgenden Betrachtung. Die Strangspannungen der Maschine ergeben sich aus den einzelnen Phasenspannungen u_1, u_2, u_3, indem jeweils die Sternpunktspannung abgezogen wird. Diese ergibt sich bei symmetrischer Last als Mittelwert aus den drei Phasenspannungen.

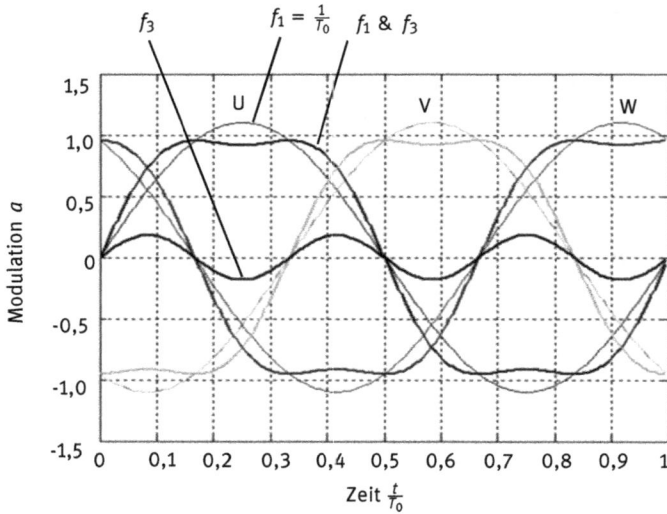

Abb. 11.25: Aussteuerfunktionen bei Addition einer dritten Harmonischen $f_3 = 3f_1$ ($M = 1, 1$).

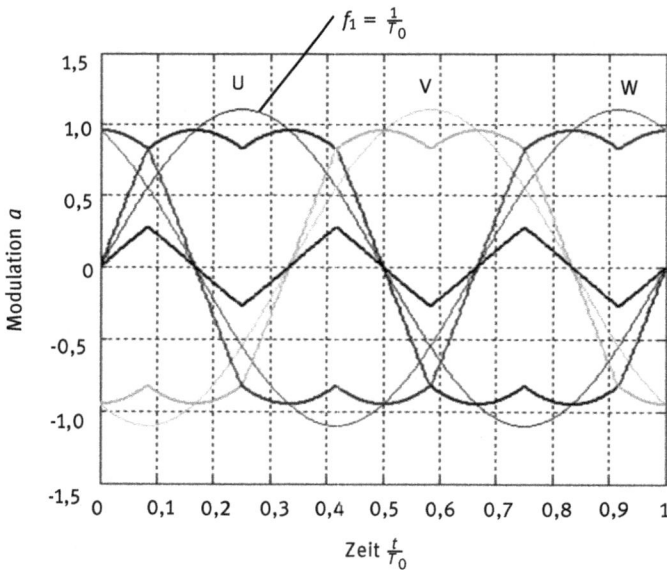

Abb. 11.26: Aussteuerfunktionen bei Raumzeigermodulation ($M = 1, 1$).

Die Summe der Strangspannungen ist damit zwangsläufig null. Gleiches gilt aufgrund der Schaltung für die Strangströme. Die Strangspannungen sind somit nicht linear unabhängig. Sie lassen sich daher statt mit drei mit nur zwei Dimensionen darstellen und können so ohne Informationsverlust in der Ebene gezeichnet werden.

Dazu ist noch eine Transformation erforderlich, die im mathematischen Sinn eine Koordinatendrehung und Projektion ist. Man bezeichnet die neuen Koordinaten als *Raumzeigerkoordinaten* α, β und die Transformation als *Raumzeigertransformation*. Es gilt

$$\boldsymbol{u}' = \begin{pmatrix} u_\alpha \\ u_\beta \end{pmatrix} = \begin{pmatrix} \sqrt{\tfrac{2}{3}} & -\tfrac{1}{\sqrt{6}} & -\tfrac{1}{\sqrt{6}} \\ 0 & \tfrac{1}{\sqrt{2}} & -\tfrac{1}{\sqrt{2}} \end{pmatrix} \cdot \begin{pmatrix} u_1 \\ u_2 \\ u_3 \end{pmatrix} \tag{11.1}$$

Der Vektor der Spannungen $\boldsymbol{u} = (u_1, u_2, u_3)^\mathrm{T}$ wird durch diese Transformation auf seinen *Raumzeiger* $\boldsymbol{u}' = (u_\alpha, u_\beta)^\mathrm{T}$ abgebildet. Die Nullspannung $u_0 = u_1 + u_2 + u_3$ wird hierbei nicht weiter betrachtet, da durch den nicht angeschlossenen Sternpunkt kein Nullstrom i_0 durch die Wicklungen fließt.

Betrachtet man die $2^3 = 8$ möglichen Schaltzustände des Wechselrichters, so ergeben sich zwei ausgezeichnete Zustände, bei denen die Last an den Klemmen kurzgeschlossen wird, d. h., alle Strangspannungen sind null. Sie unterscheiden sich nur dadurch, dass der Kurzschluss zum einen am Pluspol (alle $s = 1$) und zum anderen am Minuspol der Eingangsgleichspannung (alle $s = -1$) geschaltet wird. Diese Zustände werden durch die obige Transformation auf null abgebildet, was der Strangspannung null in allen drei Phasen entspricht. Die Raumzeiger der anderen sechs Schaltzustände spannen in der Raumzeigerebene ein gleichseitiges Sechseck auf (Abb. 11.27). Durch einen Zeitmultiplex (Modulation) zwischen diesen Schaltzuständen kann irgendein Punkt im Inneren dieses Sechsecks als Mittelwert erreicht werden.

Transformiert man die Aussteuergrade a_1, a_2, a_3 bei Sinusmodulation in dieses Koordinatensystem, so beschreibt die Spitze des Raumzeigers $\boldsymbol{a}'$ einen Kreis in der Ebene. Dieser Kreis ist jedoch kleiner als der maximal mögliche Inkreis des Sechsecks. Dieser wird erst mit einem der beschriebenen Modulationsverfahren erreicht.

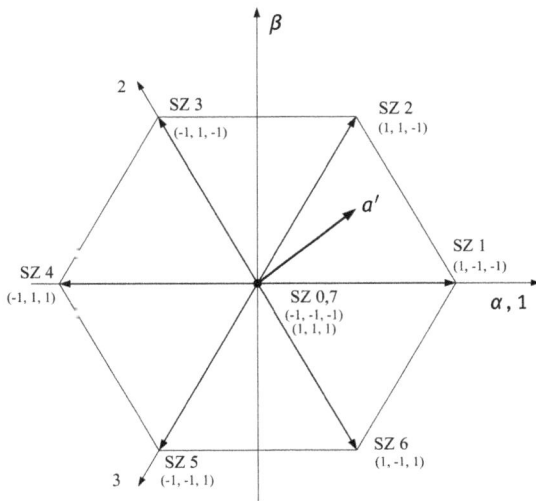

Abb. 11.27: Raumzeigerdarstellung der Schaltzustände des dreiphasigen Pulswechselrichters mit einem Raumzeiger der Aussteuergrade a'.

Die Raumzeigermodulation folgt ursprünglich der Idee, einen Raumzeiger der Aussteuerung a durch einen Zeitmultiplex der beiden nächstgelegenen Schaltvektoren zu realisieren (SZ1 und SZ2 in Abb. 11.27). Dabei wird der Raumzeiger als gewichtete Linearkombination der Schaltvektoren dargestellt. Aus den Gewichten lassen sich die Zeitanteile an einer PWM-Periode bestimmen. Die restlichen Zeiten werden durch Nullvektoren aufgefüllt. Dabei hat man die Wahl zwischen SZ0 und SZ7. Verschiedene Modulationsverfahren unterscheiden sich in den zugewiesenen Zeitanteilen der Nullvektoren. Bei der Raumzeigermodulation wird die verbleibende Zeit gleichmäßig auf beide Nullvektoren aufgeteilt. Zeichnet man die sich ergebenden Aussteuerfunktionen auf, so ergibt sich die oben in Abb. 11.26 gewählte Darstellung.

11.2.7 Diodengleichrichter

Während die bisher beschriebenen Stellelemente zur Klasse der *selbstgeführten Stromrichter* gehören (d. h., die Umschaltvorgänge hängen nur von der internen Ansteuerung ab), gehört der Diodengleichrichter zu den *fremdgeführten Stromrichtern*, bei denen außen anliegende Spannungen an den Umschaltvorgängen beteiligt sind. In diesem Fall ist es die Netzspannung, daher spricht man von *netzgeführter Stromrichtern*. Alle im Weiteren besprochenen Stellelemente gehören in diese Kategorie.

Sehr häufig wird ein Diodengleichrichter in einphasiger Brückenschaltung eingesetzt. Ein Anwendungsbeispiel zeigt Abb. 11.28. Die Spannungsverläufe sind in Abb. 11.29 dargestellt. Die Wechselspannung u_L wird durch die Dioden gleichgerichtet. Da die gleichgerichtete Spannung je Periode der Netzfrequenz zwei Pulse aufweist, spricht man von einer zweipulsigen Schaltung. Die Spannung am Ausgang des Gleichrichters hat den Mittelwert U_{dio}, der anhand einer Sinushalbwelle leicht bestimmt werden kann. Es gilt

$$U_{di0} = \frac{2\sqrt{2}}{\pi} U_L \tag{11.2}$$

worin U_L der Effektivwert der Netzspannung ist.

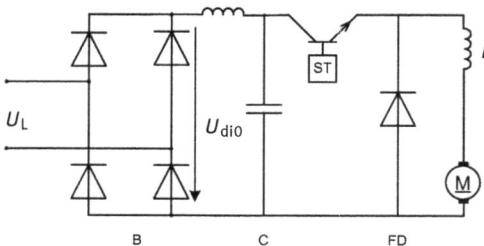

Abb. 11.28: Diodengleichrichter in einphasiger Brückenschaltung zur Speisung eines Choppers.

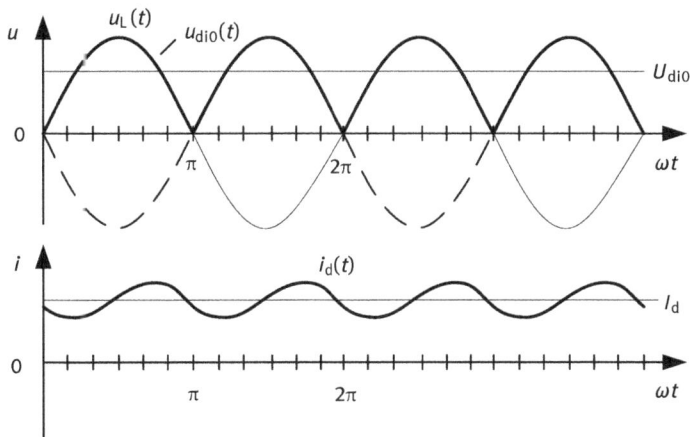

Abb. 11.29: Spannungs- und Stromverlauf des einphasigen Brückengleichrichters mit induktiver Glättung.

In der Schaltung aus Abb. 11.28 liegt diese Spannung an einer induktiven Glättung an (siehe oben), die ausgangsseitig mit einem Glättungskondensator verbunden ist. Die Spannung am Ausgang der induktiven Glättung kann näherungsweise als konstant angesehen werden. Wie oben beim Gleichstromsteller beschrieben, muss an der Glättungsdrossel im stationären Betrieb ein Spannungsgleichgewicht bestehen, d. h., die Ausgangsspannung ist gleich dem Mittelwert der Eingangsspannung U_{di0}.

Bisher wurde die Netzspannung als ideale Spannungsquelle angesehen. Dies entspricht der idealisierten Betrachtung (zusammen mit der vereinfachenden Annahme einer guten induktiven Glättung, d. h., der Gleichstrom i_d wird als konstant angesehen). In der konventionellen Betrachtung wird zusätzlich berücksichtigt, dass die Netzspannung eine Impedanz aufweist. Sie kann als Induktivität modelliert werden, die z. B. die Streuinduktivität des angeschlossenen Netztransformators oder eine zusätzlich eingebaute Netzdrossel repräsentiert. Diese netzseitigen Induktivitäten führen dazu, dass der Strom nicht augenblicklich, sondern in endlicher Zeit von einer Diode auf die andere übergehen (*kommutieren*) kann. Während dieser Übergangszeit leiten beide Dioden. Da dieser Vorgang beim einphasigen Gleichrichter in der oberen und in der unteren Hälfte gleichzeitig passiert, ist während der Kommutierung die Spannung am Ausgang der Diodenbrücke gleich null. Es fehlt also ein Beitrag zum Mittelwert der Gleichrichtspannung. Diese nimmt folglich mit zunehmender Kommutierungsdauer ab. Es leuchtet ein, dass die Dauer der Kommutierung von der Stromhöhe abhängig ist. Daher kommt es zu einem stromabhängigen Spannungsrückgang der gleichgerichteten Spannung, der unter den getroffenen Annahmen linear verläuft.

Diese Verhältnisse gelten bei guter Glättung, d. h., wenn der Gleichstrom konstant ist. In einer weitgehend genauen Betrachtung lässt man diese Näherung fallen. Der

Zeitverlauf von i_d entsprechend Abb. 11.29 wird berücksichtigt. Das ist besonders bei kleinen Strömen von Bedeutung, wenn der Strom in jeder Halbperiode der Netzspannung auf null abfällt. Man spricht von lückendem Strom. In dieser Betriebsweise steigt die Spannung am Kondensator bei niedrigen Lastströmen bis auf den Spitzenwert der Netzspannung an.

Etwas andere Verhältnisse ergeben sich, wenn die induktive Glättung auf der Gleichspannungsseite entfällt. Dies ist möglich, weil auf der Netzseite Induktivitäten vorhanden sind, die die sinusförmige Netzspannung von der Gleichspannung am Glättungskondensator trennen. Man spricht von einer Diodenbrücke mit kapazitiver Glättung. Auch hier kommt es zu einer deutlichen stromabhängigen Absenkung der gleichgerichteten Spannung. Bei Leerlauf (kein Laststrom) ergibt sich eine Spitzenwertgleichrichtung. Von diesem Wert aus fällt die zur Verfügung stehende Spannung erst steil, dann etwas flacher mit dem Laststrom ab. Bis zu großen Lastströmen lückt der Strom auf der Gleichstromseite.

11.2.8 Gesteuerte Gleichrichter

Werden an Stelle der Dioden Thyristoren eingesetzt, so entsteht ein gesteuerter Gleichrichter (Abb. 11.30). Dieser kann direkt zur Speisung einer Gleichstrommaschine eingesetzt werden. Sofern die Thyristoren rechtzeitig im Nulldurchgang der Netzspannung gezündet werden (natürlicher Zündzeitpunkt), entstehen dieselben Verläufe wie beim Diodengleichrichter (Abb. 11.29). Zusätzlich kann aber der Zündzeitpunkt der Thyristoren um den *Zündwinkel* oder *Steuerwinkel* α verzögert werden. Es entstehen dann Zeitverläufe wie in Abb. 11.31 für $\alpha = 60°$ dargestellt. Der Mittelwert der gleichgerichteten Spannung verringert sich. Durch Integration der gleichgerichteten Spannung u_{di_α} vom Zündzeitpunkt bis zur nächsten Kommutierung kann der Mittelwert U_{di_α} berechnet werden. Es gilt

$$U_{\mathrm{di}_\alpha} = U_{\mathrm{di}0} \cdot \cos \alpha \tag{11.3}$$

Darin ist $U_{\mathrm{di}0}$ ganz allgemein der Wert, der sich bei $\alpha = 0$ oder bei Einsatz von Dioden an Stelle der Thyristoren ergibt.

Anhand der Gleichung wird deutlich, dass sich mit dieser Schaltung nicht nur positive, sondern auch negative Mittelwerte der gleichgerichteten Spannung einstellen lassen, wenn $\alpha > 90°$ wird. Man spricht vom *Wechselrichterbetrieb*. Die Richtung des Gleichstroms ist dagegen durch die Durchlassrichtung der Thyristoren bestimmt und nicht umkehrbar. Grenzen für den Wechselrichterbetrieb werden durch die erfliche Kommutierungsdauer und die Schonzeit der Thyristoren gesetzt. Wird die Kommutierung nicht bis zum nächsten natürlichen Zündzeitpunkt abgeschlossen, so steigt der Strom wieder an und wird sehr groß (*Wechselrichterkippen*). Gleiches passiert wenn der Thyristor wegen zu geringer Schonzeit von selbst wieder einschaltet. In der Praxis

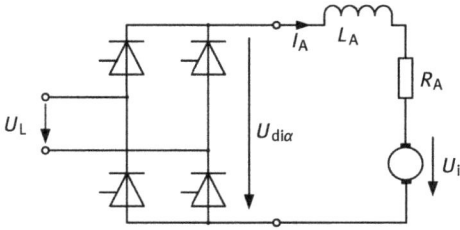

Abb. 11.30: Zweipulsiger vollgesteuerter Gleichrichter mit Thyristoren.

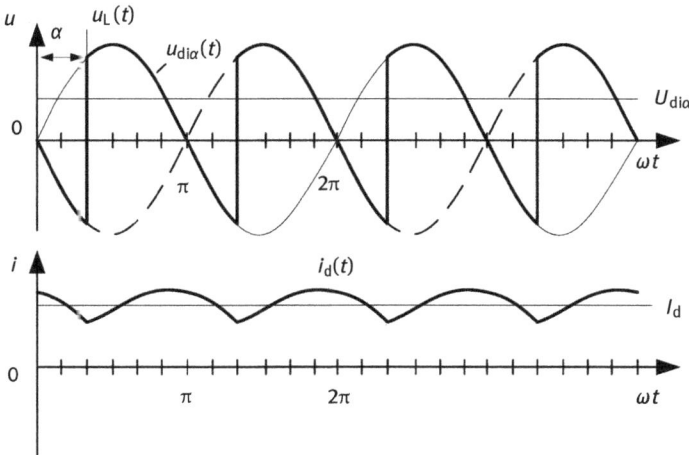

Abb. 11.31: Zeitverläufe von Strom und Spannung im Thyristorgleichrichter bei $\alpha = 60°$.

werden zumeist Zündwinkel bis 150° erreicht. Dies begrenzt den Wert der negativen Spannung.

Neben der hier vorgestellten vollgesteuerten Variante gibt es auch *halbgesteuerte* Schaltungen, bei denen nur jeweils eine Hälfte der Bauelemente mit Thyristoren und die andere Hälfte mit Dioden bestückt wird. Die Ausgangsspannung ergibt sich dann zu

$$U_{di\alpha} = U_{di0} \cdot \frac{1 + \cos \alpha}{2} \qquad (11.4)$$

Eine negative Ausgangsspannung kann nicht mehr realisiert werden. Sie ist in vielen Anwendungen, z. B. bei der Speisung der Erregerwicklung einer Gleichstrommaschine, nicht erforderlich.

Der gesteuerte Gleichrichter kann auch dreiphasig ausgeführt werden (Abb. 11.32, Verwendung für größere Leistungen). Da die gleichgerichtete Spannung immer entweder einer der drei verketteten Netzspannungen oder ihrem negativen Wert entspricht, entstehen sechs Pulse je Periode der Netzspannung. Der Verlauf der Spannungen bei verschiedenen Zündwinkeln ist in Abb. 11.33 dargestellt (idealisierte Betrachtung).

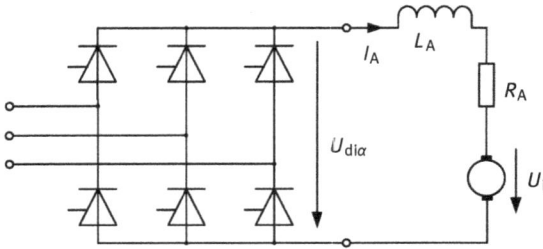

Abb. 11.32: Dreiphasiger, sechspulsiger vollgesteuerter Gleichrichter mit Thyristoren.

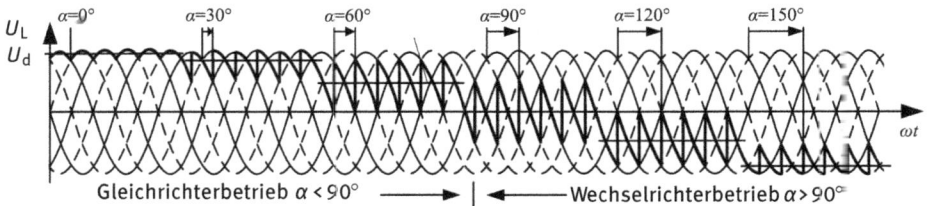

Abb. 11.33: Zeitverläufe der Ausgangsspannung eines dreiphasigen vollgesteuerten Gleichrichters bei verschiedenen Zündwinkeln.

Durch die höhere Pulszahl entsteht eine geringere Stromwelligkeit, sodass die Induktivität L_A kleiner sein darf. Auch hier ist der Mittelwert der gleichgerichteten Spannung nach Gleichung (11.2) zu bestimmen, er kann also bei $\alpha > 90°$ auch negativ werden.

Für U_{di0} ist jedoch ein anderer Wert einzusetzen, der sich als Mittelwert der gleichgerichteten Spannung bei $\alpha = 0$ berechnen lässt. Es gilt

$$U_{di0} = \frac{3\sqrt{2}}{\pi} U_L \tag{11.5}$$

wobei für U_L der Effektivwert der *verketteten* Netzspannung einzusetzen ist.

Nutzbar wird die negative Gleichspannung z. B. bei Gleichstrom-Antrieben für Seilzüge. Die Zugkraft am Seil und damit das Drehmoment und der Ankerstrom des Motors haben hier immer dieselbe Richtung. Nur die Drehzahl des Motors nimmt je nach Bewegungsrichtung beide Vorzeichen an. Damit kann die induzierte Spannung positiv oder negativ sein (Zwei-Quadranten-Betrieb).

Es sind, wie bei der zweipulsigen Schaltung, auch sechspulsige halbgesteuerte Varianten möglich, indem z. B. die drei unteren Thyristoren aus Abb. 11.32 durch Dioden ersetzt werden. Es gilt dann wieder die Gleichung (11.4) mit dem Wert für U_{di0} aus Gleichung (11.5).

Wie oben bei den Diodengleichrichtern ist bei konventioneller Betrachtung auch bei den Thyristorgleichrichtern die Netzimpedanz mit zu berücksichtigen. Es ergeben sich dieselben Konsequenzen wie zuvor. Die gleichgerichtete Spannung sinkt mit zunehmendem Strom ab, und zwar in gleichem Umfang wie beim Diodengleichrichter (d. h. wie bei $\alpha = 0$).

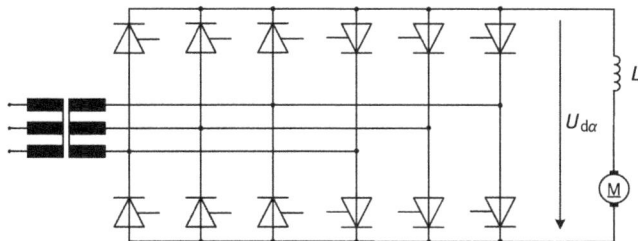

Abb. 11.34: Umkehrstromrichter.

Für dynamische Gleichstromantriebe, z. B. beim Servoantrieb, werden sowohl Drehzahl als auch Drehmoment mit beiden Vorzeichen benötigt (Vier-Quadranten-Betrieb). Dies kann mit einem *Umkehrstromrichter* ermöglicht werden. Dazu werden zwei vollgesteuerte Gleichrichter antiparallel zusammengeschaltet, siehe Abb. 11.34. Dabei darf jeweils nur eine der Thyristorbrücken mit Zündimpulsen angesteuert werden, die Zündimpulse der anderen Brücke müssen gesperrt werden. So kann jeweils die für die gewünschte Stromrichtung benötigte Brücke ausgewählt werden. Bei Reversiervorgängen des Antriebs ergibt sich im Nulldurchgang des Laststroms eine kurze Sperrzeit, in der keine der beiden Brücken leitet. Diese Zeit ist von der Schonzeit der Thyristoren bestimmt und liegt im ms-Bereich.

Beim Reversieren durchfährt man auch den Bereich lückenden Stroms, mit der Konsequenz, dass der Spannungsmittelwert am Ausgang ohne Gegenmaßnahme ansteigen würde. Dies erfordert eine genaue und schnelle Regelung. Da sich im Lückbetrieb auch die Charakteristik der Regelstrecke ändert (nichtlineares P-Verhalten statt I-Verhalten), wird häufig eine Adaption der Regelung an den Betriebszustand implementiert (Lück-Adaption).

Den gesteuerten Gleichrichtern ist gemeinsam, dass während der Kommutierungsvorgänge zwei Phasen über die netzseitigen Induktivitäten kurzgeschlossen sind. Während der Kommutierungen bricht die Netzspannung in der Nähe des Stromrichters kurzzeitig ein (*Netzrückwirkungen*). Diese Kommutierungseinbrüche dürfen zulässige Grenzen nicht überschreiten, was in den meisten Fällen den Einbau zusätzlicher Netzdrosseln erfordert.

11.2.9 Wechselstromsteller

Wechselstromsteller sind vor allem als Stellglied für Universalmotoren sowie für kleine Asynchronmotoren für Lüfter von Interesse. Sie ermöglichen die Stellung des Wechselspannungs-Effektivwerts an den Motorklemmen. Damit kann die Drehzahl-Drehmoment-Kennlinie verändert werden, sodass bei gegebenem Lastmoment die Drehzahl einstellbar wird.

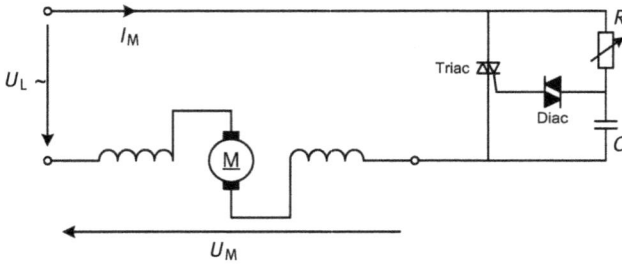

Abb. 11.35: Schaltung eines Wechselstromstellers mit Kommutator-Reihenschlussmotor (siehe Kapitel 5).

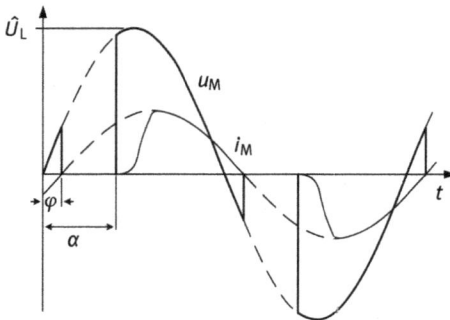

Abb. 11.36: Kurvenverläufe in einem Wechselstromsteller für eine Netzperiode.

Schaltung und prinzipielle Kurvenformen im Betrieb sind in Abb. 11.35 und Abb. 11.36 dargestellt. Die Schaltung lässt sich tatsächlich mit der geringen Bauteileanzahl wie in Abb. 11.35 realisieren, was die gezeigte Anordnung für Anwendungen mit hohem Kostendruck und kurzen Betriebsdauern ideal geeignet macht (z. B. Handwerkzeuge, Hausgeräte). Sie besteht im Wesentlichen aus einem Triac und seiner Ansteuerung. Der Triac verhält sich wie zwei antiparallel geschaltete Thyristoren, die aber mit demselben Gateanschluss gesteuert werden. Die Polarität des Gatestroms ist dabei unbedeutend. Die Ansteuerung des Triac erfolgt mit einem Diac. Der Diac ist ein Bauelement, das ab einer bestimmten Spannung plötzlich seine Sperrfähigkeit verliert. Über den einstellbaren Widerstand R wird der Kondensator C aufgeladen, bis am Diac die Zündspannung erreicht wird und in der Folge der Triac über seinen Gateanschluss gezündet wird. Dabei entlädt sich der Kondensator über den Gatekreis des Triacs und den Diac.

Mit Hilfe des Widerstands kann der Zündzeitpunkt in jeder Halbschwingung der Netzspannung wiederholbar eingestellt werden. Als Resultat ergibt sich ein Spannungs- und Stromverlauf im Motor wie exemplarisch in Abb. 11.36 dargestellt. Nach

Verstreichen des Zündwinkels α wird durch Zünden des Triac die Netzspannung an die Motorklemmen gelegt. Es folgt aufgrund der Induktivität des Motors ein verzögerter Stromanstieg. Damit wird auch der Fluss in der Maschine aufgebaut. Die induzierte Spannung verhält sich dabei proportional zu den Augenblickswerten von Strom und Drehzahl und wirkt damit im elektrischen Kreis wie ein drehzahlabhängiger Widerstand. Der Strom nähert sich einem sinusähnlichen Verlauf an, im Nulldurchgang des Stroms kommt es zum Verlöschen des Triac. Dieser Zeitpunkt stimmt nicht mit dem Nulldurchgang der Spannung überein, sondern erfolgt um einen Phasenwinkel φ verzögert. Dieser Winkel ergibt sich aus dem ohmsch-induktiven Verhalten des Motors. Der Motor bleibt bei $\alpha = 180°$ strom- und spannungslos. Vollaussteuerung wird bei $\alpha = \varphi$ erreicht. Ein weiteres Zurücknehmen des Zündwinkels führt dann nicht mehr zum Drehmoment- oder Drehzahlanstieg.

Dreiphasige Wechselstromsteller werden auch als Anlaufhilfe für Asynchronmotoren verwendet („Soft Starter"). Das Prinzip ist auch hier die Einstellung des Spannungseffektivwerts U. Damit kann der Anlaufstrom proportional zu U abgesenkt werden. Gleichzeitig sinkt aber das Kippmoment des Asynchronmotors proportional zu U^2. Ob der Motor bei gegebener Lastkennlinie damit noch anlaufen kann, ist eine Frage, die in der Einzelprojektierung zu klären ist. Hersteller bieten dafür Berechnungsprogramme an.

11.3 Regler

Die Prinzipien der Regelung elektrischer Antriebe lassen sich am einfachsten am Beispiel der Gleichstrommaschine aufzeigen. Für Gleichstrommaschinen werden daher zunächst die dynamischen Eigenschaften des ungeregelten Antriebs beschrieben. Anschließend wird gezeigt, wie eine Regelung für die Gleichstrommaschine aufgebaut und dimensioniert werden kann. Ein Beispiel verdeutlicht, dass der geregelte Antrieb sehr hohen dynamischen Anforderungen gerecht wird (siehe auch Band 2, Kapitel 4).

Die Übertragung dieser Prinzipien auf Drehfeldmaschinen wird in Abschnitt 11.3.2 anhand einfacher Überlegungen für Permanentmagnet-Synchronmaschinen (BLAC) durchgeführt. Es ergibt sich eine *feldorientierte Regelung* (FOR, oft auch als *Vektorregelung* bezeichnet), für die als Bezugssystem die Süd-Nord-Achse des rotierenden Permanentmagneten gewählt wird.

Der Fortschritt der Digitaltechnik ermöglicht es, auch kleine Asynchronmotoren nach dem Prinzip der Feldorientierung zu regeln. Seit der Verfügbarkeit von speziellen integrierten Mikrocontrollern und integrierten Schaltkreisen für diesen Zweck ist der höhere Steuerungsaufwand kein Ausschlusskriterium mehr. Entsprechende Regelungsstrukturen werden vorgestellt (siehe Abschnitt 11.3.3).

11.3.1 Regelung der Gleichstrommaschine

In diesem Abschnitt wird die Regelung der Gleichstrommaschine auf Basis eines Modells entwickelt. Dazu ist zunächst die Modellierung der Gleichstrommaschine und des Stellglieds erforderlich.

Gleichstrommaschine als Regelstrecke

Ausgehend vom elektrischen Ersatzschaltbild in Abb. 11.37 lässt sich für den dynamischen Betrieb der Gleichstrommaschine ein einfaches Differenzialgleichungssystem aufstellen.

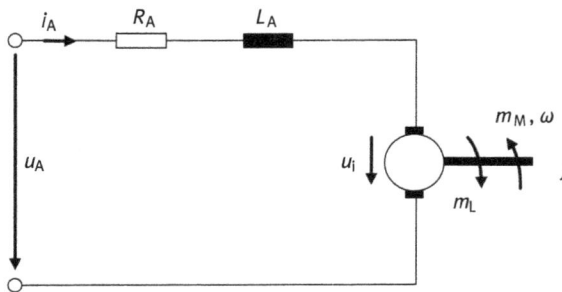

Abb. 11.37: Ersatzschaltbild der permanentmagnet- oder fremderregten Gleichstrommaschine.

Für den Erregerkreis mit seiner, gegenüber dem Ankerkreis sehr großen, Zeitkonstante kann vereinfachend ein konstanter Fluss Φ_F angenommen werden, der mit Hilfe des Erregerstroms i_F eingestellt werden kann. Genauso wird bei permanentmagneterregten Maschinen ein konstanter Fluss unterstellt.

Die Spannungsgleichung für den Ankerkreis lautet

$$u_A(t) = R_A i_A(t) + L_A \frac{d i_A(t)}{dt} + u_i(t) \tag{11.6}$$

wobei der Spannungsabfall an den Bürsten der Maschine vernachlässigt oder im Ankerwiderstand R_A berücksichtigt wird. Der Ankerwiderstand R_A umfasst den resultierenden ohmschen Widerstand aller Wicklungen des Ankerkreises. Die Ankerinduktivität L_A berücksichtigt die magnetischen Eigenschaften der Ankerwicklung einschließlich der möglicherweise vorhandenen Wendepolwicklungen und Kompensationswicklungen (kommen bei Kleinmaschinen nicht vor, hier der Vollständigkeit halber erwähnt).

Die im Anker induzierte Spannung u_i ist proportional dem Produkt aus der mechanischen Winkelgeschwindigkeit $\omega = 2\pi n$ und der von der Erregung verursachten Ankerflussverkettung (siehe Kapitel 4)

$$u_i = c_1 \Phi_F \omega \tag{11.7}$$

Die Konstante c_1 kann aus der Leerlaufkennlinie der Maschine bestimmt werden. Für das von der Maschine erzeugte Drehmoment m_M gilt:

$$m_M = c_2 \Phi_F i_A \tag{11.8}$$

Elimination von Φ_F aus den beiden vorstehenden Gleichungen liefert

$$u_i i_A = \frac{c_1}{c_2} m_M \omega \tag{11.9}$$

Die elektrische Leistung auf der linken Seite der Gleichung muss der mechanischen Leistung auf der rechten Seite entsprechen, was $c_1 = c_2 = c$ erfordert.

Das Beschleunigungsmoment ergibt sich aus dem von der Maschine erzeugten Drehmoment und dem auf die Welle wirkenden mechanischen Last-Drehmoment m_L nach der Gleichung

$$J \frac{d\omega}{dt} = m_M - m_L \tag{11.10}$$

Die Konstante J bezeichnet hierbei das Trägheitsmoment der rotierenden Massen.

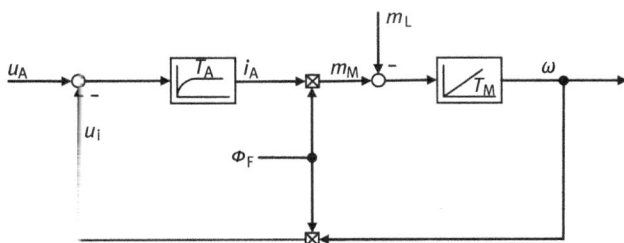

Abb. 11.38: Vereinfachtes Blockschaltbild einer fremderregten oder permanenterregten Gleichstrommaschine.

Die obigen Gleichungen stellen ein System gekoppelter Differenzialgleichungen dar, welches das dynamische Verhalten der Gleichstrommaschine für alle Betriebszustände beschreibt. Dieses Differenzialgleichungssystem kann in einem Strukturbild grafisch dargestellt werden (siehe Abb. 11.38). Das Gleichungssystem ist wegen der Multiplikationen, die bei Bildung der induzierten Spannung u_i und des Drehmoments m_M auftreten, nichtlinear und kann deshalb in dieser allgemeinen Form nicht geschlossen gelöst werden. Die Spannungen u_A und der Fluss Φ_F sind steuerbare Eingangsgrößen und das Lastmoment m_L eine Störgröße.

Das System kann durch Einführung folgender Zeitkonstanten in ein Gleichungssystem mit bezogenen Größen überführt werden, das dimensionslos ist:

$$\text{Ankerzeitkonstante } T_A = \frac{L_A}{R_A} \, ;$$

$$\text{Mechanische Zeitkonstante } T_M = \frac{J \omega_N}{m_0} \, . \tag{11.11}$$

Bezugsgrößen sind die Bemessungsspannung U_{AN} und der Bemessungsfluss Φ_N. Der Ankerstrom wird auf seinen Anzugswert I_{A0} bei Bemessungsspannung und Bemessungsfluss normiert, das Drehmoment auf das entsprechende Anzugsmoment m_0. Die Bezugsdrehzahl bzw. -winkelgeschwindigkeit $\omega_{N0} = 2\pi n_0$ ist die Leerlaufdrehzahl bzw. -winkelgeschwindigkeit bei U_{AN} und Φ_N. Für die genannten abhängigen Größen gilt

$$I_{A0} = \frac{U_{AN}}{R_A} \; ; \qquad m_0 = c \cdot \Phi_N \cdot I_{A0} \; ; \qquad \omega_{N0} = \frac{U_{AN}}{c \cdot \Phi_N} \qquad (11.12)$$

Die bezogenen Größen ergeben sich zu:

$$
\begin{aligned}
i_{A\,PU} &= \frac{i_A}{I_{A0}} \; ; & u_{A\,PU} &= \frac{u_A}{U_{AN}} \; ; & \Phi_{F\,PU} &= \frac{\Phi_F}{\Phi_N} \\
m_{PU} &= \frac{m_M}{m_0} \; ; & m_{L\,PU} &= \frac{m_L}{m_0} \; ; & \omega_{PU} &= \frac{\omega}{\omega_0}
\end{aligned}
\qquad (11.13)
$$

Es ergibt sich das dimensionslose Differenzialgleichungssystem 2. Ordnung

$$
\begin{aligned}
i_{A\,PU} + T_A \frac{di_{A\,PU}}{dt} &= u_{A\,PU} - \omega_{PU} \cdot \Phi_{PU} \\
T_M \frac{d\omega_{PU}}{dt} &= i_{A\,PU} \cdot \Phi_{PU} - m_{L\,PU}
\end{aligned}
\qquad (11.14)
$$

Daraus lässt sich das in Abb. 11.38 dargestellte Blockdiagramm entwickeln.

Das dynamische Verhalten der Gleichstrommaschine lässt sich nun mit den klassischen Methoden der Regelungstechnik (Laplace-Transformation) untersuchen, wenn der Fluss $\Phi_{F\,PU}$ als ein steuerbarer Parameter interpretiert wird. Bei konstantem Fluss liegt ein lineares System vor.

Ungeregeltes dynamisches Verhalten

Aus dem Blockschaltbild können die Übertragungsfunktionen des Systems gebildet werden. Da das System die beiden Eingänge $u_{A\,PU}$ und $m_{L\,PU}$ sowie die beiden Zustandsgrößen $i_{A\,PU}$ und ω_{PU} umfasst, kann es durch vier Übertragungsfunktionen vollständig beschrieben werden, die alle denselben Term im Nenner besitzen. Als wichtigstes Beispiel wird die Übertragungsfunktion der Drehzahl in Abhängigkeit der Ankerspannung diskutiert. Es gilt mit der Laplace-transformierten bezogenen Winkelgeschwindigkeit $\Omega_{PU}(s)$ und Ankerspannung $U_{A\,PU}$:

$$\frac{\Omega_{PU}(s)}{U_{A\,PU}(s)} = \frac{1/\Phi_{F\,PU}}{\frac{T_A T_M}{\Phi_{F\,PU}^2}s^2 + \frac{T_M}{\Phi_{F\,PU}^2}s + 1} = \frac{V}{\frac{1}{\omega_e^2}s^2 + \frac{2D}{\omega_e}s + 1} \qquad (11.15)$$

Es handelt sich um ein System 2. Ordnung. Die Verstärkung beträgt

$$V = \frac{1}{\Phi_{F\,PU}} \qquad (11.16)$$

die Eigenfrequenz ist

$$\omega_e = \frac{\Phi_F}{\sqrt{T_A T_M}} \tag{11.17}$$

und der Dämpfungsfaktor

$$D = \frac{1}{2\Phi_F} \sqrt{\frac{T_M}{T_A}} \tag{11.18}$$

Beim Betrieb der Gleichstrommaschine mit Bemessungsfluss ($\Phi_F = 1$) lassen sich zwei Betriebsfälle unterscheiden.

Für $D < 1$ stellt die Maschine ein gedämpftes schwingungsfähiges System dar. Es besitzt jedoch keine Resonanzüberhöhung, wenn $1/\sqrt{2} \leq D < 1$ ist. Bei $D = 1/\sqrt{2}$ beträgt das Überschwingen der Sprungantwort 5 % bezogen auf den stationären End-wert. Für $D > 1$ findet kein Überschwingen der Sprungantwort über den stationären Endwert statt (asymptotisches Verhalten).

Wie anhand der Gleichung für die Dämpfung D zu sehen ist, hängt es vom Verhält-nis der Zeitkonstanten zueinander und vom Fluss ab, welches Verhalten die Maschine aufweist.

In Abb. 11.39 ist der Verlauf der Winkelgeschwindigkeit in Abhängigkeit vom Dämpfungsfaktor dargestellt, der sich nach sprungförmiger Aufschaltung der Anker-nennspannung bei $\Phi_{F\,PU} = 1$ einstellt.

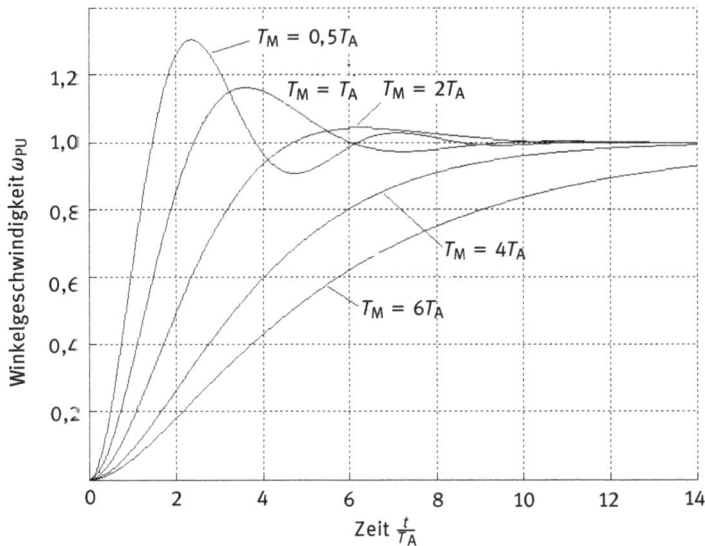

Abb. 11.39: Verlauf der Drehzahl bei Sprung der Ankerspannung auf ihren Bemessungswert.

Die übrigen Übertragungsfunktionen lauten mit den transformierten Größen $M_{\mathrm{L\,PU}}(s)$ und $I_{\mathrm{A\,PU}}(s)$:

$$\frac{\Omega_{\mathrm{PU}}(s)}{M_{\mathrm{L\,PU}}(s)} = -\frac{T_{\mathrm{A}}s + 1}{T_{\mathrm{A}}T_{\mathrm{M}}s^2 + T_{\mathrm{M}}s + \Phi^2_{\mathrm{F\,PU}}} \tag{11.19}$$

$$\frac{I_{\mathrm{A\,PU}}(s)}{U_{\mathrm{A\,PU}}(s)} = \frac{T_{\mathrm{M}}s}{T_{\mathrm{A}}T_{\mathrm{M}}s^2 + T_{\mathrm{M}}s + \Phi^2_{\mathrm{F\,PU}}} \tag{11.20}$$

$$\frac{I_{\mathrm{A\,PU}}(s)}{M_{\mathrm{L\,PU}}(s)} = \frac{\Phi_{\mathrm{F\,PU}}}{T_{\mathrm{A}}T_{\mathrm{M}}s^2 + T_{\mathrm{M}}s + \Phi^2_{\mathrm{F\,PU}}} \tag{11.21}$$

Aus den Gleichungen geht hervor, dass eine Feldschwächung ($\Phi_{\mathrm{F\,PU}} < 1$) die Eigenfrequenz ω_{e} des Motors reduziert und gleichzeitig den Dämpfungsfaktor D erhöht. Damit reagiert der Motor auf Änderungen der Ankerspannung oder des Lastmoments langsamer als bei Betrieb mit Nennfluss. In Abb. 11.40 ist dieses Verhalten deutlich zu erkennen.

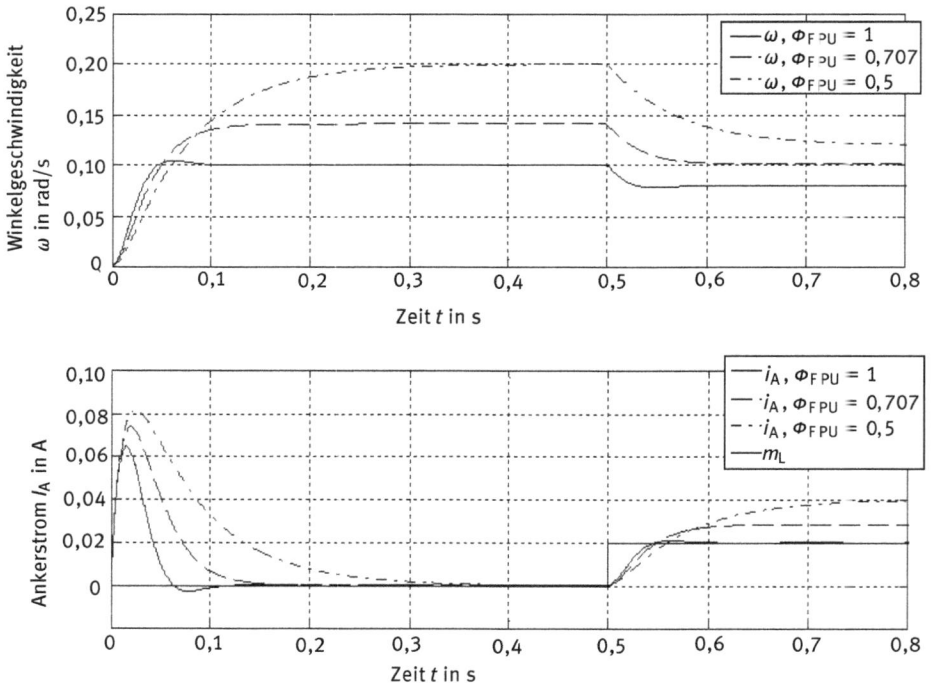

Abb. 11.40: Verlauf der Winkelgeschwindigkeit ω und des Ankerstroms i_{A} nach sprungförmiger Aufschaltung von 10 % der Nennankerspannung bei $t = 0$. Bei $t = 0{,}5$ s sprungförmige Aufschaltung eines Lastmoments (2 % des Stillstandsmoments) im Leerlauf der Maschine.

Modellierung des Stellglieds

Als Stellglied kommen im Bereich der Gleichstromantriebe je nach Leistungsklasse drei Varianten in Frage.

Ein analoger Leistungsverstärker, wie in Abb. 11.2 dargestellt, reagiert sehr schnell. Zumeist kann er als PT1-Glied (Tiefpass 1. Ordnung) beschrieben werden, wobei die Zeitkonstante im Vergleich mit den Zeitkonstanten der Maschine häufig vernachlässigt werden kann.

Ein Gleichstromsteller entsprechend Abb. 11.18 kann nur im Rahmen seiner Schaltfrequenz reagieren. Selbst bei analoger Implementierung der PWM kann die Reaktion um bis zu eine Schaltperiode verzögert auftreten. Andererseits kann die Sollwertänderung auch zufällig direkt vor der nächsten Schaltflanke erfolgen, dann wäre die Reaktionszeit sehr klein. Das Verhalten ist somit zufallsbehaftet und daher mit einfachen Mitteln nicht vollständig zu beschreiben. Für die Modellierung wird hier ein Totzeitglied angenommen mit einer konstanten Totzeit T_T, die der mittleren Verzögerungszeit des Stellglieds entspricht:

$$T_T = \frac{1}{2 \cdot f_S} \tag{11.22}$$

Bei einer digitalen Implementierung ist in der Regel die Abtastzeit der PWM und der Regelung gleich der Schaltperiode. Dann entsteht zunächst dieselbe Verzögerung, weil die gewünschte Spannung als Mittelwert über eine Abtastperiode realisiert wird. Da die Regelung in der Abtastzeit vor der PWM-Ausgabe gerechnet wird, die Messung aber bereits in der Abtastzeit vor der Regelung durchgeführt wurde, findet man insgesamt zumeist die doppelte Abtastzeit der Regelung als geeignete Näherung für die Totzeit:

$$T_T = 2 \cdot T_A \tag{11.23}$$

Wird die Maschine als dritte Möglichkeit von einem netzgeführten Stromrichter gespeist, so ergeben sich abhängig von der Pulszahl p des Stromrichters verschieden lange mittlere Totzeiten, die zudem von der Netzfrequenz f abhängen. Es gilt

$$T_T = \frac{1}{2 \cdot p \cdot f} \tag{11.24}$$

Bei netzgeführten Stromrichtern ist zudem die nichtlineare Steuerkennlinie zu berücksichtigen, d. h., die mittlere Ausgangsspannung hängt nichtlinear vom vorgegebenen Steuerwinkel ab. Dies kann durch eine Linearisierung mit der Umkehrfunktion der Steuerkennlinie kompensiert werden.

Weitere Nichtidealitäten, wie beispielsweise stromabhängige Spannungsabfälle aufgrund von Impedanzen des Stellglieds, lassen sich als Teil des Ankerwiderstands R_A modellieren.

Regelung der Gleichstrommaschine

Als Regelstruktur wird in den meisten Fällen eine Kaskadenregelung gewählt. Darin wird die innerste Regelschleife als Regelstrecke des nächsten Reglers aufgefasst, deren geschlossener Regelkreis wiederum als Regelstrecke des folgenden usw. Die Kaskadenregelung vereinigt die Vorteile eines einfachen Entwurfs mit der Möglichkeit, jeden Sollwert einzeln zu begrenzen. Darüber hinaus kann sie einfach von innen nach außen in Betrieb genommen werden. Dazu müssen jeweils die äußeren Regelkreise aufgetrennt werden. Ist der innerste Regelkreis (hier: Stromregelkreis) optimiert, so kann der nächste Regelkreis (hier: Drehzahlregler) geschlossen und der entsprechende Regler eingestellt werden. Aufgrund dieser Vorteile hat sich die Struktur allgemein durchgesetzt.

Voraussetzung ist die Freiheit von Rückwirkungen zwischen verschiedenen Regelschleifen. Wie in Abb. 11.41 zu sehen ist, ist das bei der Gleichstrommaschine wegen der Rückwirkung der Drehzahl über die induzierte Spannung auf den Stromregelkreis nicht der Fall. Diese Rückwirkung kann aber durch eine Störgrößenaufschaltung der Drehzahl auf den Spannungssollwert des Ankerstromreglers minimiert werden.

Die Reglerauslegung erfolgt wie die Inbetriebnahme von innen nach außen. Der Stromregelkreis besteht nach Kompensation der induzierten Spannung aus einer Reihenschaltung des Stellglieds mit der Ankerzeitkonstante (Abb. 11.42). Für die Zwecke der Reglerauslegung kann die Totzeit des Stellglieds durch ein PT1-Glied angenähert werden, d. h., die Strecke hat zwei in Reihe geschaltete PT1-Glieder. Mit Hilfe eines PI-Reglers kann dieser Regelkreis beherrscht werden. Seine Übertragungsfunktion lautet

$$R_I(s) = V_{PI}\frac{1 + T_{NI}s}{T_{NI}s} \tag{11.25}$$

Dazu wird zunächst die Nachstellzeit des PI-Reglers T_{NI} der Ankerzeitkonstanten T_A angeglichen. Der Ankerstrom wird dann ohne verbleibende Regelabweichung ausgeregelt. Die Dynamik des geschlossenen Regelkreises kann anhand der Übertragungsfunktion als PT2-Verhalten identifiziert werden:

$$G_I(s) = \frac{1}{T_{AK}T_T s^2 + T_{AK}s + 1} = \frac{1}{\frac{1}{\omega_e^2}s^2 + \frac{2D}{\omega_e}s + 1} \tag{11.26}$$

mit $T_{AK} = \frac{T_A}{V_{PI}V_{Stell}} = \frac{T_{NI}}{V_{PI}V_{Stell}}$.

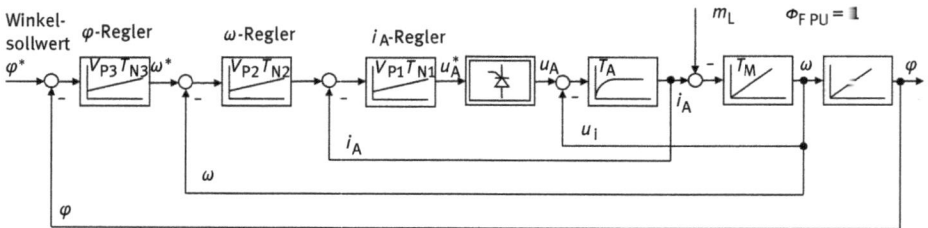

Abb. 11.41: Kaskadenregelung eines lagegeregelten/winkelgeregelten Gleichstromantriebs.

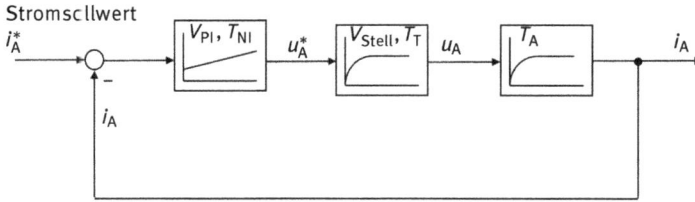

Abb. 11.42: Stromregelkreis nach Kompensation der induzierten Spannung.

Dabei gilt für die Eigenfrequenz und die Dämpfung des PT2-Glieds:

$$\omega_e = \frac{1}{\sqrt{T_{AK} T_T}} \; ; \qquad D = \frac{1}{2} \sqrt{\frac{T_{AK}}{T_T}} \tag{11.27}$$

Es ist somit möglich, den PI-Regler nach dem Betragsoptimum auszulegen. Das ist gleichbedeutend mit einer Dämpfung des PT2-Glieds von $1/\sqrt{2}$. Für die Parameter des Reglers gilt dann

$$T_{NI} = T_A \; ; \qquad V_{PI} = \frac{T_A}{2 V_{Stell} T_T} \tag{11.28}$$

Das Einschwingverhalten des Reglers nach einem Sollwertsprung entspricht bei dieser Auslegung der Kurve für $T_M = 2 T_A$ in Abb. 11.39.

Für den Drehzahlregelkreis kann das Verhalten des Stromregelkreises durch ein PT1-Glied

$$G_{I\,Ers}(s) = \frac{1}{1 + T_{A\,Ers} s} \tag{11.29}$$

mit der Zeitkonstanten $T_{A\,Ers} = 2 T_T$ angenähert werden. Wird wieder ein PI-Regler zur Drehzahlregelung eingesetzt, so ergibt sich für den offenen Drehzahlregelkreis die Übertragungsfunktion

$$G_{0\omega}(s) = V_{P\omega} \frac{1 + T_{N\omega} s}{T_{N\omega} s} \cdot \frac{1}{(1 + T_{A\,Ers} s)} \cdot \frac{1}{T_M s} \tag{11.30}$$

In diesem Fall würde eine Kompensation der Ersatzzeitkonstanten des Stromregelkreises $T_{A\,Ers}$ mit der Nachstellzeit $T_{N\omega}$ des Reglers zu einem instabilen Verhalten führen, was an der doppelten Integration zu erkennen ist. Beide Parameter des PI-Reglers müssen hier nach dem symmetrischen Optimum eingestellt werden. Dafür gilt

$$T_{N\omega} = 4 T_{A\,Ers} \; ; \qquad V_{P\omega} = \frac{T_M}{2 T_{A\,Ers}} \tag{11.31}$$

Die Übertragungsfunktion des resultierenden geschlossenen Regelkreises hat dann ein gutes Störverhalten gegenüber Einflüssen des Lastmoments, sie reagiert aber bei Sprüngen des Sollwerts mit einem deutlich zu großen Überschwinger. Aus diesem Grund empfiehlt sich zusätzlich ein PT1-Glied mit der Übertragungsfunktion

$$G_{\omega\,Verz}(s) = \frac{1}{(1 + T_{N\omega} s)} \tag{11.32}$$

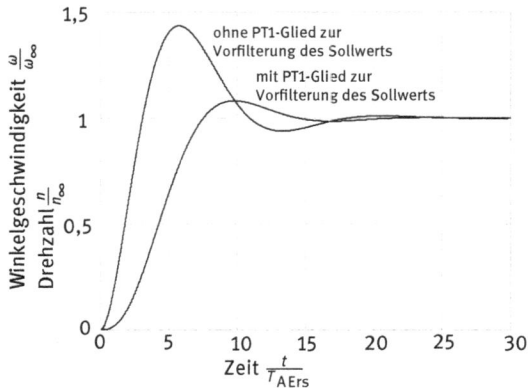

Abb. 11.43: Führungsverhalten des Drehzahlregelkreises.

zur Vorfilterung des Sollwerts, um ein besseres Führungsverhalten zu erzielen (siehe Abb. 11.43). Das Störverhalten ändert sich dadurch nicht.

Schließlich ist der Lageregelkreis auszulegen. Dazu wird der Drehzahlregelkreis durch die Übertragungsfunktion

$$G_{\omega\,\text{Ers}}(s) = \frac{1}{(1 + T_{\omega\,\text{Ers}}s)} \quad \text{mit} \quad T_{\omega\,\text{Ers}} = 4T_{A\,\text{Ers}} \tag{11.33}$$

angenähert. Der offene Regelkreis weist außer dem Regler und diesem PT1-Glied noch eine einfache Integration auf. Da im Gegensatz zum Drehzahlregelkreis hier keine Störgröße angreift, kann der Regler auf das Führungsverhalten optimiert werden. Mit einem einfachen P-Regler wird wegen der Integration der Strecke bereits die stationäre Genauigkeit erreicht. Die Dynamik wird man bei der Lageregelung zumeist auf ein asymptotisches Verhalten mit Dämpfung $D = 1$ einstellen. Es ergibt sich für die Verstärkung $V_{P\delta}$ des P-Lagereglers

$$V_{P\delta} = \frac{1}{4 \cdot D^2 \cdot T_{\omega\,\text{Ers}}} \tag{11.34}$$

Die Ersatzzeitkonstante dieses äußeren Regelkreises ergibt sich zu

$$T_{\delta\,\text{Ers}} = 4 \cdot D^2 \cdot T_{\omega\,\text{Ers}} \tag{11.35}$$

Es wird deutlich, dass die Regelkreise von innen nach außen langsamer werden. Die Ersatzzeitkonstanten stehen in einer festen Beziehung zueinander. Demzufolge kann bei einer digitalen Implementierung auch die Abtastzeit des Lagereglers langsamer als die des Drehzahlreglers, diese wiederum langsamer als die des Stromreglers sein.

Die Reglerauslegung erfolgte für eine Maschine, die ungeregelt ein unterkritisch gedämpftes Einschwingverhalten aufweist ($D < 1$). Im Bereich der Kleinstmaschinen ist aber ein überkritisch gedämpftes Verhalten ($D > 1$) häufig anzutreffen. Grund

Tab. 11.1: Daten eines Gleichstrommotors.

Parameter	Größe
Typenleistung	10 W
Bemessungsspannung U_{AN}	24 V
Leerlaufdrehzahl n_0	9350 1/min
Bemessungsstrom I_{AN}	0,43 A
Ankerwiderstand R_A	8,75 Ω
Ankerinduktivität L_A	0,41 mH
Trägheitsmoment J	4 g cm²
Masse	70 g

ist die geringe Induktivität bei gleichzeitig hohem Widerstand dieser Motoren, was zu sehr kleinen Ankerzeitkonstanten führt. In diesem Fall kann der Stromregelkreis auch entfallen. Das Verhalten der Maschine kann auch ohne den Stromregler näherungsweise als PT1-System angenähert werden. Da es sich zumeist um Permanentmagnetmotoren handelt, also keine sehr effektive Feldschwächung möglich ist, gilt näherungsweise

$$\frac{\Omega_{PU}(s)}{U_{A\,PU}(s)} \approx \frac{1}{T_M \cdot s + 1} \tag{11.36}$$

Die Drehzahlregelung kann dann mit einem einfachen PI-Regler erfolgen. Da die Strecke nun dieselbe Struktur hat wie der oben behandelte Stromregelkreis, können die Ergebnisse übertragen werden, indem einfach T_A durch T_M ersetzt wird. Nachteil dieser Vorgehensweise ist, dass der Stromsollwert nicht mehr auf die gleiche einfache Weise begrenzt werden kann.

Das Beispiel einer Gleichstrom-Kleinstmaschine soll die Möglichkeiten verdeutlichen. Die technischen Daten des Motors sind in Tab. 11.1 zusammengefasst. Der Motor wird im Leerlauf zuerst ungeregelt betrieben (Abb. 11.44). Dazu wird bei $t = 0,1$ s die Nennspannung an den Anker gelegt. Der Motor läuft gedämpft hoch, während der Strom einen Wert von 2,75 A erreicht. Bei $t = 0,2$ s wird der Motor mit Nennmoment belastet und bei $t = 0,3$ s wieder entlastet. Es ist deutlich der Drehzahleinbruch und der Stromanstieg zu erkennen. Alle Einschwingvorgänge sind überkritisch gedämpft und weisen dieselbe Zeitkonstante T_M auf.

Völlig anders stellt sich der Betrieb mit einer Kaskadenregelung für Drehzahl und Strom dar (Abb. 11.45). Hier fährt der Motor mit einem auf 0,8 A begrenzten Strom hoch, wodurch sich eine Drehzahlrampe einstellt. Unter Einhaltung der vorgegebenen Stromgrenze wird somit die kürzeste Hochlaufzeit erreicht. Ein Drehzahleinbruch bei Belastung ist kaum noch sichtbar, während der Strom sehr schnell auf die Belastung der Maschine reagiert. Sollwerte und Istwerte von Drehzahl und Strom sind bis auf die dynamischen Vorgänge deckungsgleich.

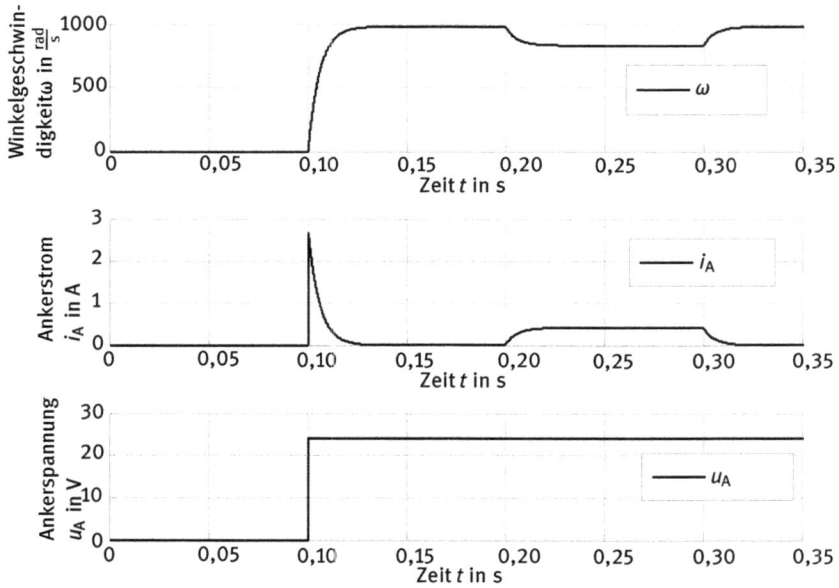

Abb. 11.44: Drehzahl, Ankerstrom und Ankerspannung eines 24-V-Gleichstrommotors im ungeregelten Betrieb (Simulation).

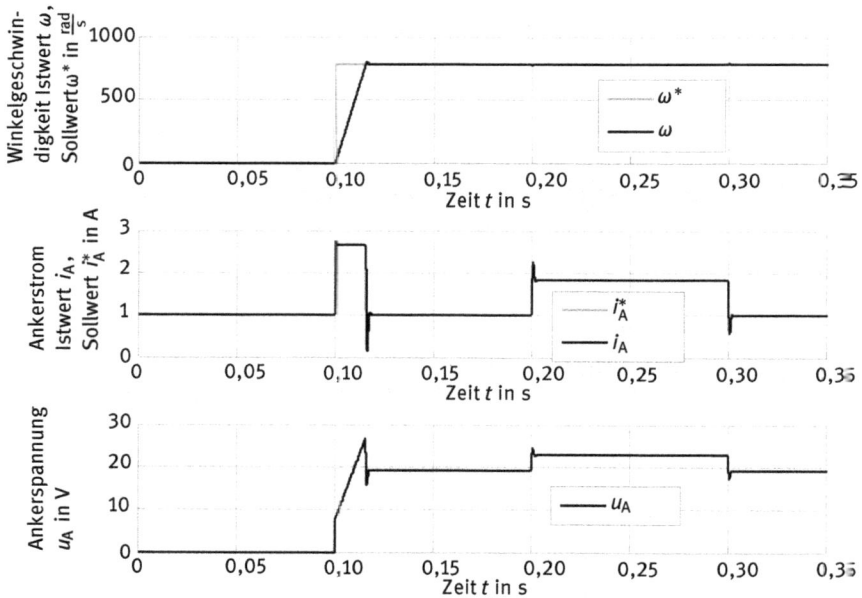

Abb. 11.45: Drehzahl, Ankerstrom und Ankerspannung eines 24-V-Gleichstrommotors im geregelten Betrieb (Simulation).

11.3.2 Regelung eines Permanentmagnet-Synchronmotors

Das hochdynamische und präzise Verhalten eines geregelten Gleichstrommotors lässt sich auch mit Drehfeldmaschinen erreichen. Das soll anhand von Abb. 11.46 und Abb. 11.47 verdeutlicht werden.

Es wird zuerst ein Gleichstrommotor mit Außenläufer betrachtet (Abb. 11.46, siehe auch Kapitel 8, Abb. 8.2). Der Kommutator sorgt dafür, dass der Ankerstrombelag relativ zum Permanentmagneten ruht. Dadurch wird ein konstantes Drehmoment erzeugt.

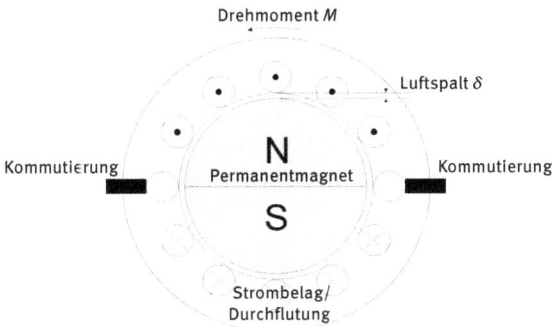

Abb. 11.46: Gleichstrommotor mit Außenläufer und ruhendem Permanentmagnet, Prinzipbild.

Werden nun die Rollen von Rotor und Stator vertauscht, d. h., der Anker wird festgehalten und der Permanentmagnet als Rotor in Drehung versetzt, so muss der Ankerstrombelag *relativ zum rotierenden Permanentmagneten* stabil sein, um ein konstantes Drehmoment zu erzeugen. Abbildung 11.47 zeigt die Situation zu drei unterschiedlichen Zeiten. Für das Zustandekommen des nun gleichförmig rotierenden Ankerstrombelags sorgt eine dreisträngige Wicklung, die im Stern geschaltet und mit sinusförmigen Strömen gespeist wird (vgl. Kapitel 2.2). Dies ist mit Hilfe eines dreiphasigen

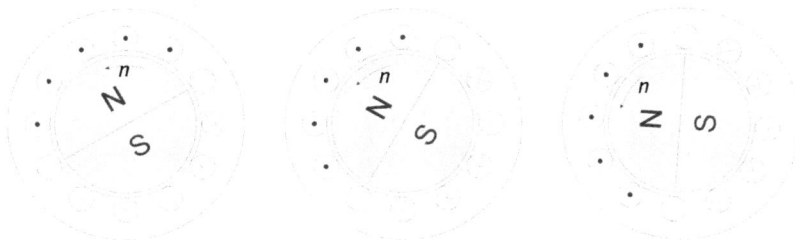

Abb. 11.47: Synchronmotor (Prinzipbild) als Umkehrung eines Gleichstrommotors mit Außenläufer. Der Anker wird festgehalten, der Magnet rotiert. Die Bestromung der Wicklungen wird durch ein elektronisches Stellglied vorgenommen (siehe auch Kapitel 8, Abb. 8.2).

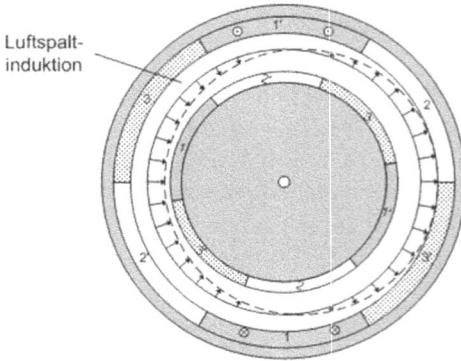

Abb. 11.48: Querschnitt durch eine Maschine mit einer Durchflutung nur im Strang 1 (Prinzipdarstellung mit Strombelag, ohne Nuten). Das resultierende Luftspaltfeld hat eine Hauptrichtung in der Waagerechten. Der Raumzeiger des Ankerstrombelags i_S zeigt in diese Richtung, sein Betrag ist proportional zum Strangstrom.

Pulswechselrichters realisierbar. Der mechanische Kommutator entfällt (bürstenlos kommutierte Motoren siehe Kapitel 5).

Die Ansätze zur Regelung der Gleichstrommaschine können nun übertragen werden. Dazu muss die augenblickliche Winkellage des Permanentmagnet-Läufers zum Ausgangspunkt der Betrachtung gemacht werden. Die Hauptachse des vom Permanentmagnet erzeugten Felds wird als d-Achse bezeichnet. Sie schließt mit einer stillstehenden Achse des Ständers einen Winkel δ ein. Dabei ist die Richtung für $\delta = 0$ noch festzulegen. Senkrecht zur d-Achse wird eine q-Achse definiert, die ebenfalls am Rotor fixiert ist (vgl. Abb. 11.49).

Der Ankerstrombelag muss nun relativ zu dieser Achse betrachtet werden. Dazu macht man sich das Konzept der Raumzeiger zunutze. Der Raumzeiger des Ankerstrombelags ist ein Vektor, der in die Hauptrichtung des von ihm hervorgerufenen Luftspaltfelds zeigt (Abb. 11.48). Dieser Raumzeiger wird zunächst in einem ständerfesten orthogonalen Koordinatensystem (α, β) beschrieben. Dazu muss die Richtung der α-Achse festgelegt werden. Sie entspricht der Richtung des Raumzeigers, der bei Durchflutung nur in Strang 1 entsteht (Abb. 11.48). Die β-Achse steht senkrecht dazu. Der Rotorwinkel δ ist nun als Winkel zwischen der rotorfesten d-Achse und der ständerfesten α-Achse definiert (Abb. 11.49).

Aus den drei Strangströmen des Ständers kann der Raumzeiger des Ankerstrombelags berechnet werden entsprechend der Transformation[1]

$$\begin{pmatrix} i_\alpha \\ i_\beta \end{pmatrix} = \begin{pmatrix} \sqrt{\frac{2}{3}} & -\frac{1}{\sqrt{6}} & -\frac{1}{\sqrt{6}} \\ 0 & \frac{1}{\sqrt{2}} & -\frac{1}{\sqrt{2}} \end{pmatrix} \cdot \begin{pmatrix} i_1 \\ i_2 \\ i_3 \end{pmatrix} = \mathbf{A} \cdot \begin{pmatrix} i_1 \\ i_2 \\ i_3 \end{pmatrix} \tag{11.37}$$

Mit derselben Transformation können auch die Spannungen der drei Stränge in einen Spannungsraumzeiger umgerechnet werden, vgl. dazu Abschnitt 11.2.6. Sie wird auch

---

[1] Die Nullkomponente $i_0 = i_1 + i_2 + i_3$ wird hierbei nicht weiter berücksichtigt, da sich wegen des nicht angeschlossenen Sternpunkts kein Nullstrom i_0 ausbildet.

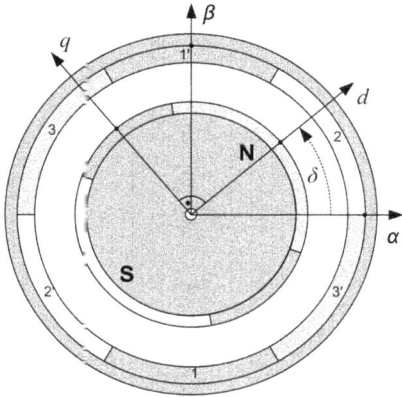

Abb. 11.49: Orientierung der ständerfesten und rotorfesten Koordinatensysteme.

Raumzeigertransformation oder 3-2-Transformation genannt. Die Rücktransformation erfolgt mit der transponierten Matrix. Sie heißt inverse Raumzeigertransformation oder 2-3-Transformation. Die Matrix für die Rücktransformation (inverse Raumzeigertransformation, 2-3-Transformation) ergibt sich, indem Zeilen und die Spalten der Matrix **A** also einfach vertauscht werden. Für Größen, deren Komponenten in Summe 0 ergeben (z. B. $i_0 = i_1 + i_2 + i_3 = 0$), ergeben sich nach Raumzeigertransformation und Rücktransformation wieder dieselben Werte.

Durch Gleichsetzung der α-Achse mit der reellen Achse und der β-Achse mit der imaginären Achse kann ein Raumzeiger auch als komplexe Zahl dargestellt werden.

Die Richtung der d-Achse kann durch einen komplexen Raumzeiger $\underline{x}_d$ angegeben werden, der in derselben Richtung zeigt und die Länge 1 besitzt. Dieser kann im α–β-System einfach durch $\underline{x}_d = e^{j\delta}$ beschrieben werden.

Soll nun der Raumzeiger des Ankerstrombelags relativ zur d-Achse bestimmt werden, so ist einfach der Winkel δ herauszurechnen. Dies entspricht einer Umrechnung des Raumzeigers von α–β-Koordinaten in d-q-Koordinaten. Bei Darstellung in komplexen Zahlen ergibt sich die Rechenvorschrift

$$^{(d,q)}\underline{i}_S = {}^{(\alpha,\beta)}\underline{i}_S \cdot e^{-j\delta} \tag{11.38}$$

Nun liegt der Strombelag des Ankers oder Ständers in Relation zum rotierenden Permanentmagneten vor. Ein Drehmoment wird nun ausschließlich durch die q-Komponente des Ständerstrombelags i_{Sq} erzeugt (sofern keine zusätzlichen Reluktanzmomente durch einen magnetisch ungleichförmigen Aufbau des Läufers entstehen). Die d-Komponente hat auf das Drehmoment keinen direkten Einfluss (vgl. dazu Abb. 11.47). Für das Drehmoment m gilt die Gleichung

$$m = \Psi_M \cdot i_{Sq} \tag{11.39}$$

worin Ψ_M die vom Permanentmagnet des Rotors hervorgerufene Flussverkettung ist.

Das aus dieser Betrachtung resultierende Modell der Permanentmagnet-Synchronmaschine ist in Abb. 11.50 dargestellt.

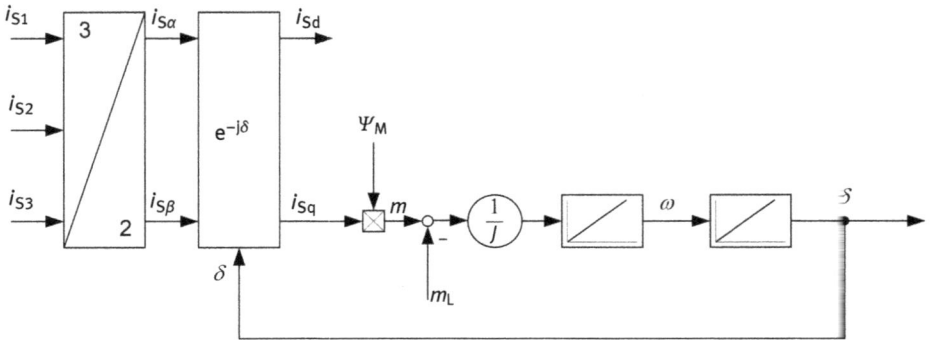

Abb. 11.50: Modell einer Synchronmaschine in feldorientierten Koordinaten.

Vergleicht man die Struktur mit jener der Gleichstrommaschine, so tritt i_{Sq} an die Stelle des Ankerstroms und Ψ_M an die Stelle des Flusses. Eine Drehzahl- oder Lageregelung kann also genau wie im vorigen Abschnitt als Kaskadenregelung realisiert werden. Als Unterschied ergibt sich, dass der von der Drehzahlregelung geforderte Sollwert i_{Sq}^* zunächst noch in Sollwerte für die entsprechenden Strangströme umgerechnet werden muss und diese anschließend mit Hilfe einer Phasenstromregelung in die Maschine eingeprägt werden. Dazu wird der Stromsollwert durch $i_{Sd}^* = 0$ zu einem Raumzeiger in d-q-Koordinaten ergänzt und dieser anschließend mit Hilfe der umgekehrten Drehtransformation

$$^{(\alpha,\beta)}\underline{i}_S = \,^{(d,q)}\underline{i}_S \cdot e^{j\delta} \tag{11.40}$$

in das ständerfeste α–β-Koordinatensystem umgerechnet. Hierbei wird der gemessene Rotorlagewinkel δ verwendet. Anschließend erfolgt mit der 2-3-Transformation (Multiplikation mit $\mathbf{A}^T$) die Umwandlung in Phasenstromsollwerte. Diese werden drei Phasenstromreglern zugeführt, die als Stellglied einen dreiphasigen Pulswechselrichter steuern (siehe Abb. 11.51).

Man erkennt die Ähnlichkeit der Regelung der Synchronmaschine mit der Regelung der Gleichstrommaschine, wenn man annimmt, dass der stromgeregelte Wechselrichter die Phasenstromsollwerte ohne Fehler realisiert, d. h., seine Übertragungsfunktion sei 1. Da im Maschinenmodell (Abb. 11.50) die Transformationen in umgekehrter Reihenfolge rückgängig gemacht werden, ist mit dieser Näherung auch die Übertragungsfunktion vom Stromsollwert i_{Sq}^* zum Stromistwert i_{Sq} gleich 1.

In der Praxis ist natürlich das reale Verhalten der Stromregelung zu berücksichtigen, z. B. durch Annäherung durch ein PT1-Glied (vgl. Stromregelkreis der Gleichstrommaschine). Die dadurch verursachte Verzögerung kann, ebenso wie die Verzugszeiten durch die Abtastzeit der Regelung, durch ein Vordrehen des Transformationswinkels um einen entsprechenden Betrag ωT_1 kompensiert werden. Dieser wird einfach zur Rotorlage δ addiert.

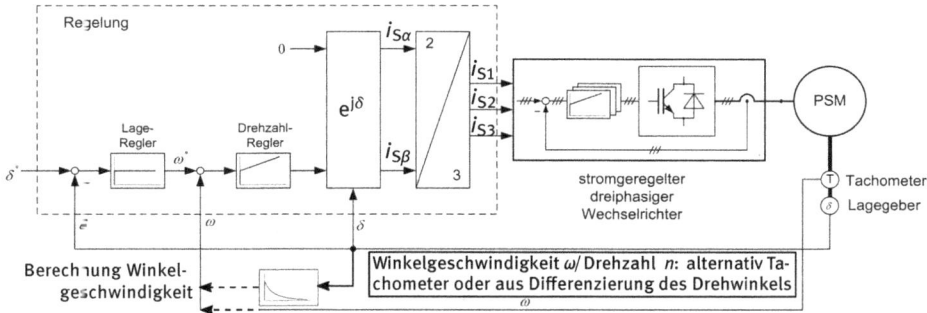

Abb. 11.51: Struktur der feldorientierten Regelung einer Synchronmaschine.

Aufgrund der Orientierung an der Lage des vom Rotor erzeugten Flusses wird diese Regelungsstruktur auch *Feldorientierte Regelung* (FOR) oder *Vektorregelung* genannt.

Die Implementierung der Regelung erfolgt heute auf Digitalrechnern (Microcontroller oder DSP). Eine analoge Realisierung ist wegen der erforderlichen Transformationen und der darin enthaltenen Mutliplikationen und trigonometrischen Funktionen nicht sinnvoll. Lediglich die Phasenstromregelung kann analog erfolgen.

Während in der bisherigen Darstellung die Stromregelung phasenorientiert in ständerfesten Koordinaten erfolgte, sind in der Praxis auch andere Varianten anzutreffen. Eine Stromregelung kann vorteilhaft auch in ständerfesten Raumzeigerkoordinaten durchgeführt werden, weil dort Verkopplungen der einzelnen Phasen untereinander, die durch die Sternschaltung entstehen, besser berücksichtigt werden können. Dazu sind die gemessenen Phasenströme in α–β-Koordinaten umzurechnen. Weit verbreitet ist die Möglichkeit nach Abb. 11.52, wo die Stromregelung im feldorientierten d-q-Koordinatensystem erfolgt. Hier werden die gemessenen Ströme zuerst in d-q-Koordinaten transformiert. Die beiden Stromregler für die d- und die q-Komponente des Ständerstroms erzeugen Spannungssollwerte, die in ständerfeste Raumzeigerkoordinaten (α, β) umgerechnet werden und danach in einer Raumzeigermodulation zu PWM-Signalen für die einzelnen Phasen weiterverarbeitet werden.

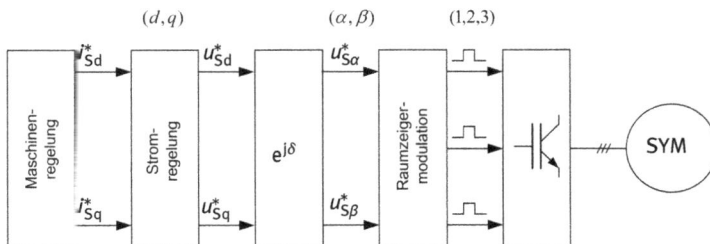

Abb. 11.52: Feldorientierte Regelung der Synchronmaschine mit Stromregelung in feldorientierten d-q-Koordinaten.

Wird die Stromregelung wie dargestellt in feldorientierten Koordinaten durchgeführt, ergeben sich gegenseitige Einflüsse der d- und der q-Achse. Dies ist durch die Spannungsabfälle an den Ständerinduktivitäten begründet, die wegen

$$\underline{u}_{LS} = j\omega L_S \cdot \underline{i}_S \qquad (11.41)$$

eine um 90° gegenüber dem Ständerstrom gedrehte Spannungskomponente erzeugen. Diese Querkopplung kann durch eine geeignete Vorsteuerung mit Entkopplungsnetzwerk aufgehoben werden. Ebenso werden in der Vorsteuerung meistens die induzierte Spannung und der ohmsche Spannungsabfall berücksichtigt. So kann die Dynamik der Stromregelung verbessert werden.

Für die Transformation der Sollwerte in die ständerfesten Koordinaten ist die Kenntnis der Rotorlage erforderlich. Sie wird zumeist durch Messung mit Hilfe von Resolvern oder digitalen optischen Encodern ermittelt (siehe Band 2, Kapitel 5). Wird eine Lageregelung gewünscht, so ist ein solcher Geber ohnehin vorhanden. Daher eignet sich die Synchronmaschine bestens als Servoantrieb (Servoantrieb siehe Band 2, Kapitel 4).

Sind Einschränkungen bezüglich der Genauigkeit der Lageregelung möglich oder soll nur eine Drehzahlregelung realisiert werden, so können auch andere Verfahren zur Ermittlung der Rotorlage verwendet werden. Insbesondere kann ab einer bestimmten Mindestdrehzahl die Rotorlage auch anhand der induzierten Spannung ermittelt werden. Unter Kenntnis des Stroms, der für die Regelung ohnehin gemessen wird, und der Maschinenparameter Ständerwiderstand und Induktivität kann von der Klemmenspannung auf die induzierte Spannung zurückgerechnet werden. Der Raumzeiger der induzierten Spannung steht senkrecht auf dem der Rotorflussverkettung Ψ_M. Das Verfahren wird in der Praxis zumeist um eine Nachführung oder Adaption des Rotorwiderstandswerts anhand der Betriebstemperatur ergänzt

Bei kleinen Drehzahlen versagt das Verfahren, weil die induzierte Spannung proportional zur Drehzahl ist. Fehler in der Ermittlung der Spannungsabfälle am Ständerwiderstand und an der Induktivität des Motors führen dann zu großen relativen Fehlern in der berechneten induzierten Spannung. Die Lageermittlung ist dann nicht mehr ausreichend genau.

Abhilfe kann hier durch moderne Verfahren geschaffen werden, die die Winkelabhängigkeit der Induktivität ausnutzen. Mit Hilfe von eingeprägten Testsignalen, die den speisenden Spannungen überlagert werden, lassen sich Informationen über die magnetische Vorzugsrichtung gewinnen. Diese liegt bei den meisten Motoren entweder in Richtung der d-Achse oder in Richtung der q-Achse. Solche Verfahren funktionieren umso besser, je mehr sich die Induktivitäten in diesen beiden Richtungen unterscheiden. Bei oberflächenmontierten Permanentmagneten sind die Unterschiede eher gering, bei vergrabenen Magneten meistens beträchtlich. Allerdings sind dort bei hohen Strömen oft Sättigungseffekte zu verzeichnen, die die Anwendbarkeit des Verfahrens beeinträchtigen.

11.3.3 Regelung eines Asynchronmotors/Induktionsmotors

Soll ein drehzahlvariabler Antrieb mit Asynchronmotor/Induktionsmotor realisiert werden, so kann im einfachsten Fall die Speisung mit einer variablen Frequenz erfolgen. Dabei wird die Spannung in etwa proportional zur Frequenz angehoben (siehe auch Kapitel 6). Das ist erforderlich, weil die induzierte Spannung der Maschine sich bei konstantem Fluss proportional zur Drehzahl verhält. Lediglich bei kleinen Frequenzen muss noch eine zusätzliche Spannungsanhebung erfolgen, weil hier der frequenzunabhängige Spannungsabfall am Ständerwiderstand stärker hervortritt. Bei einer solchen Speisung verhält sich die Maschine genau wie am Netz. Es ist damit keine hochdynamische Steuerung möglich, sondern lediglich ein eher langsames Anfahren quasistationärer Betriebspunkte. Der Hochlauf des Drehzahlsollwerts muss begrenzt werden.

Eine Verbesserung kann durch eine Schlupfregelung erzielt werden. Dabei wird der Unterschied zwischen Drehzahl und Speisefrequenz ermittelt, was eine Drehzahlmessung erfordert. Bei nicht zu großer Belastung ist die Schlupffrequenz etwa proportional zum Drehmoment. Somit kann der Schlupf als Stellgröße für das Drehmoment verwendet werden. Ein Drehzahlregler vergleicht Soll- und Istwert der Drehzahl und gibt einen Drehmomentsollwert aus. Dieser wird in eine entsprechende Schlupffrequenz umgerechnet. Die Speisefrequenz ergibt sich als Summe aus mechanischer Drehzahl und Schlupffrequenz.

Mit einer solchen Regelung ist eine bessere Stabilität und Dynamik erreichbar, jedoch bleibt sie weit hinter der einer geregelten Gleichstrommaschine oder feldorientiert geregelten Synchronmaschine zurück. Ähnliche dynamische Eigenschaften wie bei den genannten Systemen werden jedoch möglich, wenn das Prinzip der Feldorientierung auch auf die Asynchronmaschine übertragen wird (Vektorregelung).

Der Schlüssel hierfür ist das dynamische Modell der Asynchronmaschine. Es wird besonders einfach, wenn das zugrundeliegende Koordinatensystem in Richtung des Rotorflusses orientiert wird. Der Rotorfluss ist der gesamte mit der Rotorwicklung verkettete Fluss und schließt den Hauptfluss (mit Stator- und Rotorwicklungen verkettet) und den Rotor-Streufluss mit ein.

Das Modell in rotorflussorientierten d-q-Koordinaten (Abb. 11.53) verdeutlicht, dass das Drehmoment wie bei der Synchronmaschine als Produkt des Rotorflusses mit der q-Komponente des Ständerstroms entsteht. Der mechanische Drehwinkel δ ergibt sich daraus wie zuvor. Anders als bei der Synchronmaschine ist der Fluss hier nicht durch den Permanentmagneten gegeben, sondern entsteht durch den induzierten Strom im Rotorkreis. Dafür verantwortlich ist die d-Komponente des Ständerstroms. Sie führt zu einem Feldaufbau, der allerdings mit der Rotorzeitkonstante $T_R = L_R/R_R$ verzögert erfolgt. Diese Zeitverzögerung (PT1-Glied) ist jedoch nur bei Änderung des Rotorflusses von Bedeutung.

Im Modell muss noch die Winkellage des Rotorflusses ermittelt werden. Sie ergibt sich durch Integration der augenblicklichen Kreisfrequenz des Rotorflusses ω_1. Diese

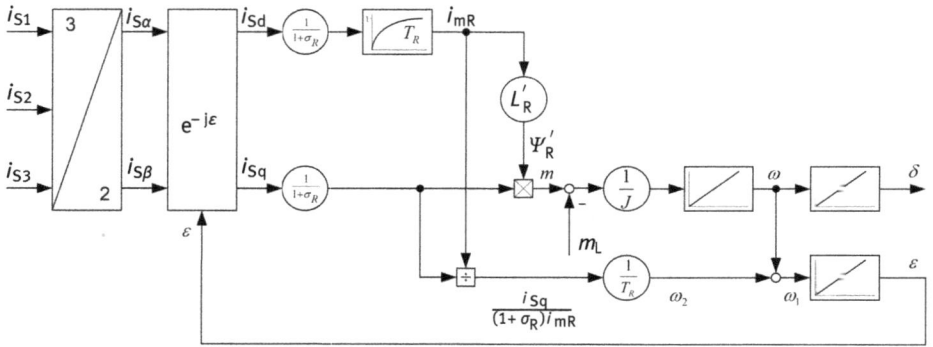

Abb. 11.53: Dynamisches Modell der Asynchronmaschine in rotorflussorientierten d-q-Koordinaten.

entspricht im stationären Betrieb der Speisefrequenz der Maschine. Sie unterscheidet sich von der mechanischen Winkelgeschwindigkeit ω_m durch die Schlupf-Kreisfrequenz ω_2:

$$\omega_1 = \omega_m + \omega_2 \; ; \qquad \omega_2 = 2\pi \cdot s \cdot f_1 \qquad (11.42)$$

Die augenblickliche Schlupf-Kreisfrequenz ω_2 ergibt sich aus dem Quotienten von momentbildendem Strom i_{Sq} und Rotorfluss. Das folgt aus der Spannungsgleichung für den Rotorkreis. Die Spannung an den induktiven Komponenten im Rotorkreis (Hauptinduktivität und Rotorstreuung) ist gleich der Ableitung des Rotorflusses. Diese Spannung steht somit im stationären Betrieb senkrecht auf dem Rotorfluss (d. h., sie hat nur eine q-Komponente, weil der Rotorfluss-Raumzeiger die d-Richtung definiert) und ist proportional zur Schlupf-Kreisfrequenz ω_2. Sie führt am Rotorwiderstand R_R zu einem Rotorstrom i_R, der ebenfalls senkrecht auf dem Rotorfluss steht. Dieser Strom ist letztlich für die Drehmomentbildung verantwortlich und dem Strom i_{Sq} proportional, denn der Ständerstrom entspricht dem Rotorstrom bis auf das Übersetzungsverhältnis und den Magnetisierungsstrom. Es gilt in rotorflussfesten Koordinaten für die q-Komponente der Spannung (auch im dynamischen Fall richtig):

$$0 = \left.\frac{d\Psi_R}{dt}\right|_q + R_R \cdot i_{Rq} = \omega_2 \cdot \Psi_R + R_R \cdot i_{Rq} \qquad (11.43)$$

und damit auch $\omega_2 \propto \frac{i_{Sq}}{\Psi_R}$.

Die so ermittelte Schlupf-Kreisfrequenz ω_2 wird zur mechanischen Winkelgeschwindigkeit ω_m addiert und ergibt die Kreisfrequenz des Rotorflusses ω_1. Diese wird zum Rotorflusswinkel ε aufintegriert. Damit liegt der Transformationswinkel für die Drehtransformation auf d-q-Koordinaten vor.

Anhand dieses Modells ist die feldorientierte Regelung der Asynchronmaschine abzuleiten. Sie basiert auf einer Umrechnung der gemessenen Größen in d-q-Koordinaten, wofür der Rotorflusswinkel ε benötigt wird. Die d-Komponente des Ständerstroms wird als Stellgröße für die Regelung des Flusses eingesetzt. Dessen Sollwert

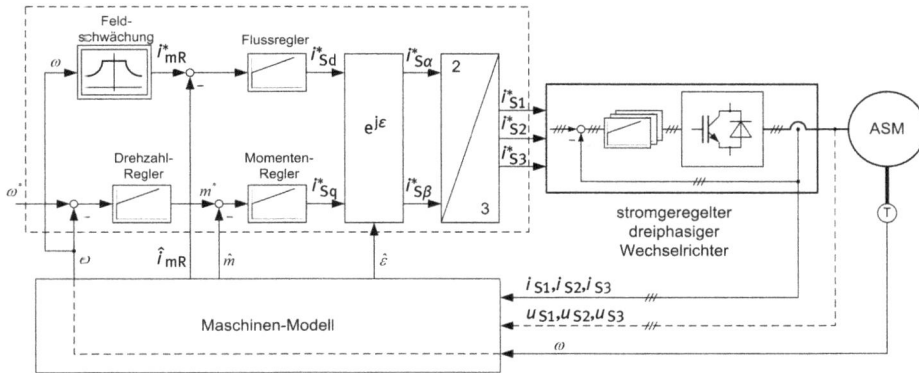

Abb. 11.54: Feldorientierte Regelung einer Asynchronmaschine.

bleibt im Grunddrehzahlbereich konstant, im Feldschwächbereich wird er umgekehrt proporzional zur Drehzahl reduziert. Die q-Komponente wird als Stellgröße für die Regelung des Drehmoments verwendet, dessen Sollwert aus einem Drehzahlregler stammt (Abb. 11.54).

Eine Herausforderung ist die Beschaffung der Istwerte für den Rotorfluss nach Betrag und Winkel sowie für das Drehmoment der Maschine. Da diese Größen nur mit großem Aufwand direkt gemessen werden können, haben sich Maschinenmodelle zur Schätzung dieser Größen etabliert. Die Sollwerte für die d- und q-Komponente des Ständerstroms ergeben sich als Ausgänge des Fluss- bzw. Drehmoment-Reglers. Anschließend werden die Stromsollwerte zuerst auf α–β-Koordinaten und dann auf Phasengrößen umgerechnet. Die Realisierung erfolgt wieder durch einen stromgeregelten Pulswechselrichter.

Bei richtiger Orientierung am Rotorfluss kann die feldorientierte Asynchronmaschine im Prinzip nicht mehr kippen, sofern die Spannungsgrenze des Stellglieds nicht überschritten wird. Weil der Rotorfluss konstant gehalten wird, muss bei Belastung der momentbildende Stromanteil nur entsprechend angehoben werden.

Auch bei der Asynchronmaschine kann die Stromregelung, wie in Abb. 11.52 dargestellt, in d-q-Koordinaten verlagert werden, was wiederum ein Entkopplungsnetzwerk und eine Vorsteuerung für die Spannungssollwerte nach sich zieht (Abb. 11.55).

Die feldorientierte Regelung der Asynchronmaschine basiert auf Maschinenmodellen zur Bestimmung des Rotorflusses (Betrag und Winkel) und des Drehmoments. Verschiedene Modellansätze haben sich im Laufe der Zeit herausgebildet. Als erstes sei das *Strommodell* erwähnt, das sich direkt aus dem Modell nach Abb. 11.53 ableiten lässt. Die Struktur wird wie dargestellt im Rechner nachgebildet. Die einzige Änderung resultiert daraus, dass das Lastmoment nicht bekannt ist. Stattdessen wird die gemessene Drehzahl verwendet und zur berechneten Rotorkreisfrequenz addiert. Das Modell benötigt also Drehzahl- und Strommesswerte.

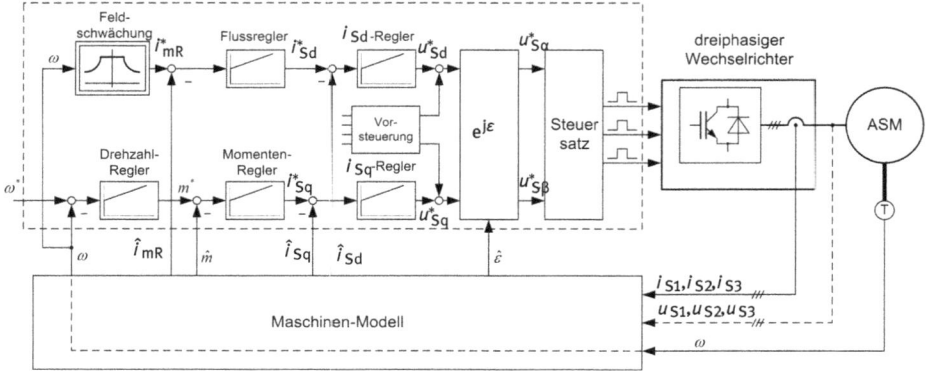

Abb. 11.55: Feldorientierte Regelung der Asynchronmaschine mit Stromreglern in d-q-Koordinaten.

Die Genauigkeit der Rotorzeitkonstanten T_R ist dabei entscheidend für die Qualität der Regelung. Abweichungen bis zu einem Faktor 2 für T_R führen bei diesem Modell zwar nicht zur Instabilität, jedoch zu einer Fehlorientierung, was in Grenzbereichen zur Überlastung führen kann. Daher wird das Modell wie in Abb. 11.56 verbessert.

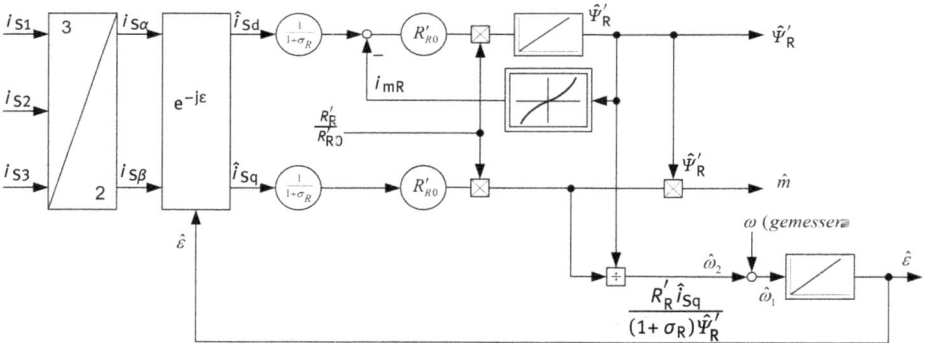

Abb. 11.56: Strommodell einer Asynchronmaschine mit Magnetisierungskennlinie und Rotorwiderstandsanpassung.

Die beiden wichtigsten Einflüsse auf die Rotorzeitkonstante sind die Sättigung (Änderung von L_R) und die Temperaturerhöhung im Rotor (Änderung von R_R). Die Sättigung wird durch eine Magnetisierungskennlinie bei der Berechnung des Rotorflusses ermittelt. Für den Rotorwiderstand besteht eine Korrekturmöglichkeit, die entweder aus einem Temperaturmodell oder aus einer Widerstandsadaption gewonnen wird.

Die Notwendigkeit einer Drehzahlmessung im Strommodell wirkt bei vielen Anwendungen störend. Auch für die Asynchronmaschine sind Lösungen ohne mechanischen Geber von Interesse. Wie bei der Synchronmaschine lassen sich auch hier die Ständerspannungsgleichungen auswerten. Der rotierende Hauptfluss ruft auf der Ständerseite eine induzierte Spannung hervor. Diese kann durch Abzug der Spannungsabfälle an Ständerwiderstand und Ständerstreuung aus den tatsächlichen Ständerspannungen ermittelt werden. Die induzierte Spannung entspricht der Ableitung des Hauptflusses, woraus sich durch Integration der Hauptfluss nach Betrag und Phasenlage ermitteln lässt. Diese Grundstruktur wird als *Flussmodell* bezeichnet. Der Hauptfluss ist noch rechnerisch um den Rotorstreufluss zu ergänzen.

Problematisch ist dabei die offene Integration, die auf lange Sicht zu einem Weglaufen führt. Ansätze zur Verbesserung beruhen auf dem Ersatz durch PT1-Glieder oder, besser, auf der Einführung von Flussbeobachtern.

Eine Abwandlung ist das *Spannungsmodell*, das sich mit der Berechnung der induzierten Spannung begnügt. Diese steht bei konstanter Flussamplitude senkrecht auf der gesuchten Richtung des Hauptflusses. Daraus kann die Richtung des Hauptflusses bereits bestimmt werden.

Beide genannten Verfahren ermöglichen eine geberlose Regelung bis hinunter zu einigen Prozent der Bemessungsfrequenz (Frequenz beim Übergang in den Feldschwächbereich). Die Beschränkung ergibt sich auch hier aus der Überdeckung der induzierten Spannung durch den Spannungsabfall am Ständerwiderstand. Sie ist bei der Asynchronmaschine nicht von der Drehzahl, sondern von der Speisefrequenz abhängig.

Für niedrigere Drehzahlen bis hinunter zur Frequenz null sind Verfahren in der Entwicklung, die sich – wie bei der Synchronmaschine – eine Winkelabhängigkeit der Induktivitäten zunutze machen. Eine solche Abhängigkeit kann durch Sättigung hervorgerufen werden, die in der Hauptrichtung des Flusses erfolgt. Die Detektion erfolgt wie oben beschrieben mit Hilfe von Testsignalen.

Es gibt neben der rotorflussorientierten FOR noch weitere Möglichkeiten zur feldorientierten Regelung der Asynchronmaschine. Zu erwähnen sind z. B. die ständerflussorientierten Verfahren. Der Ständerfluss setzt sich aus Hauptfluss und Ständerstreufluss zusammen. Er kann aus der Integration der Ständerspannungen ermittelt werden, abzuziehen ist lediglich der Spannungsabfall am Ständerwiderstand. Die Modelle für Ständerflussorientierung sind daher etwas robuster und funktionieren auch für etwas niedrigere Drehzahlen als bei der Rotorflussorientierung. Fehler entstehen bei der Rückrechnung auf die Richtung des Rotorflusses, wenn die Streuinduktivitäten der Maschine nicht bekannt sind bzw. sich betriebspunktabhängig ändern.

Thomas Bertolini und Thomas Fuchs

12 Schwingungen und Geräusche

Schlagwörter: Entstehung, Vermeidung, subjektives Geräuschempfinden

12.1 Einführung

12.1.1 Relevanz der Geräuschentwicklung elektrischer Antriebe

Die Anforderungen an einen Antrieb werden in der Regel ausführlich in einer technischen Spezifikation beschrieben. Neben den Leistungsdaten finden sich darin auch exakte Vorgaben zu den statthaften Umgebungsbedingungen, zur Umweltverträglichkeit und zu den Kosten. Bezüglich des Geräuschverhaltens jedoch findet man nur wenige Vorgaben, die meist auch noch unpräzise sind. Für größere elektrische Maschinen und Antriebe wird ein maximal zulässiger Schalldruckpegel in einem bestimmten Abstand vorgegeben, der sich meist nach gesetzlichen oder baulichen Verordnungen richtet. Bei Kleinantrieben gibt es keine Vorschriften, sondern lediglich die Wunschvorstellung des Kunden bezüglich eines „angenehmen Geräuschverhaltens". In Spezifikationen von Kleinantrieben findet man deshalb oft auch auf (meist negativen) Erfahrungen beruhende Schalldruckwerte mit der zusätzlichen Angabe „darf keine unangenehmen Geräusche machen". Diese unpräzise Formulierung deutet bereits darauf hin, dass das Geräuschverhalten elektrischer Kleinantriebe hochkomplex und damit schwer zu beschreiben ist. Andererseits ist gerade bei Kleinantrieben das Geräuschverhalten besonders wichtig, weil es ein Kriterium ist, welches für den Erfolg oder Misserfolg eines Produkts im Markt maßgeblich mitverantwortlich ist. Im Folgenden wird deshalb die Vielfalt der Möglichkeiten einer Geräuschentstehung in Kleinantrieben dargestellt, außerdem werden die Möglichkeiten zur korrekten messtechnischen Erfassung und Beschreibung erklärt.

12.1.2 Grundsätzliches zur Geräuschentstehung in elektromechanischen Systemen

In Abb. 12.1 wird die Entstehung von Luftschall in einem elektromechanischen System sowohl allgemein als auch am Beispiel eines Lautsprechers gezeigt: Einem beliebigen elektromechanischen Wandler wird eine Leistung P_{el} zugeführt. Diese Leistung wird nach dem elektromagnetischen oder elektrodynamischen Grundprinzip in eine Kraft oder ein Drehmoment und damit in eine Bewegung umgesetzt.

Thomas Bertolini, Dr. Fritz Faulhaber GmbH & Co. KG
Thomas Fuchs, Brose Fahrzeugteile GmbH & Co. KG

https://doi.org/10.1515/9783110565324-012

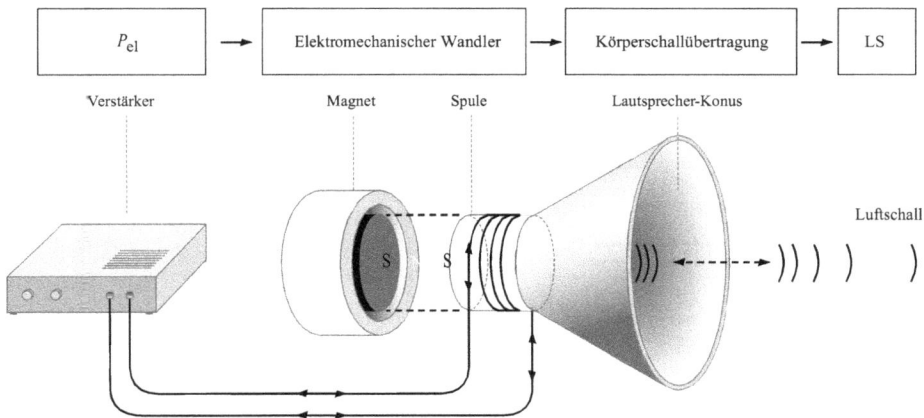

Abb. 12.1: Geräuschentstehung in einem elektromechanischen System.

Innerhalb der mechanischen Struktur werden Anregungen als Körperschall weitergeleitet und von einer dazu geeigneten Fläche als Luftschall abgestrahlt. Für die Beurteilung des Schalls sind dessen Frequenz und Schwingamplitude oder deren zeitliche Ableitung wichtig.

12.2 Geräuschentwicklung bei elektrischen Kleinantrieben

Ein elektrischer Kleinantrieb besteht meist aus einem kleinen Elektromotor sowie einem Getriebe. In einer solchen Motor-Getriebe-Kombination können überall dort Geräusche entstehen, wo (Wechsel-)Kräfte wirken. Diese Kräfte können auf vielfältige Art und Weise entstehen. Die Ursachen sind aber stets elektromagnetische oder elektrodynamische Wechselwirkungen (siehe Abschnitt 2.6) oder mechanische Bewegungen. Die wichtigsten Ursachen von Wechselkräften – und damit von Geräuschen – werden im folgenden Abschnitt unter Verwendung von Abb. 12.2 betrachtet.

12.2.1 Mechanisch verursachte Wechselkräfte

12.2.1.1 Unwucht
Eine wesentliche Ursache für die Entstehung von Schwingungen und Geräuschen in elektrischen Antrieben ist die Unwucht des Rotors. Dieser erzeugt abhängig von seiner Wuchtgüte mehr oder weniger stark ausgeprägte Radialkraftwellen, die mit der Drehfrequenz umlaufen und die Ordnung $r = 1$ aufweisen (ein Wellenmaximum am Umfang). Bei Motoren, bei denen die axiale Länge kleiner als der Durchmesser ist, treten meist nur statische Unwuchtkräfte auf: Das bedeutet, die Rotationsachse fällt

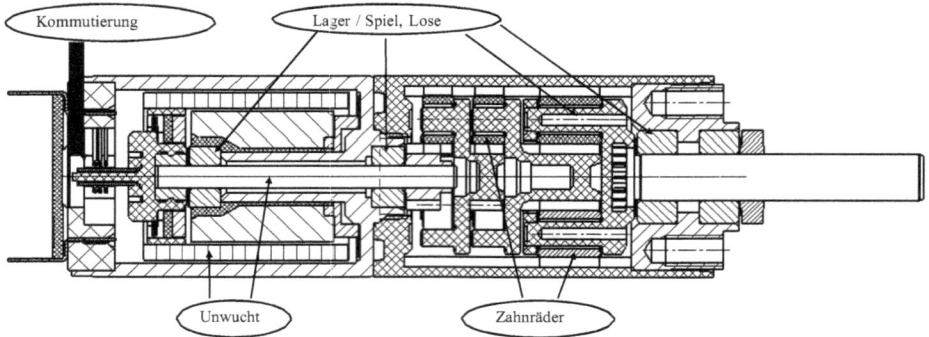

Abb. 12.2: Quellen von Wechselkräften in einem elektrischen Kleinantrieb aus Gleichstrommotor und Getriebe.

mit einer der Hauptträgheitsachsen zusammen. Ist die axiale Länge deutlich größer als der Durchmesser, kann es zu einem Taumeln des Rotors kommen („dynamische Unwucht"), weil die Unwucht an den axial relativ weit auseinander liegenden Rotorenden an jeweils unterschiedlichen Punkten des Umfangs liegen kann. Somit kann man an den Lagerschilden eines solchen Antriebs zwei grundsätzlich gleiche, aber in der Phase verschobene Radialkraftwellen feststellen. Zur Abhilfe müssen die Rotoren „langer" Motoren deshalb in zwei Ebenen gewuchtet werden.

12.2.1.2 Lager

Wälzlager (Kugel- und Nadellager, siehe Band 2, Kapitel 7) erzeugen im Betrieb als Geräusch lediglich ein Rauschen, sofern sie unbeschädigt, korrekt eingebaut und ausreichend axial verspannt sind. Beim Einbau von Kugellagern werden diese häufig beschädigt. Besonders oft kommt es zu Kugelabdrücken in den Laufbahnen, was im Betrieb dann zu einer Anregungsfrequenz (Überrollfrequenz der Kugeln am Innen- bzw. Außenring) oder deren Vielfachen führt. Bei axial nicht ausreichend vorgespannten Lagern kann es auch durch axiale Bewegungen zu stochastischen axialen (Stoß-)Anregungen kommen oder die Kugeln laufen zusammen mit dem Kugelkäfig auf elliptischen Bahnen. Letzteres kann zu Mahlgeräuschen oder Rasseln führen. Quietschgeräusche können beim Durchdrehen der Welle im Lagerinnenring entstehen, sofern kein Festsitz vorgesehen ist. In diesem Fall wird der Motor vorzeitig durch Passungsrost zwischen Welle und Lagerinnenring ausfallen.

Bei Gleitlagern (siehe Band 2, Kapitel 7) entstehen häufig Quietsch- und Schleifgeräusche beim Anlaufen und/oder bei niedrigen Drehzahlen. In diesen Betriebszuständen hat sich (noch) kein hydrodynamischer Schmierfilm gebildet, sodass sich die Welle im Bereich der Mischreibung (im Extremfall sogar Trockenreibung) im Gleitlager bewegt. Die Frequenz solcher Geräusche entspricht der niedrigsten Eigenfrequenz des Gleitlagers und ist demnach drehzahlunabhängig.

12.2.1.3 Zahnräder

Die Zahnräder von Stirnrad- und Planetengetrieben (siehe Band 2, Kapitel 7) können ebenfalls erheblich zur Geräuschbildung eines Antriebs beitragen. Die Geräusche werden dabei entweder direkt als Luftschall von den Zahnrädern abgestrahlt oder als Körperschall über die Lagerung der Zahnräder in die Gesamtstruktur des Antriebs eingeleitet. Die Anregungen für Luft- oder Körperschall entstehen dabei vorrangig in der Verzahnung, weniger in den Lagerungen der Zahnräder.

Im Idealfall wälzen die Zähne zweier ineinander greifender Verzahnungen gut geschmiert aufeinander ab. Somit gibt es keine Relativbewegung zwischen den jeweiligen Zahnabschnitten im Berührungspunkt der Zähne und folglich auch keine Geräusch- oder Schwingungsanregung. In der Realität sorgen aber nichtideale Zahnformen, unpassende Abstände oder ein Schiefstand der Zahnradachsen, Unrundheit der Zahnräder oder gar Zahnbeschädigungen sowie eine mangelhafte Schmierung für ein unerwünschtes Geräuschverhalten.

Die Geräuschanteile einzelner Getriebestufen lassen sich aus dem Schallspektrum eines Antriebs ermitteln. Jede Getriebestufe erfährt Anregungen der Frequenz

$$f_a = f_g z$$

mit f_g als der Drehzahlfrequenz der betrachteten Getriebestufe und z als der Zähnezahl des zugehörigen Zahnrads. Meistens stören die Geräuschanteile der ersten Getriebestufen am stärksten, weil einerseits die Anregung aufgrund der hohen Geschwindigkeiten groß und andererseits die Frequenzen dieser Stufen so hoch ist, dass sie im besonders empfindlichen Bereich des menschlichen Ohrs (etwa 400 bis 2000 Hz) liegen.

12.2.1.4 Mechanische Kommutierung

Mechanische Kommutierungssysteme (siehe Kapitel 3) beeinflussen das Geräuschverhalten elektrischer Maschinen oftmals nachteilig. Periodische Anregungen entstehen dabei oft durch den „Lamellensprung". Als Lamellensprung bezeichnet man die Tatsache, dass nicht alle Punkte der Oberfläche zweier benachbarter Kommutatorlamellen auf dem gleichen Radius liegen. Gleitet eine Kohlebürste dann bei der Drehung des Kommutators über eine Lamelle zur nächsten, wird sie durch die Bürstenandruckfeder nach innen gedrückt und erfährt damit einen Sprung nach innen zu einem kleineren Radius hin. Die entstehende Geräuschanregung weist die Frequenz

$$f_L = f_M z_K$$

auf, mit f_M als Motordrehzahlfrequenz und z_K der Zahl der Kommutatorlamellen. Damit können auch Strukturresonanzen des Bürstenhalters angeregt werden.

Durch sprunghafte Änderungen des Reibwerts zwischen Bürste und Kommutator treten Stick-Slip-Effekte auf, welche Bürstenschwingungen anregen. Diese Bürstenschwingungen äußern sich oftmals in einem Pfeifen, weil die Bürste mit ihrer Eigenfrequenz schwingt (meist erste Biegeeigenfrequenz). Die Frequenz dieses Pfeifens ist typischerweise somit auch nicht von der Drehzahl abhängig, das Pfeifen tritt aber nicht bei allen Drehzahlen auf.

12.2.1.5 Spiel und Lose

Spiel und Lose erzeugen im Antriebsstrang beim Einschalten und bei Drehrichtungsumkehr impulsartige Geräusche. Im Betrieb können stochastisch impulsartige Geräusche oder auch kontinuierliche Geräusche durch Reibung zwischen bewegten Teilen auftreten. Letztere enthalten meist viele Oberschwingungen.

12.2.2 Elektromotorisch verursachte Wechselkräfte

In einem elektrischen Antrieb werden auch vom Motor selbst Schwingungen und Geräusche erzeugt. Ursache hierfür sind stets die am Luftspalt entstehenden und dort auch wirkenden Wechselkräfte (Kraftbildung siehe auch Abschnitt 2.6). Dies soll mit den Abb. 12.3 verdeutlicht werden.

In Abb. 12.3a ist die Teilabwicklung einer elektrischen Maschine mit jeweils genutetem Stator und Rotor abgebildet. Fließt in der angedeuteten Wicklung ein Strom, dann entsteht eine erwünschte Tangentialkraft, die ein (Teil-)Drehmoment erzeugt. Daneben entsteht aber auch eine Radialkraft, welche den Stator deformieren kann. Sowohl Radial- als auch Tangentialkraft ändern sich zum einen mit einer zeitlichen Änderung des Stromverlaufs in der Wicklung, zum anderen aber auch mit der Rotorlage durch die damit verbundene Reluktanzänderung im magnetischen Kreis.

Ebenso entstehen Radial- und Tangentialkräfte in einer Anordnung nach Abb. 12.3b, die mit einem Permanentmagneten versehen ist. Auch bei dieser Anordnung hängen die Kräfte u. a. vom zeitlichen Verlauf des Wicklungsstroms und von der Rotorlage ab. Die Summe aller dieser Einzelkräfte bildet dann als integrale Größe das gewünschte Drehmoment und weiterhin unerwünschte Verformungen und Bewegungen der Motorteile.

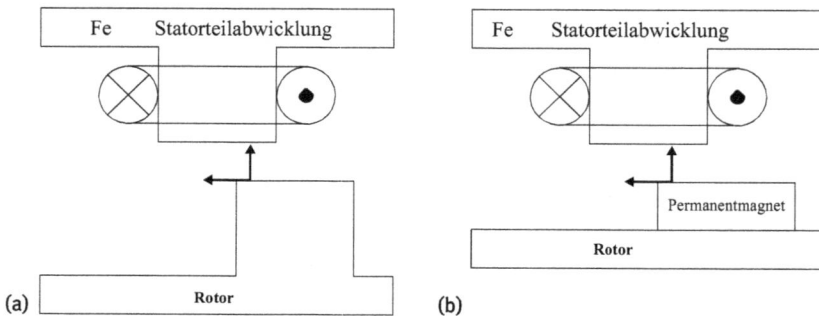

Abb. 12.3: (a) Reluktanzkräfte, (b) permanentmagnetische Kräfte am Luftspalt.

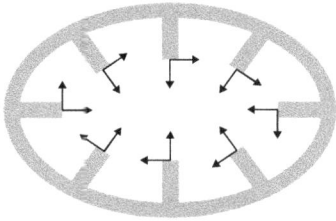

Abb. 12.4: Statorverformung durch Tangential- und Radialkräfte am Luftspalt.

Wie in Abb. 12.4 an einem Beispiel schematisch dargestellt, entstehen durch Tangentialkräfte an den Zähnen Zahnbiegungen, die in Verbindung mit den radialen Zugkräften Statorverformungen bewirken.

Die sich ergebenden Verformungen hängen natürlich von der Kraftverteilung ab. Die Amplituden solcher Verformungen liegen in der Realität im Mikrometerbereich. Wenn die Anregungsfrequenz jedoch mit einer Eigenfrequenz des Stators zusammenfällt, können äußerst lästige Geräuschpegel entstehen.

Bei Drehfeldmaschinen, wie z. B. Asynchron- und Synchronmaschinen oder auch bei EC-Motoren, entstehen so umlaufende Radialkraftwellen, während bei Gleichstrommaschinen stehende Radialkraftwellen erzeugt werden. Letzteres führt dann zu einem „Pumpen" des Stators.

Bei Motoren mit Permanentmagneten (EC-Motoren, Schrittmotoren, Synchronmaschinen) entsteht zusätzlich zum erwünschten Drehmoment ein sogenanntes Rastmoment. Dieses entsteht stromlos durch rotorlageabhängige Schwankungen des magnetischen Leitwerts. Im Betrieb überlagert sich das Rastmoment dem, im Idealfall, zeitlich unveränderlichen Drehmoment und führt somit zu einer Drehmomentschwankung oder Drehmomentwelligkeit. Entsprechend „actio gleich reactio" wirkt am Stator eine Wechselkraft, die sich je nach Befestigung als Rüttelkraft am Befestigungsort des Antriebs bemerkbar machen kann.

Um im Einzelfall die Ursache einer Schwingung oder eines Geräuschs zu finden, ist es unerlässlich, die Amplitudenverteilung am Antrieb zu ermitteln. Daraus kann dann der Schwingungsmodus abgeleitet werden. Eine Korrelation der Frequenz des Geräuschs mit der Drehzahl liefert oft sehr schnell einen Hinweis auf Ort und Ursache für die Geräuschentstehung.

12.3 Messung, Analyse und Prüfung von Geräuschen und Schwingungen

12.3.1 Messmittel nach aktuellem Stand der Technik

Mit geeigneten Messmitteln können heute subjektiv wahrgenommene Geräusche aufgezeichnet, analysiert sowie hörgerecht wiedergegeben werden. Es gibt eine große Anzahl unterschiedlicher Messmittel, mit denen grundsätzlich alle Luftschall- und Körperschallmessungen bewältigt werden können. Wegen der großen Antriebsvielfalt ist die richtige Wahl nicht immer leicht. Im Folgenden sollen die wichtigsten Messmittel sowie ein Leitfaden für deren zielführenden Einsatz vorgestellt werden.

12.3.1.1 Luftschallmesstechnik

Neben der weit verbreiteten Mikrofontechnik gibt es seit einigen Jahren bereits Abwandlungen, welche das Spektrum und die Möglichkeiten der Luftschallmesstechnik deutlich erweitert haben:

Kunstkopfmesstechnik

Die Kunstkopfmesstechnik (binaurale Messtechnik) ist eine Besonderheit der Luftschallmesstechnik. Bei dieser Technik werden zwei Mikrofone in einer menschlichen Büste (Schulterbereich und Kopf) in die Ohren integriert (Abb. 12.5). Durch diesen Aufbau können subjektive Eindrücke des Menschen hörgerecht aufgezeichnet und wiedergegeben werden.

Hintergrund dieser Technik ist die Tatsache, dass unser Hörempfinden maßgeblich durch die Filterung und Reflexionen am Schulter- und Kopfbereich beeinflusst wird. Da der Mensch gelernt hat, durch diese Reflexionen und vor allem durch Filterungen ein Geräusch zu lokalisieren, ist es mit Hilfe der Aufnahme auch möglich, die Richtung des Geräuschs zuzuordnen.

12.3.1.2 Körperschallmesstechnik

Die Körperschallmesstechnik bietet ein breites Spektrum an Sensoren. Neben den dynamischen Grundgrößen (Weg – Geschwindigkeit – Beschleunigung) ist es möglich, mit einem einzigen Messmittel Informationen über diese Größen in den drei orthogonalen Raumrichtungen zu erhalten („Triax-Aufnehmer"). Eine mittlerweile ausgereifte Technik ist die berührungslose Schwingungsmesstechnik mit einem Laservibrometer. Auch mit diesen Systemen ist es möglich, die drei dynamischen Grundgrößen sowohl uniaxial als auch triaxial zu erfassen.

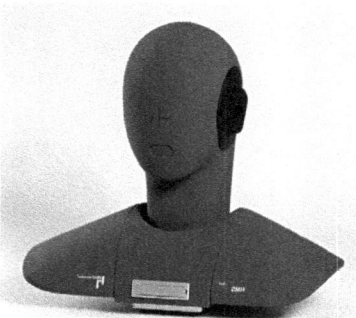

Abb. 12.5: Kunstkopf, Nachbildung des menschlichen Gehörs und der akustischen Eigenschaften der Kopf-Schulter-Partie.

Beschleunigungsaufnehmer

Beschleunigungsaufnehmer werden sowohl für die Schwingungsmessung als auch für die Schwingungsüberwachung und für Schocktests eingesetzt. Der Vorteil der Aufnehmer ist der geringe Preis und die Vielfalt der Sensoren, welche für die verschiedenen Anforderungen (Baugröße, Befestigung, Frequenzbereich, ...) erhältlich sind.

Laservibrometer

Während die Baugröße des Prüflings bei einer Luftschallmessung nur eine sehr untergeordnete Rolle spielt, kommt die Körperschallmessung mit herkömmlichen Beschleunigungsaufnehmern bei kleinen Schall- oder Schwingungserzeugern schon sehr schnell an ihre Grenzen (Rückwirkung auf das Schwingungsverhalten wegen der Veränderung der Masse). Aus diesem Grund ist es sinnvoll, auf das berührungslose Messverfahren der Laserdopplervibrometrie (vgl. Abb. 12.6) zurückzugreifen. Die beiden größten Vorteile liegen zum einen in der berührungslosen Messung und der damit verbundenen rückwirkungsfreien Messung (Masse), zum anderen in der Größe des Messpunkts, welcher bei einem Laservibrometer nur wenige μm betragen muss.

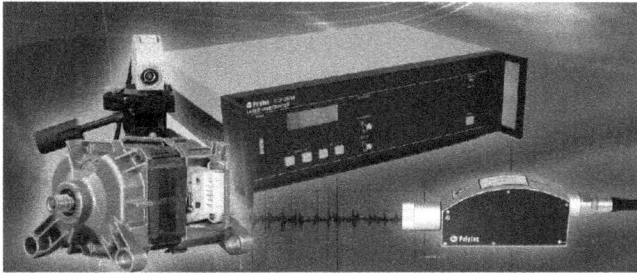

Abb. 12.6: Laserdopplervibrometer.

Nachteilig an diesen Messsystemen ist der Preis, welcher beim 20-Fachen des Anschaffungspreises eines Beschleunigungsaufnehmers liegen kann.

Tabelle 12.1 gibt einen Überblick über die Möglichkeiten und Grenzen verschiedener Sensortypen.

Anmerkung: Die in der Tabelle aufgeführten Parameter beinhalten immer das ganze Spektrum eines Sensortyps und können nicht von einem einzelnen Sensor ausgefüllt werden.

12.3.2 Vorgehensweise zur Analyse und Prüfung von Geräuschen

Grundsätzlich ist eine erhöhte Geräuschbildung immer mit einem erhöhten Verschleiß verbunden. Alle in Abschnitt 12.2 aufgeführten Entstehungsmechanismen

Tab. 12.1: Übersicht Messmittel.

Merkmal	Messmittel Mikrofon	Beschleunigungs- Aufnehmer	Laservibrometer
Frequenzbereich	0 bis 140 kHz	0 bis 54 kHz	0 bis 600 MHz
Amplitudenbereich (max.)	180 dB	300.000 g	100 m/s
Auflösung (max.)	1 mV/Pa	10 V/g	0,5 V/mm/s
Gewicht (min.)	–	0,2 g	–
Messpunktgröße (min.)	–	Ø 5 mm	Ø 1,5 µm
Preis (min.)	600 €[a]	1.000 €[a]	15.000 €

[a] Der Preis gilt für einen Sensor inkl. Verstärker oder Erfassungshardware

führen auch zu einem erhöhten Verschleiß. Bei Geräuschen, welche durch beschädigte Bauteile entstehen, ist dies offensichtlich. In allen anderen Fällen verursachen Schwingungen und Geräusche aber auch stets eine erhöhte Beanspruchung von Bauteilen, so z. B. eine erhöhte Belastung der Lagerungen oder sogar eine vorzeitige Materialermüdung.

Abbildung 12.7 zeigt die unbedingt notwendigen Einzelschritte und deren zeitliche Abfolge zur erfolgreichen Vorgehensweise bei der Geräuschanalyse. Dies gilt gleichermaßen für die Lösung einfacher Geräuschprobleme als auch für Geräuschprüfungen in der Serie.

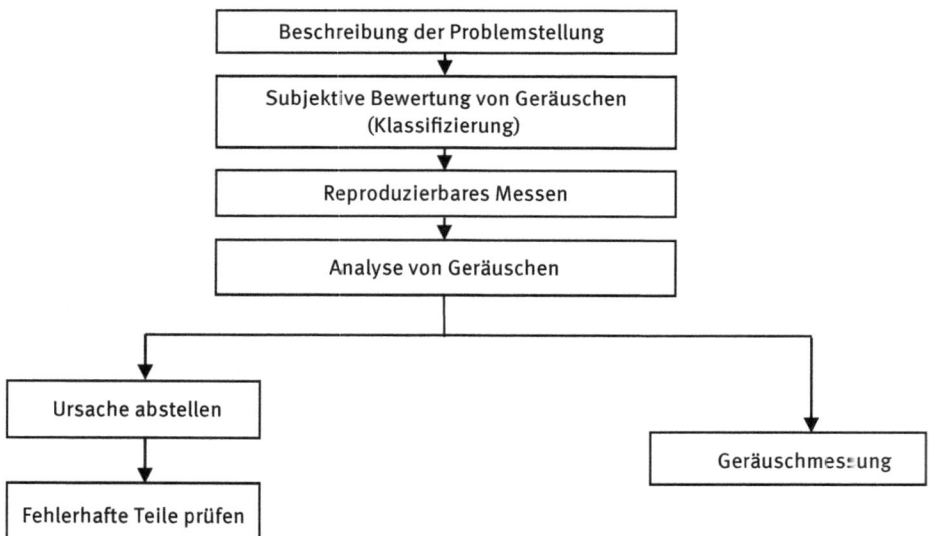

Abb. 12.7: Ablauf Geräuschbeurteilung.

12.3.2.1 Beschreibung der Problemstellung

Ein wichtiger Schritt in der Definition der Problemstellung wird oftmals übergangen, obwohl dieser Schritt bei der Kommunikation zwischen verschiedenen Abteilungen oder Lieferanten-Kunden-Beziehungen wohl den wichtigsten Punkt darstellt. In diesem ersten Schritt ist es notwendig, dass die Geräuschproblematik genau definiert und beschrieben wird. Bereits hier kann es zu großen Missverständnissen und Fehlinterpretationen kommen. Die Aussage „Der Motor ist laut!" liefert noch nicht einmal Ansätze für eine zielgerichtete Ursachenanalyse. Zu einer genauen Beschreibung einer Geräuschproblematik gehören folgende Punkte:

- Grobe Geräuschbeschreibung (eventuell mit Hilfe von Tab. 12.2),
- Betriebsbedingungen, bei denen das störende Geräusch auftritt (z. B. Drehzahl, Drehmoment, ...),
- Einbauzustand (Anbauteile, Einbaulage, Kopplungsmechanismus).

Grundsätzlich gilt: Eine erste Abschätzung der Problematik wird umso einfacher, je mehr Informationen vorliegen.

12.3.2.2 Subjektive Bewertung von Geräuschen (Klassifizierung)

In vielen Fällen hat eine Geräuschbildung primär keinen Einfluss auf die Funktion des Antriebs, sondern sie ist lediglich lästig. Zunächst müssen die Geräusche von einer repräsentativen Anzahl von Probanden bewertet und klassifiziert werden. Dabei gestaltet sich die Auswahl geeigneter Probanden bereits oft als schwierig. Dennoch ist es zwingend notwendig, ein Los von Prüflingen zusammenzustellen und diese eindeutig in „gut", „schlecht" und „Grenzfall" zu klassifizieren. Sofern Kunden betroffen sind, müssen Entscheider des Kunden mit einbezogen werden. Ebenso ist es wichtig, mit dem Kunden eine einheitliche „Sprache" zu entwickeln, damit alle Parteien auch von ein und demselben Problem reden.

Sind einmal Geräuschgrenzen definiert, heißt es, diese auch zu konservieren und langfristig zur Verfügung zu haben. Zum einen bedeutet dies die Einlagerung solcher Grenzmuster. Oftmals noch weitaus wichtiger ist zum anderen die Aufzeichnung und Konservierung der Geräusche der Grenzmuster in einem geeigneten Format. Eine gute Lösung bietet sich mit binauralen Aufnahmen (z. B. mit Hilfe eines Kunstkopfs), welche den Höreindruck des Menschen festhalten und keine nachträgliche Bearbeitung der Messsignale erfordern.

Handelt es sich um errechnete physikalische Grenzamplituden oder auch gesetzlich festgelegte Pegel (z. B. Arbeitssicherheit), dann kann von der oben beschriebenen Vorgehensweise abgewichen werden. Für solche Fälle existieren Richtlinien und Normen, in denen die Vorgehensweise und Grenzen bereits genau definiert sind (DIN 45635/DIN EN ISO 1680).

Neben den subjektiven Eindrücken können Analysen objektiv unterstützen, um Änderungen an den Antrieben leichter erfassen und vergleichbar machen zu können.

Tab. 12.2: Geräuscharten und Bewertungsverfahren.

	1	2	3	4	5	6	7	8	9	10	11	12
						Zuordnung zu Analyseverfahren und Kenngrößen						
Beschreibung Geräuschbild												
umgangssprachliche Bezeichnung	Kreischen 1	Leiern	Eiern	Nageln	Tattern	Tackern	Klicken	Kreischen 2	Pfeifen	Brennen	Leiern	
Dauer des Geräuschs												
kurzzeitig, einmalig	•											
kurzzeitig, stochastisch					•	•	•					
kontinuierlich, stoßartig		•	•	•	•	•	•	•			•	
kontinuierlich, moduliert		•	•	•						•	•	•
kontinuierlich, gleichförmig									•			
Modulation f_M (Hz)			...20	20...70	...15	15...40	...15	...15			...15	...20
Angeregter Frequenzbereich (kHz)					...5	2...6	3...12	ca. 10		6...20	...0,3	
Analyseverfahren, akustische Kenngrößen												
Schalldruckpegel	•	•	•	•					•	•		
Schalldruckpegel vs. Zeit		•	•	•					•	•	•	•
Lautheit		•	•	•					•	•	•	
Artikulationsindex		•	•						•	•		
Schwankungsstärke			•	•	•	•						
Modulationsspektrum			•		•	•	•	•			•	•
Kurtosis/Crestfaktor		•			•	•	•	•				•
Rauigkeit	•	•	•	•	•	•	•	•	•	•	•	•
FFT	•	•	•	•	•	•	•	•	•	•	•	•
FFT vs. Zeit		•	•	•	•	•	•	•	•	•	•	•
hochauflösendes SpektrumWavelet		•										
Schärfe		•		•						•	•	
Terzspektrum											•	
Erläuterungen	a	b	c						d			

a FFT macht dann Sinn, wenn es sich zum Beispiel um eine Frequenzanalyse eines Impulses handelt.

b Stochastisch kurzzeitig auftretende Geräusche haben oft ihre Ursache in einem abreißenden Schmierfilm (Bsp. Gleitlager).

c Tieffrequente Modulationen können z. B. durch Unrundheiten in Getriebeelementen, aber auch durch Schwebungen zweier eng zusammenliegender Frequenzbestandteile entstehen.

d Starke Anregung einer Eigenfrequenz sowie deren Harmonischen.

Abhängig von der Art des Geräuschproblems können verschiedene Merkmale hilfreich sein, um den subjektiven Höreindruck widerzuspiegeln. Tabelle 12.2 soll eine Orientierung geben, welche Analysen die entsprechenden Höreindrücke widerspiegeln können.

Natürlich sind bei der Beurteilung von Geräuschmerkmalen auch eigene, speziell für den betrachteten Fall geschaffene Kriterien denkbar. Obwohl es physikalisch gesehen keinen Sinn macht, kann es manchmal auch hilfreich sein, einen Lautheitswert eines Körperschallsignals zu bilden oder Ähnliches. Da es sich bei den psychoakustischen Merkmalen um eine besondere Art der Analyse handelt, wird in Abschnitt 12.3.2.5 kurz auf ihre Herkunft und Besonderheiten eingegangen. Anhand dieser Größen ist es möglich, subjektive Höreindrücke mit Hilfe von errechenbaren Größen auszudrücken und auch reproduzierbar zu bestimmen.

12.3.2.3 Reproduzierbares Messen

Bevor eine vernünftige Analyse durchgeführt werden kann, müssen Geräusch- und Schwingungswerte reproduzierbar gemessen werden. Neben der Reproduzierbarkeit der Messung muss die Kalibrierbarkeit der Messaufnahme sichergestellt sein. Die Kalibrierbarkeit stellt sicher, dass bei einer Vervielfältigung des Prüfstands alle Prüfplätze identische Ergebnisse liefern (unter Berücksichtigung der Messgenauigkeit). Ohne eine reproduzierbare und gleichzeitig kalibrierbare Messbarkeit eines Geräuschs ist dessen Analyse nicht möglich und damit auch der Versuch einer Analyse sinnlos.

Die Reproduzierbarkeit stellt sicher, dass die Messergebnisse unabhängig vom Prüfer und vom Einlegen des Prüflings immer identisch sind. Idealerweise erfolgt die Messung im Einbauzustand des Antriebs, damit auch der Einfluss von Systemkomponenten (Abstrahlflächen, Strukturresonanzen, . . .) ermittelt werden kann.

12.3.2.4 Analyse von Geräuschen

Für die Analyse ist es notwendig, alle mechanischen und physikalischen Randbedingungen des Prüflings genau zu berücksichtigen. Oftmals hilft es hierbei, das vorliegende Produkt „freizuschneiden", indem alle mechanischen Kontaktflächen, an denen Wechselkräfte auftreten, sowie schwingfähige Abstrahlflächen benannt und kritisch beurteilt werden.

Mit Hilfe dieser Informationen können anschließend in der Geräuschanalyse viele Einflussfaktoren bereits zugeordnet oder sogar ausgeschlossen werden.

Die von rotierenden elektrischen Antrieben erzeugten Schwingungen und Geräusche weisen in ihren Frequenzspektren i. d. R. drei grundsätzlich unterschiedliche Anteile auf:

– drehzahlproportionale Anteile,
– von der Drehzahl unabhängige Anteile,
– Resonanzüberhöhungen durch Anregungen von Bauteileigenfrequenzen.

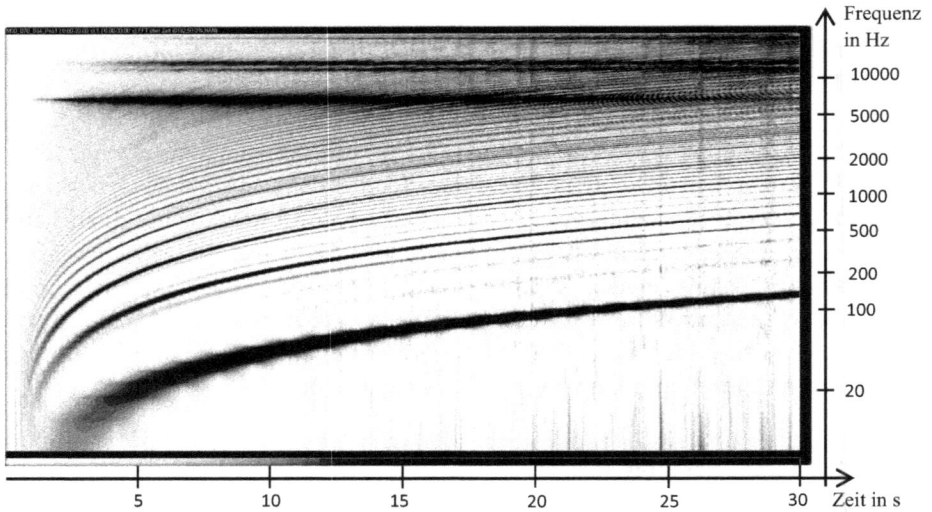

Abb. 12.8: Frequenzspektrum eines Antriebs beim Hochlauf (0 . . . 8000 min⁻¹), *waagerechte Linien:* drehzahlunabhängige Anteile, z. B. aus der Pulsfrequenz der Leistungselektronik, *ansteigende Linien:* drehzahlabhängige Anteile, z. B. aus Magnetfeldern, mechanischer Kommutatur, Verzahnung, Unwucht.

Ermittelt man die Frequenzspektren in Abhängigkeit von der Drehzahl – z. B. während des Hochlaufs oder beim Auslaufen – dann lassen sich diese drei unterschiedlichen Komponenten einfach visualisieren (vgl. Abb. 12.8).

Zunächst ist es gleich, ob man die Analysen anhand von Körperschall- oder Luftschallaufzeichnungen durchführt. Dies gilt für den Fall, dass es sich um ein Geräuschproblem und nicht um ein Schwingfestigkeitsproblem handelt, bei welchem der Einsatz eines Körperschallaufnehmers zielführender ist.

Die Vielzahl an Analysemöglichkeiten ermöglicht es, jedem Geräuschmerkmal eine bestimmte mechanische Bewegung zuzuordnen. Lediglich bei nichtlinearen Phänomenen (Reibung) ist dieser Prozess nicht immer ohne Weiteres durchführbar.

Tabelle 12.2 kann auch hier einen Überblick geben, welche Analysemethoden bei welchen Betriebszuständen (Hochlauf, stationärer Arbeitspunkt, . . .) ein zielführendes Resultat liefern. Die Tabelle soll nur als Leitfaden gelten. Es existieren mit Sicherheit Bereiche, in denen eine andere Vorgehensweise besser ist.

12.3.2.5 Prüfung in der Serie

Die Analyse soll als Ergebnis die Ursache für die störende Geräuschbildung liefern. Kennt man die Ursache, so bestehen zwei grundsätzliche Möglichkeiten, um mit einer Prüfung Produkte als „gut" oder „schlecht" zu klassifizieren. Ist die Ursache für eine Geräuschproblematik ein fehlerhaftes Teil, kann man entweder dieses Teil in der

Serie vor dem Einbau prüfen oder man führt eine Geräuschmessung durch. Die Entscheidung, welcher Weg gewählt wird, hängt meist von wirtschaftlichen Aspekten ab. Die Prüfung geometrischer Größen am Einzelteil ist oft einfacher und wirtschaftlicher als eine aufwendige Geräuschprüfung. Außerdem ist sie sinnvoller, denn bei der Prüfung am Einzelteil wird der Aufwand reduziert, weil das schlechte Teil frühzeitig im Prozess erkannt und gar nicht erst verwendet wird. Somit entfällt bei dieser Variante auch eine Nacharbeit.

Geräuschprüfung
Eine Serienprüfung kann auf unterschiedliche Art und Weise realisiert werden. Neben der Unterscheidung zwischen einer 100 %-Prüfung und einer Stichprobenprüfung lässt sich die Serienprüfung noch wie folgt unterscheiden:
- *echte Geräuschprüfung:* Hierbei geht es direkt um die Einhaltung eines definierten Pegels.
- *Qualitätsprüfung mit Geräusch:* Diese Art der Prüfung nutzt die Tatsache, dass Fertigungstoleranzen oder Prozessfehler eine außergewöhnliche Geräuschbildung zur Folge haben.

Wie bei jeder anderen Prüfung ist es auch bei einer Geräuschprüfung notwendig, die richtigen Prüfmerkmale zu finden, damit ein Geräuschbild eindeutig identifiziert werden kann. Bei der Wahl eines ungeeigneten Merkmals entsteht eine für die Fertigung wirtschaftlich nicht tragbare Gut-Schlecht-Korrelation. Die folgenden Abbildungen sollen diese Problematik verdeutlichen.

Häufig sind Geräuschmerkmale (Pegel, Lautheit, Schärfe, ...) normalverteilt (siehe Abb. 12.9). Jede Messung ist nur mit einer bestimmten Messgenauigkeit möglich. Die Messgenauigkeit ist bei Geräuschprüfungen unter Berücksichtigung der Reproduzierbarkeit und Kalibrierbarkeit in der Regel recht gering. Wählt man eine Grenze zwi-

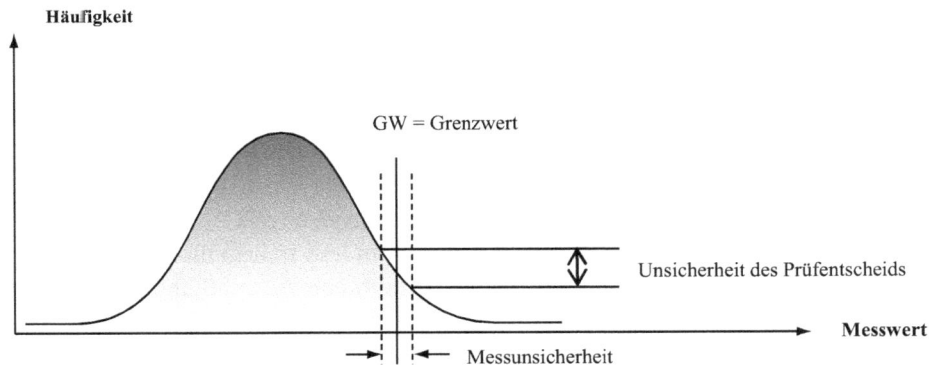

Abb. 12.9: Ungeeignete Wahl eines Prüfmerkmals.

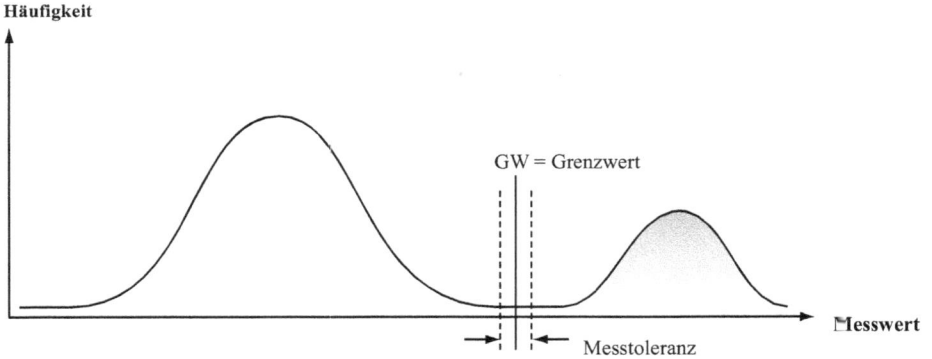

Abb. 12.10: Geeignete Wahl eines Prüfmerkmals.

schen „gut" und „schlecht" so, dass sie im steil ansteigenden Ast einer Normalverteilung liegt, dann muss man – um definitiv nur gute Produkte als „gut" zu beurteilen – auch einige gute Produkte wegen der Messungenauigkeit als schlecht bewerten. Das ist wirtschaftlich nachteilig.

Deshalb ist anzustreben, solche Merkmale für die Identifikation der Fehlerbilder zu wählen, dass die Gut-Schlecht-Korrelation im Idealfall 100 % beträgt. Das bedeutet, die Fehlermerkmale dürfen nicht normalverteilt sein, sondern müssen bei schlecht klassifizierten Produkten vorhanden (und eindeutig messbar) sein und bei gut klassifizierten Produkten fehlen. Abbildung 12.10 soll ein solches Merkmal grundsätzlich darstellen („zweifache Normalverteilung"). Die Messungenauigkeit, welche es bei jeder Prüfung gibt, wirkt sich in diesem Fall nicht nachteilig aus.

12.4 Hören und Hörempfinden

Bisher wurde betrachtet, wie Schwingungen in elektrischen Antrieben entstehen, sich diese als Körperschall ausbreiten und über den entstehenden Luftschall bis zum Gehör des Menschen gelangen. Anschließend wurde eingehend erläutert, wie sich Luft- und Körperschall messen und bewerten lassen. Im Menschen erfolgt jedoch noch eine individuelle Bewertung der gehörten (noch nicht wahrgenommenen!) Geräusche. Auf diese Bewertung, ihre Einflussgrößen sowie auf die sich daran anschließende Wahrnehmung (= Empfinden) wird in diesem Abschnitt eingegangen.

Legt man 0 dB als die Hörschwelle des Menschen fest, so liegt die Schmerzgrenze bei 120 dB, was etwa dem Geräusch eines Presslufthammers auf Stahlplatten in 1 m Abstand entspricht. Der Hörbereich junger Menschen erstreckt sich über einen Frequenzbereich von etwa 20 Hz bis 16 kHz, z. T. auch bis 20 kHz. Mit zunehmendem Alter wird dieser Hörbereich kleiner. Insbesondere können die hohen Töne nicht mehr gehört werden, sodass sich der Hörbereich im Alter oft auf etwa 100 Hz bis 8 kHz beschränkt. Der Frequenzbereich der menschlichen Sprache liegt zwischen 500 Hz und 4 kHz.

Tiere haben oftmals einen größeren Wahrnehmungsbereich als der Mensch, wobei das „Hören" nicht nur über Ohren erfolgt. Fische fühlen Schwingungen mit ihrem Seitenlinienorgan, manche Insekten können mit ihren Vorderbeinen „hören". Besser als der Mensch hören Hunde, die auch Frequenzen bis 35 kHz hören können. Tauben können sogar Schwingungen ab 0,1 Hz hören, Fledermäuse bis zu 200 kHz. Aus diesem Grunde leiden Haustiere oftmals unter Musik und Geräuschen, die Menschen gar nicht wahrnehmen.

12.4.1 Bewertungskurven

Für die hörgerechte Beurteilung von Luftschallaufnahmen wurden Bewertungskurven entwickelt. Diese Bewertungskurven dämpfen oder verstärken bestimmte Frequenzbereiche, um den physiologischen Gegebenheiten gerecht zu werden. Was alle Kurven gemeinsam haben, ist eine Verstärkung oder Dämpfung von 0 dB bei 1 kHz. Das bedeutet, die Messung eines 1-kHz-Tons mit anschließender Bewertung liefert für alle Bewertungskurven dasselbe Ergebnis. Es gibt geeignete Kurven für verschiedene Anforderungen, die in Abb. 12.11 dargestellt werden. Man erkennt anhand dieser Abbildung, dass unser Gehör im Bereich zwischen 3 und 4 kHz am empfindlichsten ist. Die Bewertungskurve A entspricht dabei in etwa den nach unten gespiegelten Kurven gleicher Lautstärke. Diese Kurven gleicher Lautstärke sind ebenfalls die Ergebnisse der Arbeit von E. Zwicker [275].

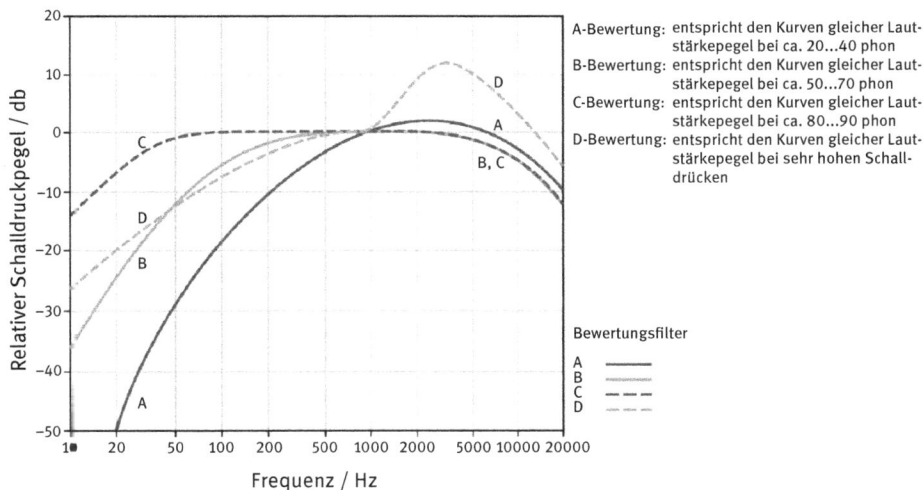

Abb. 12.11: Bewertungskurven nach DIN. Praktisch verwendet werden die A-Bewertung für kleine Lautstärken und die C-Bewertung für hohe Lautstärken.

12.4.2 Psychoakustische Größen

Die Psychoakustik im Gegensatz zur klassischen Signalanalyse beruht nicht auf physikalischen Größen, sondern berücksichtigt Aspekte der Geräuschwahrnehmung des Menschen (kognitive Aspekte). Diese wurden anhand von Versuchen mit Testpersonen hergeleitet. Die Modellierung der psychoakustischen Merkmale erfolgte anschließend mit Hilfe von Bandpassfiltern, die am besten den menschlichen Höreindruck wiedergeben.

Ziel der Verwendung von psychoakustischen Größen ist es, eine errechenbare Größe zu generieren, die das menschliche Empfinden widerspiegelt. Dies bedeutet eben auch, dass die Merkmale nicht messbar, sondern lediglich errechenbar sind. Hierbei kommen hauptsächlich die folgenden Parameter zum Einsatz: Lautheit in sone, Schärfe in acum, Tonhöhe in mel, Rauigkeit in asper und Schwankungsstärke in vacil. Die Definitionen und Herleitungen der einzelnen Messgrößen findet man ebenfalls bei [275]. Tabelle 12.3 gibt eine Übersicht über die psychoakustischen Größen.

Tab. 12.3: Übersicht über psychoakustische Größen.

Größe	Einheit	Beschreibung	Zusammenhang mit anderen akustischen Größen
Lautheit	sone	empfundene Lautstärke	Schalldruck, Schalldruckpegel
Tonhöhe	mel	wahrgenommene Tonhöhe, hängt von der Zusammensetzung aus Grund- und Obertönen ab	Frequenz, Frequenzspektrum
Schärfe	acum	Geräuschempfindung von stumpf bis scharf, abhängig von der Einhüllenden des Frequenzspektrums	Frequenzspektrum
Rauigkeit	asper	Modulation von Geräuschen mit Modulationsfrequenzen von ca. 30 ... 300 Hz	Frequenzspektrum
Schwankungs-stärke	vacil	Modulation mit geringen Frequenzen von einigen Hz	Schalldruck, Schalldruckpegel

Anhand von psychoakustischen Größen ist es möglich, subjektive Höreindrücke mit Hilfe von errechenbaren Größen auszudrücken und auch reproduzierbar zu bestimmen.

Ein großer Vorteil von psychoakustischen Größen ist der lineare Zusammenhang zwischen Höreindruck und berechneter Größe. Im Gegensatz zu den logarithmischen Pegeln ist hier das Verständnis für den Anwender größer, weil beispielsweise ein doppelt so lauter Sinneseindruck auch einem doppelt so großen Lautheitswert entspricht. Aus diesem Grund gewinnen diese Werte immer mehr an Popularität, wenn es um den direkten Vergleich zweier Geräuschbilder geht. Weniger populär hingegen ist das Darstellen eines einzelnen Absolutwerts, da hier die Erfahrungen fehlen, welchem Sinneseindruck welcher Lautheitswert entspricht. Beispielweise kann ein Anwender ungefähr abschätzen, was einem Luftschallpegel von 50 dB (A) entspricht. Um einen entsprechenden Lautheitswert in sone auszudrücken, fehlen aber oft noch die Erfahrungen.

Im Bereich der Qualitätssicherung gewinnt ein solcher Lautheitswert immer mehr an Bedeutung, da seine Auswertung in der Serienfertigung oder serienbegleitend auch Aufschluss über den Zustand der Fertigungsprozesse oder Bauteile geben kann. Ähnlich wie die Pegelwerte der Akustik können diese Merkmale jedoch keinen Aufschluss über die Geräuschursache geben, sondern lediglich ihren Einsatz bei Gut-/Schlecht-Entscheidungen in der Serie finden.

Andreas Wagener

13 Elektromagnetische Verträglichkeit bei elektrischen Kleinantrieben

Schlagwörter: Anforderungen, Entstehung, Vermeidung

13.1 Einführung in die EMV

Die Abkürzung EMV steht für die Elektro-Magnetische Verträglichkeit und meint eine Auslegung von elektrischen Geräten und Maschinen, die eine unerwünschte wechselseitige Beeinflussung vermeidet.

Dass sich elektrische Geräte gegenseitig beeinflussen, ist keine neue Entdeckung. Schon im 19. Jahrhundert wurde festgestellt, dass Elektrokabel sich gegenseitig stören und somit der Fernsprechverkehr negativ beeinflusst wird. Aus diesem Grund wurde am 6. April 1892 vom Deutschen Reichstag das Gesetz über das Telegraphenwesen des Deutschen Reichs geschaffen.

Bis Ende des Jahres 1995 galten in Deutschland das Hochfrequenzgeräte- und das Funkstörgesetz.

Um den Marktzugang innerhalb der EU zu vereinheitlichen, hat die EU über Richtlinien einen Rahmen gesetzt, dem in den gemeinsamen Markt gebrachte Produkte entsprechen müssen. Die Konformität mit den Richtlinien dokumentiert der Hersteller bei bestimmten Produkten über das CE-Zeichen [282].

Heute regelt das EMV-Gesetz (EMVG) von 2008 die Anforderungen an die EMV von elektrischen oder elektronischen Produkten, die elektromagnetischen Störungen verursachen können oder deren Betrieb durch elektromagnetische Störungen beeinträchtigt werden kann.

Die erste Version dieses Gesetzes basiert auf der ersten EMV-Richtlinie (89/336/EWG) aus dem Jahr 1989, wurde 1992 in deutsches Recht umgesetzt und musste ab 1. Januar 1996 verbindlich angewendet werden. Das derzeitige EMV-Gesetz basiert auf der zweiten EMV-Richtlinie (2004/108/EG) aus dem Jahr 2004 und wurde 2008 in deutsches Recht übernommen. Im Jahr 2014 wurde die dritte EMV-Richtlinie (2014/30/EU) veröffentlicht und wurde 2016 (Ausfertigungsdatum: 14.12.2016) in deutsches Recht überführt.

Ziel der auf der EMV-Richtlinie basierenden EMV-Gesetze der EU-Staaten ist es, einen stabilen und sicheren Betrieb aller elektronischen Einrichtungen zu gewährleisten, um die gegenseitige Beeinflussung durch abgegebene elektromagnetische Störungen zu vermeiden.

Andreas Wagener, Dr. Fritz Faulhaber GmbH & Co. KG

https://doi.org/10.1515/9783110565324-013

Im EMV-Gesetz ist dazu gefordert:

§ 1 Anwendungsbereich
Dieses Gesetz gilt für alle Betriebsmittel, die elektromagnetische Störungen verursachen können oder deren Betrieb durch elektromagnetische Störungen beeinträchtigt werden kann.

§ 4 Grundlegende Anforderungen an die elektromagnetische Verträglichkeit
Betriebsmittel müssen nach dem Stand der Technik so entworfen und hergestellt sein, dass die von ihnen verursachten elektromagnetischen Störungen keinen Pegel erreichen, bei dem ein bestimmungsgemäßer Betrieb von Funk- und Telekommunikationsgeräten oder anderen Betriebsmitteln nicht möglich ist und sie gegen die bei bestimmungsgemäßem Betrieb zu erwartenden elektromagnetischen Störungen hinreichend unempfindlich sind, um ohne unzumutbare Beeinträchtigung bestimmungsgemäß arbeiten zu können.

Das Gesetz beschreibt keine konkrete Handlungsanweisung, wie dieses Ziel erreicht werden kann. Stattdessen wird auf die harmonisierten Normen verwiesen. Hält man sich an diese Normen, dann darf man vermuten, dem Gesetz Genüge zu tun.

Im EMVG wird dieser Sachverhalt im § 16, Konformitätsvermutung bei Betriebsmitteln, geregelt.

§ 16 Konformitätsvermutung bei Betriebsmitteln
Stimmt ein Betriebsmittel mit den einschlägigen harmonisierten Normen oder Teilen davon, deren Fundstellen im Amtsblatt der Europäischen Union veröffentlicht sind, überein, so wird widerleglich vermutet, dass das Betriebsmittel mit den von dieser Norm oder Teilen davon abgedeckten Anforderungen des § 4 übereinstimmt.

Wichtig in diesem Zusammenhang ist: Auch die nachweisliche Einhaltung der harmonisierten Normen ist keine Garantie, dass das betrachtete Betriebsmittel dem EMVG genügt.

13.2 Rechtlicher Rahmen

Der rechtliche Rahmen, unter dem innerhalb der Europäischen Union Motoren und Antriebssysteme in den Verkehr gebracht werden dürfen, ist über Richtlinien gegeben, die Gesetzescharakter haben.

13.2.1 Maschinenrichtlinie (2006/42/EG)

Die Maschinenrichtlinie adressiert die von Maschinen oder Maschinenteilen ausgehenden Risiken für Anlagen und Personen. Die Richtlinie definiert die Voraussetzungen, um komplette Anlagen oder sogenannte unvollständige Maschinen, also Maschinenteile, innerhalb der EU in den Verkehr bringen zu können. Dazu wird u. a. eine Risikobeurteilung gefordert, aus der geeignete Maßnahmen abgeleitet werden.

Antriebssysteme, also z. B. Kombinationen von Elektromotoren mit einer Ansteuerung und einem spezifischen Abtrieb werden als unvollständige Maschine gewertet, reine Elektromotoren dagegen fallen nicht in den Anwendungsbereich der Maschinenrichtlinie.

Für Kleinantriebe kann insofern die Einstufung als unvollständige Maschine in Betracht kommen, wenn sie außer dem Motor zumindest die Ansteuerung enthalten.

Unvollständige Maschinen erhalten kein CE-Zeichen.

13.2.2 Niederspannungsrichtlinie

Die Niederspannungsrichtlinie (2014/35/EU) erfasst Betriebsmittel im Betriebsspannungsbereich von 50 V…1000 V Wechselspannung bzw. 75 V…1500 V Gleichspannung. In der Regel liegen die Nennspannungen von Kleinantrieben unterhalb dieser Spannungsgrenzen, die Niederspannungsrichtlinie findet daher in der Regel keine Anwendung.

13.2.3 EMV-Richtlinie

Die EMV-Richtlinie (2014/30/EU) enthält Regeln über zulässige elektromagnetische Abstrahlungen elektrischer und elektronischer Geräte und die notwendige Einstrahlfestigkeit dieser Geräte.

Die EMV-Richtlinie gilt für das Inverkehrbringen bzw. Bereitstellen von Betriebsmitteln (Geräte oder ortsfeste Anlagen). In den Anwendungsbereich der EMV-Richtlinie fallen alle Betriebsmittel, die elektromagnetische Störungen verursachen oder deren Betrieb durch diese Störungen beeinträchtigt werden kann.

Das Gesetz über die elektromagnetische Verträglichkeit von Betriebsmitteln setzt die EMV-Richtlinie der EU über die elektromagnetische Verträglichkeit in deutsches Recht um. Die anderen Länder der EU verfahren sinngemäß. Unter dem EMVG sind viele harmonisierte Normen gelistet. Davon sind für elektrische Kleinantriebe die Normen nach Tab. 13.1 bis 13.4 von Bedeutung:

Tab. 13.1: Harmonisierte Normen mit EMV-Anforderungen an elektrische Kleinantriebe.

Norm	Titel
EN 61000-6-1	Fachgrundnormen – Störfestigkeit für Wohnbereich, Geschäfts- und Gewerbebereiche sowie Kleinbetriebe
EN 61000-6-2	Fachgrundnormen – Störfestigkeit für Industriebereiche
EN 61000-6-3	Fachgrundnormen – Störaussendung für Wohnbereich, Geschäfts- und Gewerbebereiche sowie Kleinbetriebe
EN 61000-6-4	Fachgrundnormen – Störaussendung für Industriebereiche
EN 5501 1	Grenzwerte und Messverfahren für industrielle, wissenschaftliche und medizinische Geräte zur Hochfrequenzerzeugung
EN 5501 4-1	Anforderungen an Haushaltsgeräte, Elektrowerkzeuge und ähnliche Elektrogeräte, Teil 1: Störaussendung
EN 5501 4-2	Anforderungen an Haushaltsgeräte, Elektrowerkzeuge und ähnliche Elektrogeräte, Teil 2: Störfestigkeit
EN 61800-3	Drehzahlveränderbare elektrische Antriebe – Teil 3: EMV-Anforderungen einschließlich spezieller Prüfverfahren

Der Hersteller muss anhand der adressierten Zielmärkte entscheiden, welche harmonisierten Normen auf das Produkt angewendet werden sollen. Hierbei ist zu beachten, dass Produktnormen Vorrang haben gegenüber Fachgrundnormen. Es gibt jedoch nicht für alle Produkte eine eigene Produktnorm.

Tab. 13.2: Fachgrundnormen.

EN 61000-6-X[a]	Alle vier Fachgrundnormen (je zwei für die Störaussendung und je zwei für die Störfestigkeit) sind im Amtsblatt der EU veröffentlicht und somit für die CE-Kennzeichnung von Produkten anwendbar, sofern es für diese Produkte keine spezifischen EMV-Produkt- oder EMV-Produktfamiliennormen gibt.

[a] Fachgrundnormen: EN 61000-6-1; EN 61000-6-2; EN 61000-6-3; EN 61000-6-4

Tab. 13.3: Produktfamiliennormen.

EN 5501 1	Die Norm gilt für Produkte, die bestimmungsgemäß für die lokale Anwendung Hochfrequenz erzeugen oder verwenden. Es wird unterschieden zwischen Geräten, die die Hochfrequenz intern erzeugen und nutzen (Gruppe 1) und solche, die die Hochfrequenzenergie an andere Gegenstände übertragen (Gruppe 2). Zusätzlich wird unterschieden zwischen Geräten, die nicht an öffentlichen Versorgungsnetzen, z. B. im Wohnumfeld, betrieben werden dürfen (Klasse A) und solchen (Klasse B), die allgemein betrieben werden dürfen. An Kleinspannung betriebene Motorregler wären hier der Gruppe 1 / Klasse A zuzuordnen – [283].

Tab. 13.3 (Fortsetzung)

EN 55014-1	Die Norm gilt für die Aussendung (Abstrahlung und Weiterleitung) hochfrequenter Störgrößen durch solche Geräte, deren Hauptfunktionen durch Motoren ausgeführt werden. Sie schließt solche Geräte wie elektromedizinische Geräte mit motorischem Antrieb oder elektrische/elektronische Spielzeuge ein. Sowohl Netz- als auch batteriebetriebene Geräte sind eingeschlossen [DIN EN 55014:2015-05, Absatz 1 Anwendungsbereich].
EN 55014-2	Diese Norm mit Anforderungen an die elektromagnetische Störfestigkeit gilt für Haushaltsgeräte und ähnliche Geräte. Die Geräte können Motoren sowie elektrische oder elektronische Schalt- oder Regeleinrichtungen enthalten und sowohl durch einen Transformator, durch Batterien oder durch irgendeine andere Stromquelle gespeist werden [EN 55014-2:2015, Absatz 1 Anwendungsbereich].

Tab. 13.4: Produktnorm.

EN 61800-3	Die Produktnorm gilt für drehzahlveränderbare Antriebe, die in Wohn-, Geschäfts- und Industriegebieten eingesetzt werden. Diese Norm enthält sowohl Anforderungen an die Störaussendung als auch an die Störfestigkeit. Sie deckt in beiden Fällen ab, dass drehzahlveränderbare Antriebe entweder an industrielle oder an öffentliche Stromversorgungsnetze angeschlossen werden. Der Anwendungsbereich schließt einen breiten Leistungsbereich von einigen Hundert Watt bis zu Hunderten von Megawatt ein.

13.3 Elektromagnetische Kopplungen bei elektrischen Kleinantrieben

Wechselseitige Störungen zwischen Geräten können entstehen, weil die Geräte elektrisch leitend verbunden sind, z. B. weil sie an der gleichen Versorgung betrieben werden oder weil sich die elektromagnetische Feldausbreitung der Geräte überlagert. Um die Effekte präziser fassen zu können, wird versucht, diese bezüglich des Wirkmechanismus und bezüglich der Wirkungsweise zu trennen.

Bezüglich der Art der Einkopplung wird daher unterschieden zwischen Störstrahlung und leitungsgebundenen Störungen. Für die Funkausbreitung ist keine galvanische Kopplung zwischen den Geräte nötig. Leitungsgebundene Störungen breiten sich sowohl über die Kommunikations- als auch über die Versorgungsleitungen aus. Da diese Leitungen auch als Antennen wirken, sind leitungsgebundene Störungen immer auch mit Funkausbreitung verknüpft.

13.3.1 Leitungsgebundene Störungen

Geräte, die an einer gemeinsamen Versorgung betrieben werden, können sich z. B. durch den Spannungsabfall auf einer gemeinsam genutzten Zuleitung wechselseitig beeinflussen – aus Sicht des gestörten Geräts handelt es sich um eine Störspannung.

Zusätzliche Kopplungen entstehen, wenn Wechselgrößen über parallele Leitungen geführt werden. In dem Fall koppeln die magnetischen und elektrischen Felder zwischen den Leitungen über.

Wechselgrößen beim Motorbetrieb sind beim DC-Motor die pulsierenden Ströme durch die Kommutierung in der Zuleitung. An elektronisch kommutierten BLDC-Motoren treten zusätzlich in den Motorphasen blockartige oder sinusförmige Wechselströme auf. (Abbn. 13.1 und 13.2). Zusätzliche Wechselgrößen entstehen beim Betrieb eines Motors an einer Ansteuerungselektronik.

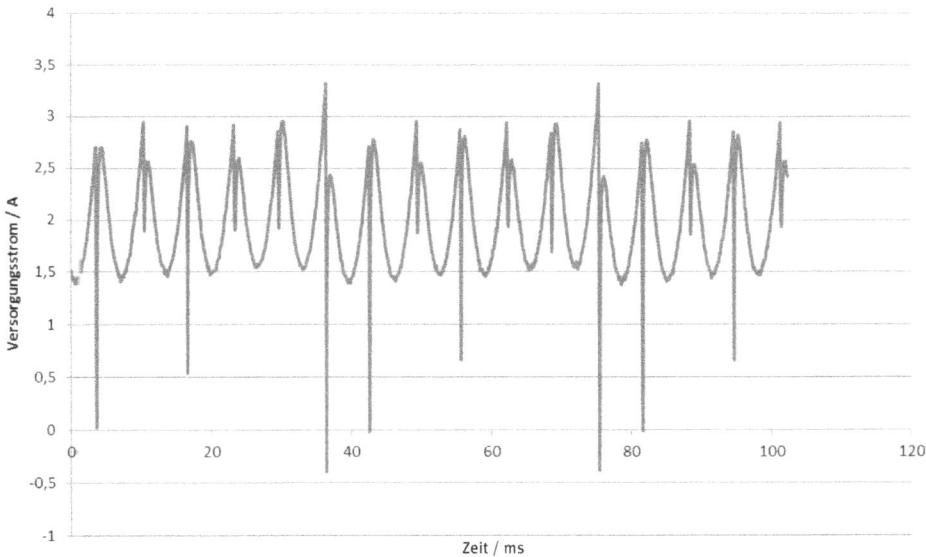

Abb. 13.1: Strom in der Zuleitung zu einer BLDC-Elektronik.

13.3.2 Kapazitive Kopplungen

Motoransteuerungen müssen im Betrieb die mittlere an den Motor angelegte Spannung dynamisch verändern. Stand der Technik sind geschaltete Endstufen, die die Spannung über eine Pulsweitenmodulation (PWM) variieren. Der Pegel z. B. der Motorstränge wird dabei im PWM-Takt zwischen der Versorgungsspannung und dem Be-

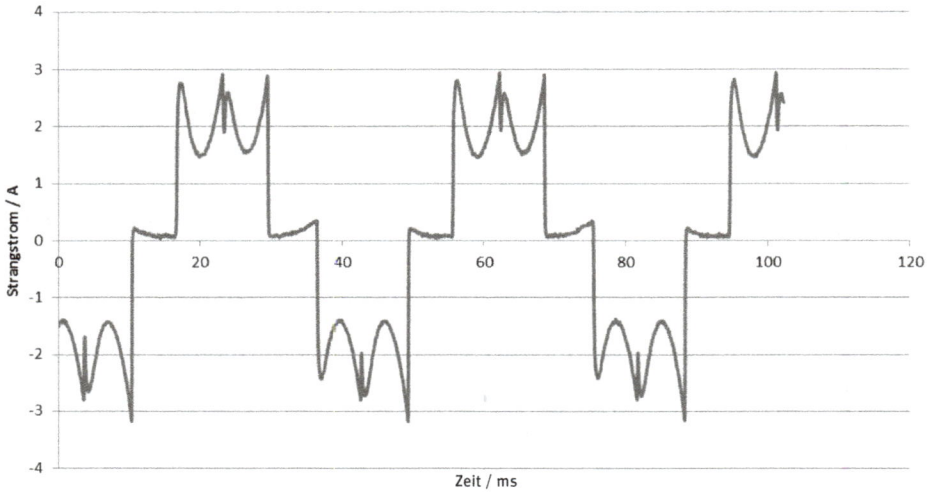

Abb. 13.2: Strangstrom eines blockkommutierten BLDC Motors.

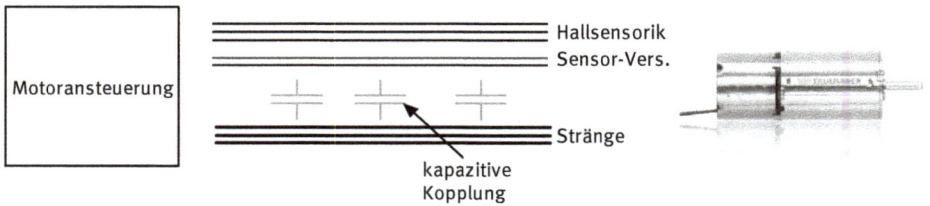

Abb. 13.3: Bürstenloser Motor mit Positionsgeber an einer Ansteuerelektronik und kapazitiver Kopplung zwischen den Motoranschlussleitungen.

zugspotenzial umgeschaltet. Parasitäre Effekte dieser Endstufen sind Peaks auf Versorgungs- und Sensorleitungen durch kapazitiv eingekoppelte PWM-Spannungen.

Koppelpfade sind die kapazitiven Leitungsbeläge zwischen den Motorsträngen und den anderen parallel verlaufenden Leitungen (Abb. 13.3). Diese parasitären Kapazitäten werden an jeder PWM Flanke mit entsprechenden Ladeströmen in beiden beteiligten Leitungen umgeladen. Während die Kopplungen zwischen den Motorsträngen selbst in der Regel unkritisch sind, können die eingekoppelten Ladeströme auf hochohmig angeschlossenen Geberleitungen oder selbst Sensorversorgungen erhebliche Störspannungen zur Folge haben.

Die Störungen steigen in dem Fall mit der Leitungslänge, der PWM-Frequenz und der Spannungsamplitude der geschalteten Spannung.

Typische Auswirkungen sind zusätzliche Pulse auf Encoder-Leitungen (Inkrementalencoder oder digitale Hallsignale), ggf. gestörte Kommunikation (z. B. protokollbasierte Positionsgeber) oder ein überlagertes Rauschen auf analogen Gebersignalen.

13.3.3 Induktive Kopplungen

Einen zweiten Koppelweg stellen durch Wechselströme induzierte Spannungen in parallel verlaufenden Leitungen dar (Abb. 13.4).

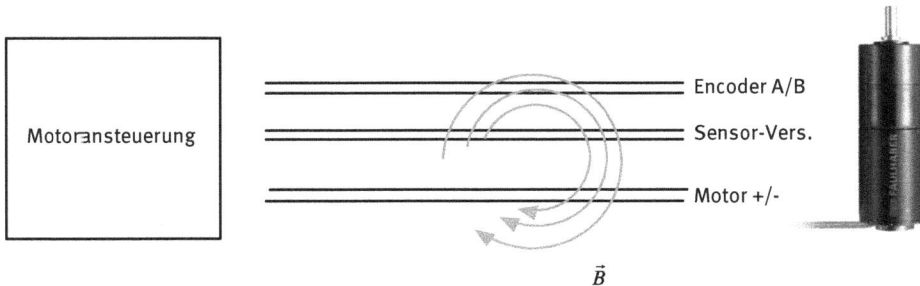

$\vec{B}$

Abb. 13.4: Motoransteuerung mit DC-Motor und induktiver Einkopplung auf die Positionsgeberleitungen.

Für die Motorstränge kann in der Regel von einer Stromsumme von null ausgegangen werden. Die nicht über kapazitive Kopplungen abfließenden Hin- und Rückströme eines Motors addieren sich in jedem Zeitpunkt zu null. Auch unter transienten Bedingungen sollten die von einer gebündelt geführten Motorleitung ausgehenden Wechselfelder daher keine große Auswirkung haben. Das Bild ändert sich, wenn die Zuleitungen nicht gebündelt verlaufen.

13.3.4 Galvanische Kopplung

Kleinantriebe werden gemeinsam mit anderen Komponenten sowohl direkt am öffentlichen Netz als auch in DC-Versorgungen in Maschinen betrieben. Selbst der Betrieb nur eines Motors oder Antriebs an einem Netzteil stellt bereits eine Konfiguration aus zwei über die Versorgungsleitung gekoppelten Geräten dar. Die einzige Ausnahme bildet hier der direkte Betrieb eines Motors an einer Batterie.

Über die Versorgungsleitungen besteht eine galvanische Kopplung zwischen den Geräten. Übertragen werden die Nenngrößen, also z. B. der Gleichstrom/die Gleichspannung eines 24 V Netzes, aber auch in die Leitung eingekoppelte Wechselgrößen. Dabei kann unterschieden werden zwischen den eher hochfrequenten Störungen, verursacht ggf. durch die Funkenbildung bei der Kommutierung, die PWM-Ansteuerung oder den Schaltflanken in Logikkreisen, und den eher niederfrequenten Störungen, z. B. durch einen Spannungsanstieg bei Bremsbetrieb eines Antriebs (siehe Abb. 13.5) oder durch Spannungseinbrüche aufgrund von Schalthandlungen bzw. der Kommutierung einer Gleichrichterbrücke.

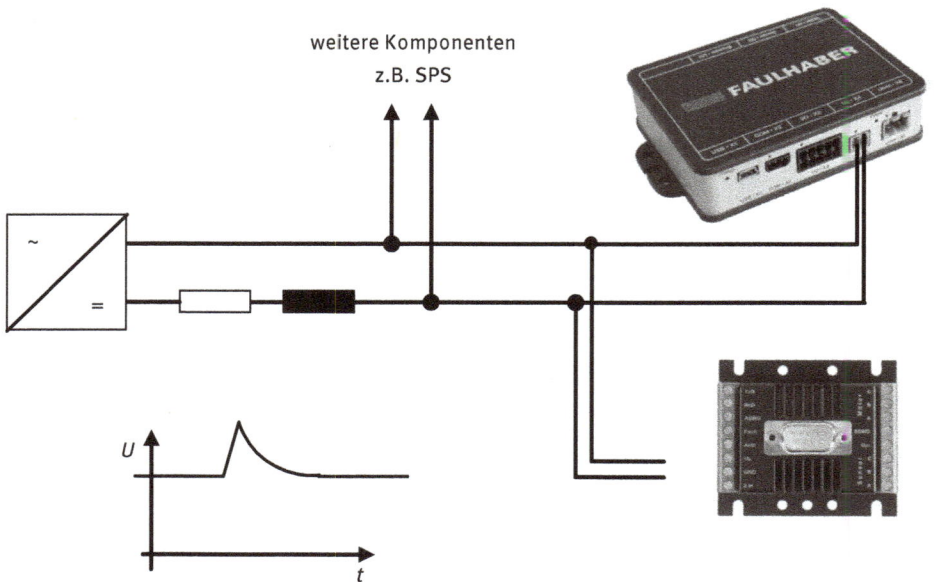

Abb. 13.5: Betrieb mehrerer Kleinantriebe über Motorregler an einer gemeinsamen Versorgung.

Die niederfrequenten Störungen können als Spannungseinbrüche z. B. die zulässige Versorgungsspannung eines der angeschlossenen Geräte unterschreiten. Temporäre Überspannungen können zum Ausfall der damit verbundenen Halbleiter der Endstufe oder des Eingangsspannungsreglers eines Motorcontrollers führen.

Kritisch ist beim dynamischen Betrieb von Antrieben insbesondere der Spannungsanstieg durch rückgespeiste mechanische Energie. Da die verwendeten Netzteile typisch keine überschüssige Energie aufnehmen können, steigt die Spannung im Versorgungsnetz an (Abb. 13.5). Selbst bei relativ kleinen Motoren können die üblichen Toleranzgrenzen für den Versorgungsbereich der angeschlossenen Geräte dabei schnell überschritten werden.

Vergleichbare Überspannungen können transient während Schalthandlungen, z. B. während des Einschaltens, entstehen. Hier wird der Eingangskondensator eines Motorcontrollers über die parasitäre Induktivität der Zuleitung geladen. Induktivität und Eingangskondensator bilden einen Reihenschwingkreis, dessen Spannungsspitze bis zum Doppelten der geschalteten Versorgungsspannung betragen kann. Statt der erwarteten 24 V können so kurzfristig 48 V am Versorgungsanschluss einer Ansteuerung liegen.

Einen weiteren möglichen Störpfad stellen energiereiche Einkopplungen in die Versorgungsnetze, z. B. durch Blitze, dar. Die Pulsdauer ist hier kurz, die Spannungshöhe kann aber erheblich sein.

13.4 Funkausbreitung

Hochfrequente Wechselanteile werden von Leiterstrukturen wie bei einem Funksender abgestrahlt, es entsteht eine elektromagnetische Welle, die ggf. auch noch über eine größere Entfernung hinweg zu Störungen führen kann. Ursachen können hochfrequente Schaltsignale in der Endstufe oder in einer Recheneinheit sein. Da der Frequenzbereich hier die 100 MHz deutlich überschreitet, genügen z. T. bereits sehr kurze Leitungen als Antennen. Abhilfe ist hier vor allem über Abschirmungen und geschlossene Gehäuse zu erzielen.

13.5 Typische Beobachtungen bei elektrischen Antrieben

Der Betrieb von Elektromotoren oder kompletten Antriebssystemen kann eine ganze Reihe von Wechselwirkungen mit anderen Geräten zur Folge haben. Ursache sind elektromagnetische Wechselgrößen wie pulsierende Ströme am Motor, die PWM-Ansteuerung der Motoren über elektronische Steuerungen, die Pulse auf Encoderleitungen oder die Schaltsignale innerhalb einer Steuerplatine. Selbst DC-Motoren an einer Batterie sind nicht frei von elektromagnetischen Wechselfeldern, da der Strom über den Kommutator synchron zur Bewegung auf die jeweils nächste Teilwicklung kommutiert.

13.5.1 Störungen durch Schaltvorgänge und Funkenbildung

Durch den mechanischen Kommutierungsvorgang wird der fließende Strom in den Teilwicklungen gewendet (siehe Kapitel 3). Dabei wird der Strom in der kurzgeschlossenen Teilwicklung zunächst abgebaut. Im nächsten Schritt wird der Strom dann in Gegenrichtung wieder aufgebaut (Abb. 13.6). Je nach Rotationsgeschwindigkeit des Motors, den elektrischen Zeitkonstanten der Wicklung und dem Betrag des Stroms kann der Kommutierungsvorgang ggf. nicht vollständig abgeschlossen werden; die Umschaltung am mechanischen Kommutator erfolgt, bevor der Strom in der Teilwicklung vollständig kommutiert ist. Dadurch kann es zur Funkenbildung durch induzierte Spannungen kommen. Sichtbare Auswirkungen sind Funken am Kommutator und eventuell Brandspuren.

Neben der Stromänderung und der reinen Kommutierung zwischen den Wicklungsanzapfungen können die Ströme in der Zuleitung von DC-Motoren deutliche Oberschwingungen in Form von überlagerten Sinus-Teilbögen aufweisen.

Ursache ist die abhängig vom Rotorwinkel zeitlich nicht konstante induzierte Spannung $u_i(t)$ des Motors. Bei Verwendung von diametral aufmagnetisierten zylindrischen Magneten oder Magnetschalen ist der Verlauf der induzierten Spannung sinusförmig, die momentane Amplitude ist dann vom Ankerwinkel abhängig. Bei als

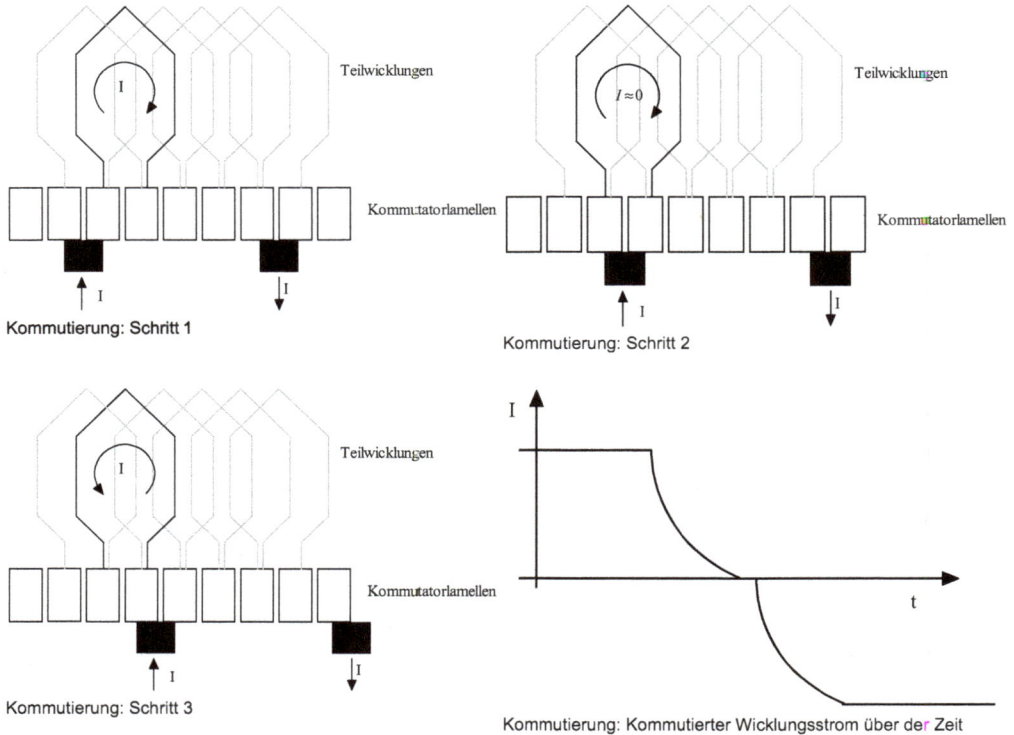

Abb. 13.6: Kommutierungsvorgang an einem DC-Motor (siehe auch Kapitel 3 und 4).

konstant angenommener Versorgung ergibt sich das typische Kommutierungsbild eines DC-Motorstroms (Abb. 13.7).

Vergleichbare Stromänderungen treten beim Betrieb von bürstenlosen Motoren mit Blockkommutierung auf (Abbn. 13.1 und 13.2). Synchron zur Motordrehung wird hier der Strom von einem auf den nächsten Strang weitergeschaltet.

Die Einkopplung in andere Schaltungsteile und Geräte wird durch den Strombetrag, die Größe der Leiterschleife und Kommutierungsfrequenz bestimmt.

Eine vergleichbare Auswirkung hat die Ansteuerung von PWM-betriebenen Endstufen. Im PWM-Takt müssen hier die Steuerkontakte der Leistungshalbleiter (z. B. Gates der MOSFETs) umgeladen werden. Außerdem wird im Umschaltvorgang in der Halbbrücke der parasitäre Ausgangskondensator des zu öffnenden Schalters entladen, der des zu schließenden Schalters geladen. Hier können Stromspitzen deutlich oberhalb des eigentlichen Motorstroms auftreten, die über den direkt an der Endstufe platzierten Pufferkondensator und die Halbbrücke, die damit als Sendeantenne wirkt, im Kreis fließen (Abb. 13.8).

Hörbar werden die Schaltvorgänge, wenn z. B. durch ein Handwerkzeug der Radioempfang gestört wird. Auch die leitungsgebundene Kommunikation, z. B. über

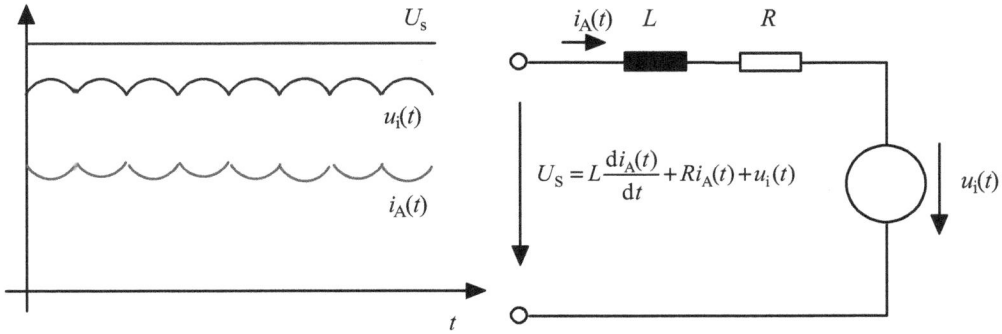

$$U_S = L\frac{\mathrm{d}i_A(t)}{\mathrm{d}t} + Ri_A(t) + u_i(t)$$

a) Strom und Spannung am DC-Kleinmotor mit konstanter Versorgung

b) Ersatzschaltbild eines DC-Kleinmotors

Abb. 13.7: Stromverlauf am DC-Motor in Folge der nicht konstanten EMK.

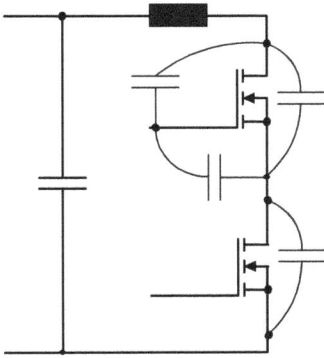

Abb. 13.8: Halbbrücke einer leistungselektronischen Schaltung mit zusätzlich eingezeichneten parasitären Komponenten.

einen Feldbus, kann durch geschaltete Ströme deutlich gestört werden. Störungen durch Schaltvorgänge und Funkenbildung weisen in der Regel ein sehr weites Spektrum auf.

13.5.2 Überspannung am Gerät durch elektrostatische Aufladung

Auf den Oberflächen von nicht oder schlecht leitenden Gegenständen können z. B. durch Bewegung statische Ladungen gegenüber dem Erdpotenzial getrennt und gesammelt werden. Die erreichbaren Spannungen dieser Kondensatoranordnung können mehrere kV betragen.

Beim Kontakt mit einem Leiter gleichen sich die getrennten Ladungen aus (Kontaktenladung). Alternativ kann sich die gestaute Ladung auch über eine Funkenstrecke auf einen Leiter entladen (Luftentladung).

Die bei Entladungen umgesetzten Energiemengen sind in der Regel klein, für den menschlichen Körper aber spürbar. Für Halbleiterstrukturen können die Spannungsspitzen hingegen zerstörend wirken. Wenn z. B. durch einen Spannungspuls parasitäre Halbleiterstrukturen eines integrierten Schaltkreises leitend werden, können sie ohne zusätzliche Schutzmaßnahmen überlastet werden.

Ausfalleffekte sind dann z. B. durchgebrannte Treiberstufen an Sensorausgängen.

13.5.3 Überspannung durch unbeabsichtigte Schaltvorgänge

Spannungsspitzen entstehen auch durch den Eingriff von Benutzern, in dem z. B. Geräte oder Gerätekomponenten unter Spannung montiert/demontiert werden. Die hierbei durch kapazitive und induktive Elemente entstehenden Strom- und Spannungsspitzen können zur Zerstörung empfindlicher Halbleiterbauelemente führen. Gründe sind z. B. Prelleffekte von Kontakten oder eine nicht definierte Reihenfolge, in der Spannungsversorgung bzw. Ein- und Ausgänge verbunden werden.

13.6 EMV-Effekte im Überblick

Gemäß dem Gesetz über die elektromagnetische Verträglichkeit von Geräten müssen alle elektrischen oder elektronischen Geräte in ihrer bestimmungsgemäßen Umgebung zufriedenstellend/bestimmungsgemäß funktionieren, ohne dabei ihre Umgebung durch selbst erzeugte elektromagnetische Störungen unzulässig zu beeinflussen. Dazu gehört, dass
– die Erzeugung elektromagnetischer Störungen soweit begrenzt wird, dass ein bestimmungsgemäßer Betrieb von Funk- und Telekommunikationsgeräten sowie sonstigen Geräten möglich ist,
– die Geräte eine angemessene Festigkeit gegen elektromagnetische Störungen aufweisen, sodass ein bestimmungsgemäßer Betrieb möglich ist.

Das Gesetz stellt also Anforderungen an die Störaussendung von Geräten und an die Störfestigkeit. Die Quantifizierung der zulässigen Störaussendung bzw. der zulässigen Störfestigkeit regeln die harmonisierten Normen, differenziert nach Gerätetyp und Einsatzort. Im Folgenden werden alle für elektrische Kleinantriebe möglichen Messungen gelistet (gemäß Fachgrundnormen Haushalts- bzw. Industriebereich). Je nach Art des Kleinantriebs (DC oder AC) und abhängig von der Ausführung des Kleinantriebs (z. B. Länge des Anschlusskabels) müssen die anzuwendenden Normen identifiziert werden.

Indem die harmonisierten Normen eingehalten werden, darf man annehmen, dem EMVG Genüge zu tun (Vermutungswirkung).

13.6.1 Störfestigkeit

Störfestigkeit bedeutet, dass ein Gerät (Betriebsmittel) vor elektromagnetischen Feldern bis zu einer bestimmten Größe geschützt ist und keine Fehlfunktion entsteht. Das Gerät muss eine angemessene Festigkeit gegen elektromagnetische Störungen aufweisen, sodass ein bestimmungsgemäßer Betrieb möglich ist.

Elektromagnetische Störungen, die auf ein Gerät einwirken können, haben verschiedene Ursachen. In der Norm wird diesem Sachverhalt Rechnung getragen, indem zwischen folgenden Störungen unterschieden wird:

- **Störfestigkeit gegen Entladung statischer Elektrizität (ESD):** Hier wird die Unempfindlichkeit des Geräts gegenüber Entladung von elektrostatischer Energie geprüft, wie sie durch die schlagartige Entladung von statisch geladenen Personen oder Gegenständen auftreten können.
- **Störfestigkeit gegen hochfrequente elektromagnetische Felder:** Hier wird die Unempfindlichkeit elektronischer Einrichtungen gegen die von Funkdiensten (z. B. Radio- und Fernsehsender) erzeugten elektromagnetischen Felder geprüft.
- **Störfestigkeit gegen schnelle transiente elektrische Störgrößen/Burst:** Hier wird die Unempfindlichkeit gegen schnelle transiente Störgrößen, wie sie von transienten Schaltvorgängen (Unterbrechung von induktiven Lasten, Prellen von Relaiskontakten, etc.) erzeugt werden, geprüft.
- **Störfestigkeit gegen Stoßspannungen (Surge):** Hier werden die Auswirkungen von Stoßspannungen auf den Prüfling geprüft, wie sie durch Blitzeinschlag auf Freileitungen und durch Schalten großer Induktivitäten entstehen.
- **Störfestigkeit gegen leitungsgeführte Störgrößen, induziert durch hochfrequente Felder:** Die Prüfung der Festigkeit gegen leitungsgebundene Störgrößen ist angebracht für alle Geräte, welche hochfrequenten Feldern ausgesetzt sind und zudem am öffentlichen Versorgungsnetz und/oder an anderen Netzen (Signal- oder Steuerleitungen) angeschlossen sind.
- **Störfestigkeit gegen Magnetfelder mit energietechnischen Frequenzen:** Magnetfelder, denen Geräte und Einrichtungen ausgesetzt sind, können die bestimmungsgemäße Funktion der Geräte (z. B. Geräte mit Hallsensor) bzw. Einrichtungen und Systeme beeinflussen.
- **Störfestigkeit gegen Spannungseinbrüche, Kurzzeitunterbrechungen und Spannungsschwankungen:** Elektrische und elektronische Geräte können durch Spannungseinbrüche, Kurzzeitunterbrechungen und Spannungsschwankungen beeinflusst werden. Diese Prüfung gilt nicht für DC- oder 400-Hz-AC-Versorgungsnetze!

13.6.2 Störaussendung

Die Begrenzung der Störaussendung bedeutet, dass ein Gerät (Betriebsmittel) keine unzulässig hohen elektromagnetischen Felder an die Umgebung abstrahlt. Die Erzeugung elektromagnetischer Störungen muss soweit begrenzt werden, dass ein bestimmungsgemäßer Betrieb von Funk- und Telekommunikationsgeräten sowie sonstigen Geräten möglich ist.

Die Übertragung elektromagnetischer Störenergie kann über Leitungen (galvanische Kopplung), elektrische (kapazitive Kopplung) und magnetische (induktive Kopplung) Felder, sowie durch elektromagnetische Wellen (Strahlungskopplung) erfolgen. Die Störungen breiten sich bei Frequenzen bis zu 30 MHz vorzugsweise leitungsgebunden und bei Frequenzen oberhalb 30 MHz vorzugsweise feldgebunden aus.

Die Quantifizierung der Störung wird
- im Frequenzbereich von 150 kHz bis 30 MHz als Störspannung dB(μV),
- im Frequenzbereich von 30 MHz bis 300 MHz als Störleistung dB(pW) und
- im Frequenzbereich von 30 MHz bis 6 GHz[1] als Störstrahlung dB(μV/m)

angegeben. Für die EMV verschiedener Geräte muss ein Kompromiss zwischen der Störaussendung und der Störempfindlichkeit der Geräte gefunden werden. In den zugrunde liegenden Normen werden diese Kompromisse je nach Einsatzumgebung unterschiedlich festgelegt.

Tab. 13.5: Einsatzumgebungen Störaussendung und Störfestigkeit.

Einsatzumgebung	Erwartete Störfestigkeit	Zulässige Störaussendung
Haushaltsbereich[a]	gering	gering
Industriebereich	hoch	hoch

[a] = Wohnbereich, Geschäfts- und Gewerbebereiche sowie Kleinbetriebe

Die Anforderungen an die Störfestigkeit sind bei Produkten für den Industriebereich höher als bei entsprechenden Produkten für den Haushaltsbereich. Die zulässigen emittierten Störungen von Produkten für den Einsatz im Haushaltsbereich sind niedriger als für entsprechende Produkte für den Industriebereich. Ein Produkt, das sowohl für den Haushaltsbereich als auch für den Industriebereich geeignet sein soll, muss sowohl die strengen Anforderungen für Störfestigkeit aus dem Industriebereich, als auch die strengen Anforderungen für die Störaussendung aus dem Haushaltsbereich erfüllen.

---

1 Die Fachgrundnorm legt fest: Wenn die höchste interne Frequenz des Prüflings kleiner als 108 MHz ist, muss die Messung nur bis 1 GHz durchgeführt werden. Dies ist für DC-Motoren und bürstenlose Motoren mit Steuerung, d. h. für die hier betrachteten elektrischen Kleinantriebe, in der Regel gegeben.

13.7 Messverfahren zur Bewertung der EMV

Detaillierte Vorgaben zum Aufbau und zur Durchführung der Messungen finden sich in den Grundnormen und in den Produktnormen, z. B. DIN EN 61000-4-x. Auf eine ausführliche Beschreibung muss an dieser Stelle nicht zuletzt aus Platzgründen verzichtet werden. Exemplarisch werden im Folgenden einige Störaussendungsmessungen an DC-Motoren beschrieben.

Messablauf der Störspannungsmessung im Frequenzbereich 150 kHz bis 30 MHz
Gemessen wird die Störspannung auf der Versorgungsleitung zwischen dem Prüfling (z. B. DC-Motor) und dem Netzgerät mit Hilfe eines Messempfängers im Frequenzbereich von 150 kHz bis 30 MHz. Das Messsignal wird mit der Zweileiter-V-Netznachbildung (Abbn. 13.9 und 13.10) aus der Versorgungsleitung ausgekoppelt. Hier werden beide Leiter (Phase L1 und Phase N) getrennt gemessen. Die Messung erfolgt mit Peak- und Averagebewertung.

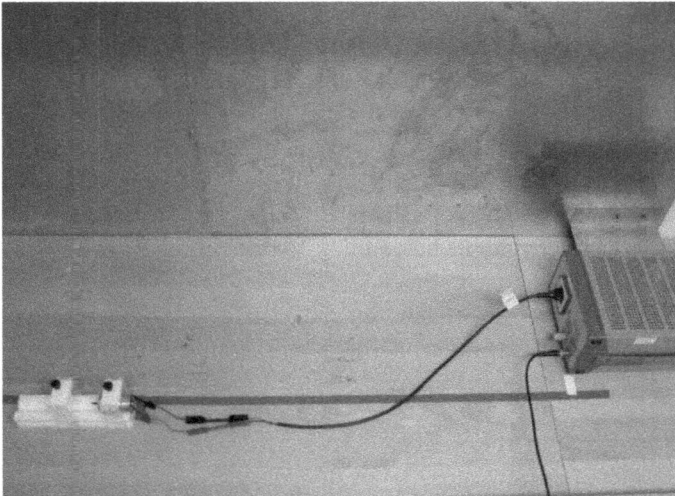

Abb. 13.9: Messanordnung zur Störspannungsmessung.

Messablauf der Störleistungsmessung im Frequenzbereich 30 MHz bis 300 MHz
Die Störleistungsmessung (Abb. 13.10) ersetzt die aufwendige Messung der elektromagnetischen Störfeldstärke. Anstatt mit Antennen, werden hier die abgestrahlten Störungen mit der sogenannte Absorptionsmesswandlerzange gemessen. Während die Antennenmessung bis in den GHz-Bereich anwendbar ist, ist diese Messung auf den Frequenzbereich von 30 MHz bis 300 MHz begrenzt! Die Absorptionsmesswandlerzange besteht aus einer Stromzange und einem absorbierenden Ferritrohr in einem geschlossenen Gehäuse. Am Eingang des Absorbers wird der durchfließende Strom

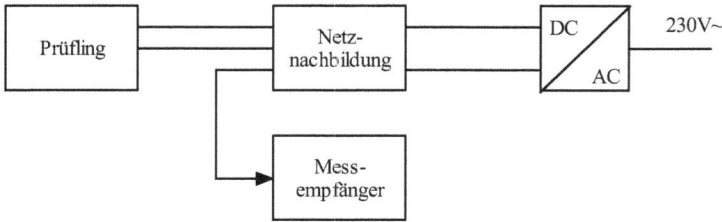

Abb. 13.10: Skizze Messaufbau zur Störspannungsmessung.

über einen Stromwandler mit einem Messempfänger gemessen. Man geht davon aus, dass die Störungen von der Zuleitung abgestrahlt werden. Gemäß Norm hat die Leitung eine Länge von etwa 6 m. Während der Messung wird nach dem Maximum der Störungen gesucht, indem die Messwandlerzange längs der Leitung verschoben wird. Auch hier erfolgt die Messung mit Peak- und Averagebewertung.

Bewertung der Störspannungs- und Störleistungsmessung
Bei der reinen Betrachtung der DC-Motoren erfolgt die Bewertung des Messprotokolls der Störspannungsmessung (Abb. 13.10) und der Störleistungsmessung (Abb. 13.11) gemäß EN 55014-1 und nicht gemäß EN 61000-6-4. Die Produktfamiliennorm hat Vorrang gegenüber der Fachgrundnorm.

Die Messwertaufnahmen nach Abb. 13.12 erfolgen mit den Detektoren für Peak- (obere Kurve) und Averageermittlung (untere Kurve). Die Peak-Messung bildet die sogenannte Vormessung und liefert eine gute Übersicht über das Störverhalten des Prüflings. Zusätzlich eingezeichnet sind die beiden Grenzwerte für die Peak- und die Average-Leistung.

Eine Bewertung mit dem Quasipeak-Detektor (einzelne Dreiecke) wird nur durchgeführt, wenn die Peak-Messung ein Ergebnis oberhalb der Quasipeak- und Average-

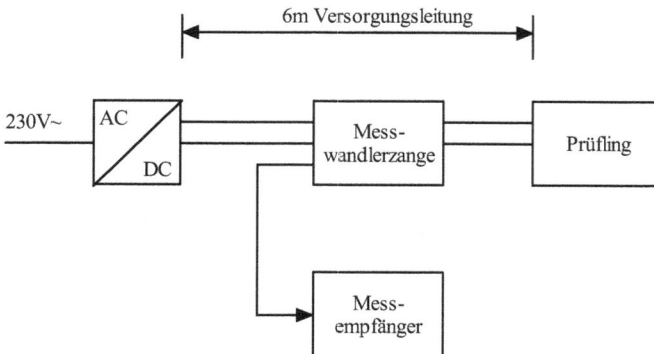

Abb. 13.11: Skizze Messaufbau zur Störleistungsmessung.

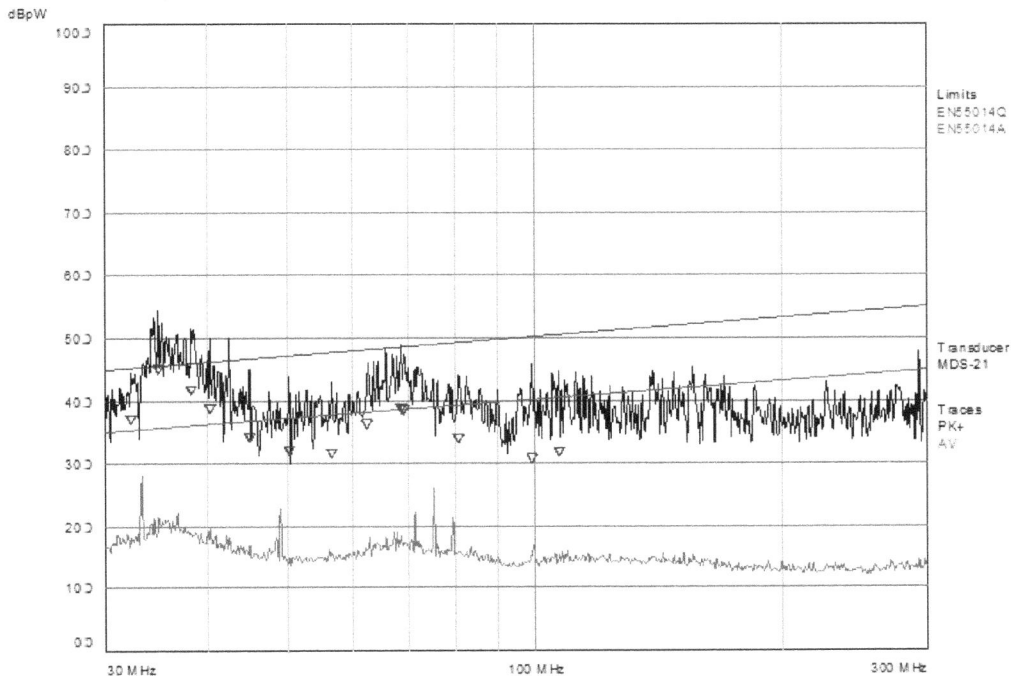

Abb. 13.12: Messprotokoll (Beispiel) zur Störleistungsmessung im Frequenzbereich 30 MHz bis 300 MHz an einem DC-Motor.

Grenzwertlinien liefert, d. h. den zulässigen Pegel überschreitet. Der Prüfling hat die Prüfung bestanden, wenn die gemessenen Werte unterhalb der in der Norm genannten Grenzwerte liegen. Man sagt dann, der Prüfling ist konform zur angegebenen Norm.

13.8 Funktionserdung als Basis

Schirmung von Leitungen und Anlagenteilen sowie eine schlüssige Erdung sind Basismaßnahmen, die auch die EMV von elektrischen Kleinantrieben wesentlich beeinflussen.

Im Zusammenhang mit Erdung unterscheidet die englischsprachige Literatur zwischen earthing und grounding [284].

- Earthing meint die Schutzerdung (PE: protective earth) und bezieht sich primär auf den Schutz gegen gefährliche Berührspannungen und den Brandschutz.
- Grounding bezieht sich dagegen auf die Schaffung eines HF-tauglichen Massebezugs im gesamten Aufbau, auch als Funktionserdung bezeichnet.

13.8.1 Schutzerdung

Für die Schutzerdung werden alle elektrisch leitfähigen Anlagenteile über Schutzleitern mit genormten Querschnitten leitend verbunden. Damit wird sichergestellt, dass im Fehlerfall – ein Leiter hat elektrische Verbindung zu einem Gehäuseteil – keine gefährlichen Berührspannungen gegen das Erdpotenzial entstehen können (Abb. 13.13). Die Querschnitte der Schutzleiter sind so ausgelegt, dass im Fehlerfall die Sicherung in der Zuleitung auslöst. Die Erdung erfolgt dabei sternförmig gegen die PE-Sammelschiene.

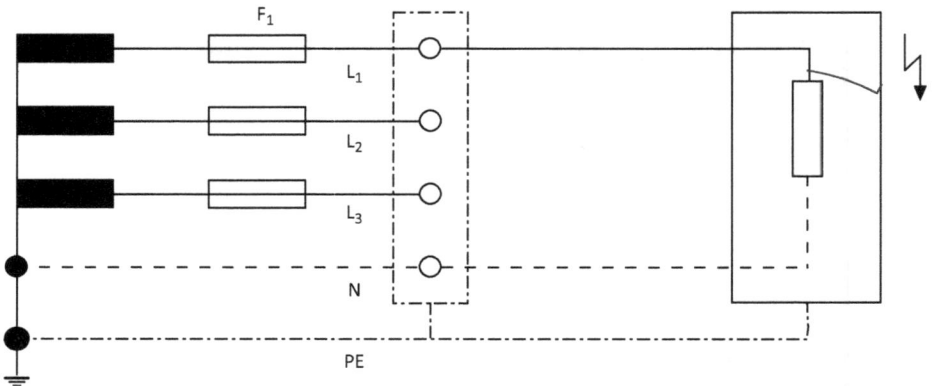

Abb. 13.13: TN-S Netz mit PE zum Schutz gegen Berührspannungen.

Die Funktion der Schutzerdung wird wiederkehrend nach DIN-VDE 0701-0702 u. a. durch eine Messung der Ableitwiderstände des Geräte- bzw. Maschinengehäuses gegen den Schutzleiteranschluss geprüft.

13.8.2 Funktionserdung

Im Umfeld von elektrischen Antrieben und elektronischen Geräten treten neben niederfrequenten Versorgungsgrößen zusätzlich Quellen für hochfrequente Ströme und Spannungen auf. Die Signale breiten sich insbesondere bei höheren Frequenzen nicht mehr nur über die Leiter aus, sie koppeln auch auf parallele Leiter oder auf die leitfähige Anlagenteile über. Dadurch fließt ein Teil der Rückströme auch im regulären Betrieb über leitfähige Gehäuseteile. Dabei können sich die Signale sowohl über den gemeinsam genutzten Rückleiter (Abb. 13.14) als auch über die sich aufspannenden, felddurchsetzen Flächen gegenseitig beeinflussen. Hier greifen Maßnahmen zur Verbesserung der EMV, die vom einzelnen Gerät unabhängig sind.

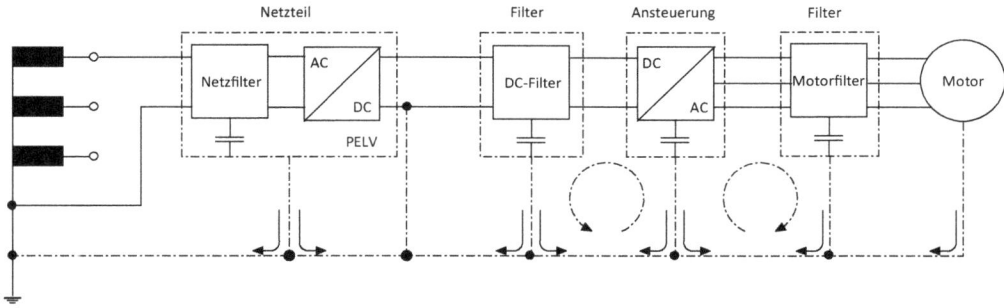

Abb. 13.14: HF-Ableitströme über die Funktionserdung.

13.9 Räumliche Anordnung von Leitungen

Die in einer Leiterschleife induzierte Störspannung ist direkt proportional zur aufge-spannten Fläche. Hin- und Rückleiter eines Signals sind daher grundsätzlich gemein-sam zu führen. Beispiele sind die Versorgung einer an eine DC-Quelle angeschlosse-nen Steuereinheit (Versorgung und Rückleitung (GND)) oder die Zuleitung zu einem Sensor aus Versorgung, GND und Signalleitung(en).

Um auch die Leiterschleifen für HF-Rückströme über das Gehäuse klein zu hal-ten, sind die Leitungen zudem dicht am geerdeten Gehäuse, der Montageplatte oder am Rand eines metallischen Kabelkanals zu führen. Energieleitungen und Signallei-tungen sind räumlich zu trennen.

Die PE-Verbinder des Schutzleiters eignen sich nicht für eine durchgehende HF-Erdung eines Geräts oder einer Anlage. In den kritischen Frequenzbereichen werden die Leiterschleifen induktiv und stellen für einen HF-Ausgleich Barrieren dar. Zusätz-lich zu den NF-PE-Verbindern sind daher alle metallischen Teile des Geräts oder der Anlage über HF-Verbinder aus Schirmgeflecht zu verbinden. Der Sternpunkt dieser HF-Masse liegt auf der metallischen Montageplatte des Geräts[2]. Von dort stellt ein weiterer HF-Verbinder den Bezug zum PE-Sammelpunkt her.

Alle mit HF-Anteilen beaufschlagten Leitungen werden geschirmt ausgeführt, auch innerhalb von Schaltschränken. Der Schirm wird an beiden Leitungsenden nahe an den Geräten über Schirmklemmen flächig an die HF-Erde angebunden. Lei-tungsartige Schirmverlängerungen – sogenannte Pig-Tails[3] – sind in den relevanten Frequenzbereichen ebenso unwirksam wie die PE-Verbinder.

Ebenso werden alle Geräte über ihre Schirmkontakte flächig oder über kurze HF-Verbinder mit geerdeten Anlagenteilen, z. B. der Montageplatte, verbunden.

---

2 Eine detaillierte Beschreibung findet sich bei [285].
3 englisch: Schweineschwanz, steht allgemein für eine EMV-ungünstige Anschlussform eines Leiters, z.B. verdrillt herausgeführter Schirmanschluss.

Elektrische Kleinantriebe verfügen oft über keinen Klemmenkasten. Der Leitungs-schirm sowohl auf der Motorzuleitung, wie auch auf der Encoderleitung kann in die-sem Fall nicht lückenlos ausgeführt werden. Hier ist darauf zu achten, dass die unge-schirmten Reststücke kurz gegenüber den relevanten Wellenlängen ausfallen.

Auch für EMV-Messungen an Geräten hat sich ein Aufbau bewährt, bei dem der gesamte Testaufbau auf einer HF-mäßig geerdeten Platte fest verbaut ist. Signal- und Energieleitungen werden getrennt in metallischen Kabelkanälen oder direkt auf der Platte montiert geführt. Ohne einen derartigen Referenzaufbau kann zwischen ver-schiedenen Messungen keinerlei Bezug erstellt werden.

Erst anhand der Messergebnisse für den nach diesen Regeln erstellen Referenz-aufbau kann dann in einem zweiten Schritt über eventuell notwendige zusätzliche Maßnahmen wie Filter entschieden werden.

13.10 Entstörung durch Filter und Schirmung

In der Regel werden für elektrische Antriebe Entstörmaßnahmen notwendig, um die geforderten Grenzen für die Störemission einzuhalten. Die bevorzugte Ausfüh-rung hängt dabei vom Frequenzbereich und der Kopplungsart der Störung ab. Ab-bildung 13.15 gibt eine Übersicht über die in den verschiedenen Frequenzbereichen nötigen Maßnahmen.

Symmetrische Störungen sind solche, deren Wechselanteil in der Zuleitung dem in der Rückleitung entspricht. Bei ungünstiger Leitungsführung können hier indukti-ve Kopplungen z. B. zu parallel geführten Sensorleitungen entstehen. Beispiele sind symmetrische Oberschwingungen im Strom $i_{mot}(t)$ eines DC-Motors nach Abb. 13.16.

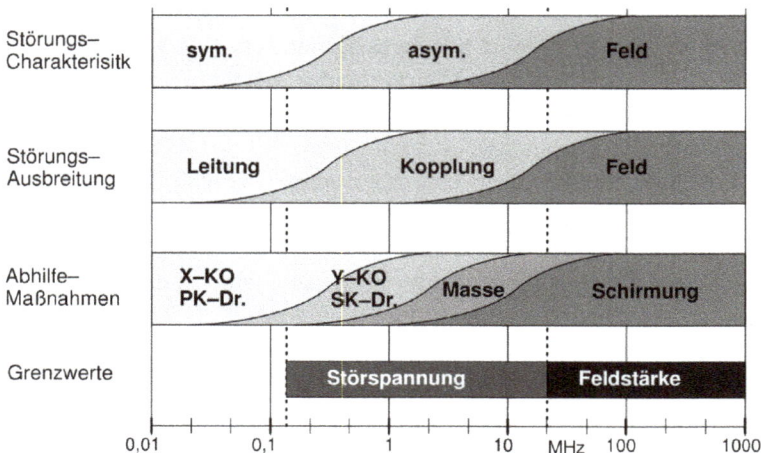

Abb. 13.15: Zusammenhang zwischen Störungscharakteristik, Störausbreitung und Abhilfemaßnah-men [286].

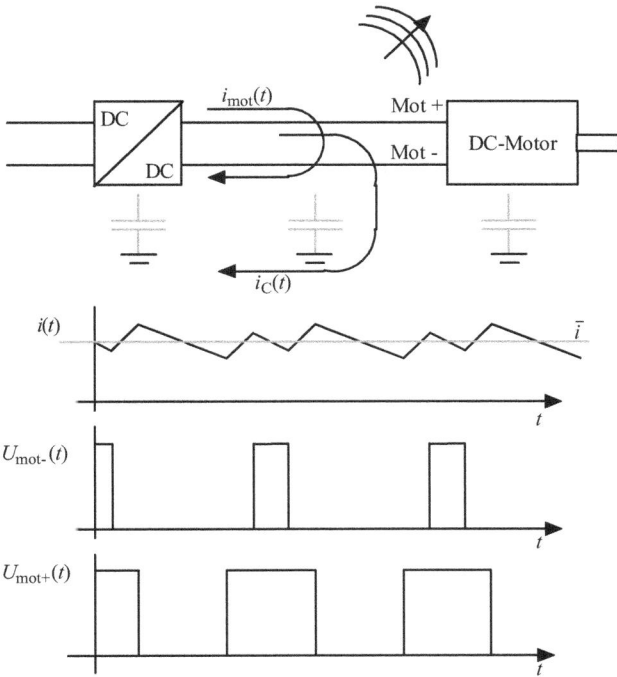

Abb. 13.16: Störungen am PWM-betriebenen DC-Motor.

Unsymmetrische Störungen treten im mittleren und höheren Frequenzbereich in den Vordergrund. Beispiele sind die kapazitiven Ableitströme $i_C(t)$ der PWM-Spannungen auf den Motorsträngen. Diese parasitären Ströme koppeln ohne weitere Maßnahmen auch zwischen Leitungen über, der Stromkreis wird hier z. B. über den Leitungsschirm oder die Funktionserde geschlossen.

Darüber dominieren abgestrahlte Störungen, die z. B. von schnellen Schaltvorgängen in den Endstufen oder vom Prozessortakt eines Motorcontrollers herrühren können.

13.10.1 Kapazitive Filter

Symmetrische Störungen können mit einem Kondensator zwischen den Anschlussleitungen bedämpft werden (Abb. 13.17a). Diese sogenannten „X-Kondensatoren" sind wirksam im unteren Frequenzbereich, d. h. zwischen 150 kHz bis 30 MHz[4].

---

4 Bei der Auswahl eines geeigneten Kondensators muss dessen Datenblatt herangezogen werden. Oberhalb der Resonanzfrequenz steigt die Impedanz wieder proportional zu Frequenz, der Kondensator verhält sich oberhalb der Resonanzfrequenz induktiv.

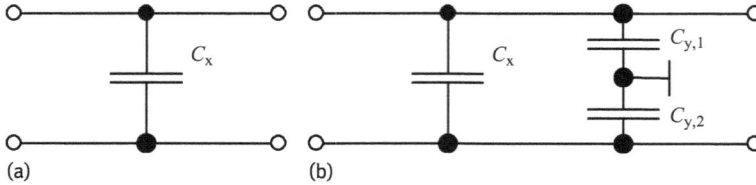

Abb. 13.17: Kapazitive Filter in der Gerätezuleitung. (a) X-Kondensator, (b) X- und Y-Kondensatoren.

Symmetrische Störungen sind z. B. die Wechselanteile eines Stroms bedingt durch die PWM in der Motoransteuerung bzw. einen schaltenden DC/DC-Eingangswandler.

Bei höherfrequenten Signalanteilen treten zusätzlich asymmetrische Störungen auf, die z. B. durch Ableitströme über parasitäre Kapazitäten entstehen können. Als Entstörung werden in diesem Frequenzbereich sogenannte „Y-Kondensatoren" zwischen den Versorgungsanschlüssen und dem Gehäuse verwendet, um definierte Koppelpfade für die auftretenden Ströme zu schaffen (Abb. 13.17b). Das Filter ist aufwendiger als der reine X-Kondensator, da ein Erdungsanschluss notwendig ist. Allerdings wird dadurch eine Entstörung im unteren und mittleren Frequenzbereich möglich.

13.10.2 Kombinierte Filter

Für eine breitbandige Bedämpfung kommen in der Regel komplexe Filter aus Drosseln, Kondensatoren und auch Widerständen zum Einsatz. Sie decken den unteren, mittleren und hohen Frequenzbereich ab. Bei Gegentaktstörungen wie z. B. den Stromoberschwingungen durch den schaltenden Betrieb können X-Kondensatoren mit nicht magnetisch gekoppelten Gegentaktdrosseln kombiniert werden (Abb. 13.18). Bei Gleichtaktstörungen werden stromkompensierte Gleichtaktdrosseln verwendet [286, 288].

Entsprechende Filter für die Zuleitung von Motoransteuerungen sind mit unterschiedlichen Einfügedämpfungen und Nennströmen als Komponenten verfügbar.

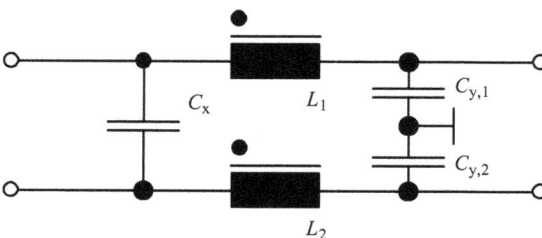

Abb. 13.18: Kombiniertes Filter mit Längsdrosseln, X- und Y-Kondensator.

13.10.3 Schirmung und Gehäuse

Für höherfrequente Störanteile wirken bereits kleine Leitungslängen oder Strukturgrößen auf Leiterplatten als Antennen. Eine Abschirmung gegen die dort abgestrahlten Felder wird durch HF-dichte Gehäuse und geeignete Abschirmungen erreicht.

Die Schirmung kann dabei grundsätzlich als Fortsetzung des Gehäuses aufgefasst werden. Bei Kleinantrieben steht nicht immer ein metallischer Klemmenkasten am Motor zur Verfügung. Der Schirm kann dann nicht komplett geschlossen ausgeführt werden.

Der Schirm einer Anschlussleitung muss flächig aufgelegt werden (Abb. 13.19). Bei den betrachteten Frequenzen um ca. 100 MHz können z. B. drahtartige Erdungsverlängerungen, sogenannte Pig-Tails, durch die induktiven Anteile bereits eine sehr große Impedanz darstellen.

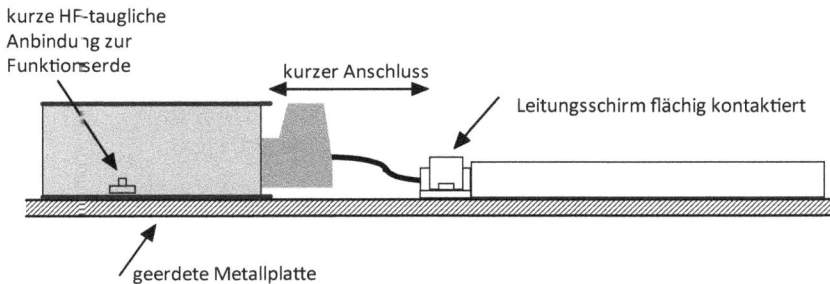

Abb. 13.19: Schirmanschluss an einer Motoransteuerung.

Grundsätzlich ist zu beachten, dass Signalleitungen, z. B. eines Positionsgebers, und die Motorzuleitungen getrennt geführt und getrennt geschirmt werden müssen [287]. Wenn zusammengehörende Leitungen jeweils gebündelt geführt werden, sind die Stromsummen in den gebündelten Leitungen null, das magnetische Summenfeld dementsprechend auch ungefähr null. Selbst ein einseitig flächig auf einer gut geerdeten Platte aufgelegter Schirm gewährleistet dann einen guten Schutz gegenüber elektrischen Wechselfeldern, die z. B. von der PWM der Motorzuleitungen auf die Sensorik überkoppeln würden. Eine solche Leitung mit nur einseitig aufgelegtem Schirm stellt für die HF-Anteile jedoch eine Art Koaxialleitung dar. Erst ein beidseitig aufgelegter Schirm bedämpft die weitere Ausbreitung.

Ein beidseitig aufgelegter Schirm kann zusätzlich magnetische Wechselfelder dämpfen und verhindert die Antennenwirkung des einseitig angeschlagenen Schirms. Beidseitig aufgelegte Schirme sind in der Regel zwingend notwendig, wenn auch die abgestrahlte Leistung als potenzielle Störung der Umgebung bedämpft werden soll.

Um Erdschleifen über den Leitungsschirm zu vermeiden, ist dann eine umfassend ausgeführte Funktionserdung des Aufbaus wichtig, bei der alle Metallteile nicht

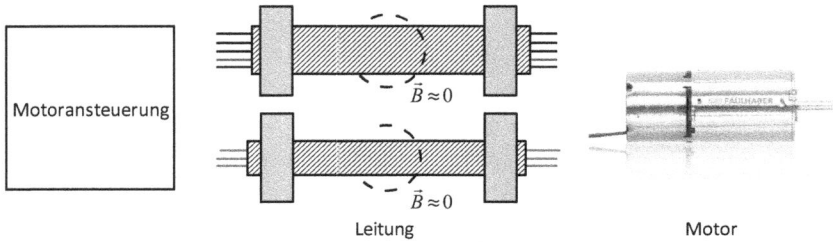

Abb. 13.20: Beidseitige Schirmung als Schutz gegen elektrische Wechselfelder.

nur über PE-Leitungen, sondern auch über Potenzialverbinder HF-tauglich verbunden sind.

Zusätzlich können kapazitive oder kombinierte Filter jeweils an den Störquellen verbaut werden, also z. B. zwischen Motoransteuerung und Motorzuleitung.

Die Kriterien für eine erfolgreiche Schirmung sind:
– Hin- und Rückleiter eines Stromkreises gemeinsam führen;
– Versorgungs- und Signalleitungen räumlich trennen und getrennt schirmen;
– Funktionserdung ergänzend zur Schutzleiterverbindung verlegen;
– Leitungsschirm flächig auf einer geerdeten Trägerplatte auflegen;
– ungeschirmte Anschlussleitungen sehr kurz halten.

13.11 Entstörung eines DC-Motors

Kommutatormotoren erzeugen Breitbandstörungen bis in den hohen Megahertz-Bereich. Die Ursache ist die mechanische Kommutierung des Stroms durch den Kommutator. Auch wenn die Kommutierung ohne sichtbares Bürstenfeuer stattfindet, wird eine elektromagnetische Strahlung emittiert. Je größer Motorstrom und Drehzahl sind, umso größer sind die Störungen. Wird der Motor an einer Leistungselektronik mit PWM (Pulsweitenmodulation) betrieben, entstehen im Gesamtsystem zusätzliche Störungen.

13.11.1 Störverhalten bei unterschiedlicher Leitungslänge

Die Einhaltung des EMVG erfordert, dass diese Störungen auf das erlaubte Maß reduziert werden, sofern die Störung höher ist als für die spezifizierte Applikation zulässig. Dies geschieht i. d. R. durch ein EMV-Filter, welches mit den Anschlussklemmen verbunden ist. Es ist wirksam, weil die Störungen wegen der geringen Größe der betrachteten Motoren nicht über das Gehäuse abgestrahlt werden können, sondern die Anschlusskabel als „Antenne" benötigen. Inwieweit diese Störungen abgestrahlt werden, hängt von der zur Verfügung stehenden „Antennenlänge" ab.

Tab. 13.6: Notwendige Leiterlänge für eine spürbare Störaussendung (Ansatz: $\lambda/4$ – Antenne).

$f_{stör}$ (MHz)	l_{Leiter} (m)
1000	0,075
300	0,25
75	1,0
30	2,5

Aus Tab. 13.6 geht hervor, dass ein nur 7,5 cm langes Kabel kaum in der Lage ist, Störungen mit einer Frequenz von 300 MHz abzustrahlen. Ein so kurzes Kabel kann nur Störungen $\geq$ 1 GHz abstrahlen!

Ist der Motor sehr klein, dann kann das Motorgehäuse keine Störungen mit relevanter Frequenz abstrahlen. Je nach Länge des Anschlusskabels wird der Motor mehr oder weniger Störungen in seine Umgebung emittieren.

Im Folgenden soll dieser Zusammenhang zwischen Kabellänge und emittierten Störungen anhand von Messergebnissen dargestellt werden. Der Messaufbau und die Durchführung der Störfeldstärkemessung erfolgt gemäß EN 55011. Die Messung erfolgt in der Absorberkabine im Frequenzbereich 30 MHz bis 1 GHz. Beim Prüfling handelt es sich um einen FAULHABER-Motor der Motorserie 2237...CR (Typ: 2237S048CXR) ohne zusätzliche Entstörung, betrieben an einem Einbau-Schaltnetzteil[5]. D. h., die gemessenen Störungen werden vom DC-Motor (Prüfling) und Einbau-Schaltnetzteil verursacht.

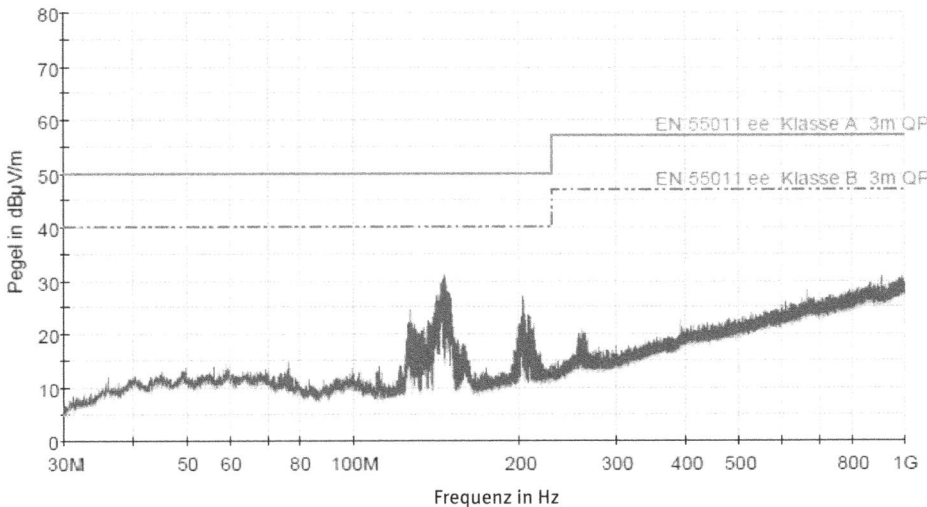

Abb. 13.21: Emittierte Störfeldstärke des leerlaufenden Einbau-Netzteils ohne Prüfling (DC-Motor).

---

5 Typisches handelsübliches Schaltnetzteil mit CE-Kennzeichnung und 48 V Ausgangsspannung.

Die Messung erfolgt bei Betrieb an Nennspannung (48 V). Die verwendete Wirbelstrombremse ist so eingestellt, dass sich der maximal zulässige Dauerstrom von 0,23 A einstellt. Die Zuleitungslänge wird variiert.

Abbildung 13.21 zeigt zunächst die emittierte Störfeldstärke des leerlaufenden Netzteils, d. h. ohne angeschlossenen DC-Motor zusammen mit den Grenzwerten. Die Messwerte der Peak-Messung liegen alle weit unterhalb der Grenzkurve, sowohl im Industriebereich (Klasse A) als auch im Haushaltsbereich (Klasse B).

In Abb. 13.22 sind die Messergebnisse zur emittierten Störfeldstärke ohne Entstörmaßnahmen zusammengestellt. Variiert wurde dabei lediglich die Länge der Anschlussleitung.

Bei den auf dem Kopf stehenden Dreiecken handelt es sich um eine Nachmessung auf dem Freifeldmessplatz (Quasipeak-Messung). Diese ist zeitaufwendiger als die Peak-Vormessung, aber immer dann notwendig, wenn der Abstand der detektierten Störungen zum zulässigen Grenzwert zu gering ist. Erst diese Quasipeak-Messung gibt Gewissheit darüber, ob ein Prüfling in Ordnung ist oder nicht. Diese Quasipeak-Messung braucht nicht durchgeführt zu werden, wenn das Ergebnis der Peak-Messung ausreichend Abstand zur Grenzkurve hat.

Man erkennt, dass die Peak-Messwerte bereits bei einer Anschlusslänge von lediglich 7,5 cm im Frequenzbereich zwischen 200 bis 300 MHz die Grenzkurve für Industrieanwendungen (EN 55011 Klasse A) teilweise überschreiten. Die Quasipeak-Messung auf dem Freifeldmessplatz ergibt hier jedoch Störpegel noch innerhalb des zulässigen Bereichs, der Prüfling hat deshalb diese Prüfung bestanden.

Der Prüfling mit einer Kabellänge von 250 cm überschreitet deutlich die Grenzkurve (EN 55011 Klasse A) im Frequenzbereich zwischen 120 MHz und 150 MHz. Der Abstand zwischen der Grenzkurve und den Peak-Messwerten liegt bei ca. 10 dB (μV/m). Auch ohne Freifeldmessung kann angenommen werden, dass dieser Prüfling die Prüfung nicht bestanden hat.

Wie gezeigt wurde, hängt das EMV-Verhalten von DC-Kleinmotoren auch von der Länge der Motor-Anschlussleitung ab. Es wurde festgestellt: Je kürzer die Anschlussleitung ist, desto besser ist das EMV-Verhalten (siehe Tab. 13.7).

Tab. 13.7: Störpegel (Störfeldstärke-Average-Messung) bei unterschiedlich langen Anschlusskabeln für 30 MHz und 1 GHz.

Länge Motorkabel	$f_1 = 30$ MHz	$f_2 = 1000$ MHz
7,5 cm	5 dB	25 dB
25 cm	3...5 dB	25 dB
100 cm	15 dB	40 dB
250 cm	25 dB	40 dB

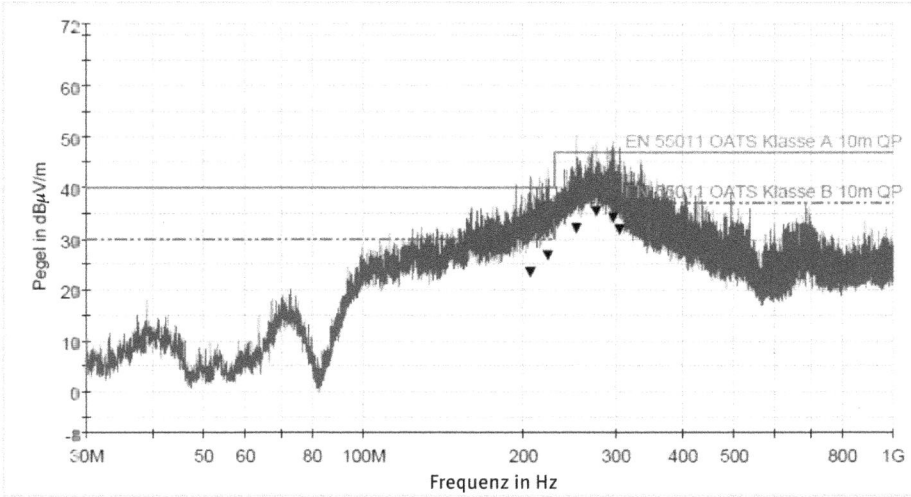

Anschlusslänge 7,5 cm

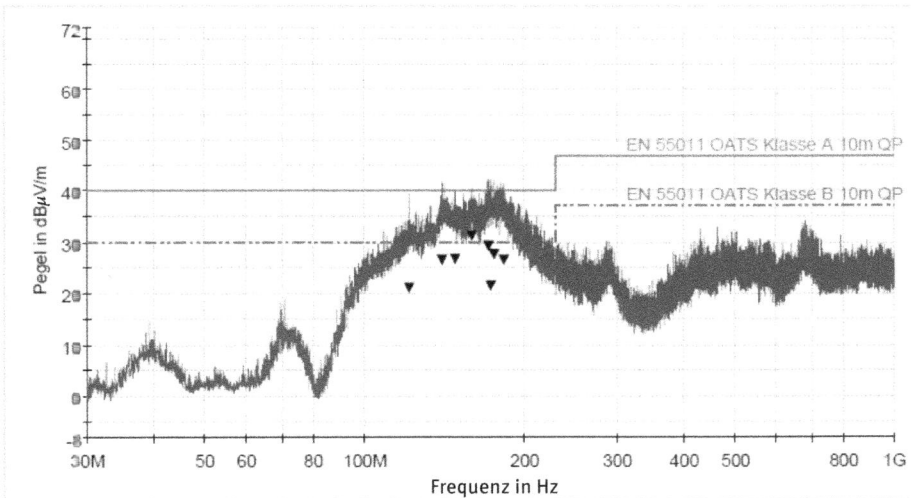

Anschlusslänge 25 cm

Abb. 13.22: Messergebnisse zur emittierten Störfeldstärke mit unterschiedlichen Leitungslängen zwischen Netzteil und DC-Motor.[6]

---

6 Gemäß Forderungen in der Norm (EN 55011) erfolgte das Messen mit vertikaler und horizontaler Ausrichtung der Antenne und in vier Positionen des Prüflings zur Antenne. In den Messprotokollen ist die jeweils größte Störung der 8 Testmessungen gekennzeichnet. In manchen Diagrammen findet sich eine graue Kurve, die ein geringeres Störniveau hat und deshalb nicht beachtet werden muss .

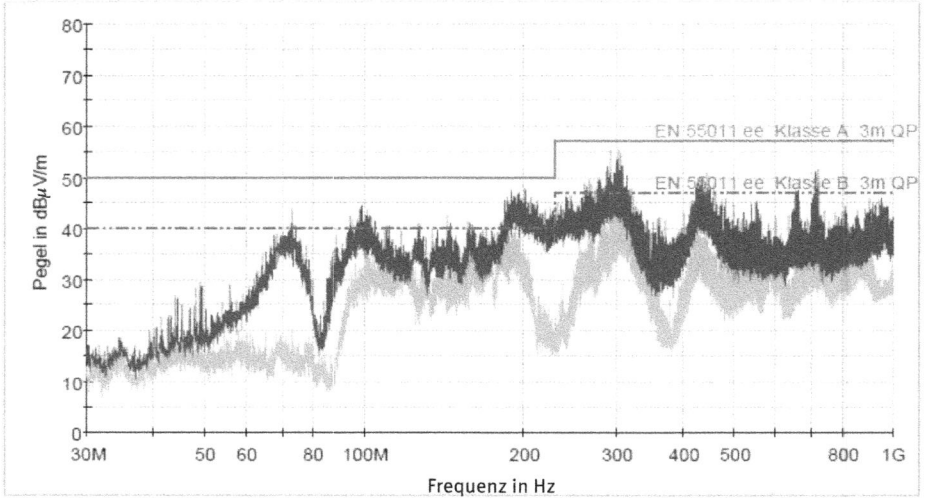

Anschlusslänge 100 cm

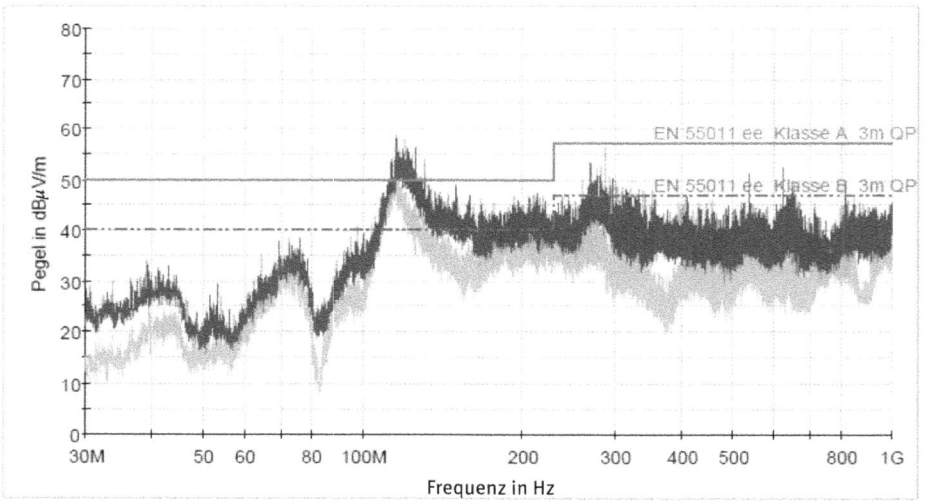

Anschlusslänge 250 cm

Abb. 13.22: (Fortsetzung)

13.11.2 Entstörung des Motors über ein Vorschaltfilter

Um einen DC-Motor zu entstören, gibt es mehrere Realisierungsmöglichkeiten für das EMV-Filter. Entscheidend ist der Frequenzbereich, in dem die Entstörung notwendig wird. Hier ein Beispiel zur Entstörung bei leitungsgebundenen und abgestrahlten Störungen.

Für einen DC-Motor mit Vorfilter nach Abb. 13.18 wurden dazu beispielhaft die Störspannung und Störleistung mit und ohne Filter aufgenommen (Abb. 13.23). Eingetragen sind die Peak- und die Average-Messung. Erkennbar wird über den gesamten betrachteten Frequenzbereich von 150 kHz bis 300 MHz eine ausreichende Dämpfung erreicht.

13.12 Schutzmaßnahmen für elektronische Schaltungen

13.12.1 Überspannungseffekte – Auswirkungen und Abhilfe

Bei Sensorsystemen für Klein- und Kleinstantriebe stellt der zur Verfügung stehende Bauraum eine besondere Herausforderung dar. Oft ist die Integration von Schutzbauelementen schwierig bis unmöglich.

Abhängig vom Anwendungsgebiet (Geräte- oder Anlagenbau) ist außerdem mit unterschiedlichen Störniveaus zu rechnen, wodurch im jeweiligen Anwendungsfall eventuell zusätzliche Maßnahmen getroffen werden müssen.

Kritisch für ein Sensorsystem auf Basis von Halbleiterbauelementen ist jeglicher Fall von Energieeintrag in die Baugruppe. Ob über die Versorgungsspannung bzw. Ein- oder Ausgänge, ist hier nur bedingt entscheidend. Grundsätzlich sind hierbei die Spezifikationsgrenzen der Halbleiter einzuhalten. Der zulässige Versorgungsspannungsbereich, maximale und minimale Spannungspegel an Eingängen oder zulässige Ströme an Ausgängen sind hier beispielhaft zu nennen. Werden die Grenzwerte überschritten, kann dies zum temporären oder sogar zum totalen Ausfall der Halbleiter führen. In der Regel wird in diesem Zusammenhang von Electrical Overstress (EOS) gesprochen. Ein besonderes Augenmerk sollte hier der gewählten Spannungsversorgung gelten, da Störspitzen auf Versorgungsleitungen verheerende Folgen haben können.

Je nach Energiemenge kann EOS nur zum Ausfall einzelner Chipfunktionen oder zum Totalausfall führen. Abbildung 13.24 zeigt hierzu für LatchUp bzw. ESD typische Zerstörungen in der Chipstruktur.

13.12.1.1 ESD – BURST – SURGE

ESD, BURST und SURGE gehören zu den klassischen Testprozeduren innerhalb des EN61000-Normenwerks. Die eingebrachte Energie ist für die verschiedenen Effekte deutlich unterschiedlich (Tab. 13.8), darf aber in keinem Fall zum temporären Ausfall

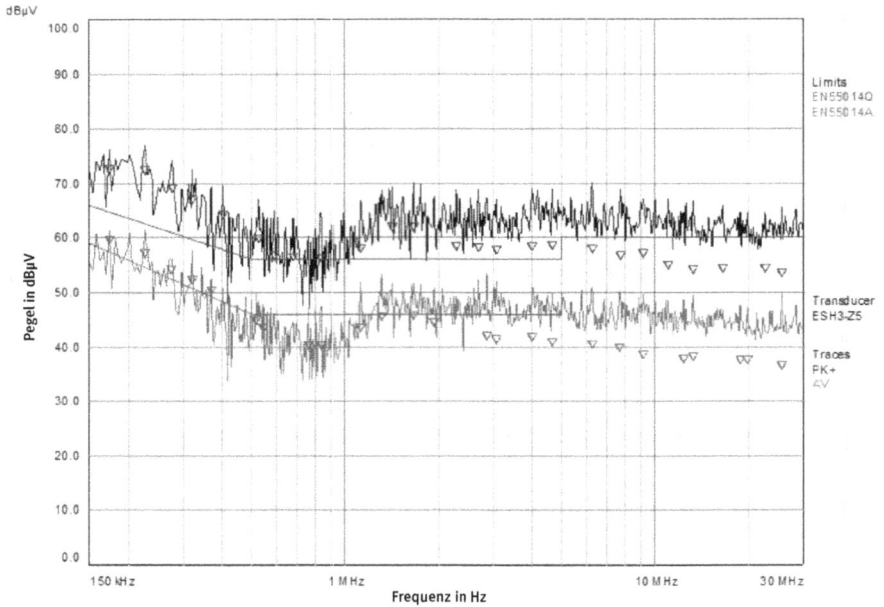

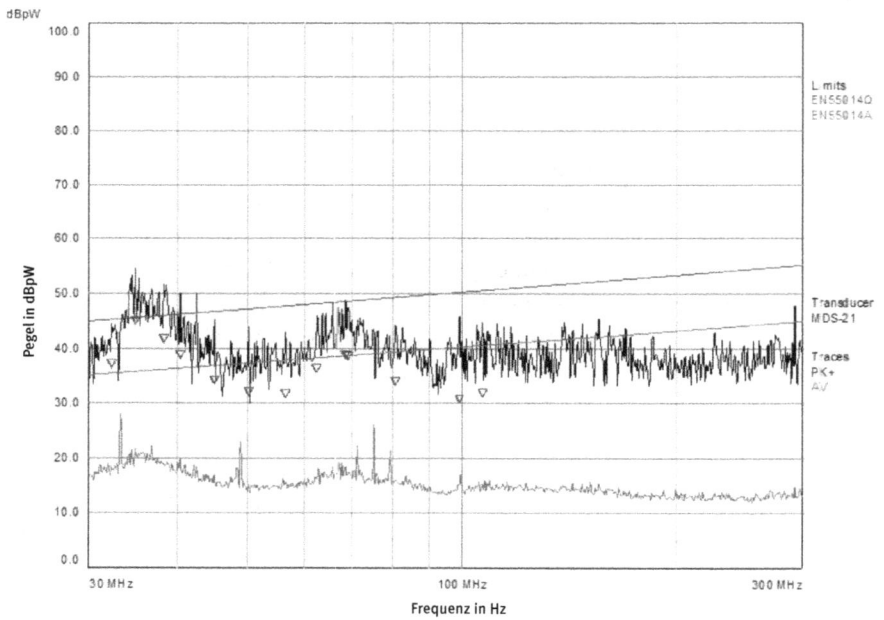

Messung je ohne Filterschaltung

Abb. 13.23: Vergleich der Störemission eines DC-Motors mit und ohne Filter in der Zuleitung bei 150 kHz … 30 MHz bzw. 30 MHz … 300 MHz.

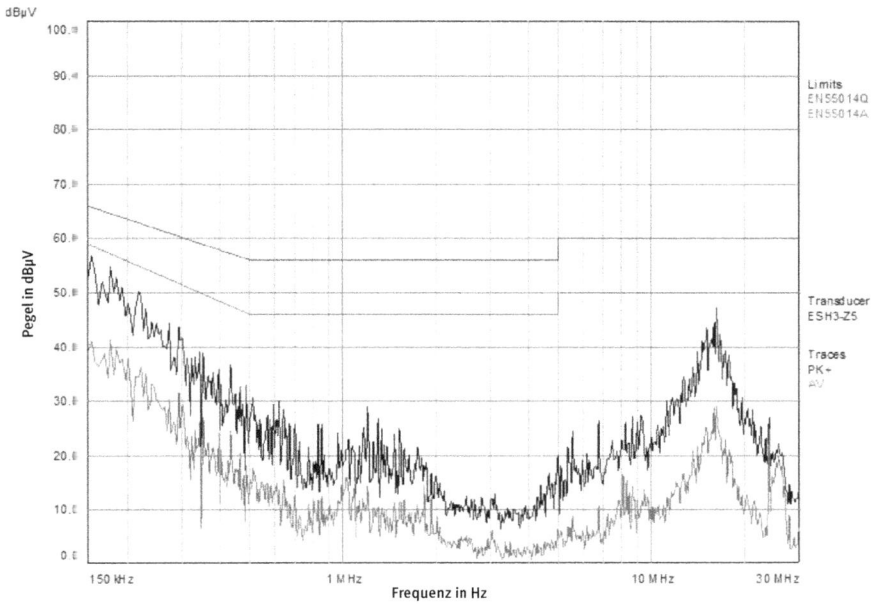

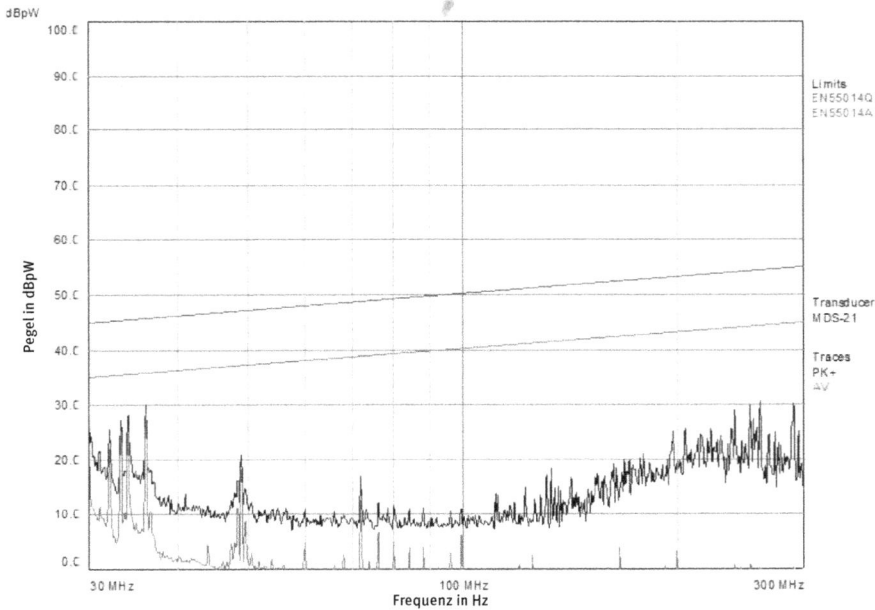

Messung je mit kombiniertem Filter nach Abb. 13.18

Abb. 13.23: (Fortsetzung)

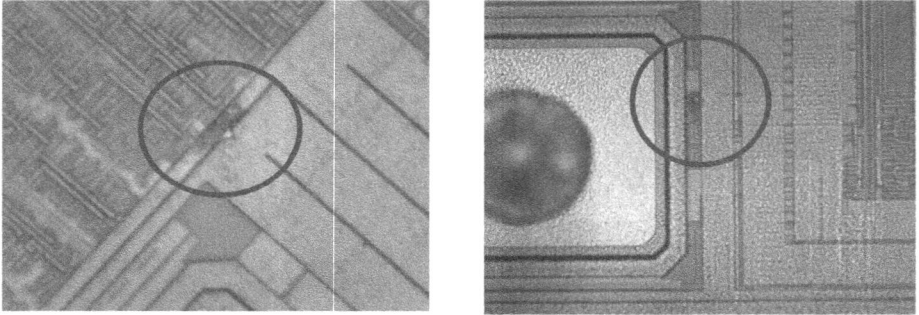

Abb. 13.24: Durch LatchUp/ESD geschädigte Halbleiterstruktur [289].

Tab. 13.8: Energiemengen unterschiedlicher Störungstypen [290].

	Elektrostatische Entladungen	Transiente Störungen	Überspannung z. B. bei Blitzeinschlag
Kurzbezeichnung	ESD	Burst	Surge
Energiemenge	> 10 mJ	300 mJ	300 J

oder zu ihrer Zerstörung führen. In der Regel werden daher zum Beispiel bei CMOS-Halbleitern von den Herstellern bereits Grundschutzmaßnahmen integriert, welche aber für eine normative Prüfung nicht ausreichend sind. So können beispielsweise in einem $0,6\,\mu$m-CMOS-Prozess ESD-Schutzmaßnahmen bis $\pm 2\,$kV an IO-Pins und nur bis $\pm 1\,$kV an der Versorgungsspannung vorhanden sein. Forderungen der Norm bis $\pm 8\,$kV oder $\pm 15\,$kV können somit nur mit zusätzlichen Maßnahmen erreicht werden.

Geeignete Schutzbauelemente sind bei vielen Herstellern unter der Bezeichnung TVS- (Transient Voltage Suppressor), TAZ- (Transient Absorption Zener) oder einfach nur Suppressordiode erhältlich. Bei der Auswahl ist auf eine ausreichende Leistungsfähigkeit oder eine geprüfte Normenkonformität zu achten. Vor allem bei SURGE-Prüfungen können für einen wirksamen Schutz Suppressordioden mit bis zu mehreren kW kurzzeitig zulässiger maximaler Verlustleistung erforderlich sein. Für den zusätzlichen Schutz von I/O-Leitungen an elektronischen Schaltungen bieten Halbleiterhersteller sogenannte Schutzdiodenarrays an, welche die auftretenden Spannungen an den Anschlüssen begrenzen. Die Begrenzung erfolgt entweder direkt über eine Z-Diode oder über ein Diodenarray (siehe Abb. 13.27).

13.12.2 LatchUp-Effekt

Der LatchUp-Effekt kann in Halbleiterstrukturen durch Störspitzen auf Signal- bzw. Versorgungsleitungen ausgelöst werden. Voraussetzung hierfür ist eine parasitäre PNPN-Schichtfolge (Abb. 13.25). Bei dieser Schichtfolge handelt es sich um einen

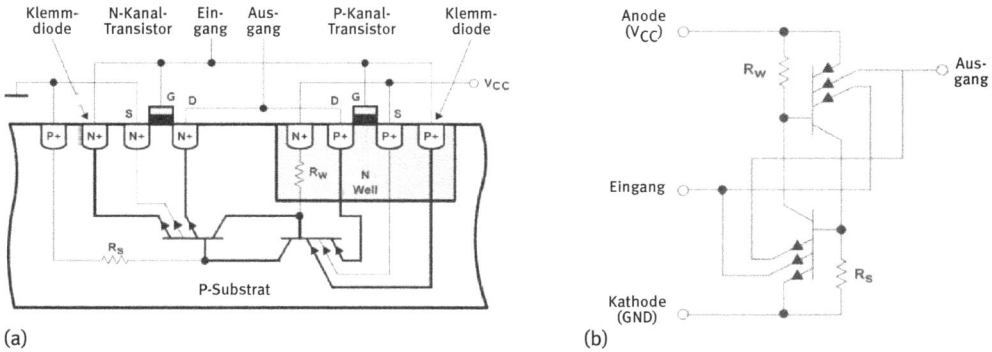

(a) (b)

Abb. 13.25: Parasitärer Thyristor in Halbleiterstruktur-PNPN-Folge für zwei komplementäre FET (N-Kana und P-Kanal) [291]. (a) Aufbau, (b) Ersatzschaltbild der PNPN-Schichtfolge.

Thyristor, welcher durch einen ausreichend hohen Zündstrom (verursacht durch Störspitzen) zu einem niederohmigen Verbindungspfad zwischen den Versorgungsspannungsanschlüssen werden kann. Das Zünden des Thyristors kann durch Störspitzen sowohl auf den Ein- und Ausgängen als auch auf der Versorgungsspannung erfolgen. Je nach Stromhöhe tritt der Effekt nur temporär auf oder führt zur Zerstörung des Halbleiters. Solange keine thermische Zerstörung der Halbleiterstrukturen erfolgt ist, kann der Effekt durch Trennen von der Versorgungsspannung aufgehoben werden.

13.12.3 Abhilfemaßnahmen

Moderne Halbleiterbauelemente werden mit einem Grundschutz für ESD und LatchUp entwickelt, welcher im Umfeld der Antriebstechnik unzureichend ist. Wie bereits erwähnt, bietet die Halbleiterindustrie hierfür Schutzbauelemente in großer Anzahl an. Entscheidend bei der Auswahl eines geeigneten Bauelements ist neben seiner Normenkonformität die Abstimmung auf die Spezifikationsgrenzen des zu schützenden Halbleiters (Abb. 13.26). Im Wesentlichen besteht die Aufgabe derartiger Schutzbauelemente darin, die in die Baugruppe eingebrachte Störenergie innerhalb kürzester Zeit abzubauen und dabei die Grenzwerte des zu schützenden Halbleiters nicht zu verletzen. So dürfen zum Beispiel bei einem bestimmten CMOS-Halbleiterbauelement für eine Versorgungsspannung von 5 V ± 10 % die Versorgungsspannungsgrenzen −0,7 V … 6 V nicht verletzt werden. Die zulässigen Grenzwerte sind in jedem Fall dem Datenblatt des Halbleiters zu entnehmen, da diese sehr stark design- und prozessabhängig sind.

Enscheidend für die Wirksamkeit der Schutzmaßnahme ist die Steilheit der Kennlinie des Schutzbauelements im Durchlassbereich und der damit verbundenen Klemmspannung, d. h. die Fähigkeit, die Spannung beim auftretenden Störstrom zu begrenzen.

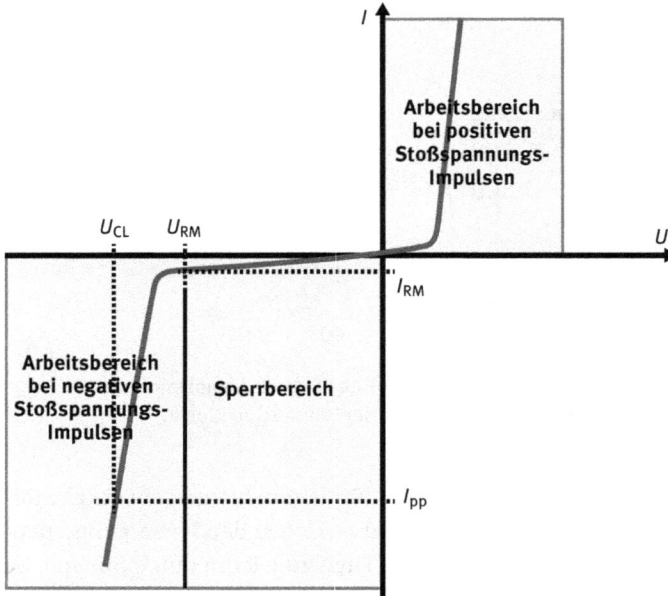

Abb. 13.26: Strom-Spannungs-Kennlinie einer TVS-Diode [292].

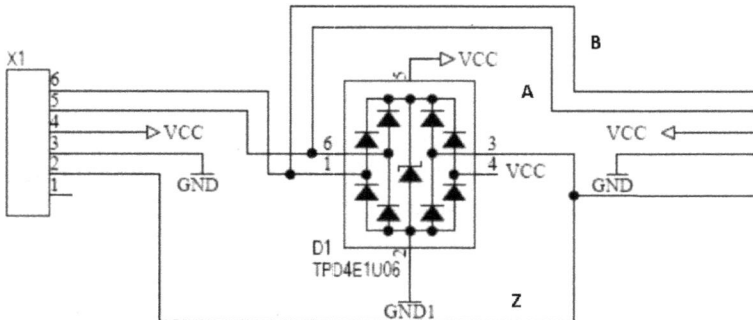

Abb. 13.27: Typische Beschaltung von IO-Anschlüssen mit einem Schutzdiodenarray.

Bei Schutzbauelementen auf Signalleitungen muss jedoch auch vermieden werden, dass der Signalverlauf auf der geschützten Leitung beeinträchtigt wird. Schutzdioden können z. B. durch eine hohe Kapazität der Sperrschicht zu einem Tiefpassverhalten in der Schaltung führen, was eine sichere Übertragung höherfrequenter Signale, z. B. über Kommunikationsschnittstellen oder bei Encodern verwendete Quadratursignale, beeinträchtigen kann.

13.12.4 Robuste Signalkodierung am Beispiel von Quadratursignalen

Zur Erhöhung der Störfestigkeit von Antriebssystemen können neben den klassischen EMV-Maßnahmen im engeren Sinn weitere Maßnahmen hilfreich sein, um die Zuverlässigkeit des Systems erhöhen. So ist z. B. die korrekte Auswertung der Sensorsignale entscheidend, um Antriebssysteme robust gegen Umwelteinflüsse zu gestalten.

Inkrementalencoder liefern Quadratursignale, d. h. zwei um 90° phasenverschobene Rechtecksignale mit einer bestimmten Anzahl Perioden/Impulse pro Wellenumdrehung (Sensoren siehe Band 2, Kapitel 5). Durch die elektrische Phasenverschiebung liegen pro Periode vier Flanken vor, die Auflösung der Quadraturschnittstelle ist dadurch vierfach höher als die Anzahl der Impulse pro Umdrehung. Ein drittes Signal kann als Indexsignal einmal pro Umdrehung zur Verfügung stehen.

Quadratursignale liefern über die Anzahl der Flanken die Weginformation. Über die Flankenfolge kann zusätzlich die Drehrichtungsinformation erkannt werden. Nachfolgend sind Quadratursignale für Rechtslauf (CW) und Linkslauf (CCW) dargestellt (Abb. 13.28).

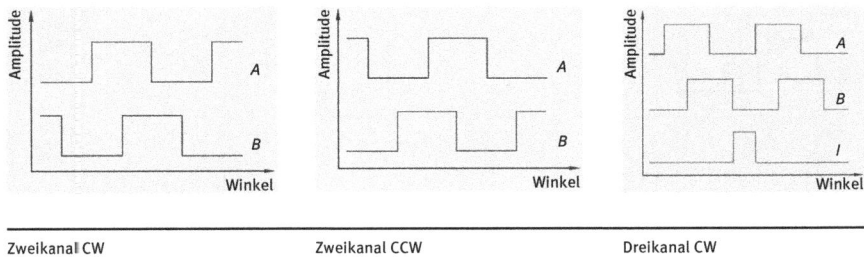

Abb. 13.28: Quadratursignale von 2- und 3-Kanalencodern bei Rechtslauf (CW) und Linkslauf (CCW) [293].

13.12.4.1 Auswertung von Quadratursignalen

In Antriebssystemen sollte möglichst eine vollständige Auswertung des Quadratursignals erfolgen, d. h., neben dem reinen Zählen von Flanken sollte die Drehrichtungsinformation mit berücksichtigt werden.

Hierbei gilt, dass beim Auftreten einer Flanke auf jedem Encodersignal der jeweilige Zustand des Nachbarkanals betrachtet werden muss. Je nach Flankenrichtung und Pegel muss dabei dann vorwärts oder rückwärts gezählt werden. Tabelle 13.9 soll dies verdeutlichen.

Tab. 13.9: Zählregel für Quadratursignale.

A	B	DIR
0	↑	CCW (−1)
0	↓	CW (+1)
1	↑	CW (+1)
1	↓	CCW (−1)
↑	0	CW (+1)
↓	0	CCW (−1)
↑	1	CCW (−1)
↓	1	CW (+1)

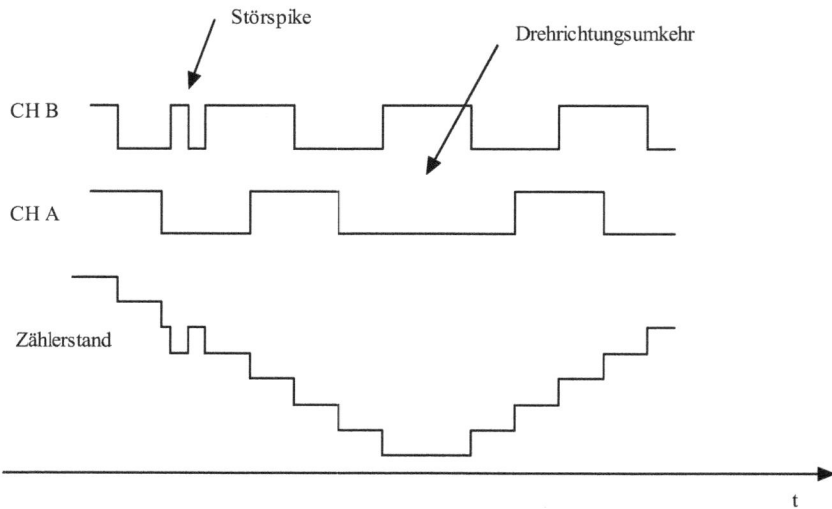

Abb. 13.29: Typischer Quadratursignalverlauf mit Störung.

Durch den Störspike treten zwei zusätzliche Flanken auf. Bei Anwendung der Zählregel ergibt sich dadurch in der Zählfolge ein Schritt zurück gefolgt von einem Schritt vorwärts (Abb. 13.29).

Eine vollständige Quadraturauswertung ist daher fehlertolerant und erhöht die Zuverlässigkeit auch beim Arbeiten mit längeren Leitungen.

13.12.4.2 Vermeidung von Übertragungsfehlern durch Differenzsignalübertragung

Bei der Übertragung der Quadratursignale vom Antrieb zur Antriebssteuerung müssen in größeren Anlagen Strecken von bis zu mehreren Metern zurückgelegt werden. Hierbei können Störungen der Quadratursignale durch die verschiedenen Koppelmechanismen auftreten. Große Leitungslängen können die Koppelkapazitäten zwischen den Quadratursignalen untereinander als auch zu Fremdsignalen, wie z. B. der Mo-

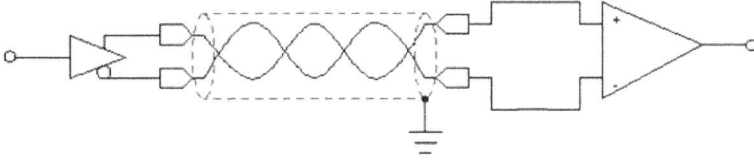

Abb. 13.30: Differenzielle Übertragung Unterdrückung von symmetrischen Störungen [294].

tor-PWM, vergrößern. Um die Signalübertragung unempfindlich gegenüber derartigen Störungen zu machen, bedient man sich in der Sensortechnik eines Verfahrens, das auch in anderen Bereichen der Übertragungstechnik anzutreffen ist. Ähnlich wie bei Bussystemen, wie CAN oder Ethernet, wird bei Positionsencodern die Methode der Differenzübertragung und Differenzauswertung angewendet (Abb. 13.30).

Formelzeichen und Formelschreibweise

Die Verwendung der Formelzeichen und die Schreibweise von Formeln in diesem Handbuch orientiert sich weitestgehend an den Festlegungen der DIN [295–298]. Variabler und Indizes werden entsprechend den Normen für elektrische Maschinen [11, 12, 17, 23] verwendet. Fettbuchstaben geben Vektoren bzw. Matrizen an.

Konstanten	
e	Eulersche Zahl
j	Imaginärzahl $j = \sqrt{-1}$
π	Kreiszahl
μ_0	Permeabilität des Vakuums
c_0	Lichtgeschwindigkeit im Vakuum
ε_0	Permittivität des Vakuums

Formelzeichen elektrische Größen	
I	Strom allgemein, Gleichstrom, Effektivwert
$\hat{\imath}$	Scheitelwert Strom
$i, i(t)$	Augenblickswert Strom
U	Spannung allgemein, Gleichspannung, Effektivwert
$\hat{U}$	Scheitelwert Spannung
$u, u(t)$	Augenblickswert Spannung
S	Scheinleistung
P	Wirkleistung
Q	Blindleistung
$\cos\varphi$	Leistungsfaktor
η	Wirkungsgrad
Q, q	Ladung
$E, \boldsymbol{E}$	Feldstärke
$J, \boldsymbol{J}$	Stromdichte
R	Widerstand
G	Leitwert
C	Kapazität
L	Induktivität
M	Gegeninduktivität
X	Reaktanz, Blindwiderstand (induktiv & kapazitiv)
Z	Impedanz, Scheinwiderstand
f	Frequenz
ω	Kreisfrequenz
φ	Phasenwinkel
ρ	spezifischer Widerstand
$\varkappa$	spezifischer Leitwert

Fortsetzung nächste Seite

https://doi.org/10.1515/9783110565324-014

Formelzeichen elektrisches Feld

Q, q	Ladung
ϱ	Raumladungsdichte
σ	Flächenladungsdichte
$E, \boldsymbol{E}$	Feldstärke
φ	elektrisches Potenzial
$D, \boldsymbol{D}$	Verschiebungsdichte, elektrische Erregung, elektrische Flussdichte
Ψ	elektrischer Fluss
σ	Flächenladungsdichte
ε	Permittivität, Dielektrizitätszahl
$P, \boldsymbol{P}$	Elektrisierung
C	Kapazität

Formelzeichen magnetisches Feld

Θ	Durchflutung
$H, \boldsymbol{H}$	Feldstärke
V	magnetische Spannung
$B, \boldsymbol{B}$	Flussdichte
$A, \boldsymbol{A}$	magnetisches Vektorpotenzial
Φ	magnetischer Fluss
μ	Permeabilität
$M, \boldsymbol{M}$	Magnetisierung, Polarisation
L	Induktivität
M	Gegeninduktivität
Ψ	Flussverkettung

Formelzeichen geometrische Größen

s, l, x	Länge, Weg
d	Dicke
δ, s	Luftspalt
h	Höhe
d	Durchmesser
r	Radius
u	Umfang
A, q	Fläche

Fortsetzung nächste Seite

Formelzeichen Bewegungsgrößen

$s, \boldsymbol{s}, x, \boldsymbol{x}$	Weg
$v, \boldsymbol{v}$	Geschwindigkeit
$a, \boldsymbol{a}$	Beschleunigung
m	Masse
$F, \boldsymbol{F}$	Kraft
$P, \boldsymbol{P}$	Impuls
$\varphi, \boldsymbol{\varphi}$	Winkel
$\omega, \boldsymbol{\omega}$	Winkelgeschwindigkeit
$n, \boldsymbol{n}$	Drehzahl
$\alpha, \boldsymbol{\alpha}$	Winkelbeschleunigung
J	Massenträgheit
$L, \boldsymbol{L}$	Drehimpuls
$M, \boldsymbol{M}$	Drehmoment

Formelzeichen

p	Druck
σ	mechanische Spannung
ϑ	Temperatur mit Bezugspunkt 0 °C
T	absolute Temperatur

Formelzeichen Wicklungen

N	Nutzahl
p	Polpaarzahl
$2p$	Polzahl
s	Spulenzahl
m	Strangzahl
q	Nuten je Pol und Strang
w	Windungszahl
z	Leiterzahl
ξ	Wicklungsfaktor
ζ	Faktor Nutung u. a.

Formelzeichen bezogene Größen, Per-Unit-Größen

U_{PU}	Spannung auf eine Bezugsspannung bezogen, meistens Bemessungsspannung U_N oder Bemessungsstrangspannung U_{stN}, Einheit 1
I_{PU}	Strom auf einen Bezugsstrom bezogen, meistens Bemessungsstrom I_N oder Bemessungsstrangstrom I_{stN}, Einheit 1
Z_{PU}	Impedanz auf eine Bezugsimpedanz bezogen, meistens bei Gleichstrom oder Einphasensystemen $\frac{U_N}{I_N}$ oder bei Drehstromsystemen $\frac{U_{stN}}{I_{stN}}$
R_{PU}	Widerstand auf eine Bezugsimpedanz bezogen, meistens bei Gleichstrom oder Einphasensystemen $\frac{U_N}{I_N}$ oder bei Drehstromsystemen $\frac{U_{stN}}{I_{stN}}$
X_{PU}	Reaktanz auf eine Bezugsimpedanz bezogen, meistens bei Gleichstrom oder Einphasensystemen $\frac{U_N}{I_N}$ oder bei Drehstromsystemen $\frac{U_{stN}}{I_{stN}}$

Fortsetzung nächste Seite

Indizes

S	Stator
R	Rotor, bewegter Teil einer Maschine
f	Erregerwicklung
L1, L2, L3	Leiter Drehstromsystem
U, V, W	Stränge Drehstromstatorwicklungen
st, strang	Stranggröße
l, leiter, keine Angabe	Leitergröße
eff oder keine Angabe	Effektivwert, effektive Windungszahl …
=, DC	Gleichstrom
1~, 1AC	Einphasenwechselstrom
3~, 3AC	Drehstrom
m, mech	mechanisch, z. B. Leistung
e, el	elektrisch, z. B. Leistung
d, q	d-Achse, q-Achse
r	relativ, z. B. μ_r, ε_r
PU	bezogene Größen per unit
~	Wechselgröße mit dem linearen Mittelwert null
th	thermisch
m, mag	magnetisch
fe, Fe	Eisen, z. B. Eisenverluste

Tabellenverzeichnis

https://doi.org/10.1515/9783110565324-015

Abbildungsverzeichnis

https://doi.org/10.1515/9783110565324-016

Die Autoren

Prof. Dipl.-Ing. Dr. Wolfgang Amrhein ist Leiter des Instituts für Elektrische Antriebe und Leistungselektronik und Leiter des JKU HOERBIGER Research Institute for Smart Actuators an der Johannes Kepler Universität Linz. Er studierte Elektrotechnik an der Technischen Hochschule Darmstadt und promovierte 1988 am Institut für Elektrische Entwicklungen und Konstruktionen der ETH Zürich. Von 1990 bis 1994 arbeitete er im Unternehmen Papst-Motoren GmbH, St. Georgen, und übernahm die Leitung der Motorenentwicklung. Weitere Funktionen waren die Leitung des Fachausschusses Elektrische Geräte und Stellantriebe im VDE/VDI (GMM), die wissenschaftliche Leitung des Kplus Centers Linz Center of Mechatronics (LCM) zusammen mit Prof. Dipl.-Ing. Dr. Rudolf Scheidl sowie die Area-Koordination des Bereichs Mechatronic Design of Machines and Components innerhalb des COMET-K2-Programms und aktuell die Area-Koordination des Bereichs Actuators im gleichen Forschungsprogramm der LCM GmbH. Das K2-Programm wird von den österreichischen Bundesministerien BMVIT und BMDW sowie durch das Land Oberösterreich gefördert. Teile der Buchbeiträge, an denen der Autor beteiligt ist, sind hieraus entstanden.

Dr.-Ing. Thomas Bertolini ist Geschäftsführer der Dr. Fritz Faulhaber GmbH & Co. KG mit Sitz in Schönaich. Er studierte Elektrotechnik an der Universität Kaiserslautern und promovierte 1988 auf dem Gebiet der elektrischen Kleinantriebe. Seine industrielle Laufbahn begann bei der Robert Bosch GmbH mit der Entwicklung von elektrischen Kleinantrieben für den Automobilzulieferbereich. Anschließend war er acht Jahre als Technischer Leiter bei ebmpapst in Mulfingen tätig und gelangte 2005 zur Firma Faulhaber, wo er die technischen Bereiche verantwortet. Als langjähriges VDE-Mitglied engagiert er sich in Fachausschüssen und einem Normenarbeitskreis.

Prof. Dr.-Ing. Carsten Fräger ist Vorstandsmitglied und stellvertretender Leiter des Instituts für Konstruktionselemente, Mechatronik und Elektromobilität (IKME) der Hochschule Hannover. Er vertritt die Mechatronik mit den Themen Elektrische Antriebe und Servoantriebe, Modellbildung technischer Systeme sowie Auslegung mechatronischer Systeme. Er studierte Elektrotechnik an der Universität Paderborn und an der Leibniz-Universität Hannover. 1994 promovierte er am Institut für Elektrische Maschinen und Antriebe der Leibniz Universität Hannover. Bei der Fa. Lenze, Aerzen, leitete er die Motorenentwicklung und das Produktmanagement Servoantriebe. Er engagiert sich aktiv als Mitglied im Fachbereich Antriebstechnik FBA1 und im Fachausschuss Elektrische Geräte- und Stellantriebe FA3.3 des VDE. Er arbeitet in den Programmausschüssen der Konferenz Innovative Klein- und Mikroantriebstechnik (IKMT). Im IEEE ist er aktiv als Reviewer für Beiträge der Mechatronik tätig.

Dipl.-Ing. Thomas Fuchs arbeitet seit 2017 bei der Brose Fahrzeugteile GmbH & Co. KG in Würzburg. Hier ist er Leiter der Gruppe „Standards & Baukästen" im Bereich Produktionstechnologie. Zuvor war er zwischen 2005 und 2017 bei der Dr. Fritz Faulhaber GmbH & Co. KG. Er war dort verantwortlich für Geräusch- und Schwingungstechnik. Sein Aufgabengebiet umfasste sowohl die entwicklungsbegleitende Optimierung von Kleinstantrieben, als auch die Entwicklung von serientauglichen Prüfsystemen bei Geräusch- und Schwingungsthemen. Zuvor studierte er an der HS Heilbronn Mechatronik und Mikrosystemtechnik.

Prof. Dr.-Ing. habil. Hans-Jürgen Furchert lehrte an der Fachhochschule Gießen-Friedberg in den Fächern Elektrotechnik, Elektrische Kleinmotoren, Leiterplattentechnik, Optoelektronische Systeme sowie Angewandte Feinwerktechnik. Er studierte an der damaligen Hochschule für Elektrotechnik

https://doi.org/10.1515/9783110565324-017

Ilmenau, Fakultät Feinmechanik und Optik, promovierte und habilitierte sich dort. Er arbeitete in der Firma Carl Zeiss, Jena, als Entwicklungsingenieur und Berater.

Dipl.-Ing. Dr. techn. Wolfgang Gruber studierte Mechatronik an der Johannes Kepler Universität (JKU) Linz (Österreich). Anschließend war er dort wissenschaftlicher Mitarbeiter am Institut für Elektrische Antriebe und Leistungselektronik, wo er 2009 im Bereich der lagerlosen Motoren promovierte und sich 2018 im Fach ‚Elektrische Antriebstechnik' habilitierte. Ab 2004 war er zudem Projektleiter und Senior Researcher in der Linz Center of Mechatronics GmbH (LCM). Heute ist er als Assoziierter Universitätsprofessor an der JKU tätig. Forschungsschwerpunkte sind u. a. Konzeption, Aufbau und Regelung lagerloser Scheibenläufermotoren. Er ist Mitglied im IEEE und VDI/VDE.

Dr. Tobias Heidrich ist wissenschaftlicher Mitarbeiter im Fachgebiet Kleinmaschinen an der Technischen Universität Ilmenau. Dort studierte er Elektrotechnik und Informationstechnik und promovierte auf dem Gebiet der elektrischen Kleinantriebe. Zudem gründete und führt er die Firma Elektromotorentechnik Ilmenau GmbH, die sich mit der Entwicklung von Kleinmaschinen befasst.

Dr.-Ing. Marcus Herrmann ist seit 2014 Director Global Engineering bei Johnson Electric in der Geschäftseinheit Metering & Circuit Breaker Technology. Er studierte Elektrotechnik/Feinwerktechnik an der TU Dresden und promovierte 2008 an der TU München am Lehrstuhl für Angewandte Mechanik über elektromagnetische Aktoren. Im gleichen Jahr begann er bei Johnson Electric als Entwicklungsleiter der Geschäftseinheit Motor Actuators, die sowohl Schritt- und Synchronantriebe als auch mechatronische Subsysteme mit Schritt- oder DC-Motoren, z. B. Stellantriebe, Wasserventile oder Gasventile, entwickelt und produziert.

Prof. Dr.-Ing. habil. Hartmut Janocha leitete von 1989 bis 2009 den Lehrstuhl für Prozessautomatisierung der Universität des Saarlandes (UdS) mit den Arbeitsschwerpunkten Machine Vision und Unkonventionelle Aktoren. Anschließend schloss er als Seniorprofessor der UdS bis Ende 2014 mehrere kooperative Forschungsprojekte auf dem Gebiet der Aktorik ab. Er studierte Elektrotechnik an der Universität Hannover, wo er auch promovierte und sich habilitierte. Während seiner berufsaktiven Zeit erfolgten u. a. Aufbau und Leitung des VDE/VDI-Fachausschusses Mikroaktorik (GMM) und des VDI/VDE-Fachausschusses Unkonventionelle Aktorik (GMA), jetzige Bezeichnung: Funktionswerkstoffe für Mechatronische Systeme.

Dipl.-Ing. Dr. techn. Gerald Jungmayr schloss 2003 sein Mechatronik-Studium und 2008 sein Doktoratsstudium an der Johannes Kepler Universität (JKU) Linz ab. Von 2004 bis 2017 war er am Institut für elektrische Antriebe und Leistungselektronik an der JKU Linz tätig (Drittmittelforschung). Seit 2017 arbeitet er als Teamleiter an der Linz Center of Mechatronics GmbH (LCM). Seine Schwerpunkte in Forschung und Entwicklung umfassen aktive und passive Magnetlager, magnetische Getriebe und elektrische Antriebe.

Prof. Dr.-Ing. habil. Prof. h. c. Eberhard Kallenbach[†] war von 1992 bis 2016 Leiter des Steinbeis-Transferzentrums Mechatronik Ilmenau. Er studierte an der damaligen Hochschule für Elektrotechnik Ilmenau Theoretische Elektrotechnik und arbeitete nach seiner Promotion als Entwicklungsleiter bei der Firma Kern KG, Schleusingen. Nach seiner Habilitation wurde er als Professor für Informationsgerätetechnik an die damalige TH Ilmenau berufen. Er war Ordentliches Mitglied der Sächsischen Akademie der Wissenschaften und der Deutschen Akademie der Technikwissenschaften (acatech).

Prof. Dr.-Ing. habil. Dr. h.c. Werner Krause ist Professor i. R. für Konstruktion der Feinwerktechnik an der Fakultät Elektrotechnik und Informationstechnik der Technischen Universität Dresden und war bis 2002 Direktor des Instituts für Feinwerktechnik. Zugleich leitete er an dieser Fakultät die Studienrichtung Feinwerk- und Mikrotechnik. Er ist Ordentliches Mitglied der Sächsischen Akademie der Technikwissenschaften und der Sächsischen Akademie der Wissenschaften zu Leipzig sowie Ehrenmitglied der Deutschen Gesellschaft für Feinwerktechnik.

Dipl.-Ing. Dr. techn. Edmund Marth studierte Mechatronik an der Johannes Kepler Universität Linz, wo er auch im Bereich der passiven Magnetlagertechnik promovierte. Er arbeitet am Institut für elektrische Antriebe und Leistungselektronik der Johannes Kepler Universität als Senior Researcher. Aktuelle Forschungsschwerpunkte behandeln die Auslegung elektromagnetischer Aktuatoren hoher Leistungsdichte, den Einsatz künstlicher Intelligenz zur Zustandsüberwachung elektrischer Antriebe sowie die Optimierung mechatronischer Systeme.

Prof. Dr.-Ing. Axel Mertens leitet das Fachgebiet Leistungselektronik und Antriebsregelung an der Leibniz Universität Hannover. Er ist gleichzeitig Leiter des Instituts für Antriebssysteme und Leistungselektronik. Er studierte an der RWTH Aachen und promovierte dort am Institut für Stromrichtertechnik und Elektrische Antriebe. Anschließend war er bis 2004 bei Siemens in der Entwicklung von Antriebsumrichtern und ihrer Steuerung und Regelung tätig.

Apl. Prof. Dr.-Ing. habil. Andreas Möckel leitet seit 2006 kommissarisch das Fachgebiet Kleinmaschinen am Institut für Elektrische Energie- und Steuerungstechnik der Technischen Universität Ilmenau. Er studierte an der Technischen Universität Ilmenau Elektrotechnik, promovierte und habilitierte sich auf dem Gebiet der Kommutierung von Kommutatormotoren.

Dipl.-Ing. Gerald Puchner studierte Elektrotechnik mit der Vertiefungsrichtung Elektrische Maschinen an der TU Dresden. Danach arbeitete er an Forschungsprojekten zur numerischen Berechnung des Magnetfelds und der Temperaturverteilung in Großtransformatoren. Seine Industrielaufbahn begann er als Entwicklungsingenieur für Elektromagnete bei der Binder Magnete GmbH in Villingen. Später bekleidete er Positionen als Entwicklungsleiter für Niederspannungsschaltgeräte bei ABB Schweiz sowie R&D Manager Low Voltage Breakers and Systems bei ABB China Ltd. Seit 2009 ist er Entwicklungsleiter für elektromagnetische Komponenten bei Kendrion (Donaueschingen/Engelswies).

Dr.-Ing. Thomas Roschke ist seit 2015 Präsident der Johnson Medtech LLC in Boston & Dayton, USA, die Antriebe für chirurgische Instrumente, Dosiersysteme, Pumpen und Ventile für die Medizintechnik und Sensorik für das Vital Signs Monitoring (EKG, EEG, EMG) entwickelt und produziert. Er studierte Elektrotechnik/Feinwerktechnik an der TU Dresden und promovierte dort zur Modellierung und dem Entwurf geregelter elektromagnetischer Antriebe von Schaltgeräten. Er arbeitete zunächst als Entwicklungsleiter und später als Geschäftsführer der Saia-Burgess Dresden GmbH. In Hongkong baute er ab 2009 das Medizintechnikgeschäft der Johnson Electric Gruppe auf.

Dr.-Ing. Christoph Schäffel ist Leiter des Bereichs Mechatronik am Institut für Mikroelektronik- und Mechatronik-Systeme Ilmenau. Er studierte an der Technischen Universität Ilmenau und promovierte dort am Institut für Mikrosystemtechnik, Mechatronik und Mechanik.

Prof. Dr.-Ing. Wolfgang Schinköthe studierte Elektroingenieurwesen mit dem Schwerpunkt Feinwerktechnik an der Technischen Universität Dresden. Anschließend war er dort wissenschaftlicher

Mitarbeiter am Institut für Elektronik-Technologie und Feingerätetechnik, wo er 1985 promovierte. Ab 1989 war er zunächst Projektleiter bei Robotron-Elektronik, Dresden, und anschließend Chefkonstrukteur bei Feinmess, Dresden. 1993 erhielt er einen Ruf an die Universität Stuttgart, wo er seitdem Lehrstuhl- und Institutsleiter am Institut für Konstruktion und Fertigung in der Feinwerktechnik ist. Forschungsschwerpunkte sind u. a. Aktorik, Lineardirektantriebe, Zuverlässigkeit feinwerktechnischer Antriebssysteme sowie ausgewählte Aspekte der Gerätekonstruktion.

Dipl.-Ing. Dr. techn. Johannes Schmid leitet bei der Fa. Oberaigner Powertrain GmbH den Bereich Elektrik/Elektronik. Er studierte an der Johannes Kepler Universität in Linz Mechatronik und promovierte am dortigen Institut für elektrische Antriebe und Leistungselektronik zum Thema „Geschaltete Reluktanzmaschinen".

Prof. Dr.-Ing. Stefan Seelecke leitet den Lehrstuhl für Intelligente Materialsysteme an der Universität des Saarlandes mit den Themen Mechatronik, Systems Engineering, Materialwissenschaften und Werkstofftechnik. Er studierte Physikalische Ingenieurwissenschaft an der Technischen Universität Berlin, wo er 1995 promovierte und sich 1999 habilitierte. Im Jahre 2000 folgte er einem Ruf an das Department of Mechanical & Aerospace Engineering der North Carolina State University in Raleigh, USA. Er war Editor-in-Chief des Springer Journals Continuum Mechanics and Thermodynamics. Gegenwärtig ist er Associate-Editor von Smart Materials & Structures und des Journals of Intelligent Material Systems and Structures, sowie Vorsitzender des VDI/VDE-Fachausschusses GMA 4.16 Funktionswerkstoffe für Mechatronische Systeme.

Dipl.-Ing. Dr. techn. Siegfried Silber studierte an der Technischen Universität Graz Elektrotechnik und promovierte an der Johannes Kepler Universität Linz (Österreich) im Bereich elektrischer Antriebstechnik. Er war am Institut für Elektrische Antriebe und Leistungselektronik der Johannes Kepler Universität Linz als stellvertretender Institutsvorstand tätig. Derzeit arbeitet er in der Linz Center of Mechatronics GmbH (LCM) als Teamleiter im Bereich der Entwicklung von Simulationssoftware zur Berechnung elektrischer Maschinen.

Prof. Dr.-Ing. Hans-Dieter Stölting studierte Elektrische Energietechnik an der RWTH Aachen und an der Universität Stuttgart, wo er am Institut für Elektrische Maschinen und Antriebe promovierte. Anschließend war er Entwicklungsingenieur bei Siemens, Würzburg, und Oberingenieur am erwähnten Institut der Universität Stuttgart. Er vertrat an der Leibniz Universität Hannover das Lehrgebiet Elektrische Kleinmaschinen und war Mitglied mehrerer VDE- bzw. VDI-Fachausschüsse.

Dr. Andreas Wagener studierte Elektrotechnik mit dem Schwerpunkt elektrische Antriebe an der Universität Erlangen. Seine Promotion erfolgte im Themenbereich alternative Fahrzeugantriebe an der Universität Ulm. Nach einigen Jahren als Projektleiter für HIL-Testsysteme (Hardware in the Loop) bei dSPACE arbeitet er seit 2007 bei der Dr. Fritz Faulhaber GmbH & Co KG in Schönaich. Seit 2016 leitet er dort die Elektronikentwicklung für Sensorik und Motoransteuerungen.

Prof. Dr.-Ing. Heinz Weißmantel lehrte am Institut für Elektromechanische Konstruktion der Technischen Universität Darmstadt. Er studierte Elektrische Energietechnik an der damaligen Technischen Hochschule Darmstadt und promovierte dort auf dem Gebiet der Elektrischen Kleinantriebe. Er war bei der Firma Hella, Lippstadt, und als Direktor bei der Firma Dr. Fritz Faulhaber, Schönaich, tätig. Im Ruhestand arbeitet er auf dem Gebiet der Elektrischen Kleinantriebe sowie in der Entwicklungsmethodik (Recycling (SFB), Benutzerfreundliches und Seniorengerechtes Design (DFG)).

Literatur

Alle Antriebsarten, Normen, Einleitung elektrische Kleinantriebe

[1] **Srb, N.**: Tehnika Namatanja Elektromotora – Winding Technique of Electric Motors – Die Wicklungstechnik der Elektromotoren. Zagreb: Tehnička Knjiga (1990)

[2] **Müller, G.; Ponick, B.**: Grundlagen elektrischer Maschinen. Weinheim: Wiley-VCH (2006)

[3] **Müller, G.; Vogt, K.; Ponick, B.**: Berechnung elektrischer Maschinen. Weinheim: Wiley-VCH (2008)

[4] **Müller, G.; Ponick, B.**: Theorie elektrischer Maschinen. Weinheim: Wiley-VCH (2009)

[5] **Binder, A.**: Elektrische Maschinen und Antriebe. Grundlagen, Betriebsverhalten. Berlin, Heidelberg: Springer-Verlag (2012)

[6] **Fischer, R.**: Elektrische Maschinen. München: Hanser (2017)

[7] **Bolte, E.**: Elektrische Maschinen: Grundlagen Magnetfelder, Wicklungen, Asynchronmaschinen, Synchronmaschinen, Elektronisch kommutierte Gleichstrommaschinen. Heidelberg, Dordrecht, London, New York: Springer (2012)

[8] **Stölting, H.-D.; Beisse, A.**: Elektrische Kleinmaschinen. Stuttgart: B. G. Teubner (1987)

[9] **Huth, G.**: Permanent-Magnet-Excited AC Servo Motors in Tooth-Coil Technology. IEEE Transactions on Energy Conversion 20(2):300–307 (2005)

[10] **Hofmann, W.**: Elektrische Maschinen – Lehr- und Übungsbuch, Kapitel 7: Kleinmaschinen. Hallbergmoos: Pearson Deutschland (2013)

[11] **IEC60034-1; DIN-EN 60034-1**: Drehende Elektrische Maschinen – Teil 1: Bemessunge und Betriebsverhalten (02.2011)

[12] **IEC60034-2-1; DIN-EN 60034-2-1**: Drehende Elektrische Maschinen – Teil 2-1: Standardverfahren zur Bestimmung der Verluste und des Wirkungsgrades aus Prüfungen (...) (02.2015)

[13] **IEC60034-4; DIN-EN 60034-4**: Drehende Elektrische Maschinen – Teil 4: Verfahren zur Ermittlung der Kenngrößen von Synchronmaschinen durch Messungen (04.2009)

[14] **IEC60034-5; DIN-EN 60034-5**: Drehende Elektrische Maschinen – Teil 5: Schutzarten aufgrund der Gesamtkonstruktion von dehenden elektrischen Mschinen (IP-Code) – Einteilung (09.2007)

[15] **IEC60034-6; DIN-EN 60034-6**: Drehende Elektrische Maschinen – Teil 6: Einteilung der Kühlverfahren (IC-Code) (08.1996)

[16] **IEC60034-7; DIN-EN 60034-7**: Drehende Elektrische Maschinen – Teil 7: Klassifizierung der Bauarten, der Aufstellungsarten und der Klemmkasten-Lage (IM-Code) (12.2001)

[17] **IEC60034-8; DIN-EN 60034-8**: Drehende Elektrische Maschinen – Teil 8: Anschlussbezeichnungen und Drehsinn (10.2014)

[18] **IEC60034-11; DIN-EN 60034-11**: Drehende Elektrische Maschinen – Teil 11: Thermischer Schutz (04.2005)

[19] **IEC60034-12; DIN-EN 60034-12**: Drehende Elektrische Maschinen – Teil 12: Anlaufverhalten von Drehstrommotoren mit Käfigläufer ausgenommen polumschaltbare Motoren (04.2008)

[20] **IEC60034-14; DIN-EN 60034-14**: Drehende Elektrische Maschinen – Teil 14: Mechanische Schwingungen von bestimmten Maschinen mit eienr Achshöhe von 56 mm und höher – Messung, Bewertung und Grenzwerte der Schwingstärke (03.2008)

[21] **IEC/TS 60034-17; DIN-VDE 0530-17**: Drehende Elektrische Maschinen – Teil 17: Umrichtergespeiste Induktionsmaschinen mit Käfigläufer – Anwendungsleitfaden (12.2007)

[22] **IEC/TS 60034-25; DIN-VDE 0530-25**: Drehende Elektrische Maschinen – Teil 25: Leitfaden für den Entwurf und das Betriebsverhalten von Drehstrommotoren, die speziell für Umrichterbegtieb bemessen sind (08.2009)

https://doi.org/10.1515/9783110565324-018

[23] **IEC 60034-28; DIN EN 60034-28**: Drehende Elektrische Maschinen – Teil 28: Prüfverfahren zur Bestimmung der Ersatzschaltbildgrößen dreiphasiger Niederspannungs-Käfigläufer-Asynchronmotoren (11.2013)

[24] **IEC 60034-29; DIN EN 60034-29**: Drehende Elektrische Maschinen – Teil 29: Verfahren der äquivalenten Belastung und Überlagerung – Indirekte Prüfung zur Ermittlung der Übertemperatur (01.2009)

[25] **IEC 60072-1**: Dimensions and Output Series for Rotating Electrical Machines – Part 1: Frame Numbers 56 to 400 and Flange Numbers 55 to 1080 (01.1991)

[26] **DIN 1320:2009-12**: Akustik und Begriffe [Acoustics – Terminology]

[27] **DIN 1495-1:1983-04**: Gleitlager aus Sintermetall mit besonderen Anforderungen für Elektro-Klein- und Kleinstmotoren; Kalottenlager, Maße [Sintered metal plain bearings which meet specific requirements for fractional and subfractional horsepower electric motors; Spherical bearings; Dimensions]

[28] **DIN EN 60404-8-6:2009-11 (DIN IEC 60404-8-6:2005-05)**: Magnetische Werkstoffe – Teil 8-6: Anforderungen an einzelne Werkstoffe – Weichmagnetische metallische Werkstoffe (IEC 60404-8-6:1999 + A1:2007); Deutsche Fassung EN 60404-8-6:2009 [Magnetic materials – Part 8-6: Specifications for individual materials – Soft magnetic metallic materials (IEC 60404-8-6:1999 + A1:2007); German version EN 60404-8-6:2009]

[29] **DIN EN 60529:2014-09; VDE 0470-1:2014-09**: Schutzarten durch Gehäuse (IP-Code) (IEC 60529:1989 + A1:1999 + A2:2013); Deutsche Fassung EN 60529:1991 + A1:2000 + A2:2013 [Degrees of protection provided by enclosures (IP Code) (IEC 60529:1989 + A1:1999 + A2:2013); German version EN 60529:1991 + A1:2000 + A2:2013]

[30] **DIN 42021-1:1976-10**: Schrittmotoren; Anbaumaße, Typschild, elektrische Anschlüsse [Step motors; mounting dimensions, type plate, electrical connection]

[31] **DIN 42026-1:1977-09**: Magnetsegmente für Kleinmotoren; Angaben zur Bemaßung [Permanent magnet segments; directives for selection of dimensions]

[32] **DIN 42027:1984-12**: Stellmotoren; Einteilung, Übersicht [Servo motors; classification, survey]

[33] **DIN 42028-1:1980-03**: Steckanschlüsse mit Flachsteckverbindungen für Kleinmotoren; Ausführung und Maße [Connectors with receptacles and tabs for small motors; forms and dimensions]

[34] **DIN 43021:1977-12**: Bahnen und Fahrzeuge; Kohlebürsten, Maße und Toleranzen [Carbon brushes for electric traction; dimensions, tolerances]

[35] **DIN 45631/A1:2010-03**: Berechnung des Lautstärkepegels und der Lautheit aus dem Geräuschspektrum – Verfahren nach E. Zwicker – Änderung 1: Berechnung der Lautheit zeitvarianter Geräusche; mit CD-ROM [Calculation of loudness level and loudness from the sound spectrum – Zwicker method – Amendment 1: Calculation of the loudness of time-variant sound; with CD-ROM]

[36] **DIN 45635-1:1984-04**: Geräuschmessung an Maschinen; Luftschallemission, Hüllflächen-Verfahren; Rahmenverfahren für 3 Genauigkeitsklassen [Measurement of noise emitted by machines; airborne noise emission; enveloping surface method; basic method, divided into 3 grades of accuracy]

[37] **DIN EN 10106:2016-03**: Kaltgewalztes nicht kornorientieres Elektroband und -blech im schlussgeglühten Zustand; Deutsche Fassung EN 10106:2015 [Cold rolled non-oriented electrical steel strip and sheet delivered in the fully processed state; German version EN 10106:2015]

[38] **DIN EN ISO 11197:2016-08; VDE 0750-211:2016-08**: Medizinische Versorgungseinheiten (ISO 11197:2016); Deutsche Fassung EN ISO 11197:2016 [Medical supply units (ISO 11197:2016); German version EN ISO 11197:2016]

[39] **DIN EN ISO 1680:2014-04**: Akustik – Verfahren zur Messung der Luftschallemission von drehenden elektrischen Maschinen (ISO 1680:2013); Deutsche Fassung EN ISO 1680:2013 [Acoustics – Test code for the measurement of airborne noise emitted by rotating electrical machines (ISO 1680:2013); German version EN ISO 1680:2013]

[40] **DIN EN 60068-1:2015-09; VDE 0468-1:2015-09**: Umgebungseinflüsse – Teil 1: Allgemeines und Leitfaden (IEC 60068-1:2013); Deutsche Fassung EN 60068-1:2014 [Environmental testing – Part 1: General and guidance (IEC 60068-1:2013); German version EN 60068-1:2014]

[41] **DIN EN 60335-1:2012-10; VDE 0700-1:2012-10**: Sicherheit elektrischer Geräte für den Hausgebrauch und ähnliche Zwecke – Teil 1: Allgemeine Anforderungen (IEC 60335-1:2010, modifiziert); Deutsche Fassung EN 60335-1:2012 [Household and similar electrical appliances – Safety – Part 1: General requirements (IEC 60335-1:2010, modified); German version EN 60335-1:2012]

[42] **DIN EN 60529:2014-09; VDE 0470-1:2014-09**: Schutzarten durch Gehäuse (IP-Code) (IEC 60529:1989 + A1:1999 + A2:2013); Deutsche Fassung EN 60529:1991 + A1:2000 + A2:2013 [Degrees of protection provided by enclosures (IP Code) (IEC 60529:1989 + A1:1999 + A2:2013); German version EN 60529:1991 + A1:2000 + A2:2013]

[43] **DIN EN 62368-1:2016-05; VDE 0868-1:2016-05**: Einrichtungen für Audio/Video-, Informations- und Kommunikationstechnik – Teil 1: Sicherheitsanforderungen (IEC 62368-1:2014, modifiziert + Cor.:2015); Deutsche Fassung EN 62368-1:2014 + AC:2015 [Audio/video, information and communication technology equipment – Part 1: Safety requirements (IEC 62368-1:2014, modified + Cor.:2015); German version EN 62368-1:2014 + AC:2015]

[44] **DIN EN 60068-1:2015-09; VDE 0468-1:2015-09**: Umgebungseinflüsse – Teil 1: Allgemeines und Leitfaden (IEC 60068-1:2013); Deutsche Fassung EN 60068-1:2014 [Environmental testing – Part 1: General and guidance (IEC 60068-1:2013); German version EN 60068-1:2014]

[45] **DIN EN 60085:2008-08; VDE 0301-1:2008-08**: Elektrische Isolierung – Thermische Bewertung und Bezeichnung (IEC 60085:2007); Deutsche Fassung EN 60085:2008 [Electrical insulation – Thermal evaluation and designation (IEC 60085:2007); German version EN 60085:2008]

[46] **DIN EN 61000-1-2:2016-08; VDE 0839-1-2:2016-08**: Entwurf: Elektromagnetische Verträglichkeit (EMV) – Teil 1-2: Allgemeines – Verfahren zum Erreichen der funktionalen Sicherheit von elektrischen und elektronischen Systemen einschließlich Geräten und Einrichtungen im Hinblick auf elektromagnetische Phänomene (IEC 77/513/FDIS:2016); Deutsche Fassung FprEN 61000-1-2:2016 [Electromagnetic compatibility (EMC) – Part 1-2: General – Methodology for the achievement of functional safety of electrical and electronic systems including equipment with regard to electromagnetic phenomena (IEC 77/513/FDIS:2016); German version FprEN 61000-1-2:2016]

[47] **D N EN 60146-1-1:2011-04; VDE 0558-11:2011-04**: Halbleiter-Stromrichter – Allgemeine Anforderungen und netzgeführte Stromrichter – Teil 1-1: Festlegung der Grundanforderungen (IEC 60146-1-1:2009); Deutsche Fassung EN 60146-1-1:2010 [Semiconductor converters – General requirements and line commutated converters – Part 1-1: Specification of basic requirements (IEC 60146-1-1:2009); German version EN 60146-1-1:2010]

[48] **D N EN 60747-3:2010-11 – Entwurf**: Halbleiterbauelemente – Teil 3: Signaldioden (einschließlich Schaltdioden) und Stabilisatordioden (IEC 47E/395/CD:2010); [Semiconductor devices – Part 3: Signal (including switching diodes) and regulator diodes (IEC 47E/395/CD:2010)]

[49] **D N EN 61800-1:1999-08; VDE0160-101:1999-08**: Drehzahlveränderbare elektrische Antriebe – Teil 1: Allgemeine Anforderungen; Festlegungen für die Bemessung von Niederspannungs-Gleichstrom-Antriebssystemen (IEC 61800-1:1997); Deutsche Fassung EN 61800-1:1998 [Adjustable speed electrical power drive systems – Part 1: General requirements; rating specifications for low voltage adjustable speed d.c. power drive systems (IEC 61800-1:1997); German version EN 61800-1:1998]

[50] **ZVEI**: Produktion von Elektromotoren von 2010 bis 2015 (2016)

Magnetkreis, Permanentmagnete, Kraft- und Drehmomenterzeugung

[51] **GMB Magnete Bitterfeld GmbH**: Datenblätter. Bitterfeld: GMB Magnete GmbH (2003)

[52] **Koch, J.; Ruschmeyer, K.**: Permanentmagnete I, Grundlagen. Unternehmensbereich Bauelemente der Philips GmbH. Hamburg: Boysen + Maasch (1991)

[53] **Michalowsky, L. u. a.**: Magnettechnik, Grundlagen und Anwendungen. Leipzig: Fachbuchverlag (1995)

[54] **Reinboth, H.**: Technologie und Anwendung magnetischer Werkstoffe. Berlin: Verlag Technik (1970)

[55] **Skomski, R.; Coey, J. M. D.**: Giant energy product in nanostructured two-phase magnets. Phys. Rev. B. 48:15812–15816 (1993)

[56] **Reppel, G. W.**: Duroplastgepresste Magnete – Werkstoffe, Verfahren und Eigenschaften. Hanau: Vacuumschmelze GmbH & Co. KG (2003)

[57] **Schaefer, E.**: Magnettechnik, kurz und bündig. Würzburg: Vogel (1969)

[58] **Stemme, O.**: Magnetismus – Grundlagen, Wirkungsweise, Anwendungen. Sarnen, Schweiz: Verlag Landenberg (2004)

[59] **Vacuumschmelze GmbH & Co. KG**: Selten-Erd-Dauermagnete VACODYM VACOMAX. Hanau: Vacuumschmelze GmbH & Co. KG (2014)

[60] **Warlimont, H.**: Magnetwerkstoffe und Magnetsysteme. Berlin, Heidelberg: Springer (1991)

[61] **Rodewald, W.; Jurisch, F.; Reppel, G. W.**: Selten-Erd Dauermagnete für die Antriebstechnik. Firmenschrift. Hanau: Vacuumschmelze GmbH & Co. KG (2003)

[62] **Kallenbach, E.; Eick, R.; Quendt, P.; Ströhla, T.; Feindt, K.; Kallenbach, M.; Radler, O.**: Elektromagnete. Grundlagen, Berechnung, Entwurf und Anwendung. Wiesbaden: Vieweg-Teubner (2012)

[63] **Haase, H.; Garbe, H.; Gerth, H.**: Grundlagen der Elektrotechnik, Kapitel 9: Magnetisches Feld. Hannover: Schöneworth (2004)

[64] **Thyssen-Krupp**: Elektroblech. Datenblätter. Bochum: Thyssen-Krupp (2017)

Kommutatormaschinen, Permanentmagnet-Gleichstrommaschinen, Reihenschlussmaschinen

[65] **Amrhein, W.**: Motor-Elektronik-Rundlaufgüte. Zürich: Verlag Fachvereine an den schweizerischen Hochschulen (1989)

[66] **Beise, A.; Lebsanft, J.**: Betriebsverhalten permanenterregter Gleichstrommotoren bei Verschiebung einer der Kohlebürsten. etz-Archiv 7(12):389–394 (1985)

[67] **Bertolini, Th. u. a.**: Glockenläufermotoren. Aufbau, Betriebsverhalten, Anwendungen. München: Moderne Industrie (2006)

[68] **Braun, H.; Ruschmeyer, K.**: Polfühligkeit permanentmagnetisch erregter Gleichstrommotoren. F&M 104(7–8):562 (1996)

[69] **Gevatter, H. J.; Ge, J.**: Die Dynamik feinwerktechnischer Gleichstrommotoren. F&M 98(5):199 (1990)

[70] **Homburg, D.; Zeiff, A.**: Kleinst- und Mikroantriebe. Technik und Anwendungen, Mosaik der Automatisierung. Stutensee: PKS (2007)

[71] **Jung, R.**: Ein Beitrag zum Vergleich von fremd- und selbstgesteuerten Kleinmotoren mit Permanentmagneterregung. Dissertation, TH Darmstadt (1985)

[72] **Kafader, U.**: Auslegung von hochpräzisen Kleinantrieben. Sarnen, Schweiz: Verlag Landenberg (2006)

[73] **Kenjo, T.; Najomori, S.**: Permanentmagnet and Brushless DC-Motors. Oxford: Clarendon Press (1985)

[74]   Koch, J.; Plaumann, H. J.; Ruschmeyer, K.: Permanentmagnetisch erregte Kleinmotoren. Heidelberg: Hüthig (1986)

[75]   Lee, K. H.: Grenzen der technischen Miniaturisierung von permantmagneterregten Gleichstromkleinstmotoren mit Hilfe der Ähnlichkeitstheorie. Dissertation, U/GH Duisburg (1985)

[76]   Marinescu, M.: Einfluß von Polbedeckungswinkel und Luftspaltgestaltung auf die Rastmomente in permanenterregten Motoren. etz-Archiv 10:83–88 (1988)

[77]   Möckel, A.: Kontaktsystem und Kommutierung der Kommutatormotoren kleiner Leistung. Habilitationsschrift, ISLE-Verlag (2008)

[78]   Möckel, A.; Heidrich, T.: Implementierung von mechanisch kommutierten und elektronisch angesteuerten Permanentmagnetmotoren im automobilen Umfeld. Tagungsband Automotive meets Electronics, Dortmund (2010)

[79]   Mohr, A.: Kleinmotoren mit Permanentmagneterregung, Bd. 1 u. Bd. 2. Bühlertal: Robert Bosch GmbH (1987)

[80]   Seinsch, H. O.: Ausgleichsvorgänge bei elektrischen Antrieben. Stuttgart: B. G. Teubner (1991)

[81]   Stemme, O.; Wolf, P.: Wirkungsweise und Eigenschaften hochdynamischer Gleichstromkleinstmotoren. Sachseln/CH: Interelektrik AG (1994)

[82]   Volkmann, W.: Kohlebürsten. Gießen: Schunk & Ebe GmbH (1980)

[83]   Vogel, J.: Elektrische Antriebstechnik, 6. Auflage. Heidelberg: Hüthig (1998)

[84]   Weißmantel, H.: Einige Grundlagen zur Berechnung bei der Anwendung schnell hochlaufender trägheitsarmer Gleichstromkleinstmotoren mit Glockenanker. F&M 84(4):165–174 (1976)

[85]   Zwicker, E.; Fastl, H.: Psychoacoustics. Facts and models. Berlin, Heidelberg, New York: Springer (2013)

[86]   DIN: DIN 45631 – Berechnung des Lautstärkepegels und der Lautheit aus dem Geräuschspektrum Kommutatorreihenschlussmotor

[87]   Berghänel, D.: Das Verhalten elektrischer Kommutatormaschinen für Haushalt und Gewerbe bei Speisespannungen mit Frequenzen > 50 Hz. Dissertation, TU Dresden (2000)

[88]   Doppelbauer, M.: Oberfeldtheorie zur Berechnung der Kommutierung und des Betriebsverhaltens von Universalmotoren. Electrical Engineering 78:407–416 (1995)

[89]   Figel, M.; Labahn, D.: Fortschritte in der Konstruktion von Universalmotoren. Siemens-Z. 45(9):761–766 (1972)

[90]   Fujii, T.: Study of universal motors with lag angle brushes. IEEE Transactions on Power Apparatus and Systems PAS-101:1288–1296 (1982)

[91]   Kuhnle, H.: Die Ständerjochentlastung bei zweipoligen Universalmotoren. Dissertation, Universität Stuttgart (1969)

[92]   Metzler, K.: Entwurf von unkompensierten Reihenschlußmotoren kleiner Leistung zum Anschluß an Gleich- und Wechselstrom gleicher Spannung. Leipzig: Verlag von Oskar Leiner (1925)

[93]   Möckel, A.: Analyse der Erregerspannung hochtouriger Reihenschlussmotoren kleiner Leistung im Hinblick auf Kommutierung und Fehlererkennung. Ilmenau: ISLE Verlag (2001)

[94]   Moser, H.: Zur Konstruktionssystematik der Gehäuse kleiner elektrischer Maschinen. Konstruktion 20(12):465–477 (1968)

[95]   Oesingmann, D.: Neue Ständerkontur elektrisch erregter Kommutatormotoren. Elektrie 41(5):174–175 (1987)

[96]   Oesingmann, D.; Siebenhaar, V.: Einfluß des Ankerfeldes auf die Auslegung von Kommutatorreihenschlußmaschinen. Neue Entwicklungen bei Elektrischen Kleinmaschinen. S. 7–16. Meschede: Kolloquium U/GH Paderborn (1991)

[97]   Oesingmann, D.; Schuder, R.: Stromanalyse zur Fehlererkennung bei Kommutatormaschinen kleiner Leistung. Neue Entwicklungen bei Elektrischen Kleinmaschinen. S. 17–25. Meschede: Kolloquium U/GH Paderborn (1991)

[98]   **Oesingmann, D.; Schuder, R.; Siebenhaar, V.**: Einflußgrößen auf die Berechnung der Haupt-
abmessungen von Kommutatorreihenschlußmaschinen kleiner Leistung, Band 1, S. 390–395.
Int. Wiss. Kolloquium TU Ilmenau (1992)

[99]   **Oesingmann, D.; Siebenhaar, V.**: Wechselstromkommutatormaschinen kleiner Leistung,
Band 4, S. 521–526. Int. Wiss. Kolloquium TU Ilmenau (1995)

[100]   **Pfeifer, R.**: Beitrag zum Betriebsverhalten und zur lastgerechten Berechnung des magnetischen Kreises von Universalmotoren mit Phasenanschnittsteuerung. Dissertation, Universität
Stuttgart (1983)

[101]   **Roye, D.; Poloujadoff, M.**: Contribution to the study for commutation in small uncompensated
universal motors. IEEE PAS 97(1):242–250 (1978)

[102]   **Scheffold, E.**: Universalmotoren mit Hauptschlußcharakteristik. EMA 41(10): 261–268. 41(11):
293–298; 41(12): 325–335 (1962)

[103]   **Schroeter, W.**: Die Berechnung des magnetischen Kreises von Universalmotoren. Dissertation, Universität Stuttgart (1956)

[104]   **Stölting, H.-D.**: Meßtechnische Wicklungsauslegung von Universalmotoren. F&M
92(4):182–184 (1984)

[105]   **Stölting, H.-D.**: Berechnung von Gleich- und Wechselstromkommutatormotoren. Neue Entwicklungen bei Elektrischen Kleinmaschinen. S. 71–80. Meschede: Kolloquium U/GH Paderborn (1991)

[106]   **Volkmann, W.**: Kohlebürsten. Gießen: Schunk & Ebe GmbH (1980)

[107]   **Weinert, H.**: Kommutierung und Bürstenverschleiß als Optimierungsproblem bei Universalmotoren. Technische Mitteilung der Ringsdorff Werke H. 9:3–23 (1978)

[108]   **Wiegel, M.**: Prüfung von Universalmotoren-Ankern. F&M 96(3):91–93 (1988)

Asynchronmotoren

[109]   **DIN EN 50347**: Drehstromasynchronmotoren für den Allgemeingebrauch mit standardisierten
Abmessungen und Leistungen – Baugrößen 56 bis 315 und Flanschgrößen 65 bis 740 (2001)

[110]   **Stepina, J.**: Die Einphasenmotoren. Berlin/Heidelberg: Springer (1982)

[111]   **Jordan, H.; Klíma, V.; Kovács, K. P.**: Asynchronmaschinen. Braunschweig: Vieweg (1975)

[112]   **Vaske, P.**: Über den Betrieb von Drehstrom-Asynchronmotoren mit Kondensator am Einphasennetz. ETZ-A 86(15):500–505 (1965)

[113]   **Parasilifi, F.**: Entwurfsprozedur zur Verbesserung des Betriebsverhaltens eines Einphasen-
Kondensatormotors. ICEM, 94, International Conference on Electrical Machines (5–8 September), Paris (1994)

[114]   **Joswig, F.**: Numerische und analytische Berechnung eines Einphasen-Käfigläufermotors.
INDUCTICA, 2010, 10th International Conference on Inductive Systems (22–24 June), Berlin
(2010)

[115]   **Fischer, H.**: Einphasenbetrieb von Drehstrommotoren. Elektro-Praktiker 39(5):154–155 (1985)

[116]   **Alwash, J. H. H.**: Optimaler Betrieb von Dreiphasenasynchronmotoren an Einphasenwechsel-
spannung. IEE Proceedings – Electric Power Applications 143(4):339–344 (1996)

[117]   **Merenkov, D. V.**: Optimierung von Asynchronmotoren mit unsymmetrischer dreiphasiger Ständerwicklung bei Betrieb am Einphasennetz. Russian Electrical Engineering 78(8):414–419
(2007)

[118]   **Makowski, K.**: Selection of the Running Capacitor Capacitance of a Single-Phase Capacitor
Motor. International Conference on Electrical Machines, S. 924–927, München (1986)

[119]   **Wang, X.-D.**: Capacitor Optimization of the Single-Phase Capacitor-Run Induction Motor.
IMEM, 2012, 2nd International Conference on Innovation Manufacturing and Engineering
Management (14–16 December), Chongqing (2013)

[120] **Moshchinskii, Y. A.**: Determination of the capacitor capacitance of a single-phase induction motor. Electrical Technology 1997(4):111–128 (1997)

[121] **Gahleitner, A.**: Anlaufmoment und Pendelmoment beim zweisträngigen Kondensatormotor mit Einfach- und Doppelkäfigläufer. ETZ-A 92(2):95–99 (1971)

[122] **Ramminger, P.**: Neue Verfahren zur Prädiktion des Betriebsverhaltens und Fehlererkennung bei Käfigläufermotoren kleiner Leistung. Dissertation, TU Darmstadt; Fortschritt-Berichte VDI, Reihe 21, Nr. 125. S. 1–155 (1992)

[123] **Madescu, G.**: Two-phase capacitor motor analysis in steady-state symmetrical conditions. International Conference on Optimization of Electrical and Electronic Equipment (OPTIM), Braşov, Romania (2014)

[124] **Vaske, P.**: Optimierung zweisträngiger Einphasenmotoren mit Betriebskondensator. F&M 83(4):151–156 (1975)

[125] **Craee, H.**: Der Einfluß von Entwurfsparametern auf die Betriebseigenschaften von Einphasenmotoren. 7th Mediterranean Electrotechnical Conference, Band 7/3, S. 1337–1340. MELECON, Antalya, Turkey (1994)

[126] **Vaske, P.**: Die Bemessung der Anlaufhilfsphase zweisträngiger Einphasen-Asynchronmotoren. ETZ-A 86(9):306–311 (1965)

[127] **Kunze, G.**: Hochlauf und Bremsung. Läufer des Drehstrom- und Einphasen-Asynchronmotors, Teil II. Elektrische Maschinen 81(7/8):18–27 (2002)

[128] **Muljadi, E.**: Einstellbarer AC-Kondensator für einen Einphasen-Asynchronmotor. IEEE Transactions on Industry Applications 29(3):479–485 (1993)

[129] **Fischer, R.**: Berechnungen zum Anlauf von Betriebs- und Doppelkondensatormotoren. ETZ-A 91(9):506–509 (1970)

[130] **Stölting, H.-D.**: Ungleichmäßige Wicklungsverteilung zweisträngiger Wechselstrom-Asynchronmotoren. etz-Archiv 8(2):61–65 (1985)

[131] **Shanshurov, G. A.**: Ein mathematisches Modell eines Einphasen-Asynchronmotors mit asymmetrischer Ständerwicklung. Russian Electrical Engineering 78(9):467–473 (2007)

[132] **Konrad, P.; Stölting, H.-D.**: Berechnung des dynamischen Verhaltens von Wechselstrom-Asynchronmotoren. Archiv für Elektrotechnik 75:109–119 (1992)

[133] **Brosch, P. F.; Tiebe, J.; Schudsdziarra, W.**: Erwärmung kleiner Asynchronmaschinen bei Betrieb mit Frequenzumrichtern. etz-Archiv 7(11):351–355 (1985)

[134] **Sarkisyan, V. O.**: Eine einfache Methode zur Einschätzung der Erhitzung von Induktionsmotoren. Electrical Technology 1992(2):139–146 (1992)

[135] **Stanton, D.**: Analytical thermal models for small induction motors. International Conference on Electrical Machines, Vilamoura, Portugal (2008)

[136] **Stein, E.**: Drehstromantrieb mit Frequenzumrichter. ETZ 113(9):526–530 (1992)

[137] **Tillner, S.**: Auslegung und Betriebsverhalten moderner Spaltpolmotoren. F&M 83(8):372 (1975)

[138] **Sarac, V.**: Eine verbesserte Analyse des Betreibsverhaltens von Spaltpolmotoren. Europe Official Proceedings of the International Conference PCIM 2001, Power Electronics, Intelligent Motion, Power Quality (19–21 June), Nürnberg (2001)

[139] **Stiebler, M.**: Ein Modell für Spaltpolmotoren. Elektrie 48(8/9):299–304 (1994)

[140] **Ojaghi, M.**: A detailed dynamic model for single-phase shaded pole induction motors. 18th International Conference on Electrical Machines and Systems (ICEMS), Pattaya, Thailand (2015)

[141] **Oesingmann, D.; Usbeck, S.**: Spaltpolmotoren mit einteiligem asymmetrischem Ständerblechpaket. Elektrie 45(4):141–144 (1991)

[142] **Hans, V.**: Polumschaltbarer Spaltpolmotor für Drehzahlen im Verhältnis 2:1. Siemens-Zeitschrift 49(12):801–803 (1975)

[143] **Akpinar, A. S.**: Eine Methode zur Erhöhung des Anlaufmomentes, zur Drehrichtungsumkehr und zur Drehzahlsteuerung von Spaltpolmotoren. Electric Machines and Power Systems 20(4):321–338 (1992)

Synchronmotoren und -generatoren

[144] **Oesingmann, D.; Schuder, R.**: Zweisträngige Synchronmotoren kleiner Leistung. Innovative Kleinantriebe. VDI Berichte 1269, S. 161–172. Düsseldorf: VDI (1996)

[145] **Schemmann, H.**: Zweipolige Einphasen-Synchronmotoren mit dauermagnetischem Läufer. F&M 87(4):163–169 (1979)

[146] **Düzgün, B.**: The analysis of the line-start single-phase permanent magnet motors. 7th International Conference on Electrical and Electronics Engineering, Antalya, Turkey (2011)

[147] **Altenbernd, G.; Wähner, L.**: Kleine, permanenterregte Synchronmotoren mit und ohne elektrische Anlaufhilfe. Innovative Kleinantriebe. VDI Berichte 1269, S. 151–159. Düsseldorf: VDI (1996)

[148] **Lelkes, A.**: Elektronisch gestarteter, netzbetriebener Synchronmotor. VDE/VDI-Fachtagung, Innovative Klein- und Mikroantriebe, Mainz (2001)

[149] **Hagemann, B.**: Entwurf eines Mikromotors mit Permanentmagneterregung. Dissertation, U Hannover (1997)

[150] **Honds, L.; Meyer, K. H.**: Zweipoliger Spaltpol-Synchronmotor mit Hystereseläufer. F&M 86(4):168–171 (1978)

[151] **Shamlou, S.**: Design, optimisation, analysis and experimental verification of a new line-start permanent magnet synchronous shaded-pole motor. IET Electric Power Applications 7(1):16–26 (2013)

[152] **Ackermann, B.**: Single-phase induction motor with permanent magnet excitation. IEEE Transactions on Magnetics 36(5):3530–3532 (2000)

[153] **Gutt, H. J.**: Reluktanzmotoren kleiner Leistung. etz-Archiv 10(11):345–354 (1988)

[154] **Brosch, P. F.**: Die Alternative. Der Synchron-Reluktanzmotor für drehzahlvariable Lösungen. Elektrotechnik. Das Automatisierungs-Magazin 95(6):41–43 (2013)

[155] **Janssen, G.**: Entwurf und Simulation eines rotatorischen Mikroreluktanzschrittmotors. ETG-Fachbericht 124:1–6, ETG/GMM-Fachtagung, Innovative Klein- und Mikroantriebstechnik, Würzburg (2010)

[156] **Volkrodt, W.**: Polradspannung, Reaktanzen und Ortskurve des Stromes der mit Dauermagneten erregten Synchronmaschine. ETZ-A 83(16):517–522 (1962)

[157] **Brandes, J.**: Das Betriebsverhalten eines permanenterregten Synchronmotors mit anisotropem Läufer. Fortschritt-Berichte VDI, Reihe 21, Nr. 44. Düsseldorf: VDI (1989)

[158] **Heil, J.**: Auslegung und Betriebsverhalten von permanenterregten Synchronmaschinen mit maschinenkommutiertem Frequenzumrichter. Fortschritt-Berichte VDI, Reihe 21, Nr. 59. S. 1–116 (1990)

[159] **Binns, K. J.**: Permanentmagnet Drives: The State of Art. Proceedings International Symposium on Power Electronics, Electrical Drives, Automation and Motion (SPEEDAM), S. 109, Taormina, Italy (1994)

[160] **Altenbernd, G.; Wähner, L.**: Selbstanlaufender Einphasen-Synchronmotor. Forschungsbericht EP 0358805 B1 (1988)

[161] **Gfrörer, R.**: Eine Gesamtfeldmethode zur analytischen Berechnung der Stranginduktivitäten für die Ermittlung des Betriebsverhaltens rotierender elektrischer Maschinen. Dissertation, Universität Kaiserslautern (1984)

[162] **Lewis, W. Ch.**: Vernier-Motor. US-Patent 18944979 (1933)

[163] **Grabs, V.; Theßeling, M.**: Increasing the torque density of low power drives using Vernier out runner motor in intralogistic industries. IKMT 2015, 10th ETG/GMM-Symposium Innovative small Drives and Micro-Motor Systems. Frankfurt: VDE Conference Publications (2015)

[164] **Grabs, V.**: FEM Analysis of a Vernier Motor and its Operating Behaviour due to Manufacturing Tolerances. IKMT 2017, GMM-Fachbericht 89: Innovative Klein- und Mikroantriebstechnik. Saarbrücken, Berlin/Offenbach: VDE (2017)

[165] **Schmitt, K. D.**: Fachtagung elektrische Kleinantriebe. Haus der Technik HDT (Essen). München (2018)

Bürstenlose Permanentmagnetmotoren mit Block- und Sinuskommutierung

[166] **Kenjo, T.; Nagamori, S.**: Permanent-Magnet and Brushless DC Motors. Oxford: Clarendon Press (1985)

[167] **Hendershot, J. R.; Miller, T. J. E.**: Design of Brushless Permanent-Magnet Machines. Venice, FL: Motor Design Books LLC (2010)

[168] **Hanselman, D. C.**: Brushless Motors: Magnetic Design, Performance and Control of Brushless DC and Permanent Magnet Synchronous Motors. E-Man Press LLC (2012)

[169] **Dote, Y.; Kinoshita, S.**: Brushless Servomotors. Oxford: Clarendon Press (1990)

[170] **Vas, P.**: Vector Control of AC Machines. Oxford: Clarendon Press (1990)

[171] **Schönfeld, R.**: Digitale Regelung elektrischer Antriebe. Berlin: Verlag Technik (1990)

[172] **Vas, P.**: Sensorless Vector and Direct Torque Control. New York: Oxford University Press (1998)

[173] **Stevanovic, V. R.; Nelms, R. M.**: Microprocessor Control of Motor Drives and Power Converters. New York: IEEE Industry Applications Society (1993)

[174] **Boldea, I.; Nasar, S. A.**: Vector Control of AC Drives. Boca Raton: CRC Press (1992)

[175] **Kleinrath, H.**: Stromrichtergespeiste Drehfeldmaschinen. Wien: Springer (1980)

[176] **Müller, G.; Ponick, B.**: Theorie elektrischer Maschinen. Berlin: Wiley-VCH (2009)

[177] **Fitzgerald, A. E.; Kingsley Jr., Ch.; Umans, S. D.**: Electric Machinery. New York: McGraw-Hill (2005)

[178] **Slemon, G. R.**: Electric Machines and Drives. Reading: Addison-Wesley (1992)

[179] **Papst-Motoren**: Firmenschrift. St. Georgen: Papst DC Motion (1997)

[180] **Vas, P.**: Electrical Machines and Drives. Oxford: Clarendon Press (1992)

[181] **Schröder, M.**: Einfach anzuwendendes Verfahren zur Unterdrückung der Pendelmomente dauermagneterregter Synchronmaschinen. etz-Archiv 10(1):15–18 (1988)

[182] **Carlson, R.; Lajoie-Mazenc, M.; Fagundes, J.**: Analysis of Torque Ripple due to Phase Commutation in Brushless DC Machines. IEEE Transactions on Industry Applications 28(3):632–638 (1992)

[183] **Favre, E.; Cardoletti, L.; Jufer, M.**: Permanent-Magnet Synchronous Motors, A Comprehensive Approach to Cogging Torque Suppression. IEEE Transactions on Industry Applications 29(6):1141–1149 (1993)

[184] **Hanselman, D. C.**: Minimum Torque Ripple, Maximum Efficiency Excitation of Brushless Permanent-Magnet Motors. IEEE Transactions on Industrial Electronics 41(3):292–300 (1994)

[185] **Amrhein, W.**: Elektronische Korrekturstromspeisung. Elektrotechnik und Informationstechnik (e&i) 114(2):78–85 (1997)

[186] **Amrhein, W.**: Mechanisch-elektronische Systemlösungen im Bereich der Kleinantriebe. 16. Int. Kolloquium der Feinwerktechnik (1–3 October), Budapest (1997)

[187] **Weh, H.**: Ten Years of Research in the Field of High Density-Transverse Flux Machines. Symposium on Power Electronics, Electrical Drives, Automation & Motion (SPEEDAM), Capri, Italy (1996)

[188] **Weh, H.**: Permanentmagneterregte Synchronmaschinen hoher Kraftdichte nach dem Transver-salflusskonzept. etz-Archiv 10(5):143–149 (1988)

[189] **Kastinger, G.**: Performance and Design of a Toroid-Coil Motor with Permanent Magnets. Symposium on Power Electronics, Electrical Drives, Advanced Machines, Power Quality (June), Sorrento (1998)

[190] **Hofmann, W.**: Elektrische Maschinen. München: Pearson (2013)

[191] **Müller, G.; Ponick, B.**: Grundlagen elektrischer Maschinen, 9. Auflage. Berlin: Wiley-VCH (2005)

[192] **Binder, A.**: Elektrische Maschinen und Antriebe: Grundlagen, Betriebsverhalten. Berlin/Heidelberg: Springer (2012)

[193] **Quang, N. P.; Dittrich, J.-A.**: Vector Control of Three-Phase AC Machines: System Development in the Practice, 2. Auflage. Berlin: Springer (2015)

[194] **Zhu, Z. Q.; Howe, D.**: Electrical Machines and Drives for Electric, Hybrid, and Fuel Cell Vehicles. Proceedings of the IEEE 95(4):746–765 (2007)

[195] **Chau, K. T.; Chan, C. C.; Liu, Ch.**: Overview of Permanent-Magnet Brushless Drives for Electric and Hybrid Electric Vehicles. IEEE Transactions on Industrial Electronics 55(6):2246–2257 (2008)

[196] **Pillay, P.; Krishnan, R.**: Modeling, Simulation, and Analysis of Permanent-Magnet Motor Drives. I. The Permanent-Magnet Synchronous Motor Drive. IEEE Transactions on Industry Applications 25(2):265–273 (1989)

[197] **Pillay, P.; Krishnan, R.**: Modeling, Simulation, and Analysis of Permanent-Magnet Motor Drives. II. The Brushless DC Motor Drive. IEEE Transactions on Industry Applications 25(2):274–279 (1989)

[198] **Kennel, R.**: Elektrische Aktoren und Sensoren in geregelten Antrieben, Teil „Feldorientierte Regelung". Vorlesungsmanuskript, Lehrstuhl für Elektrische Antriebssysteme und Leistungselektronik, Technische Universität München. https://www.eal.ei.tum.de/fileadmin/tueieal/www/courses/EAUSIGA/lecture/2012-2013-W/HDT_feldorientierte_Regelung_fuer_PDF.pdf (2012), letzter Zugriff: März 2019

[199] **Weidenholzer, G.; Silber, S.; Jungmayr, G.; Bramerdorfer, G.; Grabner, H.; Amrhein, W.**: A Flux-Based PMSM Motor Model Using RBF Interpolation for Time-Stepping Simulations. International Electric Machines & Drives Conference (12–15 May), Chicago (2013)

Geschaltete Reluktanzmotoren

[200] **Miller, T. J. E.**: Switched Reluctance Motors and their Control. Hilsboro u. a.: Magna Physics Publishing and Clarendon Press, Oxford Science Publications (1993)

[201] **Miller, T. J. E.**: Electronic Control of Switched Reluctance Machines. Newnes, Oxford u. a.: Newnes Power Engineering Series (2001)

[202] **Krishnan, R.**: Switched Reluctance Motor Drives. Boca Raton, FL: CRC Press (2001)

[203] **Miller, T. J. E.**: Brushless Permanent-Magnet and Reluctance Motor Drives. Oxford: Oxford Science Publications, Clarendon Press (1993)

[204] **Kaiserseder, M.; Schmid, J.; Amrhein, W.; Schumacher, A.; Knecht, G.**: Reduction of Torque Ripple in a Switched Reluctance Drive by Current Shaping. Symposium on Power Electronics, Electrical Drives, Automation & Motion (SPEEDAM) (June), Ravello, Italy (2002)

[205] **Hoppach, E.**: Optimierung von elektrischen Kleinantrieben ohne Permanentmagnete für Umrichterspeisung am Beispiel des Kleinst-Asynchron- und des geschalteten Reluktanzmotors. Dissertation, TU Darmstadt. Düsseldorf: VDI (1997)

[206] **Russa, K.; Husain, I.; Elbuluk, M. E.**: Torque-Ripple Minimization in Switched Reluctance Machines over a Wide Speed Range. IEEE Transactions on Industrial Applications 34(5):1105–1112 (1998)

[207] **Mir, S.; Elbuluk, M. E.; Husain, I.**: Torque-Ripple Minimization in Switched Reluctance Motors Using Adaptive Fuzzy Control. IEEE Transactions on Industry Applications 35(4):461–468 (1999)

[208] **Husain, I.**: Minimization of Torque Ripple in SRM Drives. IEEE Transactions on Industrial Electronics 49(16):28–39 (2002)

[209] **Henriques, L.; Rolim, L.; Suemitsu, W.; Branco, P.; Dente, J.**: Torque-Ripple Minimization in a Switched Reluctance Drive by Neuro-fuzzy Compensation. IEEE Transactions on Magnetics 36(5):3592–3594 (2000)

[210] **Agirman, I.**: Adaptive Torque-Ripple Minimization in Switched Reluctance Motors. 37th IEEE Conference on Decision and Control, Tampa, FL, USA, IEEE Proceedings, S. 983–988 (1998)

[211] **Husain, I.; Ehsani, M.**: Torque-Ripple Minimization in Switched Reluctance Motor Drives by PWM Current Control. IEEE Transactions on Power Electronics 11(1):83–88 (1996)

[212] **Lovatt, H. C.; Stephenson, J. M.**: Computer-optimized Smooth-Torque C u rrent W ave-forms for Switched- Reluctance Motors. IEEE Proceedings of Electronic Power Applications 144(5):310–316 (1997)

[213] **Choi, C.; Park, K.; Lee, D.**: A New Torque Sharing Function Method for Ripple F ree Torque Control of a Switched Reluctance Motor. Proceedings, ISIM (4–7 October), Chang-Won/KOR, S. 199–204 (2000)

[214] **Rasmussen, P.**: Switched Reluctance Shark Machines – More Torque and Less Acoustic Noise. Proceedings of ISA 2000(1):93–98 (2000)

[215] **Vandevelde, L.**: Theoretical and Numerical Analysis of Vibrations of Magnetic Origin of Switched Reluctance Motors. Proceedings, COMPUMAG (24–28 October), Sapporo, S. 58–59 (1999)

[216] **Pillay, P.; Cai, W.**: An Investigation into Vibration in Switched Reluctance Motors. IEEE Transactions on Industrial Application 35:589–596 (1999)

[217] **Vandevelde, L.; Gyselink, J.; Melkebeek, J.**: Local Magnetic Forces and Deformation in Switched Reluctance Motors. Proceedings, EMF 98 (12–15 May), Marseille, S. 343–348 (1998)

[218] **Anwar, M. N.; Husain, I.**: Radial Force Calculation and Acoustic Noise Prediction in Switched Reluctance Machines. IEEE Trans. on Ind. Appl. 36(6):1589–1597 (2000)

[219] **Blaabjerg, F.; Pedersen, J. K.; Nielsen, P.; Andersen, L.; Kjaer, P. C.**: Investigation and Reduction of Acoustic Noise From Switched Reluctance Drives in Current and Voltage Control. ICEM 94 (5–8 September), Paris. Proceedings, vol. 3, S. 589–594 (1994)

[220] **Wehner, H.**: Betriebseigenschaften, Ausnutzung und Schwingverhalten bei geschalteten Reluktanzmaschinen. Dissertation, Universität Erlangen-Nürnberg (1997)

[221] **Jufer, M.; Crivii, M.**: Effect of Phase Current Waveforms on the Characteristics and Acoustic Noise of Switched Reluctance Motors. Proceedings, EPE 95, Sevilla, Spain, S. 3.1003–3.1007 (1995)

[222] **Andersen, G. K.; Christiansen, H.; Gurholt, R.; Helle, L.; Hovest, T. G.; Jensen, C. H.; Ritchie, E** : Dynamic Model of a Switched Reluctance Motor for Vibration Analysis. Proceedings, UPEC 97, Iraklio, Greece (1997)

[223] **Rasmussen, P. O.; Blaaberg, J.; Pedersen, J. K.; Kjaer, C.; Miller, T. J. E.**: Acoustic Noise Simulation for Switched Reluctance Motors with Audible Output. Proceedings, EPE 99 (7–9 September), Lausanne (1999)

[224] **Colby, R. S.; Mottier, F. M.; Miller, T. J. E.**: Vibration Modes and Acoustic Noise in a Four-Phase Switched Reluctance Motor. IEEE Transactions on Industry Applications 32(6):1357–1364 (1996)

[225] **Kaiserseder, M.; Schmid, J.; Amrhein, W.; Scheef, V.**: Current Shapes Leading to Positive Effects on Acoustic Noise of Switched Reluctance Drives. Proceedings, ICEM 2002 (25–28 August), Brügge, S. 52 (2002)

[226] **Kaiserseder, M.; Schmid, J.; Amrhein, W.; Schumacher, A.**: Minimizing Signal Energy of the Course of Radial Force to Reduce Noise in Variable Reluctance Motors. Proceedings, EPE 04 (2–4 September), Toulouse (2004)

[227] **Schmid, J.; Kaiserseder, M.; Amrhein, W.; Schumacher, A.; Knecht, G.**: Phase Current Control in Switched Reluctance Motor. Proceedings, Symposium on Power Electronics Electrical Drives Automation & Motion (Speedam) (11–14 June), Ravello/ITA, S. 52 (2002)

[228] **Kjaer, P. C.; Gribble, J. J.; Miller, T. J. E.**: High-grade control of switched reluctance machines. IEEE Transactions on Industry Applications 33(6):1585–1593 (1997)

[229] **Blaabjerg, F.; Cristensen, L.; Hansen, S.; Kristoffersen, J. R.; Rasmussen, P. O.**: Sensorless Control of Switched Reluctance Machine with Variable Structure Observer. Electromotion 96(3):141–152 (1996)

[230] **Schmid, J.; Kaiserseder, M.; Amrhein, W.; Schumacher, A.; Knecht, G.**: Model based Open Loop Observer for the Phase Current of a Switched Reluctance Motor. Proceedings, ICEM 2002 (25–28 August), Brügge, S. 241 (2002)

[231] **Kjaer, P.**: High-Performance Control of Switched Reluctance Motors. Dissertation, University of Glasgow (1997)

[232] **Lopez, G.**: Sensorless Control for Switched Reluctance Motor Drives. Dissertation, University of Glasgow (1998)

[233] **Krishnan, R.**: Switched Reluctance Motor Drives: Modeling, Simulation, Analysis, Design, and Applications, 1. Auflage. Boca Raton, FL u. a.: CRC Press (2001)

[234] **Bilgin, B.; Jiang, J. W.; Emadi, A.**: Switched Reluctance Motor Drives: Fundamentals to Applications. Boca Raton, FL u. a.: CRC Press (2018)

[235] **Ye, J.; Bilgin, B.; Emadi, A.**: An Extended-Speed Low-Ripple Torque Control of Switched Reluctance Motor Drives. IEEE Transactions on Power Electronics 30(3):1457–1470 (2015)

[236] **Vujičić, V. P.**: Minimization of Torque Ripple and Copper Losses in Switched Reluctance Drives. IEEE Transactions on Power Electronics 27(1):388–399 (2012)

[237] **Lee, D.; Pham, T. H.; Ahn, J.**: Design and Operation Characteristics of Four-Two Pole High-Speed SRM for Torque Ripple Reduction. IEEE Transactions on Industrial Electronics 60(9):3637–3643 (2013)

[238] **Mikail, R.; Husain, I.; Sozer, Y.; Islam, M. S.; Sebastian, T.**: Torque-Ripple Minimization of Switched Reluctance Machines through Current Profiling. IEEE Transactions on Industry Applications 49(3):1258–1267 (2013)

[239] **Brauer, H. J.; Hennen, M. D.; De Doncker, R. W.**: Control for Polyphase Switched Reluctance Machines to Minimize Torque Ripple and Decrease Ohmic Machine Losses. IEEE Transactions on Power Electronics 27(1):370–378 (2012)

[240] **Shaked, N. T.; Rabinovici, R.**: New Procedures for Minimizing the Torque Ripple in Switched Reluctance Motors by Optimizing the Phase-Current Profile. IEEE Transactions on Magnetics 41(3):1184–1192 (2005)

[241] **Wu, C.; Pollock, C.**: Analysis and Reduction of Vibration and Acoustic Noise in the Switched Reluctance Drive. IEEE Transactions on Industry Applications 31(1):91–98 (1995)

[242] **Pollock, C.; Wu, Ch.-Y.**: Acoustic Noise Cancellation Techniques for Switched Reluctance Drives. IEEE Transactions on Industry Applications 33(2):477–484 (1997)

[243] **Anwar, M. N.; Husain, O.**: Radial Force Calculation and Acoustic Noise Prediction in Switched Reluctance Machines. IEEE Transactions on Industry Applications 36(6):1589–1597 (2000)

[244] **Yang, H.; Lim, Y.; Kim, H.**: Acoustic Noise/Vibration Reduction of a Single-Phase SRM Using Skewed Stator and Rotor. IEEE Transactions on Industrial Electronics 60(10):4292–4300 (2013)

[245] **Takiguchi, M.; Sugimoto, H.; Kurihara, N.; Chiba, A.**: Acoustic Noise and Vibration Reduction of SRM by Elimination of Third Harmonic Component in Sum of Radial Forces. IEEE Transactions on Energy Conversion 30(3):883–891 (2015)

[246] **Zhu, Z. Q.; Liu, X.; Pan, Z.**: Analytical Model for Predicting Maximum Reduction Levels of Vibration and Noise in Switched Reluctance Machine by Active Vibration Cancellation. IEEE Transactions on Energy Conversion 26(1):36–45 (2011)

[247] **Lin, C.; Fahimi, B.**: Prediction of Acoustic Noise in Switched Reluctance Motor Drives. IEEE Transactions on Energy Conversion 29(1):250–258 (2014)

[248] **Chai, J. Y.; Lin, Y. W.; Liaw, C. M.**: Comparative Study of Switching Controls in Vibration and Acoustic Noise Reductions for Switched Reluctance Motors. IEE Proceedings – Electric Power Applications 153(3):348–360 (2006)

[249] **Zhu, Z.-Y.; Jiang, Y.-J.; Zhu, J.; Guo, X.**: Performance Comparison of 12/12 Pole with 8/10 and 12/14 Pole Bearingless Switched Reluctance Machine. Electronics Letters 55(6):327–329 (2019)

[250] **Takahashi, R.; Kenji, S.; Dohmeki, H.**: A Study on Efficiency of Firing Angle Change of Switched Reluctance Motor. 20th International Conference on Electrical Machines and Systems (CEMS) (11–14 August), Sydney (2017)

[251] **Murakami, Y.; Hoshi, N.**: Vibration and Acoustic Noise Reduction of Switched Reluctance Motor with Back Electromotive Force Control. 19th European Conference on Power Electronics and Applications (EPE'17 ECCE Europe) (11–14 September), Warsaw (2017)

Elektromagnetische Schrittantriebe

[252] **Acarnley, P.**: Stepping motors – a guide to theory and practice, 4. Auflage. London: The Institution of Engineering and Technology (2002)

[253] **DIN**: DIN EN 60034-1:2011-02 – Drehende elektrische Maschinen – Teil 1: Bemessung und Betriebsverhalten, Norm (2011)

[254] **Eissfeldt, H.**: Regelung von Hybridschrittmotoren durch Ausnutzung sensorischer Motoreigenschaften. Dissertation, TU München (1991)

[255] **Förstl, S.**: Schrittmacher. Elektronikpraxis 17:116–118 (1998)

[256] **US-Patent**: Stepping or reversible motor. Patent US 475 41 83, Saia AG, Murten (1985)

[257] **Günther, T.**: Schaltungsanordnung zur Schrittverlusterkennung bei Schrittantrieben. Patentanmeldung DE 2002 2920 U1, Saia Burgess, Dresden (2000)

[258] **Kenjo, T.**: Stepping motos and their microprocessor controls. Oxford, NY: Clarendon Press (1984)

[259] **Knäbel, H.**: Method and Circuit Arrangement for Electronic Stop Detection in Synchronous Motors. Patentanmeldung WO 02 09 59 26 A1, Saia Burgess, Dresden (2002)

[260] **Löwe, B. u. a.**: Auf den Punkt gebracht. F&M 106(12):931–934 (1998)

[261] **Maas, S. u. a.**: Auslegung eines Schrittmotorantriebs mit einem Modell hoher Ordnung. antriebstechnik 35(7):52–54 und 35(8):57–60 (1996)

[262] **Martin, C. A.**: Ein Beitrag zur Optimierung der dynamischen Eigenschaften von Schrittmotor-Antriebssystemen. Dissertation, TU Braunschweig (1984)

[263] **Merz, R.; Habenicht, M.**: Mechatronik Band 1 – BLDC- und Schrittmotor-Antriebssysteme. Kaufering: Sequenz Medien (2015)

[264] **Richter, C.**: Servoantriebe kleiner Leistung. Weinheim: VCH (1993)

[265] **Ritschel, S.**: Anschlagerkennung für Schrittmotoren, Tagungsband SPS/IPC/DRIVES. S. 487–494. Heidelberg: Hüthig (2001)

[266] **Ritschel, S.**: Method for protection against mechanical blocking in stepper motor drives. Patentanmeldung DE 10 24 16 02, Saia Burgess, Dresden (2002)

[267] **Roschke, T.; Ritschel, S.**: Method for controlling a step-motor as noise limited valve drive. Patentanmeldung EP 17 17 943, Saia Burgess, Dresden (2002)

[268] **Roschke, T.**: Vergleich unterschiedlicher Aufbaukonzepte von Schrittmotoren. Kleinmotoren-kolloquium, TU Ilmenau (2005)

[269] **Rummich, E.; Hermann, E.; Gförer, R.; Traeger, F.**: Elektrische Schrittmotoren und -antriebe: Funktionsprinzip – Betriebseigenschaften – Messtechnik, 5. Auflage. Renningen: expert (2015)

[270] **Schörlin, F.**: Mit Schrittmotoren steuern, regeln und antreiben. München: Francis (1996)

[271] **Walter, S.; Georg, M.; Hopf, P.; Rein, C.**: Elektromechanischer Energiewandler. Patent-schrift DE 10 21 72 85 (2002)

[272] **Walter, S.**: Entwicklung miniaturisierter elektrodynamischer Energiewandler mit Reluktanz-läufer. Dissertation (2004)

[273] **Yeadon, W. H.; Yeadon, A. W.**: Handbook of small electric motors. New York: McGraw-Hill (2001)

Schwingungen und Geräusche

[274] **Müller, G.; Möser, M.**: Taschenbuch der Technischen Akustik. Berlin, Heidelberg: Springer (2004)

[275] **Zwicker, E.; Fastl, H.**: Psychoacoustics. Facts and models. Heidelberg: Springer (1999)

[276] **Weidemann, H.-J.**: Schwingungsanalyse in der Antriebstechnik. Berlin, Heidelberg: Springer (2003)

[277] **Kollmann, F. G. u. a.**: Praktische Maschinenakustik. Berlin, Heidelberg: Springer (2006)

[278] **Luczak, H.; Volpert, W.**: Handbuch Arbeitswissenschaft. Stuttgart: Schäffer-Poeschel (1997)

[279] **DIN Fachbericht 72**: Erfassung und Dokumentation der Geräuschqualität von Elektromotoren für KFZ-Zusatzantriebe. Berlin/Wien/Zürich: Beuth (1998)

[280] **Krause, W.**: Lärmminderung in der Feinwerktechnik. Düsseldorf: VDI (1995)

[281] **Bertolini, T.; Fuchs, T.**: Schwingungen und Geräusche elektrischer Kleinantriebe. München: Süddeutscher Verlag (2011)

Elektromagnetische Verträglichkeit bei elektrischen Kleinantrieben

[282] **Schneider, A.**: Zertifizierung im Rahmen der CE-Kennzeichnung. Berlin: VDE (2018)

[283] **Kampet, U.**: EMV nach VDE 0875, 5. Auflage. Berlin: VDE-Verlag (2007)

[284] **Schaffner Group**: Basic in EMC / EMI and Power Quality. Luterbach: Schaffner Group (2013)

[285] **Glasstetter, F.**: EMC in Drive Engineering, 04/2013. Bruchsal: SEW Eurodrive (2013)

[286] **EPCOS**: Datenbuch 2014. München: EPCOS AG (2014)

[287] **ZVEI**: EMC, The Easy Way, ZVEI Pocket Guide. Frankfurt/Main: ZVEI (2004)

[288] **Klein, S.**: Netzfilter, die letzte Hürde im Schaltnetzteil, Application-Note, Würth (2013)

[289] **IC-Haus**: Internal Quality Report. Bodenheim/GER: IC-Haus GmbH (o. J.)

[290] **Schurter Electronic**: EMC for Dummies. Schurter Electronic Components AG (2018) https://us.schurter.com; letzter Zugriff: 26.02.2020

[291] **Haseloff, E.**: Latch-Up, ESD and Other Phenomena. Application Report, Texas Instruments (2000)

[292] **ST Microelectronics**: IEC 61000-4-5 Standard Overview. Application Note AN 4275, ST Microelectronics (2013)

[293] **FAULHABER**: Produktkatalog, Technische Informationen Encoder (2017)

[294] **Barnett, D.**: Tutorial Encoder Electrical Interface. http://www.optoresolver.com/help/tutorials (2014); letzter Zugriff: 24.11.2014

Formelzeichen, Formelschreibweise

[295] **DIN 1338**: Formelschreibweise und Formelsatz (2011)

[296] **DIN-Taschenbuch 22**: Einheiten und Begriffe für physikalische Größen. Beuth (2009)

[297] **DIN Taschenbuch 153**: Publikation und Dokumentation 1 – Gestaltung von Veröffentlichungen, Terminologische Grundsätze, Drucktechnik, Alterungsbeständigkeit von Datenträgern. Beuth (1996)

[298] **DIN Taschenbuch 202**: Formelzeichen, Formelsatz, mathematische Zeichen und Begriffe. Beuth (2009)

Stichwortverzeichnis

https://doi.org/10.1515/9783110565324-019

Liebe Leserinnen und Leser,

wir hoffen sehr, dass Ihnen unser **Band 1 ‚Kleinmotoren, Leistungselektronik'** unseres Kompendiums der elektrischen Kleinantriebe gefallen hat und Sie daraus die gewünschten Informationen für Ihre Arbeit, für Ihre Weiterbildung oder auch einfach zu Ihrem Lesevergnügen entnehmen konnten. Vielleicht interessiert Sie auch unser **Band 2 ‚Kleinantriebe, Systemkomponenten, Auslegung'**, der sich nahtlos an die Themengebiete von Band 1 anschließt und das Gesamtspektrum der elektrischen Kleinantriebe mit ihren Komponenten abrundet.

In Band 2 haben wir interessante Beiträge mit hilfreichen Informationen zu weiteren Antriebsarten und Systemkomponenten zusammengestellt. Hierzu zählen zum Beispiel **Linear- und Mehrkoordinatenantriebe, piezoelektrische Antriebe, Elektromagnete, passive und aktive Magnetlager** einschließlich der lagerlosen Motoren mit integrierten Tragkraftwicklungen, **mechanische Übertragungselemente** und motorbezogene **Temperatur-, Drehzahl- und Winkelsensoren.**

Darüber hinaus ist es uns mit dem Band 2 ein Anliegen, antriebstechnische Gesamtsysteme zu betrachten und damit dem Zusammenspiel der einzelnen antriebstechnischen Komponenten eine entsprechende Bedeutung beizumessen. Dies kommt, wie wir meinen, sehr schön in den Kapiteln **‚Servoantriebe'** und **‚Auslegung und Projektierung von elektrischen Antrieben'** zum Ausdruck. So werden zum Beispiel auch Themen der dynamischen Drehzahl- und Positionsregelung behandelt, aus denen Sie erkennen können, wie die einzelnen am Regelkreis beteiligten Komponenten zusammenwirken.

Die Welt der elektrischen Kleinantriebe fasziniert durch ihre einzigartige Vielfalt. Sie eröffnet ein Potpourri an Gestaltungsmöglichkeiten, um zu den spezifischen Anforderungen der Applikationen jeweils maßgeschneiderte Lösungen zu finden. Die beiden Bände sollen Ihnen dabei helfen, diese Welt zu erschließen. Wir würden uns freuen, wenn Sie daraus wertvolle Anregungen und Ideen für sich und Ihre Arbeiten entnehmen können.

Hannover, Linz, im September 2020   Carsten Fräger, Wolfgang Amrhein

www.ingramcontent.com/pod-product-compliance
Lightning Source LLC
Chambersburg PA
CBHW080239230326
41458CB00096B/2663